W0257353

DIE
FERROMAGNETISCHEN
LEGIERUNGEN

UND IHRE GEWERBLICHE VERWENDUNG

von

Dipl.-Ing. W. S. Messkin

Leiter der Abteilung für magnetische Legierungen am Institut für Metallforschung
in Leningrad · Dozent am Institut für Maschinenbau in Leningrad

Umgearbeitet und erweitert von

Dr. phil. A. Kußmann

Regierungsrat im Magnetischen Laboratorium der
Physikalisch-Technischen Reichsanstalt
in Berlin-Charlottenburg

Mit 292 Textabbildungen

Berlin
Verlag von Julius Springer
1932

ISBN-13: 978-3-642-89358-2   e-ISBN-13: 978-3-642-91214-6
DOI: 10.1007/978-3-642-91214-6

Vorwort.

Der Ferromagnetismus der Metalle und Legierungen und seine praktische Ausnutzung in Dynamomaschinen und Transformatoren, in Meßinstrumenten und Apparaten bildet eine der Grundlagen der Elektrotechnik. Man sollte daher annehmen, daß bei diesen so häufig gebrauchten Stoffen die Beziehungen zwischen ihrem magnetischen Verhalten und ihrer Konstitution auf das gründlichste erforscht seien. Dem ist aber keineswegs so, sondern trotz einer großen Menge von Einzeluntersuchungen ist unser wirklicher Überblick über dieses Gebiet der Metallkunde erst klein und das Fehlen einer Systematik in seiner Bearbeitung hat sich längst erschwerend bemerkbar gemacht.

Für diese Eigentümlichkeit ist nicht zuletzt die wissenschaftliche Lage des Forschungsgebietes als eines ausgesprochenen Grenzgebietes zwischen den verschiedensten Disziplinen, wie Hüttenkunde, Physik, Chemie und Elektrotechnik, verantwortlich zu machen. Sie hat es bewirkt, daß manche der magnetischen Legierungen zwar gründlich erforscht sind vom rein magnetischen Standpunkt, sehr wenig dann aber in ihren metallographischen Beziehungen und umgekehrt. Nun ist aber der Ferromagnetismus so vielfältig und so enorm abhängig von dem Aufbau der Legierungen, daß diese Zusammenhanglosigkeit der Untersuchungen notwendigerweise nicht ohne Rückwirkung auf die Entwicklung des Wissensgebietes bleiben konnte. Alle diese Umstände spiegeln sich auch im Schrifttum wieder. An ausgezeichneten Lehr- und Handbüchern einmal über die Erscheinungen des Ferromagnetismus und ein andermal etwa über das Eisenhüttenwesen ist kein Mangel, doch gibt es keine zusammenfassende Darstellung des Gebietes der ferromagnetischen Werkstoffe, und derjenige, der beruflich mit ihnen zu tun hat, ist immer wieder auf die wegen ihrer Zerstreutheit oft schwer zu erfassenden Originalarbeiten der verschiedenen Disziplinen angewiesen.

Das vorliegende Buch hat sich nun die Aufgabe gestellt, die Eigenschaften der ferromagnetischen Stoffe, insbesondere derjenigen, die im gewerblichen Gebrauch sind oder dafür in Aussicht genommen sind, in Zusammenhang mit ihrem physikalisch-chemischen Wesen, ihrem inneren Aufbau und ihrer praktischen Verwendung zu schildern. Es wendet sich dabei an den Hütteningenieur als Hersteller, den Physiker oder Chemiker als Forscher und den Elektrotechniker als Verbraucher und Konstrukteur und will versuchen — soweit dies eben möglich ist bei dem gegenwärtigen Stand der Erkenntnis — einen kritisch gesichteten Überblick über die Faktoren zu geben, die auf den Ferromagnetismus der Stoffe von Einfluß sind.

Im Gegensatz zu den schon vorhandenen Lehrbüchern des Ferromagnetismus sollte dabei der technische Gesichtspunkt soweit wie möglich in den Vordergrund gestellt werden, und aus diesem Grunde haben auch die vielfachen Theorien des Ferromagnetismus in dem vorliegenden Buche absichtlich keine Erwähnung gefunden. Ziel und Wunsch war es jedoch, einmal durch möglichste Vereinheitlichung des Gedankenganges sowohl demjenigen von Nutzen zu sein, der an den allgemeinen Problemen Interesse hat und selbständig weiterarbeiten will, als auch durch möglichste Unterteilung des Stoffes gemäß den verschiedenen technischen Anwendungsgebieten sowie umfangreiche Benutzung von Tabellen und graphischen Darstellungen auch dem unmittelbaren Betriebsmann, der über eine einzelne Frage Auskunft sucht, in möglichst abgeschlossener Form erschöpfend Auskunft geben zu können.

Es sei gestattet, einiges über Ursprung und Gliederung des Buches zu sagen.

Das Buch ist entstanden aus einem Manuskript von W. S. Messkin, das alle wesentlichen Gesichtspunkte bereits enthielt, dessen Darstellung sich jedoch hauptsächlich an praktische Stahlwerker und Elektrotechniker richtete. Auf den Rat von Prof. Dr. E. Gumlich †, dem hochgeschätzten Altmeister der wissenschaftlich-technischen Erforschung des Magnetismus, wurde dieses Manuskript dann von dem Zweitgenannten umgearbeitet und durch Hinzufügung von Abschnitten, insbesondere physikalisch-chemischen Inhalts, erweitert. Sinn dieser Bearbeitung war es, durch noch betontere Heraushebung der Probleme des Ferromagnetismus als eines Ganzen das Buch zu einer möglichst zusammenfassenden Darstellung des Gesamtgebietes der ferromagnetischen Legierungen und damit gewissermaßen zu einem Lehrbuch des praktischen Magnetismus zu gestalten. Eine günstige Gelegenheit ermöglichte es Verfasser und Bearbeiter, in engste persönliche Fühlungnahme zu treten und in gemeinsamen Aussprachen die wichtigsten Probleme zu diskutieren. Eine besondere Kenntlichmachung der von dem Bearbeiter zugefügten Teilabschnitte — insgesamt von etwa 6 Bogen — ist nicht vorgesehen.

Der gedanklichen Gliederung nach zerfällt das Buch in drei Teile. Die Verschiedenheit des Leserkreises, für den die Arbeit bestimmt war, erforderte zunächst eine kurze Einleitung in die Grundlagen der sich berührenden Wissensgebiete. Die ersten einleitenden Kapitel bringen daher die Lehre vom Magnetismus (Kap. II), die Grundzüge der Metallphysik und der Legierungskunde (Kap. IV, 1), die Kennzeichnung der technologischen Eigenschaften (Kap. VI) und die Meß- und Behandlungsmethoden (Kap. III). Aus der persönlichen Erfahrung heraus, wie schwer gerade sehr oft dem Nichtmagnetiker das Eindringen in den magnetischen Fragenkomplex fällt, wurde bei aller notwendigen Strenge der Formulierung besonderer Wert darauf gelegt, die Grundbegriffe des Magnetismus möglichst allgemeinverständlich darzustellen. Die absoluten Meßverfahren sind weiterhin nur kurz erwähnt, dagegen sind die für die Technik wichtigen Apparate und Methoden sowie Formeln und Regeln, die für die Berechnung und Behandlung von Nutzen sind, ausführlich besprochen und in einzelnen Fällen auch ökonomische Erwägungen ausgeführt. Die Behandlung der Grundlagen der Metallkunde schließt an das System Eisenkohlenstoff an. Der sinngemäß zweite Teil (Kap. IV, 2—6) befaßt sich mit der Darstellung der Gesetzmäßigkeiten zwischen chemischer Konstitution und magnetischen Eigenschaften und bringt an Hand der Zustandsdiagramme einen Gesamtüberblick über die bisher untersuchten ferromagnetischen Legierungssysteme sowie eine Reihe von Abschnitten über den Einfluß der Temperatur, der Wärmebehandlung und der elastischen und plastischen Beanspruchung auf das magnetische Verhalten. Der dritte und Hauptteil des Buches (Kap. VII bis IX) ist dann der Besprechung der heute in der Technik verwendeten Legierungen, ihrer thermischen und mechanischen Behandlung gewidmet und sucht also die Frage zu beantworten: Welche Stoffe stehen uns für die verschiedenen Anwendungszwecke zur Verfügung und wie muß man sie zweckmäßig legieren und behandeln, um technisch gewünschte Eigenschaften zu erreichen.

Ein besonderes Kapitel „Magnetische Analyse" (Kap. V) befaßt sich mit der Anwendung magnetischer Messungen bei metallkundlichen Untersuchungen und zur Betriebskontrolle und Fehlerprüfung. Ein weiterer Abschnitt (Kap. X) ist schließlich den Grundlagen des in den Stahl- und Walzwerken üblichen Arbeitsganges bei der Herstellung und Weiterverarbeitung der magnetischen Legierungen gewidmet.

Ein Wort ist an dieser Stelle vielleicht noch zu verlieren über die Bezeichnung der magnetischen Größen. Auf internationalen Beschluß wurde im Jahre 1930 als Einheit der Feldstärke an Stelle des bisher üblichen „Gauß" der Name „Oersted" eingeführt. Dieser Name ist im Text des Buches auch überall verwendet worden, doch ließ sich dies nicht bei den Abbildungen durchführen, deren Klischees zum Teil bereits fertiggestellt, zum Teil aus anderen Originalarbeiten entnommen waren, so daß sich also hier meistens noch die alte Bezeichnung findet.

Zum Schluß fühlt sich der Verfasser verpflichtet, auch an dieser Stelle dem Institut für Metallforschung in Leningrad, das ihm während der ganzen letzten Jahre die Möglichkeit zur Durchführung von Untersuchungen gegeben hat, den tiefsten Dank auszusprechen. Auch dem Institut für Maschinenbau (früher Technologisches Institut) in Leningrad sei für die Hilfe bei den Literaturangaben bestens gedankt.

Leningrad, Mai 1932   Berlin-Charlottenburg, Mai 1932

Der Verfasser   Der Bearbeiter

W. S. Messkin.   **A. Kußmann.**

Inhaltsverzeichnis.

I. Einleitung.

Ferromagnetismus findet sich nach unserer heutigen Kenntnis bei den Metallen Eisen, Kobalt und Nickel, ihren Legierungen und Verbindungen und schließlich noch in einigen Legierungssystemen der beiden Elemente Mangan und Chrom. Von der Gesamtheit aller dieser Stoffe haben in magnetischer Beziehung nur einige wenige für die verschiedensten Zwecke und auf den verschiedensten Gebieten technische Bedeutung erlangt und mit ihnen werden wir uns besonders zu beschäftigen haben. Diese gewerblich gebrauchten Legierungen werden je nach dem Anwendungszweck gewöhnlich in drei Hauptgruppen eingeteilt, und diese Einteilung ist auch in dem vorliegenden Buch beibehalten worden, nämlich in

1. Magnetstähle, d. h. Werkstoffe, die zur Herstellung von Dauermagneten geeignet sind.

2. Magnetisch weiche Materialien zur Verwendung im Elektromaschinen- und Transformatorenbau.

3. Sonderlegierungen. Hierzu rechnen etwa diejenigen mit hoher Anfangspermeabilität (z. B. Permalloy), mit besonderer Kurvenform (Perminvare), Temperaturabhängigkeit, Magnetostriktion, ferner Legierungen mit möglichst hohem Sättigungswert, und schließlich auch die sogenannten unmagnetischen Stähle.

Fragen wir nach den Bedingungen für die technische Brauchbarkeit eines magnetischen Materials, so ist diese Eignung in magnetischer Beziehung vor allem gegeben durch den Besitz von irgendwelchen Extremwerten, während Materialien mit zahlenmäßig nur mittleren Eigenschaften keine oder nur geringe Verwendung finden. Als solche gewünschten Eigenschaften kommen etwa in Betracht: möglichst hohe Werte von Remanenz und Koerzitivkraft, d. h. eine möglichst breite Hystereseschleife, dann möglichste Unempfindlichkeit dieser Werte gegen Alterung, Temperaturschwankungen und Erschütterungen; oder umgekehrt so klein wie mögliche Koerzitivkraft und Remanenz, d. h. verschwindender Hystereseverlust beim Ummagnetisieren und gleichzeitig auch hoher spezifischer elektrischer Widerstand, möglichst hohe Permeabilität, oder wieder möglichst konstante Permeabilität in bestimmten Feldstärkenbereichen usw. usw. Daneben werden an die magnetischen Werkstoffe aber auch bestimmte technologische und ökonomische Bedingungen gestellt. Zu diesen gehört etwa die Forderung nach hoher Festigkeit, guter Geschmeidigkeit, guter Bearbeitbarkeit, Unempfindlichkeit gegen Überschreitung der vorgeschriebenen Grenzen der Wärmebehandlung, mäßigem Ausschuß, leichter Herstellung, möglichst niedrigem Preis usw. und sehr oft sind bei der Wahl einer magnetischen Legierung daher ganz andere Gesichtspunkte maßgebend als rein magnetische Fragen.

Ist schon einzelnen der obigen Bedingungen schwer zu genügen, so komplizieren sich die Verhältnisse noch, wenn mehrere oder zum Teil einander widersprechende Eigenschaften verlangt werden. Jede dieser Forderungen aber kann bei einem bestimmten Werkstoff ausschlaggebend sein, und die späteren Ausführungen des Buches mögen zeigen, welche Eigenschaften bei den verschiedenen Legierungen überwiegen. Die Betrachtung der ursächlichen Zusammenhänge zwischen Aufbau und Verhalten wird uns dabei auch zu denjenigen Legierungsreihen führen, für die keinerlei technische Verwendung, sondern nur wissenschaftliches, theoretisches Interesse in Frage kommt, und zwar um uns Anhaltspunkte zu geben einmal über den Einfluß der verschiedensten Legierungszusätze und sodann über die Gesetzmäßigkeiten, die gerade hier oft in besonders einfacher Weise hervortreten.

II. Magnetische Eigenschaften.

1. Grundbegriffe.

Die Lehre von den magnetischen Erscheinungen zeigt dadurch eine gewisse Kompliziertheit, daß man den Zustand der Magnetisierung eines Körpers auf zwei verschiedene Arten darstellen kann, und zwar einmal mit Hilfe der Polarität, ein andermal unter Benutzung der Induktion. Dementsprechend gibt es zwei Reihen von Bezeichnungsweisen, von denen jede für bestimmte Gebiete besondere begriffliche und rechnerische Vorteile bietet.

Vom Standpunkt der Polarität aus gesehen denkt man sich den Magnetismus eines Körpers — etwa eines natürlichen oder künstlichen Stabmagneten — an zwei Punkten in der Nähe der Enden (den Polen) in Form von zwei gleich großen, aber mit entgegengesetztem Vorzeichen versehenen Belegungen oder Mengen $+m$ und $-m$ aufgehäuft. Sind m_1 und m_2 die Belegungen verschiedener Magnete, so ist die zwischen ihnen wirkende Kraft gegeben durch

$$f = \frac{m_1 \cdot m_2}{r^2} \text{ Dynen (Coulombsches Gesetz),}$$

wobei m_1 bzw. m_2 die Stärke der Belegungen (Polstärke) und r die gegenseitige Entfernung bedeutet. Die Kraft wird also $= 1$, wenn $m_1 = m_2 = 1$ und r ebenfalls $= 1$ gesetzt werden; die magnetische

Menge $m = 1$ (Einheitspol) ist im C.G.S.-System diejenige, die eine gleichstarke, in der Entfernung 1 cm befindliche Menge mit der Kraft von 1 Dyn anzieht oder abstößt.

Streng genommen haben wir es niemals mit Einzelpolen, sondern immer nur mit Polpaaren zu tun. Ist der gegenseitige Abstand der beiden Pole eines Magneten, welche die Stärke m haben sollen, gleich l, so ist die ponderomotorische Wirkung des Magneten als Ganzes proportional dem Produkt dieser beiden Werte. Diese Größe

$$M = m \cdot l,$$

d. h. Polstärke $\times$ Polabstand, wird das magnetische Moment des Körpers genannt. Es ist der allgemeinste Ausdruck zur Kennzeichnung der Polarisation.

Den Raum in der Umgebung eines magnetischen Moments nennen wir ein magnetisches Feld. Das Feld wird gekennzeichnet durch die magnetische Feldstärke $\mathfrak{H}$, d. h. durch die mechanische Kraft, die an der betreffenden Stelle auf einen isoliert gedachten Einheitspol ausgeübt wird. Die Einheit des absoluten Betrages der Feldstärke führte bisher den Namen „Gauß"; auf internationalen Beschluß[1] hat man ihr jedoch seit dem Jahre 1930 die Bezeichnung „Oersted" beigelegt.

Richtung und Stärke eines Feldes lassen sich in bekannter Weise durch Kraftlinien versinnbildlichen. Dabei gibt die Tangente an die Kraftlinie die Richtung des Feldes an, während der absolute Betrag der Feldstärke durch die Kraftliniendichte ausgedrückt wird, d. h. durch die Zahl der Linien, die durch eine senkrecht zur Kraftlinienrichtung stehende Fläche pro Flächeneinheit hindurchtreten. Die Feldstärke $\mathfrak{H} = 1$ Oersted ist somit gleichbedeutend mit einer Kraftlinie pro Quadratzentimeter und die Gesamtzahl der Linien durch eine Fläche q bei der Feldstärke $\mathfrak{H}$ ist gleich dem Produkt aus der Feldstärke und der durchsetzten Fläche. Sie wird als der Kraftfluß $\Phi = q\mathfrak{H}$ durch diese Fläche bezeichnet.

Die zweite Möglichkeit der begrifflichen Ableitung der magnetischen Erscheinungen beruht auf den wechselseitigen Beziehungen zwischen Magnetismus und elektrischen Strömen. Es sei hier erinnert, daß ein jeder stromführender elektrischer Leiter von einem zirkularen Magnetfeld umschlossen ist. Wickelt man einen solchen Draht zu einer Spule auf, deren Länge groß ist im Verhältnis zum Durchmesser, so herrscht im Inneren ein axiales Feld, dessen Stärke gegeben ist durch die Gleichung

$$\mathfrak{H} = \frac{0,4\,\pi N i}{l} \quad \text{(Oersted)}.$$

---

[1] Vgl. ETZ **51**, 1350 (1930); Ann. Physik **8**, 1 (1931).

Dabei bedeuten

N die Gesamtwindungszahl der Spule,
l die Länge der Spule in cm,
i die Stromstärke in Ampere.

Bezeichnet man die Windungszahl pro Zentimeter Länge mit $n = \dfrac{N}{l}$, so geht die obige Gleichung in die Form über

$$\mathfrak{H} = 0{,}4\,\pi\,n\,i \ \text{(Oersted)}.$$

Die Größe $n \cdot i$ dieses Ausdrucks, also das Produkt aus der Windungszahl pro Zentimeter und der Stromstärke in Ampere wird in der Technik vielfach aus Bequemlichkeitsgründen als ein besonderes Maß der Feldstärke benutzt und **Amperewindungszahl für 1 cm (AW/cm)** genannt. Zur Umrechnung in die absoluten Größen der Feldstärke gelten die Beziehungen

$$1 \ \text{Oersted} = 0{,}796 \ \text{AW/cm}; \quad 1 \ \text{AW/cm} = 1{,}256 \ \text{Oersted}.$$

Haben wir bisher die Feldstärke als eine Wirkung von Magneten bzw. elektrischen Strömen kennen gelernt, so wollen wir jetzt den umgekehrten Fall, d. h. die physikalische Zustandsänderung der Stoffe in einem Magnetfeld betrachten. Bringt man nämlich einen beliebigen Körper, etwa ein Stück Eisen, in das magnetische Feld, so wird er magnetisiert und zeigt dann temporär alle Eigenschaften eines permanenten Magneten. Die erlangte Magnetisierbarkeit hängt ab von der Stärke des Feldes, von der Form des Körpers und von den besonderen Materialeigenschaften. Gemäß Obigem kann man auch diese Erscheinung von zwei Seiten aus darstellen.

Stellen wir uns auf den Standpunkt der Polarität, so läßt sich das Feld als Ursache auffassen, das in dem Körper — als Wirkung — eine Polarisation der Volumenelemente, d. h. das Auftreten von magnetischen Belegungen hervorruft. Der Körper erlangt also unter dem Einfluß des Feldes eine bestimmte Polstärke m und entsprechend seiner Länge l ein magnetisches Moment $M = m \cdot l$. Das auf die Volumeneinheit bezogene magnetische Moment, also das Gesamtmoment M, dividiert durch das Volumen v des Körpers[1]

$$J = \frac{M}{v}$$

---

[1] Die chemische Literatur bezieht statt dessen das magnetische Moment fast allgemein auf die Masseneinheit der Körper. Man erhält dann den spezif. Magnetismus σ als das Moment pro Gramm der Substanz und gleich dem Quotienten aus der Magnetisierungsintensität und der Dichte $\left(\sigma = \dfrac{J}{d}\right)$. Unter der Massensuszeptibilität χ versteht man wie oben das Verhältnis des spezifischen Magnetismus zu der erzeugenden Feldstärke. Sie ist ebenso gleich der Volumsuszeptibilität dividiert durch die Dichte d des Körpers $\left(\chi = \dfrac{\varkappa}{d}\right)$. Als Mole-

bezeichnet man als „Intensität der Magnetisierung" oder kurz auch als Magnetisierung. Das Verhältnis der in dem Körper jeweils vorhandenen Magnetisierungsintensität J zu der erzeugenden Feldstärke $\mathfrak{H}$ wird die magnetische Suszeptibilität $\varkappa$ des Körpers genannt. Es ist also

$$\varkappa = \frac{J}{\mathfrak{H}}\,.$$

Die Suszeptibilität ist für das Vakuum $= 0$ (d. h. im leeren Raum gibt es keine Magnetisierung), für alle materiellen Körper dagegen von Null verschieden.

Unter dem Bilde der Kraftlinien ausgedrückt ist der magnetisierte Körper also der Ausgangspunkt eines neuen zusätzlichen Kraftfeldes geworden, und zwar entspricht der Magnetisierungsintensität 1, d. h. der Polstärke 1 pro Quadratzentimeter das Entstehen von 4π neuen Kraftlinien (Magnetisierungslinien). Diese Linien verlaufen im Innenraum den erzeugenden Feldlinien parallel, treten an den Enden des Körpers aus der Oberfläche aus und schließen sich in der Luft wieder.

Man kann aber auch zweitens eine ganz andere Betrachtungsweise durchführen. Sie geht davon aus, daß für eine ganze Reihe von Erscheinungen nicht die in dem Körper entstandene Magnetisierung, sondern die Summe von Feld und Magnetisierung die maßgebende Größe ist. Insbesondere hat es die Elektrotechnik bei der praktischen Berechnung und Anwendung ihrer Maschinen immer mit der Summe von Feld- und Magnetisierungslinien zu tun und bezeichnet daher beide gemeinsam im Inneren eines Körpers als Induktionslinien. Betrachten wir somit die Gesamtzahl aller Kraftlinien, so können wir uns ferner vorstellen, daß der Kraftlinienstrom in den verschiedenen, in ein Feld eingebrachten Körpern deswegen verschieden ist, weil die einzelnen Stoffe eine verschiedene Leitfähigkeit für die Kraftlinien besitzen. Daraus ergeben sich folgende Definitionen:

Der Induktionsfluß Φ, d. h. die Gesamtzahl der Kraftlinien durch eine Fläche q im Inneren eines Körpers[1] ist gegeben durch

$$\Phi = \mu \cdot q \cdot \mathfrak{H}\,,$$

wobei $\mathfrak{H}$ die Feldstärke und μ einen Proportionalitätsfaktor bedeutet, der die größere oder geringe Durchlässigkeit des Materials für die Induktionslinien im Vergleich zum leeren Raum angibt.

Die Dichte der Induktionslinien, d. h. die Zahl der Linien durch den Quadratzentimeter des Körpers, wird Induktion $\mathfrak{B}$ genannt. Es

---

kularsuszeptibilität χ_m bzw. Atomsuszeptibilität χ_a bezeichnet man schließlich das Produkt aus Massensuszeptibilität und Molekular- oder Atomgewicht.

[1] Der Induktionsfluß wird in Maxwell gemessen und gibt zugleich das Integral der EMK an, die beim Entstehen oder Verschwinden des Feldes und der Magnetisierung in einer das Material eng umschließenden Windung induziert wird.

ist also

$$\mathfrak{B} = \frac{\Phi}{q},$$

wenn q den Querschnitt des Körpers bedeutet. Die Induktion wird in Gauß gemessen.

Der Proportionalitätsfaktor μ, für den gilt

$$\mathfrak{B} = \mu \mathfrak{H}$$

heißt die Permeabilität des betreffenden Materials. Er ist für das Vakuum $= 1$ (d. h. hier fallen Induktions- und Feldlinien zusammen), für alle materiellen Körper aber von Eins verschieden.

Auf welche Weise man das magnetische Verhalten der einzelnen Stoffe ausdrückt, ob durch die Magnetisierungsintensität J (magnetisches Moment der Volumeneinheit) oder durch Induktion $\mathfrak{B}$ (Kraftfluß pro Quadratzentimeter), ist an sich gleichgültig. Beide Größen sind durch die grundlegende Beziehung

$$\mathfrak{B} = 4\pi J + \mathfrak{H}$$

miteinander verknüpft, die eben bedeutet, daß die Induktion als die Summe von Magnetisierungs- und Feldlinien aufzufassen ist. In gleicher Weise gilt für die Permeabilität $\mu = \dfrac{\mathfrak{B}}{\mathfrak{H}}$ und die Suszeptibilität $\varkappa = \dfrac{J}{\mathfrak{H}}$ die Umrechnungsformel:

$$\mu = 4\pi\varkappa + 1,$$

bzw.

$$\varkappa = \frac{\mu - 1}{4\pi}.$$

Es ist jedoch für alle theoretischen Überlegungen die Benutzung von J und $\varkappa$ etwas zweckmäßiger und auch bei permanenten Magneten, insbesondere Stabmagneten, rechnet man gern mit dem magnetischen Moment, daß uns hier die durch die Messung unmittelbar gegebene Größe ist. Umgekehrt wird die Elektrotechnik wohl immer mit Vorteil die Schreib- (und auch die Denk-) weise in $\mathfrak{B}$ und μ benutzen, und auch in dem vorliegenden Buche werden wir in der Hauptsache davon Gebrauch machen.

Eine der hauptsächlichsten rechnerischen Anwendungen, die Gleichung des magnetischen Kreises, sei im folgenden kurz angegeben: In einer gleichmäßig bewickelten, ringförmigen Spule von der Gesamtwindungszahl N, der Länge l und dem Querschnitt q, die vom Strom i Ampere durchflossen wird, ist der Kraftfluß bestimmt durch $\Phi = \dfrac{0{,}4\,\pi\,N\,i\,q}{l}$. Füllen wir das Innere der Spule mit einem Ring von der Permeabilität μ aus, so wird dieser pollos magnetisiert, die Zahl der Kraftlinien nimmt um den Faktor μ zu und wir erhalten:

$$\Phi = \frac{0{,}4\,\pi\,N\,i \cdot q \cdot \mu}{l},$$

$$\Phi = \frac{0{,}4\,\pi\,N\,i}{\dfrac{l}{\mu \cdot q}}.$$

Die letzte Gleichung (Hopkinson 1886), deren Zähler $0,4\pi N i$ man als „Magnetomotorische Kraft"[1], deren Nenner $\dfrac{l}{\mu q}$, der ebenso wie der elektrische Widerstand von der Länge, dem Querschnitt und der Permeabilität des Materials abhängt, man als „magnetischen Widerstand" (Reluktanz) bezeichnet, steht nun in offensichtlicher, wenn auch nur formaler Analogie mit dem Ohmschen Gesetz für elektrische Ströme. Sie erlangt eine wesentliche Bedeutung vor allem dadurch, daß man bei nicht zu großer Streuung den magnetischen Widerstand eines Kreises, der aus Stücken von verschiedener Länge, verschiedenem Querschnitt und verschiedener Permeabilität besteht, additiv aus den einzelnen $\dfrac{l}{\mu \cdot q}$-Werten zusammensetzen kann.

$$\Phi = \frac{0,4\,\pi\,N\,i}{\dfrac{l_1}{\mu_1\,q_1} + \dfrac{l_2}{\mu_2\,q_2} + \cdots}.$$

Mit ihrer Hilfe lassen sich dann die Aufgaben des Dynamo- und Transformatorenbaus in einfacher Weise lösen, während eine Berechnung in $\mathfrak{H}$, J und $\varkappa$ zu erheblichen rechnerischen Schwierigkeiten führen würde. (Vgl. S. 17.)

Zum Schluß des Kapitels sei noch die Einteilung der Körper gemäß ihren magnetischen Eigenschaften besprochen. Man bezeichnet einen Körper als

Paramagnetisch, wenn seine Permeabilität größer ist als die des leeren Raumes ($\mu > 1$).

Diamagnetisch, wenn $0 < \mu < 1$. Entsprechend gilt für die Suszeptibilität $\varkappa$ bei paramagnetischen Körpern $\varkappa > 0$, bei diamagnetischen $\varkappa < 0$.

Die Differenz der Permeabilität gegenüber dem Wert 1 geht bei den para- und diamagnetischen Körpern gewöhnlich nicht über die Größenordnung $\frac{1}{10\,000}$ hinaus. Insbesondere gibt es keinen hohen Diamagnetismus und selbst bei dem stärksten Material dieser Gruppe, dem Element Wismut, beträgt μ noch 0,99982, d. h. wenig geringer als die Permeabilität des leeren Raumes. Die Magnetisierung der para- und diamagnetischen Substanzen ist ferner stets der Feldstärke proportional, d. h. die Permeabilität stellt eine Konstante dar, und das magnetische Verhalten ist durch Angabe dieser einen Zahl vollkommen charakterisiert.

Unter den paramagnetischen Stoffen fallen einige wenige, eben die hier zu betrachtenden ferromagnetischen Körper, durch ein abweichendes Verhalten heraus. Eine ganz strenge Definition des ferromagnetischen Zustandes läßt sich nicht geben, da eine scharfe Trennungslinie zwischen stark paramagnetischen und schwach ferromagnetischen Substanzen anscheinend nicht vorliegt. Man kann jedoch praktisch etwa folgendes sagen:

---

[1] Die magnetomotorische Kraft wird gemessen in „Gilbert"; 1 Gilbert pro cm (Gilbert/cm) ist zahlenmäßig identisch mit der Feldstärke $\mathfrak{H} = 1$ Oersted.

1. Die Permeabilität der ferromagnetischen Stoffe übertrifft die der paramagnetischen Substanzen um viele Zehnerpotenzen und liegt etwa in der Größenordnung 1 bis über 100000.

2. Die Magnetisierung ist in verwickelter Weise von der angelegten Feldstärke abhängig und erreicht als Funktion der Feldstärke schließlich einen Grenzwert.

3. Die Magnetisierung behält auch im allgemeinen für $\mathfrak{H} = 0$ einen endlichen Wert (Remanenz).

4. Mit zunehmender Temperatur nimmt der Ferromagnetismus ab und geht bei einer bestimmten Temperatur (Curiepunkt) in Paramagnetismus über.

2. Magnetisierungskurven.

Der Zusammenhang zwischen der Feldstärke $\mathfrak{H}$ und der Magnetisierungsintensität J bzw. der Induktion $\mathfrak{B}$ eines ferromagnetischen Körpers wird meistens graphisch in Form von Magnetisierungskurven dargestellt, in denen auf der Abszissenachse gewöhnlich die Werte von $\mathfrak{H}$, auf der Ordinate die Werte von $\mathfrak{B}$ bzw. J oder $4\pi J^* = \mathfrak{B} - \mathfrak{H}$ aufgetragen sind.

Die Grundform der Magnetisierungskurve ist die Nullkurve (Neukurve, früher auch jungfräuliche Kurve genannt), die man erhält, wenn man einen ferromagnetischen Körper von $\mathfrak{H} = 0$ und dem unmagnetischen, d. h. völlig entmagnetisierten Zustand ausgehend, einer allmählich wachsenden Feldstärke aussetzt. Das Schema einer solchen Nullkurve ist in Abb. 1 wiedergegeben — wobei der Gegenüberstellung halber auf der linken Hälfte der Abbildung als Ordi-

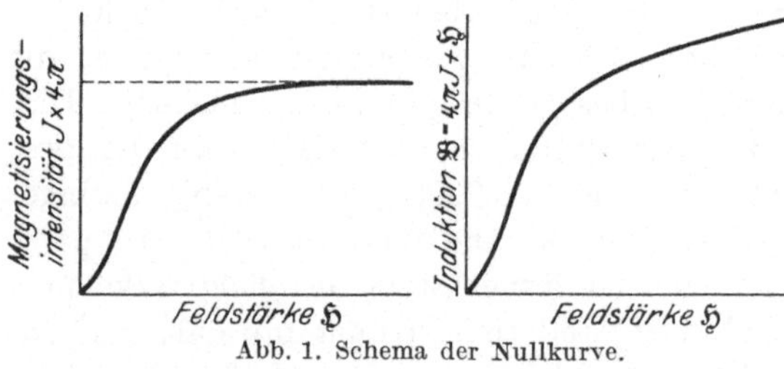

Abb. 1. Schema der Nullkurve.

naten die Werte $4\pi J$, rechts dagegen die Induktionen $\mathfrak{B} = 4\pi J + \mathfrak{H}$ aufgetragen sind — und läßt stets vier typische Abschnitte unterscheiden: Von $\mathfrak{H} = 0$ anfangend, steigt die Kurve mit einer endlichen Neigung auf, verläuft ein kurzes Stück nur wenig gekrümmt, es folgt dann eine Biegung, oberhalb deren sich die Magnetisierung sehr viel stärker mit der Feldstärke ändert und darauf biegt die Kurve noch-

---

* Gewöhnlich wird statt der Magnetisierungsintensität J die Größe $4\pi J = \mathfrak{B} - \mathfrak{H}$ angegeben, die sich von der Induktion $\mathfrak{B}$ nur durch den Summanden $\mathfrak{H}$ unterscheidet und daher eine schnelle Umrechnung der beiden Bezeichnungsweisen erlaubt.

mals um[1], um von nun an immer langsamer und langsamer zu steigen. Bei hohen Feldstärken[2] erreicht die Magnetisierungsintensität schließlich einen Höchstwert, über den hinaus keine Zunahme mehr auftritt. Die Kurve verläuft daher jetzt in gleichbleibendem Abstand von der $\mathfrak{H}$-Achse, der konstante Wert wird der **Sättigungswert der Magnetisierung** $4\pi J_\infty$ genannt, er ist jeweils eine charakteristische Konstante des betreffenden Materials.

Vollkommene Analogie zeigt für niedrige und mittlere Feldstärken die Kurve der Induktionen (Abb. 1 rechts), nur kann sich hier das Eintreten der Sättigung nicht durch ein Parallellaufen zur Abszissenachse bemerkbar machen, weil gemäß der Gleichung $\mathfrak{B} = 4\pi J + \mathfrak{H}$ jeder weiteren Zunahme der Feldstärke auch ein Zuwachs in $\mathfrak{B}$ entspricht. Bei hohen Feldern geht die $\mathfrak{B}/\mathfrak{H}$-Kurve daher in eine schräg im Koordinatensystem liegende Gerade über, aus der sich die Sättigung jedoch leicht errechnen läßt.

Ist jetzt ein Körper magnetisiert, und läßt man nach dem Erreichen eines Höchstwertes $\mathfrak{H}_{max}$ die Feldstärke wieder

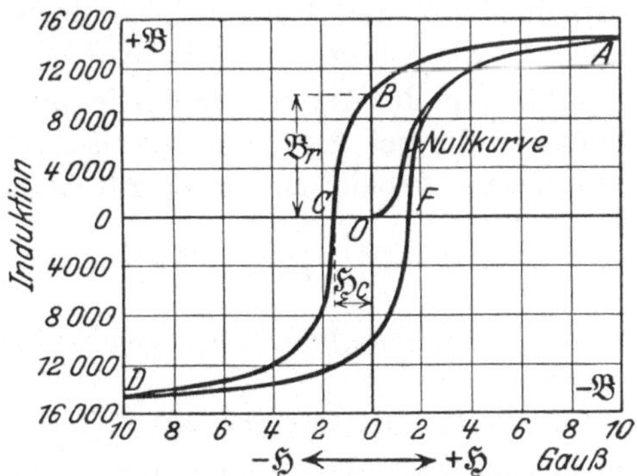

Abb. 2. Nullkurve und Hystereseschleife.

sinken, so nimmt auch die Induktion bzw. die Magnetisierungsintensität wieder ab, aber nicht in demselben Maße, wie sie auf der Nullkurve in Abb. 1 angestiegen war, sondern bedeutend schwächer, und wir erhalten den **absteigenden Ast** AB der Magnetisierungskurve (Abb. 2). Die für die Feldstärke $\mathfrak{H} = 0$ zurückbleibende Induktion $OB = \mathfrak{B}_R$ be-

---

[1] Die Lage dieses „Knies" (das bei weichem Eisen bei einer Feldstärke von etwa 2 bis 5 Oersted liegt), ist kein maßstabunabhängiges Kriterium, sondern verschiebt sich bei einer Änderung des Maßstabes in gewissen Grenzen. Die in der Elektrotechnik übliche Redeweise „unterhalb bzw. oberhalb des Knies arbeiten" besitzt daher, streng genommen, keinerlei physikalisch-geometrische Bedeutung. Vgl. M. Kohler: a. a. O.

[2] Die Feldstärke, bei der die Sättigung erreicht wird, ist bei den einzelnen Materialien sehr verschieden, und zwar gilt nach dem Annäherungsgesetz von Steinhaus und Gumlich [Arch. Elektrot. **4**, 89 u. 149 (1916)] $\dfrac{J}{J_\infty} = 1 - \dfrac{\mathfrak{H}_0}{\mathfrak{H}}$, wo $\mathfrak{H}_0 = \dfrac{J_\infty}{3\varkappa_0}$, d. h. die Annäherung ist der Anfangssuszeptibilität $\varkappa_0$ umgekehrt proportional. Während harter Stahl so Feldstärken von 8 bis 10000 Oe und darüber zur Sättigung benötigt, ist weiches Eisen schon bei etwa 2000 Oe, Nickel-Eisenlegierungen (Permalloy) schon bei 50 Oe praktisch vollkommen gesättigt. Über das Verhalten der Stoffe bei sehr hohen Feldstärken (bis 300000 Oe) vgl. Kapitza: Proc. Roy. Soc. London **131**, 224 (1931).

zeichnet man als (wahre) Remanenz. Um die Remanenz $\mathfrak{B}_R$ zu beseitigen, muß man die Richtung der Feldstärke umkehren, wodurch die Induktion entlang der Kurve BC weiter abnimmt, bis sie für ein bestimmtes negatives Feld $\mathfrak{H} = OC$ gleich Null wird. Diese Feldstärke OC ist die sogenannte Koerzitivkraft[1] $\mathfrak{H}_C$. Bei weiterem Anwachsen des Feldes bis zum (negativen) Höchstwert wird auch die Induktion negativ und zunehmend, bis sie für $-\mathfrak{H}_{max}$ einen Wert $-\mathfrak{B}_{max}$, der gleich $+\mathfrak{B}_{max}$ ist, erreicht. Verändert man die Feldstärke wieder im rückläufigen Sinne, d. h. von $-\mathfrak{H}_{max}$ über O weiter bis $+\mathfrak{H}_{max}$, so hat man einen vollständigen Zyklus beschrieben und erhält eine geschlossene Kurve, die sogenannte Hystereseschleife. Ihre Stücke CD und FA (die in den oberen Teilen mit der Nullkurve zusammenfallen), bezeichnet man als aufsteigenden Ast.

Die von der Hystereseschleife umrandete Fläche $\int \mathfrak{H}\, d\mathfrak{B}$ gibt ein Maß für die bei der Ummagnetisierung verbrauchte, d. h. in Wärme umgesetzte Arbeit, und zwar gilt beim einmaligen Durchlaufen:

$$A_B = \frac{1}{4\,\pi} \int \mathfrak{H}\, d\mathfrak{B} \;\; \text{Erg/cm}^3 \;\; (\text{Warburgsches Gesetz}).$$

Dieser Arbeitsverlust wird gewöhnlich als Hystereseverlust bezeichnet.

Nullkurve und Hystereseschleife[2] bilden zusammen das vollständige Magnetisierungsdiagramm eines Materials und gestatten die wesentlichen Eigenschaften für Gleichstrommagnetisierung abzulesen. Die individuellen Formen der Magnetisierungskurven sind nun für die verschiedenen Stoffe und auch für verschiedene Zustände ein und desselben Materials sehr verschieden (vgl. S. 108). Hauptsächlich wird dies, außer durch den verschiedenen Sättigungswert, vor allem durch die Verschiedenheit von Remanenz und Koerzitivkraft bedingt, die den Verlauf der Schleife in großen Zügen festlegen und deswegen auch als Kennwerte für die Hystereseschleife gelten können. Um einige Zahlen zu nennen, so beträgt der Sättigungswert beim reinen Eisen 21 600, bei Nickel nur noch etwa 6000 und nimmt bei den Legierungen auf ganz geringe Beträge ab. Die Remanenz beträgt gewöhnlich zwischen einem

---

[1] Die obige Definition ist nicht ganz streng, und zwar hat exakter das Verschwinden der Magnetisierungsintensität als Maßstab der erreichten Koerzitivkraft zu gelten. Praktisch ist dieser Unterschied in den meisten Fällen jedoch zu vernachlässigen, da nur bei sehr großen Werten von $\mathfrak{H}_C$ und schräger Lage der Schleife im Koordinatensystem Unstimmigkeiten auftreten können. — Über die ferner notwendige Voraussetzung, daß das Material vorher bis zur Sättigung magnetisiert war und daß die Abnahme des Feldes nicht in zu großen Sprüngen erfolgt, s. w. u.

[2] Da der obere und untere Teil der Hystereseschleife symmetrisch verlaufen, so genügt es in der graphischen Darstellung zumeist, die eine Hälfte anzugeben.

Drittel bis drei Viertel der Sättigungsmagnetisierung, während der Wert der Koerzitivkraft bei den verschiedenen Stoffen von Bruchteilen eines Zehntel Oersted bis zu mehreren Hundert Oersted schwanken kann.

Außer den genannten Magnetisierungskurven sind noch einige andere Kurven von Wichtigkeit:

Die Kommutierungskurve entsteht dadurch, daß man sich, von Null ausgehend, auf verschiedene Feldstärken einstellt, die Richtung des Feldes von $+ \mathfrak{H}$ auf $- \mathfrak{H}$ umkehrt und den zu diesem Sprung gehörigen (halben) Induktionsausschlag bestimmt. Die so erhaltene Kurve zwischen $\mathfrak{B}$ und $\mathfrak{H}$, die gewissermaßen den geometrischen Ort der Spitzen aller bei kleineren Feldstärken aufgenommenen Hystereseschleifen (s. Abb. 4) darstellt, stimmt in den meisten Fällen praktisch mit der Nullkurve überein.

Die ideale oder hysteresefreie Magnetisierungskurve entsteht durch

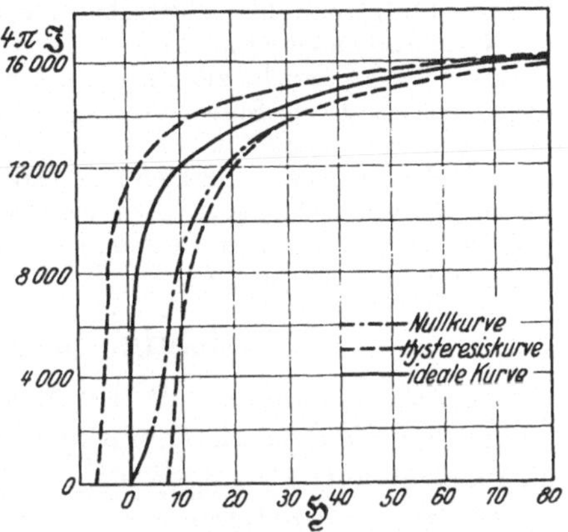

Abb. 3. „Ideale" Magnetisierungskurve.
(Nach Steinhaus und Gumlich.)

Überlagerung des jeweils magnetisierenden Gleichfeldes mit einem Wechselfeld allmählich abnehmender Amplitude. Durch diese Wechselmagnetisierung wird jedesmal der Einfluß der Hysterese beseitigt, so daß man unabhängig von der

magnetischen Vorgeschichte wird und die Werte der Kurve eine eindeutige Funktion der Feldstärke darstellen. Der Verlauf der idealen Kurve geht aus Abb. 3 hervor. Man erkennt, daß sie senkrecht vom Nullpunkt ansteigt, bei einem endlichen Wert von der Ordinatenachse abbiegt und ohne Inflexionspunkt in der Mitte zwischen aufsteigendem und absteigendem Ast verläuft.

Bei zyklischer Umkehr der Feldstärke nach nur schwacher Magnetisierung, d. h. bevor das Material seinen Sättigungswert erreicht hat, erhält man ebenfalls einen

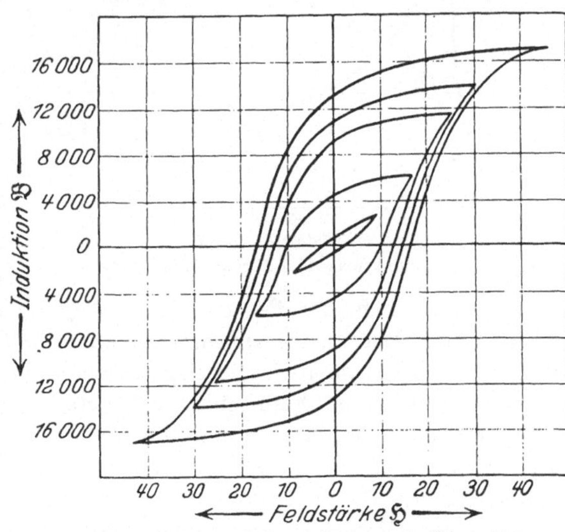

Abb. 4. Hysteresisschleifen bei verschieden hoher Magnetisierung.

für alle ferromagnetischen Stoffe typischen Verlauf von Hystereseschleifen. Er mag aus Abb. 4 hervorgehen, in der einige solche mit einer jeweils höheren Maximalfeldstärke aufgenommenen Kurven wiedergegeben sind: Bei niedrigen magnetisierenden Kräften sind die erhaltenen Schleifen sehr schmal — so daß eine

Hysterese manchmal nur schwer festzustellen ist —, nehmen dann mit wachsender Feldstärke an Höhe und Breite zu, wobei sie jedoch immer noch eine etwas eigentümlich langgestreckte Form aufweisen und gehen schließlich in einen Grenzwert über, eben die gewöhnliche Hystereseschleife, deren Kurvenzug auch bei weiterer Steigerung der Feldstärke immer wieder durchlaufen wird.

Nur die an dieser letzteren Kurve gemessenen Werte sind als Materialkonstanten anzusehen. Man spricht allerdings auch bei den kleinen Kurven in übertragenem, nicht ganz richtigem Sinne, von einer „Remanenz" und „Koerzitivkraft"; doch muß man bedenken, daß die so erhaltenen Werte keine Materialeigenschaften sind, sondern von der benutzten Maximalfeldstärke abhängen, ohne deren Angaben sie vollkommen wertlos sind. Über den Flächeninhalt dieser verschiedenen Schleifen, d. h. den Hystereseverlust in Abhängigkeit von der Maximalinduktion $\mathfrak{B}_{max}$, vgl. weiter unten S. 62 und 85.

3. Wichtige magnetische Größen.

Im Zusammenhang mit den Magnetisierungskurven seien nun noch einige Begriffe diskutiert, von denen der Magnetiker vielfach Gebrauch zu machen hat.

Die Permeabilität $\mu = \dfrac{\mathfrak{B}}{\mathfrak{H}}$ wird gewonnen als der Quotient je zweier in der Nullkurve zusammengehörigen Werte der Induktion $\mathfrak{B}$ und der Feldstärke $\mathfrak{H}$ (letztere ausgedrückt in Oersted, nicht in AW/cm) und wird in Abhängigkeit von $\mathfrak{B}$ oder von $\mathfrak{H}$ ebenfalls meist graphisch dargestellt. Eine Kurve dieser Art, die sogenannte Permeabilitätskurve, ist in Abb. 5 wiedergegeben.

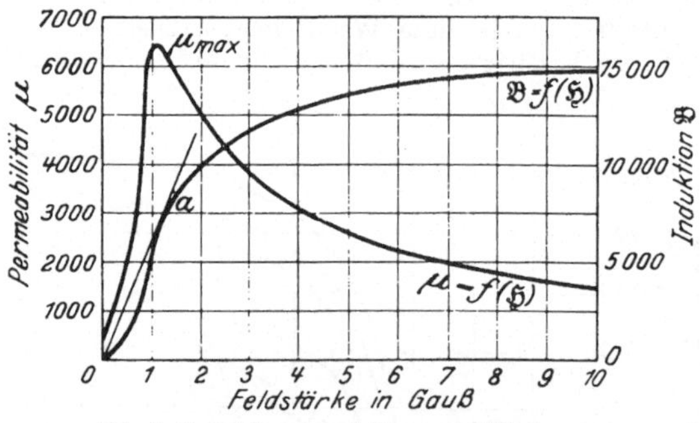

Abb. 5. Induktions- und Permeabilitätskurve.

Die Permeabilitätskurve beginnt stets mit einem endlichen Wert, der Anfangspermeabilität μ_0, d. h. der Permeabilität $\mathfrak{B}/\mathfrak{H}$ für $\mathfrak{B}=0$ und $\mathfrak{H}=0$. Der zahlenmäßige Betrag der Anfangspermeabilität ist bei den verschiedenen Stoffen sehr verschieden und liegt gewöhnlich in der Größenordnung von einigen Hundert, kann aber auch 10000 und mehr erreichen. Nach einem kleinen Abschnitt, in dem die μ-Kurve nur wenig gekrümmt verläuft (entsprechend dem ebenfalls anfangs fast geradlinigen Anstieg der Induktion mit der Feldstärke), steigt sodann die Permeabilität mit zunehmender Feldstärke auf einer nach oben konkaven Kurve an, erreicht ein mehr oder minder flaches Maximum[1] (Maximalperme-

---

[1] Eine hinreichende Bestimmung der Maximalpermeabilität bei gegebener Nullkurve ergibt sich aus der graphischen Methode, indem man von dem Punkt 0 aus an die Nullkurve die Tangente legt. Ihr Berührungspunkt a mit der Kurve

abilität $\mu_{\max}$) und sinkt dann allmählich wieder ab, um sich für hohe Feldstärken asymptotisch dem Werte 1 zu nähern.

Der Verlauf der Permeabilitätskurve und insbesondere die Höhe des Maximums ist, wie leicht ersichtlich, ein gewisses Maß für den magnetischen Charakter des betreffenden Materials. Je höher nämlich die Permeabilität ist, desto höher ist bei gleicher Feldstärke die Induktion, d. h. einen desto steileren Verlauf weist die Nullkurve auf. Eine steile Nullkurve ist aber meistens wieder vergesellschaftet mit einer schmalen Hystereseschleife, und somit besitzt ein Material mit einer hohen Maximalpermeabilität gewöhnlich auch eine hohe Remanenz, eine kleine Koerzitivkraft und einen geringen Hystereseverlust. Stoffe dieser Art werden im Sprachgebrauch als leicht magnetisierbar oder auch als magnetisch weich bezeichnet. Umgekehrt kommt einem Material mit einer geringen Permeabilität eine schräge Nullkurve zu, die wieder meistens einer breiten Hystereseschleife entspricht (magnetisch hart).

E. Gumlich[1] hat auf Grund umfangreichen Zahlenmaterials einige einfache und vielfach gebrauchte Annäherungsformeln über den Zusammenhang zwischen der Maximalpermeabilität, der Remanenz und der Koerzitivkraft hergeleitet. Danach gilt für die Höhe des Maximus

$$\mu_{\max} = \frac{1}{2}\frac{\mathfrak{B}_R}{\mathfrak{H}_c},$$

d. h. die Maximalpermeabilität ist der Remanenz direkt, der Koerzitivkraft umgekehrt proportional. Für Überschlagsrechnungen kann diese Formel ausgezeichnete Dienste leisten. Sie gilt streng jedoch nur für Materialien mit sehr kleinem Werte von $\mathfrak{H}_c$, wogegen bei höheren Werten ein anderer Koeffizient gewählt werden muß, der selber wieder von der Koerzitivkraft abhängt. Eine genauere Formel lautet:

$$\mu_{\max} = (0{,}476 + 0{,}00568\,\mathfrak{H}_c)\frac{\mathfrak{B}_R}{\mathfrak{H}_c}.$$

Zwischen den beobachteten und den nach dieser Formel berechneten Werten haben Gumlich und Schmidt bei Materialien bis zu einer Koerzitivkraft von 27,5 Oersted nur Abweichungen von höchstens 5 % aufgezeigt. W. S. Messkin[2] hat diese Formel nochmals erweitert und folgende Beziehungen aufgestellt:

$$\mu_{\max} = 0{,}5\frac{\mathfrak{B}_r}{\mathfrak{H}_c} \qquad \text{für} \quad \frac{\mathfrak{B}_r}{\mathfrak{H}_c} \text{ kleiner als } 4000;$$

$$\mu_{\max} = \frac{2}{3}\left[\frac{\mathfrak{B}_r}{\mathfrak{H}_c} - 4000\right] + 2000 \qquad \text{für} \quad \frac{\mathfrak{B}_r}{\mathfrak{H}_c} \text{ zwischen } 4000 \text{ und } 7000;$$

$$\mu_{\max} = 0{,}235\left[\frac{\mathfrak{B}_r}{\mathfrak{H}_c} - 7000\right] + 4000 \qquad \text{für} \quad \frac{\mathfrak{B}_r}{\mathfrak{H}_c} \text{ größer als } 7000,$$

bis etwa 25000.

(vgl. Abb. 5) entspricht der Stelle von $\mu_{\max}$, deren Wert dann durch Dividieren der Ordinate $\mathfrak{B}\mu_{\max}$ durch die Abszisse $\mathfrak{H}\mu_{\max}$ des Punktes a leicht gefunden wird.

[1] Gumlich, E., u. E. Schmidt: ETZ **32**, 697 (1901).

[2] Mitt. a. d. Inst. f. Metallforsch. in Leningrad (russ.) Lfg. **12** (1930).

Die Feldstärke, die der Maximalpermeabilität entspricht, liegt bei fast allen Stoffen bei dem 1,35fachen der Koerzitivkraft

$$\mathfrak{H}\,\mu_{\max} = 1,35\,\mathfrak{H}_c\,.$$

Genauer gelten nach W. S. Messkin[1] die folgenden Werte:

$\mathfrak{H}\,\mu_{\max} = 1,2\,\mathfrak{H}_c$ für $\mathfrak{H}_c$ kleiner als 10 Oersted;

$\mathfrak{H}\,\mu_{\max} = 12 + 2,24\,[\mathfrak{H}_c - 10]$ für $\mathfrak{H}_c$ zwischen 10 und 22,5 Oersted;

$\mathfrak{H}\,\mu_{\max} = 40 + 0,97\,[\mathfrak{H}_c - 22,5]$ für $\mathfrak{H}_c$ zwischen 22,5 und 40 Oersted;

und

$\mathfrak{H}\,\mu_{\max} = 1,2\,\mathfrak{H}_c + 9$ für $\mathfrak{H}_c$ größer als 40 Oersted (bis 80 Oersted).

Da die Beziehung zwischen $\mathfrak{H}\mu_{\max}$ und $\mathfrak{H}_c$ weiter unten der Betrachtung von ungleichmäßigen Materialien eine wichtige Rolle spielt, so seien hier noch die Formeln für den umgekehrten Übergang angegeben:

$$\mathfrak{H}_c = \frac{\mathfrak{H}\,\mu_{\max}}{1,2} \qquad \text{für} \quad \mathfrak{H}\,\mu_{\max} \text{ kleiner als 12 Oersted;}$$

$$\mathfrak{H}_c = \frac{\mathfrak{H}\,\mu_{\max} + 10,4}{2,24} \qquad \text{für} \quad \mathfrak{H}\,\mu_{\max} \text{ zwischen 12 und 40 Oersted;}$$

$$\mathfrak{H}_c = \frac{\mathfrak{H}\,\mu_{\max} - 18,2}{0,97} \qquad \text{für} \quad \mathfrak{H}\,\mu_{\max} \text{ zwischen 40 und 57 Oersted;}$$

und

$$\mathfrak{H}_c = \frac{\mathfrak{H}\,\mu_{\max} - 9,0}{1,2} \qquad \text{für} \quad \mathfrak{H}\,\mu_{\max} \text{ größer als 57 (bis 105) Oersted.}$$

Auch zur Ermittlung von $\mathfrak{B}\,\mu_{\max}$, d. h. der Induktion, bei der die Maximalpermeabilität liegt, gibt es nach Gumlich[2] eine Näherungsformel, die die Berechnung gestattet, ohne daß die Permeabilitätskurve selber aufgenommen zu werden braucht. Sie lautet:

$$\mathfrak{B}\,\mu_{\max} = 1,3\,(0,476 + 0,0057\,\mathfrak{H}_c) \cdot \mathfrak{B}_r\,.$$

Die Abweichung der nach der letzten Formel berechneten Werte von den beobachteten beträgt nach Gumlich zwischen 2 und 4%; nur für Gußeisen, das eine niedrige Remanenz (4230) besitzt, ist die Abweichung etwa 6%. Bei weichen Materialien, wo das zweite Glied $0,0057\,\mathfrak{H}_c$ des Faktors in der Klammer klein ist, kann die Formel noch vereinfacht werden in:

$$\mathfrak{B}\,\mu_{\max} = 0,62\,\mathfrak{B}_r\,.$$

Für harte Materialien (Gußeisen, Stahl) empfiehlt es sich dagegen stets, die vollständige Formel zu benutzen.

Der reziproke Wert der Permeabilität $\dfrac{1}{\mu} = \dfrac{\mathfrak{H}}{\mathfrak{B}}$ wird in der englischen und amerikanischen Literatur als Reluktivität bezeichnet. Für ihn gelten die umgekehrten Beziehungen wie für die Permeabilität, d. h. ein Material ist magnetisch um so weicher, je kleiner die Reluktivität ist. Abb. 6 zeigt die Reluktivität eines weichen Eisens (dasselbe wie Abb. 5), in Abhängigkeit von der Feldstärke aufgetragen. Man erkennt, daß oberhalb des Minimalwertes von $\dfrac{1}{\mu}$ die Reluktivität in

---

[1] Mitt. a. d. Inst. f. Metallforsch. in Leningrad (russ.) Lfg. 12 (1930).
[2] Gumlich, E : EZT 44, 81 (1923).

weiten Grenzen der Feldstärke proportional ist; die Kurve läßt sich daher in diesem Bereich angenähert durch die Gleichung einer Geraden

$$\frac{1}{\mu} = a + b\,\mathfrak{H}$$

darstellen, welche Formel[1] zuerst von Frölich (1882) angegeben worden ist. Die Konstante a dieser Gleichung, d. h. die Länge des Abschnitts, den die Gerade auf der Abszissenachse abschneiden würde, ist kennzeichnend für die magnetische Härte des betr. Materials und wird als der Koeffizient der magnetischen Härte bezeichnet, während die Konstante b den reziproken Wert der Sättigung angibt.

Die gewöhnliche Permeabilität $\mu = \dfrac{\mathfrak{B}}{\mathfrak{H}}$ ist nun, wie oben erwähnt, nur für die Nullkurve definiert. Ihr Begriff versagt

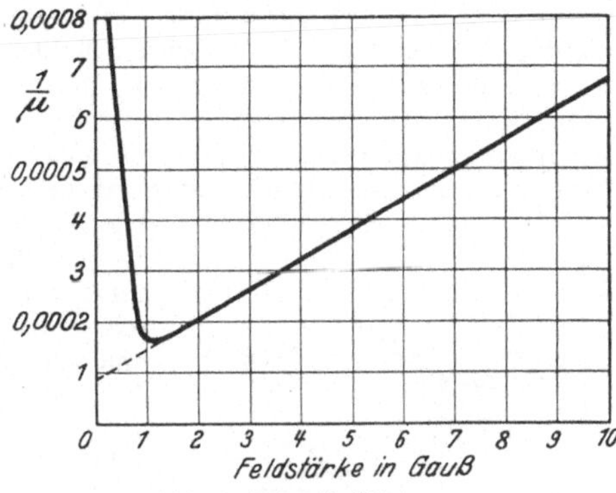

Abb. 6. Reluktivitätskurve.

daher, wenn wir es mit anderen Teilen der Kurve oder mit komplizierten Vorgängen, wie Überlagerung von Gleich- und Wechselstrommagnetisierung zu tun haben. Für diese Fälle hat man noch einige weitere Bestimmungsgrößen eingeführt, mit denen wir uns kurz zu befassen haben.

Die differentielle Permeabilität (Differentialpermeabilität) wird durch die Gleichung $\mu_d = \dfrac{d\,\mathfrak{B}}{d\,\mathfrak{H}}$ oder durch die Tangente an jeden Punkt der Kurve ge-

---

[1] Dieser Formel liegt zugrunde die von Lamont (1880) ausgesprochene formale Theorie, daß die Permeabilität eines magnetischen Materials der Differenz zwischen der Sättigungsinduktion $\mathfrak{B}_s$ und der wirklichen Induktion für die betreffende Feldstärke proportional sei, d. h.

$$\mu = c\,(\mathfrak{B}_s - \mathfrak{B}).$$

Setzt man $\mu = \dfrac{\mathfrak{B}}{\mathfrak{H}}$, so erhält man:

$$\mathfrak{B} = \frac{c\,\mathfrak{B}_s \cdot \mathfrak{H}}{1 + c\,\mathfrak{H}} = \frac{\mathfrak{H}}{\dfrac{1}{c\,\mathfrak{B}_s} + \dfrac{\mathfrak{H}}{\mathfrak{B}_s}}$$

und ferner:

$$\frac{1}{c\,\mathfrak{B}_s} = a\,; \qquad \frac{1}{\mathfrak{B}_s} = b\,,$$

so gilt:

$$\mathfrak{B} = \frac{\mathfrak{H}}{a + b\,\mathfrak{H}}\,; \qquad \frac{\mathfrak{B}}{\mathfrak{H}} = \frac{1}{a + b\,\mathfrak{H}}\,,$$

oder:

$$\frac{\mathfrak{H}}{\mathfrak{B}} = \frac{1}{\mu} = a + b\,\mathfrak{H}\,.$$

geben und stellt ganz allgemein die Neigung der Magnetisierungskurve an der betreffenden Stelle dar. Der Verlauf der differentiellen Permeabilität für die Nullkurve zeigt einen ähnlichen Gang wie der der gewöhnlichen Permeabilität: $\mu_{Diff.}$ geht von einem endlichen Werte aus, erreicht ihr Maximum an der steilsten Stelle (dem Wendepunkt) der Nullkurve, d. h. etwas unterhalb der Stelle, an der die gewöhnliche Permeabilität durch ihren Maximalwert geht und fällt asymptotisch wieder ab.

Für Überlagerung eines stationären Gleichfeldes mit einem Wechselfeld geringer Amplitude gelten folgende Gesetzmäßigkeiten: Es sei (Abb. 7) ein Material durch ein Gleichstromfeld $\mathfrak{H}_1$ auf der Nullkurve bis zu dem Punkte 2 magnetisiert worden und es werde ein Wechselfeld der Amplitude $\varDelta\mathfrak{H}$ überlagert. Der den Zustand des Körpers darstellende Punkt beschreibt dann während jeder Periode des Wechselstroms eine kleine, ellipsenförmige Hystereseschleife ($2\,3\,4\,1$), die gegen die Nullkurve eine bestimmte Neigung aufweist. Diese Neigung der Längsachse der kleinen Schleife, also der Quotient $\varDelta\mathfrak{B}/\varDelta\mathfrak{H}$, wenn $\mathfrak{B}$ und $\mathfrak{B}+\varDelta\mathfrak{B}$ die Ordinaten der Scheitel sind, hängt einmal ab von der Höhe der Gleichstromvormagnetisierung, also der Induktion $\mathfrak{B}$, und dann von der Amplitude[1] des Wechsel-

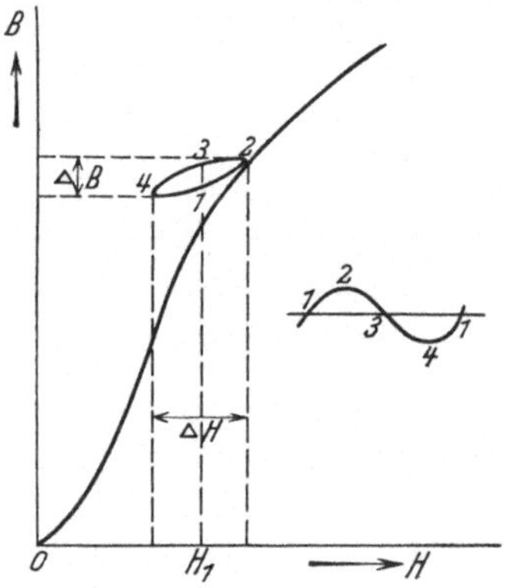

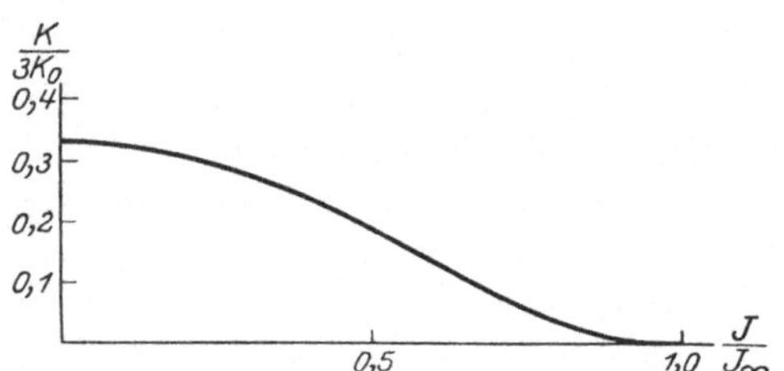

Abb. 7. Überlagerung von Gleich- und Wechselstrommagnetisierung.

Abb. 8. Abhängigkeit der reversiblen Suszeptibilität von der Vormagnetisierung (nach Gans).

feldes selber; sie wird nach einem Vorschlag von Spooner als Zusatzpermeabilität (incremental permeability) bezeichnet.

Die reversible Permeabilität kann als der wichtigste Sonderfall der zusätzlichen Permeabilität aufgefaßt werden, und zwar ist es ihr Grenzwert für verschwindende Amplituden. Wird nämlich die Amplitude des Wechselfeldes kleiner, so wird auch die Hysterese geringer und die aufgesetzte Schleife nimmt immer mehr die Form einer geraden Linie, also eines vollkommen reversiblen Prozesses, an. Ihre Neigung hängt dann nicht mehr von der Amplitude des Wechselfeldes, sondern nur noch von der Stellung des betrachteten Punktes in dem $\mathfrak{B}/\mathfrak{H}$-Diagramm ab.

Eingehende Untersuchungen über die reversible Permeabilität verschiedener Materialien wurden erstmalig von R. Gans[2] durchgeführt. Er gelangte zu dem Resultat, daß in der Abhängigkeit der reversiblen Permeabilität von der Vormagnetisierung (ganz gleich, ob diese auf der Nullkurve, der Schleife oder der idealen Kurve erreicht wurde), alle Körper das gleiche Gesetz befolgen, wenn man die Magnetisierung als jeweiligen Bruchteil des Sättigungswertes J_∞ darstellt. Die typische Kurve dieses Verlaufs $\left(\text{bzw. hier der Suszeptibilität } \varkappa=\dfrac{\mu-1}{4\,\pi}\right)$ ist in Abb. 8 nach Gans wiedergegeben. Für die Magnetisierung Null ist die reversible

---

[1] Vgl. Sizoo: Ann. Physik **3**, 270 (1930).
[2] Physik. Z. **11**, 988 (1910), **12**, 1053 (1911).

Permeabilität mit der Anfangspermeabilität identisch und hat ihren höchsten
Wert. Je mehr sich die Gleichstrommagnetisierung der Sättigung nähert, desto
mehr nimmt μ_{rev} erst langsam, dann rascher ab, um im Gebiet der Sättigung zu
verschwinden. Neuere Untersuchungen[1] haben die allgemeine Form des Gesetzes
zwar bestätigen können, haben aber gezeigt, daß in dem Abfall der Kurve die
verschiedenen Materialien typische Verschiedenheiten aufweisen.

Zum Schluß dieses Kapitels sei nun noch der Einfluß der Körperform auf die Magnetisierung, der für alle ferromagnetischen Messungen
und Berechnungen eine große Rolle spielt, etwas eingehender besprochen: Bringt man nämlich einen ferromagnetischen Körper in ein
magnetisches Feld, so hängt der Grad, bis zu dem er magnetisiert
wird, nicht nur von der Permeabilität, d. h. von Magnetisierungskurve
des betr. Materials, sondern in hohem Maße auch von der zufälligen
Form des Körpers ab. Entsprechend den im Abschnitt 1 (Grundbegriffe)
gegebenen Ausführungen wollen wir dabei diese Erscheinungen von
zwei Seiten aus betrachten:

Als erstes berechnen wir vom Standpunkt
des „magnetischen Kreises" aus den Kraftfluß für einen geschlossenen Eisenring von
etwa $l = 100$ cm Länge und $q = 2$ cm² Querschnitt, der mit einer fortlaufenden stromführenden Wicklung versehen ist (Toroid).
Beträgt die Zahl der Windungen $n = 800$, die
Stromstärke $i = 1$ Ampere und hat das
Material eine Induktionskurve gleich der in
Abb. 5 angegebenen, so ergibt sich die Feld-
stärke aus $\mathfrak{H} = \dfrac{0{,}4\,\pi\,n\,i}{l}$ zu rund 10 Oersted

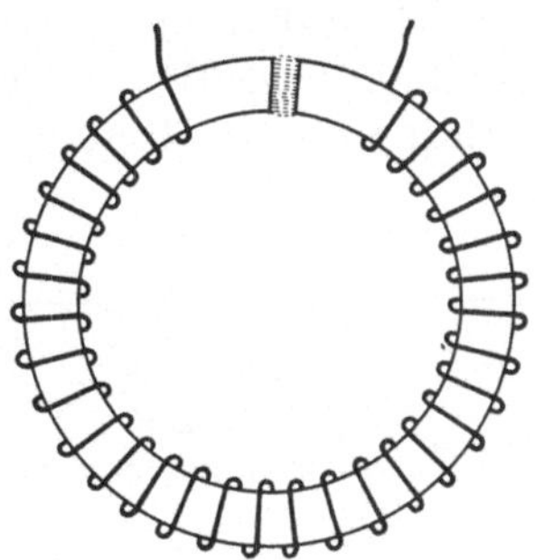
Abb. 9. Eisenkreis mit Luftspalt.

und aus der Abb. 5 die Permeabilität des Materials bei dieser Feldstärke
zu $\mu = 1500$. Der Kraftfluß Φ läßt sich dann nach der Hopkinsonschen
Gleichung $\Phi = \dfrac{0{,}4\,\pi\,n\,i}{\dfrac{l}{q\,\mu}}$ darstellen und ergibt sich zu etwa $\Phi = 30\,000$,

und dementsprechend haben wir in dem Eisen eine Induktion
$\mathfrak{B} = \dfrac{\Phi}{2} = 15\,000$ Gauß.

Wird jetzt unter Beibehaltung aller sonstigen Bedingungen der Eisenring durch einen schmalen Luftschlitz von 1 cm Länge unterbrochen (vgl.
Abb. 9), so besteht der magnetische Widerstand aus 2 Teilen von verschiedener Länge (99 und 1 cm) und verschiedener Permeabilität (1500
und 1). Durch Anwendung der verallgemeinerten Hopkinsonschen Glei-
chung $\Phi = \dfrac{0{,}4\,\pi\,n\,i}{\dfrac{l_1}{q_1\,\mu_1} + \dfrac{l_2}{q_2\,\mu_2}}$ ergibt sich in diesem Fall für den Kraftfluß

[1] Vgl. A. Ebinger: Z. techn. Physik **11**, 221 (1930).

nur noch etwa $\Phi = 2000$ (entsprechend $\mathfrak{B} = 1000$), d. h. durch das Anbringen des Schlitzes und das Auftreten von freien Enden hat der Kraftfluß in dem Eisenring eine wesentliche Schwächung erfahren, die natürlich um so größer werden wird, je mehr man den Luftspalt verbreitert.

Mit den obigen Formeln wird der Elektrotechniker alle an ihn gestellten Aufgaben hinsichtlich der Berechnung des Kraftflusses zu lösen suchen. Diese Formeln gelten jedoch nur für nahezu geschlossene magnetische Kreise, d. h. für solche Fälle, in denen keine Streuung vorhanden ist und der umgebende Raum sich nicht an der Leitung der Kraftlinien beteiligt. Im Gegenfalle wird die Gültigkeit immer schlechter und sie versagen völlig beim offenen Kreis, als dessen Grenzfall wir ein geradliniges Stück (Stab) anzusehen haben.

Wesentlich allgemeiner ist nun die Auffassung des Magnetikers, die an einer stabförmigen Probe aus Abb. 10 hervorgehen mag. Entsprechend der begrifflichen Trennung in Feld und Magnetisierung entstehen nach ihr überall dort, wo eine Kraftlinie eine Brechung erfährt, d. h. also an den freien Enden eines Körpers „magnetische Belegungen". Letztere erzeugen wieder rückwärts ein magnetisches Feld, dessen Kraftlinien, wie aus der Abbildung ersichtlich, zum Teil sich den Linien des ursprünglichen Feldes hinzuaddieren, zum Teil ihnen aber auch gerade entgegengesetzt verlaufen und hier das ursprüngliche Feld schwächen. Eine solche

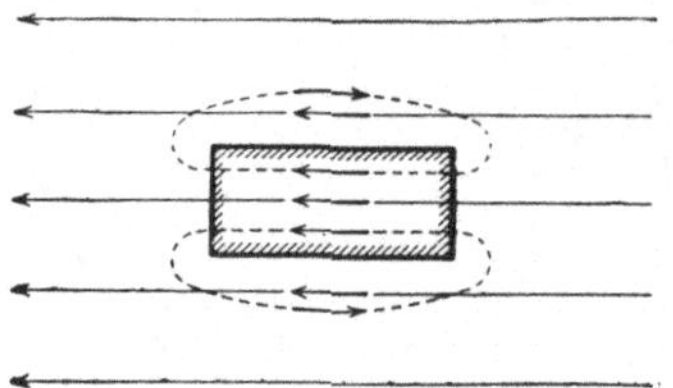

Abb. 10. Rückwirkung der freien Enden.

Schwächung des angelegten Feldes findet insbesondere in unmittelbarer Umgebung des Stabes statt. Das gleiche gilt für den Innenraum des Körpers, da ja nach einem bekannten Satz der Theorie die Tangentialkomponente der magnetischen Feldstärke stetig übergeht, d. h. im Inneren des Körpers mit freien Enden, der sich in einer Spule befindet, herrscht also gar nicht die aus Stromstärke und Windungszahl der Spule berechnete scheinbare (ungescherte, äußere) Feldstärke $\mathfrak{H}'$, sondern ein ganz anderer Wert, der stets kleiner ist als $\mathfrak{H}'$ und als wahre Feldstärke $\mathfrak{H}$ bezeichnet wird. Dementsprechend kleiner ist aber auch die Magnetisierung des Körpers (die ja nur eine Folge des Feldes ist), d. h. ein ferromagnetisches Material übt infolge der Rückwirkung der freien Enden eine Entmagnetisierung auf sich selber aus.

Die Größe der Selbstentmagnetisierung eines Körpers, d. h. der Unterschied zwischen wahrer und scheinbarer Feldstärke wird nun um so beträchtlicher sein, je stärker die gedachten Belegungen sind und je näher sie zusammenliegen, d. h. je höher die jeweilige Magnetisierungsintensität J und je kürzer und gedrungener die Form der Probe ist.

Wir gelangen somit zu der grundlegenden Formel

$$\mathfrak{H} = \mathfrak{H}' - N J$$

oder angenähert

$$= \mathfrak{H}' - \frac{N}{4\pi} \mathfrak{B},$$

in denen $\mathfrak{H}'$ die äußere, scheinbare, $\mathfrak{H}$ die wahre, innere Feldstärke, J die jeweils vorhandene Magnetisierungsintensität und N einen von der Form der Probe abhängigen Faktor, den sogenannten **Entmagnetisierungsfaktor**, darstellt.

Maßgebend für das magnetische Verhalten eines Materials ist nun nur die wahre Feldstärke $\mathfrak{H}$. Die Kurve, die die Werte der wahren Feldstärke $\mathfrak{H}$ und der Induktion $\mathfrak{B}$ (bzw. der Magnetisierungsintensität J) zueinander zuordnet, wird als die **wahre Magnetisierungskurve** des betreffenden Stoffes bezeichnet. Sie ist eine eindeutige Funktion des Materials. Trägt man dagegen den bei irgendeiner Messung erhaltenen Zusammenhang zwischen der scheinbaren, äußeren Feldstärke $\mathfrak{H}'$ und den $\mathfrak{B}$- oder J-Werten auf, so erhält man je nach der Probenlänge eine andere, im ganzen also eine Vielheit von Kurven, die als **scheinbare**, oder **ungescherte Magnetisierungskurven** bezeich

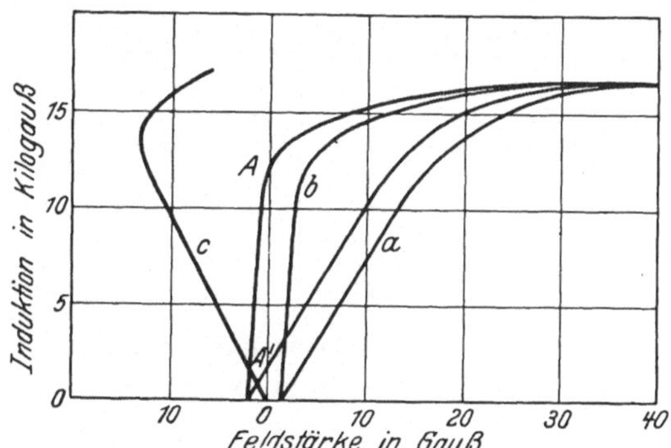

Abb. 11. Einfluß der Körperform auf die Magnetisierungskurve.

net werden. Der Übergang von einer solchen Kurve zu der wahren Kurve wird als **Scherung** bezeichnet.

Als Beispiel des Unterschieds zwischen der ungescherten und der wahren Magnetisierungskurve diene die Abb. 11, die die (ballistisch gemessenen) Werte eines Stabes aus Weicheisen bei einer Länge von 33 cm und einem Durchmesser von 0,6 cm darstellt. Dabei ist a die ungescherte, d. h. die gemessene Kurve, c die aus dem Dimensionsverhältnis sich ergebende Scherungslinie (s. u.) und b die gescherte, d. h. die wahre Magnetisierungskurve.

Man erkennt deutlich, wie stark die Scherung den gesamten Kurvenverlauf angreift und wie wesentlich insbesonders die in der Probe zurückbleibende Remanenz OA' („scheinbare Remanenz") kleiner ist als die gescherte, von dem Einfluß der Körperform befreite „wahre Remanenz" OA, die eine Materialeigenschaft darstellt. Dagegen wird die Koerzitivkraft von der Scherung nicht beeinträchtigt, d. h. sie ist unabhängig von der Form der Probe.

Die exakte Berechnung der Scherung ist gemäß der obigen Formel an die Kenntnis des Entmagnetisierungsfaktors N geknüpft, der gewöhnlich als eine Funktion des Verhältnisses der Länge l der Probe zu ihrem Durchmesser d (**Dimensionsverhältnis** l/d) angegeben wird.

Ein besonders einfacher Fall, $N = O$ und damit $\mathfrak{H} = \mathfrak{H}'$, liegt vor,
wenn keine freien Pole vorhanden sind, d. h. wenn die Probe die Form
eines allseitig geschlossenen Ringes besitzt.

Ein weiteres einfaches Verhalten zeigen Rotationsellipsoide, die in
Richtung einer Achse magnetisiert sind. In ihnen ist die Magnetisierung
überall konstant, der Entmagnetisierungsfaktor N läßt sich streng
berechnen und durch die Gleichung darstellen:

$$N = 4\,\pi \left(\frac{1}{e^2} - 1\right)\left(\frac{1}{2e} \cdot \ln \frac{1+e}{1-e} - 1\right),$$

wobei e die Exzentrizität bedeutet, die in bekannten Beziehungen zu
der großen und kleinen Achse (2 a und 2 b) des Ellipsoides steht. In der
folgenden Tabelle sind einige Werte für den Entmagnetisierungsfaktor
N von Ellipsoiden in Abhängigkeit vom Dimensionsverhältnis zusammengestellt.

Zahlentafel 1. Entmagnetisierungsfaktoren für Rotationsellipsoide.

Dimensions-verhältnis	N	Dimensions-verhältnis	N	Dimensions-verhältnis	N
5	0,7015	30	0,0432	80	0,0080
10	0,2549	40	0,0266	90	0,0065
15	0,1350	50	0,0181	100	0,0054
20	0,0848	60	0,0132	150	0,0026
25	0,0587	70	0,0101	200	0,0016

Für die in der Praxis übliche Form von kreiszylindrischen Stäben
ist jedoch N nicht mehr zu berechnen; man ist vielmehr auf angenäherte

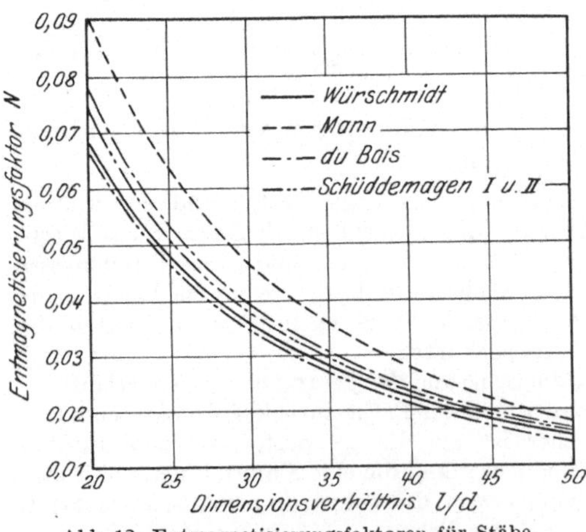

Abb. 12. Entmagnetisierungsfaktoren für Stäbe.

experimentelle Bestimmun-
gen angewiesen. Ferner ist
je nach der Meßmethode
hier (wegen der Ungleich-
mäßigkeit der Magnetisie-
rung längs des Stabes) zwischen einem ballistischen
und magnetometrischen
Entmagnetisierungsfaktor
zu unterscheiden, von denen
der erstere für eine um die
Stabmitte gelegte Spule gilt,
während sich der zweite auf
den Mittelwert des ganzen
Stabes bezieht. Einige Werte
des ballistischen Entmagne-
tisierungsfaktors nach J. Würschmidt[1] sind in Zahlentafel 2 und
Abb. 12 wiedergegeben. In der letzteren sind außer den Würschmidt-

<hr>

[1] Würschmidt, J.: Z. Physik **19**, 388 (1923).

schen auch die ebenfalls auf ballistischem Wege ermittelten Werte von N nach Du Bois[1] und Shuddemagen[2], und ferner die magnetometrischen Entmagnetisierungsfaktoren nach R. Mann[3] in Abhängigkeit vom Dimensionsverhältnis eingetragen, wobei die letzteren, wie theoretisch zu erwarten, höher liegen als die ballistischen.

Besitzt der zur magnetischen Prüfung benutzte Stab nicht eine kreiszylindrische, sondern eine andere Form, wie z. B. eines Hohlzylinders oder einen quadratischen Querschnitt (die letztere Form wird sehr oft in der Praxis verwendet), so ist sein Dimensionsverhältnis nach W. Schneider[4] durch das Verhältnis seiner Länge zum Durchmesser desjenigen Kreises, der mit der Stirnfläche inhaltsgleich ist, definiert.

Zahlentafel 2.

Ballistische Entmagnetisierungsfaktoren für kreiszylindrische Stäbe (nach Würschmidt).

$p = \dfrac{l}{d}$	Entmagnetisierungsfaktor N	$p = \dfrac{l}{d}$	Entmagnetisierungsfaktor N
49,25	0,0156	32,70	0,0313
48,23	0,0160	31,86	0,0331
47,23	0,0166	31,02	0,0344
46,22	0,0173	30,19	0,0357
45,38	0,0179	29,32	0,0372
44,54	0,0185	28,45	0,0392
43,70	0,0190	27,56	0,0413
42,86	0,0195	26,78	0,0432
42,02	0,0203	25,94	0,0450
41,18	0,0219	25,10	0,0473
40,30	0,0220	24,27	0,0500
39,45	0,0226	23,43	0,0525
38,59	0,0234	22,60	0,0566
37,75	0,0246	21,76	0,0598
36,91	0,0253	20,92	0,0636
36,07	0,0263	20,09	0,0671
35,24	0,0277	19,25	0,0721
34,39	0,0292	18,43	0,0764
33,56	0,0301		

Ferner hängt auch der Entmagnetisierungsfaktor in sekundärer Weise von der Permeabilität ab (vgl. E. Dußler[5]). Von der Temperatur hat er sich dagegen als unabhängig erwiesen.

Der Übergang von der ungescherten zu der wahren Magnetisierungskurve wird bei bekanntem N meist graphisch durchgeführt in einer Weise, wie es in Abb. 13 dargestellt ist. Für einen Punkt der ungescherten Kurve, etwa D, wird der Wert NJ ausgerechnet und von A aus auf der Horizontalen aufgetragen. Ist diese Strecke $AC = NJ$, so erhält man entsprechend der Gleichung $\mathfrak{H} = \mathfrak{H}' - NJ$ die wahre Feldstärke $\mathfrak{H}$ als das Stück CD, das nunmehr als AB von A

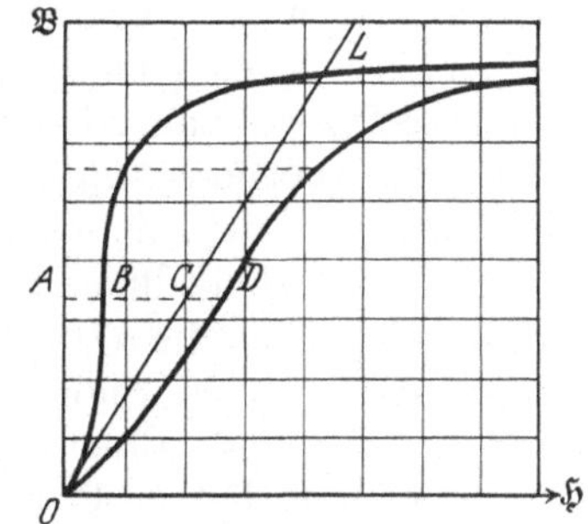

Abb. 13. Graphische Scherung.

aufgetragen werden kann. B ist daher ein Punkt der wahren, gescherten Kurve. Verbinden wir nun C mit dem Nullpunkt, so gilt die gleiche

[1] du Bois, H.: Magnetische Kreise S. 45 (1894); Handwörterb. d. Naturw. 6, 567.
[2] Proc. Amer. Acad. 43, 185 (1907); Handb. Elektr. Magnet. 4, 284.
[3] Inaug.-Diss., Berlin 1895; Physic. Rev. 3, 359 (1896). Vgl. E. Gumlich: Magnetische Messungen, S. 9.
[4] Z. Physik 42, 883 (1927).   [5] Ann. d. Phys. 86, 66 (1928).

Konstruktion für alle anderen Punkte der Kurve. Die Gerade OB bezeichnet man als die **Scherungslinie** für das betreffende Dimensionsverhältnis.

III. Magnetische Messungen.

Die magnetischen Meßmethoden gehen in der Hauptsache darauf aus, den Zusammenhang zwischen der Induktion $\mathfrak{B}$ und der Feldstärke $\mathfrak{H}$, d. h. die **Magnetisierungskurve** der verschiedenen Stoffe, bei Wechselstrommagnetisierung außerdem noch die **Verlustziffer** aufzunehmen.

Die Bestimmung der magnetischen Eigenschaften beruht dabei dem Prinzip nach hauptsächlich auf zwei verschiedenen Wirkungen des magnetischen Zustandes, und zwar entweder a) auf der Messung der Elektrizitätsmenge bei einer Änderung des Kraftflusses, oder b) auf den ponderomotorischen Wirkungen. Beide Methoden werden in einigen Beispielen erörtert werden.

Gegenüber anderen physikalischen Bestimmungen liegt nun die wesentliche Schwierigkeit der magnetischen Messungen vor allem in der Tatsache, daß die in dem Körper vorhandene Magnetisierungsintensität und im Zusammenhang damit die die Magnetisierung bewirkende Feldstärke von der Form des Körpers abhängig sind (vgl. S. 17 ff.). Um von dieser Schwierigkeit frei zu kommen, gibt es verschiedene Wege: Der erste von ihnen beruht auf einer direkten Messung der wahren Feldstärke, wozu eine Reihe von Methoden dienen können. Der zweite Weg ist der, daß man von der äußeren Feldstärke ausgeht, aber Probekörper verwendet, in denen man die Rückwirkung der freien Enden rechnerisch streng erfassen kann. Als solche Körper sind zu nennen: der geschlossene Ring, das Rotationsellepsoid und (praktisch) un nd'ich lange zylindrische Stäbe. Als dritte, und von der Technik hauptsächlich verwendete Methode bleibt schließlich die, daß man einen Körper endlicher Länge verwendet, aber die Wirkung der freien Enden dadurch zu beseitigen sucht, daß man die Enden durch einen künstlichen magnetischen Kreis zusammenschließt (Jochmethode).

Es ist natürlich im Rahmen dieses Buches unmöglich, alle für magnetische Messungen jeweils verwendeten Einzelkonstruktionen zu besprechen; insbesondere sollen, wie schon in der Einleitung erwähnt, die absoluten Methoden von der Betrachtung ausgeschlossen sein, über die in den Spezialwerken, so in dem bekannten Leitfaden von Gumlich[1], in den Büchern von Linker[2], Jaeger[3] u. a. ausführliche Angaben zu finden

---

[1] Gumlich, E.: Magnetische Messungen. Braunschweig: Vieweg 1918.
[2] Linker, P. B.: Elektrotechn. Meßkunde, 3. Aufl. Berlin: Julius Springer 1920.
[3] Jaeger, W.: Elektr. Meßtechnik. Leipzig: J. Ambr. Barth.

sind. Aber auch die Darstellung der unmittelbar in der Praxis benutzten Apparaturen, bei denen unter Verzicht auf die höchste Genauigkeit die magnetischen Messungen möglichst schnell durchgeführt werden sollen, kann nur eine ganz knappe und beschränkte sein.

Entsprechend der Einteilung der technischen Legierungen nach ihrem Verwendungszweck seien im folgenden auch die Meßmethoden unterteilt: Wir unterscheiden:

A. Meßmethoden für magnetisch harte Materialien, die wieder zerfallen in die Messung von Dauermagnetstählen, d. h. von Werkstoffen, aus denen permanente Magnete hergestellt werden und die Prüfung von fertigen Magneten selber.

B. Methoden für magnetisch weiche Materialien, insbesondere Wirbelstrom- und Hystereseverlustmessungen an Blechen.

C. Spezielle Meßmethoden, zu denen die Aufnahme der Magnetisierungskurve, die Bestimmung der Anfangspermeabilität, die Benutzung des magnetischen Spannungsmessers u. a. zugerechnet sei.

A. Prüfung von Dauermagnetstählen.

1. Beurteilung von Dauermagnetstählen.

Für die Beurteilung eines Dauermagnetstahls vom physikalischen Standpunkt aus kommen in erster Linie die Werte der (wahren) Remanenz $\mathfrak{B}_R$ und der Koerzitivkraft $\mathfrak{H}_c$ in Betracht. Beide Materialkonstanten müssen möglichst hohe Beträge aufweisen, damit die fertigen permanenten Magnete neben hohem Kraftfluß (scheinbarer Remanenz), auch eine genügende Widerstandsfähigkeit gegen entmagnetisierende Felder besitzen. (Vgl. die Berechnung von Dauermagneten S. 36.) Die Prüfung der Dauermagnetstähle kann sich daher gewöhnlich auch auf die Bestimmung der Maximalinduktion, der Remanenz und der Koerzitivkraft, d. h. auf die Aufnahme des absteigenden Astes der Hystereseschleife beschränken, während die Kenntnis beispielsweise der Nullkurve oder der Permeabilität nur selten erforderlich ist.

Als angenähertes Maß für die Brauchbarkeit eines Dauermagnetstahls hat man in der Technik schon seit langem das Produkt der beiden Werte Remanenz und Koerzitivkraft ($\mathfrak{B}_R \times \mathfrak{H}_c$) eingeführt, für das der Name Leistung in Gebrauch ist. Diese Zahl ergibt ein einfaches und in den meisten Fällen auch hinreichendes Kriterium eines magnetisch harten Materials, falls es sich dabei um einen Vergleich sehr verschiedener Proben handelt. Sie reicht jedoch nicht immer hin, wenn eine direkte Kenntnis des Verlaufs der Magnetisierungskurve zwischen den beiden Punkten erforderlich ist. So ist aus Abb. 14 zu ersehen, wie verschieden die Krümmung der Hystereseschleife bei gleichem $\mathfrak{B}_R$ und $\mathfrak{H}_c$ noch sein kann, und wie verschieden daher auch die aus dem Schnitt mit einer

Scherungslinie für ein beliebiges Dimensionsverhältnis ermittelten Werte der scheinbaren Remanenz sein müssen.

Da von zwei Materialien mit gleicher Remanenz und Koerzitivkraft dasjenige die besseren Magnete liefert, dessen Hystereseast zwischen diesen beiden Punkten höher liegt, so wird in neuerer Zeit zur Charakterisierung eines Dauermagnetstahls nach dem Vorschlag von Evershed[1], Morgan[2] u. a. als genaueres Maß vielfach eine andere Größe, und zwar $(\mathfrak{B} \cdot \mathfrak{H})_{max}$ angegeben, d. h. derjenige Punkt der Magnetisierungskurve im Intervall zwischen $\mathfrak{B}_r$ und $\mathfrak{H}_c$, für den das Produkt $\mathfrak{B} \cdot \mathfrak{H}$ das maximale ist. Diese Größe, von Evershed als Güteziffer bezeichnet, gibt, wie E. A. Watson[3] zeigen konnte, sowohl für die Festlegung der Kurve als auch für die Vorausberechnung eines fertigen Dauermagneten ein hinreichendes Kriterium, das zur Erreichung höchster magnetischer Energie bei geringstem Materialaufwand der Punkt der scheinbaren Remanenz gerade an der Stelle $(\mathfrak{B} \cdot \mathfrak{H})_{max}$ liegen muß (vgl. S. 40).

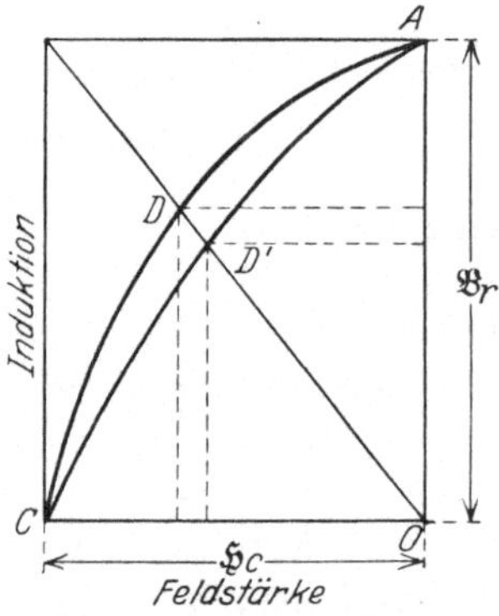

Abb. 14. Graphische Bestimmung des Produktes $(\mathfrak{B} \times \mathfrak{H})_{max}$.

Es seien nun noch einige Formeln und graphische Zusammenhänge angegeben, deren Kenntnis bei der Betrachtung der Magnetisierungskurven von Wichtigkeit sein kann.

Zur Ermittlung des Punktes $(\mathfrak{B} \cdot \mathfrak{H})_{max}$ bei gegebener Magnetisierungskurve eines Materials dient eine einfache graphische Konstruktion, auf die Watson und nach ihm J. Würschmidt aufmerksam gemacht haben. Sie besteht darin, daß man über Remanenz und Koerzitivkraft (s. Abb. 14) ein Rechteck $OABC$ konstruiert und in diesem die Diagonale OB zieht. Der Schnittpunkt der Diagonale mit der Magnetisierungskurve (Punkt D) entspricht dann mit hinreichender Genauigkeit dem gesuchten Punkt.

Bei Kenntnis von Einzelwerten, aus denen man den Verlauf des absteigenden Astes in dem Intervall zwischen Remanenz und Koerzitivkraft zu bestimmen hat, wird man bei bekanntem $\mathfrak{B}_R$, $\mathfrak{H}_c$ und $(\mathfrak{B} \cdot \mathfrak{H})_{max}$ am bequemsten durch diese drei Punkte einen Ellipsenbogen legen.

Sind nur $\mathfrak{B}_R$ und $\mathfrak{H}_c$, dafür aber noch die Sättigungsinduktion $\mathfrak{B}_s$ gegeben, so ermöglicht sich eine Bestimmung durch einen Hyperbelbogen auf folgende Weise: Man bezieht die Magnetisierungskurve auf ein neues Achsensystem, deren Koordinaten mit den alten durch die Beziehungen $\mathfrak{B} = \mathfrak{B}_s - \mathfrak{B}'$ und $\mathfrak{H} = -n\,\mathfrak{H}_c - \mathfrak{H} \left(n = \dfrac{\mathfrak{B}_s}{\mathfrak{B}_R}\right)$ verbunden sind. Zur graphischen Konstruktion nach

---

[1] Evershed: Electr. 84, 591 (1920), definierte ursprünglich $\dfrac{1}{8\,\pi}(\mathfrak{B} \cdot \mathfrak{H})_{max}$.

[2] Electr. 84, 4 (1920).   [3] J. Inst. Electr. Eng. 61, 641 (1923).

D. K. Morris (vgl. Abb. 15) errichtet man dazu über der Remanenz B und der Koerzitivkraft A zwei Senkrechte, die sich in D schneiden, zieht ferner vom Punkt $\mathfrak{B}_S$ eine Parallele zur Abszissenachse und verlängert sie bis zum Schnittpunkt mit der Linie OD bei O'. Von diesem Punkte aus werden Strahlen gezogen, die sich jeweils mit den Linien AD und OC in den Punkten M und N treffen. Die Punkte P, die den Schnittpunkt der Senkrechten MP und NP darstellen, gehören dann der gesuchten Magnetisierungskurve an.

Das dieser Konstruktion[1] zugrunde liegende hyperbolische Gesetz der Kurve trifft jedoch nur genau zu, wenn das betreffende Material homogen ist, d. h. richtig und gleichmäßig gehärtet war. Rückwärts kann ein Auftragen des Hyperbelbogens und der Vergleich mit den beobachteten Werten unter Umständen als eine direkte Kontrolle der Härtungsqualität dienen, wobei ein sehr weites Herausfallen einiger Punkte ein Beweis für eine ungleichmäßige Härtung wäre.

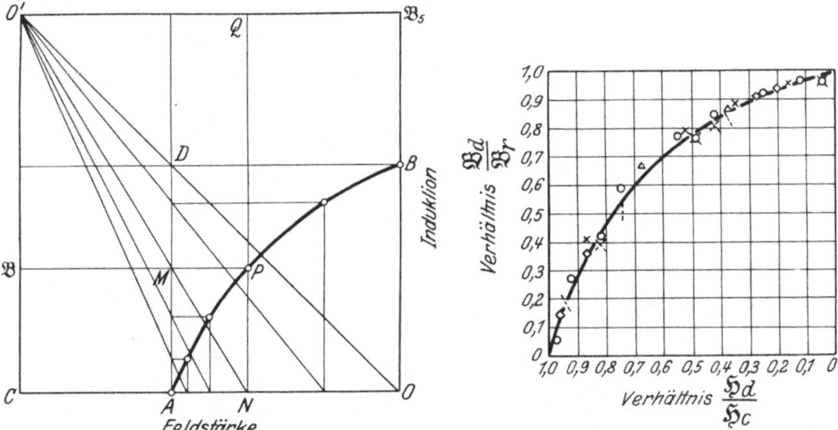

Abb. 15. Graphische Konstruktion der Magnetisierungskurve nach Morris.

Abb. 16. Bezugskurve nach Sanford.

Eine andere Methode zur Konstruktion der Magnetisierungskurve im Intervall zwischen $\mathfrak{B}_R$ und $\mathfrak{H}_c$ ist von R. L. Sanford[2] angegeben worden; sie beruht auf der Tatsache, daß der funktionelle Zusammenhang zwischen $\frac{\mathfrak{B}_d}{\mathfrak{B}_R}$ und $\frac{\mathfrak{H}_d}{\mathfrak{H}_c}$, wenn $\mathfrak{H}_d$ und $\mathfrak{B}_d$ die jeweilige Feldstärke bzw. Induktion, $\mathfrak{B}_R$ und $\mathfrak{H}_c$ aber wie oben die (wahre) Remanenz und Koerzitivkraft bedeutet, für alle Materialien mit Koerzitivkräften zwischen 50 und 200 Oersted annähernd dasselbe Gesetz befolgt. Die Sanfordsche Bezugskurve mit einigen gemessenen Werten, deren Abweichungen gleichfalls ein Maß für die Gleichmäßigkeit der Härtung darstellen sollen, sind in Abb. 16 wiedergegeben.

An Hand der in diesen Kurven ausgedrückten Ähnlichkeit aller Materialien ergibt sich auch noch ein analytischer Zusammenhang zwischen der Größe $(\mathfrak{B}_R \times \mathfrak{H}_c)$ und der Evershedschen Güteziffer $(\mathfrak{B} \times \mathfrak{H})_{max}$, und zwar würde gelten

$$(\mathfrak{B} \times \mathfrak{H})_{max} = 0{,}65\,\mathfrak{B}_R \times 0{,}65\,\mathfrak{H}_c = 0{,}42\,\mathfrak{B}_R \times \mathfrak{H}_c$$

für Materialien mit Koerzitivkräften zwischen 50 und 200 Oersted.

---

[1] Nähere theoretische Überlegungen siehe z. B. Watson: J. amer. Inst. Electr. Eng. **61**, 641 (1923). Crapper: Engg. **117**, 452, 601, 660, 786, 816 (1924).

[2] Sci. Pap. Bur. Stand **22**, Nr 567, 9. Dez., S. 557—67 (1927).

Nach den Messungen von W. S. Messkin, der das in Abb. 17 wiedergegebene fand, liegen die Verhältnisse jedoch etwas verwickelter, und zwar ist der Neigungswinkel der Linien AB für Werte von $\mathfrak{B}_r \cdot \mathfrak{H}_c$ unterhalb 450×10^3 und BC für $\mathfrak{B}_r \times \mathfrak{H}_c$ oberhalb 450×10^3 verschieden. Dementsprechend lassen sich die folgenden Formeln ableiten:

$$(\mathfrak{B} \times \mathfrak{H})_{max} = 0{,}33\, \mathfrak{B}_r \cdot \mathfrak{H}_c$$

für Werte von $\mathfrak{B}_r \times \mathfrak{H}_c$ etwa unterhalb 450×10^3 und

$$(\mathfrak{B} \times \mathfrak{H})_{max} = 150 \times 10^3 + 0{,}714\,[\mathfrak{B}_r \cdot \mathfrak{H}_c - 450]\,10^3$$

für Werte des Produktes $\mathfrak{B}_r \cdot \mathfrak{H}_c$ oberhalb 450×10^3 (bis 800×10^3). Durch die gestrichelten Linien in der Abb. 17 sind ferner die Streufelder abgegrenzt, innerhalb deren die beobachteten Werte von den berechneten abweichen.

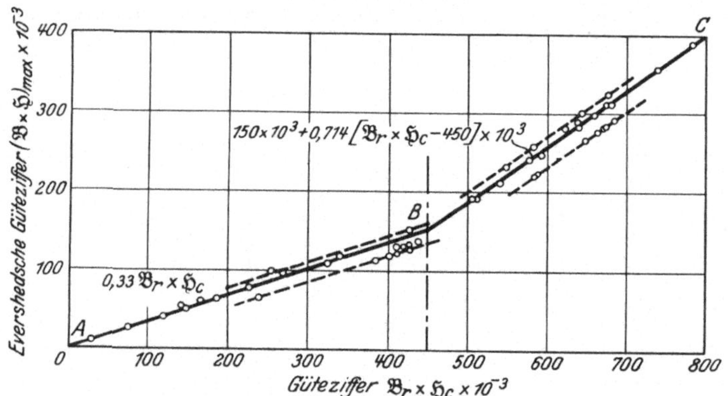

Abb. 17. Zusammenhang zwischen ($\mathfrak{B}_R \times \mathfrak{H}_c$) und ($\mathfrak{B} \times \mathfrak{H}$max) nach Messkin.

Es ist somit möglich, auch wenn nur $\mathfrak{B}_R$ und $\mathfrak{H}_c$ bekannt ist, durch angenäherte Berechnung von $(\mathfrak{B} \times \mathfrak{H})_{max}$ einen dritten Punkt zu gewinnen, durch den die Kurve in dem Intervall zwischen $\mathfrak{B}_R$ und $\mathfrak{H}_c$ hinreichend festgelegt ist.

2. Vereinfachte ballistische Methode; Jochmessung.

Die Bestimmung der magnetischen Eigenschaften nach der ballistischen Methode besteht, wie bekannt, darin, daß man mit Hilfe einer Spule die zu messende Probe sprungweise magnetisiert. Um die Mitte der Probe ist eine kleine Sekundärspule (Induktiosspule) gelegt, die mit einem ballistischem Galvanometer verbunden ist. Letzteres ergibt dann bei jeder Feldänderung jeweils Ausschläge, die der Änderung der Kraftlinienzahl direkt proportional sind.

Als Prüfstück benötigt man einen Stab[1] des zu untersuchenden Materials von möglichst gleichmäßigem Querschnitt. Um die freien

---

[1] Die Länge des Stabes beträgt gewöhnlich 30 cm, der Durchmesser bei Rundstäben 0,6 cm. Sehr oft empfiehlt es sich auch, dem Stab einen quadratischen Querschnitt zu geben, was einerseits seine Herstellung verbilligt, dann aber auch zur Erzielung eines guten magnetischen Schlusses beiträgt, da die Einspannvorrichtungen des Joches hier mit breiteren Flächen angreifen können.

Enden des Stabes zu beseitigen bzw. den Kraftfluß vollkommen zu schließen, sind letztere in den Ausbohrungen oder zwischen den Flächen eines massiven Rahmens, des sogenannten Schlußjochs eingespannt. Auf diese Weise wird erreicht, daß die in der Probe vorhandene Feldstärke unmittelbar aus der Amperewindungszahl der zwischen den Jochbacken befindlichen Magnetisierungsspule berechnet werden kann.

Das Material des Schlußjoches muß eine hohe Permeabilität, einen hohen spezifischen elektrischen Widerstand und geringe Nachwirkung aufweisen und wird deswegen zweckmäßig aus gutem Weicheisen mit 3 bis 4% Silizium, besser noch aus einer 50%igen Nickeleisenlegierung hergestellt. Ferner darf der Querschnitt des Joches nicht zu gering sein (bei den oben angegebenen Abmessungen rund 2×50 cm²), auch muß die Vorrichtung zum Einklemmen der Probe eine große Auflagefläche besitzen und einen innigen magnetischen Schluß gewährleisten.

Eine Anordnung der Jochmethode geht aus Abb. 18 hervor. Der Kreis des Magnetisierungsstromes S besteht aus dem zweipoligen Um-

schalter K, dem Amperemeter A und den Widerständen R_1 und R_2, von denen R_2 mit Hilfe eines Ausschalters K_1 ausgeschaltet werden kann. Die Sekundärspule s ist durch den Schalter B mit dem ballistischen Meßinstrument[1] $\varPhi$ verbunden.

Die Durchführung der Messung geschieht folgendermaßen: Nach Anbringung des Stabes P im Joch wird zunächst die Stärke des magnetisierenden Stromes durch Regulierung des Widerstandes R_1 auf die ma-

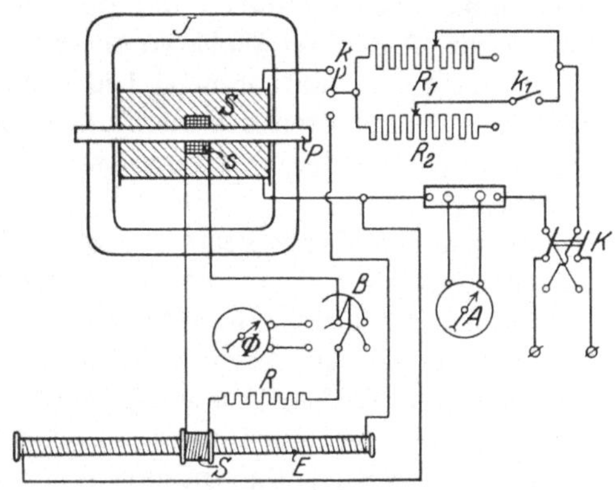

Abb. 18. Ballistische Meßeinrichtung.

ximale Feldstärke $\mathfrak{H}_{max}$ eingestellt und die sogenannte magnetische „Vorbereitung“ der Probe vorgenommen. Diese besteht darin, daß man den Magnetisierungsstrom bei offenem Galvanometer mittels des Umschalters K mehrfach (10 bis 15mal) kommutiert, d. h. die Probe um-

---

[1] Als Galvanometer wird man häufig ein „Kriechgalvanometer“ benutzen, d. h. ein Instrument, dessen aperiodischer Grenzwiderstand groß ist gegen den Widerstand von Spule und Zuleitung und das infolgedessen eine außerordentlich große Dämpfung besitzt. Der Ausschlag eines solchen Instruments, das für Zeigerablesung auch unter dem Namen „Fluxmeter“ bekannt ist, bewegt sich sehr schnell in seine Endlage, um von dort aus nur langsam zurückzukehren; Ablesung und das ganze Verfahren werden hierdurch bedeutend vereinfacht. Beschreibung und praktische Erprobung dieses Apparates siehe: Grassot: Bull. séances Soc. Franc. Physique **1904**, 27. W. F. Mitkewitsch: J. Russ. Physikal. Gesellsch. **38**, Nr 2, S. 86—95 (1906). A. L. Korolkoff: J. Russ. Physikal. Gesellsch. **40**, Nr 9, S. 388—408 (1909).

magnetisiert. Nunmehr schaltet man das Fluxmeter ein, kommutiert den Strom nochmals und erhält jetzt einen Zeigerausschlag, der dem zweifachen Wert der bei dieser Feldstärke vorhandenen Induktion $\mathfrak{B}_{max}$ proportional ist, und aus dem man durch Multiplikation mit einem aus der Windungszahl der Spule, dem Querschnitt des Stabes und der Empfindlichkeit des Instruments berechneten Koeffizienten die Induktion leicht berechnen kann. Zur Bestimmung weiterer Punkte des absteigenden Astes der Kurve stellt man (nach einmaliger Wendung des Stromes) zunächst die gewünschte Feldstärke $\mathfrak{H}_x$ durch Regulieren des Widerstandes R_1 ein und kehrt dann durch Einschalten des Widerstandes R_2 auf die Maximalfeldstärke $\mathfrak{H}_{max}$ zurück. Nachdem die magnetische „Vorbereitung" der Probe in der oben erwähnten Weise durchgeführt ist, springt man durch Ausreißen des Schalters K_1 von der Feldstärke $\mathfrak{H}_{max}$ auf $\mathfrak{H}_x$ herab. Der Zeigeranschlag des Galvanometers gibt dabei den Ausschlag, der der Differenz zwischen $\mathfrak{B}_{max}$ und $\mathfrak{B}_x$ entspricht. Auf diese Weise kann man beliebig viele Punkte zwischen $\mathfrak{H}_{max}$ und $\mathfrak{H} = 0$ aufnehmen. Die Remanenz $\mathfrak{B}_R$ ($\mathfrak{H} = 0$) wird durch einfaches Ausschalten des maximalen Stromes erhalten, und errechnet sich ebenso aus der Differenz zwischen $\mathfrak{B}_{max}$ und dem beobachteten Ausschlag.

Für die negativen Werte von $\mathfrak{H}$ verfährt man so, daß man zunächst in üblicher Weise die betreffende Feldstärke bzw. den Magnetisierungsstrom einstellt. Dann schaltet man nach der „Vorbereitung" den Widerstand R_2 mittels K_1 aus und kommutiert gleichzeitig den Strom durch den Schalter K. Der Ausschlag ergibt wieder die Differenz zwischen $+ \mathfrak{B}_{max}$ und der uns interessierenden Induktion. Ist diese Differenz positiv, so ist auch die Induktion positiv, d. h. man befindet sich im $\mathfrak{B}/\mathfrak{H}$-Diagramm noch oberhalb der Koerzitivkraft, ist sie jedoch negativ, d. h. ist der Anschlag größer als der von $\mathfrak{B}_{max}$ allein, so befindet man sich im Gebiet negativer Induktionen (auf dem aufsteigenden Ast). Durch Interpolation zwischen zwei Feldstärken h_1 und h_2, von denen die eine einer positiven, die andere einer negativen Induktion entspricht, kann die Koerzitivkraft selber mit beliebiger Genauigkeit ermittelt werden.

Wegen der Luftlinien in der Spule s ist an den gemessenen Werten noch eine Korrektur anzubringen gemäß der Formel

$$\mathfrak{B} = \frac{\Phi}{q} - \left(\frac{q'}{q} - 1\right)\mathfrak{H}.$$

Hier bedeuten:

Φ der gemessene Induktionsfluß in Maxwell,
q' der innere Querschnitt der Induktionsspule s in cm²,
q der Querschnitt des Probestabes P in cm²,
$\mathfrak{H}$ die Feldstärke in Oersted.

Zur Eichung der Apparatur dient eine lange, gleichmäßig bewickelte Spule E (vgl. Abb. 18), die in ihrer Mitte ein homogenes, aus den Spulendaten und der

Stromstärke berechenbares Feld liefert. Gewöhnlich wird die Sekundärspule s in diese Spule eingeführt und der durch Kommutieren des Feldes erzeugte Ausschlag des Instruments kann dann direkt in Kraftlinien umgerechnet werden. Häufig ist aber auch eine zweite, die Normalspule umschließende Spule s' dauernd mit der eigentlichen Meßspule und dem ballistischen Galvanometer verbunden (vgl. Abb. 18), mit der sich dann ebenfalls die Konstante der Einrichtung bestimmen läßt.

Die geschilderte Meßmethode vermeidet eine Entmagnetisierung der Probe und gestattet die einzelnen Punkte der Hystereseschleife in beliebiger Reihenfolge zu erhalten, so daß der Zeitaufwand sehr abgekürzt wird. Es ist jedoch zu beachten, daß ein solches Verfahren nur bei magnetisch harten Materialien zulässig ist, da sonst insbesondere jeder Sprung von Maximum auf die Remanenz den Wert der letzteren wesentlich zu klein ausfallen läßt (vgl. S. 77).

Zum Schluß ist auf die Hauptfehlerquelle jeder Jochmessung aufmerksam zu machen, die in der Störung des Flusses in den Stoßfugen zwischen Probe und Joch besteht. Diese Trennungsfugen bewirken, daß eben doch noch eine gewisse Entmagnetisierung der Probe stattfindet und dadurch insbesonders die Remanenz zu klein ausfällt. Der Unterschied zwischen der wahren Magnetisierungskurve und der im Joch gemessenen wird als Jochscherung bezeichnet. Für ähnliche Werkstoffe ist die Größe dieser Scherung dem absoluten Betrage nach ziemlich gleich, die anzubringende Korrektur wird am besten ein für allemal durch den Vergleich von im Joch gemessenen Werten mit den an derselben Probe nach einer absoluten Methode ermittelten Zahlen erhalten.

3. Der Köpsel-Apparat.

In dem Köpsel-Apparat, der von Köpsel[1] angegeben und später von Kath[2] verbessert wurde, ist das umgekehrte Prinzip eines Drehspul-Strommessers zur Grundlage der Konstruktion gemacht worden. Das Schema der Anordnung ist aus Abb. 19 ersichtlich. Der kreiszylindrische Probestab P, der einen Querschnitt von etwa 0,25 cm² bei 25 cm Länge besitzt, wird durch ein halbkreisförmiges Joch J aus Weicheisen geschlossen. Die den Stab umschließende Magnetisierungsspule S ist so abgeglichen, daß die Feldstärke $\mathfrak{H}$ in Amperewindungen direkt aus der Formel $\mathfrak{H} = 100\,i$ berechnet werden

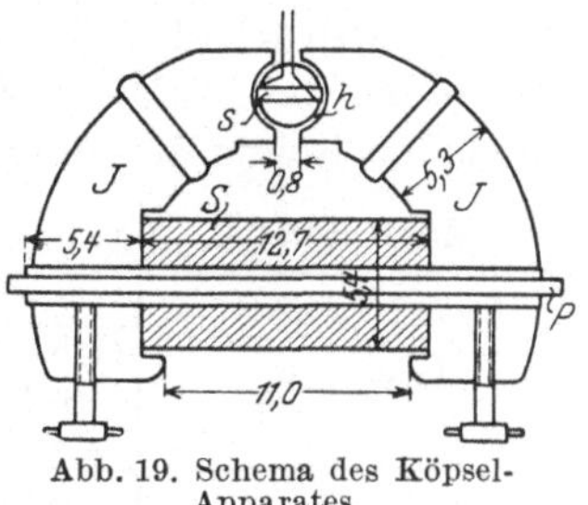

Abb. 19. Schema des Köpsel-Apparates.

kann, wenn i die Stromstärke in Ampere bedeutet. In einer das Joch in der Mitte unterbrechenden zylindrischen Ausbohrung h ist dann die

[1] ETZ **15**, 214 (1894).   [2] ETZ **19**, 411 (1898).

Drehspule s angebracht. Der durch das Feld im Probestab P erzeugte Induktionsfluß lenkt diese, von einem Hilfsstrom durchflossene Spule s ab, wobei der Ablenkungswinkel bei konstanter Stärke des Hilfstromes proportional dem Induktionsfluß der Probe ist. Die Stärke des Hilfstromes wird aus der Konstante des Apparates und dem Querschnitt des Stabes berechnet und ergibt sich aus der Formel

$$i = \frac{A}{\text{Querschnitt der Probe in mm}^2}\, m\,A;$$

sie ist meist in einer Tabelle dem Apparate beigefügt.

Zur Kompensation der von der Magnetisierungsspule S allein in dem Joch bewirkten Magnetisierung sind auf dessen Schenkeln einige in der Abbildung ersichtliche Zusatzwindungen angebracht, die mit der Magnetisierungsspule in Reihe, aber entgegengesetzt geschaltet sind. Der ganze Apparat ist ferner so geeicht, daß die Skala, über der ein an der Drehspule s befestigter Zeiger spielt, direkt die in dem Stab vorhandene Induktion in Gauß angibt. Ebenso gestattet eine geeignete Eichung der Skala des Amperemeters die Stärke des magnetisierenden Stromes in Einheiten der Feldstärke abzulesen.

Die Handhabung der Methode ist nun denkbar einfach. Nach Einstellung des aus dem Probenquerschnitt ermittelten Hilfsstroms wird der Magnetisierungsstrom eingeschaltet und vom Maximalwert angefangen stufenweise reguliert, wobei jedesmal die zusammengehörigen Werte von Feld und Induktion abgelesen werden. Bei $\mathfrak{H} = 0$ angelangt, wird der Strom kommutiert und die Feldstärke allmählich gesteigert.

Wegen seiner bequemen Arbeitsweise hat der Apparat von Köpsel in den Laboratorien und Betrieben eine große Verbreitung gefunden. Seine Vorteile dürfen jedoch nicht dazu verleiten, den von ihm gelieferten Werten eine übertriebene Genauigkeit beizulegen — wie dies manchmal geschieht — denn wenn auch die Fehler der „Jochscherung" für manche technische Zwecke zu vernachlässigen sind, so ist er „für Präzissionsmessungen im eigentlichen Sinne...weder geeignet noch bestimmt" (Gumlich). Die durchschnittliche Größe dieses Fehlers mag aus der folgenden kleinen Zahlentafel 3 hervorgehen, in der die Unterschiede[1] zwischen Messungen im Köpsel-Apparat und absoluten Mes-

Zahlentafel 3. Jochscherung eines Köpsel-Apparates.

Induktion	Fehler in der zugehörigen Feldstärke					
	Gehärteter Stahl auf- | ab- steigender Ast		Geglühter Stahl auf- | ab- steigender Ast		Weiches Eisen auf- | ab- steigender Ast	
$\mathfrak{B} = 15\,000$	-30 Oe	-20 Oe	-2 Oe	$+2$ Oe	-2 Oe	$-0{,}5$ Oe
$\mathfrak{B} = 10\,000$	$+3$ Oe	$+0{,}5$ Oe	-2 Oe	-1 Oe	$-1{,}5$ Oe	0 Oe
$\mathfrak{B} = 5000$	$+2{,}5$ Oe	$+1$ Oe	-2 Oe	$-0{,}5$ Oe	-1 Oe	$+0{,}3$ Oe
$\mathfrak{B} = 0$ (Koerzitivkraft)	± 2 Oe		$\pm 1{,}5$ Oe		$\pm 0{,}5$ Oe	

[1] Zusammengestellt von A. Kußmann. Vgl. auch J. Würschmidt: Stahleisen **51**, 1730—31 (1924).

sungen für verschiedene Werkstoffe in Einheiten der Feldstärke angegeben sind. Es braucht daher nicht betont zu werden, daß für einigermaßen genaue Bestimmungen die Anbringung der empirisch ermittelten Scherung des betreffenden Apparates eine Vorbedingung ist.

4. Der Magnetstahlprüfer nach Hartmann und Braun.

Außer der bedingten Genauigkeit der Jochmessung überhaupt besitzen nun die bisher beschriebenen Methoden speziell für die Messung von Dauermagnetstählen noch einige Nachteile von rein praktischem Standpunkt aus. In erster Linie ist hier die ungünstige Form der Proben zu nennen. Ihr geringer Querschnitt ergibt Schwierigkeiten sowohl bei der Herstellung als auch bei der Wärmebehandlung, da sich solche Stäbe mitunter schwer gießen und zudem beim Härten leicht verziehen. Ferner läßt auch der an solch dünnen Stäben ermittelte Wert nicht immer auf dieselben Eigenschaften des gleichen Materials im größeren Querschnitt schließen, da ein zufälliger Unterschied im Durchhärtungsgrad oder in den anderen Härtungsbedingen die magnetischen Eigenschaften beträchtlich beeinflussen kann.

Für die laufende Überwachung der Magnetstahlproduktion, sowie für die Bestimmung der günstigsten Härtetemperatur bzw. der chemischen Zusammensetzung hat deshalb die Firma Hartmann und Braun in Zusammenarbeit mit Prof. J. Würschmidt[1] einen Apparat durchgebildet, der für die Aufnahme größerer Proben und insbesondere für die Messung unmittelbar an dem üblichen rechteckigen Walzquerschnitt ($30 \times 10 \times 100$ mm) bestimmt ist.

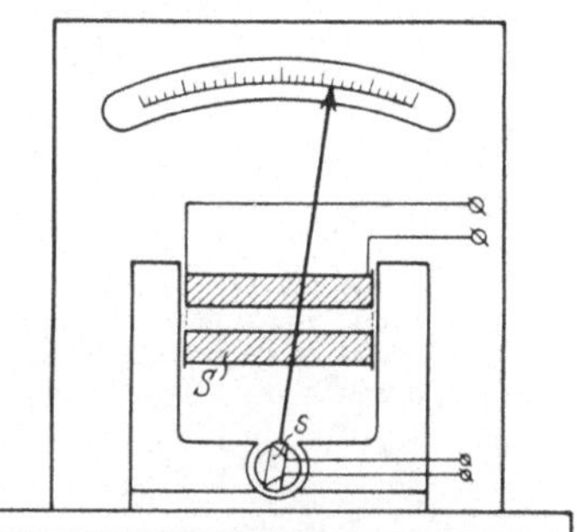

Abb. 20. Schema des Magnetstahlprüfers von Hartmann und Braun.

Die Konstruktion des Apparates beruht auf demselben Prinzip wie die des Köpsel-Apparates, indem auch hier die Ablenkung einer mit einem Zeiger versehenen, stromdurchflossenen Drehspule s der Induktion des Probestabes proportional ist (Abb. 20).

Der mit der Spule S versehene Probestab (Abb. 20) wird in eine zu diesem Zwecke geeignete Einspannvorrichtung eingesetzt, an einem Elektromagneten magnetisiert und mit der Einspannvorrichtung vor die Spule s des Apparates gebracht: Die Skalenablesung ergibt die scheinbare Remanenz $\mathfrak{B}_1(\mathfrak{H} = 0)$. Mittels der Magnetisierungsspule wird dann ein Gegenfeld angelegt und die den verschiedenen abnehmenden Feldstärken entsprechende Induktion gemessen, bis letztere für eine bestimmte negative Feldstärke gleich Null wird, d. h. bis die Koerzitivkraft $\mathfrak{H}_c$ erreicht wird. Die Größe der jeweiligen Feldstärke ergibt sich

---

[1] Würschmidt, J.: Stahleisen **44**, 1733 (1924). Vgl. auch Stäblein: Z. techn. Physik **6**, 585 (1925).

unmittelbar aus der Stärke des Magnetisierungsstromes, nach $\mathfrak{H} = 10\cdot4\,\pi\,(i-c)$, wenn c eine von der Weicheisen-Einspannvorrichtung abhängige Konstante ist.

Die Scherungslinie der Apparatur ist nach den theoretischen Begründungen[1] und zahlreichen experimentellen Untersuchungen von J. Würschmidt als eine Gerade festgestellt worden, deren Neigung zur $\mathfrak{B}$-Achse nur von den Abmessungen der Probe, nicht aber von der Natur des Stahles abhängig ist.

In einer neueren Ausführung der Apparatur[2] ist auch hier von der im nächsten Abschnitt beschriebenen Hilfsvorrichtung zur Messung der wahren Remanenz Gebrauch gemacht worden.

5. Der Remanenzmesser nach Bosch.

Das Grundprinzip des Remanenzmessers ist an sich dasselbe wie bei den Meßeinrichtungen von Köpsel und von Hartmann und Braun, doch unterscheidet ihn von diesen die Möglichkeit, selbst an nur roh vorgearbeiteten Stäben absolut zuverlässige Bestimmungen der „wahren" Remanenz durchführen zu können. Als Hauptfehlerquelle dieser Messung erscheint, wie bereits oben erwähnt, der wechselnde Luftwiderstand an den Stoßfugen zwischen den Enden des Stabes und dem Joch und die dadurch eintretende Streuung der Kraftlinien, die statt der wahren Remanenz irgendeinen beträchtlich tiefer liegenden Wert ermitteln läßt. Während nun bei den anderen Apparaturen nur auf die verschiedenste Weise für einen möglichst geringen Luftwiderstand Sorge getragen ist, wird bei dem Apparat von Bosch die Messung von $\mathfrak{B}_r$ mit einer klei-

Abb. 21. Ansicht des Remanenzmessers von Bosch.

nen Hilfsvorrichtung durchgeführt, die auf dem stetigen Übergang der Tangentialkomponente der wahren Feldstärke von Eisen in Luft beruht. Sie besteht im wesentlichen aus einer kleinen Magnetnadel unmittelbar über der Oberfläche des Stabes, die sich um eine zur Magnetfläche senkrechte Achse drehen kann und durch ihre Richtung die Richtung der Feldstärke in Eisen anzeigt. Die wahre Remanenz ist

[1] Siehe Z. Physik 9, 379—94 (1922).
[2] Vgl. Die Meßtechnik 6, 286 (1930).

nun dadurch gekennzeichnet, daß das Feld im Inneren der Probe seine Richtung umkehrt, d. h. von $+\mathfrak{H}$ über 0 nach $-\mathfrak{H}$ übergeht. Ist dieser Punkt erreicht, so dreht sich auch die Nadel um 180° und ihre Einstellung in die Mittellage (Querrichtung) zusammen mit der gleichzeitig abgelesenen Induktion erlaubt eine genaue Bestimmung von $\mathfrak{B}_R$. Diese Messung ist in weiten Grenzen unabhängig von der Art der Auflage der Stabenden und von der Größe der Luftwiderstände. So wird durch Einlegen von ½ mm starken Papiereinlagen zwischen Stabenden und Einspannbacken die Ablesung nur um 1 bis 1,5% geändert.

Die äußere Ansicht des Boschapparates ist in der Abb. 21 dargestellt, während Abb. 22 das Schaltbild angibt. Demnach besteht die Anordnung im wesentlichen aus einem starken Weicheisenjoch R mit Drehspule zur Messung des Induktionsflusses, verschiebbaren Einspannbacken zur Aufnahme des Probestabes und einer Aufhängevorrichtung für die kleine Magnetnadel. Auf den beiden Jochschenkeln sind die Magnetisierungsspulen M und zwei Hilfsspulen C zum Ausgleich des Eigenmagnetismus des Joches angebracht. Die Spulen K werden über den Probestab geschoben und mit diesem zusammen eingespannt. Zum Magnetisieren der Probe werden M und K in Reihe geschaltet, während bei der Messung die Spulen M kurz geschlossen sind. Der Hilfsstrom in der Drehspule wird einer 4-Volt-Batterie entnommen und kann, wie bei allen anderen Apparaten, entsprechend dem Stabquerschnitt so eingestellt werden, daß die Induktion direkt abgelesen werden kann. Die Messung der äußeren Feldstärke erfolgt mit Hilfe des Amperemeters A in CGS-Einheiten. Die kleine Magnetnadel ist bei L (vgl. Abb. 21) mittels eines Fadens aufgehängt und schwebt unmittelbar über der Probe. Der Faden ist durch ein Messingrohr gegen Beschädigungen geschützt.

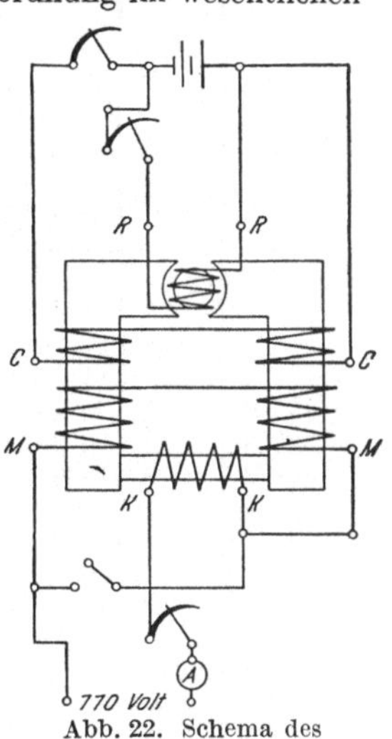

Abb. 22. Schema des Remanenzmessers.

Der Meßvorgang geschieht in folgender Weise: Nach dem Einspannen wird der Probestab mit den Spulen M und K magnetisiert[1], die Spule M kurzgeschlossen und der Magnetisierungsstrom allmählich bis auf Null verringert. Das Erreichen der wahren Remanenz ist durch die Umkehr der Magnetnadel bzw. durch ihre Einstellung in die Querrichtung erkennbar. Hierauf wird punktweise die Induktionskurve in Abhängigkeit von $\mathfrak{H}$ aufgenommen, bis für $\mathfrak{B} = 0$ die Koerzitivkraft erreicht wird. Die jeweilige äußere Feldstärke $\mathfrak{H}'$ wird mit Hilfe des Amperemeters A gemessen, die wahre Feldstärke $\mathfrak{H}$ dagegen in üblicher Weise durch Anbringen der Scherung bestimmt. Besondere Schalter erleichtern die betriebsmäßige Verwendung des Apparates und schließen Fehlgriffe aus.

Die Meßgenauigkeit mit dem Bosch-Apparat wird von W. Oertel[2] nach einem Vergleich mit den von der Physikalisch-Technischen Reichs-

---

[1] Für Magnete mit einer Koerzitivkraft von 60 bis 100 Oersted reicht dabei eine Stromstärke von etwa 5 A aus, während bei höherer Koerzitivkraft der Magnetisierungsstrom verdoppelt werden muß.

[2] Stahleisen **40**, 1451 (1929).

anstalt nach einer absoluten Methode gemessenen Werten etwa wie folgt angegeben:

$$\begin{array}{cccc} \mathfrak{B}_r & \mathfrak{H}_c & \mathfrak{B}_r \times \mathfrak{H}_c \times 10^{-3} & (\mathfrak{B} \times \mathfrak{H})_{max} \times 10^{-3} \\ -0,23\% & +1,5\% & +1,2\% & -2,4\% \end{array}$$

Des weiteren ist nachstehend noch eine der Arbeit von Oertel entnommene Vergleichstabelle für verschiedene zur Messung von Magnetstählen gebrauchten Apparate abgedruckt:

Zahlentafel 4. Vergleich der mit verschiedenen Prüfapparaten bestimmten Werte einer Reihe von Magnetstahlproben.

Bezeichnung	Probenquerschn. in cm²	Werk A Neuer Boschapparat		Werk B Alter Boschapparat		Werk C Apparat von Hartmann u. Braun abgeändert		Werk D Englischer Prüfapparat		Ballistisch gemessen $\mathfrak{H}_c$
		$\mathfrak{B}_r$	$\mathfrak{H}_c$	$\mathfrak{B}_r$	$\mathfrak{H}_c$	$\mathfrak{B}_r$	$\mathfrak{H}_c$	$\mathfrak{B}_r$	$\mathfrak{H}_c$	
B 2283/1	3,0	11150	56,5	11520	53,3	11200	57,0	10000	57,0	53,9
2	3,02	11150	55,0	10750	53,0	11600	55,8	10100	56,0	53,5
3	2,02	11350	57,5	11480	55,4	11600	60,9	11100	59,0	57,3
4	2,0	11400	56,0	11330	52,8	11500	58,2	10800	57,0	55,9
T 489/2	1,92	9000	102	9580	96	10050	106,1	9600	94,0	106,3
3	1,89	9600	100	10220	92	10350	103,7	9600	92,0	102,2
T 665/3	3.18	10700	102	10650	96	10300	103,6	9700	96,0	101,5
4	3,25	10700	101	10650	95	10250	103,5	10000	93,0	99,2
B 1257/1	2,98	9100	154	=	—	9300	158,9	8600	132,0	154,0
2	2,95	9200	155	—	—	9450	158,4	8500	134,0	157,1
3	1,99	8750	152	—	—	9200	159,7	9100	130,0	158,5
4	1,97	8850	154	—	—	9250	162,3	9100	131,0	160,9
T 449/1	3,0	9750	214	—	—	9550	222,9	8800	180,0	219,2
2	3,0	9400	220	—	—	9150	226,6	8700	180,0	222,6
3	2,02	9450	206	—	—	9550	219,4	9200	172,0	222,9
4	2,01	3900	212	—	—	9150	221,5	9200	173,0	225,5

Aus der Zahlentafel 4 geht u. a. hervor, daß der englische Apparat (von Darwin u. Millner, s. u.) bei der Messung von Koerzitivkräften höher als etwa 70 Oersted versagt. Dagegen ist der Apparat von Hartmann und Braun auch noch bei großen Koerzitivkräften brauchbar.

6. Der Apparat von Darwin und Millner.

Auf einem etwas anderen Prinzip als die eben genannten beruht der Apparat von Darwin und Millner, der ebenfalls zur Messung von Dauermagnetstählen im Walzquerschnitt (und von fertigen Hufeisenmagneten) bestimmt ist. Seine Konstruktion ist dabei ausdrücklich auf eine möglichste Automatisierung und Abkürzung des Meßvorganges gerichtet, was sich, wie natürlich, nur unter Einbuße von Genauigkeit erzielen läßt.

Die Apparatur, die aus zwei Hauptteilen, dem Generator nebst Joch (links) und der Schalttafel besteht, ist in Abb. 23 dargestellt. Die zu untersuchende Probe wird im Joch zwischen die Polschuhe eingesetzt und durch die Betätigung des rechts abgebildeteten Umschalters magnetisiert. Um zu lange Dauer der Magnetisierung und Überhitzung zu vermeiden, wird der Schalter automatisch abgeschaltet. Messung und Registrierung des in der Probe vorhandenen Induktionsflusses erfolgen dadurch, daß sich zwischen den Polschuhen der Anker einer kleinen Unipolarmaschine dreht, die von einem Elektromotor mit gleichmäßiger Umdrehungszahl angetrieben wird. Die dabei entstehende

Abb. 23. Meßanordnung von Darwin und Millner.

EMK., die mit einem Millivoltmeter abgelesen wird, ist ein Maß für die Induktion, das Instrument ist auch gleich in $\mathfrak{B}$-Werte eingeteilt. Durch Regulierung des entmagnetisierenden Stromes mittels zweier Schiebewiderstände kann in üblicher Weise der absteigende Ast und die Koerzitivkraft bestimmt werden, wobei die Skala des den Strom ablesenden Amperemeters die Feldstärke $\mathfrak{H}$ in „Oersted" angibt.

Um die Messung an verschiedenen Stabquerschnitten auszuführen, ohne die Magnetisierungsspulen zu wechseln bzw. ohne Umrechnungen vorzunehmen, sind vor den Instrumenten Nebenschluß- bzw. Vorschaltwiderstände eingebaut, die die Empfindlichkeit der $\mathfrak{B}$- und $\mathfrak{H}$-Messung entsprechend ändern. Sie werden durch Drehen der in der Mitte der Schalttafel sichtbaren Scheiben eingestellt und ergeben eine Korrektur auf verschiedene Stabquerschnitte, Luftlinien und Stablängen.

Infolge der weitgehenden Automatisierung sind die Messungen sehr schnell durchzuführen. Eine Bestimmung von Koerzitivkraft und Remanenz nimmt nur etwa 20 bis 30 Sekunden in Anspruch. Dagegen ist die Genauigkeit nicht sehr hoch und wird nach Messungen in einem Stahlwerk etwa wie folgt angegeben: Für die Koerzitivkraft: 3 bis 4%; für die Remanenz bei Stabquerschnitten zwischen 100 und 200 cm²: 3 bis 6%; bei größeren Stabquerschnitten geringer, bis 14% (vgl. auch Zahlentafel 4).

7. Anwendung und Berechnung von Dauermagneten.

Dauermagnete finden überall dort Verwendung, wo in einem magnetischen Kreis ein konstanter Kraftfluß aufrechterhalten werden soll. Als Anwendungsbeispiele seien genannt Telephonhörer und Lautsprecher, die kleinen Dynamomaschinen der Automobil- und Flugzeugmotoren (Zündmagnete), elektrische Meßinstrumente (Strom- und Spannungsmesser), Elektrizitätszähler, Relais usw. Entsprechend den wechselnden äußeren Bedingungen ist die geometrische Form der fertigen Magnete sehr verschieden, wofür Abb. 24 einige Beispiele zeigt.

Bei allen Formen dieser Magnete haben wir es mit einem offnen magnetischen Kreise, d. h. mit der entmagnetisierenden Wirkung von freien Enden oder der Rückwirkung eines rotierenden Ankers und dgl. zu tun. Die Leistungsfähigkeit des arbeitenden Magneten, bzw. der von ihm ausgehende Kraftfluß ist somit gegeben durch die in dem Material verbleibende **scheinbare Remanenz**, die wieder bedingt ist durch die Form, d. h. die Länge und Querschnitt des Magneten und durch den Verlauf der Hystereseschleife des Werkstoffs zwischen wahrer Remanenz und Koerzitivkraft. Dieser Zusammenhang ist für die Verwendung der Magnete von ausschlaggebender Bedeutung. Um die später angegebenen Unterschiede der einzelnen Magnetstahlsorten klar verstehen zu können, seien an dieser Stelle ganz kurz die Hauptpunkte für die Berechnung von Magneten besprochen.

Beschränken wir uns bei der Durchführung der allgemeinen Rechnungen zunächst auf den Fall des Stabmagneten, so haben wir für das magnetische Moment M eines solchen Magneten

$$M = J_m \cdot V, \tag{1}$$

wo J_m den Mittelwert der (längs des Stabes nicht gleichmäßig verteilten) Intensität der Magnetisierung und V das Volumen des Stabes bedeutet. Bezeichnet man Länge und Durchmesser des Magneten mit l und d, so ist für kreiszylindrischen Querschnitt.

$$M = \frac{\pi}{4} J_m l d^2. \tag{2}$$

Wäre der Stab unendlich lang bzw. keine Entmagnetisierung vorhanden, so wäre die Magnetisierungsintensität J_m gleich der wahren Remanenz, Für die Rückwirkung der freien Enden und die dadurch bedingte Erniedrigung gilt nach früherem (vgl. S. 19) nun die grundlegende Beziehung $\mathfrak{H} = \mathfrak{H}' - NJ$, wobei $\mathfrak{H}$ die wahre, $\mathfrak{H}'$ die äußere Feldstärke und N der Entmagnetisierungsfaktor ist, der wieder von dem Verhältnis von Länge zu Durchmesser des Magneten $\dfrac{l}{d} = \beta$ abhängt und für ein gegebenes Dimensionsverhältnis β aus den oben gegebenen Kurven (vgl. Abb. 12) abgelesen werden kann.

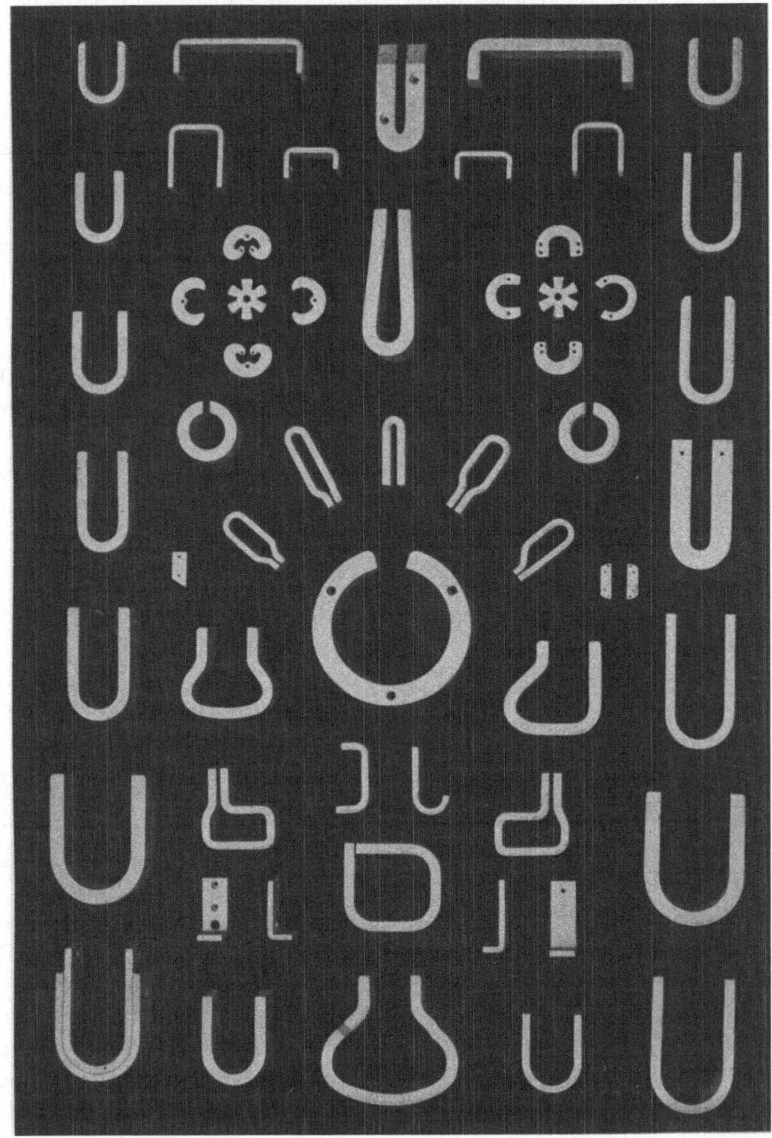

Abb. 24. Formen von Dauermagneten.

Da im vorliegenden Fall $\mathfrak{H}' = 0$, so haben wir für die Selbstentmagnetisierung

$$\mathfrak{H} = -N J_m \quad \text{oder} \quad J_m = f(\mathfrak{H}) \tag{3}$$

und ferner

$$N = \varphi(\beta).$$

Setzen wir diese Ausdrücke untereinander und in die obige Gleichung
ein, so erhalten wir

$$J_m = f[\varphi(\beta)\,J_m] \quad \text{bzw.} \quad J_m = \psi(\beta)$$

und schließlich

$$M = \frac{\pi}{4}\,\psi(\beta)\,l\,d^2. \tag{4}$$

Mit Hilfe dieser Gleichungen lassen sich nun alle in der Praxis vorkommenden Aufgaben über die Formgebung von Stabmagneten ohne
weiteres lösen. Als Bei-
spiel sei etwa der zu be-
nutzende Werkstoff, das
magnetische Moment der
daraus herzustellenden
Magnete M und gleich-
zeitig das Volumen v
(bzw. das Gewicht) vor-
geschrieben. Sucht man
dann zur Erfüllung der
Gleichung (4) das Dimen-
sionsverhältnis $\beta = \dfrac{l}{d}$,
so muß man zunächst
auf der $J/\mathfrak{H}$-Kurve des
betreffenden Materials
zwischen Remanenz und
Koerzitivkraft den Wert

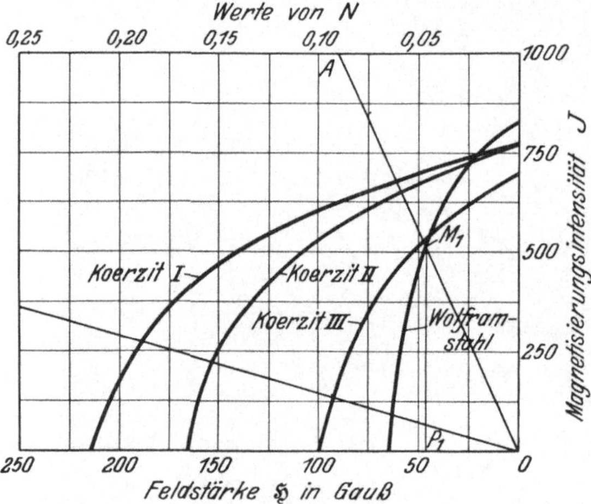

Abb. 25. Graphische Methode zur Bestimmung der
scheinbaren Remanenz.

$-\mathfrak{H}$ feststellen, der der gewünschten Intensität $J = \dfrac{M}{v}$ entspricht,
aus $\mathfrak{H} = -NJ$ den Wert N berechnen und für diesen dann das Dimensionsverhältnis entnehmen.

Alle diese Manipulationen werden wesentlich erleichtert durch die
graphische Methode. In ihr erscheint der Punkt der scheinbaren Remanenz bekanntlich (vgl. S. 21) als der Schnittpunkt der Hystereseschleife mit einer Scherungslinie, deren Neigungswinkel α gegen die
Ordinate gegeben ist durch tg $\alpha = N$, wenn N den Entmagnetisierungsfaktor der Probe bedeutet. Das graphische Aufsuchen dieser Scherungslinie geht dabei so vor sich, daß man in dem $J/\mathfrak{H}$-Magnetisierungsdia-
gramm von dem Punkte $J = 1000$ eine Parallele zur Abszissenachse legt
und auf ihr in 1000fachem Maßstab gegenüber der Feldstärke $\mathfrak{H}$ die Werte
des Entmagnetisierungsfaktors N aufträgt. Die Gerade, die den Punkt 0
mit dem Punkt eines bestimmten Entmagnetisierungsfaktors verbindet,
stellt dann die Scherungslinie, ihr Schnittpunkt mit der Magneti-

sierungskurve die gesuchte scheinbaré Remanenz J_m dar. Umgekehrt kann man natürlich auch, wie in dem vorliegenden Fall, bei gegebener Remanenz J_m den Entmagnetisierungsfaktor N bestimmen. Zur Erläuterung dieser Konstruktionen diene die beifolgende Abb. 25, in der die Hysteresekurven von Wolframstahl und einigen Kobaltstählen nebst zwei Scherungslinien angegeben sind, von denen die eine dem Entmagnetisierungsfaktor $N = 0,09$ (entsprechend einem Dimensionsverhältnis $\frac{l}{d} = \beta = 20$, vgl. S. 20) und die andere (in der Abbildung nicht ganz ausgezogen) dem Faktor $N = 0,64$ und damit einem Dimensionsverhältnis $\frac{l}{d} \sim 5$ zugehört.

Völlig analog vollzieht sich die Berechnung, wenn nicht das magnetische Moment $M = J \cdot V$, sondern der Kraftfluß $\Phi = \mathfrak{B} \cdot q$ ($q =$ Querschnitt) be-

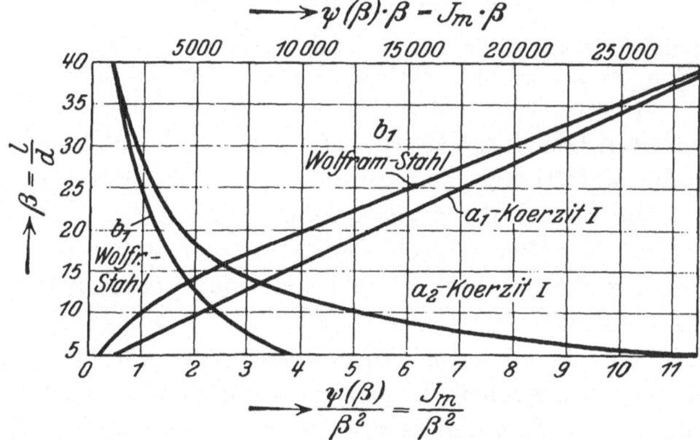

Abb. 26. Bezugskurven zur Berechnung von Stabmagneten (Janowsky).

nutzt wird. Für die Entmagnetisierung haben wir dabei $\mathfrak{H} = -N\dfrac{\mathfrak{B} - \mathfrak{H}}{4\pi}$ oder angenähert $\mathfrak{H} = -\dfrac{N\mathfrak{B}}{4\pi}$ und $N = -4\pi\dfrac{\mathfrak{H}}{\mathfrak{B}}$. Aus der $(\mathfrak{B}\,\mathfrak{H})$-Kurve ergibt sich dann der Entmagnetisierungsfaktor N, woraus aus dem zugehörigen Dimensionsverhältnis l/d ($d = 2\sqrt{9/\pi}$) die Länge l abgeleitet werden kann. Zur graphischen Ermittlung der scheinbaren Remanenz aus der Induktionskurve analog Abb. 25 muß man dann, da $4\pi = 12,56$, die Entmagnetisierungsfaktoren auf einer Geraden abtragen, die von der Ordinatenachse an der Stelle $\mathfrak{B} = 12560$ nach links abgeht.

Auch die weiteren Rechnungen aus Gleichung (4) lassen sich bequem durch graphische Verfahren lösen. Dividieren wir etwa die Gleichung (4) durch $\frac{\pi}{4} l^3$ oder $\frac{\pi}{4} d^3$, so erhalten wir $\dfrac{\psi(\beta)}{\beta^2} = \dfrac{4M}{\pi l^3}$ und $\psi(\beta) \cdot \beta = \dfrac{4M}{\pi d^3}$, woraus bei gegebenem M und l der Durchmesser d oder für M und d die Länge l abzulesen sind. Die hierfür geltenden Beziehungen zwischen β und $J_m \cdot \beta = \psi(\beta) \cdot \beta$ (Kurve a_1 und b_1) bzw. $\dfrac{J_m}{\beta^2} = \dfrac{\psi(\beta)}{\beta^2}$ (Kurve a_2 und b_2) für zwei verschiedene Stahlsorten sind (nach Janowsky) in dem Diagramm der Abb. 26 wiedergegeben:

Beispiel: Es soll die Länge l eines Stabmagneten aus Koerzit I bestimmt werden, dessen magnetisches Moment und Durchmesser denselben Wert hat, wie ein Wolframstahlmagnet von 10 cm Länge und 0,5 cm Durchmesser.

Für das Dimensionsverhältnis $\dfrac{l}{d} = \beta = \dfrac{10}{0,5} = 20$ gilt (nach den Angaben S. 20) $N = 0,090$. In Abb. 25 finden wir dann für $N = 0,090$ die Gerade OA, deren Schnittpunkt mit der Magnetisierungskurve des Wolframstahls eine Magnetisierungsintensität $J_m = M_1 P_1 = 515$ ergibt.

Gleichung (2) ergibt

$$M = \frac{\pi}{4} \cdot 515 \cdot 10 \cdot (0,5)^2 = 1000$$

und daraus:

$$\psi(\beta) \cdot \beta = \frac{4000}{\pi(0,5)^3} = 10\,200.$$

Aus Abb. 26 (Kurve α) entnehmen wir schließlich $\beta = 15,8$, und hieraus:

$$\boldsymbol{l = \beta \cdot d = 15,8 \cdot 0,5 = 7,9\ \mathrm{cm}.}$$

Die Genauigkeit dieser Rechnungsmethoden beträgt ungefähr 10%. Der Fehler wird in der Hauptsache bedingt durch die Unsicherheit des Entmagnetisierungsfaktors für die zylindrischen Stäbe und durch den Streufluß.

Die genannten Gleichungen ergeben nun, wie leicht ersichtlich, eine unendliche Mannigfaltigkeit von Lösungen, falls nur der Werkstoff und der zu erzielende Kraftfluß vorgeschrieben ist, d. h. derselbe Kraftfluß läßt sich in vielfacher Weise durch Variation von Länge und Querschnitt des Magneten erzielen, wobei jedoch jeweils das Volumen bzw. das Gewicht verschieden ist.

Ist der Konstrukteur jetzt vor die Aufgabe gestellt, sparsamsten Materialaufwand und höchste Leistung miteinander zu verbinden, d. h. einen Magneten zu verwenden, der bei einem Maximum von Nutzkraftfluß ein Minimum an Volumen aufweist, so ergibt sich die weitere Frage nach der günstigsten Ausnutzung der im Stahl vorhandenen Energie. Diese Bedingung ist insbesondere durch die Arbeiten von Evershed[1], Watson[2] Michel und Veyret[3] u. a. geklärt worden, und zwar haben die Untersuchungen eindeutig gezeigt, daß sie dann erfüllt ist, wenn der Arbeitspunkt des Magneten, d. h. die durch die Rückwirkung der freien Enden bewirkte scheinbare Remanenz auf dem absteigenden Ast der Hystereseschleife gerade an der Stelle liegt, für den das Produkt aus der Induktion $\mathfrak{B}$ und der Feldstärke $\mathfrak{H}$ ein Maximum wird $[(\mathfrak{B} \times \mathfrak{H})_{\max}]$ und den wir oben als ein Maß für die Leistung gekennzeichnet hatten (vgl. S. 24 und die graphische Konstruktion Abb. 14). Ist ein Magnet in diesem Sinne richtig konstruiert, dann kann man seine Arbeitsleistung durch keine Formänderung mehr erhöhen, und jede andere Kombination von Länge und Querschnitt führt bei zwar gleichem Kraftfluß notwendigerweise zu einem höheren Volumen.

---

[1] J. amer. Inst. Electr. Eng. **58**, 780 (1920).
[2] J. amer. Inst. Electr. Eng. **61**, 641 (1923).   [3] Vgl. Anmerkung S. 42.

Für das relative Maximum des magnetischen Moments und das Minimum des Volumen bekommen wir so bei Stabmagneten folgende Werte für Länge l und Durchmesser d

$$\text{bei Wolframstahl} \quad \ldots \ldots \ldots \quad d = 0,076\, l$$
$$\text{bei Koerzit } I \quad \ldots \ldots \ldots \ldots \quad d = 0,195\, l$$

Durch diese Formulierung der magnetisch richtigen Formgebung ist gleichzeitig auch die Frage nach der Auswahl des Werkstoffes festgelegt, und zwar wird man bei gegebenem Dimensionsverhältnis vom magnetischen Standpunkt aus (über die Preisfrage vgl. S. 272) eben stets ein solches Material wählen, bei dem der Arbeitspunkt des daraus herzustellenden Magneten möglichst in der Nähe dieses Optimums der $\mathfrak{B}/\mathfrak{H}$-Kurve liegt. Da nun dieser Punkt $(\mathfrak{B} \times \mathfrak{H})_{\mathrm{max}}$ bei den verschiedenen Magnetstahlsorten eine ganz verschiedene Lage hat, so liegt der günstigste Anwendungsbereich der einzelnen Materialien auch bei ganz verschiedenem Dimensionsverhältnis, wobei man ganz allgemein sagen kann, daß, je kürzer und gedrungener der Magnet sein soll (bei Hufeisen je kürzer die Schenkel und je breiter die Maulöffnung),

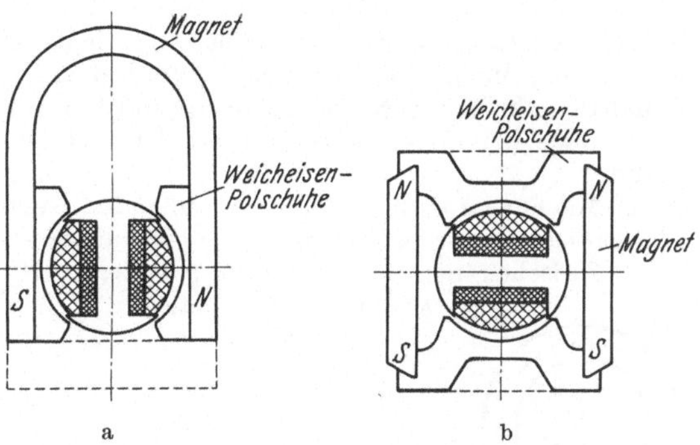

Abb. 27. Zünddynamo mit Wolframstahl (a) und Kobaltstahlmagnet (b).

um so größerer Wert auf höhere Koerzitivkraft des zu verwendenden Stahles gelegt werden muß.

Die Richtigkeit dieser Betrachtungen geht auch aus Abb. 25 hervor. So macht es beispielsweise für das Dimensionsverhältnis *20* (obere Scherungslinie) nur einen verhältnismäßig geringen Unterschied in der Remanenz aus, ob als Material Wolframstahl oder Kobaltstahl benutzt wird. Je ungünstiger aber das Dimensionsverhältnis wird, desto mehr treten die Vorteile der Kobaltstähle hervor, und bei dem zweiten Beispiel $\left(\text{untere Scherungslinie, } \dfrac{l}{d} = 5\right)$ ergibt die Benutzung von Koerzit I gegenüber Wolframstahl schon die dreifache Remanenz.

Es folgert ferner daraus, daß es zum Zwecke der Leistungsteigerung einer Apparatur nicht ohne weiteres möglich ist, den Magneten durch irgend eine andere bessere Magnetstahlsorte zu ersetzen, sondern eine wirkliche Ausnutzung der spezifischen Eigentümlichkeiten erfordert auch meist eine veränderte Formgebung. Als Beispiel einer solchen Umkonstruktion diene die Abb. 27 eines Zünddynamos, der links (Abb. 27a) mit einem Wolframstahlmagneten ausgerüstet ist, während der Übergang zu Kobaltstahl (Abb. 27b) bei gleichem Kraftfluß eine wesentlich kürzere und einfachere Form des Magneten gestattete, so daß die durch das Kobalt bedingte Preiserhöhung durch die Materialersparnis wieder wettgemacht wurde.

Analoge Verhältnisse wie für Stabmagnete gelten für die Berechnung von Hufeisenmagneten oder von Magneten anderer Form, wobei sich die Erscheinungen durch die Berücksichtigung der übrigen Teile des magnetischen Kreises, wie der Polschuhe und des Ankers noch wesentlich komplizierter gestalten können. Da jedoch die genauere Berechnung solcher Magnete über den Rahmen des Buches hinausgeht, so sei außer einigen Notizen auf die Literatur[1] hingewiesen.

Nach Edcumb läßt sich annäherungsweise für einen offenen Hufeisenmagneten die scheinbare Remanenz $\mathfrak{B}_R$, d. h. die Kraftliniendichte im Interferrikum, graphisch durch den Schnittpunkt der $\mathfrak{B}/\mathfrak{H}$-Kurve mit einer Scherungslinie darstellen, deren Neigungswinkel α gegen die Ordinatenachse gegeben ist durch

$$\operatorname{tg} \alpha = \frac{\lambda}{l} \frac{q}{q'} p,$$

wobei l die mittlere Länge des Magneten, λ die des Luftspaltes, q bzw. q' den Querschnitt vom Magnet und Luftspalt und p das gewählte Verhältnis der $\mathfrak{B}$- und $\mathfrak{H}$-Maßstäbe bedeutet. Nach A. Michel und L. Veyret gelten folgende Leitsätze:

1. Geometrisch ähnliche Magnete besitzen gleiche Intensität der Magnetisierung.

2. Mit einer für die Praxis ausreichenden Genauigkeit kann der Wert von J als unabhängig von der Form des Querschnittes angenommen werden.

3. Zwischen den Hauptabmessungen eines Hufeisenmagneten und der Intensität der Magnetisierung besteht die folgende Beziehung:

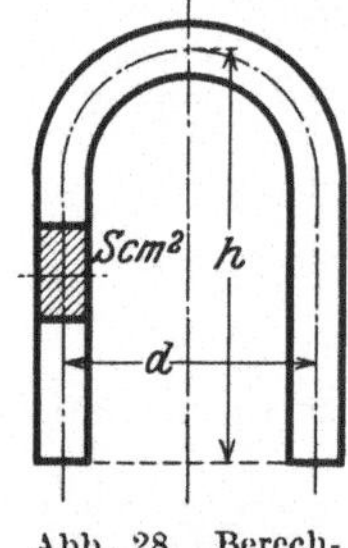

Abb. 28. Berechnung von Hufeisenmagneten (Michel und Veyret).

$$J_{geöffnet} = \frac{71}{0{,}081 + \dfrac{S\,d}{\left[(0{,}58\,h)^2 + \dfrac{d^2}{4}\right]\sqrt{(0{,}58\,h)^2 + \dfrac{d^2}{4}}}},$$

$$J_{geschlossen} = \frac{56{,}6}{0{,}081 + \dfrac{S\,d}{\left[(0{,}58\,h)^2 + \dfrac{d^2}{4}\right]\sqrt{(0{,}58\,h)^2 + \dfrac{d^2}{4}}}}.$$

Es bedeuten: $J_{geöffnet}$ (bzw. $J_{geschlossen}$) — die Intensität der Magnetisierung in der Mitte eines Hufeisenmagneten mit geöffneten (bzw. mit geschlossenen) Polen.

S — den Querschnitt des Magneten in cm²,

h und d — seine Hauptabmessungen in cm (siehe Abb. 28).

Die Genauigkeit dieser Formel beträgt etwa $\pm 10\%$.

8. Magnetisierung fertiger Magnete.

Zur Erzielung der höchstmöglichsten Remanenz eines permanenten Magneten muß dieser erstmalig so hoch magnetisiert werden, daß das

[1] Vgl. so A. Michel u. Veyret: Rev. gén. électr. 12, 2 (1924). Evershed, E.: J. Inst. El. Engs. 63, 725 (1925). K. Edcumb: Electr. 75, 546 (1915). R. V. Picou: Rev. gén. électr. 23, Nr 6, S. 259—67 (1928); vgl. auch Picou: Les aimant, leur calcul et la technique de leurs application. Paris: Dunod 1927.

ferromagnetische Material praktisch den Zustand der Sättigung erreicht
hat. Für die Vornahme dieser Magnetisierung bestehen in der Technik
eine Reihe verschiedener Verfahren.

Bei sehr kleinen Formen von Magneten, insbesondere kleinen Stabmagneten, Kompaßnadeln usw. wird die Magnetisierung am zweckmäßigsten zwischen den Polen eines kräftigen Elektromagneten vorgenommen. Da die Kraftlinien im Interferrikum des Elektromagneten
nahezu geradlinig verlaufen, so eignet sich diese Methode jedoch nicht
für alle stärker gekrümmten Formen (Hufeisenmagnete), falls nicht
durch eine besondere Anordnung von Polschuhen für einen günstigen
Verlauf des Kraftflusses Sorge getragen
wird.

Die häufigste Art der Magnetisierung ist die in einer Spule; bei Hufeisenmagneten werden dabei gewöhnlich zwei Spulen über die Schenkel geschoben, während die freien Enden
durch ein Schlußstück aus weichem
Eisen überbrückt werden. In einem
vollständig geschlossenen Kreis ist die
Zahl der zur Magnetisierung erforder-
lichen Amperewindungen bei Chrom-
und Wolframmagnetstahl etwa 500, bei
Kobaltstahl etwa 1000 auf 1 cm Länge,
d. h. das Produkt aus der Windungszahl und der Stromstärke der verwendeten Spulen muß mindestens das
500- bzw. 1000fache der Länge des
Magneten betragen. Je nach Form und

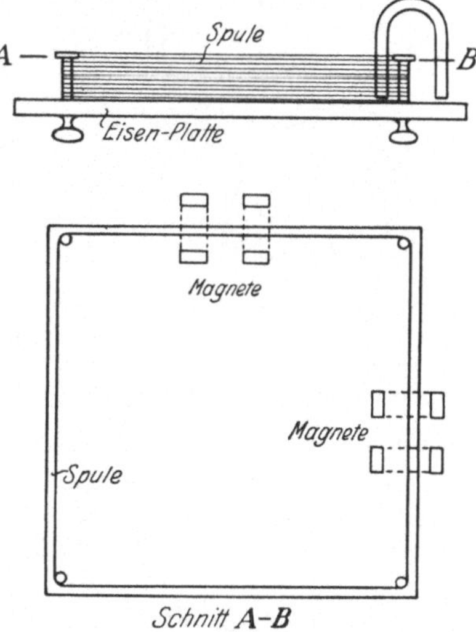

Abb. 29. Magnetisierungsspule.

Abmessungen der Magnete wird man Spulen angeben können, die bei
geeigneter Kombination zwischen Windungszahl und Stromstärke der
obigen Bedingung genügen.

Bei sehr kleinen Maulweiten von Hufeisenmagneten empfiehlt sich mitunter
eine Anordnung nach Abb. 29. Sie besteht aus einer auf einer Eisenplatte mon-
tierten, vertikalstehenden, einlagigen Spule von etwa 20×20 cm² Querschnitt und
10 cm Höhe (die Gesamtwindungszahl beträgt etwa 100), durch die ein Strom
von etwa 50 A geschickt wird. Die Magnete stehen mit dem einen Schenkel im
Innenraum der Spule. Eine solche Konstruktion besitzt ferner den Vorteil, daß
sich in einem Zuge eine größere Anzahl von Magneten magnetisieren lassen.

Steht aus irgendeinem Grunde nicht genügend Gleichstromenergie
zur Verfügung, so daß man befürchten muß, in den Magnetisierungsspulen die notwendige Zahl der Amperewindungen nicht zu erreichen,
so lassen sich durch eine Kombination von Gleich- und Wechselstrommagnetisierung gute Erfolge erzielen. Methoden dieser Art sind von

G. Gezora und G. Finzi[1] (1891), neuerdings auch von B. M. Janowsky[2] beschrieben worden. Sie beruhen dem Prinzip nach auf der Tatsache,

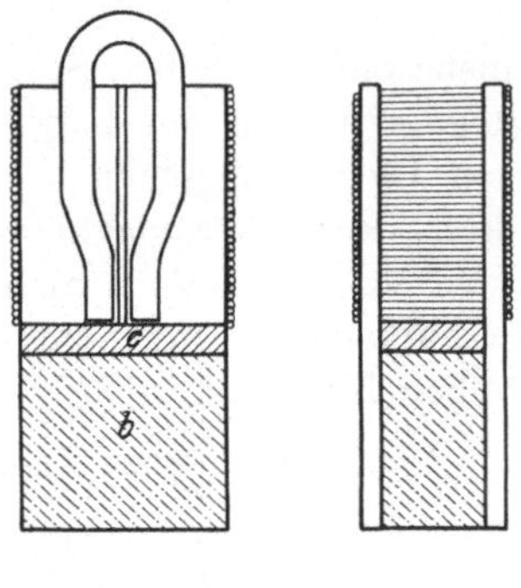

daß bei der Überlagerung eines Gleichstromfeldes mit einem Wechselfeld allmählich abnehmender Amplitude die Magnetisierung auf der „idealen" Kurve verläuft,
und daß wegen der Steilheit dieser Kurve
(vgl. Abb. 3) gegenüber der Nullkurve
zur Erreichung glcicher $\mathfrak{B}$-Werte viel geringere Gleichstromfelder erforderlich sind.
Für die praktische Anwendung ist es dabei
vor allem wichtig, wie Janowsky zeigen
konnte, daß die Wechselstromspulen mit
den Gleichstromspulen nicht konzentrisch
zu sitzen brauchen, sondern daß sich der
gleiche Effekt auch erzielen läßt, wenn
man den Magneten zusammen mit den
seine Schenkel umschließenden von Gleichstrom durchflossenen Spulen in eine zweite,
größere Wechselstromspule von kreiszylindrischer Form einbringt.

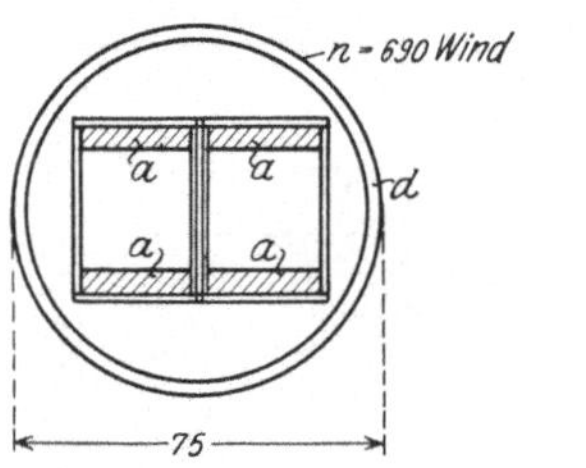

Abb. 30. Prinzip der Anordnung
von Janowsky.

Die Anwendung des Janowskyschen Verfahrens zur Magnetisierung eines Zählermagneten ist in Abb. 30 schematisch dargestellt. Die inneren Gleichstromspulen aa
sind mit einer Lage von 55 Windungen je Spule (insgesamt also 110 Windungen) aus 0,7 mm starkem Draht bewickelt, während die äußere Wechsel

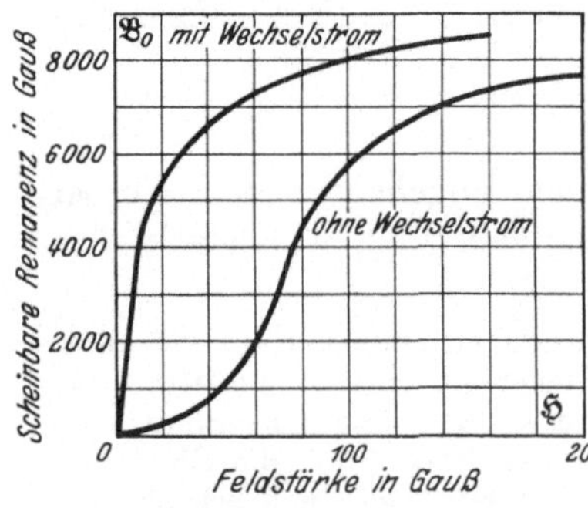

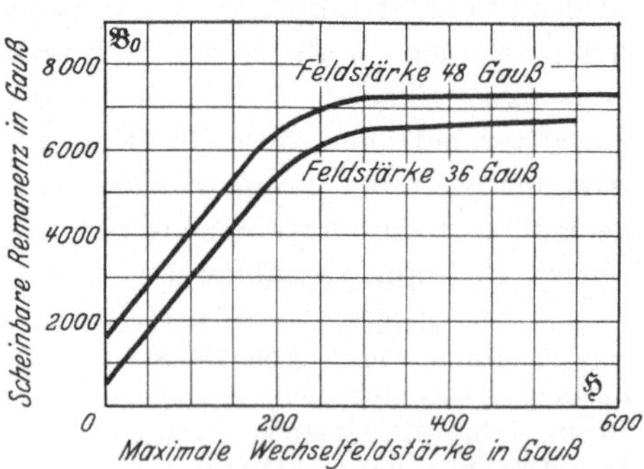

Abb. 31. Magnetisierung von Magneten mit   Abb. 32. Einfluß des Wechselstroms auf die
Wechselstromüberlagerung.   erzielbare Induktion.

stromspule d aus mehreren Lagen von insgesamt 690 Windungen aus 1,5 mm
starkem Draht besteht. Der Magnet wird in die Spule aa eingeführt und seine

[1] Gezora, G. u. G. Finzi: Rendiconti del R. Inst. Lombardo, 24. April 1891;
auch Finzi, G.: Electr., 3. April 1891, S. 672.
[2] Janowsky, B. M.: Elektritschestwo (Russ.) 1, 16 (1928).

Pole durch den feststehenden Anker c verbunden, das Ganze wird dann in die Spule d eingebracht und sowohl der Gleich- wie auch der Wechselstrom geschlossen. Die allmähliche Verkleinerung des Wechselfeldes wird dadurch bewirkt, daß der Magnet mitsamt den Spulen aa bei voll eingeschalteten Strömen allmählich aus der Spule d herausgezogen wird, womit der Prozeß beendet ist.

Der Vorteil des genannten Verfahrens ist aus den Abb. 31 und 32, die den Einfluß des Wechselstromes und seiner Maximalstärke auf die scheinbare Remanenz aufzeigen, deutlich zu ersehen, da man mit etwa dem 3. bis 6. Teil der Gleichstromamperewindungen auskommen kann. Die Wirkung des Wechselfeldes steigt, wie zu erkennen, nur bis zu einem bestimmten Maximalfeld an. Als günstigster Wert ergibt sich aus der Abb. 32 eine Maximalfeldstärke von ungefähr 400 Oersted.

Besitzen die zu magnetisierenden Hufeisenmagnete so enge Maulbreiten, daß sich auf den Schenkeln keine Spulen anbringen lassen, so kommt eine Magnetisierung nur so in Frage, daß die Magnete (mit Anker) über einen einzigen Leiter von großem, den Innenraum des Magneten möglichst ausfüllendem Querschnitt (Kupferschiene, wassergekühltes Rohr) geschoben werden und durch den Leiter ein sehr starker Strom geschickt wird. Die Stromstärke muß in diesem Fall unmittelbar gleich der 400- bis 1000fachen Länge der Magnete sein und wird daher gewöhnlich 6000 bis 10000 Amp. betragen.

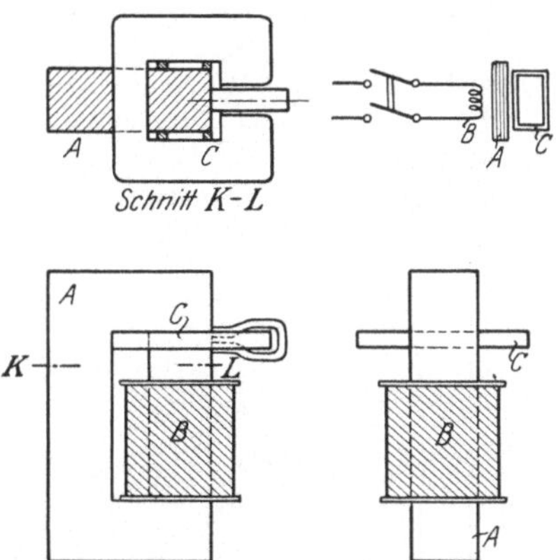

Abb. 33. Magnetisierungstransformator von Woskriessjensky.

Die Erzeugung eines so starken Stromes wurde früher gewöhnlich durch Akkumulatoren-Batterien bewerkstelligt, die momentan kurzgeschlossen wurden, doch bedingt dieses Verfahren, abgesehen von der Kostspieligkeit der Haltung einer großen Batterie, manche Umstände. Von verschiedenen Seiten sind deshalb neuerdings Spezialtransformatoren konstruiert worden, die auf der Sekundärseite einen außerordentlich hohen momentanen Kurzschlußstrom zu liefern imstande sind. Ein solcher Transformator, wie er von W. A. Woskriessjensky[1] angegeben ist und sich in der Praxis gut bewährt hat, besteht nach Abb. 33 im wesentlichen aus einem dicken Eisenkern A aus Transformatorenblech, der eine Primärspule B von großer Windungszahl trägt und aus einer Sekundärspule C, die nur eine einzige, aus einer Kupferschiene bestehende Windung besitzt. Wird die Primärspule von Gleichstrom durchflossen, so wird beim jedesmaligen Ein- und Ausschalten des Primärstromes in der Sekundärspule ein Stromstoß erzeugt, dessen Amplitude von der Ge-

---

[1] Woskriessjensky, W. A.: Elektritschestwo (Russ.) 5, 168 (1927).

schwindigkeit des Anwachsens des Induktionsflusses im Eisenkern abhängig ist. Dieser Stromstoß reicht völlig aus, um die auf einer zu diesem Zweck etwas dünner ausgeführten Stelle der Kupferschiene sitzenden Magnete stark und gleichmäßig zu magnetisieren. Aus Zahlentafel 5 ist zu ersehen, daß dieses Verfahren den üblichen Magnetisierungsmethoden nicht nachsteht, sondern sie sogar übertrifft.

Zahlentafel 5. Scheinbare Remanenz und Tragkraft eines nach verschiedenen Verfahren magnetisierten Magneten.

Magnetisierungsverfahren	Scheinbare Remanenz Gauß	Tragkraft kg
Zwischen den Polen eines Elektromagneten	7550	3,2—3,4
In einer Spule bei 4000 Amperewindungen	8390	—
Transformator nach Woskriessjensky; Gleich- oder Wechselstrommagnetisierung	8950	4,4—4,6

Die Primärspule der Apparatur von Woskriessjensky besitzt etwa 300 Windungen aus 3,5 mm starkem Draht. Der Querschnitt der Schiene beträgt 60×16, der des Eisenkernes 75×75 mm^2. Die Stärke des Primärstromes bewegt sich zwischen 14 und 15 A bei einer Spannung von 190 bis 200 V.

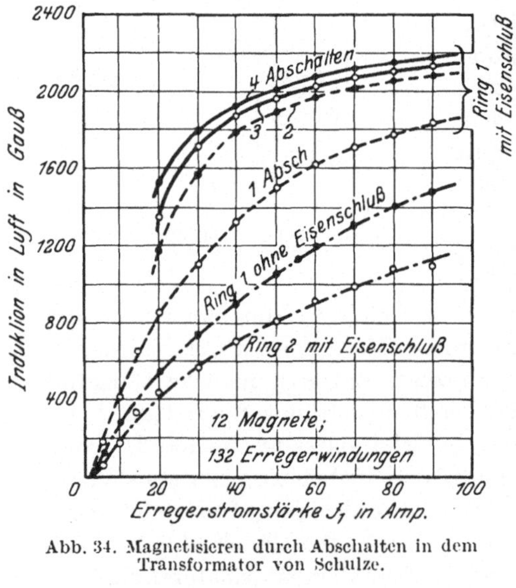

Etwas später hat E. Schulze[1] ein ähnliches Verfahren zum Magnetisieren von Zählermagneten, Dämpfermagneten in Hitzdrahtmeßgeräten und ähnlichen Formen, die einen sehr kleinen Luftspalt besitzen, veröffentlicht, wobei er das Magnetisieren mit Gleichstrom theoretisch und experimentell genau untersucht hat.

Die beim Magnetisieren durch Abschalten erreichbare scheinbare Remanenz bzw. Induktion im Luftspalt des Zählermagneten wächst nach E. Schulze mit zunehmender Amperewindungszahl der Erreger-

Abb. 34. Magnetisieren durch Abschalten in dem Transformator von Schulze.

spule (Abb. 34) an und wird durch mehrmaliges, hintereinanderfolgendes Abschalten noch begünstigt, wobei jedoch natürlich durch den Eintritt der magnetischen Sättigung eine Grenze gegeben ist.

Das Abschalten der Erregerwicklung muß nach Schulze durch einen zweipoligen Schalter sehr schnell erfolgen, während das Einschalten in diesem Falle

[1] D.R.P. 241705: Vortrag im Elektrot. Verein 14. Febr. 1928. ETZ H. 26, S. 969—74 u. 993—94 (1928).

langsam über einen Vorwiderstand geschehen soll, da beim schnellen Einschalten der Erregerwicklung eine Vormagnetisierung der Magnete im entgegengesetzten Sinne eintreten kann, was die durch den Abschaltsvorgang erzielbare Induktion der Magnete sehr stark schwächt. Abb. 35, die diesen Einfluß kennzeichnet, zeigt, daß sich bei einer bestimmten Höhe des entgegengesetzten Feldes überhaupt keine Magnetisierung der Magnete mehr erzielen läßt. Endlich zeigt Abb. 36, in welchem Maße die erreichbare Induktion mit der Zahl der gleichzeitig auf einen Kurzschlußring aufgesteckten und magnetisierten Magnete abnimmt.

Ebenso wie beim Abschalten ergibt sich auch beim Magnetisieren durch Einschalten qualitativ dieselbe Abhängigkeit der im Luftspalt der Magnete erzielbaren Induktion von den genannten Faktoren, wobei jedoch im Anfang bei niedrigen

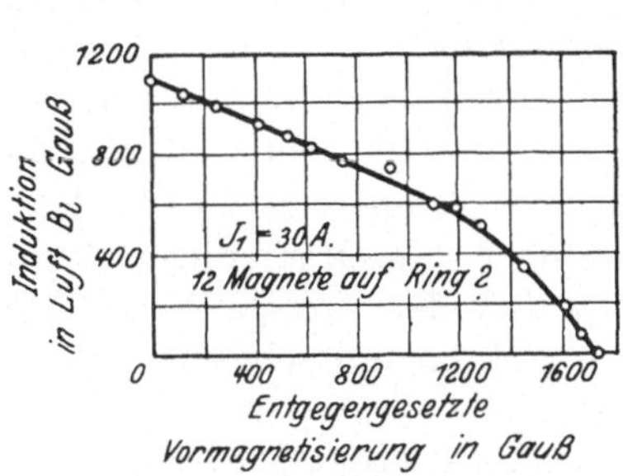

Abb. 35. Einfluß der Vormagnetisierung auf die erzielbare Induktion.

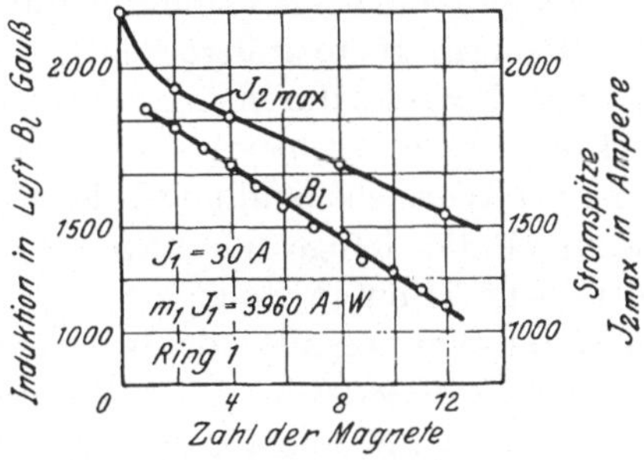

Abb. 36. Gleichzeitige Magnetisierung mehrerer Magnete.

Stromstärken höhere Induktionen erzielt werden als beim Abschalten, während bei hohen Erregerstromstärken beide Kurven zusammenfallen, was nach E. Schulze auf das verschieden starke Ansteigen des Sekundärstromes zurückzuführen ist.

Wegen der Benutzung eines Vorwiderstandes[1] ist der Bedarf an elektrischer Energie beim Magnetisieren durch Einschalten erheblich größer als beim Abschalten. Dagegen besitzt der Einschaltevorgang den Vorteil, daß die Abmessungen des Transformators kleiner sein können, als wenn Ausschaltungen benutzt werden.

Schließlich ist noch zu bemerken, daß sowohl in der Woskriessjenskyschen als in der Schulzeschen Apparatur auch eine Schwächung der magnetisierten Magnete durch Wechselstrom vorgenommen werden kann, wodurch sich also im selben Arbeitsgang wie das Magnetisieren eine künstliche Alterung erzielen läßt.

9. Natürliche und künstliche Alterung der Dauermagnete.

Unter der natürlichen Alterung der Dauermagnete versteht man die Tatsache, daß der Induktionsfluß bzw. das magnetische Moment eines magnetisierten Dauermagneten mit der Zeit allmählich abnimmt.

Der Vorgang der Alterung ist auf zwei voneinander vollkommen unabhängige Erscheinungen zurückzuführen. Einmal befindet sich das

---

[1] Im allgemeinen muß der Vorwiderstand so gewählt werden, daß die Primärspannung über etwa das 20fache der Mindestspannung ($J_1 c_1$ d. h. der Spannung ohne Vorwiderstand) nicht erhöht wird.

Material infolge der Abschreckung von hohen Temperaturen in seinem
Gefüge nicht im Gleichgewicht und ist bestrebt, in einen stabileren
Zustand überzugehen (Zerfall des Martensits; vgl. S. 155). Diese Zu-
standsänderungen sind von einer Änderung der verschiedensten physikalischen, darunter auch der magnetischen Eigenschaften begleitet, wobei insbesondere die Koerzitivkraft abnimmt. Wegen der Verlagerung der
Magnetisierungskurve zeigt sich daher stets eine beträchtliche Abnahme
der scheinbaren Remanenz. Bei einer Erhöhung der Temperatur werden
die Zerfallsvorgänge bedeutend beschleunigt.

Da nun diese natürliche Abnahme der Remanenz bei der Verwendung
der Dauermagnete außerordentlich störend wäre, so sucht man den Ablauf der Prozesse durch eine vorhergehende Behandlung, die künstliche
Alterung zu beschleunigen. Diese Alterung hat zunächst nach obigem
in einer Wärmebehandlung bei etwas erhöhter Temperatur zu bestehen,
wodurch die Gefügeänderungen statt in einigen Jahren in einigen Stunden oder Minuten vollzogen werden, so daß der weitere Ablauf bei
niederen Wärmegraden dann praktisch zum Stillstand gebracht ist.

Neben diesen, durch das Material bedingten Veränderungen erfährt
aber auch der in einem Dauermagneten vorhandene remanente Magnetismus rein magnetisch eine Abnahme, und zwar durch die
beim Gebrauch unvermeidlichen Fremdfelder, Temperaturschwankungen und Erschütterungen.

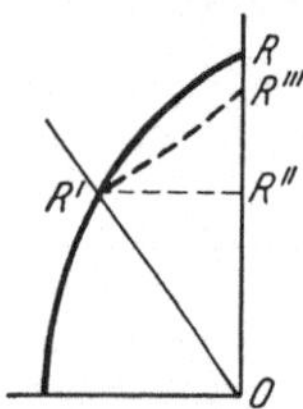

Abb. 37. Entmagne-
tisierung eines
Dauermagneten.

Stellen wir uns beispielsweise vor, ein Dauermagnet (vgl.
Abb. 37) besitze unmittelbar nach dem Magnetisierungsprozeß
die Remanenz R. Gerät er nun — etwa durch die Nähe eines
anderen Magneten — in ein Fremdfeld von entgegengesetzter
Richtung, so wird sich der Punkt der Remanenz entlang der
Magnetisierungskurve bis nach R' bewegen, nach Aufhören des
störenden Feldes aber nicht wieder auf den ursprünglichen Wert
zurückkehren, sondern entsprechend der reversiblen Permeabilität (vgl. S. 16) auf einen Punkt R''' gelangen, der mehr oder weniger tiefer
liegt als der alte Wert der Remanenz. Völlig Analoges tritt auch dann ein, wenn
die Remanenz durch eine Änderung der Temperatur erstmalig verkleinert wird,
d. h. auch in diesem Fall kehrt sie nicht auf ihren ursprünglichen Wert zurück.

Der nunmehr verbleibende Rest der Remanenz ist unempfindlich gegen alle
Vorgänge, deren entmagnetisierende Wirkung innerhalb derselben Grenzen liegt,
und der zweite Teil der künstlichen Alterung hat daher nach irgendeinem Verfahren die vorhandene Remanenz schon vorher so weit zu schwächen, daß die
im späteren Gebrauch des Magneten wahrscheinlich auftretenden thermischen und
magnetischen Einflüsse nicht mehr von Wirkung auf seine Eigenschaften sind
(magnetische Stabilisierung).

Das klassische Verfahren der künstlichen Alterung ist das nach
Strouhal und Barus. Es besteht zunächst in einem etwa 20 bis 24 stündigen Erwärmen des gehärteten, aber noch nicht magnetisierten Magneten auf etwa 100°, wodurch die Gefügeänderungen beseitigt werden.
Sodann wird der Magnet bis zur Sättigung magnetisiert und nunmehr

magnetisch stabilisiert. Zu diesem Zwecke wird er mehrfach hintereinander abwecheslnd einige Minuten in warmes (100^0) und kaltes (0^0) Wasser getaucht und sodann aus etwa 2 bis 2,5 m Höhe einige Male auf eine mit Linoleum überzogene Holzunterlage herabfallen gelassen oder auch durch Schläge mit einem Holzhammer erschüttert. Durch diese Maßnahmen erfährt das magnetische Moment zwar eine beträchtliche Abnahme, ist sodann aber auch praktisch stabil geworden, da größere Einflüsse als die genannten beim späteren Gebrauch kaum vorzukommen pflegen.

Das Verfahren nach Strouhal und Barus, das mit den primitivsten Hilfsmitteln auszuführen ist, hat sich sowohl hinsichtlich des Anlassens zur Beseitigung der Gefügeänderungen als auch bei der magnetischen Stabilisierung weitgehend bewährt und wird auch heute noch vielfach verwandt. Für den Großbetrieb haben sich jedoch im Laufe der Zeit manche Änderungen als empfehlenswert erwiesen. Sie erstrecken sich hauptsächlich auf Teil 2 (magnetische Stabilisierung), da zur Beseitigung der Gefügeänderungen die thermische Behandlung durch nichts anderes zu ersetzen ist.

Wird nämlich ein gehärteter Magnet, nachdem er ein geringes Anlassen in oben genannter Weise bekommen hat, d. h. nachdem die Gefügeänderungen beseitigt sind, bis zur Sättigung magnetisiert und dann der Wirkung eines Wechselfeldes mit abnehmender Amplitude unterworfen, so entsteht ebenfalls eine Entmagnetisierung, die um so stärker ist, je höher die maximale Wechselstromstärke und je kleiner die Koerzitivkraft des betr. Materials war. Sie hat somit denselben Effekt wie die zyklischen Erwärmungen und Erschütterungen, da auch im letzten Falle der nach der Entmagnetisierung zurückbleibende Teil der Remanenz gegen Temperaturschwankungen, Erschütterungen usw. sowie gegen Entmagnetisierung selbst, unempfindlich ist.

Ein Verfahren dieser Art hat für die Praxis natürlich mancherlei Annehmlichkeiten, insofern als es sich, wie im vorigen Kapitel erwähnt, mitunter in demselben Arbeitsgang und mit der gleichen Apparatur wie das Magnetisieren der Magnete durchführen läßt. — Über die Wahl der zur Entmagnetisierung notwendigen Wechselstromfeldstärke ist folgendes zu sagen. Eine vollkommene Entmagnetisierung würde dann eintreten, wenn die Stärke des entmagnetisierenden Feldes der Koerzitivkraft nahezu gleich ist. Die letztere ist also für den Entmagnetisierungsgrad bei ein und derselben Feldstärke unmittelbar maßgebend und nach R. C. Gray[1] ist der Entmagnetisierungsgrad der Koerzitivkraft annähernd umgekehrt proportional. Sehr deutlich ist dieser Einfluß auch aus Abb. 38 ersichtlich (nach R. C. Gray[1]), wo die Kurven A, B und C solchen Stählen entsprechen, die Koerzitivkräfte von 113, 60 und 34 Einheiten besaßen. Für ein Entmagnetisierungsfeld von 50 Einheiten z. B. hat sich die scheinbare Remanenz um etwa 22, 45 und 75% ihrer ursprünglichen Größe verringert. Die richtige Durchführung des Ver-

---

[1] Gray, R. C.: Phil. Mag. 2, (9) 521—29 (1926).

fahrens wird sich dabei am sichersten so ergeben, daß man für eine bestimmte Form der Magnete, die man stabilisieren will, durch Vorversuche die Abnahme der scheinbaren Remanenz durch Temperaturschwankungen und Erschütterungen experimentell bestimmt und ebenso die Wechselfeldstärke feststellt, die einer gleichen Abnahme der Remanenz entspricht. Die maximale, so bestimmte Feldstärke ist dann diejenige, bei der die Magneten „gealtert“ werden müssen.

Ein Beispiel ist in Abb. 39 wiedergegeben. Hier ist AB die Entmagnetisierungskurve für den noch nicht gealterten Magneten, d. h. die Kurve, entlang derer die Remanenz bei einer Wechselstromentmagnetisierung abnimmt. Nach den zyklischen Erwärmungen verläuft die Entmagnetisierung nach DC und nach den Erschütterungen nach $D_1 C_1$. Die Feldstärke Oc_1, die dem Punkte C_1 entspricht, stellt dann diejenige Feldstärke dar, bei der die Alterung zwecks magnetischer Stabilisierung gegen die beiden Faktoren, d. h. gegen Temperaturschwankungen und Erschütterungen vorgenommen werden muß.

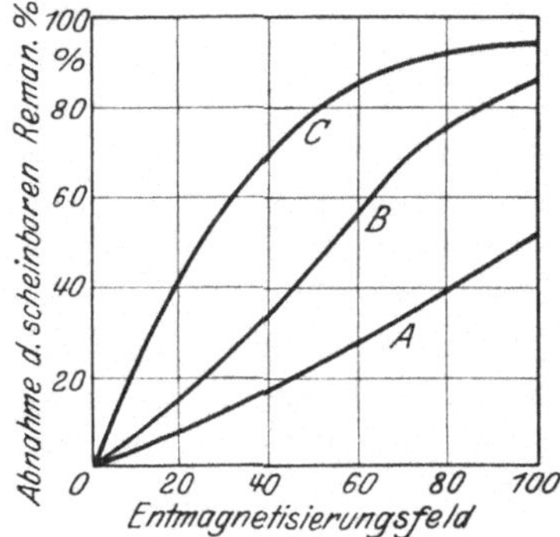

Abb. 38. Abhängigkeit der Änderung der Remanenz von der Höhe der Koerzitivkraft (R. C. Gray).

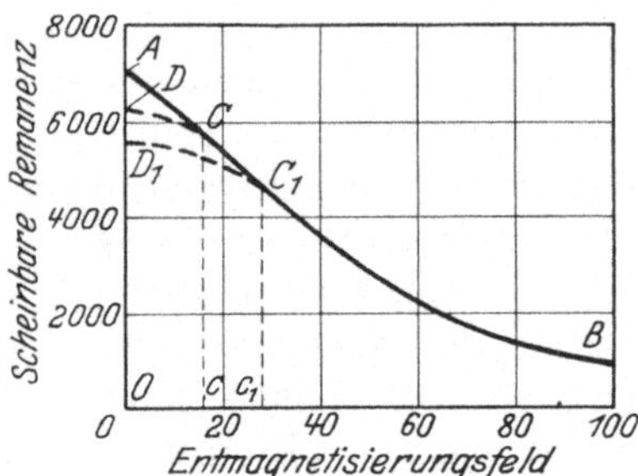

Abb. 39. Bestimmung der maximalen Entmagnetisierungsfeldstärke.

Prinzipiell hat nun, wie schon Curie[1] festgestellt hat, auch ein geringes Entmagnetisieren des Magneten mit Gleichstrom von entgegengesetzter Richtung eine ähnliche Folge. Für die Praxis der künstlichen Alterung ist aber nach Gray die Entmagnetisierung mit Wechselstrom wegen einer ganzen Reihe von Vorteilen vorzuziehen. Die Unzweckmäßigkeit der teilweisen Entmagnetisierung durch Gleichstrom ist auch neuerdings wieder von C. Shenfer[2] hervorgehoben worden. Ein diesen Untersuchungen entnommenes Zahlenbeispiel (vgl. Zahlentafel 6) möge so zeigen, daß eine vollkommene Stabilisierung der scheinbaren Remanenz gegen Erschütterungen erst dann eintritt, wenn sich die Remanenz auf weniger als die Hälfte des ursprünglichen Wertes verringert hat, während die Methode von Strouhal und Barus zu denselben Endresultaten führt, ohne daß die scheinbare Remanenz in demselben Maße sinkt.

Über die Wirksamkeit der künstlichen Alterung gehen die Meinungen etwas auseinander. Nach einzelnen Autoren nimmt auch nach einer vollkommenen Alterung die scheinbare Remanenz noch immer, wenn auch nur wenig ab. Diese Abnahme soll, wenn es sich um 1½ bis 2 Jahre handelt, für die legierten Magnetstahlsorten zwischen 0,5 bis 1½ %, in

---

[1] Curie, P.: Bull. Soc. d'encourag. pour l'ind. Nat. **3**, 36 (1897).

[2] Shenfer, C.: Electr. **87**, Nr 2258, S. 263—66 (1921); EZT H. 49, S. 1431 (1921).

Zahlentafel 6. Wirkung teilweiser Entmagnetisierung mit Gleichstrom
auf die Stabilisierung gegen Erschütterungen.

Ent-magnetisierendes Feld	Scheinbare Remanenz			Prozentische Abnahme der scheinbaren Remanenz durch Erschütterungen	Prozentische Abnahme der scheinbaren Remanenz durch die Entmagnetisierung
	Nach Magnetisierung bis zur Sättigung	Nach teilweiser Entmagnetisierung	Nach den Erschütterungen		
$\mathfrak{H}_d$	R	R_d	R_d'	$\gamma\%$ [1]	$\delta\%$ [1]
0	7200	7200	6980	3,05	0,00*
15	7200	7200	7030	2,37	0,00
30	7200	7200	7010	2,67	0,00
32	7200	7200	6980	3,05	0,00
33	7200	7070	6970	1,42	2,23
35	7200	6860	6800	0,88	4,70
36	7200	6520	6470	0,76	9,40
38	7200	5750	5760	0,17	20,20
40	7200	4680	4670	0,21	35,00
42	7200	3170	3170	0,00	57,50

größeren Zeiten jedoch mehr betragen. W. Brown[2] hat an Stabmagneten verschiedener chemischer Zusammensetzung, die nach dem Verfahren von Strouhal und Barus gealtert werden, nach zehnjährigem ruhigem Lagern eine Abnahme des magnetischen Moments, je nach der chemischen Zusammensetzung und Vorbehandlung zwischen 4 und 23% gefunden. Im Gegensatz dazu stehen die Angaben der Physikalisch-Technischen Reichsanstalt, in der an den nach dem gleichen Verfahren gealterten Magnetetalons auch in 3 Jahrzehnten keine wesentliche Änderung beobachtet wurde.

Zum Schluß sei noch eine praktische Frage der Durchführung von Magnetisierung und Alterung besprochen. Betrachten wir einen magnetischen Kreis, bestehend aus einem Dauermagneten und den aufgesetzten Polschuhen, so werden dessen einzelne Teile gewöhnlich gesondert hergestellt und zusammengesetzt werden müssen. Hinsichtlich der Magnetisierung und Alterung lassen sich nun drei Möglichkeiten unterscheiden.

1. Der Magnet wird magnetisiert, nach irgend einem Verfahren ge-

---

[1] $\gamma = \dfrac{R_d - R_d'}{R_d} 100; \qquad \delta = \dfrac{R - R_d}{R} 100.$

* Die Tatsache, daß ein entmagnetisierendes Feld bis zu 32 Oe ohne Einfluß auf die Remanenz bleibt, war in diesem Versuch darauf zurückzuführen, daß das entmagnetisierende Feld der freien Enden des Magneten nach Abreißen des Ankers — die Magnete waren in Spulen bei geschlossenem Anker magnetisiert — selber etwa 32 Oe beträgt. Infolgedessen tritt die Wirkung des entmagnetisierenden Spulenfeldes dann erst in Erscheinung, wenn es den Wert von 32 Oe übersteigt.

[2] Brown, W.: Sci. Proc. Royal Dublin Soc. **16**, Nr 6, S. 78—82 (1920).

altert und erst dann der magnetische Kreis zusammengestellt (z. B. in einem Drehspulgalvanometer);

2. Der Magnet wird zusammen mit den bereits angesetzten Polschuhen magnetisiert und gealtert;

3. Der Magnet wird gesondert magnetisiert und dann mit den Polschuhen zusammen gealtert.

Der Unterschied zwischen diesen drei Fällen geht deutlich aus Abb. 40 hervor. Hier stellt $\mathfrak{B}_r \mathfrak{H}_c$ die Magnetisierungskurve des betreffenden Materials dar, das die wahre Remanenz $\mathfrak{B}_r$ und die Koerzitivkraft $\mathfrak{H}_c$ besitzt. Der aus diesem Material hergestellte Magnet mag nach dem Magnetisieren im Falle 1 die scheinbare Remanenz $m_1 n_1$ besitzen, die durch den Neigungswinkel α_1 der Geraden $O m_1$ zur $O \mathfrak{B}_r$ gegeben ist.

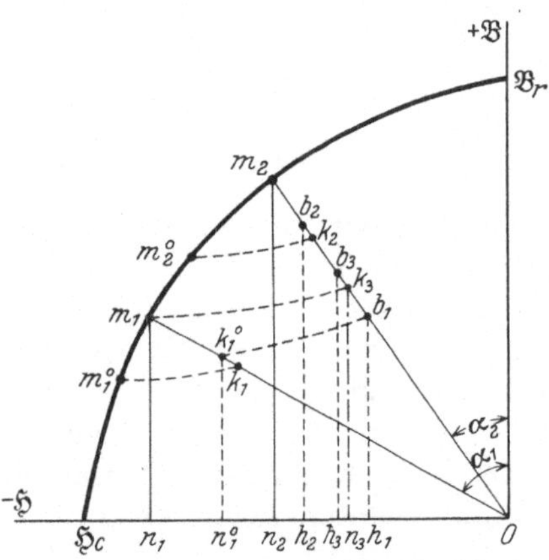

Abb. 40. Einfluß der Reihenfolge der künstlichen Alterung auf die endgültige scheinbare Remanenz eines magnetischen Kreises (nach Janowsky).

Die magnetische Stabilisierung werde nun durch Wechselstrom vorgenommen. Durch die höchste Entmagnetisierungsstufe (maximale Wechselfeldstärke) wird der Punkt m_1 nach m_1^0 und dann durch die allmähliche Beseitigung des entmagnetisierenden Feldes nach k_1 verschoben. Nach der Beendigung des Entmagnetisierungsvorganges gelangen wir schließlich zum Punkte k_1^0, der der endgültigen Remanenz des ungeschlossenen Magneten entspricht[1]. Bei dem nachfolgenden Ansatz der Polschuhe und des Weicheisenzylinders wird nun die scheinbare Remanenz entsprechend dem Punkte b_1 an der Geraden $O m_2$ (Neigungswinkel α_2) bis auf $b_1 h_1$ vergrößert, die die endgültige scheinbare Remanenz des magnetischen Kreises darstellt.

Im Falle 2 ist die scheinbare Remanenz unmittelbar nach dem Magnetisieren der Strecke $m_2 n_2$ gleich. Nach dem Alterungsvorgang werden wir zum Punkte b_2 gelangen, so daß der endgültige Induktionsfluß des magnetischen Kreises gleich $b_2 h_2$, also beträchtlich größer als im Falle 1 ist. In ähnlicher Weise erhalten wir im Falle 3 unmittelbar nach dem Magnetisieren die scheinbare Remanenz $m_1 n_1$, nach dem Schließen des magnetischen Kreises $k_3 n_3$ und nach dem Altern $- b_3 h_3$. Letztere, wie aus der Abb. 40 zu ersehen, ist zwar kleiner als $b_2 h_2$, aber beträchtlich größer als $b_1 h_1$.

---

[1] Die Verschiebung von k_1 auf k_1^0 stellt den letzten durch den Wechselstrom hervorgerufenen unendlich kleinen Magnetisierungszyklus dar.

Diese theoretischen Überlegungen wurden durch B. M. Janowsky[1] experimentell bestätigt. Er fand nämlich, daß bei dem zweiten Verfahren die endgültige scheinbare Remanenz einen etwa 50% und bei dem dritten etwa 22% höheren Wert hat wie bei einer Behandlung nach dem ersten Verfahren. Aus diesem Grunde ist also Durchführung des Prozesses nach dem zweiten Verfahren zu empfehlen. Sie besitzt jedoch den Nachteil, daß die Magnetisierung eines geschlossenen Kreises gewisse praktische Schwierigkeiten bietet (siehe oben). Bei der Unmöglichkeit kann immer noch mit Vorteil das dritte Verfahren angewendet werden, das gegenüber dem ersteren eine um rd. 20% höhere scheinbare Remanenz zur Folge hat.

10. Prüfapparate für die laufende Kontrolle der Fabrikation.

Ein exaktes Maß für die Güte eines fertigen permanenten Magneten geben ebenso wie beim Dauermagnetstahl nur die beiden Materialkonstanten wahre Remanenz $\mathfrak{B}_R$ und Koerzitivkraft $\mathfrak{H}_c$ [bzw. ihr Produkt $\mathfrak{B}_R \times \mathfrak{H}_c$ oder auch $(\mathfrak{B} \times \mathfrak{H})_{max}$]. Die Bestimmung dieser Größen (s. u.) stößt jedoch bei einem fertigen Magneten auf mancherlei meßtechnische Schwierigkeiten. In der Mehrzahl der Fälle, insbesondere bei der Abnahmeprüfung, bei der es sich um eine möglichst rasche Klassifikation von Magneten handelt, wird man sich daher gewöhnlich mit der Messung des zwischen den Schenkeln des Magneten vorhandenenen Nutzkraftflusses begnügen müssen. Da dieser Wert außer von den Materialeigenschaften auch von der Form des Magneten (Streuung!) und von der Höhe der vorangegangenen Magnetisierung abhängig ist, so geben diese Methoden nur relative Zahlen, die für verschiedene Magnetformen nicht ohne weiteres vergleichbar sind.

Zur Durchführung der Messungen sind in der Technik eine ganze Reihe von manchmal recht primitiven Vorrichtungen[2] in Gebrauch.

Ein oft angewandtes Verfahren benutzt die Bestimmung der Kraft, die zum Abreißen eines Schlußstückes (Ankers) erforderlich ist. Die Zugkraft zwischen den Schnittflächen eines magnetischen Kreises ist näherungsweise gegeben durch die Gleichung

$$K = \frac{1}{8\pi} f \, \mathfrak{B}^2 \ \mathrm{Dyn/cm^2},$$

wenn f die Größe der Fläche und $\mathfrak{B}$ die Induktion bedeutet; sie würde im idealen Falle bei $\mathfrak{B} = 10\,000$ daher etwa 4 kg pro Quadratzentimeter betragen.

---

[1] Elektritschestwo (Russ.), Nr 17/18, S. 383—86 (1928).

[2] Vgl. E. Roussel: Génie civil 80, (10), 223—25; 11, 249—52 (1922); 12, 272 bis 275 (1922).

Praktisch beobachtet man jedoch selbst bei den beiden allersorgfältigsten Messungen geringere und zu dem stark streuende Werte, die von der zufälligen Art der Auflage und der Oberfläche in hohem Maße abhängig sind. Tragkraftmesser üblicher Bauart können daher nur zu verhältnismäßig rohen Messungen Anwendung finden. Das Schema eines solchen Apparates (kleine Bleikugeln fallen durch den Kanal C in den Eimer E und beschweren dadurch den Anker) ist in Abb. 41 dargestellt.

Zuverlässiger arbeiten Konstruktionen, bei denen keine direkte Berührung zwischen Magnet und Anker stattfindet, sondern beide in konstantem Abstand voneinander gehalten werden. Eine auf diesem Prinzip gebaute Waage, bei der ein Gegengewicht P die Anziehungskraft des Magneten auf die Schale A abgleicht, ist in Abb. 42 dargestellt.

Auf einem anderen Grundgedanken (Bremsung durch Wirbelströme) beruht eine Einrichtung[1], die von der Firma Siemens & Halske zur Prüfung von Zählermagneten entwickelt ist. Sie besteht aus einer zwischen den Polen des zu prüfenden Magneten um eine waagerechte Achse drehbaren Aluminiumscheibe,

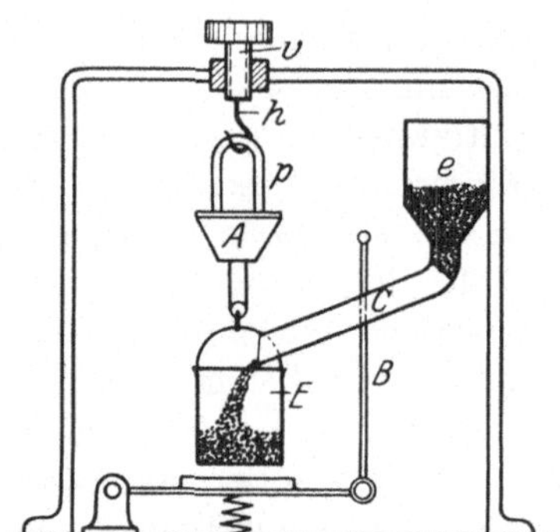

Abb. 41. Schema eines Tragkraftmessers.

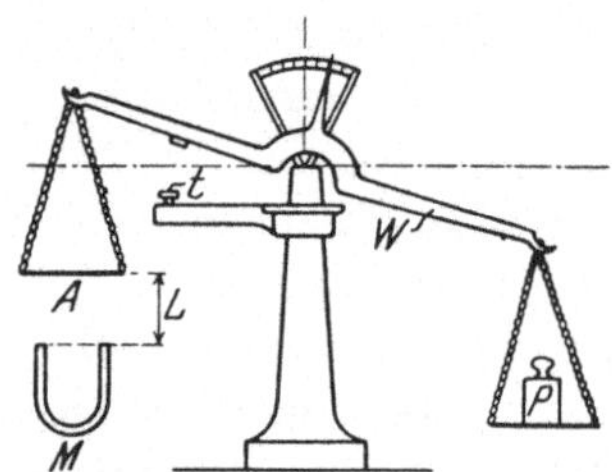

Abb. 42. Schema eines Intensitätsmessers.

die durch eine Feder in einer Gleichgewichtslage festgehalten wird. Die Scheibe wird aus dieser Lage herausgedreht, zurückschwingen lassen und die Größe der Überschwingung beobachtet. Letztere ist näherungsweise dem Quadrat der Feldstärke im Luftspalt des Magneten umgekehrt proportional.

Bursil und Bedson[2] haben einen Apparat beschrieben, bei dem sich zwischen den Schenkeln des auf eine Armatur aufgesetzten Magneten der Anker einer kleinen Gleichstrommaschine dreht, die mit einem Voltmeter in Verbindung steht. Aus der Spannung dieses Voltmeters kann der Kraftlinienfluß ohne weiteres abgelesen werden.

Die am häufigsten verwendeten Apparate sind die Drehkraftmesser nach dem Prinzip des Koepsel-Apparates. Das Schema einer solchen Anordnung ist in Abb. 43 dargestellt. Der zu prüfende Hufeisenmagnet

---

[1] Ein — wesentlich komplizierteres — Modell dieses Bremsmagnetometers, das die Bremskräfte absolut zu messen gestattet, ist von Schmidt beschrieben worden (vgl. Z. Instrumentenk. **1924**, 93).

[2] Phil. Mag. **38**, 542 (1918).

wird auf eine Weicheisenplatte aufgesetzt, wobei für verschiedene Maulbreiten besondere Polschuhe vorgesehen sind. Im Felde des Magneten spielt die mit einem Zeiger versehene Spule s, die über den Regulierwiderstand R und das Amperemeter A mit einem konstanten Strom gespeist wird. Die Ablenkung dieser Spule ist — gleichmäßiges Aufsetzen auf die Grundplatte vorausgesetzt — der Kraftliniendichte proportional und gibt uns dann ebenfalls ein relatives Maß für den Nutzkraftfluß des Magneten. Genauere Messungen der Feldstärke s. S. 57.

Auf dem obigen Prinzip fußend sind ferner eine Reihe von Apparaten angegeben, die neben der Bestimmung der scheinbaren Remanenz auch die Messung der wahren Remanenz, der Koerzitivkraft und eine Aufnahme der Magnetisierungskurve sowie von $(\mathfrak{B} \times \mathfrak{H})_{\max}$ ermöglichen sollen. Der bekannteste dieser Apparate ist derjenige von Morgan[1]. Er unterscheidet sich von der in Abb. 43 angegebenen Anordnung schematisch dadurch, daß die Schenkel des Magneten noch einmal in besonderen Magnetisierungsspulen stecken, die aus einer zweiten Batterie gespeist werden. Mit Hilfe dieser Spulen wird der geschlossene magnetische Kreis zunächst aufmagnetisiert und nach Abnahme des Stromes die wahre Remanenz bestimmt. Sodann wird der Strom gewendet und die Magnetisierung des Magneten durch das Gegenfeld kontinuierlich bis auf Null herabgesetzt, bis das Fluxmeter auf Null zeigt; die in den Spulen vorhandene Feldstärke entspricht dann der Koerzitivkraft $\mathfrak{H}_c$. — Es ist jedoch ersichtlich, daß diese Messungen schon verhältnismäßig kompliziert sind, ohne etwa wesentliche Vorteile hinsichtlich der Genauigkeit zu bieten, da hier

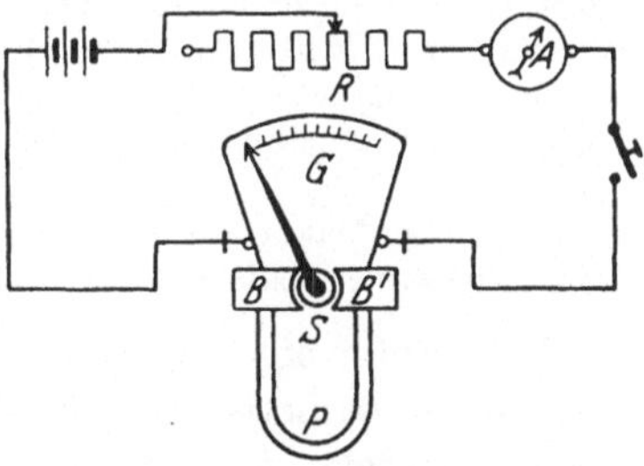

Abb. 43. Schema eines Induktionsmessers.

ähnlich wie bei den Meßapparaten für Dauermagnetstähle eine Reihe von Fehlerquellen auftreten. Diese Fehler sind besonders schwerwiegend bei der Bestimmung der Remanenz, während sich eine Messung der Koerzitivkraft noch einigermaßen durchführen läßt.

Ist nun eine Kenntnis der Leistung $\mathfrak{B}_R \times \mathfrak{H}_c$ eines fertigen Hufeisenmagneten unbedingt erforderlich, so müssen diese beiden Faktoren getrennt durch eine absolute Messung festgestellt werden. Die Bestimmung der wahren Remanenz an Hufeisenmagneten geschieht dabei nach W. Steinhaus[2] nach folgendem Verfahren. Auf den Magneten wird eine Sekundärspule bis zur Indifferenzzone aufgeschoben, darauf der Magnet mit einem Anker aus Weicheisen, dessen magnetischer Widerstand so klein wie möglich ist, versehen, und nach einem der üblichen Verfahren bis zur Sättigung magnetisiert. Nach Durchführung dieses Prozesses besitzt der Magnet die wahre Remanenz OR (vgl. Abb. 37). Wird jetzt der Anker von dem Magneten abgerissen, so rückt der darstellende Punkt R nach R' (scheinbare Remanenz); das mit der Spule

---

[1] Engg. 25. 4. 1919, S. 525/625.
[2] Steinhaus, W.: Z. techn. Physik 10, 492—500 (1926).

verbundene Galvanometer zeigt somit einen ballistischen Ausschlag, der der Strecke RR'' proportional ist. Sodann wird die Spule von dem Magneten abgezogen und ergibt einen Ausschlag entsprechend der scheinbaren Remanenz QR''; aus der Summe dieser beiden Strecken kann die wahre Remanenz berechnet werden.

Die absolute Messung der Koerzitivkraft, deren Größe von der Gestalt des Körpers unabhängig ist (vgl. S. 19), erfolgt am zweckmäßigsten bei freien Probenenden, und zwar mittels eines Magnetometers.

Die Meßanordnung besteht dem Prinzip nach aus zwei in kurzem Abstand hintereinander in Ost-West-Richtung orientierten Spulen, die in entgegengesetztem Sinne von dem gleichen Strom durchflossen werden, während in der Mitte zwischen beiden sich das eigentliche Magnetometer, d. h. eine kleine drehbar aufgehängte Magnetnadel, im einfachsten Fall ein mit einem Teilkreis versehener Kompaß, befindet. Wegen der Symmetrie heben sich die von den Spulen ausgehenden Felder auf, bei Einlage eines Körpers in die eine Spule ist dagegen der Ausschlag der Nadel (tg φ) dem magnetischen Moment der Probe proportional. Die Messung der Koerzitivkraft geht nun so vor sich, daß man den magnetisierenden Strom bis zu seinem Maximalwert verstärkt und durch Einschalten von Widerständen auf Null herabreguliert; sodann wird der Strom kommutiert und wieder so weit verstärkt, bis der Ausschlag der Magnetnadel gleich Null geworden ist und damit das Verschwinden der Magnetisierung in der Probe anzeigt. Die dann in der Magnetisierungsspule wirksame Feldstärke ist gleich der Koerzitivkraft.

Bei stabförmigen Proben kann die Messung der Koerzitivkraft auch mit einem ballistischen Galvanometer erfolgen. Der Magnet wird zu diesem Zwecke mit einem Ende in einer Magnetisierungsspule festgehalten, während sich vom anderen Ende eine mit einem empfindlichen Galvanometer verbundene Sekundärspule abziehen läßt, die jedoch nach dem Abziehen nicht aus der Spule entfernt wird, sondern innerhalb des Spulenfeldes bleibt. Nach Magnetisierung der Probe wird wie oben stufenweise ein Gegenfeld eingeschaltet, und die Magnetisierung der Probe jedesmal durch Abziehen der Spule kontrolliert. Diejenige äußere Feldstärke, bei der ein Abziehen der Spule keinen Ausschlag des Galvanometers mehr verursacht ($J = 0$), ist dann die Koerzitivkraft.

W. Steinhaus hat auf einige Eigenarten dieser Methode, die sich allerdings erst mehr bei der Messung extrem kleiner Koerzitivkräfte ausprägen, aufmerksam gemacht. So ist es auch hier wichtig, daß die Probe mit der Längsrichtung senkrecht zum Erdfeld steht, da sich sonst verschiedene Werte der Koerzitivkraft nach verschiedenen Richtungen ergeben und zweitens ist wegen der großen Empfindlichkeit der magnetischen Materialien gegen Erschütterungen darauf zu achten, daß die Sekundärspule beim Abziehen die Probe nicht streift, da sonst die Koerzitivkraft beträchtlich herabgesetzt werden kann.

11. Spezielle Messungen an fertigen Magneten.

Von speziellen Messungen an fertigen Magneten seien außer den oben dargelegten Messungen der Koerzitivkraft und Remanenz hier nur noch die Messung der Feldstärke im Luftspalt sowie die Bestimmung des Temperaturkoeffizienten besprochen.

Die genaue Kenntnis des ersteren Wertes ist erforderlich für den Luftspalt von Zählermagneten oder für den Lufthohlzylinder zwischen Polschuhen und Eisenkern eines Drehspulgalvanometers, da Größe und Proportionalität des Ausschlags des betreffenden Instruments von der Größe dieses Feldes bzw. seinen Ungleichmäßigkeiten abhängen. Aber auch die Kenntnis der Temperaturabhängigkeit eines Magneten ist von erheblicher Wichtigkeit, wobei als Beispiel an ein Meßinstrument gedacht sei, das bei ganz anderen Temperaturen als bei den zur Zeit der Eichung vorhandenen Verwendung findet.

a) Messung der Feldstärke und der Feldverteilung.

Die wichtigste und einfachste Methode zur Bestimmung der Feldstärke ist die der Benutzung eines ballistischen Galvanometers und einer Prüfspule von bekannter Windungsfläche $n \cdot q$, wo n die Anzahl und q die mittlere Fläche der Windungen bedeutet. Die Spule wird so in das Feld eingebracht, daß ihre Achse mit der Richtung der Kraftlinien übereinstimmt, und dann plötzlich aus dem Felde entfernt, wobei das Galvanometer einen Ausschlag ergibt, der der gemessenen Feldstärke direkt proportional ist (Tauchspule). In einer geringfügigen Variation kann die Spule auch nicht aus dem Feld entfernt, sondern unter Beibehaltung ihrer Lage nur um 180° gedreht werden, wobei sich dann natürlich der doppelte Ausschlag ergibt. In allen Fällen ist darauf zu achten, daß die Zuleitungsschnüre der Spule gut verdrillt sind.

Die Form der Spule richtet sich einmal nach den gegebenen geometrischen Verhältnissen und dann danach, in welchem größeren oder kleineren Raum man das Mittel der Feldstärke sucht. Die zu wählende Windungszahl hängt ab von der Stärke des Feldes und der Empfindlichkeit bzw. dem inneren Widerstand des Meßinstruments; bei der Messung hoher Felder (über 1000 Oe) oder der Möglichkeit, Spulen von mehr als etwa 10 cm² Windungsfläche zu benutzen, kann man Zeigergalvanometer (Fluxmeter, s. S. 27) verwenden. Umgekehrt ist es bei der Messung sehr kleiner Felder zwecklos, die Windungszahl der Spule allzusehr zu steigern, da in gleichem Maße auch der Widerstand anwächst.

Für Messungen der Feldstärke in schmalen Zonen, etwa längs einer Linie, eignet sich mitunter gut ein von F. Schröter[1] angegebener Apparat, der auf der Durchbiegung eines stromführenden Leiters in einem Magnetfeld beruht und von Feldstärken von etwa 10 Oersted aufwärts an brauchbar ist. Das Prinzip der Anordnung geht aus Abb. 44 hervor. In dem zu untersuchenden Feld befindet sich ein biegsames, stromführendes Band aus Silber $40 \cdot 1 \cdot 0{,}01$ mm, das an Kupferfedern befestigt ist und sich infolge der Bandform nur in einer Ebene durchbiegen kann.

---

[1] Arch. Elektrot. **14**, (4), 354—60 (1925).

Durch Regulieren des Widerstandes r wird der in dem Band fließende Strom so lange verstärkt, bis das Band einen der Kontakte k gerade berührt. Der Kontaktschluß wird durch den elektrischen Überschlag des Funkeninduktors r im Telefon t hörbar gemacht. Bei konstantem Kontaktabstand ist die wirksame Feldstärke $\mathfrak{H}'$ umgekehrt proportional

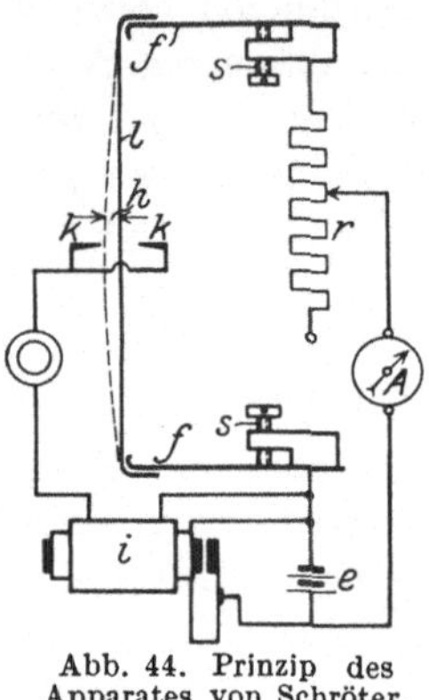
Abb. 44. Prinzip des Apparates von Schröter.

der Stromstärke i und kann auf der entsprechend geteilten Skala des Strommessers gleich abgelesen werden. Die Eichung des Apparates erfolgt zweckmäßig in einem Felde von bekannter Stärke.

Für genauere Messungen im Luftraum von Magneten kann eine von Conly[1] gebaute Waage verwendet werden, deren Prinzip aus Abb. 45 zu ersehen ist. Ein Waagebalken aus Aluminium ist bei P in Schneiden gelagert, seine Drehung wird mittels Spiegel O und Skala Sc abgelesen. Am (rechten) Ende des Waagebalkens befindet sich eine gekrümmte Meßspule a mit 10 Windungen Drahtes (Krümmungsradius r = halbe Länge des Waagebalkens), die über die Kupferspiralen SS_1 und die

Klemmen TT_1 aus einer Batterie gespeist wird. Der zu prüfende Magnet ist so auf einem Brettchen befestigt, daß der Kraftlinienfluß die Meßspule senkrecht durchsetzt und die Unterseite γ der Spule (Länge 1 cm) sich immer im Felde befindet. Die Kraftwirkung des Magneten auf die Spule wird durch Gewichte in einer mit einer

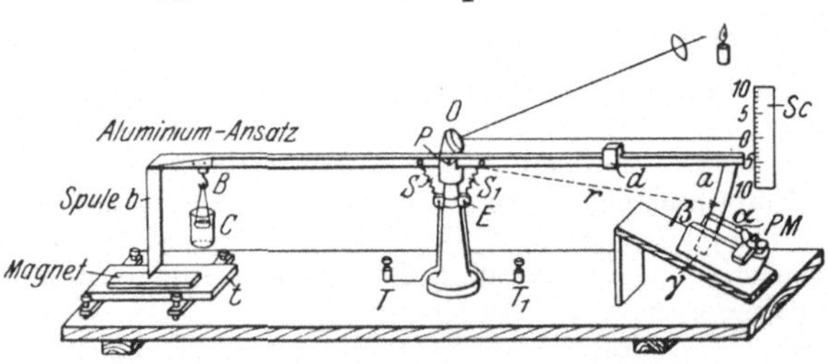

Abb. 45. Magnetische Waage nach Conly.

Dämpfung versehenen Waagschale C am anderen Ende des Waagebalkens bestimmt.

Bei einer Stromstärke von 1 A entspricht 1 mg auf der Schale c der Kraft von 1 Dyn oder der Feldstärke = 1 Oersted. Auf der linken Seite

des Balkens befindet sich ferner noch eine zweite Meßanordnung (Spule b, verstellbares Tischchen t), mit deren Hilfe man auch die Richtung des Feldes in der Umgebung eines Magneten feststellen kann.

Die Methode zur Bestimmung der Feldstärke aus der Widerstandsänderung einer Wismutspirale (für je 1000 Oe etwa 5%) ist erst oberhalb $\mathfrak{H} \sim 2000$ Oe brauchbar und wird für Dauermagnete nur selten in Frage kommen.

---

[1] J. Inst. Electr. Eng. **61**, 161—66 (1923); vgl. auch die vollkommen analog aufgebaute Meßanordnung von Cotton: J. Physique **9**, 384 (1900). (Cottonsche Waage.)

b) Messung des Temperaturkoeffizienten.

Unter dem Temperaturkoeffizienten eines permanenten Magneten versteht man die zwischen zwei Temperaturen vorhandene reversible Änderung des magnetischen Moments bzw. des Kraftflusses pro Grad Temperaturerhöhung. Bezeichnet man den Kraftlinienfluß des Magneten bei der Temperatur t_1 mit Φ_{t_1}, bei der Temperatur t_2 mit Φ_{t_2}, so ist der Temperaturkoeffizient α gegeben durch die Gleichung

$$\Phi_{t_1} = \Phi_{t_2}[1 \pm \alpha\,(t_1 - t_2)].$$

Die Bestimmung des Temperaturkoeffizienten geschieht in der Weise, daß man den Kraftfluß des Magneten bei Raumtemperatur und einer anderen Temperatur, in der der Magnet etwa durch ein Bad gehalten wird, mißt und α nach der obigen Formel berechnet.

Bei dieser Bestimmung ist jedoch in erster Linie darauf zu achten, daß keine irreversiblen, also auf Materialänderungen beruhenden Prozesse (vgl. S. 48) mehr stattfinden. Man setzt zu diesem Zwecke den Magneten einer Reihe von Temperaturwechseln etwa zwischen 100^0 und 15^0 aus, mißt die jeweiligen, bei der betreffenden Temperatur bestehenden Werte des Kraftlinienflusses und trägt ihre Abhängigkeit von der Zahl der Temperaturwechsel für t^0 bzw. 15^0 graphisch auf (siehe Abb. 46). Diese Temperaturwechsel werden so lange fortgesetzt, bis die Kurven waagrecht und parallel verlaufen und erst dann die Berechnung vorgenommen.

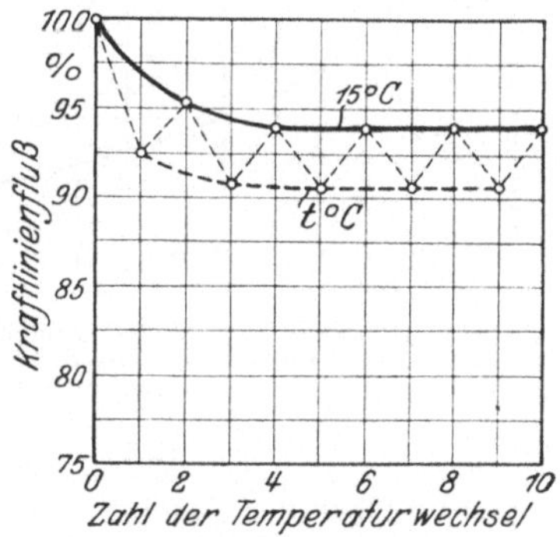

Abb. 46. Bestimmung des Temperaturkoeffizienten.

Die Größe des Temperaturkoeffizienten hängt in erster Linie ab von dem Material, d. h. von dessen chemischer Zusammensetzung und der Härtungstemperatur, und zwar kann α sowohl negative wie positive[1] Beträge besitzen und unter Umständen auch Null werden. In zweiter Linie wird der Temperaturkoeffizient dann auch von der Gestalt des Magneten bzw. von dem Dimensionsverhältnis beeinflußt.

Die Abhängigkeit von der Gestalt des Magneten wurde erstmalig von Cancani[2] und von Ashworth[3] beobachtet. H. Frank[4] fand eine Abnahme von α mit zunehmendem Dimensionsverhältnis unter sonst gleichen Bedingungen. In neuerer Zeit haben insbesondere E. Gumlich[5], K. Honda und T. Matumura[6] sowie W. S. Messkin

---

[1] Vgl. Proc. roy. Soc. (London) **62**, 210 (1897); Ann. Physik **2**, 338 (1900). Nach Gewecke, H.: Z. techn. Physik **2**, 57—60 (1928), kann ein hoher positiver Temperaturkoeffizient durch starke mechanische Härtung des Materials erzielt werden.

[2] Atti Accad. Lincei **3** (4), 501 (1887).

[3] Proc. roy. Soc. (London) **62**, 210 (1897).

[4] Ann. Physik **2**, 338—58 (1900).　　　[5] Ann. Physik **59**, 668—88 (1919).

[6] Sci. Rep. Tohoku Imp. Univ. **10**, 417—21 (1921).

und R. L. Kagan[1] diesen Zusammenhang zwischen Temperaturkoeffizienten und Form systematisch untersucht. Die von Gumlich gefundene Abhängigkeit des Temperaturkoeffizienten vom Dimensionsverhältnis ist für einen Chromstahl mit 0,72% C und 3,25% Cr, der bei 850⁰ gehärtet wurde, in Abb. 47 wiedergegeben, wobei in der Abszissenachse die Länge der Stäbe eingezeichnet ist. Wie die Abb. 47 zeigt, wächst der Temperaturkoeffizient α mit dem von 37 bis 4 abnehmenden Dimensionsverhältnis l/d von 2,4 bis auf 4,2, also um etwa 75% an. E. Gumlich hat auch die Theorie dieser Erscheinungen gegeben.

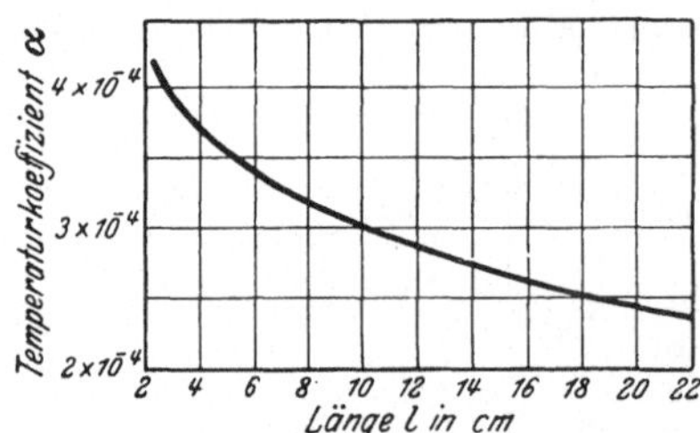

Abb. 47. Abhängigkeit des Temperaturkoeffizienten α vom Dimensionsverhältnis bei Stäben von 6 mm Durchmesser (Gumlich).

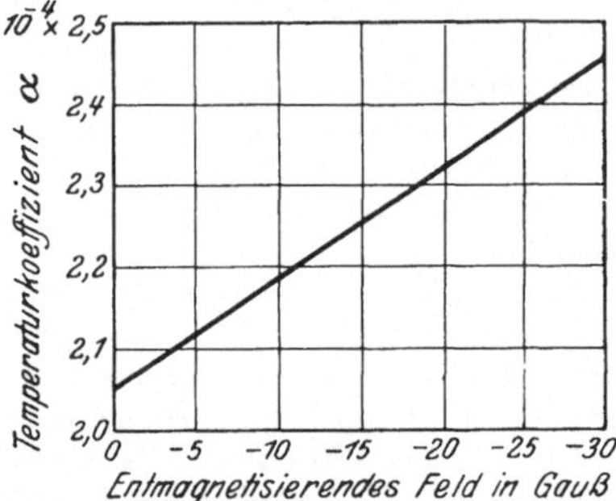

Abb. 48. Abhängigkeit des Temperaturkoeffizienten von dem entmagnetisierenden Feld (Honda).

K. Honda und T. Matumura konnten durch eine besondere Meßanordnung den Einfluß beider Bestandteile, des Materials und des Dimensionsverhältnisses trennen und dabei zeigen, daß die Abhängigkeit des Temperaturkoeffizienten von dem entmagnetisierenden Feld eine geradlinige ist (vgl. Abb. 48). Der niedrigste Wert des Temperaturkoeffizienten entspricht dabei dem entmagnetisierenden Feld Null (oder auch einem unendlich großen Dimensionsverhältnis), und dieser Wert ist eben der dem betreffenden Material eigentümliche und durch das Dimensionsverhältnis nicht mehr beeinflußte Temperaturkoeffizient. W. S. Messkin und L. Kagan verallgemeinerten diese Tatsache und stellten den Neigungswinkel dieser Geraden gegen die Abszissenachse für verschiedene Stahlsorten fest.

Bei Hufeisenmagneten hängt der Temperaturkoeffizient entsprechend dem obigen von der Schenkellänge und Maulweite ab. Der niedrigste Wert entspricht dabei einem Magneten mit langem und engem Maul

Zahlentafel 7. Werte des Temperaturkoeffizienten in verschiedenen Temperaturintervallen.

Temp.-Intervall °C	Temperaturkoeffizient α					
	Magnet I	Magnet II	Magnet III	Magnet IV	Magnet V	Magnet VI
15—25	0,00119	0,00131	0,00117	0,000978	0,000929	0,00112
25—35	0,00125	—	0,00126	0,00107	0,00104	0,00119
35—45	0,00132	—	0,00147	0,00117	0,00108	—
80—90	0,00195	0,00220	0,00202	0,00166	0,00166	0,00187

---

[1] Mitt. aus. d. Inst. f. Metallforsch. in Leningrad (russ.) **2**, (1931).

und unter sonst gleichen Verhältnissen mit am besten geschlossenen Schenkeln. Von der Stärke der Magnetisierung hat sich dagegen der Temperaturkoeffizient als praktisch unabhängig erwiesen.

Zu bemerken ist noch, daß der Temperaturkoeffizient in verschiedenen Temperaturintervallen ein verschiedener ist, wobei die Werte im allgemeinen mit der Temperatur ansteigen (vgl. Zahlentafel 7 nach Frank[1]). Ähnliche Ergebnisse fanden auch Gumlich[2] an Chromstählen und A. F. Stogoff und W. S. Messkin[3] an Wolframstählen.

B. Meßmethoden für weiche Materialien (Bleche).

12. Hysterese- und Wirbelstromverlust.

Von magnetisch weichen Materialien, die als Teile von Elektromaschinen und Transformatoren Verwendung finden, werden hauptsächlich folgende Eigenschaften verlangt: a) im Fall der Gleichstrommagnetisierung möglichst hohe Werte der Induktion bei gegebener Feldstärke und b) bei Wechselstrommagnetisierung außerdem noch geringe Eisenverluste (Wattverluste). Die Messungen an weichen Materialen zerfallen demnach in die Aufnahme der Magnetisierungskurve und in die Bestimmung der Verluste. Einige mit diesem letzten Punkt zusammenhängende Fragen seien im folgenden kurz betrachtet.

Die Energieverluste in einem ferromagnetischen Material bei Wechselstrommagnetisierung setzen sich aus zwei[4] voneinander unabhängigen Beträgen zusammen, nämlich aus

1. Hystereseverlust,
2. Wirbelstromverlust.

Ihre Summe wird, wie angegeben, als Wattverlust[5] bezeichnet.

Der Hystereseverlust pro Zyklus stellt die zum jeweiligen Ummagnetisieren aufgewandte Energiemenge dar, und ist nach dem oben erwähnten, von Warburg abgeleiteten Gesetz proportional dem Flächeninhalt der Hystereseschleife

$$A_b = \frac{1}{4\,\pi} \int \mathfrak{H}\, d\mathfrak{B} \quad \text{Erg/cm}^3 .$$

---

[1] a. a. O.   [2] Gumlich: a. a. O.

[3] Untersuchungen über die Temperaturabhängigkeit des remanenten Magnetismus, 36—37. Moskau: N. T. U. W. S. N. Ch. 1929.

[4] Über den sog. Nachwirkungsverlust s. S. 86.

[5] Nähere theoretische Ausführungen über Hysterese- und Wirbelstromverluste in Eisen siehe z. B.: Ollendorf, F.: Hysterese und Wirbelströme in Eisenblechen. Arch. Elektrot. 14, 431—47 (1925). Cauer, W.: Wirksame Permeabilität und Eisenverluste in Blechen und Drähten bei schwachen magnetischen Feldern (vgl. unten, Kapitel 18): Arch. Elektrot. 15, 308—19 (1925).

Die Richtigkeit dieser Formel ist experimentell mehrfach geprüft[1] und innerhalb der Fehlergrenzen bestätigt worden. Der Hystereseverlust kann somit prinzipiell immer durch Ausplanimetrieren[2] der statisch gemessenen Magnetisierungsschleife gewonnen werden. — Der Größenordnung nach beträgt die bei einem einzigen Zyklus in Wärme umgesetzte Energiemenge für ein gutes Weicheisen bei $\mathfrak{H}_{max} = 5$ Oe und $\mathfrak{B}_{max} = 10000$ etwa 6000 Erg/cm³, entsprechend einer ungefähren Temperaturerhöhung des Eisens von $0,15 \cdot 10^{-3}$ Grad C).

Von praktischer Bedeutung ist die früher (s. S. 12) schon gestreifte Frage, nach welchem Gesetz der Hystereseverlust mit der Höhe der Induktion bzw. der Feldstärke anwächst. Für diesen Zusammenhang hat als erster Steinmetz[3] die nach ihm benannte und vielfach gebrauchte Annäherungsformel

$$A_b = \eta \; \mathfrak{B}_{max}^{1,6} \; \text{Erg/cm.}^3$$

aufgestellt, in der $\mathfrak{B}_{max}$ die Höhe der jeweils erreichten Maximalinduktion und η eine für das betr. Material charakteristische Konstante, den Steinmetzschen Koeffizienten, bedeutet. (Vgl. S. 85.)

Die Gültigkeit dieser Formel[4] ist keinesfalls genau, da einerseits η nicht für alle Induktionen gleich und außerdem der Exponent noch von der Eisensorte abhängig ist. Schreibt man nach N. A. Marjenin[5] die Gleichung in der Form

$$A_b = \eta \; \mathfrak{B}_{max}^{\alpha},$$

so bewegt sich α je nach der chemischen Zusammensetzung des Eisens zwischen 1,5 bis 2, während η für höhere Induktionen größer ist als für niedere. Unter Konstanthalten von η wird sich also der Exponent α mit zunehmender Induktion noch entsprechend vergrößern. Nach F. Bergtold[6] ist α nur für Induktionen zwischen 2500 und 7000 gleich 1,6. Bei weiterer Steigerung der Induktion nimmt α immer rascher und rascher zu, bis es bei $\mathfrak{B} = 15000$ einen Wert zwischen 2,6 und 3,2 besitzt. Auch nach C. E. Webb[7], der eine gründliche Untersuchung der Gültigkeit des Gesetzes vorgenommen hat, gilt die Steinmetzsche Beziehung nur bis etwa $\mathfrak{B} = 10000$, während bei höheren Induktionen eine Anwendung nur dann möglich ist, wenn es sich um sehr kleinere Änderungen von $\mathfrak{B}$ handelt.

Die Größe des Faktors η für ein bestimmtes Material wurde früher vielfach als ein ungefähres Maß für den magnetischen Charakter des Stoffes verwendet, und

---

[1] Adelsberger, U.: Ann. d. Phys. **83**, 184 (1927).

[2] Besitzt beispielsweise ein Material für $\mathfrak{B}_{max} = 10000$ einen Schleifeninhalt von 17,9 cm², so ist $A_b = \dfrac{1}{4\pi} \, 17,9 \cdot a$ Erg/cm³, wo a das Maßstabverhältnis von $\mathfrak{H}$ und $\mathfrak{B}$ angibt.

[3] ETZ **12**, 62 (1891); **13**, 43 u. 55 (1892).

[4] Wooldridge, W. J.: a. a. O. Stroude, F.: Electr. **69**, 606 (1912); vgl. ETZ H. 11, 302 (1913).

[5] Wjestnik Ingenjerow (Russ.) II **2** (10), 361—71 (1916). Auch von der magnetisierenden Feldstärke scheint der Exponent α nach Maurach, H.: Ann. Physik **6**, 580 (1901) abhängig zu sein, und zwar bewegt sich nach ihm α für Feldstärken 0,5 bis 28 Oersted zwischen 2,47 und 1,22.

[6] ETZ **48**, 1745—46 (1928).   [7] J. Inst. El. Eng. **64**, 409—435 (1926).

zwar ist η gewöhnlich um so größer, je größer die Koerzitivkraft ist. Als Beispiel für diesen Zusammenhang sind in der Zahlentafel 8 die Werte von η für einige Materialien wiedergegeben, die nach der Zunahme ihrer magnetischen Härte geordnet sind. Valluri hat darauf hingewiesen, daß das Produkt aus μ_{max} und η für eine gegebene Reihe von Materialien annähernd konstant ist, doch ist auch diese Charakteristik ebenfalls sehr ungenau und wird heute ebenfalls nur noch in seltensten Fällen gebraucht.

Erheblich besser als die Steinmetzsche Gleichung gilt die Formel von Richter[1]

$$A_b' = a\,\mathfrak{B}_{max} + b\,\mathfrak{B}_{max}^2,$$

in der a und b zwei Konstanten bedeuten, doch bedarf man zu ihrer Bestimmung eben mindestens zweier Messungen bei verschiedenen Induktionen.

Zahlentafel 8. Werte des Steinmetzschen Koeffizienten η für einige Materialien.

Material	η
Reines Eisen	0,003
Weicher Stahlguß . . .	0,003—0,009
Flußstahl	0,012
Gußeisen	0,013
Geschmiedeter Stahl . .	0,015—0,025
Harter Stahlguß	0,025—0,028
Nickel	0,013—0,040
Harter Wolframstahl . .	0,058

Zur überschlagsmäßigen Berechnung des Hystereseverlustes aus der Maximalinduktion $\mathfrak{B}_{max}$ und der zu dieser Schleife gehörigen Koerzitivkraft (vgl. dazu S. 12) haben Anderson und Lance[2] eine sehr einfache und bequeme Formel angegeben. Sie lautet

$$A_b = \frac{K\,\mathfrak{B}_{max} \times \mathfrak{H}_c}{\pi} \quad (\text{Erg/cm}^3)$$

oder

$$a \times \mathfrak{B}_{max} \cdot \mathfrak{H}_c,$$

wobei K bzw. a wiederum von $\mathfrak{B}$ abhängt und nach einer großen Anzahl von Messungen an Stahlguß, Gußeisen und Transformatorenblech zu

$$K = 0{,}67 + 0{,}000034\,\mathfrak{B}_{max}$$

oder

$$a = \frac{K}{\pi} = 0{,}213 + 0{,}0000108\,\mathfrak{B}_{max}$$

bestimmt wurde.

Die Abweichungen der nach dieser Formel berechneten Werte von den beobachteten sind geringer als 10%, wenn man sich auf Schleifen bis auf etwa $\mathfrak{B} = 10\,000$ beschränkt; bei höheren Induktionen treten jedoch, wie ersichtlich, beträchtliche Fehler auf, da $\mathfrak{B}_{max}$ gleichmäßig ansteigt, während A_b und $\mathfrak{H}_c$ immer schwächer zunehmen und schließlich konstant werden. E. Gumlich[3] hat die Gültigkeit der Formel bei hohen Induktionen (bis $\mathfrak{B}_{max} = 18\,000$) geprüft. Nach ihm kann man auch für diesen Fall noch hinreichende Brauchbarkeit erzielen,

---

[1] ETZ **31**, 1241 (1910).   [2] Engg. **114**, 351 (1922).
[3] ETZ **44**, 81 (1923).

wenn man in den Ausdruck für a ein quadratisches Glied einführt gemäß der Gleichung

$$a = 0{,}225 + 0{,}000889 \cdot 10^{-3}\,\mathfrak{B}_{max} + 0{,}000861 \cdot 10^{-6}\,\mathfrak{B}_{max}^2.$$

Die so berechneten Werte des Koeffizienten a für verschiedene Werte der maximalen Induktion nach Gumlich sind in Zahlentafel 9 wiedergegeben.

Zahlentafel 9. Werte des Koeffizienten a bei verschiedenen Induktionen in der Formel von Anderson-Lance-Gumlich.

$\mathfrak{B}_{max}$	1000	2000	3000	4000	5000	6000	7000	8000	9000
a	0,227	0,230	0,235	0,242	0,251	0,261	0,273	0,287	0,303
$\mathfrak{B}_{max}$	10000	11000	12000	13000	14000	15000	16000	17000	18000
a	0,320	0,339	0,360	0,382	0,406	0,432	0,460	0,489	0,520

Bei technischen Dynamo- und Transformatorenblechen gehören nach Messungen von B. Buscher[1] im Durchschnitt folgende Werte der Koerzitivkraft, des Hystereseverlustes und des Gesamtverlustes V_{10} (vgl. S. 68) zusammen.

		Koerzitivkraft Oersted	Hystereseverlust Watt/kg	Verlustziffer Watt/kg
hoch legiert	{	0,42	0,94	1,11
		0,50	0,98	1,20
		0,60	1,10	1,32
mittel legiert	{	0,65	1,20	1,56
		0,70	1,32	1,82
		0,77	1,58	2,40

Zur angenäherten Bestimmung des Hystereseverlustes aus der Remanenz $\mathfrak{B}_R$ und der Maximalfeldstärke $\mathfrak{H}_{max}$ hat J. Schwarz[2] eine Methode angegeben. Die dabei durch ein geometrisches Verfahren[3] abgeleiteten Hauptformeln lauten wie folgt

$$\mathfrak{B} = \pm\,\mathfrak{B}_r\left(1 - \frac{\mathfrak{H}^2}{\mathfrak{H}_{max}^2}\right)^{\frac{2n+1}{2}} \tag{a}$$

Hier bedeuten:

$\mathfrak{B}$ — die transformierte Induktion, deren Absolutwert der halben Summe der einer bestimmten Feldstärke entsprechenden Induktionen, und zwar

$$|\mathfrak{B}| = \tfrac{1}{2}\left(\mathfrak{B}_{+\mathfrak{H}_{max}} + \mathfrak{B}_{-\mathfrak{H}_{max}}\right)$$

gleich ist.

---

[1] Stahl- und Walzwerk Hennigsdorf b. Berlin.

[2] Rév. gén. élcctr. 22, 617—21 (1927); ETZ 47, 1742—43 (1927).

[3] Die Hystereseschleife wurde in eine Hauptkurve $(+\mathfrak{B}_{max},\ O,\ -\mathfrak{B}_{max})$ und eine harmonische zur Abszissenachse (Feldachse) symmetrische Kurve $(\pm\mathfrak{H}_{max},\ \pm\mathfrak{B}_r,\ \pm\mathfrak{H}_{max})$ zerlegt und die Flächeninhalte berechnet.

$\mathfrak{H}$ — die laufende Feldstärke und

n — einen Exponenten, der alle Werte zwischen 0 und $+\infty$ annehmen kann und für jeden einzelnen Fall zu berechnen ist.

Durch Integration der Gleichung zwischen den Grenzen $\mathfrak{H} = 0$ und $\mathfrak{H}_{max}$ ergibt sich für den Hystereseverlust A_b in Erg/cm³.

$$A_b = \tfrac{1}{2}\,\mathfrak{B}_R \times \mathfrak{H}_{max} \times c\,,$$

wobei $c = \dfrac{1}{2^{n+1}} \times \dfrac{1 \cdot 3 \cdot 5 \cdot 7 \cdots (2\,n+1)}{1 \cdot 2 \cdot 3 \cdot 4 \cdots (n+1)}$ bedeutet und für verschiedene Werte von n einer Tabelle entnommen werden kann. Eine solche Tabelle ist untenstehend angegeben.

Zahlentafel 10. Werte von c für verschiedene Werte von n.

n	0	1	2	3	4	5	6	7	8	9
c	0,500	0,375	0,313	0,274	0,246	0,225	0,209	0,196	0,185	0,176

Zur Anwendung der Formel genügt es, zwei Ordinaten[1] der Hystereseschleife zu messen, und aus ihnen den Exponenten zu berechnen. Ein aus der Arbeit von Schwarz entnommenes Beispiel soll die Durchführung näher beleuchten.

Ist die Hystereseschleife in folgenden Zahlen angegeben:

$\mathfrak{H}_{Oersted}$	$\mathfrak{B}_{Gauß}$
$\pm 90 = \pm \mathfrak{H}_{max}$	$\pm 14000 = \pm \mathfrak{B}_{max}$
$+ 40$	$+ 12460$
$+ 20$	$+ 12000$
0	$+ 10000 = \mathfrak{B}_r$
$- 20$	$+ 360$
$- 40$	$- 10000$

so finden wir für $\mathfrak{H} = 20$:

$$\mathfrak{B} = \tfrac{1}{2}(\mathfrak{B}_{+20} + \mathfrak{B}_{-20}) = \tfrac{1}{2}(12000 + 360) = 6180\,.$$

Andererseits aber haben wir:

$$\mathfrak{B} = 6180 = \pm\,\mathfrak{B}_r\left(1 - \frac{\mathfrak{H}^2}{\mathfrak{H}_{max}^2}\right)^{\frac{2n+1}{2}}$$

$$= \pm\,10^4\left(1 - \frac{400}{8100}\right)^{\frac{2n+1}{2}} = \pm\,10^4\left(1 - \frac{4}{81}\right)^{\frac{2n+1}{2}} = \pm\,10^4\left(\frac{81-4}{81}\right)^{\frac{2n+1}{2}};$$

$$\log 6180 = 4\log 10 + \left(\frac{2n+1}{2}\right)[\log(81-4) - \log 81];$$

$$0{,}2090115 = \left(\frac{2n+1}{2}\right)(1{,}908485 - 1{,}8864908)$$

oder

$$n \cong 9\,.$$

---

[1] Wird zur Berechnung des Exponenten n die der Koerzitivkraft entsprechende Feldstärke gewählt, so braucht man nur eine Ordinate, nämlich $\mathfrak{B}_{+\mathfrak{H}c}$ zu messen und durch 2 zu dividieren, da $\mathfrak{B}_{-\mathfrak{H}c} = 0$ ist.

Für diese Zahl ergibt sich aus der Zahlentafel 10 der Wert des Koeffizienten c zu $c = 0{,}176$, woraus wir finden.

$$A_6 = 10\,000 \times 90 \times \frac{1}{2} \times 0{,}176 \simeq 79\,300 \text{ Erg/cm}^3 \, .$$

Eine genaue Integration der betreffenden Hystereseschleife liefert einen um etwa 7% abweichenden Wert.

Die Formel von Schwarz ist übrigens auch brauchbar für sehr große Werte von $\mathfrak{H}_{max}$ ($= \infty$) und führt dann zu folgenden Ausdrücken:

$$\mathfrak{B}_{\mathfrak{H}_{max} = \infty} = \pm\, b\, e^{-\frac{\mathfrak{H}^2}{h^2}} \quad \text{und} \quad A_b = b \int\limits_0^\infty e^{-\frac{\mathfrak{H}^2}{h^2}} d\mathfrak{H} = \frac{b\,h}{2\sqrt{\pi}}\, ,$$

wobei bedeuten

$$b = \frac{\mathfrak{B}_r}{\sqrt{1 - \left(\frac{1}{2}\right)^n}} \quad \text{und} \quad h = \frac{\mathfrak{B}_{max}}{\sqrt{n}\,\sqrt{1 - \left(\frac{1}{2}\right)^n}}\, .$$

Der zweite Teil der Verluste sind nun, wie oben angedeutet, die Verluste durch Wirbelströme (Foucaultsche Ströme), wie solche in jedem

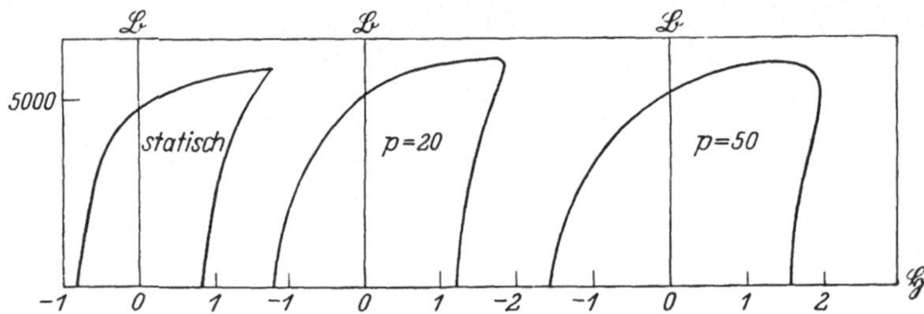

Abb. 49. Magnetisierungsschleife bei verschiedenen Frequenzen.

elektrischen Leiter und daher auch in dem Eisenkern der von Wechselstrom durchflossenen Spulen und Maschinen auftreten. Da die zu ihrer Entstehung nötige Energie ebenso wie die Hysteresisarbeit dem magnetischen Felde entnommen wird, so bedingen die Wirbelströme außer einer Abschirmung des Feldes im Inneren des Materials (s. u.) eine Vergrößerung der Hysteresefläche, die sich in typischer Verbreiterung und Abrundung einer mit Wechselstrom aufgenommenen Kurve gegenüber der statischen, d. h. bei ganz langsamer Feldänderung gemessenen bemerkbar macht. Als Beispiel für diese Erscheinung diene die Abb. 49, in der einige Kurven desselben Materials bei verschiedenen Frequenzen dargestellt sind.

Die Größe des Wirbelstromverlustes hängt nun ab von der Geschwindigkeit der Induktionsänderung, d. h. von der Frequenz des Wechselfeldes, von der Höhe der maximalen Induktion, von der Form des Körpers und von dem elektrischen Widerstande des Materials. Für die Abhängigkeit von den beiden ersten Werten hat Steinmetz

die (meist mit der Formel für den Hystereseverlust zusammengezogenen)
Gleichung aufgestellt

$$A = \xi\, p^2\, \mathfrak{B}_{\mathrm{max}}^2 \;(\mathrm{Erg/cm^3})$$

in der A den Wirbelstromverlust pro Sekunde, p die Frequenz des Wechselstromes, $\mathfrak{B}$ die Höhe der Maximalinduktion und ξ einen von Material zu Material verschiedenen Koeffizienten bedeutet. Der Wirbelstromverlust[1] ist ferner um so geringer, je besser das Material unterteilt ist und einen je höheren Widerstand es besitzt, und aus diesem Grunde pflegt man statt massiver Eisenkerne solche aus dünnem isolierten Blech und außerdem an Stelle des reinen Eisens legiertes Material zu verwenden.

In der Technik werden die Hysterese- und Wirbelstromverluste eines Materials nicht in $\mathrm{Erg/cm^3}$ für einen einzigen Zyklus, sondern in Watt pro kg für 1 Sekunde angegeben. Bedeutet A_b den Inhalt der statischen Hystereseschleife in $\mathrm{Erg/cm^3}$, p die Periodenzahl des Wechselstroms und δ das spezifische Gewicht des Materials, so ergibt sich daraus folgende Umrechnungsformel für den Hystereseverlust.

$$W_h = \frac{A_b \cdot 1000 \cdot p}{\delta} \cdot 10^{-7}.$$

In gleicher Weise kann näherungsweise auch die Leistung pro Kilogramm Eisen, die zur Überwindung der Wirbelströme vergeudet wird, für ein als Blech vorliegendes Material zu

$$W_w = 10^{-7}\,\frac{1{,}643}{\delta}\,\frac{1}{\varrho_t}\,s^2\,p^2\left(\frac{\mathfrak{B}_{\mathrm{max}}}{1000}\right)^2$$

berechnet werden, wobei s die Blechstärke in cm, und ϱ_t den spezifischen elektrischen Widerstand bei der betreffenden Temperatur bedeutet.

Bei der praktischen Prüfung der Materialien macht man jedoch von den oben genannten Rechnungsverfahren nur selten Gebrauch, sondern man führt immer eine unmittelbare Messung aus. Dabei wird in einem magnetischen Kreis, der nur aus dem zu untersuchenden Material zusammengesetzt ist, der zur Ummagnetisierung nötige Gesamtverbrauch (also Hysterese + Wirbelstromverlust) ermittelt. Nach den Vorschriften des Verbandes Deutscher Elektrotechniker[2] versteht man dabei unter Verlustziffer den im Epstein-Apparat gemessenen Gesamtverlust im Eisen pro Kilogramm und 1 Sekunde, bezogen auf einen sinusförmigen

---

[1] In Blechstreifen nimmt unter gleichen Verhältnissen der Wirbelstromverlust mit der zweiten Potenz der Körperdicke zu; vgl. Debye, P.: Ztschr. f. Math. u. Phys. **54**, 418 (1906). Bei massiven Stücken merklicher Dicke ist eine Berechnung nicht mehr streng durchführbar, da sich die Abhängigkeit der mit der Induktion veränderlichen Permeabilität nicht algebraisch ausdrücken läßt. Näherungsformeln für die in der Praxis vorkommenden Fälle vgl. E. Rosenberg: El. u. Maschinenb. **41**, 317—328 (1923).

[2] ETZ **35**, 512 (1914).

Verlauf[1] der induzierten Spannung, bei einer Periodenzahl von 50 per/sek und eine Temperatur von 20⁰. Er wird in Watt/kg ausgedrückt und für die Maximalinduktion $\mathfrak{B}_{max} = 10\,000$ und $15\,000$ CGS abgekürzt mit V_{10} bzw. V_{15} bezeichnet.

Eine Trennung der Gesamtverluste in seine beiden Anteile ergibt sich wieder leicht mit Hilfe der Tatsache, daß der Wirbelstromverlust

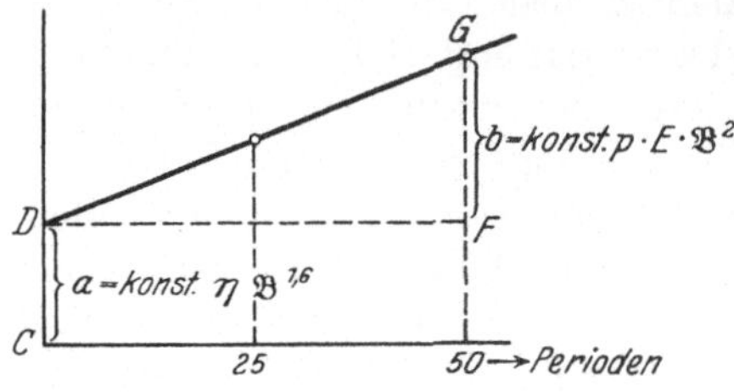

Abb. 50. Trennung von Wirbelstrom und Hystereseverlust.

mit dem Quadrat der Frequenz, der Hystereseverlust aber mit der Frequenz direkt anwächst. Nimmt man also eine Messung der Verluste bei verschiedenen Frequenzen vor (für eine genaue Trennung bei etwa 5 Frequenzen, doch genügt näherungsweise zumeist eine Messung bei 50 und 25 Perioden), dividiert durch die Frequenz und trägt die erhaltenen Zahlen (Verlust pro Periode) in Abhängigkeit von der Frequenz auf, so liegen die darstellenden Punkte auf einer geraden Linie (Abb. 50). Letztere schneidet auf der Ordinatenachse eine Strecke CD ab, die dem Hystereseverlust pro Periode bei der Frequenz Null, d. h. dem Hystereseanteil entspricht, während der jeweils verbleibende Rest FG das Produkt aus Frequenz und Wirbelstromverlust darstellt.

Für die praktische Anwendung gilt folgende Formel:

$$4 \times \text{Gesamtverlust}_{25\ \text{Per}}$$
$$- \text{Gesamtverlust}_{50\ \text{Per}}$$
$$= \text{Hystereseverlust}_{50\ \text{Per}}$$

deren Richtigkeit aus Abb. 50 leicht abgeleitet werden kann.

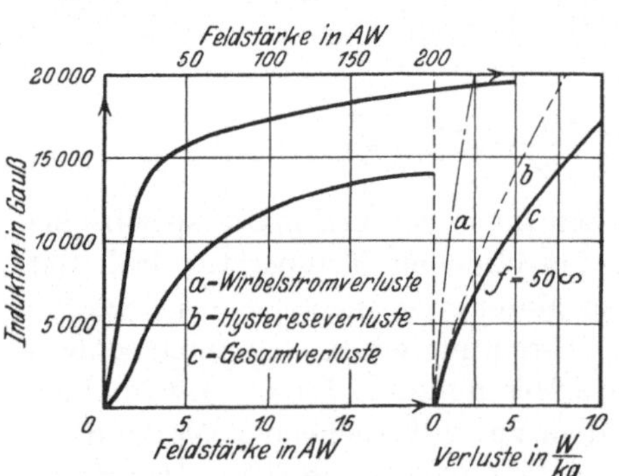

Abb. 51. Magnetisierungskurve und Wattverluste eines unlegierten Dynamoblechs.

Als ein Beispiel für die Abhängigkeit der Verluste von der Induktion sind die sämtlichen Eigenschaften eines Bleches, Magnetisierungskurve, Wirbelstrom- und Hystereseverluste in Abb. 51 wiedergegeben, wobei in der linken Hälfte der Abbildung die Magnetisierungskurve, rechts dagegen die Verlustkurven in Abhängigkeit von der Induktion dargestellt sind. Zur näherungsweisen Umrechnung des Gesamtverlustes für verschiedene Maximalinduktionen mag ferner die von

---

[1] Da die Hystereseverluste durch den Maximalwert der aufgedrückten Spannung, die Wirbelstromverluste mehr durch den Effektivmittelwert bestimmt werden, so hängen die Gesamtverluste in hohem Maße auch von der Form der Spannungskurve ab.

F. Bergtold[1] im logarithmischen Koordinatensystem aufgestellte Bezugskurve (Abb. 52) dienen. In ihr ist der Gesamtverlust für $\mathfrak{B} = 10000$ zu 1 angenommen. Will man dabei beispielsweise von $V_{10} = 1{,}5$ W/kg auf V_6 (Verlust für $\mathfrak{B} = 6000$) schließen, so gilt:

$$V_6 = V_{10}\frac{C_6}{C_{10}}, \quad \text{oder da} \quad C_{10} = 1,$$

$$V_6 = V_{10} \cdot C_6 = 1{,}5 \times 0{,}4 \,(\text{vgl. Abb. 38}) = 0{,}6 \,\text{W/kg}.$$

Die Genauigkeit der Umrechnung nach Abb. 52 beträgt nach Bergtold ungünstigenfalls $\pm 5\%$ (zwischen 3000 und 15000 Gauß).

Zur Umrechnung der Verlustziffer von der Frequenz 50 Per/sec auf die in Amerika gebräuchliche Frequenz von 60 gilt angenähert folgende, an einer Reihe verschiedenster Materialien gewonnene Zusammenstellung:

(Blechdicke 0,5 mm.)

Wattverlust bei

50 Per/sec	1,00	1,50	2,00	2,50	3,00
60 Per/sec	1,24	1,85	2,47	3,10	3,75

Mit steigender Temperatur nimmt die Verlustziffer ab, wobei diese Änderung hauptsächlich bedingt ist durch die Zunahme des spezifischen elektrischen Widerstands mit der Temperatur (vgl. S. 310). Da die hochlegierten Bleche mit etwa 3,5 bis 4% Silizium jedoch nur einen geringen Temperaturkoeffizienten besitzen, so kann in den technischen Betrieben im allgemeinen von der Temperaturkorrektion vollständig abgesehen werden.

Eine für Theorie und Praxis gleichwichtige Frage ist ferner die nach dem Verhalten der Stoffe in hochfrequenten Feldern. Ihre

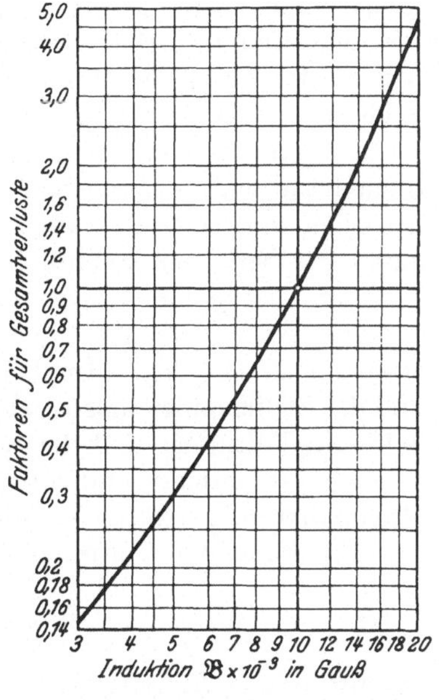

Abb. 52. Bezugskurve zur Umrechnung der Wattverluste (nach Bergtold).

Beantwortung ist außerordentlich schwierig wegen des Einflusses der Wirbelströme. Letztere bewirken neben der schon oben genannten zusätzlichen Verbreiterung der Hystereseffläche (vgl. Abb. 49) außerdem noch eine mit der Frequenz und der Dicke des Materials zunehmende Abschirmung des magnetischen Feldes im Inneren der Probe (Skineffekt). Aus diesem Grunde nimmt, wie ersichtlich, mit steigender Frequenz die Permeabilität ohne weiteres ab, und ein Rückschluß auf die wahren Werte ist nur auf Umwegen möglich. Die Mehrzahl der Forscher kommt heute zu dem Schluß, daß bei Schwingungen bis zu mindestens 10^6, wie sie in der drahtlosen Telegraphie vorkommen, der Magnetisierungsvorgang gegenüber den statischen Prozessen keinerlei Unterschied zeigt. Bei ganz hohen Periodenzahlen (10^{10}) sollen nach den Messungen von Arkadiew, Wwedensky u. a. außerdem für bestimmte Frequenzen anormale Änderungen der Permeabilität auftreten, die

---

[1] Vgl. ETZ **49**, 1745 (1928).

durch die Annahme von Eigenfrequenzen der Elementarmagnete erklärt werden, doch wird dieser Befund von anderen Forschern auf sekundäre Ursachen zurückgeführt[1].

13. Der Epstein-Apparat.

Von den mannigfachen Methoden zur Prüfung der Verluste hat sich als Normalapparat heute in fast allen Ländern der Apparat nach Epstein durchgesetzt. Er besteht aus 4 zu einem quadratischen Rahmen zusammengefügten Magnetisierungsspulen von etwa 40 bis 42 cm Länge und je 150 Windungen, in deren Inneren Sekundärspulen von derselben Länge und Windungszahl angeordnet sind. Die zu untersuchenden Bleche werden in Streifen von 50 cm Länge und 3 cm Breite geschnitten (zur Hälfte quer, zur Hälfte längs zur Walzrichtung der Tafeln), mit Seidenpapier isoliert und zu Bündeln von je 2,5 kg aufgehäuft. Vier solcher Bündel, die also genau 10 kg wiegen, werden dann in diesen Spulen zu dem magnetischen Kreis zusammengefaßt, wobei durch Anziehen von seitwärts angebrachten Schrauben für einen möglichst guten magnetischen Schluß in den Stoßflächen gesorgt wird.

Zum Zwecke der Verlustmessung wird die Primärseite des Apparates an eine Wechselstromquelle (meist einen besonderen Generator von etwa 1,5 kVA) gelegt. Im Primärkreis befindet sich ein Strommesser und die Stromspule eines Leistungsmessers, während auf der Sekundär-Seite ein Voltmeter und die Spannungsspule des Leistungsmessers angebracht ist. Man erregt den Generator, bis sich im Eisen die gewünschte Maximalinduktion $\mathfrak{B}_{max}$ vorfindet. Ihre Einstellung berechnet sich aus der Spannung des Voltmeters mit Hilfe der Gleichung

$$\mathfrak{B}_{max} = \frac{E \cdot 10^8}{4\,n\,f \cdot q \cdot p}.$$

Darin bedeutet E die reine Eisenspannung (die sich aus der abgelesenen Klemmenspannung durch Anbringung von Korrektionen für den Widerstand der Sekundärspulen usw. ergibt), n die sekundäre Windungszahl, f den Formfaktor, d. h. das Verhältnis des Effektivwertes

---

[1] Siehe z. B. Schames, L.: Ann. Physik Nr. 11, 64 (1908). Ehrhardt: Ann. Physik 54, 41 (1917). Urbschat, R.: Z. Physik 7, 260—67 (1921). Kaufmann, W.: Z. Physik 5, 316 (1921). Wwedensky u. Theodortschik: ETZ 1922, 93. Kaufmann, W., u. E. Pokar: Physik. Z. 26, 597—600 (1925). auch Pokar, E.: Diss. Königsberg i. Pr., 1924. Krüger, K. u. H. Plendl: Jb. drahtl. Telegr. 27, 155—61 (1926). Gutton, C., u. J. Miaul: Comptes Rendus 184, 1234 (1927); 185, 1197 (1927). Wait, G. R.: Phys. Rev. 29, 566 (1927). Ditl, A.: Verh. dtsch. Physik. Gesellsch. 9, Nr. 2, 31—32 (1928). Neumann, W.: Z. Physik 51, 355 (1928). Martin, J. R.: Phys. Rev., 33, Nr. 4, 621—24 (1929). (Einfluß des Probenquerschnittes). Kreielsheimer: Z. Physik 55, 753 (1929); 77, 260 (1931). Strutt, C.: Z. Physik 68, 632 (1931). Malow, N. N.: Z. Physik 71, 30 (1931). Arkadiew, W.: Ann. Physik 11, 406 (1931).

zu dem arithmetischen Mittelwert der Spannung, p die Frequenz und q den Eisenquerschnitt der Probe.

Der am Wattmeter abgelesene Energieverbrauch gibt umgekehrt dann nach Anbringung von Korrekturen für den Verbrauch in den Spulen des Spannungs- und Leistungsmessers usw. die Verlustziffer des Materials an. Wegen der Einzelheiten der absoluten Messung sei auf die oben erwähnten Sonderwerke hingewiesen.

Als normale Blechstärken gelten 0,35, 0,5 und 1,0 mm. Die Abweichungen dürfen an keiner Stelle mehr als $\pm 10\%$ der vorgeschriebenen Werte betragen. Der Querschnitt q der Probe wird nicht gemessen, sondern aus dem Eisengewicht G wird ohne Papierzwischenlagen (normal also 10000 g), der Gesamtlänge der Proben l (normal also 200 cm) und dem spezifischen Gewicht s berechnet gemäß der Gleichung

$$q = \frac{G}{s \cdot l}\,\text{cm}^2 .$$

Auch für das spezifische Gewicht werden keine Einzelwerte eingesetzt, sondern letzteres ist in Deutschland nach DIN VDE 6400 für die verschiedenen Blecharten normiert (s. Zahlentafel 11).

Die außerordentliche Bequemlichkeit der Epsteinschen Methode legt es nun nahe, auch die Magnetisierungskurve an den gleichen Proben und mit dem gleichen Apparat zu bestimmen. Für die Messung der Induktionen wäre dies ohne weiteres durchführbar, wenn nicht die Berechnung der Feldstärke aus Amperewindungszahl und Eisenweg sehr fehlerhaft wäre, da infolge der scharfen Ecken und vor allem der Stoßfugen doch erhebliche Streuungen auftreten. Dieser Fehler wird vermieden durch eine direkte Bestimmung der Feldstärke nach der Methode von Gumlich-Rogowski[1].

Die Messung der Feldstärke beruht dabei auf dem Satz, daß die Tangentialkomponente des Feldes in der Luft ohne Sprung in die im Eisen übergeht. Zu diesem Zwecke sind in einer Sonderausführung des Apparates in der Mitte der Rahmen, also an nahezu streuungsfreier Stelle, um jedes Bündel herum vier schmale Spulen angebracht, welche mit einem ballistischen Galvanometer verbunden sind und bei jedem Kommutieren des Stromes Ausschläge ergeben, die der Feldstärke proportional sind. In gleicher Weise wird auch die Induktion durch Sekundärspulen gemessen, die die Proben umschließen. Die Methode ist mit hinreichender Genauigkeit von etwa 5 AW/cm aufwärts brauchbar[2], sie ist (neben dem Differentialapparat, s. u.) in den deutschen

---

[1] ETZ **1912**, 262.

[2] Unterhalb dieser Grenze ist der Fehler durch die Streufelder, der bei höheren Feldstärken nur etwa ½ bis 1% ausmacht, so beträchtlich, daß hier die Methode versagt. Eine Verbesserung haben kürzlich Schramkow u. Janowski (Ztsch. techn. Phys. **11**, 213 (1930)) angebracht, indem sie die Magnetisierungsspulen an

Normen für die Beurteilung der Magnetisierbarkeit von Blechen vorgeschrieben. Die Induktion wird dabei gewöhnlich an vier Punkten und zwar für die Feldstärken 25, 50, 100 und 300 Amperewindungen/cm (!) gemessen, wofür die Bezeichnung $\mathfrak{B}_{25}$, $\mathfrak{B}_{50}$, $\mathfrak{B}_{100}$ und $\mathfrak{B}_{300}$ eingeführt ist. Die für die verschiedenen Blechsorten zulässigen Minimalwerte der Magnetisierbarkeit und die Höchstwerte der Verlustziffer, die normierten Werte der Blechdicke, des spezifischen Gewichts und der Alterung sind in Zahlentafel 11 zusammengestellt.

Zahlentafel 11. Verlustziffern, Magnetisierbarkeit und Alterung von Blechen nach den deutschen Normen[1] DIN VDE 6400.

Art.	I. Normale Dynamobleche				II. Schwachlegierte Bleche	III. Mittelstark legierte Bleche	IV. Hochlegierte Bleche	
Dicke in mm . . . . zul. Abweichung $\pm$ 10%	0,5	0,75	1,0	1,5	0,5	0,5	0,35	0,5
spez. Gewicht { mit Zunder .	7,8				7,75	7,65	7,55	
spez. Gewicht { entzundert .	7,85				7,8	7,7	7,6	
Verlustzahlen in Watt . { V_{10}	3,6	—	8	—	3,0	2,3	1,3	1,7
Verlustzahlen in Watt . { V_{15}	8,6	—	19	—	7,4	5,6	3,25	4,0
Magnetische Induktion { B_{25}	15300	—			15000	14700	14300	
Magnetische Induktion { B_{50}	16300	—			16000	15700	15500	
Magnetische Induktion { B_{100}	17300	—			17100	16900	16500	
Magnetische Induktion { B_{300}	19800	—			19500	19300	18500	
Alterung %	9				7,5	6,5	5	

14. Der Differentialeisenprüfer nach van Lonkhuyzen.

Einen erheblichen Fortschritt auf dem Gebiet der technischen Eisenprüfungen brachte der 1911—12 von van Lonkhuyzen[2] konstruierte Differentialeisenprüfer, der die Induktions- und die Verlustziffermessung auf den Vergleich mit einer geeichten Normalprobe zurückführt.

Das Schema des Meßgeräts, wie es heute von der Firma Siemens und Halske gebaut wird, ist in Abb. 53a und b angegeben. Der Apparat besteht demnach aus zwei identischen, mit Primär- (P_n und P_x) und Sekundärwicklung (S_n und S_x) versehenen Epstein-Apparaten, von denen der eine die zu messende Probe enthält, während der andere eine bekannte Normalprobe gleichen Querschnitts aufnimmt. Für die Aufnahme der Induktionskurve werden die beiden Rahmen hintereinander an eine

den Enden mit Kompensationswicklungen versehen haben, die in einen besonderen Stromkreis eingeschaltet sind. Auf diese Weise gelang es, die Feldstärke in den Blechbündeln über eine Länge von etwa 30 cm praktisch konstant zu halten.

[1] Wiedergabe erfolgt mit Genehmigung des Deutschen Normenausschusses. Verbindlich ist die jeweils neueste Ausgabe des Normblattes in Dinformat A 4 (Beuth-Verlag, Berlin S 14).

[2] ETZ **32**, 1131 (1911); **33**, 531 (1912).

Gleichstromquelle gelegt. Die Sekundärspulen S_n und S_x sind über die Regelwiderstände R_n und R_x so an das Galvanometer G geschaltet, daß die in ihnen entstehenden Ströme gegeneinander gerichtet sind. Durch Regeln der Widerstände R_n und R_x kann also erreicht werden, daß beim Kommutieren des Magnetisierungsstromes mittels des Kommutators K das Galvanometer G keinen Ausschlag gibt. Unter sonst gleichen Verhältnissen (bei gleichem Querschnitt und spezifischem Gewicht der Normal- und Vergleichsprobe) verhalten sich dann die Induktionen der beiden Proben bei der entsprechenden durch das Amperemeter A gemessenen Feldstärke wie die Widerstände R_n und R_x.

Entsprechend ist auch die Verlustziffermessung eingerichtet, nur wird hier an Stelle des Galvanometers ein Differentialwattmeter ver-

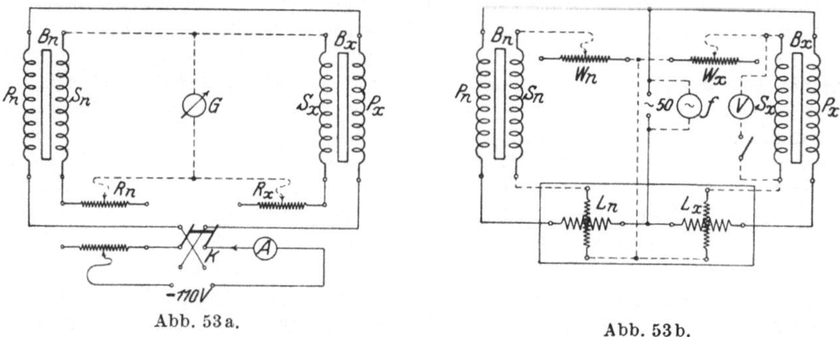

Abb. 53 a.

Abb. 53 b.

Abb. 53 a u. b. a Differentialeisenprüfer für Induktions- und b Verlustziffermessung.

wendet und beide Primärwicklungen werden nebeneinander in einen Wechselstromkreis geschaltet (Abb. 53 b). Vor den Spannungsspulen des Instrumentes liegen zwei Regelwiderstände W_n und W_x. Nehmen wir nun an, daß die Verlustziffer V_x der Probe B_x das n-fache der Verlustziffer V_n der Normalprobe B_n beträgt, so müssen bei gleichen Querschnitten der Probe die Widerstände W_x und W_n so eingestellt werden, daß

$$\frac{V_x}{V_n} = \frac{W_x}{W_n} = n,$$

um das Differentialwattmeter auf seinen ursprünglichen Nullpunkt zurückzubringen. Wird also der Widerstand W_n auf den 10000fachen Betrag der bekannten Verlustziffer der Normalprobe B_n eingestellt, so kann am Widerstand W_x der 10000fache Betrag der Verlustziffer der Vergleichsprobe B_x unmittelbar abgelesen werden.

Der Differentialeisenprüfer ist in seiner Anwendung außerordentlich einfach und bequem, da er keine Berechnung erfordert, sondern die Verlustziffer unmittelbar ablesen läßt; er nimmt deshalb unter den in der Technik verwendeten Apparaten heute die erste Stelle ein. Ferner fallen infolge der Differentialschaltung eine große Anzahl von Fehlerquellen ohne weiteres heraus. Trotzdem sind auch hier noch manche Umstände zu berücksichtigen, und die erreichbare „Einstellgenauigkeit" darf nicht dazu verleiten, dem Resultat auch die gleiche absolute Genauigkeit zuzusprechen. Diese Tatsache wird oft übersehen und bildet dann gewöhnlich den Ausgangspunkt von Streitigkeiten zwischen Erzeugern und Verbrauchern über die Qualifikation irgendeines Bleches.

Eine ausführliche experimentelle und theoretische Untersuchung über die Fehler des Epsteinapparates und des Differentialapparates haben kürzlich F. Wever und K. Lange[1] durchgeführt. Abgesehen von den vermeidbaren Unrichtigkeiten (Aufstellung des Differentialwattmeters in hinreichender Entfernung vom Epsteinrahmen, so daß keine Streulinien das Instrument treffen; Einlegen und Festziehen der Proben unter stets gleichen Bedingungen) sind hauptsächlich folgende Punkte zu beachten: Ungleicher Probenquerschnitt, indem insbesondere bei Betriebsmessungen das erforderliche Gewicht von 10 kg nur mit ganzen Streifen (40 bis 50 g) abgeglichen wird, und Verschiedenheiten im spezifischen Gewicht infolge der Annahme eines normierten Mittelwertes. Nach den Messungen von Wever und Lange machen beide Fehlerquellen zusammen einen Querschnittsfehler von etwa 0,6% bis 0,7% bei gut hergerichteten Proben aus, während derselbe bei betriebsmäßig hergerichteten Proben zwischen 1,0 und 1,5% beträgt. Auf die Induktion übertragen ergibt dies gewöhnlich zwischen 100 und 200 Gauß Abweichungen.

Die Bestimmnng der Verlustziffer wird um so genauer, je näher die Normalprobe und die zu messende Probe in ihren Eigenschaften liegen; grundsätzlich sollen daher nur Proben der gleichen Blechart miteinander verglichen werden. Um die Ungleichmäßigkeiten der Rahmen zu eliminieren, sollen ferner Normal und Probe vertauscht und die Ergebnisse gemittelt werden. Schließlich empfiehlt es sich, bei allen genaueren Messungen eine Kontrolle auf die Gleichheit der Kurve der Verluste in Abhängigkeit von der Maximalinduktion bei Normal und Probe vorzunehmen. Dies geschieht in der Weise, daß man nach Abgleichen des Differentialwattmeters auf Null die an den Apparat angelegte Spannung um etwa 5 Volt variiert. Ändert sich dann der Ausschlag des Wattmeters wesentlich[2], so sind die Verlustkurven der beiden Proben sehr unähnlich, und in diesen Fällen ist die Maximalinduktion besonders sorgfältig einzuregulieren.

Wever und Lange kamen zu dem Ergebnis, daß man bei der Verlustziffermessung mit dem Differentialapparat unter normalen Verhältnissen mit einem Fehler innerhalb von 2% zu rechnen hat.

15. Der Wlasowsche Apparat zur Betriebskontrolle.

Für die laufende Überwachung der Blechproduktion ist der Epsteinapparat nicht geeignet, da die Herstellung und genaue Abgleichung der Proben doch etwas zeitraubend ist und zudem einen erheblichen und nutzlosen Materialverschnitt erfordert.

---

[1] Arch. Elektrot. **22**, 509—41 (1929); Mitt. Eisenforsch. **10**, 343—62 (1928).
[2] Über den möglicherweise beträchtlichen Fehler s. Wever und Lange, l. c.

Man hat sich daher vielfach bemüht, die Wattverluste in ganzen Blechtafeln von 100 × 200 cm zu messen. Von älteren Apparaten dieser Art sei der von Richter[1] genannt. Er besteht aus einer Trommel mit 120 Windungen aus dickem Kupferdraht, in welche vier ganze Tafeln auf einmal eingeschoben werden können. Durch die Trommelform ist der magnetische Kreis bis auf eine kleine Stoßfuge geschlossen, jedoch bedingt die Biegung des Bleches zu einem Zylinder eine nicht unerhebliche elastische Spannung und damit eine Veränderung der magnetischen Eigenschaften. Die Genauigkeit des Apparates ist daher nicht sehr groß; da zudem das Einbringen der Bleche erhebliche praktische Schwierigkeiten macht, so hat er eine allgemeine Verbreitung nicht gefunden.

Die Nachteile des Apparates von Richter sind beseitigt im Eisenprüfapparate von F. W. Wlasow[2], der gleichfalls die Messung an ganzen Tafeln gestattet, wobei jedoch die Bleche ungeschlossen, d. h. mit freien Enden untersucht werden. Die Konstruktion des Apparates ist denkbar einfach. Er besteht aus vier mit Holzbrettern verbundenen Rahmen mit 381 Windungen aus dickem Kupferdraht. Zwischen die Rahmen werden die zu untersuchenden Blechtafeln gebracht, was ohne Zwischenlage und ohne Zusammendrücken möglich ist. Mit einem etwas niedrigeren Genauigkeitsgrad können auch Blechtafeln von kleineren Abmessungen, wie 142,6 × 71,2 cm gemessen werden. Die Sekundärwicklung b mit 381 Windungen aus 0,5 mm starken isoliertem Kupferdraht besteht je nach den Abmessungen der Blechtafeln aus mehreren hintereinander geschalteten Teilen.

Grundsätzlich mißt der Wlasowsche Apparat wegen der freien Probeenden keine Werte der Verlustziffer, da diese Zahl ja definitionsgemäß in einem vollständig geschlossenen Kreis, d. h. bei überall glei-

Zahlentafel 12. Ergebnisse der Messungen mit dem Apparate von Wlasow im Vergleich zum Epsteinschen Apparat.

| $\mathfrak{B}$ in Kilogauß | Gesamtverluste in Watt pro Kilogramm | | | | | | | | | | | | | |
| | Epsteinscher Apparat | | | | | | | Wlasowscher Apparat | | | | | | |
	9	10	11	12	13	14	15	9	10	11	12	13	14	15
Probe-Nr.	Blechtafeln von 200 × 100 cm													
504	2,55	3,05	3,65	4,35	5,10	6,02	7,12	2,55	3,00	3,50	4,20	4,95	5,83	6,84
503	2,47	2,92	3,52	4,20	4,98	5,90	7,10	2,47	2,88	3,45	4,10	4,85	5,68	6,60
505	2,80	3,35	4,03	4,90	5,85	6,92	8,05	2,80	3,35	4,03	4,90	5,85	6,92	8,05
	Blechtafeln von 142,4 × 71,2 cm													
578	2,95	3,48	4,20	5,10	6,10	7,12	8,22	2,95	3,48	4,20	5,10	6,10	7,12	8,22
—	2,74	3,22	3,82	4,68	5,70	6,92	8,15	2,74	3,22	3,80	4,60	5,60	6,75	7,95
—	3,05	3,60	4,20	4,98	5,82	6,80	7,78	3,00	3,50	4,15	4,90	5,72	6,60	7,60

[1] ETZ **1902**, 491; **1903**, 341.   [2] Elektritschestwo (Russ.) **2**, 67 (1927).

cher Induktion bestimmt werden muß. Immerhin ist es — wegen der ziemlich gleichbleibenden Dimensionen der Bleche — möglich, zwischen den in diesem Apparat gemessenen Wattverlusten und der absoluten Verlustziffer eine empirische Beziehung festzulegen.

In Zahlentafel 12 sind die Ergebnisse der Vergleichsuntersuchungen gegenüber dem Epstein-Apparat an drei Blechproben von 200×100 cm und drei Proben von $142,4 \times 71,2$ cm wiedergegeben. Aus ihr geht deutlich hervor, daß die Genauigkeit der Messungen mit dem Wlasowschen Apparat für laufende Prüfungen im Betriebe durchaus genügt.

C. Spezielle Meßmethoden.

16. Aufnahme der Nullkurve, Bestimmung von Einzelwerten.

Die Aufnahme der Nullkurve bzw. der Kommutierungskurve der ferromagnetischen Stoffe wird für weniger genaue und technische Messungen nach denselben Verfahren vorgenommen, wie wir sie oben bei der Messung von Dauermagnetstählen besprochen haben, d. h. in einem Schlußjoch mit Hilfe des ballistischen Galvanometers oder nach einer Drehspulmethode (Köpsel-Apparat) (vgl. S. 29). Das Material gelangt dabei in Form von Stäben, bei Blechen als gebündelte Streifen zur Untersuchung, und man geht nicht von dem Maximalwert der Feldstärke, sondern von Null aus, magnetisiert die Probe schrittweise und bestimmt den zu jeder Feldänderung gehörigen Induktionsausschlag.

Für die Durchführung der Messungen sind folgende Gesichtspunkte zu beachten: Die Probe muß anfangs in völlig unmagnetischem Zustand vorliegen, da jeder Rest von Remanenz, der von früheren Magnetisierungsprozessen in dem Material zurückgeblieben ist, die aufgenommene Kurve gegenüber der wahren Nullkurve verlagert und die Permeabilität zu klein ausfallen läßt. Die Beseitigung dieser Vormagnetisierung (Entmagnetisierung) erfolgt dadurch, daß man die Probe einem Wechselfeld aussetzt, das man allmählich bis auf Null abnehmen läßt. Durch die immer kleiner werdenden Zyklen wird die Magnetisierung im Inneren des Stückes über alle Richtungen verteilt und der Zustand größter magnetischer Unordnung hergestellt. Der Höchstwert des dabei anzuwendenden Wechselfeldes soll höher liegen als die früher auf den Stab wirksamen Gleichfelder, das Minimum so tief wie möglich; ferner muß auch die Abnahme des Feldes ganz kontinuierlich erfolgen. Zu diesem Zweck empfiehlt sich die Benutzung eines sogenannten Entmagnetisierungsapparates, wie er von Gumlich[1] angegeben ist. Er besteht dem Prinzip nach aus einem Manteltransformator, dessen Sekundärspule aus dem Luftschlitz ganz langsam (etwa während ½ Min.) herausgezogen werden kann. Diese Sekundärspule ist mit der die Probe enthaltenden Feldspule verbunden und erzeugt während des Herausziehens ein kontinuierlich abnehmendes Feld.

Bei der Aufnahme der Nullkurve und auch der Schleife ergibt sich ferner ein Unterschied, je nachdem ob sie bei kontinuierlicher Feldänderung, d. h. in vielen kleinen Stufen oder in wenigen großen Sprüngen durchlaufen wird. Während sprungweise Änderungen im Sinne wachsender Feldstärken noch zulässig sind,

---

[1] Ann. Physik **34**, 235 (1911).

treten (insbesondere bei magnetisch weichen Materialien) bei Sprüngen von der Maximalinduktion abwärts wesentlich zu kleine Werte der Remanenz auf, die dann eine fehlerhafte Bestimmung der Koerzitivkraft bedingen.

Unter magnetischer Nachwirkung oder Viskosität versteht man die Tatsache, daß bei plötzlichem Einschalten des Feldes die Magnetisierung ihren Wert erst nach einer gewissen Zeit erreicht. Für die in der Relaistechnik gebrauchten Legierungen hat kürzlich H. Kühlewein[1] diesen Effekt in Abhängigkeit von der Blechdicke, dem elektrischen Widerstand und der Magnetisierungskurve untersucht. Als Ursache haben wir das Auftreten von Wirbelströmen und damit eine Abschirmung der innersten Teile der Probe zu sehen (vgl. S. 69). Ob es darüber hinaus eine wahre magnetische Nachwirkung gibt, muß noch dahingestellt sein.

Für genauere Messungen, insbesondere von magnetisch weichen Materialien, wird nun die Rückwirkung der Enden, die auch das beste Joch nicht ganz zu beseitigen vermag, eine erhebliche Fehlerquelle bedingen (vgl. S. 29), und man wird in diesen Fällen daher Methoden verwenden, bei denen eine Bestimmung der wahren Feldstärke möglich ist.

Die technisch bequemste Untersuchung dieser Art ist die ballistische Messung an einem Ring aus dem betreffenden Material, der bei kompakten Stücken durch Abdrehen, bei Blechen durch Ausstanzen und Zusammenpacken, bei Drähten durch Zusammenwickeln hergestellt wird und mit einer Primär- und einer Sekundärwicklung versehen ist.

Die zur Magnetisierung dienende Primärwicklung muß in jedem Fall gleichmäßig über den Ring verteilt sein, während die Lage der Sekundärwicklung ohne Bedeutung ist. Die Feldstärke ergibt sich aus dem Hopkinsonschen Gesetz zu

$$\mathfrak{H} = \frac{0,2\,N\,i}{r}\ \text{Oersted},$$

wenn N die Anzahl der Windungen, i die Stromstärke und r den mittleren Radius des Ringes bedeutet. Da wegen der verschiedenen Länge des magnetischen Weges Feldstärke und Induktion im Ring von innen nach außen abnehmen, so muß der Durchmesser des Ringes groß sein im Verhältnis[2] zur Ringbreite.

Gehen wir zu den Methoden über, bei denen eine direkte Messung der wahren Feldstärke erfolgt, so benutzen diese meist den Satz vom stetigen Übergang der Tangentialkomponente der magnetischen Feldstärke an der Probenfläche. Ihr Wert wird mit besonderen Spulen in der Umgebung der Probe ballistisch gemessen und auf die Oberfläche und damit das Innere des Stabes extrapoliert. Mit Hilfseinrichtungen dieser Art sind eine ganze Reihe von Jochmethoden zur Messung zylindrischer Stäbe versehen, so der Jochisthmus-Apparat von Gumlich[3] für hohe Induktionen und zur Bestimmung des Sättigungswertes,

---

[1] Physik. Z. **32**, 472 (1931).

[2] Nach Hughes [J. Inst. El. Engs. **65**, 932 (1927)] soll das Verhältnis mindestens 15:1 betragen. Eine Methode zur Messung an breiten Blechringen und zur Aufnahme hoher Induktionen hat kürzlich K. O. Lehmann [Arch. Elektrt. **26**, 1 (1930)] veröffentlicht.

[3] Arch. Elektrot. **2**, 465 (1914).

ferner etwa das Fahysche[1] Joch und schließlich die Meßanordnung von Gumlich und Rogowski zur Aufnahme der Kommutierungskurve von Epsteinbündeln (vgl. S. 71). Wie bei Besprechung dieser Methode vermerkt, eignet sich das Prinzip nicht für sehr niedrige Feldstärken.

Ein weiteres Verfahren zur Messung der wahren Feldstärke beruht auf der Anwendung des magnetischen Spannungsmessers von Rogowski und Steinhaus[2]. Ein solcher Spannungsmesser ist dem Prinzip nach eine flache und biegsame (etwa auf einem Zelluloidstreifen) gewickelte Spule von gleichmäßiger Windungszahl und gleichmäßigem Querschnitt, deren in der Spulenmitte befindlichen Drahtenden mit einem ballistischen Galvanometer verbunden sind. Entsteht oder vergeht ein magnetisches Feld, so wird in dieser Spule ein elektrischer Spannungsstoß induziert, dessen Größe proportional ist dem Linienintegral der magnetischen Feldstärke (magnetischen Spannung) $M = \int \mathfrak{H}\, ds$; zwischen zwei Punkten eines Feldes ist diese Spannung von der Gestalt des Weges unabhängig und beträgt 0 oder $0{,}4\,\pi N J$, je nachdem der Integrationsweg keine oder $N J$ AW umfaßt. Durch Aufsetzen eines solchen Spannungsmessers auf ein Stück Eisen, so daß die Anfangs- und Endwindungen der Eisenoberfläche unmittelbar aufliegen, läßt sich daher unmittelbar die in dem Material wirksame Feldänderung bzw. Feldstärke feststellen.

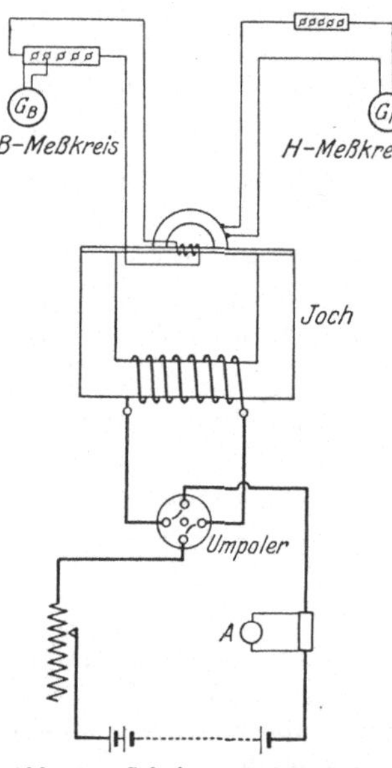

Abb. 54. Schaltung zum magnetischen Spannungsmesser.

Mit der Verwendung des magnetischen Spannungsmessers zur Eisenprüfung hat sich neuerdings eine ausführliche Arbeit von W. Wolman[3] befaßt. Die von ihm verwandte Anordnung ist aus Abb. 54 ohne weiteres zu ersehen. Als Magnetisierungsvorrichtung wird ein Joch benutzt, dessen einen Schenkel die Erregerwicklung trägt, während die zu untersuchenden Proben — hier Blechstreifen von etwa 20 cm Länge und etwa 2 bis 3 cm Breite, doch können natürlich auch Stäbe und andere Formen gemessen werden — oben in das Joch eingespannt werden. Diese Proben tragen als Induktionsmeßspule einige mit einem ballistischen Galvanometer verbundene Drahtwindungen (etwa 10 bis 25) und darüber aufgesetzt den

---

[1] Chem. and Metallurg. Engg. **19**, Nr 5 und 6 (1918).

[2] Arch. Elektrot. **1**, 141 (1912).

[3] Arch. Elektrot. **19**, 385—404 (1928). Vgl. auch H. Grieß u. H. Esser: Arch. Elektrot. **22**, 145—152 (1929), sowie das Permeameter von Y. Niwa: ETZ **1926**, 1461—62 auch L. u. P. Lombardi: Messung der lokalen Eisenverluste mittels eines Spannungsmessers. Arch. Elektrot. **21**, 449—57 (1929).

magnetischen Spannungsmesser, der ebenfalls mit einem ballistischen Galvanometer verbunden ist. Die Messung wird so ausgeführt, daß gleichzeitig der Feldstärken- und der dazugehörige Induktionsausschlag beobachtet werden. Bei der Aufnahme der Kommutierungskurve kann man auch mit einem Galvanometer auskommen, das mittels eines Umschalters einmal an den magnetischen Spannungsmesser, ein andermal an die Induktionsmeßspule gelegt wird.

Der Wolmansche Spannungsmesser, der in Abb. 55 auf einer Probe sitzend dargestellt ist, war nicht als biegsame Spule, sondern als starrer Körper von der Form eines Halbkreises ausgebildet, wobei die den aus Hartgummi ausgeführten Spulenkern umschließende Bewicklung aus 10 Lagen 0,1 mm starken emaillierten Kupferdrahts bestand. Die endgültigen Abmessungen waren die folgenden: Spannweite — 30 mm; Spulenbreite — 16 mm; mittlere Windungsfläche — 0,6 cm²; Windungszahl — 700 je Zentimeter Spulenlänge; die Empfindlichkeit betrug 0,116 AW/mm Ausschlag bei einem Skalenabstand von 1 m.

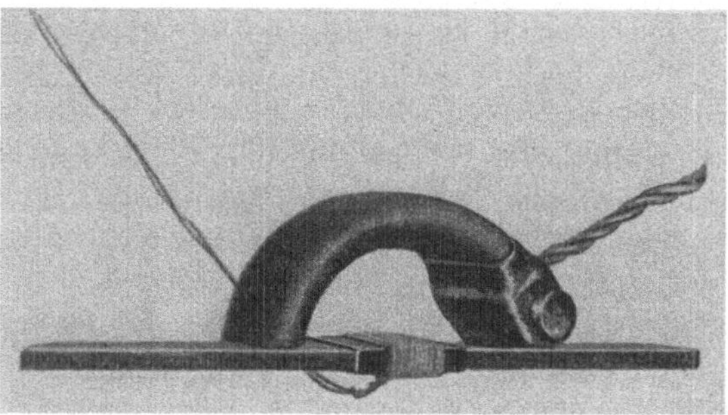

Abb. 55. Magnetischer Spannungsmesser.

Läßt sich der Werkstoff nicht in Form eines Ringes untersuchen, und dürfen auch Jochmethoden nicht angewendet werden (z. B. bei der Bestimmung der Anfangspermeabilität), so bleibt schließlich nur eine Untersuchung des Stückes bei freien Enden. Für die hier notwendige rechnerische Anbringung der Scherung ergeben sich drei Möglichkeiten, und zwar wird man entweder das Dimensionsverhältnis so wählen, daß die entmagnetisierende Wirkung der Enden vernachlässigt werden kann, oder man benutzt Probekörper, deren Entmagnetisierungsfaktor genau bekannt ist, oder man bestimmt schließlich den Entmagnetisierungsfaktor experimentell durch eine besondere Messung.

Der erste Fall ist praktisch immer erfüllt bei einem Dimensionsverhältnis 300 bis 500, d. h. bei Drähten von 30 bzw. 50 cm Länge und 1 mm Durchmesser. Wegen des geringen Querschnitts ist jedoch ein sehr empfindliches Galvanometer erforderlich.

Für den Fall zwei wird die Verwendung eines Ellipsoides für technische Betriebe wegen der Schwierigkeit der Herstellung wohl kaum in Betracht kommen. Als Ersatz für das Ellipsoid haben E. Maurer und F. Meißner[1] einen leicht

---

[1] Mitt. K.W. I. Eisenforsch. **3**, 23 (1922).

herstellbaren zylindrischen Stab vorgeschlagen, dessen Enden aus einem spitzen und einem stumpfen Kegel bestehen. Sowohl nach den Angaben der Autoren als nach den Messungen von H. Lange[1] kann dieser Kegelstab bei genauen magnetischen Messungen, insbesondere bei der Bestimmung der Anfangspermeabilität (s. u.) das Ellipsoid vollwertig ersetzen.

Die experimentelle Bestimmung des Entmagnetisierungsfaktors N für beliebig gestaltete Proben erfolgt nach W. Steinhaus durch Anfertigung eines dimensionsgleichen Modells aus weichem Eisen und Aufnahme der idealen Magnetisierungskurve (vgl. S. 11). Da die ideale Anfangspermeabilität des Eisens unendlich ist, so muß die gescherte Kurve also senkrecht aus dem Nullpunkt aufsteigen. Ein Auftragen der gemessenen Werte in Abhängigkeit von der äußeren Feldstärke ergibt daher die Neigung gegen die Ordinate, d. h. die Scherung und damit den Entmagetisierungsfaktor.

Ist die Aufgabe gestellt, an massiven Stücken, etwa an großen Gußblöcken oder an dem Eisengerüst einer Dynamomaschine die magnetischen Eigenschaften zu messen, so kann man nach Drysdale[2] häufig so vorgehen, daß man in das Stück mit einem Hohlfräser ein Loch ausbohrt, in dessen Mitte ein zylindrischer Zapfen stehen bleibt. In diesem Hohlraum findet eine kleine Hartgummirolle Platz, die den Zapfen umschließt und eine Magnetisierungs- und Induktionsspule trägt. Der Rest der Öffnung wird wieder mit einem genau passenden Eisenstück verschlossen, das zwischen dem Zapfen und dem übrigen Körper den magnetischen Schluß herstellt. Der Zapfen bildet dann gewissermaßen den Probestab, der Körper das dazugehörige Joch, und die magnetische Messung wird nach dem ballistischen Verfahren vorgenommen.

Ist ein solcher Kunstgriff nicht möglich, so muß eine direkte Messung der Induktion und wahren Feldstärke vorgenommen werden. Zu diesem Zwecke legt man um die Probe eine Primär- und eine Sekundärwicklung und bestimmt an letzterer mittels eines ballistischen Galvanometers die beim Erregen des Feldes in dem Material vorhandene Induktion. Die wahre Feldstärke ermittelt man nach dem Vorschlag von Denso[3] auf die Weise, daß man auf die Oberfläche des Stücks an streuungsfreier Stelle einige Flachspulen von bekannter Windungsfläche anbringt, die mit einem zweiten ballistischen Galvanometer verbunden sind. Die Methode ist somit im Prinzip die gleiche, wie sie von Gumlich und Rogowski im Epsteinapparat verwendet ist.

17. Analytische Darstellung der Magnetisierungskurve.

Es ist hier vielleicht am Platze, ganz kurz auf die im Laufe der Jahre gemachten Versuche hinzuweisen, den Verlauf der Magnetisierungskurve analytisch darzustellen. Einer solchen Darstellung, mit deren Hilfe es möglich wäre, das Verhalten der Werkstoffe durch einige wenige

---

[1] Mitt. K.W. I. Eisenforsch. 9, 387 (1929).
[2] Bull. Soc. Int. Electriciens 1902, 729.   [3] Dissertation Rostock.

Konstanten erschöpfend wiederzugeben, käme erhebliche praktische Bedeutung zu. Abgesehen von Einzelwerten und Teilabschnitten der Kurve, wie im Bereich geringer Feldstärken (vgl. S. 83), ist dieses Ziel jedoch bis heute nicht erreicht, und es erscheint auch, wie schon Gumlich bemerkt hat, wegen der vielfachen Ungleichmäßigkeiten der Proben, der Mannigfaltigkeit des Einflusses der thermischen und mechanischen Behandlung usw. vielleicht nicht möglich, einen so einfachen Ausdruck zu finden, daß sich seine ständige Benutzung für die Technik verlohne.

Dem Prinzip nach gibt es zwei Wege zur Erreichung einer analytischen Darstellung. Von ihnen geht der eine, deduktive, von modellmäßigen Vorstellungen über die im Inneren eines ferromagnetischen Materials sich abspielenden Vorgänge aus, die durch eine mathematische Behandlung erfaßt wird. Es ist dies der Weg, den die physikalischen Theorien[1] des Ferromagnetismus gewöhnlich einschlagen.

Der zweite, uns hier mehr interessierende Weg ist der induktive und rein formale. Er geht von der Tatsache aus, daß die Magnetisierungskurven aller technisch benutzten Werkstoffe wenigstens in großen Zügen denselben Charakter aufweisen. Prinzipiell erscheint es daher wohl möglich, durch geeignete Transformation der Maßstäbe der Abszisse und Ordinate (bzw. der $\mathfrak{H}$- und $\mathfrak{B}$-Werte) die verschiedenen Kurven ineinander überzuführen und diese Transformation als Grundlage für eine zahlenmäßige Formulierung zu verwenden.

Eine graphische Darstellung dieser Art hat vor einiger Zeit K. M. Kohler[2] im Anschluß an eine ältere Arbeit von Weber versucht. Er zeigte, daß man die Magnetisierungskurven der verschiedensten im Elektromaschinenbau gebrauchten Materialien, wie Dynamostahl, Gußeisen usw. nur so aufzutragen braucht, daß die Werte der Feldstärke $\mathfrak{H} = 15$ Oerstedt und der Induktion bzw. der Magnetisierungsintensität $4\pi J = 15000$ zusammenfallen, d. h. daß für die einzelnen Stoffe die Maßstäbe so gewählt werden, daß die verschiedenen $\mathfrak{H}_{15}$ und J_{15}-Werte als Einheiten gelten, um sodann eine weitgehende Deckung der Kurven zu erreichen.

Rein empirische Formeln für den Verlauf der Magnetisierungskurve sind in großer Zahl angegeben worden (Frölich, Lamont, Waltenhofen, Müller, Kapp, Fleming, Zickler u. a.). Die meisten von ihnen haben sich jedoch für die Praxis nicht gut bewährt, da sie entweder nur für gewisse Werte von $\mathfrak{B}$, also nicht für den ganzen Verlauf der Magnetisierungskurve gelten, oder aber eine zu geringe Genauigkeit zulassen bzw. eine zu schlechte Übereinstimmung aufweisen.

---

[1] Als zusammenfassende Darstellung vgl. Bericht des National Research Council, übersetzt von J. Würschmidt („Die Wissenschaft" **74** (1925)); Mc. Kechan: Reviews of modern Physics **2**, 477 (1930).

[2] El. u. Maschinenb. **47**, 1141 (1929).

Als Beispiel solcher Formeln diene die Gleichung von E. Müllendorf[1]

$$\mathfrak{B} = a \cdot e^{-\frac{\beta}{\mathfrak{H}^{\delta}}} + \mathfrak{H}, \tag{1}$$

$$\mathfrak{B} = a \left[1 - \frac{1}{(1 + b\,\mathfrak{H}^{m})^{n}} \right] + \mathfrak{H}. \tag{2}$$

Dabei bedeutet a die Sättigungsinduktion, während β und δ, bzw, b, m und n dem betreffenden Material eigentümliche Konstanten sind. Eine weitere ältere Gleichung ist diejenige von Kapp[2]

$$J = a\,\mathfrak{H}\,\frac{\operatorname{tg} \frac{1}{2}\,\pi\,u}{\frac{1}{2}\,\pi\,u},$$

in der u das Verhältnis der bei der Wirkung der Feldstärke $\mathfrak{H}$ im Eisen vorhandenen Kraftlinienzahl zu ihrem Maximum ist.

Die bekannteste und weitverbreitetste aller Näherungsgleichungen ist die Formel von Frölich[3]:

$$\mathfrak{B} = \frac{\mathfrak{H}}{a + b\,\mathfrak{H}}.$$

Sie weist jedoch, wenn man sie auf den Verlauf der ganzen Nullkurve anwenden will, ganz erhebliche Fehler auf und vermag die tatsächlichen Verhältnisse nur im Bereich der hohen Feldstärken darzustellen.

Wesentlich besser zu gelten scheint eine in der letzten Zeit von A. Köpsel[4] vorgeschlagene Umgestaltung der Frölichschen Gleichung, wobei statt $\mathfrak{B}$ der Ausdruck $\log \mathfrak{B}$ eingeführt wurde:

$$\log \mathfrak{B} = \frac{\mathfrak{H}}{a + b\,\mathfrak{H}}$$

oder

$$\mathfrak{B} = e^{\frac{\mathfrak{H}}{a + b\,\mathfrak{H}}}.$$

Wie Köpsel an einem Beispiel zeigte, kann mit Hilfe der umgeformten Gleichung nicht nur die Interpolation, sondern auch die Extrapolation mit erheblicher Genauigkeit durchgeführt werden. Eine Berechnung der Induktionen für $\mathfrak{H} = 20$, wenn die Konstanten a und b aus den für $\mathfrak{H} = 3$ und $\mathfrak{H} = 5$ gemessenen Induktionen entnommen waren, ergab z. B. für Gußeisen und Schmiedeeisen Abweichungen von den beobachteten Werten von nur 0,47% bzw. 1,1%, während für dieselben nach der Frölichschen Formel berechneten Induktionen sich Abweichungen von 34% bzw. 260% ergeben hätten. Die Köpselsche Formel gestattet außerdem noch den Wendepunkt der Nullkurve und den Verlauf der Per-

---

[1] ETZ **22**, 925 (1901); **23**, 25 (1902).　　　　[2] Electr. **18**, 21 (1886).

[3] Die Ableitung der Frölichschen Gleichung sowie über die Bedeutung der Konstanten a und b siehe unten, S. 15. Über eine Verbesserung dieser Gleichung für die Magnetisierungskurve in der Nähe der Sättigung siehe J. Am. Electr. Engs. **45**, 846 (1926); ETZ H. 3, 108 (1928). Vgl. auch Kennelly, A. E.: Trans. Inst. El. Engs. **8**, 485—517 (1891); Ball, J. D.: Gen. El. Rev. **16**, 750—54 (1913); J. Frankl. Inst. **181**, 459—504 (1916). Siehe auch: Scient. Pap. Bur. Stand. Nr. 404, 739—57.

[4] ETZ H. 37, 1361—63 (1928).

meabilitätskurve zu bestimmen, und zwar gilt für ersteren

$$\mathfrak{H} = \frac{a}{2\,b^2}\,(1 - 2\,b)\,.$$

Die Permeabilitätskurve wird durch die Gleichung gegeben:

$$\mu = \frac{\mathfrak{B}}{\mathfrak{H}} = \frac{e^{\frac{\mathfrak{H}}{a + b\,\mathfrak{H}}}}{\mathfrak{H}}\,,$$

und die Feldstärke der Maximalpermeabilität durch

$$\mathfrak{H}\,\mu_{\mathrm{max}} = \frac{a}{2\,b^2}\,(1 - 2\,b) \pm \sqrt{\frac{a^2\,(1 - 2\,b)^2}{4\,b^4} - a^2}\,.$$

18. Messungen bei schwachen Feldern.

Besonderes Interesse haben in den letzten Jahren die Eigenschaften der ferromagnetischen Stoffe bei sehr schwachen Feldstärken gewonnen. Das Verhalten der Materialien zeigt hier einige einfache Gesetzmäßigkeiten. Es sei versucht, diese Zusammenhänge vom physikalischen Standpunkt aus zu referieren.

In der Nähe des Punktes $\mathfrak{H} = 0$ ändert sich wegen des anfangs fast geradlinigen Anstiegs der Induktionskurve (vgl. S. 8) die Permeabilität μ in Abhängigkeit von der Feldstärke nur wenig, ihr Verlauf läßt sich daher für alle Stoffe angenähert durch eine Gerade und damit durch die Gleichung

$$\mu = \mu_0\,(1 + a\,\mathfrak{H})$$

darstellen, in der μ_0 die Anfangspermeabilität, $\mathfrak{H}$ die jeweilige Feldstärke und a (Anstiegfaktor) die Neigung der Kurve im Nullpunkt bedeutet. Diese Formel, die durch die Untersuchungen von Baur[1] und Lord Rayleigh[2] u. a. bekannt geworden ist, wird gewöhnlich als Rayleighsche Formel bezeichnet.

Der Gültigkeitsbereich der Rayleighschen Formel und auch die Größe der Konstanten μ_0

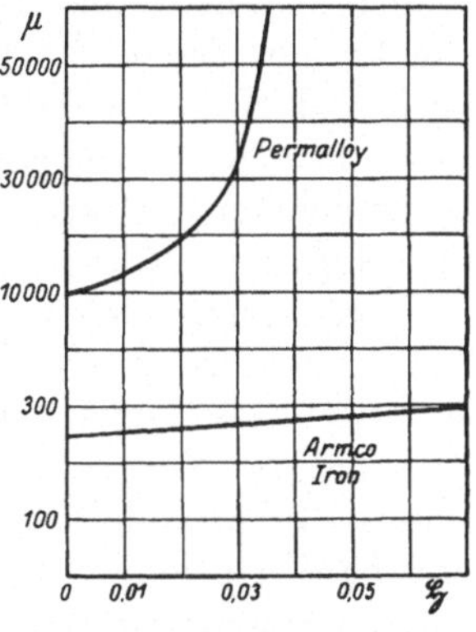

Abb. 56. Unterster Abschnitt der Permeabilitätskurven.

und a ist bei den verschiedenen Materialien sehr verschieden. Als Beispiel diene Abb. 56, die in schematischer Darstellung den untersten Abschnitt der Permeabilitätskurven von Armcoeisen und von der Nickel—Eisen-Legierung Permalloy darstellt. Man erkennt, daß die Anfangspermeabilität des Eisens nur etwa 250, die von Permalloy dagegen 10000 beträgt, daß ferner aber auch die Permeabilitätskurve des Permalloy sehr viel stärker ansteigt und bald eine erhebliche Krümmung

---

[1] Wied. Ann. **11**, 399 (1880).   [2] Phil. Mag. **23**, 225 (1887).

zeigt (Maßstab beachten!), so daß der Faktor a hier sehr viel größer ist als beim Armcoeisen, während umgekehrt der lineare Abschnitt der Kurve bedeutend verkürzt ist.

Von Wichtigkeit ist nun die Frage, wie die beiden Größen μ_0 und a, durch die das Verhalten der Stoffe bei kleinen Feldern im wesentlichen bestimmt ist, mit den übrigen Materialkonstanten zusammenhängen. E. Gumlich[1] hat hier als erster darauf hingewiesen, daß ein Werkstoff mit hoher Anfangspermeabilität μ_0 stets auch eine hohe Maximalpermeabilität und daher eine geringe Koerzitivkraft besitzen muß, und diese wechselseitige Beziehung ist dann auch weiterhin stets bestätigt worden. So besitzt beispielsweise gewöhnliches weiches Eisen (vgl. Abb. 56) entsprechend dem niedrigen Werte von μ_0 auch eine Koerzitivkraft von etwa 1 Oerstedt, Permalloy mit einer Anfangspermeabilität $\mu_0 \sim 10\,000$ dagegen Koerzitivkräfte von nur etwa 0,05 Oerstedt, während bei dem harten Stahl Koerzitivkräfte von etwa 60 Oerstedt und Anfangspermeabilitäten von etwa 20 bis 50 zusammengehören. Auch sonst gehen Koerzitivkraft und Anfangspermeabilität stets gegeneinander, wofür als Beispiel die Kaltverformung dienen mag, durch die die Koerzitivkraft herauf-, die Anfangspermeabilität stets herabgesetzt wird. Die Verknüpfung zwischen den beiden Werten ist jedoch, wie besonders betont werden mag, keine so enge, daß sie sich quantitativ in eine Formel fassen ließe (wie etwa Maximalpermeabilität und Koerzitivkraft, vgl. S, 13), sie läßt vielmehr einen ziemlich weiten Spielraum zu, wobei sich die einzelnen Materialien sehr verschieden verhalten.

In neuerer Zeit konnten dann Gumlich, Steinhaus, Kußmann und Scharnow[2] auch zwischen der Koerzitivkraft $\mathfrak{H}_c$ eines Materials und dem Anstiegsfaktor a der Rayleighschen Formel einen Zusammenhang aufstellen, der aus Zahlentafel 13 hervortritt. Letztere enthält eine Übersicht über ganz verschiedenartige Legierungen, an denen jedesmal die Koerzitivkraft, der Faktor a und die prozentische Änderung der Permeabilität bis $\mathfrak{H} = 0,1$ Oersted gemessen wurde; man erkennt daß die Werte von a (letzte Spalte) ungefähr in demselben Maß ansteigen, wie die Koerzitivkraft (erste Spalte) absinkt, so daß das Produkt aus beiden annähernd konstant bleibt. Ferner ist zu ersehen, daß bei kleiner Steigung, d. h. kleineren Werten von a die prozentische Änderung der Permeabilität μ gegenüber ihrem Anfangswert μ_0 nur gering ist, wogegen bei steilerem Anstieg die Kurve sich auch sehr rasch krümmt, so daß die Rayleighsche Beziehung dann nicht mehr gültig ist. Die Höhe der Koerzitivkraft gibt somit ein Kriterium für die Konstanz der Permeabilität in Abhängigkeit von der Feldstärke.

Die Verschiedenheit der einzelnen Materialien in bezug auf den Anstieg der Permeabilität bzw. die darin zum Ausdruck kommende ver-

---

[1] Ann. Physik **34**, 235 (1911).   [2] El. Nachr. Techn. **5**, 90 (1928).

Zahlentafel 13. Koerzitivkraft und Anstieg der Permeabilität bei kleinen Feldstärken.

Zusammen-setzung	Koerzi-tivkraft	Permeabilität bei							Faktor a
		$\mathfrak{H}=0$ (μ_0)	$\mathfrak{H}=0,01$	$\mathfrak{H}=0,02$	$\mathfrak{H}=0,03$	$\mathfrak{H}=0,05$	$\mathfrak{H}=0,07$	$\mathfrak{H}=0,10$	
			% Zunahme gegen μ_0						
75% Ni 25% Co	0,98	582	586 +0,5%	590 1,5%	594 2%	602 3,5%	611 5%	624 7,5%	0,7
50% Ni 50% Fe	0,55	2350	2380 +1,5%	2420 3%	2460 4,5%	2540 8,0%	2615 11,5%	2780 18,5%	1,5
72% Ni 20% Fe 4% Co 4% Mn	0,33	3600	3670 +2%	3740 4%	3810 6%	3945 9,5%	4080 13,5%	4285 19%	2,0
75% Ni 21% Fe 2% Co 2% Mn	0,20	6300	6420 +2%	6560 4%	6710 6,5%	7060 12%	7550 20%	8920 41,5%	2,3
78% Ni 13% Fe 3% Co 6% Mn	0,12	5420	5675 +4,5%	5975 10%	6310 16,5%	7150 32%	8500 57%	11500 103%	4,5
78% Ni 16% Fe 2% Co 4% Mn	0,09	8790	9300 +6%	9950 13%	10950 24,5%	14500 65%	—	—	6,0

schiedene Krümmung der Induktionskurven führt nun zu einem auf den ersten Blick überraschenden Ergebnis, wenn man den Hystereseverlust im Bereich kleiner Feldstärken betrachtet und die Verluste dabei, wie es in der Fernmeldetechnik üblich, nicht auf gleiche Induktionen, sondern auf gleiche Feldstärken bezieht. Die schematische Abb. 57 sucht diesen Zusammenhang zu verdeutlichen. Ist nämlich die Permeablität über ein relativ großes Feldstärkengebiet konstant, d. h. ist die Nullkurve annähernd eine Gerade (vgl. Abb. 57b), so schrumpft auch die dazu gehörige Hystereseschleife zu einer Geraden zusammen, während einer stark gekrümmten Nullkurve eine Hystereseschleife von beträchtlichem Flächeninhalt zugehört (Abb. 57a).

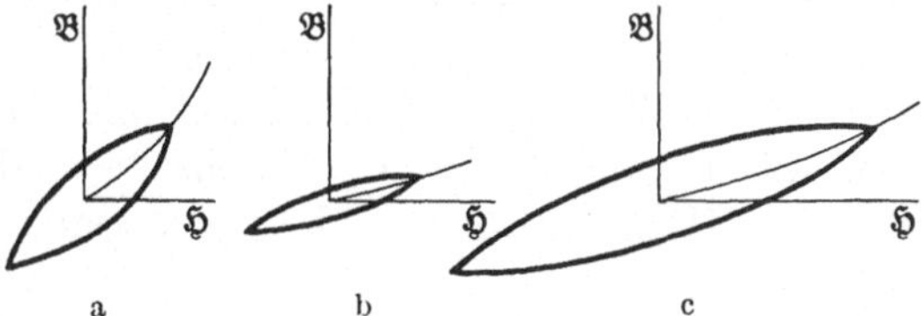

Abb. 57. Hystereseverlust im Bereich der Anfangspermeabilität.

Je kleiner also der Anstiegfaktor a, d. h. je besser die Konstanz der Permeabilität ist, desto geringer ist auch der Hystereseverlust, und zwar gilt nach Jordan für die Verluste in Abhängigkeit von der Feldstärke

$$V = \frac{\mu_0\, a\, \mathfrak{H}^3}{3\,\pi}.$$

Aus diesem Grunde wird die Größe a auch als Hysteresekonstante bezeichnet. Nach obigem ist jetzt aber der Anstieg der Permeabilität in Abhängigkeit von der Feldstärke erfahrungsgemäß um so geringer, je größer die Koerzitivkraft ist, und so weisen also Werkstoffe mit großer Koerzitivkraft, die in der Starkstromtechnik als magnetisch hart bezeichnet werden, bei Magnetisierung in kleinen Feldstärken einen viel geringeren Hystereseverlust auf als magnetisch weiche Materialien — vorausgesetzt, daß man die Zyklen nicht auf die gleiche Induktion (Abb. 57c), sondern auf gleiche Feldstärken bezieht.

In einer grundlegenden Arbeit, die sich weiterhin mit den Eigenschaften der ferromagnetischen Körper bei schwacher Wechselstrommagnetisierung befaßte, konnte dann H. Jordan[1] nachweisen, daß sich auch die Gesamtverluste im Bereich der Anfangspermeabilität nicht völlig in Hystereseverlust und Wirbelstromverlust aufteilen lassen, sondern daß ein Restglied übrig bleibt, das linear mit der Frequenz ansteigt und unabhängig von der Amplitude ist. Dieser Anteil, dessen Größe bei den verschiedenen Werkstoffen sehr verschieden, dessen Existenz jedoch außer Zweifel steht, wurde von Jordan als Nachwirkungsverlust bezeichnet und in Anlehnung an eine formale Theorie von Wiechert daher als wahre magnetische Nachwirkung gedeutet. Da das Vorhandensein dieses Effektes jedoch sehr umstritten ist (vgl. S. 77), so ist diese Deutung fraglich. Eine Erklärung auf Grund des Barkhauseneffektes hat neuerlich M. Keehan[2] versucht.

Zur Messung der Eigenschaften der Stoffe im Bereich schwacher Feldstärken und insbesondere der Anfangspermeabilität können sowohl Gleich- als auch Wechselstrommethoden benutzt werden, und zwar wird zu diesem Zwecke die Induktion für eine Reihe niedriger Feldstärken gemessen und die daraus erhaltenen Werte der Permeabilität auf $H = 0$ extrapoliert. Für Werkstoffe mit einer Anfangspermeabilität bis 500 wird man dabei mit der Festlegung einiger Punkte zwischen $H = 0,01$ und 0,1 Oersted auskommen, während für hochpermeable Legierungen etwa 10- bis 100mal kleinere Felder erforderlich sind. Hinsichtlich der Methodik sind dabei folgende Punkte zu beachten.

1. Daß bei der Messung kein anderes Material als das zu untersuchende sich in dem magnetischen Kreis befindet. Die Benutzung irgendeiner Jochmethode ist daher ausgeschlossen.

2. Daß die zu untersuchende Probe während der Messung und auch während der vorangehenden Entmagnetisierung vor Fremdfeldern sorgfältig geschützt wird.

Für Gleichstrommessungen ist am einfachsten durchzuführen die ballistische Untersuchung am geschlossenen Ring (vgl. S. 77). Gumlich und Rogowski[3] haben eine Methode ausgearbeitet, bei der zylindrische Stäbe vom Dimensionsverhältnis (Länge zu Durchmesser) von 55 verwendet werden können, deren Ausschläge auf die eines dimensions-

---

[1] ENT. 1, H. 1, S. 7 (1924).   [2] Physic. Rev. **37**, 1015 (1931).

[3] Ann. Physik **34**, 235 (1911).

gleichen Rotationsellipsoids reduziert werden. Messung am Kegelstab (abgekürztes Ellipsoid von Maurer und Meissner) vgl. H. Lange[1].

Bei den Wechselstrommethoden[2] wird in der Fernmeldetechnik meist an ringförmigen Proben (aus Draht oder Band gewickelt) mittels einer mit tonfrequentem Wechselstrom betriebenen Meßbrücke eine Bestimmung der Induktivität L und damit der Permeabilität und des Verlustwiderstandes (Hysterese + Wirbelstrom + Nachwirkungsverlust) vorgenommen.

Die Verlustkonstanten ergeben sich durch eine Messung bei verschiedenen Stromstärken und Frequenzen, und zwar gilt dabei für die
Selbstinduktivität L (Henry) $= F\mu_0 (1 + \alpha H)$ und den

$$\text{Verlustwinkel } \frac{\Delta r}{\omega L} = \omega k \mu_0 (1 + \alpha H) + \frac{4\alpha}{3\pi} \frac{H}{1 + \alpha H} + p,$$

wenn

Δr den Widerstandszuwachs in Ohm,

ω die Kreisfrequenz,

H die Feldstärke in dem Ring,

F eine von den Dimensionen des Ringes abhängige Konstante,

μ_0 die Anfangspermeabilität,

α die Hysteresekonstante (Anstiegfaktor, s. S. 83),

k die Wirbelstromkonstante und

p die Nachwirkungskonstante

bedeuten.

Die Wahl der Brückenanordnung richtet sich nach der Menge und der Art des zur Verfügung stehenden Materials. Gewöhnlich wird eine einfache Schaltung nach Giebe benutzt, bei sehr kleinen Proben auch eine Brückenanordnung nach Maxwell, bei der die Selbstinduktion mit einer Kapazität verglichen wird. Eine Meßbrücke, die zur gleichzeitigen Überlagerung starker Gleich- oder Wechselfelder verschiedener Frequenz („Flattereffekt") geeignet ist, ist von R. Goldschmidt[3] beschrieben worden. Als Primärstrom zum Erregen des Feldes kann gewöhnlich ein durch den Ring gesteckter Draht verwendet werden.

Besonders in Amerika viel benutzt wird ein Permeameter von Kelsall, dessen Prinzip in Abb. 58 wiedergegeben ist: Um den Transformator P ist eine einzige Sekundärwicklung KS gelegt. Wird diese Schleife durch den Schalter S geschlossen, so entsteht ein starker Kurzschlußstrom, der rückwirkend die Induktivität der Primärwicklung, die wie oben durch eine Brücke M gemessen wird. Der zu untersuchende Ring wird in die Schleife eingebracht und aus drei Bestimmungen (Leerlauf, Kurzschluß und Kurzschluß mit Prüf-

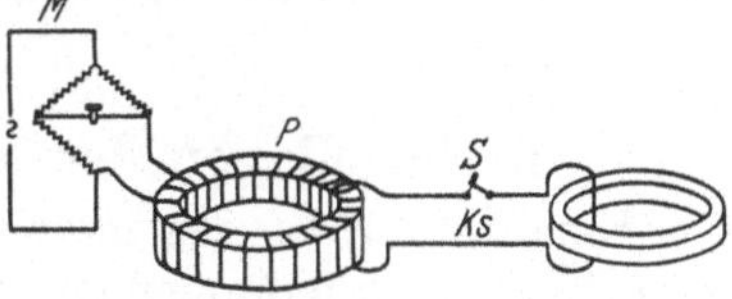

Abb. 58. Permeameter nach Kelsall.

ring) läßt sich die Permeabilität des Materials ermitteln. In der praktischen Ausführung ist die Kurzschlußwindung KS als eine ringförmige Kupferbüchse ausgebildet, in deren Boden der Transformator P untergebracht ist, während der Prüfring in eine Nute zwischen dem Boden und abhebbaren Deckel der Büchse eingelegt wird, so daß das Bewickeln der Probe vermieden wird.

[1] Mitt. Eisenforsch. **11**, 387 (1929).

[2] Vgl. als zus. Bericht Vogel, W.: Physik. Z. **27**, 544 (1926).

[3] Z. techn. Physik **11**, 9 (1930).

Eine bequeme Methode zur absoluten Messung der Anfangspermeabilität von Drähten hat W. Steinhaus[1] ausgearbeitet. Als Proben dienen Drähte von 1 mm Durchmesser und 50 cm Länge, als Stromquelle eine Wechselstrommaschine mit 25 Per/sec und als Nullinstrument ein Vibrationsgalvanometer. Die von der Probe in der Sekundärspule induzierte elektromotorische Kraft wird durch Gegenschalten einer veränderlichen EMK, die von einem Regulierwiderstand abgezweigt ist, kompensiert.

Schließlich ist noch zu erwähnen die von Steinhaus und E. Schön[2] entwickelte Differentialmethode zur Messung der Anfangspermeabilität von Blechen. Das Prinzip der Anordnung ist ähnlich dem Differentialeisenprüfer von Lonkhuyzen (vgl. S. 72), die Messung geschieht bei 50 Per/sec in zwei hintereinander geschalteten Spulen, von denen die eine die Normalprobe von bekannter Permeabilität, die andere die zu untersuchende Probe enthält. Die beiden Sekundärspulen sind über zwei Regelwiderstände an ein Vibrationsgalvanometer als Nullinstrument gelegt. Als Proben dienen 1 kg schwere Blechbündel.

IV. Einfluß der chemischen Zusammensetzung und der Zustandsbedingungen auf die magnetischen Eigenschaften.

Ferromagnetismus findet sich nur bei metallischen Stoffen im festen Aggregatzustande unterhalb einer bestimmten Temperatur, und es gibt keinerlei ferromagnetische Flüssigkeiten[3] oder Gase. Der Ferromagnetismus und alle seine Erscheinungen stehen somit im engsten Zusammenhang mit dem metallischen Zustand der Materie. Um die uns hier interessierenden speziellen Fragen richtig übersehen zu können, seien daher zunächst die Grundlagen[4] der Metall- und Legierungskunde kurz besprochen.

1. Grundlagen der Metall- und Legierungskunde.

Eine Definition des metallischen Zustandes ergibt sich durch die den Metallen zukommenden Eigenschaften, wie die hohe elektrische

---

[1] Z. techn. Physik 7, 492 (1926).   [2] Tätigkeitsbericht der P. T. R. 1930.

[3] Eine scheinbare Ausnahme bilden die ferromagnetischen Eisen-, Nickel- und Kobaltamalgame, doch handelt es sich bei ihnen nicht um eigentliche Legierungen, sondern um hochdisperse Auflösungen von Fe- bzw. Ni- und Co-Teilchen in Hg. Vgl. E. Palmaer: Z. Elektrochemie 38, 70 (1932).

[4] Genauer siehe z. B. Tammann: Lehrbuch der Metallographie. Oberhoffer: Das technische Eisen. Mars: Die Spezialstähle. Goerens: Einführung in die Metallographie. Czochralski: Moderne Metallkunde in Theorie und Praxis. Urquhart: Steel Thermal Treatment. Sauveur: Metallographie and Heat Treatment of Iron and Steel. Sauerwald: Lehrbuch der Metallkunde u. a.

Leitfähigkeit, den metallischen Glanz, die Festigkeit und insbesondere den kristallinen Aufbau.

Diesem Aufbau nach besteht zunächst ein **reines Metall** im festen Zustand, wenn es nicht infolge besonderer Bedingungen zu einem einzigen Kristall zusammengewachsen ist, aus einem Haufwerk vieler kleiner Kristalle von wechselnder Größe (etwa 0,01 bis 1 mm), die wegen ihrer unregelmäßigen Begrenzungsflächen als Kristallite bezeichnet werden und durch die Betrachtung der polierten und geätzten Metallfläche im Schliffbild deutlich zu erkennen sind. Die Begrenzungen der Kristallite werden Korngrenzen genannt. In jedem Kristall haben wir uns die einzelnen Atome, aus denen das Metall zusammengesetzt ist, in Form von Raumgittern vollkommen regelmäßig angeordnet zu denken, während die Orientierung des Raumgitters von Kristallit zu Kristallit wechselt. Die bei den ferromagnetischen Metallen und Legierungen hauptsächlich vorkommenden Raumgittertypen sind einmal das kubisch raumzentrierte Gitter, in dem 8 Atome die Ecken eines Elementarwürfels besetzen und das 9. in der Mitte angeordnet ist (α-Eisen), dann das kubisch flächenzentrierte Gitter (γ-Eisen, -Nickel, β-Kobalt), in dem insgesamt 14 Atome in den Ecken und in der Mitte der Seitenflächen sitzen, und schließlich das hexagonale Gitter dichtester Kugelpackung (α-Kobalt).

Ein einzelner Kristall weist in den verschiedenen Richtungen nicht die gleichen physikalischen Eigenschaften auf, sondern ist „anisotrop". Die mannigfaltigsten experimentellen Untersuchungen der letzten Jahre haben gezeigt, daß dies auch für das magnetische Verhalten zutrifft, wobei insbesondere der Anstieg der Nullkurve, d. h. die Permeabilität, in den verschiedenen Achsenrichtungen ganz verschieden ist. Aus diesem Grunde sind auch die an einem kompakten Stück gemessenen Zahlen keine eigentlichen Konstanten, sondern nur Mittelwerte über die Verteilung der verschiedenen Achsenrichtungen im Inneren der Probe. Bei hinreichender Zahl der Kristallite kann jedoch ein reines Metall als annähernd homogen und quasiisotrop angesehen werden. Über die Einzelheiten wird weiter unten noch mehrfach gesprochen werden.

Unter einer Legierung versteht man ganz allgemein einen aus mehreren Metallen oder Metallen und Metalloiden in beliebiger Zahl und Konzentration (Mischungsverhältnis) zusammengesetzten Stoff von metallischem Charakter. Gemäß ihrer Zusammensetzung werden die Legierungen eingeteilt in binäre, ternäre usw. (komplexe) Legierungen, je nachdem ob sie aus zwei, drei oder einer größeren Anzahl von Grundstoffen (Komponenten) bestehen. Die sämtlichen Legierungen, die eine bestimmte Gruppe von Grundstoffen bilden kann, wird als das System dieser Grundstoffe, die Systeme wieder je nach der Zahl der Grundstoffe als Einstoff-, Zweistoff-, Dreistoffsysteme usw. bezeichnet.

Vom Standpunkt der Metallkunde aus genügt es nun nicht, die Legierungen nach ihrer chemischen Zusammensetzung allein zu betrachten, da die letztere nur Auskunft über die Zahl der Komponenten und deren

Mischungsverhältnis gibt, nicht aber über die Form und Anordnung der Komponenten und über die Zustände, in denen die Legierung bei verschiedenen Bedingungen vorhanden ist. Wir haben vielmehr gemäß der Vorstellungen der Thermodynamik als einen weiteren Begriff denjenigen der Phase einzuführen, unter dem man einen Teil des Systems versteht, der physikalisch homogen, d. h. in den kleinsten sichtbaren Teilen gleichartig ist. Als strenges Kennzeichen einer Phase wird definiert, daß sich beim Übergang von einer Phase zur anderen die sämtlichen physikalischen Eigenschaften immer unstetig (sprungweise) ändern.

Zwischen der Zahl der Komponenten eines Systems, der jeweiligen Zahl der Phasen und den Zustandsvariablen (Druck, Temperatur, Konzentration) besteht für alle Aggregatzustände eine bestimmte Beziehung, die sogenannte Phasenregel von J. W. Gibbs, die folgendermaßen geschrieben wird:

$$L = n - m + 2.$$

Hier ist n — die Zahl der das System bildenden Komponenten; m — die Zahl der Phasen und L — der Freiheitsgrad, der die Zahl der Variablen angibt, die beliebig verändert werden können, ohne daß eine neue Phase im System auftritt oder eine der vorhandenen verschwindet. Für ein metallisches System, wo der Druck als konstant angenommen werden kann und außerdem die Dampfphase außer Betracht bleibt, vereinfacht sich die Gleichung in

$$L = n - m + 1.$$

Schon ein reines Metall kann im festen Zustand in Abhängigkeit von der Temperatur in mehreren Phasen vorkommen (Allotropie), die im Sprachgebrauch auch als Modifikationen bezeichnet werden. Die Temperaturen, die die Stabilitätsbereiche der einzelnen Phasen begrenzen, bei denen also die eine Modifikationen des Metalls in die andere übergeht, werden Umwandlungspunkte oder auch kritische Punkte (kritische Temperaturen) genannt.

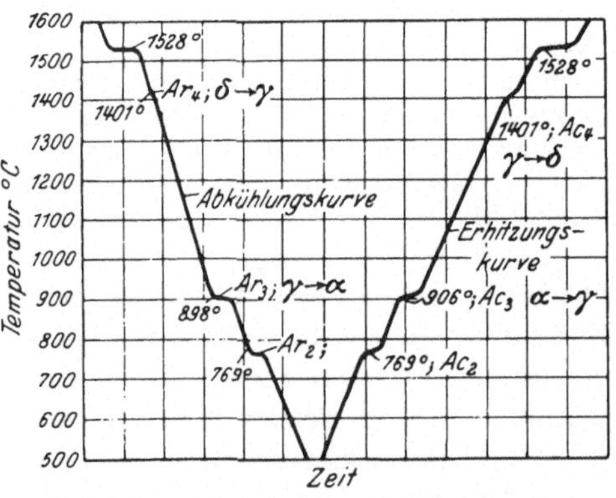

Abb. 59. Erhitzungs- und Abkühlungskurve von reinem Eisen.

Zur Bestimmung der auftretenden Phasenänderungen eines Metalls oder einer Legierung wird wegen der experimentellen Einfachheit gewöhnlich die Messung des Wärmeinhalts benutzt[1], die durch Aufnahme einer Erhitzungs- oder Abkühlungskurve erhalten wird. Eine solche Kurve, in der in der Abszissenachse die Zeit und in der Ordinatenachse die zugehörigen jeweiligen Temperaturen

---

[1] An Stelle des Wärmeinhalts kann natürlich jede andere physikalische Eigenschaft (elektrischer Widerstand, Thermokraft, Ausdehnung u. a.) Verwendung finden.

des untersuchenden Körpers angegeben ist, ist in Abb. 59 für reines Eisen schematisch dargestellt. In Abb. 60 ist ferner die Erhitzungs- und Abkühlungskurve eines Molybdänmagnetstahls, welche mit Hilfe des Saladinapparates aufgenommen wurde, gezeigt. Für sie ist in der Abszissenachse die Temperatur des untersuchenden Stahlkörpers, und in der Ordinatenachse die Temperaturdifferenz gegenüber einem Vergleichskörper, der innerhalb des betrachteten Temperaturintervalls keine Umwandlungspunkte besitzt, aufgenommen.

Auf den Kurven der Abb. 59 erkennt man deutlich eine Reihe von Unstetigkeitspunkten bei den Temperaturen 1401°, 906° und 768°, die den Umwandlungen des reinen Eisens entsprechen. Sie werden mit den Buchstaben A_4 bis A_2 bezeichnet, dem der Index c beigefügt wird, wenn es sich um eine Erhitzung, und r, wenn es sich um eine Abkühlung gehandelt hat. Ferner ist zu ersehen (Abb. 60), daß einige Umwandlungspunkte bei der Abkühlung nicht an denselben Stellen liegen wie bei der Erhitzung, sondern niedriger. Diese Differenz $A_c - A_r$ wird als Hysteresis bezeichnet. Sie hängt unter sonst gleichen Verhältnissen von der Abkühlungsgeschwindigkeit ab, und zwar ist sie um so größer, je größer die Abkühlungsgeschwindigkeit ist. Bei sehr großen Geschwindigkeiten können bestimmte Umwandlungspunkte sogar bis zu unterhalb der Zimmertemperatur herabgedrückt werden, d. h. können sie bei einer solchen Abkühlung völlig ausbleiben. Außer der Abkühlungsge-

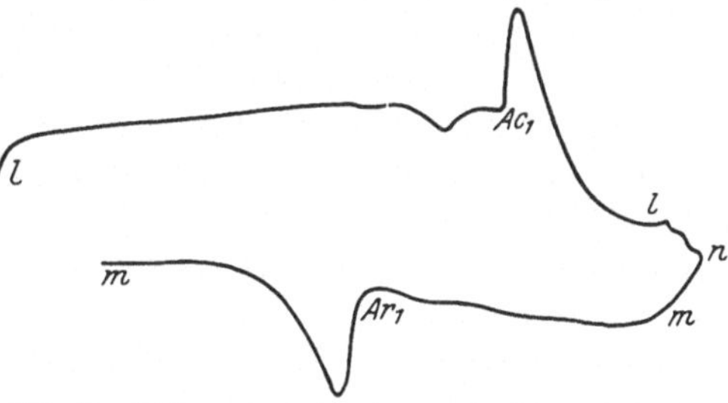

Abb. 60. Differenzkurven eines Molybdänstahls mit 2,18% Mo und 0,96% C.

schwindigkeit haben auch die Legierungselemente gewöhnlich starken Einfluß auf die thermische Hysterese.

Für die Phasengestaltung einer Legierungsreihe in Abhängigkeit von der Konzentration haben wir als wichtigsten Fall das Vorkommen zweier Komponenten in einer Phase zu betrachten. Es können sich zunächst zwei Metalle im geschmolzenen Zustand so ineinander lösen, wie sich Salz in Wasser löst; sie stellen dann im obigen Sinn ebenfalls einen homogenen Körper bzw. eine einzige Phase dar. Diese Lösung kann bei den Metallen auch nach dem Erstarren im festen Zustande erhalten bleiben; man bezeichnet sie als die **feste Lösung** oder einen **Mischkristall**. Unter einer **chemischen Verbindung** versteht man dann ferner, wie bekannt, das Zusammentreten zweier Metalle nur in einem bestimmten Mengenverhältnis.

Vom atomaren Standpunkt hat man sich einen Mischkristall[1] so vorzustellen, daß die Fremdatome in den Raumgitterverband des Grundmetalls ein-

---

[1] Eine Unterscheidung der Mischkristalle in zwei Gruppen ergibt sich noch dadurch, daß die neue Atomart entweder im einfachen Austausch mit den alten Atomen gewöhnliche Gitterpunkte besetzen kann (Substitutionsmischkristall) oder sich in Zwischenräume und Lücken des Gitters, die vorher nicht besetzt waren, einlagert (Einlagerungsmischkristall). Der letzte Fall ist außerordentlich selten, doch ist er beispielsweise sicher festgestellt für die Lösung des Kohlenstoffs im γ-Eisen.

treten, wobei sie statistisch verteilt sind, d. h. beliebige Plätze einnehmen, während einer chemischen Verbindung eine regelmäßige, sich von Elementarzelle zu Elementarzelle wiederholende Anordnung entspricht.

In den letzten Jahren hat man zwischen diesen beiden Extremfällen des Mischkristalls und der chemischen Verbindung Übergangserscheinungen gefunden, indem an Stellen ausgezeichneter stöchiometrischer Verhältnisse sich auch in manchen Mischkristallreihen durch eine langdauernde Wärmebehandlung eine regelmäßige Atomverteilung ausbildet (Überstrukturumwandlung), die sich durch besondere physikalische Eigenschaften kennzeichnet, jedoch nur unterhalb einer bestimmten Temperatur beständig ist und nichts als eine echte chemische Verbindung angesprochen werden kann. Durch ein Glühen bei hohen Temperaturen und nachfolgendes Abschrecken wird der statistische Zustand wiederhergestellt, und die anomalen Eigenschaften sind verschwunden. Einige Beispiele für solche Umwandlungen werden später angeführt.

Im Gegensatz zur Lösung und der chemischen Verbindung steht der Fall der Unlöslichkeit, indem die beiden Metalle sich im geschmolzenen Zustande nicht untereinander mischen (wie Öl und Wasser) oder aber, daß sie zwar im flüssigen, aber nicht im festen Zustand ineinander löslich sind. Aus der Schmelze scheiden sich dann zwei Phasen ab, die Legierung besteht aus zwei verschiedenen Kristallarten.

Es ergeben sich also für ein System aus zwei Komponenten folgende Grundmöglichkeiten der Phasengestaltung:

a) Die Komponenten mischen sich in jedem Mengenverhältnis, d. h. sie bilden eine ununterbrochene Reihe einphasiger Mischungen. Alle Legierungen sind dann homogen, im Schliffbild ist ähnlich wie bei dem reinen Metall stets nur eine einzige Kristallart zu erkennen, deren Zusammensetzung sich mit der Konzentration ändert (Mischkristalle, s. o.).

b) Die Komponenten mischen sich nicht, sondern sie bilden ein mechanisches Gemenge, in dem stets zwei verschiedene Kristallarten von gleichbleibender Konzentration, aber wechselndem Mengenverhältnis nebeneinander auftreten (heterogenes Gemenge).

c) Die Komponenten vereinigen sich nur in einem ganz bestimmten Mengenverhältnis (chem. Verbindung), die im Gefüge der Ausgangsmetalle dann ebenfalls als eine singuläre Kristallart erscheint.

Die wirklich vorkommenden Zustandsformen bilden sich aus diesen Grundtypen durch Aneinanderlagerung und Kombination. So erstreckt sich die Mischbarkeit gewöhnlich nicht über das ganze System, sondern ist begrenzt. Diese Konzentrations- und Temperaturgebiete, in denen die Löslichkeit unvollständig ist, werden Mischungslücken genannt. In ihnen bildet die Legierung wieder ein heterogenes Gemenge aus den beiden Kristallarten, die den Anfang und das Ende der Mischungslücke bilden. Ferner spielen die intermetallischen Verbindungen dieselbe Rolle wie die reinen Metalle, d. h. sie bilden sowohl mit dem reinen Metall als auch untereinander wieder feste Lösungen oder heterogene Gemenge.

Entsprechend der Homogenität oder der Heterogenität einer Legierung unterscheiden sich auch die physikalischen Eigenschaften. So sind in einer Legierung, deren Gefüge heterogen ist, die meisten Eigenschaften (z. B. spezifischer elektrischer Widerstand, thermischer Ausdehnungskoeffizient, mechanische Härte u. a.) gewöhnlich jeweils das Mittel aus den Eigenschaften der Kristallarten, die das Gemenge bilden. Der Verlauf dieser Eigenschaften in Abhängigkeit von der Konzentration aufgetragen gibt daher annähernd eine gerade Linie. Vollkommen anders liegen die Verhältnisse dagegen in den homogenen Phasen (Mischkristallen). Hier wird insbesondere für den spezifischen elektrischen Widerstand, die mechanische Härte u. a. der Wert des reinen Metalls durch den in Lösung gehenden Zusatz stark erhöht. In einem binären System ununterbrochener Löslichkeit zeigt sich daher eine gekrümmte Kurve mit einem Maximum, das bei gleicher Atomkonzentration der Komponenten liegt. Das Vorhandensein einer intermetallischen Verbindung äußert sich gewöhnlich durch das Auftreten von Spitzen oder durch singuläre Punkte in den Eigenschafts-Konzentrationskurven.

Die Gesamtheit der Umwandlungstemperaturen bzw. die Grenzen der Phasenbereiche der Legierungen eines Systems ergeben das Zustandsdiagramm des betreffenden Systems. In ihm sind in der Abszissenachse die Konzentrationen und in der Ordinate die Temperatur der Umwandlungen bzw. die sämtlichen Energieveränderungen vom flüssigen Zustande bis zur Raumtemperatur eingetragen. Die Linien dieses Diagramms begrenzen dann auch die Gebiete, innerhalb deren die betreffenden Legierungen ein bestimmtes Gefüge besitzen, und aus der Betrachtung des Diagramms kann die Kristallstruktur ohne weiteres abgelesen werden.

Als Beispiel eines solchen Diagramms sei im folgenden dasjenige des Systems Eisen-Kohlenstoff näher besprochen.

Zustandsdiagramm Eisen-Kohlenstoff. Das Zustandsschaubild des Systems Eisen-Kohlenstoff, das entsprechend der technischen Verwendung der Eisen-Kohlenstoff-Legierungen bis höchstens 6% C gewöhnlich nur als Teildiagramm dargestellt wird, ist eines der wichtigsten, zugleich aber auch der kompliziertesten Diagramme. Es ist in Abb. 61 nach den neuesten Forschungsergebnissen[1] wiedergegeben.

Auf der linken Seite des Diagramms finden wir das reine Eisen, wobei die Schnittpunkte der Diagrammlinien mit der Temperaturachse den Umwandlungspunkten des Eisens (vgl. Abb. 59) entsprechen. Es bedeutet:

$1528°$ — Übergang des Eisens vom flüssigen in den festen Zustand bzw. Schmelzpunkt des reinen Eisens.

$1401°$ — Umwandlung des δ-Eisens in γ-Eisen. Punkt A_4.

$906°$ — Umwandlung des γ-Eisens in α-Eisen. Umwandlungspunkt A_3.

$768°$ — Übergang des α-Eisens vom unmagnetischen in den magnetischen Zustand. Punkt A_2.

---

[1] Ber. Nr. 42 d. Werkst.-Aussch. d. V. d. Eisenh., Stahleisen **12**, 427—34 (1925). Über die in dem Diagramm nicht berücksichtigte Löslichkeit von C im α-Eisen siehe Abb. 64.

Die A_4- und die A_3-Umwandlungen des Eisens sind von einer merklich diskontinuierlichen Änderung aller physikalischen Eigenschaften begleitet und deshalb im Sinne der Phasenlehre ohne weiteres als allotrope Umwandlung anzusprechen. Bei A_3 geht das unterhalb dieser Temperatur beständige Gitter des α-Eisens mit einer kubisch raumzentrierten Elementarzelle in ein kubisch flächenzentriertes Gitter (γ-Eisen) über. Letzteres wandelt sich dann bei 1401° wieder in das nunmehr bis zum Schmelzpunkt beständige raumzentrierte Gitter des δ-Eisens über. Die Änderung der Gitterparameter mit der Temperatur sowie vieler anderer physikalischer Eigenschaften (vgl. die Suszeptibilität, Abb. 175) zeigt, daß man die δ-Phase zwanglos als eine Fortsetzung[1] der α-Phase ansehen kann.

Der Umwandlungspunkt A_2, auch Curiepunkt oder magnetischer Umwandlungspunkt genannt, ist vor allem durch den Verlust der Magnetisierbarkeit des Eisens gekennzeichnet. Bis vor wenigen Jahren pflegte man auch diesen Punkt

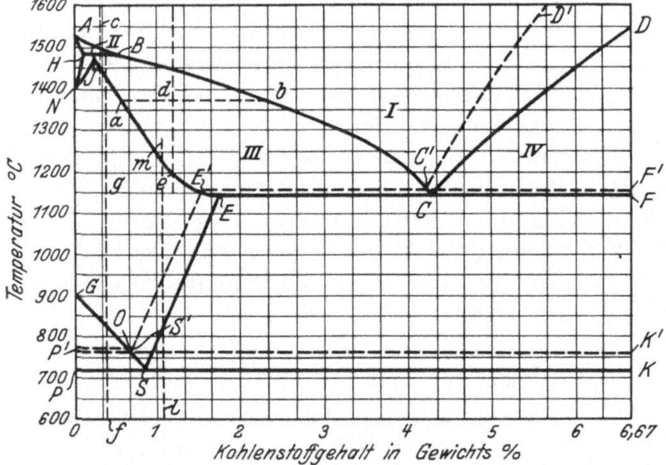

Abb. 61. Zustandsdiagramm des Systems Eisen-Kohlenstoff.

als eine Phasenumwandlung anzusehen. Dementsprechend wurde das Eisen unterhalb A_2 als (magnetisches) α-Eisen, zwischen den Punkten A_2 und A_3 dagegen als β-Eisen (unmagnetisch) bezeichnet. Die Mehrzahl der Forscher steht jedoch heute auf dem Standpunkt, daß die A_2-Umwandlung keine allotrope Umwandlung im Sinne der Phasenlehre darstellt. Aus den genannten Gründen ist man daher auch von der namentlichen Unterscheidung eines besonderen β-Eisens abgekommen. Als Gefügebestandteil führt das α-Eisen den Namen Ferrit. Das Schliffbild des Ferrits ist in Abb. 62 wiedergegeben.

Auf der rechten Seite des Diagramms finden wir die Zustandsform des Kohlenstoffs angegeben. Der Kohlenstoff kann in dem betrachteten Konzentrationsbereich in mehreren Zuständen vorkommen, und zwar entweder stabil als elementarer Kohlenstoff (Graphit) oder metastabil in Form der chemischen Verbindung Fe_3C mit 6,67 % C (Eisenkarbid,

---

[1] In neuester Zeit hat Yensen die Vermutung ausgesprochen, daß in absolut reinem Eisen das γ-Gebiet überhaupt nicht vorhanden ist. Vgl. Techn. Publ. Nr. 185; Amer. Inst. Min. Met. Eng., Febr. 1929.

als Gefügebestandteil Zementit genannt), und schließlich haben wir
bei sehr rascher Abkühlungsgeschwindigkeit noch weitere Gruppen instabiler Zustände, mit denen wir uns weiter unten noch beschäftigen
wollen. (Härtung, vgl. S. 151.)

Die Existenz der verschiedenen Formen hängt im wesentlichen von der Abkühlungsgeschwindigkeit und der Wärmebehandlung, dann aber auch von den
im Stahl vorhandenen Legierungszusätzen ab. In dem Diagramm der Abb. 61
haben wir zwei Kurvenscharen angegeben, von denen die eine dem (stabilen)
Eisen-Graphit-System entspricht, wegen ihrer insbesondere bei niedrigem C-Gehalt geringen praktischen Bedeutung jedoch gestrichelt ist, während die andere
dem Fe — Fe_3C-System zugehört.

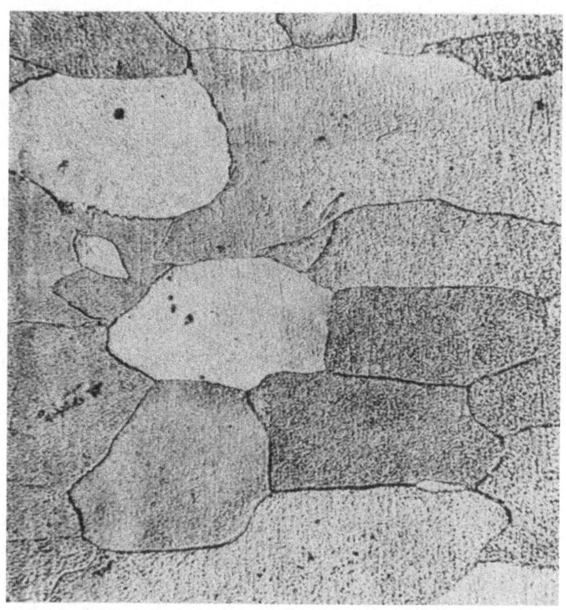

Abb. 62. Gefüge des reinen Eisens (Ferrit).

Nach dem Eisen-Zementit-System, das wir zunächst betrachten
wollen, besteht eine Eisen-Kohlenstofflegierung mit 6,67 % im festen
Zustand vollkommen aus Eisenkarbid.

Der Schmelzpunkt von Fe_3C, als Punkt D bezeichnet, wird bei etwa
1550° angenommen. Seine genaue Lage läßt sich nicht ermitteln, da
Fe_3C beim Erhitzen unter Abscheidung elementaren Kohlenstoffs
(Graphit) zerfällt.

Die Linien des Schaubildes bedeuten nun folgendes:

Oberhalb der Linien $ABCD$ (Gebiet I), der sogenannten Liquidus-
linien des Diagramms, existiert eine einzige Phase, d. h. Eisen und

Kohlenstoff sind in dem betrachteten Bereich im flüssigen Zustand vollkommen ineinander löslich. Unterhalb der Linien $AHJCFE$ (Soliduslinien) ist alles fest. Zwischen diesen Linien sind nebeneinander zwei Phasen vorhanden: eine flüssige und eine feste Phase (Gebiete II, III und IV). Der Linienzug ABC zeigt, wie mit wachsendem Kohlenstoffgehalt der Schmelzpunkt der Legierungen erniedrigt wird, und zwar bis zu einer Temperatur von 1145⁰ beim Punkte C. Auch der Schmelzpunkt des reinen Eisenkarbids wird durch Aufnahme von Eisen entsprechend der Linie DC erniedrigt.

Der Erstarrungsvorgang der Eisen-Kohlenstoff-Legierungen verläuft nun je nach ihrem Kohlenstoffgehalt folgendermaßen:

1. Der C-Gehalt der Legierungen beträgt zwischen 0 und 0,36% C. Beim Erreichen der Linie AB im Punkte c beginnen aus der Schmelze δ-Mischkristalle, also die feste Lösung des Kohlenstoffs im δ-Eisen, auszuscheiden, deren Konzentration sich entsprechend der Linie AH ändert, während die Konzentration der Schmelze entlang AB abfällt. Bei einer Temperatur von 1486⁰ reagiert die Schmelze B der Zusammensetzung 0,36% C (Punkt B) und δ-Mischkristalle der Zusammensetzung 0,07% C (Punkt H) derart miteinander, daß sich γ-Mischkristalle der Zusammensetzung 0,18% C (Punkt J) bilden. Beträgt der Gesamtkohlenstoffgehalt der Legierung weniger als 0,18% C, so verschwindet bei 1486⁰ die Schmelze vollständig. Bei einem höheren Kohlenstoffgehalt aber bleibt noch eine gewisse Menge der Schmelze übrig, deren Erstarrung sich in derselben Weise, wie bei den Legierungen mit einem Kohlenstoffgehalt höher als 0,36% C vollzieht. Die Linie NH drückt den Beginn der Umwandlung der δ-Mischkristalle in γ-Mischkristalle, die Linie NJ das Ende dieser Umwandlung aus.

2. Der C-Gehalt der Legierungen beträgt zwischen 0,36% und 4,3% C. Aus der flüssigen Phase findet beim Erreichen der Linie BC unmittelbar die Ausscheidung von γ-Mischkristallen statt, wobei die Konzentration der γ-Mischkristalle sich entsprechend der Linie JE, die Konzentration der Schmelze entlang der Linie BC ändert. Der Mengenanteil der Mischkristalle und der flüssigen Schmelze wird dabei für jede Temperatur durch die Schnittpunkte a und b einer Horizontale adb mit der Solidus- bzw. der Liquiduslinie gegeben und läßt sich durch das sogenannte Hebelgesetz bestimmen, wonach die betreffenden Mengen den Strecken db und ad umgekehrt proportional sind. Um mit der Schmelze im Gleichgewicht zu bleiben, muß der Mischkristall also seine Konzentration während der Abkühlung dauernd ändern, was durch Diffusion im festen Zustand geschieht. Ist die Temperatur bis zur Soliduslinie gesunken, so kann die flüssige Schmelze nicht mehr existieren, die ganze Legierung ist erstarrt, und gemäß dem Diagramm bestehen nach vollständiger Einstellung des Gleichgewichts

in dem fraglichen Temperaturgebiet um 1100⁰ die Eisen-Kohlenstoff-
legierungen von 0 bis 1,7 % C, im festen Zustande aus Mischkristallen,
die als Gefügebestandteil den Namen Austenit führen.

Bei unvollständigem Ausgleich der Konzentration (infolge zu rascher Abkühlung) können die Kerne der entstandenen Mischkristalle eine andere chemische
Zusammensetzung haben als der Rand der Kristallite. Man bezeichnet diese Erscheinung als Schichtkristallbildung oder interkristalline Seigerung. Hiervon
ist zu unterscheiden die sogenannte Blockseigerung, d. h. eine hauptsächlich
unter der Wirkung von Dichteunterschieden der ausgeschiedenen festen Phasen
gegenüber der Schmelze zustande kommende Verschiedenheit der Zusammensetzung in verschiedenen Zonen eines
Blockes.

Für Legierungen mit C-Gehalten von 1,7 bis 4,3 % vollzieht sich
der Erstarrungsvorgang zunächst
in gleicher Weise wie oben. Ist die
Temperatur bis zu der horizontal
verlaufenden Soliduslinie (1145⁰)
gesunken, so enthalten die bereits
ausgeschiedenen γ-Mischkristalle
1,7 % C, die Schmelze entsprechend
dem Punkte C dagegen 4,3 % C.
Beim Durchschreiten der Soliduslinie erstarrt nun der Rest der
Schmelze als das sogenannte Eutektikum, d. h. als ein Gemenge
der beiden Phasen, die die Grenzen des heterogenen Zustandsfeldes bilden. Das hier vorliegende
Eutektikum wird als Ledeburit

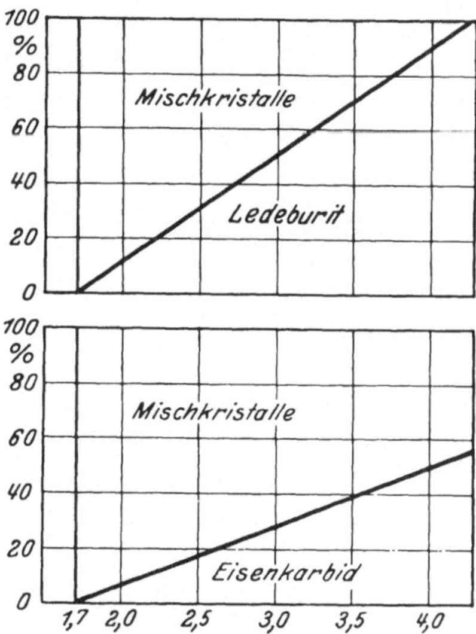

Abb. 63. Gefügeverteilung in untereutektischen
Fe-C-Legierungen.

bezeichnet und ist ein Gemenge aus Eisenkarbid Fe₃C (Zementit) und
dem gesättigten γ-Mischkristall mit 1,7 % C. Jede Legierung in dem betrachteten Intervall besteht also nach der Erstarrung und vollständiger
Diffusion aus γ-Mischkristallen der Zusammensetzung 1,7 % C und Ledeburit-Eutektikum. Nur das Mengenverhältnis des Ledeburits zu den
Mischkristallen ist je nach dem Gesamtgehalt an Kohlenstoff verschieden, und zwar ist in der erstarrten Legierung desto mehr Ledeburit
vorhanden, je höher der ursprüngliche Kohlenstoffgehalt war. So besteht eine Legierung mit 4,3 % C nach der Erstarrung ausschließlich
aus Ledeburit-Eutektikum ohne Primärmischkristalle. Legierungen mit
weniger als 4,3 % C enthalten noch Primärmischkristalle und werden
als untereutektische, diejenigen mit mehr als 4,3 % C dagegen als
übereutektische bezeichnet.

Die Gewichtsanteile der Mischkristalle und des Zementit-Eutektikums (Ledeburits) für jeweilige Kohlenstoffgehalte zwischen 1,7 % und 4,3 % C sind in Abb. 63

(oberer Teil) dargestellt, während der untere Teil den Anteil des Zementits in bezug auf das Gesamtgewicht der Legierung wiedergibt. Bei 1,7% C ist 0% Eutektikum vorhanden. Mit zunehmendem Kohlenstoffgehalt wächst auch der Anteil des Ledeburits bzw. des Zementits geradlinig an.

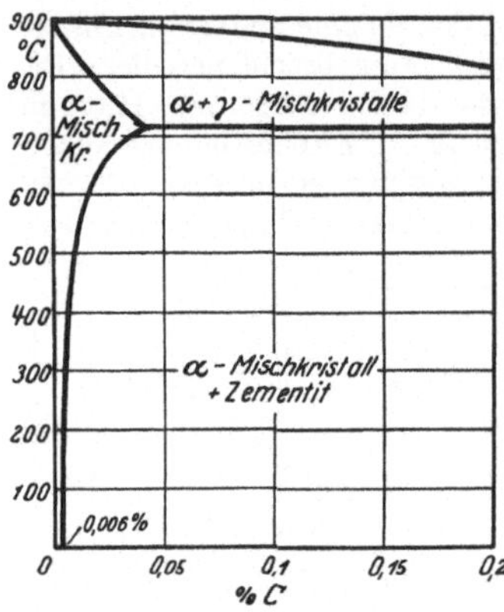

Abb. 64. Löslichkeit von C in α-Eisen (nach Köster).

3. Der C-Gehalt der Legierungen beträgt zwischen 4,3% und 6,67% C. Aus der Schmelze scheidet sich beim Erreichen der Liquiduslinie DC reines Eisenkarbid aus, dessen Zusammensetzung konstant und gleich 6,67% C ist. Dementsprechend wird die Konzentration der flüssigen Schmelze entlang der Linie DC bis zum Punkte C verringert, bis ihr Rest bei 1145° als Ledeburit-Eutektikum erstarrt. Eine Legierung in dem genannten Bereich besteht also nach dem Erstarren aus Ledeburit-Eutektikum und Zementitkristallen, die als primärer Zementit bezeichnet werden.

Die Umwandlungserscheinungen der Eisen-Kohlenstoff-Legierungen bei tieferen Temperaturen sind durch die Linien GOS, SE, MO und PSK des Diagramms gegeben. Sie sind dadurch bedingt, daß die Löslichkeit des Zementits im γ-Eisen, die bei 1100° etwa 1,7% betrug, mit sinkender Temperatur abnimmt, und daß ferner das α-Eisen eine nur sehr geringe Menge von Kohlenstoff in Lösung zu halten vermag. Diese Löslichkeitskurve ist in der besonderen Abb. 64 wiedergegeben. Im Anschluß an die γ/α-Umwandlung findet also wieder eine vollständige Entmischung der Eisen-Kohlenstoff-Legierungen statt. Auch diese Vorgänge werden am besten an einigen Beispielen erörtert.

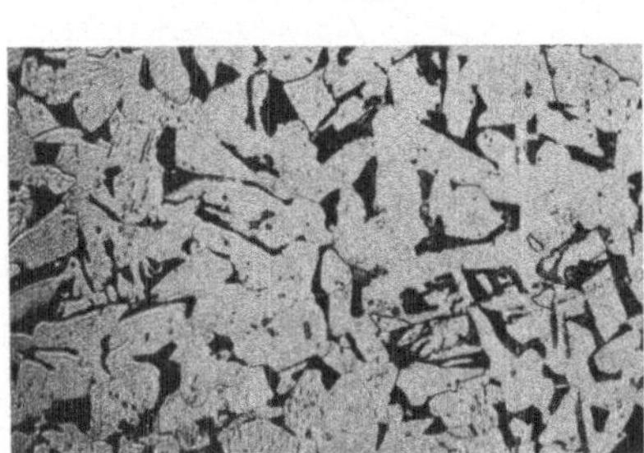

Abb. 65. Fe-C-Legierung mit 0,27% C (Ferrit + Perlit) × 100.

Legierungen von 0 bis 0,9% C. Als Beispiel besteht eine Legierung mit 0,40% C (senkrechte Linie fg im Diagramm Abb. 61) nach der Erstarrung vollständig aus γ-Mischkristallen. Mit sinkender Temperatur bleibt sie bis zur Linie GOS unverändert. Von da angefangen scheiden sich Kristalle von α-Eisen mit praktisch 0% C aus der festen Lösung ab, wodurch die Lösung an Kohlenstoff entsprechend der Linie GOS bis zum Punkte S, mit der Konzentration 0,9% C, angereichert wird. Bei der Linie PSK (entsprechend 721°) zerfällt der Rest der festen Lösung in 2 Kristallarten, die die Grenzkonzentrationen der Mischungslücke bilden, d. h. also in reines Eisen und in Eisenkarbid. Im Gegensatz zu einem Eutektikum (Ledeburit, s. o.), das sich unmittelbar aus der Schmelze abscheidet, wird das Zerfallsprodukt eines Mischkristalls ein **Eutektoid** genannt, und führt hier den speziellen Namen **Perlit**. Legierungen, die weniger als 0,9 % C enthalten, werden als **untereutektoide**, die mit mehr als 0,9 % C als **übereutektoide** bezeichnet.

Unterhalb der Linie PSK (A_1-Umwandlung) erleiden die Eisen-Kohlenstoff-Legierungen keine Umwandlungen mehr. Der Gefügeausbildung nach bestehen die Stähle zwischen 0 und 0,9 % C bei Raumtemperatur daher dann aus fast reinem Eisen (Ferrit), in denen der Perlit eingebettet ist. Dabei ist um so mehr Perlit vorhanden, je höher der Kohlenstoffgehalt ist. Das Schliffbild zweier solcher Stähle mit verschiedenem C-Gehalt ist in den Abb. 65 u. 66 gezeigt, wobei der dunkelgeätzte Perlit in Abb. 65 etwa 0,3 und in Abb. 66 etwa 0,5 des Gesichtsfeldes in Anspruch nimmt. Eine Legierung mit rund 0,9 % C besteht ausschließlich aus Perlit.

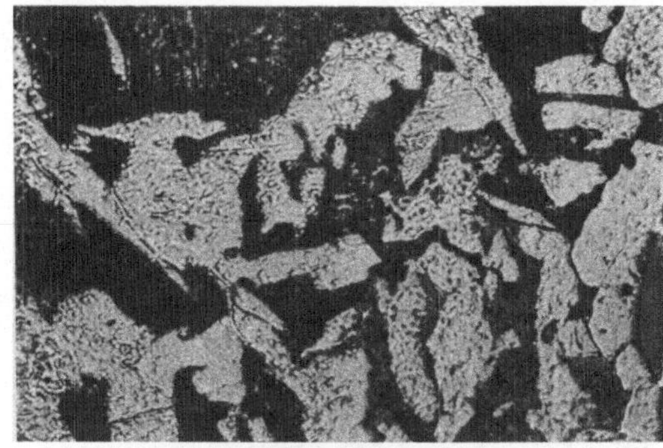

Abb. 66. Fe-C-Legierung mit 0,43% C (Ferrit+Perlit)×100.

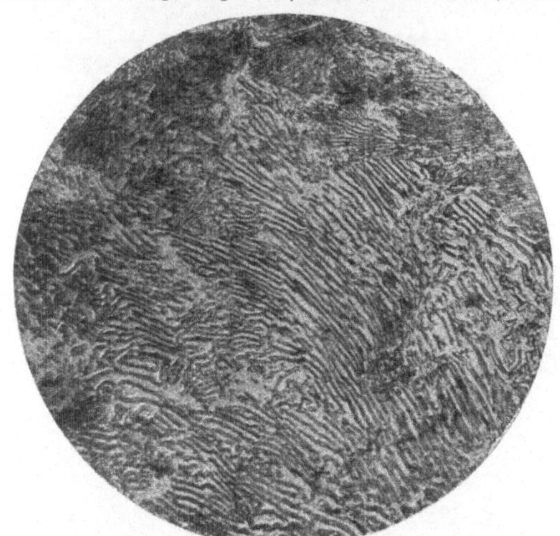

Abb. 67. Lamellarer Perlit (× 400).

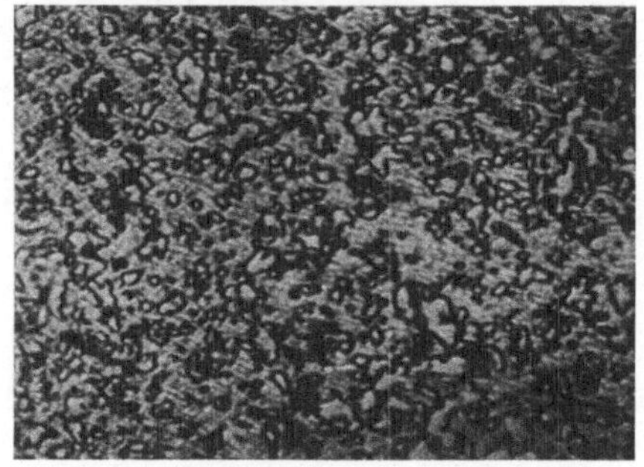

Abb. 68. Körniger Perlit (× 400).

Das Kleingefüge des Perlits ist in Abb. 67 dargestellt und zeigt den lamellaren oder streifigen Perlit, in welchem

7*

Blätter von Zementit durch Blätter von Ferrit getrennt sind. Gewöhnlich ist diese Lamellierung so fein, daß sie bei mittleren Vergrößerungen im Mikroskop nicht aufgelöst werden kann.

Eine Abart des Perlits ist der sogenannte körnige Perlit[1] (Abb. 68), der durch hinreichend langsame Abkühlung in der Nähe der kritischen Temperaturen (Abkühlungsgeschwindigkeit etwa 1°/min) erzielt werden kann und eine stabilere Form darstellt. Durch dauernde Erhitzung auf Temperaturen unterhalb Ac_1 (650 bis 700°) läßt sich auch der streifige Perlit in körnigen überführen, wobei die Zementitstreifen sich zusammenballen (koagulieren). Nach Portevin tritt körniger Perlit am leichtesten in einem übereutektoiden Stahl auf.

Abb. 69. Fe-C-Legierung mit 1,5% C (Perlit + Zementit) × 100.

Legierungen von 0,9% bis 1,07% C (vgl. senkrechte Linie lm im Diagramm, Abb. 61). Wird bei der Abkühlung die Linie SE erreicht, so scheidet zunächst aus der festen Lösung Zementit von der Konzentration 6,67% C ab (sekundärer Zementit). Die Konzentration der festen Lösung wird entlang der Linie SE verschoben, bis die Linie PSK erreicht wird. Bei dieser Temperatur hat der γ-Mischkristall entsprechend dem Punkte S die Konzentration 0,9 % C und zerfällt dann bei weiterer Abkühlung in Perlit-Eutektoid. Das Gefüge der übertektoiden Stähle bis 1,7 % C besteht daher bei Raumtemperatur aus Perlit und sekundärem Zementit (vgl. Abb. 69).

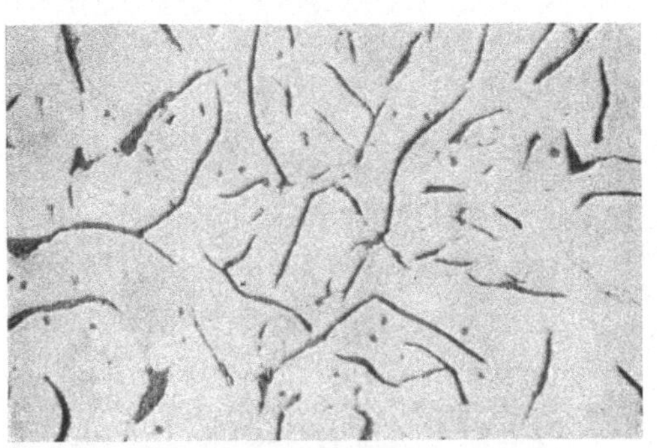

Abb. 70. Graues Roheisen mit 3% C, ungeätzt. (Graphitadern.)

Legierungen zwischen 1,7% und 4,3% C. Legierungen in dem genannten Konzentrationsbereich (Roheisen) bestehen, wie oben gezeigt, nach der Erstarrung aus γ-Mischkristallen und Ledeburit-Eutektikum, das sich seinerseits aus Zementit und γ-Mischkristallen zu-

---

[1] Richtiger „körniger Zementit" genannt.

sammensetzt. Das bei Raumtemperatur entstehende Gefüge ist nun davon abhängig, ob die Umwandlungen nach den Linien des Eisen-graphits oder des Eisen-Zementit-Systems erfolgen, d. h. ob der Kohlen-stoff sich in elementarer Form oder als Zementit ausscheidet.

Wie oben betont, fällt bei geeigneter Abkühlung, und zwar bei geringer Abkühlungs-geschwindigkeit an Stelle des Zementits Fe_3C entlang der Linie $D'C'$ aus der Schmelze stabiler elementarer Kohlen-stoff in Form von Graphit aus, der als primärer Gra-phit bezeichnet wird. Die ge-strichelte Linie $E'C'F'$ ent-spricht der Erstarrungstem-

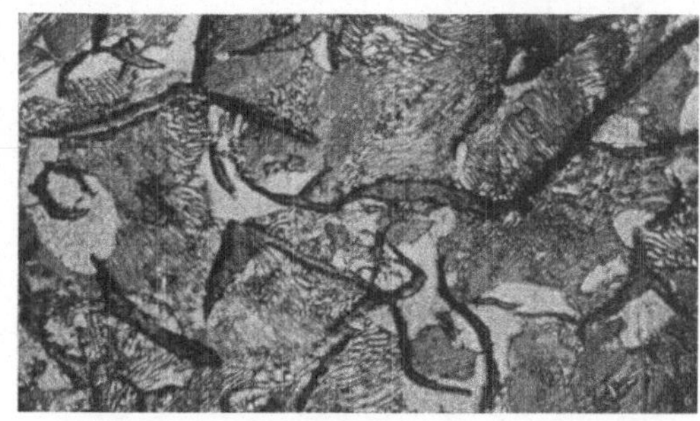

Abb. 71. Graues Roheisen (Perlit + Ferrit + Graphit).

peratur des Eutektikums, das aus γ-Mischkristallen und Graphit besteht und als Graphit-Eutektikum bezeichnet wird. Der Graphit des Eutektikums ist feiner als der primäre Graphit.

Der Gewichtsanteil des Graphit-Eutektikums in bezug auf das Gesamtgewicht der Legierung nimmt ebenso wie der des Zementit-Eutek-tikums von 0% bei 1,5% C bis auf 100% bei 4,1% C geradlinig zu.

Die Konzentrationen und die Umwandlungstem-peraturen der einzelnen Punkte sind wie folgt:

Punkt E' entspricht einer Konzentration von etwa 1,5% C, dem maxi-malen Gehalt an Graphit, den die γ-Mischkristalle im festen Zustand in Lösung halten können, und liegt bei einer Temperatur von 1152°.

Punkt C' entspricht einer Konzentration von etwa 4,2% C, dem Graphit-gehalt des Graphit-Eutek-tikums, dessen Schmelz-und Erstarrungstemperatur bei 1152° liegt.

Abb. 72. Untereutektisches weißes Roheisen.

Punkt F' (Temperatur von 1152°) entspricht dem in Eisen und 6,67% C zer-fallenen reinen Eisenkarbid.

Punkt D' ist der Schmelzpunkt des reinen Graphits, der noch nicht sicher fest-gestellt ist.

Das γ-Eisen vermag in festem Zustand eine gewisse Graphitmenge in Lösung zu halten. Entlang der Linie $E'S'$ scheidet sich aus der festen Lösung in übereutektoiden Lösungen bei langsamer Abkühlung Graphit aus, wobei außer der Abkühlungsgeschwindigkeit noch die Erhitzungstemperatur und die im Stahl vorhandenen fremden Elemente die Graphitbildung beeinflussen können.

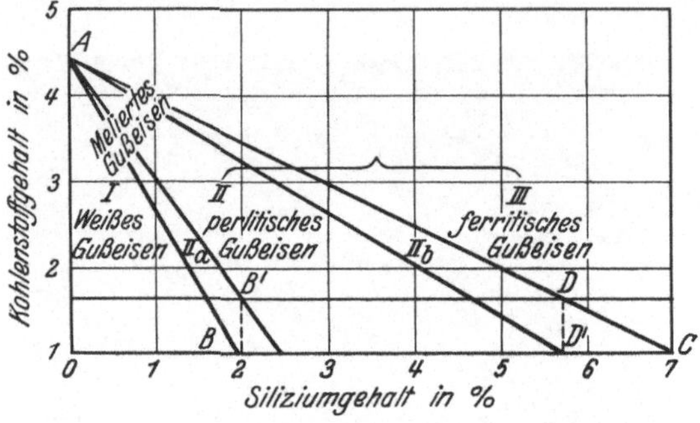

Abb. 73. Gußeisendiagramm nach Maurer.

Tritt bei verhältnismäßig langsamer Abkühlung das Eisen-Graphit-System auf, so scheidet sich aus den γ-Mischkristallen (fester Lösung) entlang der Linie $E'S'$ Graphit aus, die Legierungen werden untereutektoid und bestehen bei Raumtemperatur aus Graphit, Ferrit und Perlit. Wir erhalten dann das sogenannte graue Roheisen, dessen Kleingefüge in den Abb. 70 und 71 dargestellt ist und die mit Ferrit

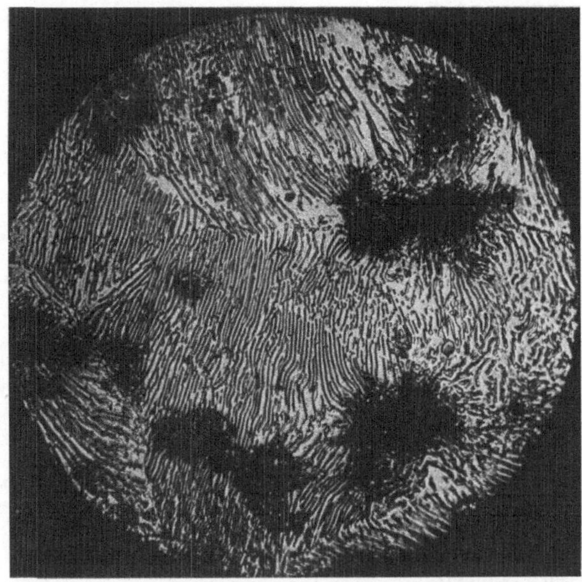

Abb. 74. Europäischer Temperguß.

und teilweise mit Perlit umgebenen Graphitadern erkennen läßt. Bei schnellerer Abkühlung kann im grauen Gußeisen der Ferrit auch ganz fehlen. In diesem Falle ist der Graphit nur mit perlitischer Grundmasse umgeben.

Verläuft dagegen der Vorgang bei schnellerer Abkühlung nach den Linien des Eisen-Zementit-Systems, so scheidet sich mit sinkender Temperatur aus der festen Lösung der Zusammensetzung 1,7 % C entlang der Linie *ES* sekundärer Zementit aus. Ist die Temperatur bis zur Linie *PSK* gesunken, so zerfällt die feste Lösung in Perlit. Bei Zimmertemperatur erhalten wir dann das **weiße Roheisen**, dessen Kleingefüge in Abb. 72 gezeigt ist. Die tannenbaumförmig angeordneten Stellen sind die in Perlit zerfallene feste Lösung, die mit dem sekundären Zementit umgeben ist, während die gesprenkelte Masse das Ledeburit-Eutektikum darstellt. Der Perlit, das Zerfallprodukt der eutektischen

festen Lösung, ist also in der zementitischen Grundmasse eingebettet.

Auf die Gefügeausbildung des Roheisens ist außer dem Kohlenstoffgehalt und der Abkühlungsgeschwindigkeit noch die Menge der übrigen im Stahl vorhandenen Beimengungen insofern von Wichtigkeit, als durch dieselben die Stabilität des Zementits außerordentlich beeinflußt werden kann. Als hauptsächlichstes dieser Elemente ist das Silizium zu nennen, das die Stabilität des Eisenkarbids stark herabsetzt und daher die Ausbildung des Graphits befördert. Mit

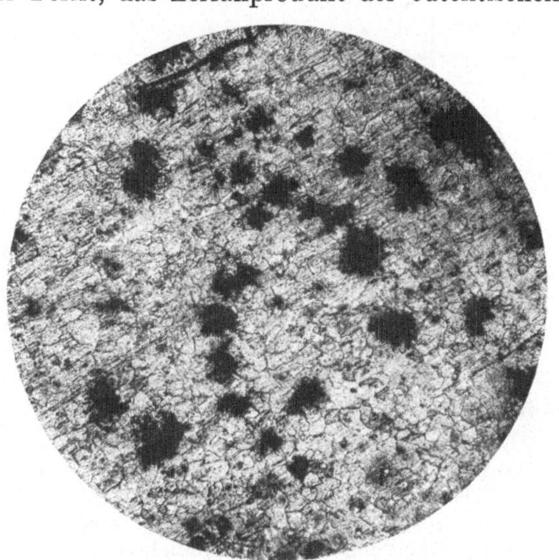

Abb. 75. Amerikanischer Temperguß.

der Gefügeausbildung der Grundmasse sowie des Eutektikums von Gußeisen bei Gegenwart von Si befaßt sich das Maurersche[1] Gußeisendiagramm (Abb. 73), in dem in der Abszissenachse die Silizium- und in der Ordinatenachse die entsprechenden Kohlenstoffgehalte eingezeichnet sind. Gemäß dem Diagramm wird das gesamte Gußeisen nun in drei große Gruppen eingeteilt, die den drei Feldern *I*, *II* und *III* entsprechen. Das Gußeisen, das nach seinem Kohlenstoff- und Siliziumgehalt im Feld *I* liegt, erstarrt vollkommen weiß, besteht also im Gefüge aus Ledeburit bzw. Ledeburit und Perlit. Im Felde *II* liegen graue Gußeisensorten, die nach der Erstarrung ausschließlich aus einer perlitischen Grundmasse mit eingelagertem Graphit bestehen. Endlich haben Gußeisensorten mit einer Zusammensetzung aus dem Felde *III* eine ferritisch-perlitische Grundmasse mit eingelagertem Graphit. Die Felder *IIa* und *IIb* entsprechen dem Übergangsgußeisen zwischen Feld *I* und *II* (*IIa*) bzw. zwischen Feld *II* und *III* (*IIb*). Das Maurersche Dia-

---

[1] Kruppsche Monatshefte **5**, 115—22 (1924). Stahleisen **48**, 1522—24 (1924). Das Diagramm ist den wohlbekannten Guilletschen Diagrammen für die Spezialstähle ähnlich.

gramm gilt nur für normale Abkühlungsverhältnisse, die daher bei der Gattierung der Schmelze berücksichtigt werden müssen.

Sowohl die eutektischen als auch die übereutektischen Legierungen brauchen hier nicht näher betrachtet zu werden, da sie als magnetische Legierungen keine Verwendung finden. Dagegen ist für die Praxis der magnetischen Legierungen wieder wichtig der sogenannte Temperguß. Er geht aus dem weißen Roheisen durch dauernde Erwärmung des letzteren auf Temperaturen 850 bis 1100⁰ (Tempern) hervor, wobei der Kohlenstoff in amorpher Form erhalten wird. In den Abb. 74 und 75 ist das Kleingefüge des europäischen und amerikanischen Tempergusses[1] gezeigt. Die großen dunklen Flecken stellen die bei der Erwärmung ausgeschiedene Temperkohle dar.

Zahlentafel 14. Einfluß der Glühtemperatur auf die Zerfall-Geschwindigkeit des Zementits beim Temperprozeß.

Bezeichnung der Schmelze	Gesamt-kohlenstoff %	Temper-kohle %	Temperkohle in % vom Gesamt-C-Gehalt
Bei 850⁰ 20 st lang geglüht.			
1	3,08	3,02	98,05
2	3,05	2,93	96,07
3	3,00	2,74	91,33
4	3,01	2,98	99,00
Bei 1050⁰ 20 st lang geglüht			
1	3,13	3,06	98,08
2	3,04	2,95	97,04
3	3,03	2,78	91,75
4	2,95	2,86	96,95

Die zur Erzeugung des Tempergusses notwendige Glühtemperatur kann entweder niedrig liegen, und zwar bei etwa 800⁰ oder noch zwischen 900⁰ bis 1100⁰. Das Glühen bei einer hohen Temperatur (oberhalb 900⁰) hat wegen der großen Kernzahl in diesem Temperaturgebiete eine feinere Temperkohlenausscheidung zur Folge, ohne daß die Geschwindigkeit des Zerfallvorganges für den Zementit vergrößert wird, wie aus Zahlentafel 14 nach E. Piwowarsky[2] hervorgeht. Der Einfluß der verschiedenen Glühbehandlungen auf die magnetischen Eigenschaften wird dann weiter unten behandelt werden.

2. Chemische Zusammensetzung, Gefügeaufbau und magnetische Eigenschaften.

a) Allgemeine Gesetzmäßigkeiten.

Wenn wir die Abhängigkeit der magnetischen Eigenschaften von der chemischen Konstitution und dem Gefügeaufbau betrachten wollen, so müssen wir uns darüber klar sein, daß die Gesamtheit der magnetischen Bestimmungsgrößen (s. Magnetisierungskurven, S. 8) in zwei ganz verschiedene Gruppen zerfällt. Das Unterschiedliche dieses Verhaltens gehe zunächst aus der Abb. 76 hervor, in der die Magnetisierungskurven von drei verschiedenen Eisensorten, und zwar eines sehr

---

[1] Über den Unterschied zwischen diesen beiden Tempergußarten siehe S. 340.
[2] Stahleisen **49**, 2001—04 (1925).

reinen vakuumgeschmolzenen Elektrolyteisens, eines gewöhnlichen Flußeisens und eines geglühten Stahles mit etwa 0,1% C wiedergegeben sind. Man erkennt, daß die $\mathfrak{B}/\mathfrak{H}$-Kurven dieser drei Stoffe, die sich in ihrer chemischen Konstitution nur ganz geringfügig — um insgesamt einige Zehntel Prozent Beimengungen — unterscheiden, nach dem Austritt aus dem Nullpunkt verschieden steil verlaufen, und daß die Verschiedenheiten der Induktion bei niedrigen Feldern ein Vielfaches der Eigenwerte betragen können, wobei dem reineren Material die steilere Kurve, d. h. auch die größere Anfangs- und Maximalpermeabilität usw. zukommt. Je höher man aber die Feldstärke wählt, desto mehr verschwinden diese Unterschiede, die Kurven laufen mehr und mehr zusammen, und im Gebiet der Sättigung liegt nur noch eine ganz geringfügige Differenz zwischen den drei verschiedenen Eisenproben vor. Das gleiche würde man finden, wenn man einen Werkstoff einmal durch eine mechanische Beanspruchung kalt verformt, ein andermal weich glüht und die beiden Kurven miteinander vergleicht. So verschiedenartig ihr Verlauf bei niedrigen Feldstärken bzw. Induktionen ist, bei hohen Feldern verschwinden die Unterschiede, und in der Sättigungsmagnetisierung wird man praktisch Identität feststellen.

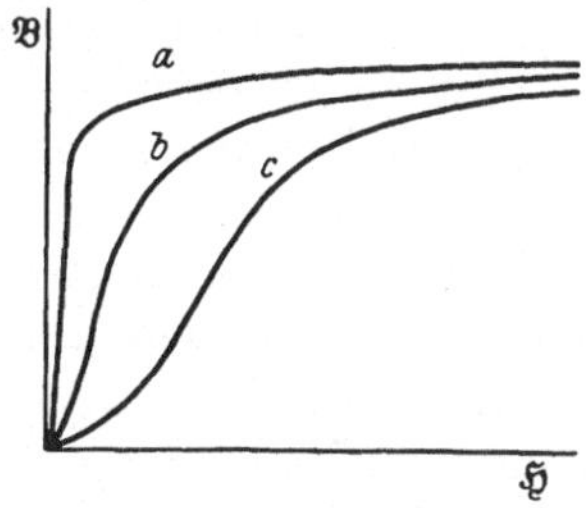

Abb. 76. Nullkurven von Eisen verschiedenen Reinheitsgrades (schematisch).

Die Gruppe dieser Werte, die sich bei den obigen Beispielen als gleichbleibend ergibt, seien unmittelbare oder primäre magnetische Eigenschaften genannt. Es sind dies also der Sättigungswert der Magnetisierung $4\,\pi\,J_{\infty}$, und im weiteren Sinne alle Induktionswerte bei hohen Feldstärken überhaupt. Ferner rechnet dazu noch die Temperatur des Verschwindens der Magnetisierbarkeit (Curiepunkt). Alle diese Größen sind unabhängig von der Kristallitenorientierung, von der Form und Anordnung des Gefüges und von der mechanischen Beanspruchung, sie hängen nur ab von der Art (bei heterogenen Legierungen auch von der Menge) des ferromagnetischen Bestandteils, d. h. insbesondere von dessen atomaren Aufbau (vgl. S. 107), und ihre verschiedene Größe ist ein Kennzeichen der chemischen Zusammensetzung des betreffenden Materials schlechthin.

Im Gegensatz dazu stehen die Eigenschaften der zweiten Gruppe, die wir als mittelbare oder sekundäre Eigenschaften bezeichnen wollen. Zu ihnen gehört alles das, was im erweiterten Sinn mit der „Hysterese" zu tun hat, insbesondere also die individuelle Form der Nullkurve bei niedrigen und mittleren Feldern, im Zusammenhang damit die Höhe der Anfangs- unnd Maximalpermeabilität, ferner auch die gesamte Hystereseschleife mit ihren Bestimmungsgrößen Koerzitivkraft und Remanenz. Die Eigenschaften dieser Gruppe — und es sind dies gerade die technisch wichtigsten — werden in den verschiedenen Metallen und Legierungen durch Bedingungen beeinflußt, die mit dem Ferromagnetismus als solchen nichts mehr zu tun haben, sondern von den Besonderheiten des speziellen Gefügeaufbaus abhängig sind. Es können also zwei Materialien mit ganz verschiedenem Sättigungswert in der Form ihrer Magnetisierungskurven vollkommen ähnlich sein, und umgekehrt ist es möglich, wie die obigen Beispiele gezeigt haben, daß zu annähernd derselben Sättigungsmagnetisierung ein ganz verschiedener Verlauf der Nullkurve und der Hystereseschleife zugehört.

Auf Grund empirischer Daten hat man nun für das magnetische Verhalten von Legierungen gewisse systematische Regeln abgeleitet, deren Kenntnis sowohl zur Sichtung des Vorhandenen als zur Voraussage über die Eigenschaften von neuen Legierungen wichtig ist.

Mit der Änderung der primären, d. h. typisch ferromagnetischen Eigenschaften in Legierungsreihen haben sich von der experimentellen Seite her hauptsächlich E. Gumlich und G. Tammann befaßt. Ihre Ergebnisse, insbesondere die von Tammann[1], lassen sich in berichtigter und erweiterter Fassung etwa wie folgt aussprechen:

A. Mischkristalle, in denen das ferromagnetische Metall als Lösungsmittel aufzufassen ist, sind ferromagnetisch. Durch die Bildung der festen Lösung wird jedoch die Sättigungsmagnetisierung und der magnetische Umwandlungspunkt stetig herabgesetzt.

B. Chemische Verbindungen eines ferromagnetischen Metalls mit einem anderen Metall sind unmagnetisch; dagegen sind Verbindungen mit einem metalloiden Element oft noch ferromagnetisch, insbesondere die, die am reichsten an der ferromagnetischen Komponente sind.

C. In heterogenen Gemengen einer ferromagnetischen und einer unmagnetischen Kristallart bleibt die Temperatur des Umwandlungspunktes konstant, die Sättigungsmagnetisierung wird proportional dem Volumenanteil des unmagnetischen Fremdbestandteils erniedrigt.

D. Mischkristalle, in denen ein ferromagnetisches Metall in einem anderen unmagnetischen Metall oder einer Verbindung gelöst ist, sind stets unmagnetisch.

In großen Zügen gestatten diese Regeln bei bekanntem Zustandsdiagramm in der Tat eine gewisse Übersicht über die Magnetisierbarkeit einer Legierungsreihe: Als Beispiele für nicht ferromagnetische chemische Verbindungen gemäß Regel B seien so die Verbindungen Fe_3Al, $Fe\text{-}Cr$, Fe_3Mo_2, $Fe\text{-}V$, Fe_3W_2, $Ni\text{-}Sb$ u. a. genannt, während von magnetischen Verbindungen mit Metalloiden Fe_3C und Fe_3Si_2 die bekanntesten sind. Es bestehen von dieser Regel jedoch eine ganze Reihe von Ausnahmen. — Weiterhin einfach zu übersehen ist die Abnahme der Sättigungs-

---

[1] Z. physik. Chem. **65**, 73 (1908).

magnetisierung in einem heterogenen Gemenge (Regel C). Hier kann man die in das Grundmaterial eingebettete Kristallart, falls sie unmagnetisch ist, als Fremdbestandteil auffassen, der den Sättigungswert entsprechend der Raumverdrängung herabsetzt. Ist V_e dann das in einem bestimmten Raumelement vorhandene Volumen einer ferromagnetischen Kristallart und V_x das Volumen des unmagnetischen Bestandteils x, so verhalten sich diese Größen direkt proportional den Gehalten an Gewichtsprozenten a und umgekehrt proportional den spezifischen Gewichten s_e bzw. s_x

$$\frac{V_e}{V_x} = \frac{V_e}{1 - V_e} = \frac{100 - a}{a} \cdot \frac{s_x}{s_e},$$

$$V_e = \frac{100 - a}{a \dfrac{s_e}{s_x} + 100 - a},$$

d. h. der Sättigungswert des Ausgangsmaterials wird bei einem Gehalt von a Gewichtsprozenten des Bestandteils x im Verhältnis $V_e : 1$ herabgesetzt (Gumlich)[1].

Die Regel D gilt scheinbar ohne Ausnahme, und wir können also sagen, daß in (dia- und paramagnetischen) Metallen, in denen geringfügige Eisenbeimengungen in feste Lösung aufgenommen werden, im Gegensatz zu heterogenen Gemengen keine oder nur unwesentliche Änderung der magnetischen Eigenschaften zu befürchten ist (über technische Anwendung vgl. S. 180).

Gerade aber für den wichtigsten Fall, die Abnahme der Sättigungsmagnetisierung in festen Lösungen (Regel A), haben sich über die experimentellen Befunde hinaus nur wenig weitere Angaben machen lassen, trotzdem die hier liegende Frage[2] nach einem Zusammenhang der ferromagnetischen Eigenschaften mit der Konstitution, der Atomnummer oder den sonstigen Eigenschaften des zugesetzten Metalls die Forschung seit langem beschäftigt hat. Man weiß nur, daß die Abnahme des Sättigungswertes mit der Konzentration gewöhnlich auf einer schwach gekrümmten Kurve erfolgt, deren Abfall in den meisten Fällen ungleich steiler ist als in heterogenen Gemengen (Gumlich), doch kommen auch umgekehrt Fälle vor, in denen die beobachteten Sättigungswerte erheblich über den aus der Gleichung für einfache Raumverdrängung berechneten Werten liegen (z. B. Fe-Si, Co-Pt, s. d.). Beim Vorhandensein mehrerer Zusätze setzt sich die Wirkung additiv aus den Einflüssen der einzelnen Komponenten zusammen, und demgemäß wird durch kleine Beimengungen und Verunreinigungen die Sättigungsmagnetisierung eines Stoffes nicht oder nur wenig beeinflußt. Für die Konzentration, in der in einer Reihe fester Lösungen die magnetische Umwandlungstemperatur den absoluten Nullpunkt erreicht, ergeben weder das Raumgitter noch sonst die Kristallstruktur Anhaltspunkte für einen etwa vorhandenen Unterschied zwischen dem magnetisierbaren und unmagnetisierbaren Teil des Mischkristallgebietes. Ausgezeichnet in magnetischer Hinsicht scheinen dagegen diejenigen Punkte zu sein, bei der an Stelle der statistischen Verteilung der Atomarten eines Mischkristalls eine Ordnung höherer Art (Überstrukturumwandlung) eintritt, und zwar ist in neuerer Zeit sowohl für die Heuslerschen Legierungen als auch für das System Ni-Mn ein Zusammenhang zwischen der Stelle höchster Magnetisierbarkeit und dem Auftreten der Überstrukturumwandlung gefunden worden (s. dort).

Wenden wir uns nun den **sekundären** magnetischen Eigenschaften zu, so seien die vier Grenzfälle des hier möglichen Kurvenverlaufs, die zu ein und derselben Höhe des Sättigungswertes gehören, zunächst in

---

[1] a. a. O.   [2] Vgl. O. V. Auwers: Physik. Z. **29**, 921 (1928).

Abb. 77 schematisch dargestellt. Von ihnen zeige Fall a eine Nullkurve, die bei geringen Feldstärken steil ansteigt, und dann fast rechteckig umbiegt, also eine hohe Permeabilität besitzt und die Sättigung verhältnismäßig früh erreicht. Aufsteigender und absteigender Ast der Hystereseschleife liegen dementsprechend sehr nahe beieinander, die Remanenz ist hoch, die Koerzitivkraft dagegen klein und klein auch der Hystereseverlust („Permalloytyp", magnetisch weiches Material für den Elektromaschinen- und Transformatorenbau). Im Gegensatz dazu steht der Fall b einer Hystereseschleife, die bei gleicher Größe der Sättigungsmagnetisierung und gleich hoher Remanenz wie in a eine große Koerzitivkraft besitzt. Der Hystereseverlust ist groß, ferner verläuft auch die Nullkurve bedeutend flacher als in Fall a, die Permeabilität

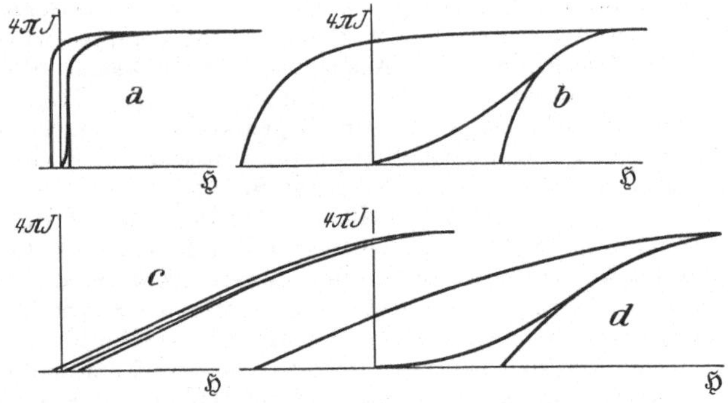

Abb. 77. Grundtypen von Magnetisierungskurven.

ist wesentlich herabgesetzt. Wir haben den Typ des „Dauermagnetstahls". Fall c zeigt dann eine Schleife, in der kleine Koerzitivkraft und kleine Remanenz miteinander vereinigt sind. Der Flächeninhalt der Schleife und damit der Hystereseverlust ist zwar wieder gering wie in Fall a, dafür ist aber die ganze Kurve geneigt, der Sättigungswert wird erst bei hohen Feldern erreicht und die Permeabilität weist sehr geringe Beträge auf. Schließlich zeigt Fall d eine Kurve, die neben kleiner Remanenz nun noch eine große Koerzitivkraft besitzt. Der Hystereseverlust ist groß, die Nullkurve verläuft, besonders in ihrem untersten Teil, noch flacher als in Fall c. Zwischen diesen vier Grenzfällen bestehen natürlich Übergangsformen, die keiner näheren Erläuterung bedürfen.

Zur Deutung dieser Verschiedenheiten der Kurvenformen in den einzelnen Legierungsreihen und insbesondere der verschiedenen Größe der Koerzitivkraft (zwischen etwa 0,01 und 5000 Oersted) sind nun im Laufe der früheren Jahre die mannigfaltigsten Deutungen herangezogen worden, und zwar hatte man Zusammenhänge mit der mechanischen Härte, der chemischen Konstitution, der Bildung intermetallischer Verbindungen, dem Auftreten von Atomkomplexen, der Kristallitengröße, der Kristallitenorientierung u. a. gesucht, ohne daß eine befriedigende Lösung möglich gewesen wäre. Erst in neuerer Zeit ist durch die Entwicklung der Spannungstheorien ein bedeutender Fortschritt erzielt worden.

Die Spannungstheorien gehen von dem Gesichtspunkt aus, daß in jedem polykristallinen Material infolge von Verunreinigungen oder auch der Längenänderungen der Magnetostriktion (s. d.) interkristalline Spannungen und damit Gitterverzerrungen vorhanden sind, gegen die ein äußeres Feld bei der Magnetisierung Arbeit zu leisten hat, und daß durch diese Arbeit die Lage der Magnetisierungsrichtung in Abhängigkeit von der Feldstärke bestimmt ist. In einem idealen, vollkommen spannungsfreien Gitter hätten wir so eine Magnetisierungskurve gemäß Abb. 77a, und zwar mit unendlich kleiner Koerzitivkraft, und jede Abweichung von dieser Kurvenform, d. h. eine magnetische Hysterese ist nicht eine dem Ferromagnetismus zugehörige Erscheinung, sondern beruht auf Unvollkommenheiten des Kristallbaus. Die Spannungstheorien gehen zurück auf Mc. Keehan[1], der als erster auf das Zusammentreffen zwischen dem geringen Hystereseverlust und der verschwindenden Magnetostriktion der Nickel-Eisen-Legierung Permalloy hingewiesen hat. Auch W. Gerlach[2] hat bei der Untersuchung der Einkristalle die Beziehungen zwischen dem Verlauf der Magnetisierungskurve und der Abweichung der inneren Struktur betont. Eine vollständige Systematik der Legierungen ist dann erstmalig von A. Kußmann und B. Scharnow[3] gegeben worden. Die mathematische Entwicklung der Spannungstheorien verdanken wir R. Becker[4] sowie V. Akulov[5], die, wenn auch in verschiedener Weise, aus einem Ansatz über die Energiedichte des Polykristalls als der Summe der magnetischen und mechanischen Energie die Form der Magnetisierungsschleife ableiten konnten.

Speziell für Legierungen ist die Spannungstheorie (s. o.) grundsätzlich ausgesprochen worden von A. Kußmann und B. Scharnow. In einer Reihe Untersuchungen an den verschiedensten Systemen wurde von ihnen gezeigt, daß im Falle der festen Lösung, in der durch die Einbettung der Fremdatome in das Raumgitter eine Änderung fast aller physikalischer Eigenschaften, wie der Härte, des spez. Widerstandes usw., gegenüber dem reinen Metall eintritt (vgl. S. 93), die Koerzitivkraft und die Form der Magnetisierungskurve praktisch unverändert bleibt, und daß homogene Mischkristalle ähnlich wie die reinen Metalle einen Kurvenverlauf gemäß Abb. 77a aufweisen. Wesentlich anders ist dagegen das Verhalten der Koerzitivkraft in heterogenen Legierungen, in denen zwischen die ferromagnetischen Kristalle des Grundmaterials noch eine zweite Kristallart eingebettet ist, und zwar zeigt sich hier im Gegensatz zu dem Additivitätsgesetz der sonstigen physikalischen Eigenschaften infolge der elastischen Beanspruchung des Ferromagnetikums durch die verschiedene thermische Ausdehnung der Bestandteile in jedem Fall eine Steigerung der Koerzitivkraft und dement-

---

[1] Physiologic. Rev. **26**, 274 (1925). [2] Z. Physik **38**, 828 (1926).
[3] Z. Physik **54**, 1 (1929). [4] Z. Physik **62**, 253 (1930).
[5] Z. Physik **64**, 817 (1930).

sprechend Erniedrigung der Permeabilität, die in erster Näherung der Menge des heterogenen Gefügeanteils proportional ist.

Ein den Untersuchungen entnommenes Beispiel möge diese Verhältnisse verdeutlichen: Das Zustandsschaubild des ternären Systems Fe-Ni-Cu nach Vogel und eine darin eingezeichnete Kennlinie zeigt (vgl. Abb. 78), daß die in dem binären System Fe-Cu vorhandene Mischungslücke sich mit steigendem Nickelgehalt mehr und mehr verengert, so daß also Legierungen, in denen sich Nickel zu Eisen wie 1:1 verhält, erst bei einem Zusatz von rd. 20% Cu ein heterogenes Gefüge besitzen. Die gemessenen Werte der Koerzitivkraft sind in der daneben befindlichen Abb. 78b wiedergegeben und lassen deutlich erkennen, daß in dem Mischkristallgebiet die Koerzitivkraft klein und unverändert bleibt (die genauen Werte betrugen zwischen 0,2 und 0,3 Oe), während in dem heterogenen Gemenge eine Steigerung auf das Vielfache des ursprünglichen Betrages einsetzt.

Da es gleichgültig ist, auf welche Weise der Spannungszustand erzeugt wird, so wirken ähnlich wie ein heterogenes Gefüge

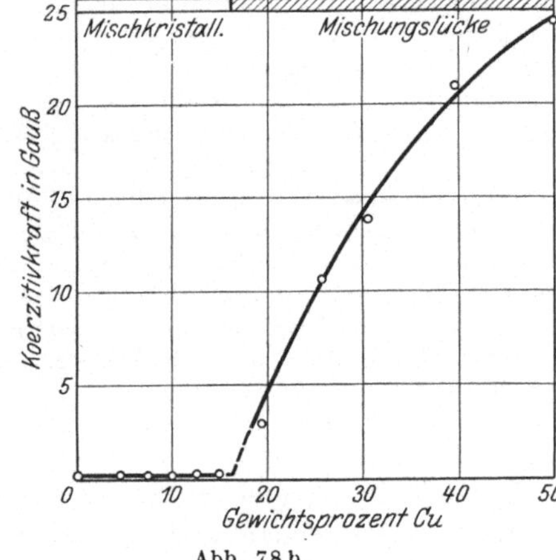

Abb. 78a.   Abb. 78b.

Abb. 78a u. b. Zustandsschaubild und Koerzitivkraft im System Fe-Ni-Cu (A. Kußmann und B. Scharnow).

alle in Mischkristallen eingebetteten Segregate, Verunreinigungen auf den Korngrenzen sowie Zonen verschiedener chemischer Zusammensetzung (Kristallseigerungen), und schließlich kann auch durch Ausscheidung einer Kristallart und die dadurch bedingten Volumenänderungen einem Material ein Spannungszustand aufgezwungen werden.

Die absolute Größe der Koerzitivkraft einer Legierung ist nach A. Kußmann und B. Scharnow bedingt durch die Größe des interkristallinen Spannungszustandes, und letzterer ist in einem polykristallinen Material daher wieder abhängig von der Menge der heterogenen Bestandteile und von der Differenz der thermischen Ausdehnungen (oder auch der verschiedenen Magnetostriktion) der einzelnen Gefügebestandteile bzw. von den Volumenänderungen bei der Ausscheidung einer neuen Kristallart. Zweitens wird die Größe der Koerzitivkraft noch bedingt durch einen Faktor, der als Spannungsempfindlichkeit bezeichnet werden kann und der von der chemischen Zusammensetzung des ferromagnetischen Grundmaterials abhängt. Er bedeutet, daß derselbe interkristalline Spannungszustand in verschiedenen Materialien eine quantitativ ganz verschiedenartige Änderung der Koerzitivkraft (und damit der übrigen magnetischen Eigenschaften) bewirkt, so daß also derselbe heterogene Gefügebestandteil in verschiedenen Mischkristallen eine verschiedene Erhöhung der Koerzitivkraft zur Folge hat. Als ein Analogiebeispiel diene Abb. 79, in der die Änderung der Koerzitivkraft bei einer plastischen Beanspruchung von Nickel-Eisen-Legierungen gegeben ist. Während bei Nickel durch die Verformung eine beträchtliche Erhöhung der Koerzitivkraft hervorgerufen werden kann, werden die Änderungen durch Zusatz von Eisen herabgesetzt und zeigen bei 81% Ni ein Minimum. In ähnlicher Weise ändert sich auch die Spannungsempfindlichkeit in anderen Legierungsreihen, doch liegen hierüber erst wenige Messungen vor.

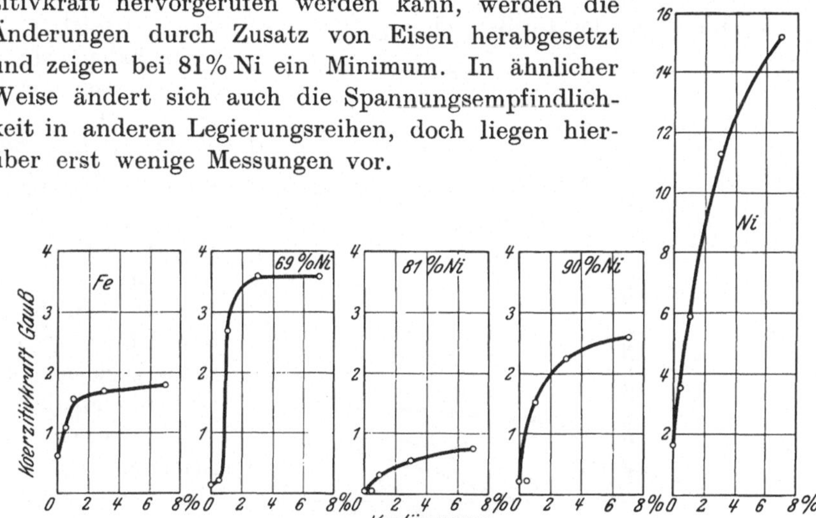

Abb. 79. Änderung der Koerzitivkraft von Ni-Fe-Legierungen beim Zugversuch
(Kußmann u. Scharnow).

Als Konsequenz für die Erzielung bestimmter Gebrauchseigenschaften ergibt sich also, daß das Gefüge von magnetisch weichen Materialien nur aus Mischkristallen bestehen darf, die außerdem noch geringe Spannungsempfindlichkeit besitzen sollen, damit die vorhandenen Verunreinigungen möglichst geringe Wirkung ausüben. Umgekehrt ist im Gefüge der Dauermagnetstähle möglichst große Heterogenität und möglichste Spannungsempfindlichkeit anzustreben.

b) Eisen und Legierungen des Eisens.

Als Beispiel für das ferromagnetische Verhalten des Eisens betrachten wir die Magnetisierungskurve eines kohlenstoffarmen Weicheisens (C = 0,01%), die in Abb. 80 neben der Kurve von Nickel und Kobalt angegeben ist. Man erkennt, daß die Schleife (die Nullkurve ist wegen Raummangel nicht eingezeichnet) mit dem Anwachsen der Feldstärke steil emporgeht, so daß bei etwa 2 bis 5 Oersted schon der größte Teil des Anstiegs bewältigt ist. Von nun an verläuft die Kurve ziemlich flach und nähert sich dem Gebiet der Sättigung, deren Wert $4\pi J_\infty$ bei reinem Eisen 21600 beträgt. Bei einer Feldstärke von $\mathfrak{H} = 10$ Oe ist $\mathfrak{B} - \mathfrak{H} = 4\pi J$ im Durchschnitt noch etwa 30%, bei $\mathfrak{H} = 100$ Oe nur noch 10 bis 15% von der Sättigungsgrenze entfernt, die bei $\mathfrak{H} = 1000$ bis 2000 Oersted praktisch vollkommen erreicht wird. Der absteigende Ast der Kurve schneidet die Ordinatenachse bei einer Remanenz von $\mathfrak{B} = 13000$, die Koerzitivkraft beträgt etwa 0,9 bis 1 Oersted und ebenso liegt die sich aus der Nullkurve ergebende Maximalpermeabilität in der Größenordnung 5000 bis 10000; ein solches Material haben wir als „magnetisch weich" anzusprechen.

Als weiteres Beispiel sei die Magnetisierungskurve eines Eiseneinkristalls in Abb. 81 nach K. Honda, S. Kaya und Y. Mashiyama[1] wiedergegeben. Man erkennt, daß die Kurven aller drei Achsenrichtungen gemeinsam und ziemlich steil aus dem Nullpunkte aufsteigen, daß aber dann gewisse Unterschiede auftreten. So wird in der tetragonalen Achse [100] der Sättigungswert bereits bei $\mathfrak{H} = 70$ Oersted erreicht, in der diagonalen [110] und trigonalen [111] Achse dagegen erst bei 590 bzw. 470 Oe. Es ist also die Permeabilität in den verschiedenen Achsenrichtungen verschieden. Dagegen stimmt der Betrag des Sättigungswertes in allen drei Fällen miteinander und (praktisch) auch mit den an polykristallinem Material gewonnenen Zahlen überein. Die Größe der Koerzitivkraft von Eiseneinkristallen wird von Gerlach[2] zu etwa 0,05 bis 0,2 Oersted angegeben, ist also nicht wesentlich geringer als die an gutem polykristallinen Material gemessenen Werte (vgl. S. 329).

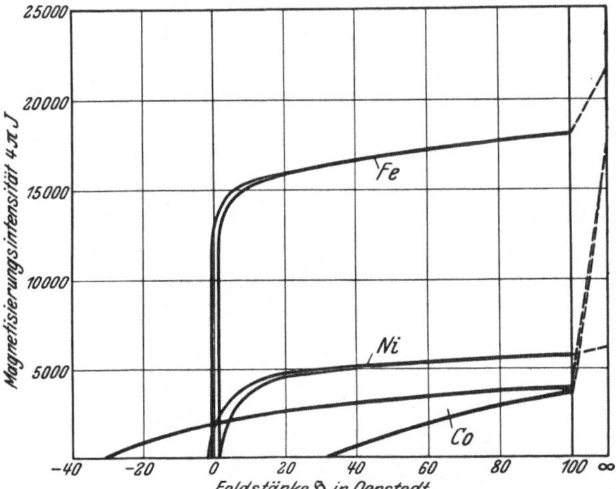

Abb. 80. Magnetisierungsschleifen von Eisen, Nickel und Kobalt.

Fe-Al, Eisen-Aluminium. Nach dem Zustandsdiagramm vermag das Eisen bei Raumtemperatur etwa 30% Al in feste Lösung aufzunehmen (vgl. F. Wever und A. Müller[3]). Die A_3-Umwandlung wird

---

[1] Sci. Rep. Tok. Univ.   [2] a. a. O.   [3] Mitt. Eisenforsch. 11, 193 (1929).

durch Aluminiumzusatz heraufgesetzt, das Gebiet der γ-Phase ist durch einen geschlossenen Kurvenzug abgegrenzt. Die Temperatur der magnetischen (A_2)-Umwandlung sinkt nach Gumlich[1] mit wachsendem Al-Gehalt, und zwar zuerst nur langsam (bis zu 11% Al um insgesamt etwa 100⁰), dann jedoch bedeutend rascher. Nach M. Iwasé und T. Murakami[2] sind Legierungen mit mehr als 16,5% Al bei Raumtemperatur nicht mehr ferromagnetisch.

In metallurgischer Beziehung spielt das Aluminium eine Rolle als Desoxydationsmittel. Entsprechend dem Absinken des Curiepunktes wird durch den Al-Zusatz die Sättigungsmagnetisierung des Eisens herabgesetzt. Wegen des Vorliegens von Mischkristallen tritt keine wesentliche, zumindestens keine verschlechternde Beeinflussung der Hystereseeigenschaften ein. Praktisch beobachtet man, da Al bei Gegenwart von Kohlenstoff im technischen Eisen die Stabilität des Zementits Fe_3C erniedrigt und den Kohlenstoff in Temperkohle überführt, meist noch eine Verbesserung der Magnetisierbarkeit im Sinne einer Verringerung der Koerzitivkraft und Erhöhung

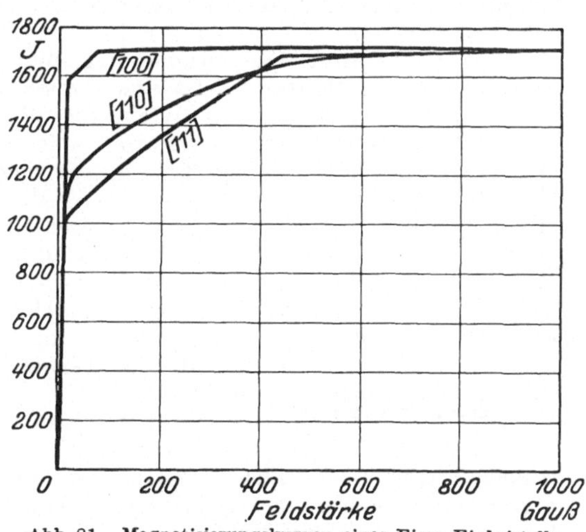

Abb. 81.   Magnetisierungskurven eines Eisen-Einkristalls (Kaya).

der Anfangs- und Maximalpermeabilität. Sowohl qualitativ wie quantitativ wirkt das Aluminium daher ähnlich wie das Silizium, und die Gegenwart beider Elemente ist in magnetisch „weichen" Materialien wünschenswert. Nähere Angaben s. unten S. 331.

Fe-As, Eisen-Arsen. Nach Oberhoffer und Gallaschik[3] vermag Eisen bis 6,8% As in feste Lösung aufzunehmen, während oberhalb dieser Konzentration ein Eutektikum mit 30,8% As und einem Schmelzpunkt bei 827⁰ auftritt. Die Grenze des Mischkristallgebiets wird durch die neuere röntgenographische Untersuchung von G. Hägg bestätigt.

Arsenzusatz in geringen Mengen soll nach Burgeß und Aston[4] von günstigem Einfluß auf die Permeabilität und den Hystereseverlust von technisch weichem Material (Flußeisen) sein. Umfangreiche Untersuchungen an Flußeisen mit durchschnittlich 0,08% C, 0,43% Mn, 0,02% P, 0,05% Si, 0,177% Cu und Arsengehalten bis 3,5% hat J. Liedgens[5] angestellt. Mit steigendem Arsengehalt blieb die Magne-

[1] Mitt. aus d. P.T.R. (1918).   [2] a. a. O.
[3] Stahleisen 43, 398 (1923).   [4] Electr. Met. Ind. 1909, 276 u. 403.
[5] Stahleisen 32, 2109 (1912).

tisierbarkeit, Remanenz und Koerzitivkraft praktisch konstant (Mischkristallbildung!), während die Maximalpermeabilität auch hier anstieg. Da gleichzeitig der spezifische elektrische Widerstand erhöht wird (von 0,1 beim Eisen auf 0,4 Ohm m/mm² bei 3,5% As), so zeigen die Gesamtwattverluste (von Blechen) mit steigendem Arsengehalt eine stetige Abnahme. Liedgens kommt jedoch zu dem Schluß, daß sich eine ständige technische Verwendung des As als Legierungselement nicht verlohne, da sich derselbe Effekt durch andere Zusätze leichter und billiger erzielen läßt.

Fe-Au, Eisen-Gold. Nach Isaac und Tammann[1] mischen sich Gold und Eisen im flüssigen Zustande in allen Verhältnissen, im kristallisierten Zustande besteht jedoch eine Mischungslücke, die bei Zimmertemperatur von 18% bis 85% Au reicht. Auf den magnetischen Umwandlungspunkt hat der Goldzusatz keinen merklichen Einfluß. Die Legierungen sind daher bis 85% Au ferromagnetisch.

Fe-B, Eisen-Bor. Das Zustandsdiagramm des Systems Eisen-Bor (vgl. F. Wever und A. Müller)[2] weist eine gewisse Ähnlichkeit mit demjenigen des Systems Eisen-Kohlenstoff auf. Die Legierungen erstarren mit einem eutektischen Punkt bei 3,8% B, der dem Gleichgewicht zwischen dem gesättigten γ-Mischkristall mit 0,15% B und einer intermediären Kristallart (Fe_4B_2) entspricht. Der γ-Mischkristall zerfällt analog der Perlitbildung nach Überschreiten seiner Sättigungsgrenze in einen α-Mischkristall mit sehr niedrigem Borgehalt und die Verbindung Fe_4B. Die Lage des A_2-Punktes wird durch Bor nicht merklich verändert.

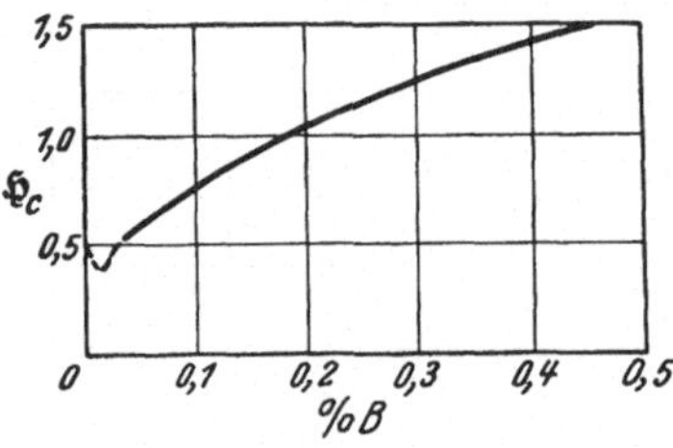

Abb. 82. Koerzitivkraft von Fe-B-Legierungen (Yensen).

Der Einfluß von B auf die magnetischen Eigenschaften ist von Yensen[3] untersucht worden (vakuumgeschmolzenes Elektrolyteisen mit B-Gehalten bis 0,45%), und steht durchaus in Übereinstimmung mit der Phasengestaltung und den obigen Regeln. Sehr geringe Gehalte bis etwa 0,05% B, d. h. im Gebiet der festen Lösung, wirken infolge Desoxydation günstig auf die magnetischen Eigenschaften ein, indem die Koerzitivkraft gegenüber ihrem Ausgangswert etwas abnimmt und die Maximalpermeabilität gleichzeitig gesteigert wird. Höhere Zusätze, im Gebiet des Borperlits, kehren jedoch diese Wirkung um, so daß die Koerzitivkraft nunmehr eine stetige Zunahme zeigt (vgl. Abb. 82). Die aus dem Knickpunkt der Kurven abzulesende Grenze der festen Lösung ergibt sich in guter Übereinstimmung mit den Angaben des Zustandsdiagramms zu etwa 0,08% B.

Für höhere Borgehalte fand B. de Jassoneix[4] abnehmende Permeabilität bis zur Konzentration Fe_2B (=(Fe_4B_2). Ob das Eisenborid selber noch ferromagnetisch ist, ist nicht sicher bekannt.

Praktische Bedeutung scheint dem Bor als Legierungselement in magnetischer Beziehung nicht zuzukommen.

Fe-Be, Eisen-Beryllium. Nach dem von Oesterheld[5] entworfenen Zustandsschaubild vermag das Eisen bei 1155° etwa 6,5% Be in feste Lösung aufzunehmen. Bei höheren Konzentrationen tritt ein Eutektikum mit etwa 9,2% Be auf. Die Grenze des Mischkristallgebietes wird mit sinkender Temperatur zum

[1] Z. anorg. u. allg. Chem. **53**, 294, (1907).
[2] Mitt. Eisenforsch. **11**, 193, (1929.)
[3] Univ. Illinois, Bull. **1915**, Nr. 77.   [4] a. a. O.
[5] Z. anorg. u. allg. Chem. **3**, 97 (1916).

Eisen hin verschoben, so daß sie bei 650° nur noch etwa 5%, bei Raumtemperatur zwischen 1% und 2% Be beträgt (vgl. F. Wever, Kroll). Die magnetische Umwandlung der Fe-Be-Legierungen wurde bis zu einem Gehalt von 14% Be gemessen. Sie sinkt nahezu proportional mit der Konzentration bis auf 650° (im gesättigten Mischkristall) und bleibt im eutektischen Gemenge konstant.

Die Brauchbarkeit von Eisen-Beryllium-Legierungen in magnetischer Beziehung hat v. Auwers[1] untersucht. Sättigungswert und Remanenz nehmen mit dem Be-Gehalt nur verhältnismäßig wenig ab, dagegen zeigt die Koerzitivkraft oberhalb 2% Be (d. h. im heterogenen Gemenge) ein starkes Anwachsen. Die an kohlenstofffreien Proben erhaltenen Werte des spezifischen elektrischen Widerstandes, der Koerzitivkraft und der Maximalpermeabilität sind in der nebenstehenden Zahlentafel zusammengestellt.

O. v. Auwers kommt zu dem Schluß, daß der Berylliumzusatz zum Eisen weder zur Verringerung der Verluste, noch in Kombination

Zahlentafel 15. Magnetische und elektrische Eigenschaften von Fe-Be-Legierungen (nach v. Auwers).

Prozent Be	Spez. Widerstand	Koerzitivkraft Oersted	Maximal-Permeabilität
0,5	0,193	1,7	2300
1,0	0,494	2,5	1170
1,5	0,460	2,5	835
2,0	0,475	4,6	1000
3,0	0,646	5,7	420
4,0	0,541	19,6	230

mit Kohlenstoff zur Verwendung als permanente Magnete irgendeinen besonderen Vorteil bietet.

Fe-Bi, Eisen-Wismut. Praktisch vollkommene Unlöslichkeit im flüssigen und festen Zustand.

Fe-C, Eisen-Kohlenstoff. Das Zustandsdiagramm der Eisen-Kohlenstoff-Legierungen ist auf S. 93 ausführlichst besprochen worden. Nach ihm haben wir es bei Raumtemperatur außer einem sehr schmalen

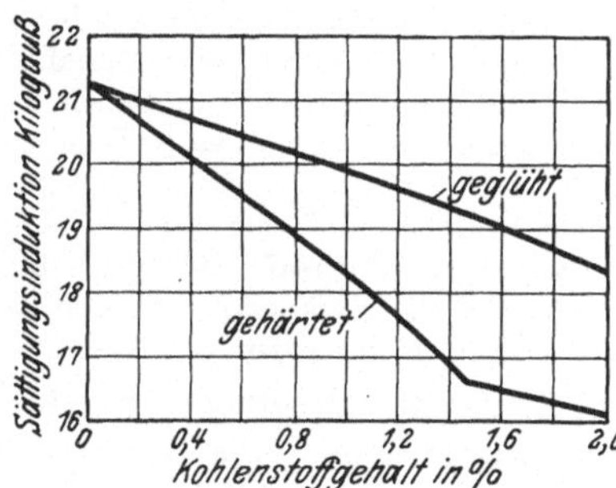

Abb. 83. Sättigungswert von Fe-C-Legierungen (Gumlich).

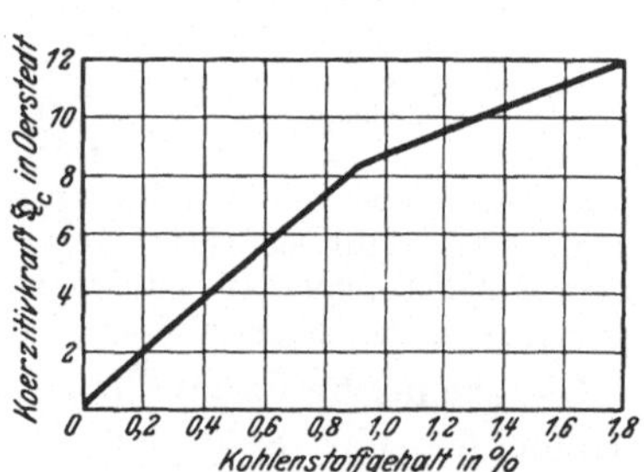

Abb. 84. Koerzitivkraft von Fe-C-Legierungen (Gumlich).

Gebiet fester Lösung (bis 0,006% C) in jedem Fall mit heterogenen Legierungen zu tun, und zwar liegt der Kohlenstoff je nach der Abkühlungsgeschwindigkeit und der Wärmebehandlung entweder als singuläre Kristallart Fe_3C (Zementit) oder in elementarer Form (Temperkohle, Graphit) vor, wozu in den abgeschreckten (gehärteten) Stählen noch

---

[1] Wissensch. Veröff. Siemens-Konz. 8, 236 (1930).

eine weitere Gruppe von Gefügebestandteilen und instabilen Zuständen auftreten (Martensit, vgl. S. 151).

Der Einfluß des Kohlenstoffs auf die Sättigungsmagnetisierung des Eisens ist in Abb. 83 wiedergegeben. Mit zunehmenden Anteil an C nimmt $4\pi J_\infty$ sowohl bei den ausgeglühten wie auch bei den von 850^0 gehärteten Stählen fast geradlinig, also dem Kohlenstoffgehalt umgekehrt proportional, ab, wobei die Kurve im gehärteten Zustand erheblich steiler verläuft, als bei den ausgeglühten Proben.

Der Einfluß des Kohlenstoffs (im perlitischen Zustand, d. h. bei ausgeglühten Stählen) auf die Koerzitivkraft geht aus Abb. 84 hervor.

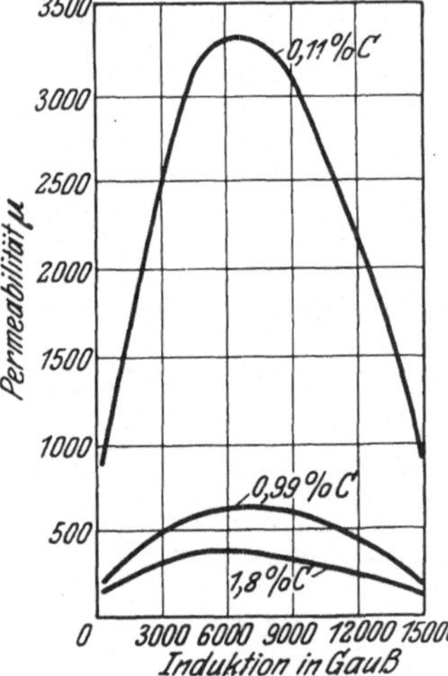

Abb. 85. Permeabilitätskurven von Fe-C-Legierungen.

Entsprechend der Heterogenität der Legierungen wächst $\mathfrak{H}_c$ geradlinig an. Bei 0,9% Kohlenstoff zeigt die Kurve einen deutlichen Knick, der nach Gumlich darauf zurückzuführen ist, daß bei den übereutektoiden Stählen (s. unten) der Zementit hauptsächlich in kugeliger Form ausgeschieden ist und dann die Koerzitivkraft (und auch den elektrischen Widerstand) weniger beeinflußt, als der lamellenförmige Zementit.

Entsprechend der Erhöhung der Koerzitivkraft nimmt die Permeabilität mit steigendem Kohlenstoffgehalt beträchtlich ab. Einige Permeabilitätskurven (und zwar in Abhängigkeit von der Induktion $\mathfrak{B}$), sind für Stähle mit verschiedenem Kohlenstoffgehalt in Abb. 85 wiedergegeben. Man erkennt, daß durch eine Zunahme des Kohlenstoffgehaltes von 0,11% auf 0,99% die Maximalpermeabilität auf den etwa 6. Teil verringert wird.

Die Änderung des spezifischen elektrischen Widerstandes mit dem C-Gehalt im geglühten Stahl ist der der Koerzitivkraft ähnlich (Zahlentafel 29). Auch hier ist ein Knick bei 0,9% C deutlich zu erkennen. Für die Remanenz hat sich dagegen eine gesetzmäßige Abhängigkeit vom C-Gehalt nicht aufstellen lassen.

Die chemische Verbindung Fe_3C, der Zementit, ist selber noch stark ferromagnetisch. Sein Sättigungswert wurde von Stäblein und Schroeter[1] zu $4\pi J_\infty = 12400$ bestimmt, während der magnetische Umwandlungspunkt[1] bei etwa 215^0 liegt (Honda). Bei der Aufnahme der Magnetisierungs-Temperaturkurve eines Kohlenstoff-Stahles macht sich dieser Punkt daher durch eine kleine diskontinuierliche Abnahme der Magnetisierung bemerkbar, während bei der Abkühlung bei der betreffenden Temperatur wieder eine Zunahme einsetzt. Die prozentualen Änderungen sind um so größer, je höher der Zementitgehalt ist (vgl. Abb. 124).

---

[1] Z. anorg. u. allg. Chem. **174**, 193 (1928).

Wesentlich geringer ist der Einfluß des Kohlenstoffs auf die magnetischen Eigenschaften des Eisens, wenn er, wie im Gußeisen, in Form von Graphit oder Temperkohle vorliegt, und zwar ist dies einmal auf das im Vergleich zum Zementit (mit 3 Anteilen Eisen) erheblich geringere Volumen des elementaren Kohlenstoffs zurückzuführen, wodurch also die Gesamtmenge der heterogenen Bestandteile im Gefüge und damit die für die Größe der Koerzitivkraft maßgebenden interkristallinen Spannungen herabgesetzt werden. Dazu kommt noch hinzu,

daß der Graphit nur lose in das Gefüge eingebettet ist und keine innige mechanische Verbindung mit dem umgebenden Ferrit besitzt, so daß auch aus diesem Grunde noch eine wesentlich geringere Verspannung und Heraufsetzung der Koerzitivkraft eintreten muß.

Wegen aller weiteren Einzelheiten sei auf die späteren Ausführungen hingewiesen (vgl. S. 218).

Fe-Ce, Eisen-Cer. Nach Vogel[1] liegt im Zweistoffsystem Fe-Ce vom Eisen ausgehend bis zu etwa 12 % Ce Mischkristallbildung vor, worauf sich ein heterogenes Gemenge des gesättigten Mischkristalls mit der Verbindung C_2Fe_3 (rd. 46 % Ce) anschließt. Nach einem kurzen Zwischengebiet folgt der Existenzbereich der Verbindung $CeFe_2$ (rd. 50 % Ce), die dann mit fast reinem Cer ein eutektisches Gemenge bildet. Da die beiden Eisen-Cer-Verbindungen selber noch ferromagnetisch sind, so

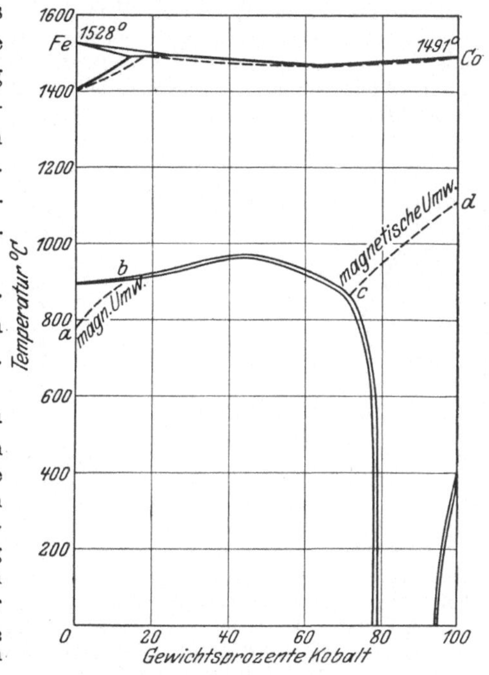

Abb. 86. Zustandsdiagramm des Systems Fe-Co (Masumoto).

reicht die Magnetisierbarkeit der Legierungen bis unmittelbar an das Cer heran. Die Umwandlungstemperatur A_2 des reinen Eisens erhöht sich im Mischkristallgebiet auf 790° und bleibt bis rd. 50 % Ce konstant. Die cerreichen Legierungen verlieren ihren Magnetismus bei 116°, dem Curiepunkt der Verbindung $CeFe_2$.

Fe-Co, Eisen-Kobalt. Das Zustandsdiagramm der Eisen-Kobalt-Legierungen[2] ist in Abb. 86 wiedergegeben. Die A_3-Umwandlung des Eisens wird durch den Kobaltzusatz anfänglich gehoben, erreicht ein flaches Maximum bei rd. 45 % bis 50 % Co und fällt dann bei 78 % ziemlich steil ab. Der allotrope Umwandlungspunkt des Kobalts bei 450° verschwindet ebenfalls bei Aufnahme von etwa 5 % Fe. Dementsprechend

[1] Z. anorg. u. allg. Chem. 99, 25 (1917).
[2] Vgl. Landolt-Börnstein, Phys.-Chemische Tabellen 1931.

bestehen die Fe-Co-Legierungen bei Raumtemperatur aus drei Reihen von Mischkristallen. Von 0 bis 78% erstreckt sich das Gebiet der raumzentrierten α-Mischkristalle, von 80% bis rd. 95% die γ-Phase mit einem kubisch flächenzentrierten Raumgitter, und von da bis zum reinen Kobalt die H-Phase mit einem Gitter hexagonal dichtester Kugelpackung. Zwischen den einzelnen Gebieten liegen schmale Zonen, in denen beide Phasen koexistieren (vgl. H. Masumoto[1]).

Sämtliche Fe-Co-Legierungen sind ferromagnetisch. Dabei besteht der Einfluß des Co auf das Eisen vor allem darin, daß im Gegensatz zu allen übrigen Legierungselementen die Sättigungsmagnetisierung der α-Mischkristalle gegenüber der der Komponenten erhöht wird, weswegen die Legierungen auch gewisse technische Verwendung finden. Nach A. Preuß[2], der diese Eigentümlichkeit entdeckte, liegen die Werte der Sättigungsmagnetisierung auf zwei Geraden,

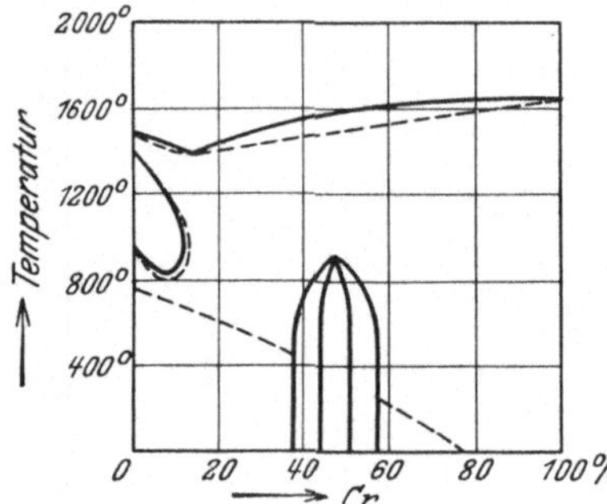

Abb. 87. Zustandsschaubild Fe-Cr (Wever u. Jellinghaus).

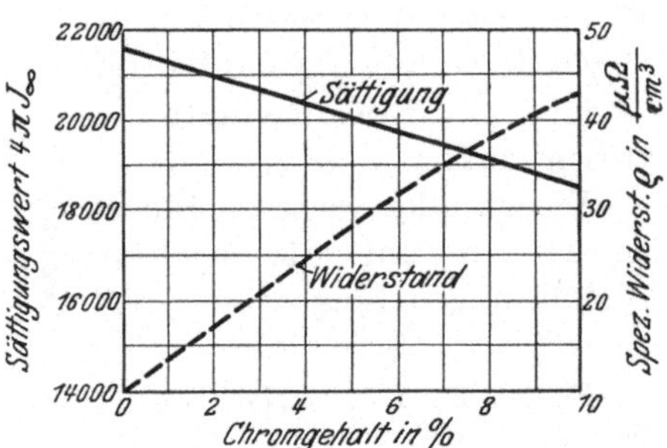

Abb. 88. Einfluß des Chroms auf die Eigenschaften von Eisen (Stäblein).

die sich bei etwa 34% Co schneiden, und P. Weiß[3] hat auf eine chemische Verbindung Fe_2Co hingewiesen. Neuere Untersuchungen haben den Verlauf dieses Kurvenzuges nicht bestätigen können (vgl. S. 346).

Im Gebiet der flächenzentrischen Mischkristalle (von 79 bis 95% Co) zeigen sich nach H. Masumoto[4] außerordentlich steile Magnetisierungskurven mit hoher Anfangs- und Maximalpermeabilität. Wir haben es hier also mit einem ähnlichen Bereich wie in den Nickel-Eisen-Legierungen zu tun.

Über die Kobalt-Magnetstähle vgl. S. 261.

Fe-Cr, Eisen-Chrom. Unter gewöhnlichen Bedingungen bilden Eisen- und Chrom eine lückenlose Reihe von Mischkristallen[5]. Die magnetische Umwandlung A_2 wird durch den Chromzusatz stetig herabgesetzt und schneidet bei etwa 75% Cr die Achse der Raumtemperatur (vgl. Abb. 87). Bis zu diesem Punkte reicht also die Magnetisierbarkeit[5]. Die Abnahme der Sättigungsinduktion und die Steigerung des spe-

[1] Sci. Rep. Tohoku Imp. Univ. 15, 449 (1926).   [2] Dissert. Zürich 1912.

[3] Trans. Farad. Soc. 8, 56 (1912).

[4] Sci. Rep. Tohoku Imp. Univ. 18, 195 (1929).

[5] Vgl. Oberhofer und Pakulla, St. u. E. 47, 2021 (1927); magn. Messungen vgl. auch F. Addcock: Iron and Steel Inst. London 1931, Advance Cepy S. 1—48.

zifischen elektrischen Widerstandes bei niedrigen Cr-Gehalten ist aus Abb. 88 zu ersehen. Die Koerzitivkraft der Legierungen bleibt, da es sich um Mischkristalle handelt, praktisch ebenso groß wie die des reinen Eisens.

Neuerdings haben F. Wever und Jellinghaus[1] beobachtet, daß sich in dem Bereich zwischen 40% und 50% Cr durch langdauernde Wärmebehandlung bei 600° eine neue Phase bildet, der das Raumgitter der intermetallischen Verbindung FeCr zukommt. Gleichzeitig nimmt in diesem Zustand die Magnetisierbarkeit stark ab; FeCr ist demnach unmagnetisch.

Bei Gegenwart von Kohlenstoff besteht die Bedeutung des Chroms vor allem darin, daß hochkohlenstoffhaltige ternäre Phasen (Doppelkarbide) auftreten, die als Ursache der hohen Koerzitivkraft in den Dauermagnetstählen anzusehen sind.

Fe-Cu, Eisen-Kupfer. Eisen bildet mit Kupfer bei Raumtemperatur bis zu etwa 0,7% Cu Mischkristalle. In diesem Bereich findet nach dem bisher Bekannten keine nennenswerte Beeinträchtigung der magnetischen Eigenschaften statt, insbesondere bleibt die Koerzitivkraft konstant. Bei höheren Konzentrationen liegt ein heterogenes Gemenge des gesättigten Mischkristalls mit einer Kristallart vor, die aus praktisch reinem Kupfer besteht. Dementsprechend wird die Sättigungsmagnetisierung der Legierungen stetig herabgesetzt, und die Koerzitivkraft steigt an (Abb. 89 nach A. Kußmann und B. Scharnow). A. F. Stogoff und W. Meßkin[2] fanden in einem Kohlenstoffstahl durch Cu-Zusatz ebenfalls eine Erhöhung der Koerzitivkraft (vgl. S. 274).

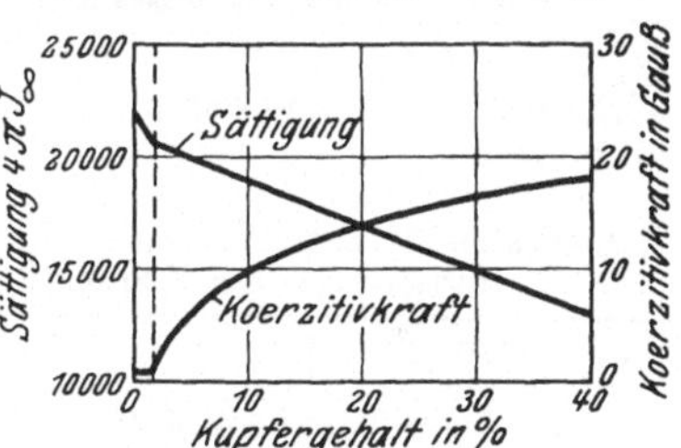

Abb. 89. Sättigungswert und Koerzitivkraft von Fe-Cu-Legierungen (Kußmann u. Scharnow).

Fe-H, Eisen-Wasserstoff. Die bisher durchgeführten Arbeiten über den Einfluß des Wasserstoffs auf die magnetischen Eigenschaften des Eisens haben sich meistens auf mehr qualitative Angaben beschränkt, zumal die genaue Zustandsform, in der der Wasserstoff im Eisen vorhanden ist (Hydride), nicht mit Sicherheit bekannt ist. An Untersuchungen liegen auf diesem Gebiete vor allem die umfangreichen Messungen von Maurain, Kaufmann und Meier und von Gumlich an dem stark wasserstoffhaltigen Elektrolyteisen vor. Allgemein ist dabei festgestellt, daß der Wasserstoff die Koerzitivkraft und den Hystereseverlust des Eisens beträchtlich erhöht, wobei eigentümliche, fast rechteckige Magnetisierungsschleifen auftreten können Kaufmann und Meier[3] haben gezeigt, daß diese besondere Schleifenform nur bei

---

[1] Mitt. Eisenforsch. **13**, 143 (1931). [2] Arch. Eisenhüttenwes. Nov. **1928**.
[3] Physik. Z. **12**, 513 (1911).

Abscheidung des Metalls aus bestimmten Elektrolyten auftritt und beim Erhitzen des Eisens durch die Abgabe von Wasserstoff verschwindet. Sie läßt sich jedoch beliebig oft reproduzieren, wenn die Probe wiederum kathodisch mit Wasserstoff beladen wird.

Erwähnt seien ferner die interessanten Beobachtungen von J. Coulson[1], nach denen der in statu nascendi aufgenommene Wasserstoff eine beträchtliche Abnahme des magnetischen Moments von gehärteten Magnetstählen hervorruft. Man erkennt aus der Zahlentafel 16, in der seine Beobachtungen wiedergegeben sind, daß mit der Steigerung der Temperatur von 20° auf 60° die Abnahme des Moments durch die kathodische Beladung sich um den 5fachen Betrag vergrößern kann, und daß ein Kohlenstoffstahl der Erscheinung in höherem Maße ausgesetzt ist als ein Wolframmagnetstahl. Vgl. auch Abb. 90.

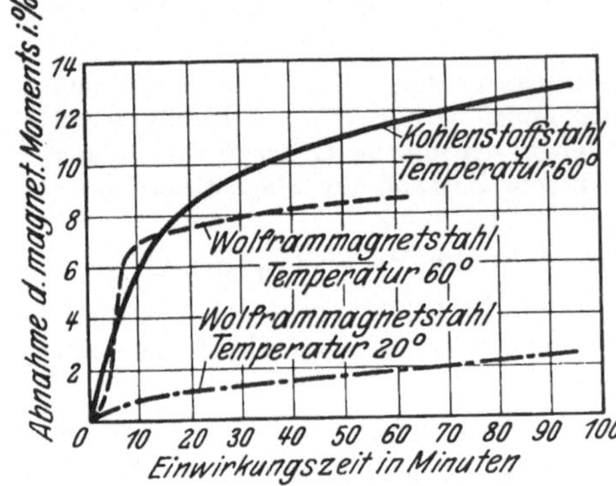

Abb. 90. Abnahme des Moments von Dauermagnete bei Wasserstoffbeladung.

Zahlentafel 16. Einfluß des Wasserstoffs in statu nascendi auf das magnetische Moment gehärteter Dauermagnetstähle.

Wirkungstemp. 20° C						Wirkungstemperatur 60° C					
Kohlenstoffstahl mit 1,2% C, bei 800° gehärtet						Wolframmagnetstahl bei 800° gehärtet			Wolframmagnetstahl bei 700° gehärtet		
Zeit	Magnet. Moment	Abnahme d. magnet. Moments	Zeit	Magnet. Moment	Abnahme d. magnet. Moments	Zeit	Magnet. Moment	Abnahme d. magnet. Moments	Zeit	Magnet. Moment	Abnahme d. magnet. Moments
min	M	%	min	M	%	min	M	%	min	M	%
0	1836	—	0	2040	—	0	1697	—	0	1378	—
1,0	1814	1,20	0,5	2010	1,50	0,5	1695	0,09	0,5	1372	0,43
3,0	1809	1,50	1,0	1987	2,59	2,0	1680	0,97	2,0	1371	0,46
5,0	1805	1,68	3,0	1921	5,85	5,0	1677	1,15	5,0	1114	19,16
10,0	1800	1,98	5,0	1873	8,20	10,0	1675	1,29	8,0	1113	19,21
20,0	1788	2,45	10,0	1860	8,81	20,0	1650	5,38	13,0	1113	19,21
30,0	1786	2,70	20,0	1846	9,50	25,0	1603	5,50	23,0	1112	19,27
40,0	1781	3,02	30,0	1834	10,10	35,0	1601	5,65	—	—	—
50,0	1777	3,20	40,0	1818	10,9	—	—	—	—	—	—
60,0	1773	3,42	50,0	1804	11,6	—	—	—	—	—	—

Ferner hängt die Abnahme des magnetischen Moments noch von den Härtungsbedingungen des betreffenden Magnetstahls, vor allem von der Höhe der Härtungstemperatur ab. Ein mit Wasserstoff beladener Magnet ist in seiner Remanenz nach Coulson unabhängig gegen Erschütterungen.

Ganz anders als kathodisches H_2 scheint nach neueren Unter-

---

[1] Phys. Rev. **20**, 51—58 (1922).

suchungen der in der Hitze aufgenommene Wasserstoff zu wirken. Vgl. dazu die Messungen von Cioffi (S. 307).

Fe-Hg, Eisen-Quecksilber. Mit den magnetischen Eigenschaften der Amalgame hat sich eine Arbeit von Nagaoka[1] befaßt, wobei insbesondere die flüssigen Amalgame mit geringen Gehalten an dem ferromagnetischen Metall untersucht wurden. Er ergaben sich sehr schrägliegende Magnetisierungskurven. Die Intensität der Magnetisierung bei hohen Feldstärken entsprach ungefähr den aus der Konzentration berechneten Werten, was dafür spricht, daß wir es nicht mit einer chemischen Verbindung, sondern vielmehr mit einer Suspension von Eisenteilchen in Quecksilber zu tun haben. Während die Remanenz nicht sehr bedeutend war, wies die Koerzitivkraft dagegen ganz beträchtliche Werte auf und

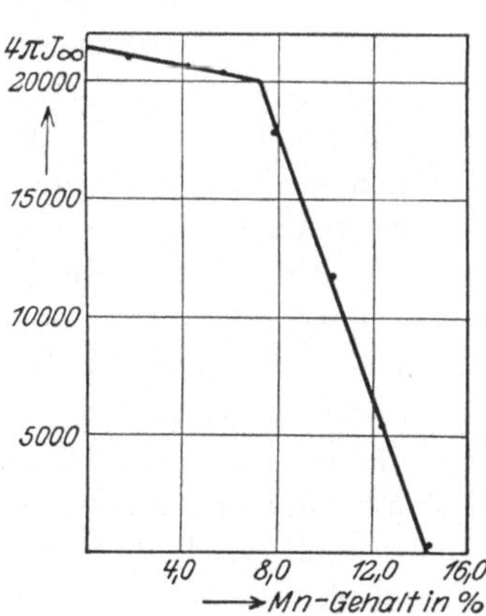

Abb. 91. Sättigungswerte von Fe-Mn-Legierungen.

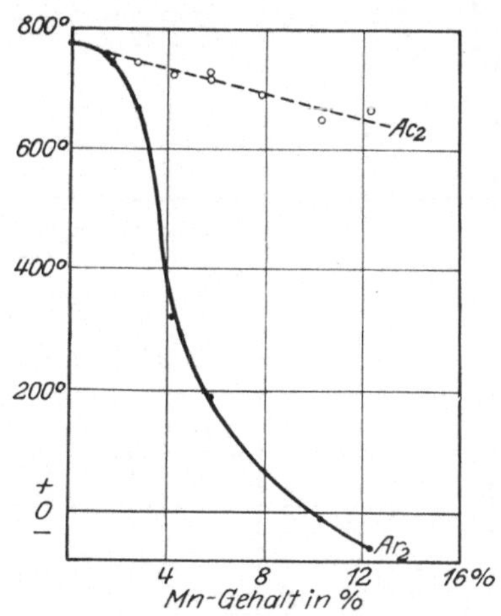

Abb. 92. Magnetische Umwandlungspunkte im System Fe-Mn.

wurde bei einem 2,3 %igen Eisenamalgam zu 370 Oe ermittelt. Dementsprechend groß war auch die Energievergeudung bei der Ummagnetisierung; sie betrug bei dem 2,3%-Eisenamalgam 190000 Erg pro Zyklus und Gramm.

Eine Erklärung für die hohe Koerzitivkraft ist bisher nicht gegeben worden; falls es sich eben um Suspensionen handelt, dürfte man an die Wirkung der Oberflächenspannung denken, die bei der Kleinheit der Teilchen schon beträchtliche Verspannungen erzeugen könnte.

Fe-Mn, Eisen-Mangan. Das Zustandsdiagramm des Systems Eisen-Mangan ist in seinen komplizierten Einzelheiten bis heute noch nicht vollkommen aufgeklärt. Sicher ist jedenfalls, daß das Mangan mit dem α-Eisen bis etwa 8% Mn Mischkristalle bildet, während bei höheren Konzentrationen heterogene Gebiete vorkommen. Bereits bei geringen Manganzusätzen wird die A_3Umwandlung des Eisens stark nach unten verschoben, so daß der A_3-Punkt bei etwa 12% unterhalb der Raumtemperatur liegt. Ähnlich wie bei Fe-Ni findet sich ein Zwischen-

---

[1] Ann. Physik **59**, 66 (1896).

Zahlentafel 17. Einfluß des Mangans auf die magnetischen Eigenschaften des Stahles.

Chemische Zusammensetzung					Bei 900° geglüht						Bei 900° in Wasser gehärtet					
C	Mn	Si	P	Cu	$\mathfrak{B}$ für $\mathfrak{H}=130$	Remanenz $\mathfrak{B}_r$	Koerzitivkraft $\mathfrak{H}_c$	Hystereseverlust Erg/cm³·10⁻³	Maximalpermeabilität[1]	$\mathfrak{H}=$	$\mathfrak{B}$ für $\mathfrak{H}=130$	Remanenz $\mathfrak{B}_r$	Koerzitivkraft $\mathfrak{H}_c$	Hystereseverlust Erg/cm³·10⁻³	Maximalpermeabilität[1]	$\mathfrak{H}=$
%	%	%	%	%	Gauß	Gauß	Oersted				Gauß	Gauß	Oersted			
0,109	0,285	0,319	0,063	0,131	17300	10550	3,3	29,7	1500	6,0	17300	10050	6,9	46,4	722	9,7
0,125	0,440	0,286	0,067	0,164	17250	10500	3,5	31,5	1340	6,2	17150	10200	8,6	55,5	586	14,0
0,126	0,675	0,303	0,067	0,167	17100	10600	3,9	32,8	1214	7,0	16500	9950	9,5	63,0	520	15,0
0,099	0,785	0,311	0,040	0,123	17150	10700	3,9	32,2	1257	7,1	16750	9750	13,5	55,0	404	19,8
0,098	1,020	0,316	0,041	0,140	17400	10500	3,9	33,6	1217	7,3	16100	9550	14,8	77,8	367	21,8
0,100	1,270	0,313	0,099	0,146	17050	10700	4,7	39,8	1060	8,3	15600	9800	23,2	101,8	286	30,8
0,101	1,315	0,303	0,102	0,141	17000	10500	5,3	39,5	1023	8,5	15500	9900	20,5	106,3	253	33,6
0,102	1,765	0,309	0,103	0,152	17150	9800	5,1	41,9	869	9,2	15700	9800	24,8	111,3	278	32,1
0,099	1,835	0,324	0,108	0,126	17050	9400	6,4	44,8	800	10,6	15500	9500	26,8	112,8	243	33,3
0,090	2,230	0,301	0,102	0,129	15900	7600	6,1	46,3	604	10,1	15500	9600	27,1	116,8	258	33,0
0,092	2,740	0,294	0,110	0,125	15700	8400	7,8	47,5	526	11,6	15400	9450	29,8	119,3	250	32,0

[1] Ferrum 1911.

gebiet, in dem die α- und γ-Phase (Ferrit und Austenit) koexistieren, und ferner besitzt die A_3-Umwandlung eine beträchtliche Temperaturhysterese. Legierungen oberhalb etwa 8% Mn haben daher bei Raumtemperatur entweder ein austenitisches oder ferritisches (bzw. bei Gegenwart von C martensitisches) Gefüge, und dementsprechend verschieden sind auch ihre magnetischen Eigenschaften. Durch die neueren röntgenographischen[1] Untersuchungen ist ferner gezeigt, daß in dem Gebiet von 12 bis 30% Mn außer dem α-Mischkristall und dem kubisch raumzentrischen γ-Mischkristall noch eine dritte (ε) Phase mit hexagonalem Raumgitter vorliegt, deren Stabilitätsbereich noch nicht abgegrenzt ist.

Die Änderung des Sättigungswertes von Fe-Mn-Legierungen mit durchschnittlich 0,1% C, zeigt Abb. 91 nach Gumlich. Für die niedrigprozentigen Legierungen

[1] Vgl. W. Schmidt: Arch. Eisenhüttenwes. 3, 293 (1929/30) sowie A. Osawa: Sci. Rep. Tohoku Imp. Univ. 19, 247 (1930).

nimmt $4\pi J$ verhältnismäßig wenig ab, dann folgt mit der Einbettung eines zweiten Gefügebestandteils ein rascher Abstieg, bis die Proben bei etwa 14% Mn völlig unmagnetisch sind. In engem Zusammenhang mit der Temperaturhysterese von A_3 steht auch der Verlust der Magnetisierbarkeit der Proben beim Erwärmen. (Vgl. Abb. 92 nach Gumlich.) Während sich nämlich der Punkt A_2, bei dem Magnetismus beim Erhitzen verloren geht, mit der Konzentration nur wenig ändert, verschiebt sich der Punkt der Rückkehr der Magnetisierbarkeit mit steigendem Mn-Gehalt zu immer tieferen Temperaturen.

Hinsichtlich der Hystereseeigenschaften wäre wegen des Vorhandenseins einer festen Lösung (vgl. S. 109) anzunehmen, daß die Koerzitivkraft durch den Manganzusatz nicht wesentlich geändert wird. Dies ist auch, wie A. Kußmann und B. Scharnow zeigen konnten, bei sehr

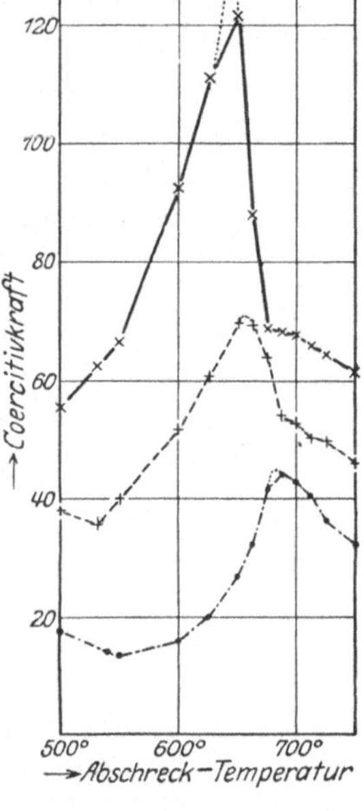

Abb. 93. Koerzitivkraft von Fe-Mn-Legierungen.

Zahlentafel 18. Mangangehalt und magnetische Eigenschaften nach R. Hadfield.

Chemische Zusammensetzung		Induktion für $\mathfrak{H}=45$ Gauß	Remanenz $\mathfrak{B}_r$ Gauß	Koerzitivkraft $\mathfrak{H}_c$ Oersted
C %	Mn %			
0,03	0,03	17480	7120	1,66
0,20	0,50	16700	8730	3,20
0,24	1,00	16200	9990	3,40
0,41	2,25	15400	9990	6,00
0,08	3,50	12530	8950	17,80
0,36	4,00	9800	6080	16,20
0,36	4,75	8730	5590	19,60
0,16	10,10	670	250	15,00
0,26	13,00	280	zur Messung zu klein	
0,15	15,20	0		

reinen Fe-Mn-Legierungen und -zusätzen bis 5% Mn praktisch erfüllt. Bei Gegenwart geringster Spuren von Kohlenstoff — wie er sich in dem üblichen technischen Eisen ja stets findet — wirkt Mangan jedoch magnetisch härtend, indem es die Koerzitivkraft und den Hystereseverlust vergrößert und die Permeabilität herabsetzt. Einen Überblick über diesen Einfluß mag die Zahlentafel 17 geben, die aus den Ergebnissen von Lang[1] zusammengestellt ist. In den magnetisch weichen Materialien muß man also mit der Verwendung von Mangan als Spezialbestandteil oder als Desoxydationsmittel zumindestens sehr vorsichtig sein. Zu einem ähnlichen Schluß kam in neuerer Zeit auch R. Hadfield[2],

---

[1] a. a. O.
[2] J. Iron Steel Inst. 115, 297 (1927). — Siehe auch Stahleisen 36, 1499 (1927).

der eine Reihe von Manganstählen mit geringem Kohlenstoffgehalt auf verschiedene physikalische Eigenschaften untersucht hat (vgl. Zahlentafel 18).

Erwähnenswert ist ferner noch die Tatsache, daß sich auch beim Abschrecken von Eisen-Mangan-Legierungen selbst mit geringen C-Gehalten recht beträchtliche Koerzitivkräfte erzielen lassen, die bis 130 Oe betragen können. (Eine technische Bedeutung kommt den Legierungen nicht zu, da die Remanenz außerordentlich klein ist, vgl. Zahlentafel 18.) Wie Abb. 93 nach Gumlich zeigt, ergeben sich die Höchstwerte dabei in einem bestimmten Bereich, der sich mit steigendem Mn-Gehalt zu tieferen Wärmegraden verschiebt, während die bei höheren und tieferen Temperaturen erzielten Werte bedeutend kleiner sind.

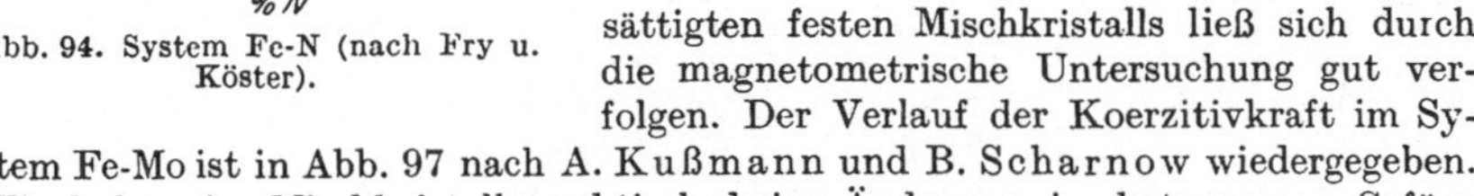

Abb. 94. System Fe-N (nach Fry u. Köster).

Fe-Mo, Eisen-Molybdän. Das Zweistoffsystem Fe-Mo ist von W. P. Sykes und später von T. Takei und W. Murakami[1] untersucht worden. Eisen und Molybdän bilden bei 53% Mo die intermetallische Verbindung Fe_3Mo_2, die mit dem gesättigten Mischkristall ein Eutektikum ergibt. Das γ-Feld ist abgeschnürt. Bei 1400° beträgt die Grenzkonzentration der festen Lösung 35% Mo; mit fallender Temperatur nimmt die Löslichkeit ab und ist bei Raumtemperatur nur noch 6% Mo.

Die Ausscheidung der Verbindung Fe_3Mo_2 durch Anlassen eines durch Abschrecken übersättigten festen Mischkristalls ließ sich durch die magnetometrische Untersuchung gut verfolgen. Der Verlauf der Koerzitivkraft im System Fe-Mo ist in Abb. 97 nach A. Kußmann und B. Scharnow wiedergegeben. Wir haben im Mischkristall praktisch keine Änderung, im heterogenen Gefüge dann ansteigende Werte. Die Magnetisierbarkeit reicht bis 53% Mo.

Fe-N, Eisen-Stickstoff. Der Einfluß des Stickstoffs auf die magnetischen Eigenschaften des Eisens wurde erstmalig von B. Strauß[2] bewiesen, der sowohl in normalem wie in siliziumhaltigem Flußeisen eine Verschlechterung der Magnetisierbarkeit durch Stickstoffaufnahme fand. Die Permeabilität nimmt ab, während die Koerzitivkraft und der Hystereseverlust erheblich vergrößert waren. Das Verhalten der Legierungen steht durchaus in Übereinstimmung mit der Phasengestaltung im System Eisen-Stickstoff, das in Abb. 94 nach A. Fry[3] wiedergegeben ist. Die feste Lösung γ-Eisen-Stickstoff zerfällt demnach bei der Abkühlung in eine feste Lösung α-Eisen-Stickstoff und ein Nitrid, dessen Zusammensetzung zu Fe_4N angenommen wird und das mit dem gesättigten Mischkristall ein Eutektoid (1,5% N, 580°) bildet.

[1] Trans. amer. Soc. Steel. Treat 16, 339 (1929).
[2] Stahleisen 34, 1814 (1914).   [3] Kruppsche Monatsh. 4, 137 (1923).

Der α-Eisen-Mischkristall vermag bei der eutektoiden Temperatur etwa 0,5% N in feste Lösung zu nehmen. Mit sinkender Temperatur nimmt die Löslichkeit ab und beträgt nach Köster[1] bei Zimmertemperatur etwa 0,015%. Längs der Entmischungslinie scheidet sich der Stickstoff daher in Form von Lamellen aus, die im Schliffbild als Nadeln deutlich zu erkennen sind.

In neuerer Zeit hat sich dann insbesondere W. Köster eingehend mit der Wirkung des Stickstoffs auf die magnetischen Eigenschaften beschäftigt.

Fe-Ni, Eisen-Nickel. Das Zustandsdiagramm und die Eigenschaften der Nickel-Eisen-Legierungen sind seit vielen Jahren der Gegenstand ausführlichster Untersuchungen gewesen, ohne daß es bisher gelungen ist, alle Einzelheiten aufzuklären. Der heutige Stand der Erkenntnis wird am besten durch das v. T. Kasé[2] entworfene Schaubild wiedergegeben, das in Abb. 95 dargestellt ist. Danach bestehen die Legierungen, vom Eisen ausgehend bei Raumtemperatur bis etwa 18% Ni aus der festen Lösung von Ni in α-Eisen, es folgt ein heterogenes Gebiet, in dem die α- und γ-Phase nebeneinander beständig sind, und schließlich haben wir von rd. 30 bis 100% Ni wieder Mischkristalle.

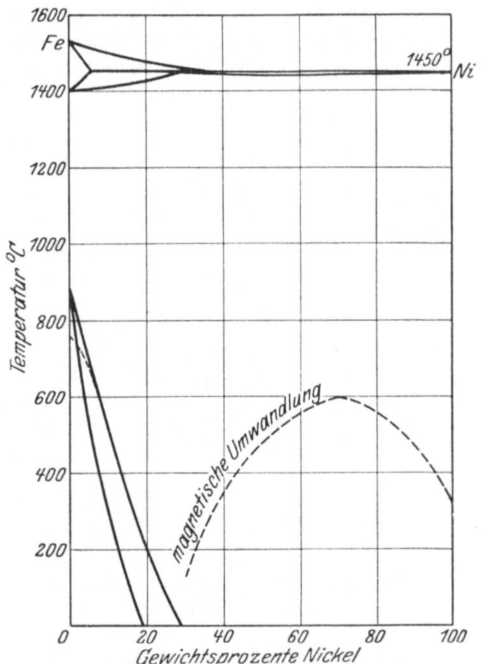

Abb. 95. Zustandsdiagramm Eisen-Nickel (T. Kasé, vgl. Landolt-Börnstein).

Nach den magnetischen Eigenschaften teilen wir die Nickel-Eisen-Legierungen in zwei Gruppen ein, die als irreversible und reversible Nickel-Eisen-Legierungen bezeichnet werden. Im Gebiet der irreversiblen Nickelstähle (von etwa 5 bis 27 bzw. 34% Ni, die genauen Grenzen schwanken etwas mit dem Kohlenstoffgehalt) zeigt die magnetische Umwandlung eine Temperaturhysterese. Sie ist um so größer, je höher der Nickelgehalt ist und kann bei den Legierungen um 25% Ni mehrere Hundert Grad betragen. Sie ist zurückzuführen auf eine Verzögerung der A_3-Umwandlung, die unterhalb A_2 verläuft und unter die Raumtemperatur herabgedrückt

---

[1] Arch. Eisenhüttenwes. **3**, 553 (1929/30).
[2] Sci. Rep. Tohoku Imp. Univ. **16**, 491 (1927).

werden kann. Im unmagnetischen Zustand haben die Legierungen demnach ein austenitisches Gefüge, das bei Unterschreitung der betreffenden Umwandlungstemperatur Ar_3 in magnetisierbares martensitisches Gefüge übergeht. (Über unmagnetische Ni-Stähle vgl. Kap. IX.) Legierungen oberhalb 30% zeigen nur die magnetische Umwandlung ohne eine Phasenänderung.

Der Verlauf der Sättigungsmagnetisierung im System Nickel-Eisen ist in Abb. 96 wiedergegeben. Hiernach wird die Sättigung des Eisens mit steigendem Nickelgehalt zuerst nur wenig geändert und fällt dann zwischen 20% und 30% Nickel ziemlich steil auf den Wert nahezu Null bei den unmagnetischen Stählen ab. Bei weiterer Erhöhung des Ni-Gehaltes steigt die Kurve wieder an, erreicht bei etwa 50% Ni mit $4\pi J_\infty = 15000$ ein Maximum und fällt dann wieder gleichmäßig bis zum Nickel.

Auch der Einfluß des Nickels auf die Hystereseeigenschaften des Eisens[1] ist bis etwa 5 bis 8% Ni (wegen des Vorliegens von Mischkristallen) unmerklich. Bei höheren Gehalten (im Bereich des martensitischen Gefüges) wird der Stahl jedoch magnetisch härter: die Permeabilität nimmt ab, Koerzitivkraft und Hystereseverlust dagegen zu (vgl. Abb. 260), was nach A. Kußmann und B. Scharnow auf die Volumenänderungen bei γ/α Umwandlungen und die dadurch bedingten inneren Spannungen zurückzuführen ist. Oberhalb 40% Ni, im Gebiet der reversiblen Legierungen haben wir dann die hochpermeablen Werkstoffe (Permalloy), die in den letzten Jahren in der Elektrotechnik erhebliche Bedeutung erlangt haben. Wegen der Einzelheiten s. w. u.

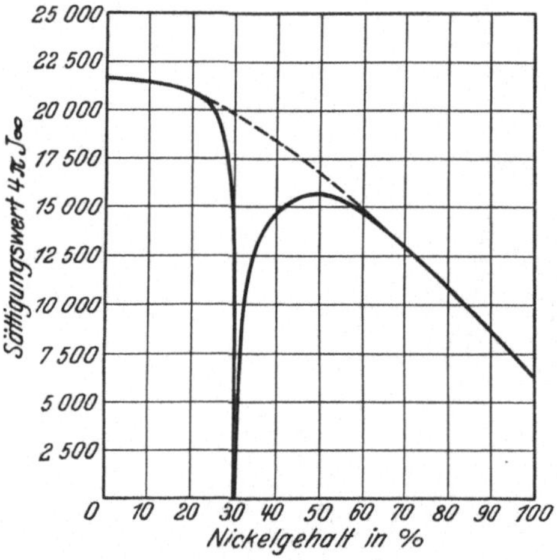

Abb. 96. Sättigungswerte von Fe-Ni-Legierungen (Gumlich).

FeO, Eisen-Sauerstoff. Die in der Literatur vorhandenen Angaben über die Phasengestaltung des Sauerstoffs im festen Fe weichen noch stark voneinander ab. Nach W. Krings und J. Kempkens[2] wird bei 800° nur 0,11% O_2 in feste Lösung aufgenommen; da mit sinkender Temperatur die Löslichkeit geringer zu werden pflegt, so kann man annehmen, daß bei Raumtemperatur nur wenig in Lösung ist. Bis 0,03% O sind im Schliffbild Teilchen von FeO* als heterogene Einschlüsse deutlich erkennbar.

In Übereinstimmung damit stehen die Ergebnisse der magnetischen Messungen, die bei magnetisch weichen Materialien in allen Fällen durch die Aufnahme von O unmittelbar eine Verschlechterung im Sinne

---

[1] Auch ein Meteoreisen (90,67% in H_2SO_4 lösliches, 1,87% unlösliches Fe, 6,91% Ni, 0,555% C, Spuren von Si und P) zeigte nach Rudge [Proc. roy. Soc. (London) **90** (14), 19] ähnliches Verhalten wie technisches Weicheisen.

[2] Z. anorg. u. allg. Chem. **190**, 313 (1930).

* Über die Magnetisierbarkeit der Eisen-Sauerstoffverbindungen vgl. Abegg-Koppel: Handbuch d. anorg. Chem. **4** (1930).

einer Vergrößerung der Koerzitivkraft feststellten, wenn diese Wirkung auch durch sekundäre Vorgänge oft verdeckt wird (vgl. S. 305).

Die durch Erhitzen eines Eisens an der Luft gebildete Zunderschicht stellt ein Gemisch von Eisensauerstoffverbindungen (Fe_2O_3 und FeO) dar. An der Berührungsstelle des Glühspans mit der Oberfläche dringt der Sauerstoff wahrscheinlich in Form von Eisenoxydul in das Eisen ein.

Fe-P, Eisen-Phosphor. Phosphor geht in Eisen bei Raumtemperatur bis zu etwa 1,7% in feste Lösung, darüber hinaus findet sich ein heterogenes Gemenge des gesättigten Mischkristalls mit einer Kristallart Fe_3P. Der Einfluß geringer Phosphormengen auf die magnetischen Eigenschaften eines Flußeisens mit rund 0,12% C ist von d'Amico untersucht worden. Seine Kurven weisen einen etwas unregelmäßigen Verlauf auf, doch kann man aus ihnen bereits entnehmen, daß die in dem Stahl vorhandenen üblichen Mengen auf die magnetischen Eigenschaften ohne Einfluß sind, zumal höhere Zusätze sowieso aus technologischen Gründen vermieden werden.

Eine neuere systematische Untersuchung von A. Kußmann hat diese Ergebnisse bestätigt und gezeigt, daß in dem Mischkristallgebiet bis 1,7% P Koerzitivkraft, Hystereseverlust und Maximalpermeabilität gegenüber dem reinen Eisen praktisch unverändert bleiben. Oberhalb 1,7% P tritt dann entsprechend dem heterogenen Gemenge eine erhebliche Steigerung der Koerzitivkraft und Abnahme der Permeabilität ein. Der Verlauf der Koerzitivkraft ist in Abb. 97 wiedergegeben. Vgl. dazu auch S. 297.

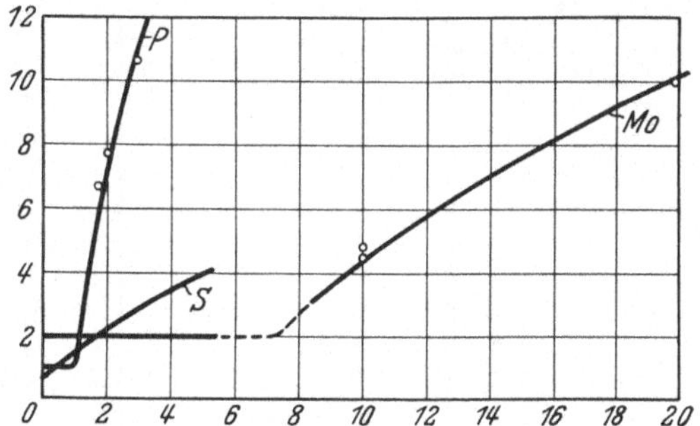

Abb. 97. Koerzitivkraft von Fe-P-, Fe-S- und Fe-Mo-Legierungen (Kußmann u. Scharnow).

Fe-Pt, Eisen-Platin. Konstitution und magnetische Eigenschaften des Systems Fe-Pt sind noch nicht genau aufgeklärt. Nach E. Isaac und A. Tammann sind die Legierungen bis fast an das reine Platin heran (90% Pt) noch ferromagnetisch. Die Stärke der Magnetisierbarkeit nimmt dabei vom Eisen ausgehend bis etwa 80% Pt proportional ab und fällt dann auf sehr kleine Werte. Der Kurvenzug der magnetischen Umwandlung läuft bei geringen Pt-Gehalten in die A_3-Umwandlung ein, die Legierungen um 50% Pt verlieren ihre Magnetisierbarkeit bei etwa 150°; bei höheren Konzentrationen wird der Umwandlungspunkt wieder gehoben, bei rd. 80% Pt tritt der Verlust der Magnetisierbarkeit bei 360° ein.

Fe-S, Eisen-Schwefel. Eisen bildet mit Schwefel die Verbindung FeS (rd. 36,4 S, Eisensulfid), die sich im flüssigen Eisen löst, im festen Zustand dagegen so gut wie unlöslich ist; (Becker[1], Miyazaki)[2]. Die Umwandlungspunkte des Eisens werden gar nicht beeinflußt, die Intensität der Magnetisierung nimmt mit steigendem Schwefelgehalt bis zu der Stelle FeS allmählich ab.

---

[1] St. u. E. **32**, 1017 (1912).   [2] Sc. Rep. Tohoku Imp. Univ. **17**, 877 (1928).

Nach einer älteren Arbeit von Holz soll Schwefel auf die magnetischen Eigenschaften ohne Wirkung sein. Dieser Auffassung widersprechen aber alle neueren Befunde, durch die übereinstimmend gezeigt wird, daß infolge des heterogenen Gemenges die Koerzitivkraft und die Hystereseverluste mit dem Schwefelgehalt geradlinig anwachsen. (Vgl. Abb. 97 nach A. Kußmann.) In magnetisch weichen Materialien ist also der Schwefelgehalt so gering wie möglich zu halten.

Fe-Sb, Eisen-Antimon. Nach Kurnakow und Konstantinow vermag Eisen bis 5% Sb in fester Lösung zu halten, darüber hinaus finden sich heterogene Zustandsfelder, doch ist die Zusammensetzung der auftretenden intermetallischen Verbindungen noch nicht genau bekannt. (Fe_4Sb_3 bzw. Fe_2Sb_2.) — Die Magnetisierbarkeit reicht bis etwa 74% Sb. Die magnetischen Eigenschaften der Legierungen von 43% Sb aufwärts hat P. Weiß untersucht. Die erhaltenen Kurven liegen außerordentlich schräg und flach und lassen (entsprechend dem heterogenen Gefüge) auf eine hohe Koerzitivkraft schließen. Für $\mathfrak{H} = 500$ Oe ergeben sich bei 43 bis 62% Sb Werte der Magnetisierung $4\pi J$ etwa 2000 bis 200, von 62 bis 74% S etwa 4 bis 0,6. Der Knick entspricht der Stelle Fe_4Sb_3, die demnach noch ferromagnetisch sein würde.

Fe-Si, Eisen-Silizium. Das Zustandsdiagramm des Systems Eisen-Silizium nach Murakami[1] ist in Abb. 98 wiedergegeben. Bei Raumtemperatur befindet sich bis etwa 16% Si in fester Lösung. Bei höheren Konzentrationen treten eine Reihe Eisensilizide auf, von denen sich FeSi direkt aus dem Schmelzfluß bildet, während Fe_3Si_2 durch Umsetzung von FeSi mit dem gesättigten Mischkristall im festen Zustande entsteht. Der magnetische Umwandlungspunkt des reinen Eisens wird stetig herabgesetzt und erreicht in dem gesättigten Mischkristall etwa 450°. Die Verbindung Fe_3Si_2 ist selbst noch ferromagnetisch und besitzt einen Curiepunkt bei 100°.

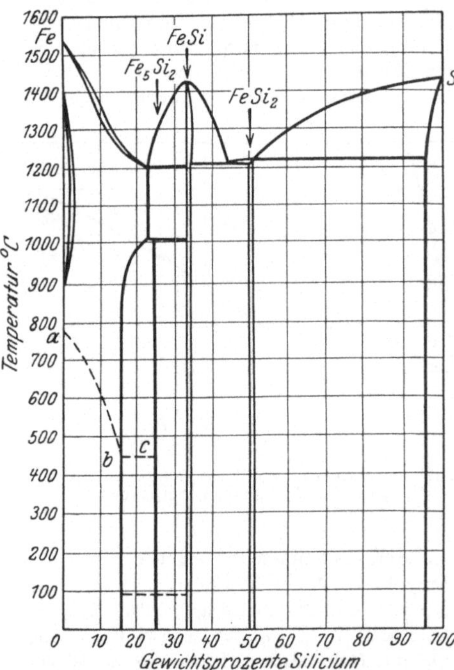

Abb. 98. Zustandsschaubild Fe-Si nach Murakami (aus Landolt-Börnstein).

Die Gegenwart des Silizium übt nun ferner einen sehr erheblichen Einfluß dahingehend aus, daß die Stabilität des Zementits außer-

[1] Sci. Rep. Tohoku Imp. Univ. 16, 475 (1927).

ordentlich erniedrigt wird. In einem kohlenstoffhaltigen Ausgangsmaterial kann also durch Zusatz von Si die Permeabilität und der Hystereseverlust stark verbessert werden. Aus diesem Grunde werden auch die Eisen-Silizium-Legierungen als Werkstoff für den Elektromaschinen- und Transformatorenbau verwandt (vgl. S. 307).

Fe-Sn, Eisen-Zinn. Das System Eisen-Zinn (Wever und Reinecken[1]) zeigt bei niedrigen Zinngehalten einen Mischkristall. Die Grenze der Löslichkeit liegt bei Raumtemperatur bei 12% Sn und verschiebt sich mit wachsender Temperatur. In dem darauffolgenden heterogenen Gebiet treten mehrere intermetallische Verbindungen und Umwandlungen im festen Zustand auf, und zwar wurden röntgenographisch festgestellt Fe_2Sn, $FeSn$ und $FeSn_2$. Die Magnetisierbarkeit bleibt auch bei höheren Zinngehalten bestehen, ein schwacher Ferromagnetismus wurde noch bei 97% Sn nachgewiesen. Die magnetische Umwandlungstemperatur wird durch Sn nicht wesentlich geändert.

Fe-Ti, Eisen-Titan. Eisen und Titan bilden im festen Zustand bis zu etwa 6,3% Mischkristalle, darüber hinaus findet sich ein eutektisches Gemenge zwischen dem gesättigten Mischkristall und einer intermediären Kristallart Fe_3Ti mit 22,3% Ti (Lamort)[2]. Die zu erwartenden magnetischen Eigenschaften — im Mischkristallgebiet praktisch keine Veränderung der Kurvenform, im heterogenen Zustandsfeld dagegen eine erhebliche Heraufsetzung der Koerzitivkraft und der Hysteresisverluste — werden durch die Messungen von Applegate[3] und von Lamort bestätigt. Ersterer fand an schwedischem Holzkohleneisen (im Vakuum geschmolzen) mit Ti-Zusätzen bis 5% infolge der Desoxydation fast durchweg sogar eine Verbesserung der Permeabilität und Erniedrigung der Hystereseverluste, während Lamort an höherprozentigen Legierungen (bis 14% Ti)

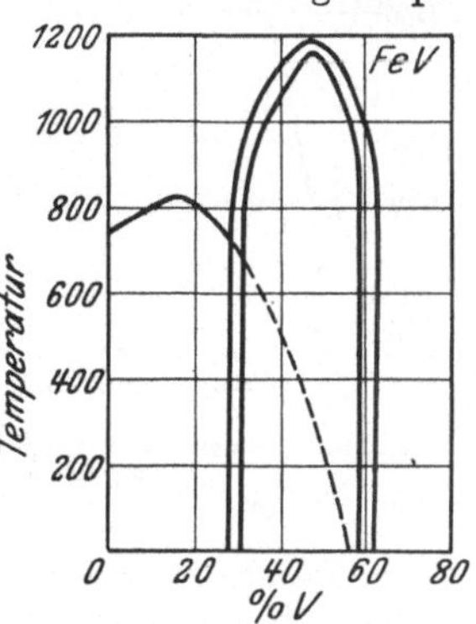

Abb. 99. Magnetische Umwandlung im System Fe-V (Wever u. Jellinghaus).

eine stetige Zunahme der scheinbaren Remanenzerhöhung der Koerzitivkraft nachwies.

Die Löslichkeitsgrenze des Titans im Eisen wird durch Zusatz von weiteren Legierungselementen, wie Si und Ni, zu höheren Eisenkonzentrationen verschoben. Da mit fallender Temperatur ferner die Löslichkeit abnimmt, so läßt sich durch Abschrecken eines übersättigten Mischkristalls und nachfolgendes Anlassen Ausscheidungshärtung erzielen (R. Wasmut).

Fe-V, Eisen-Vanadium. Eisen und Vanadium bilden im gewöhnlichen Zustand eine ununterbrochene Reihe von festen Lösungen. Der magnetische Umwandlungspunkt wird vom Eisen ausgehend etwas gehoben, erreicht bei 15% V ein Maximum und wird dann wieder erniedrigt, so daß die Umwandlungslinie bei etwa 58% C die Achse der Raumtemperatur schneidet. Dies gilt jedoch nur für rasch abgekühlte Legierungen. Durch Wärmebehandlung wandelt sich der Mischkristall mit 48% V in eine intermetallische Verbindung FeV um, die sowohl Fe als auch V zu lösen vermag (F. Wever und H. Jellinghaus, vgl. Abb. 99). Diese Verbindung und ihre Mischkristalle sind unmagnetisch, so daß bei langsam abgekühlten bzw. getemperten Proben der Magnetisierbarkeit nur bis etwa 30% reicht.

---

[1] Mitt. Eisenforsch. 7, 69 (1925).   [2] Dissert. Aachen.
[3] Rensselaer Pol. Inst. 5, 1 (1915).

Über die Eigenschaften von kohlenstoffhaltigen Fe-V-Legierungen vgl. S. 274.

Fe-W, Eisen-Wolfram. Das Zustandsdiagramm des binären Systems Fe-W ist in Abb. 100 nach P. Sykes wiedergegeben. Die Löslichkeitsgrenze von W in Fe liegt bei etwa 9%, bei höheren Gehalten findet sich ein heterogenes Gemenge des gesättigten Mischkristalls mit der (unmagnetischen) Kristallart Fe_3W_2, so daß bei etwa 67% W der Ferromagnetismus verschwunden ist. Die Änderung der Sättigungsinduktion bei W gehalten bis 10% und die gleichzeitige Zunahme des spez. el. Widerstandes ist aus Abb. 100a nach Stäblein zu ersehen, aus der auch der Knick bei der Phasengrenze zu erkennen ist. Die Koerzitivkraft bleibt im binären System wegen der Mischkristallbildung bis 8% konstant und steigt dann auf einer schwach gekrümmten Kurve an (Kußmann).

Fe-Zn, Eisen-Zink. Nach U. Raydt und G. Tammann finden sich bis 18% Zn Mischkristalle, darüber hinaus heterogenes Gemenge des gesättigten Mischkristalls mit der Verbindung Fe_3Zn_3 (78% Fe). Die magnetische Umwandlung wird im Mischkristallgebiet bis auf 650° erniedrigt und bleibt dann konstant. Bei 78% Zn ist der Ferromagnetismus verschwunden, doch wurde von Tammann auch bei 91% noch schwache Magnetisierbarkeit beobachtet, die aber wahrscheinlich auf Kristallseigerungen zurückzuführen war.

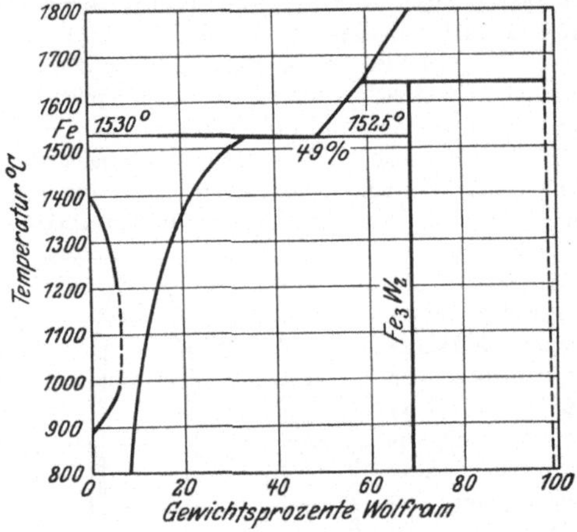

Abb. 100. System Fe-W nach Sykes (aus Landolt-Börnstein).

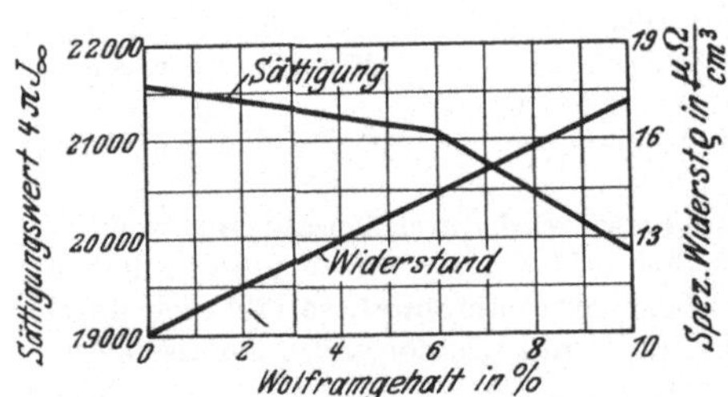

Abb. 100a. Einfluß von W auf die magnetischen und elektrischen Eigenschaften des Eisens (Stäblein).

c) Nickel und Legierungen des Nickels.

Das zweite der ferromagnetischen Metalle ist das Element Nickel. Es besitzt im reinen Zustand[1] eine Dichte von 8,903, einen elektrischen Widerstand von 0,723 Ω pro m/mm² und eine Festigkeit von rd. 40 bis 50 kg/cm². Sein Schmelzpunkt liegt bei 1455°. Das Raumgitter ist das kubisch flächenzentrierte. Allotrope Umwandlungspunkte besitzt das Nickel nicht. Die Temperatur des Verlustes der Magnetisierbarkeit, für die im metallographischen Schrifttum sehr verschiedene Werte angegeben werden, liegt nach P. Weiß und Forrer bei 358°.

Die Magnetisierungskurve des Nickels (vgl. Abb. 88) verläuft der des Eisens analog, nur bei bedeutend tieferen Induktionen. Die Sät-

---

[1] Bureau of Standars Journal of Research **5**, 1291—1318 (1930).

tigungsmagnetisierung beträgt $4\pi J_\infty = 6100$, d. h. etwa $^2/_7$ von der des Eisens. Ähnlich wie beim Eisen weichen auch hier die Angaben über Anfangspermeabilität, Koerzitivkraft und Maximalpermeabilität in der Literatur stark voneinander ab, was auf den verschiedenen Reinheitsgrad und insbesondere auf den wechselnden Gehalt an nicht in fester Lösung befindlichen Elementen zurückzuführen ist. Die wichtigste Rolle spielt dabei neben Sauerstoff vor allem der Schwefel, der besonders in Proben älterer Herstellung in beträchtlicher Menge vorhanden ist und gleichzeitig eine erhebliche mechanische Sprödigkeit bewirkt. Die weiteren Begleitelemente wie Fe, Cu, Co, Al, die in Lösung gehen, sind auf die Hystereseeigenschaften nur von geringfügigem Einfluß. Eine Zusammenstellung der von verschiedenen Autoren gemessenen magnetischen Werte ist in der nebenstehenden kleinen Zahlentafel[5] gegeben.

Zahlentafel 19. Eigenschaften von Nickel verschiedenen Reinheitsgrades.

	$4\pi J_\infty$	B_R	H_c	μ_0	μ_{max}
Ewing[1]	5020	3470	7,50	104	310
Würschmidt[2]	5900	3650	3,42	114	600
Gumlich[3]	6200	3340	1,65	400	1120
Masumuto[4]	6400	—	—	—	—
B. Scharnow	6100	—	0,25	—	—

Messungen an Nickel-Einkristallen sind von S. Kaya[6], Sizoo[7] u. a. ausgeführt worden. Hiernach steigt die Magnetisierung in der trigonalen Achse am steilsten, in der tetragonalen Achse am schrägsten an, während der Sättigungswert für alle drei Achsen der gleiche ist.

Wegen der verhältnismäßig geringen Permeabilität findet das reine Nickel in magnetischer Beziehung keinerlei Verwendung. Um so größere Bedeutung kommt ihm jedoch als Legierungsbestandteil zu, insbesondere als Basiselement der in der Fernsprechtechnik verwendeten hochpermeablen Werkstoffe. Da die Einwirkung weiterer Zusätze auf diese Legierungen gemäß den Zustandsdiagrammen ganz verschieden ist, so sollen zum Verständnis dieser Zusammenhänge im folgenden die Legierungen des Nickels besprochen werden.

Ag-Ni, Silber-Nickel. Nickel und Silber sind im flüssigen Zustand völlig, im festen dagegen nur geringfügig ineinander löslich. Auf der Nickelseite beträgt die Grenzkonzentration des gesättigten Mischkristalls bei 900° etwa 4% (G. Petrenko)[8], während auf der Silberseite bei Raumtemperatur nach G. Tammann und W. Oelsen[9] etwa 0,012% Ni gelöst werden. In dem Zwischengebiet findet sich ein heterogenes Gemenge der beiden Kristallarten. Die Magnetisierbarkeit nimmt also vom Ni zum Ag hin stetig ab, während der Curiepunkt konstant bleibt.

[1] Ewing, J. A.: Magnetische Induktion.   [2] l. c.
[3] Magnetische Messungen, a. a. O.   [4] Sc. Rep. Tohoku Imp. Univ. 18, 195 (1929).
[5] Vgl. dazu J. Würschmidt: Kruppsche Monatsh., Dezember 1925.
[6] Sci. Rep. Tohoku Imp. Univ. 17, 639 (1928).
[7] Z. f. Phys. 53, 449 (1929).   [8] Z. anorg. u. allg. Chem. 53, 213 (1907).
[9] Z. anorg. u. allg. Chem. 186, 257 (1930).

Ni-Al, Nickel-Aluminium. Aluminium geht auf der Nickelseite bis etwa 15% in die feste Lösung; Sättigungswert und Umwandlungspunkt der Legierung werden rasch herabgesetzt, letzterer erreicht bei etwa 7% Al die Achse der Raumtemperatur. Die Koerzitivkraft bleibt entsprechend der homogenen Lösung ungeändert, die Anfangspermeabilität wird sogar noch etwas vergrößert.

Bei höheren Konzentrationen bilden Ni und Al zwei intermetallische Verbindungen $NiAl_2$ und $NiAl_3$, die sich nach Honda in der Suszeptibilitäts-Konzentrationskurve deutlich ausprägen.

Ni-Au, Nickel-Gold. Nickel und Gold sind im flüssigen und im festen Zustand oberhalb 800° in jeder Konzentration ineinander löslich. Unterhalb 800° tritt in dem Intervall von etwa 15% bis 90% Au ein Zerfall der Mischkristalle ein, der in Einzelheiten bisher nicht genau aufgeklärt ist. Über die Magnetisierbarkeit sind keine Daten bekannt.

Ni-B, Bor-Nickel. Das System Ni-B hat einen eutektischen Punkt bei etwa 4% B (Giebelhausen)[1]. Die Enden der Eutektikalen werden zu 0,6 und 8,6% B angegeben. Letzterem Gehalt entspricht die Verbindung Ni_2B, die nach Jassoneise nicht mehr ferromagnetisch ist. Die Magnetisierbarkeit der Legierungen nimmt also durch die Einbettung des unmagnetischen Strukturbestandteils bis zu Ni_2B allmählich ab.

Ni-Be, Nickel-Beryllium. Auch Be ist im Nickel nur wenig löslich. Die Grenze der homogenen Mischkristalle liegt bei 900° etwa bei 2% Be und verschiebt sich mit fallender Temperatur noch mehr zum Ni hin. Oberhalb dieser Konzentration findet sich ein eutektisches Gemenge des gesättigten Mischkristalls und der Verbindung NiBe (G. Masing und O. Dahl)[2]. In dem

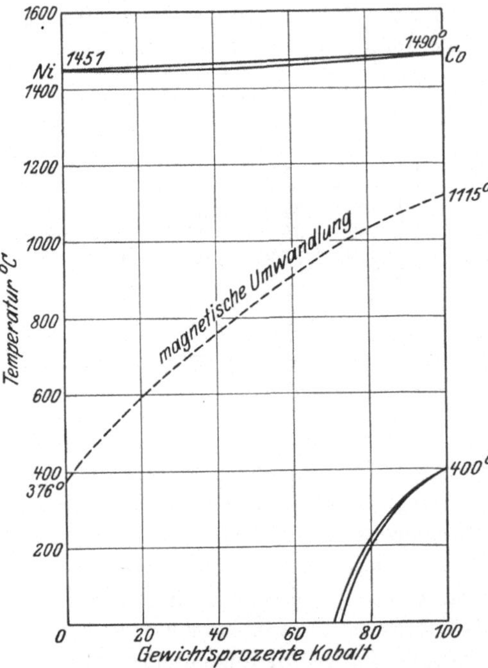

Abb. 101. Zustandsdiagramm Ni-Co (aus Landolt-Börnstein).

heterogenen Zustandsfeld weisen die Legierungen eine Koerzitivkraft von etwa 50 Oe auf (A. Kußmann).

Ni-Bi, Nickel-Wismut. Nach dem Diagramm von A. Voß[3] bildet Ni mit Bi zwei intermetallische Verbindungen. Auf der Nickelseite werden etwa 0,5% Bi in feste Lösung aufgenommen, wodurch der Umwandlungspunkt um 20° gesenkt wird. Legierungen mit mehr als 68% Bi sind nicht mehr magnetisierbar.

C-Ni, Kohlenstoff-Nickel. Das binäre System Nickel-Kohlenstoff (Ruff

[1] Z. anorg. u. allg. Chem. **91**, 257 (1915).
[2] Wissensch. Veröff. Siemens Konz. **8**, 211 (1929).
[3] Z. anorg. u. allg. Chem. **57**, 54 (1908).

und Bormann[1], T. Kasé)[2] zeigt bis etwa 0,2 bis 0,3% C eine feste Lösung, oberhalb deren ein Eutektikum (2,5%, 1340°) zwischen dem gesättigten Mischkristall und Graphit vorliegt. Es wird daher beim Nickel ein geringer C-Gehalt, soweit er sich in fester Lösung befindet, auf die Hystereseeigenschaften ohne Wirkung sein. Diese Annahme wird auch bestätigt durch Messungen von Scharnow[3] an Elektrolytnickel mit verschiedenen Kohlenstoffgehalten bis 0,1% C, durch die der spezifische elektrische Widerstand von 0,74 auf 0,85 Ω/m/mm² erhöht wurde, während Koerzitivkraft und Anfangspermeabilität ungeändert blieben. Über das Verhalten bei höheren C-Gehalten ist nichts bekannt.

Ni-Co, Nickel-Kobalt. Das Strukturdiagramm des binären Systems Nickel-Kobalt ist in Abb. 101 nach H. Masumoto[4] wiedergegeben. Die Schmelzkurve geht fast in einer Geraden vom Schmelzpunkt des Nickels zu dem des Kobalts, die magnetischen Umwandlungspunkte liegen auf einer schwach gekrümmten Kurve. Die allotrope Umwandlung des Kobalts bei 470° wird durch den Nickelzusatz herabgesetzt und geht bei etwa 72% Ni 28% Co durch die Achse der Raumtemperatur. Die Nickel-Kobaltlegierungen bestehen demnach bei gewöhnlicher Temperatur aus zwei

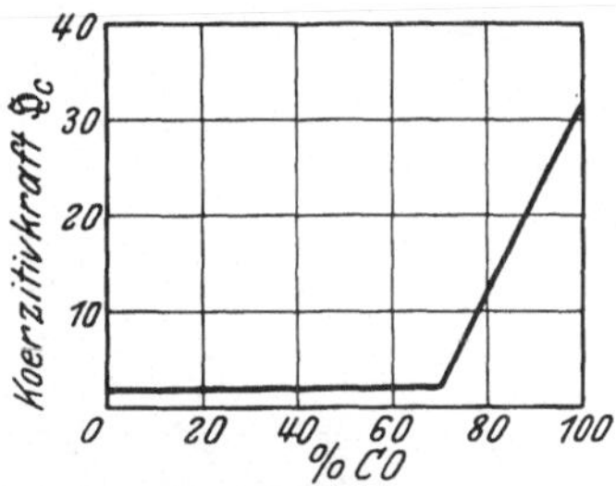

Abb. 102. Koerzitivkraft im System Ni-Co (Kußmann u. Scharnow).

Reihen von festen Lösungen, und zwar mit einem kubisch flächenzentrierten Gitter von 0 bis 71% Co, mit einem Gitter hexagonal dichtester Kugelpackung von 72 bis 100% Co, wobei sich wegen der Temperaturhysterese der Umwandlung eine schmale Zone findet, in dem beide Gitter nebeneinander beständig sind.

Magnetische Eigenschaften von Ni-Co-Legierungen sind untersucht von Bloch, H. Masumoto, A. Kußmann u. B. Scharnow. Die Sättigungswerte werden vom Nickel ausgehend mit steigendem Co-Gehalt stetig heraufgesetzt, beim Gitterwechsel tritt ein deutlicher Knick auf (vgl. Zahlentafel 20).

Zahlentafel 20. Sättigungsmagnetisierung von
Ni-Co-Legierungen (Kußmann u. Scharnow).

Zusammensetzung		$4\pi J_\infty$	Zusammensetzung		$4\pi J_\infty$
100% Ni	0% Co	6100	40% Ni	60% Co	14000
90% Ni	10% Co	7700	30% Ni	70% Co	15150
80% Ni	20% Co	9100	20% Ni	80% Co	16350
70% Ni	30% Co	10200	10% N	90% Co	17200
60% Ni	40% Co	11600	% Ni	100% Co	17700
50% Ni	50% Co	12550			

Die Magnetisierungskurven zeigen im Gebiet der α-Mischkristalle dasselbe Verhalten wie reines Nickel, im Bereich der hexagonalen Phase jedoch sehr schrägliegende Kurven mit erhöhter Koerzitivkraft (vgl. Abb. 102).

Magnetisierungskurven im ternären Diagramm Fe-Ni-Co (Perminvare) vgl. Abb. 273.

Ni-Cr, Nickel-Chrom. Nickel und Chrom bilden bis etwa 35% Mischkristalle (S. Nishigori und M. Hamasumi). Der magnetische Umwandlungspunkt

[1] Z. anorg. u. allg. Chem. 88, 386 (1914).
[2] Sci. Rep. Tohoku Imp. Univ. 14, 189 (1925).
[3] a. a. O.
[4] Sci. Rep. Tohoku Imp. Univ. 15, 463 (1926).

des Nickels wird durch den Chromzusatz rasch erniedrigt, so daß Legierungen mit etwa 7,8% Cr bei Raumtemperatur nicht mehr ferromagnetisch sind. Als Curietemperaturen wurden gefunden (Sadron):

2,92%   6,02%   8,00%   10,00% C
+ 231   + 74   − 3   − 143.

Koerzitivkraft und Anfangspermeabilität des Ni werden entsprechend dem Bestehen aus Mischkristallen durch den Cr-Zusatz nicht verändert (A. Kußmann und B. Scharnow).

Ni-Cu, Nickel-Kupfer. Das Zustandsdiagramm (vgl. Abb. 103) und die physikalischen Eigenschaften des Systems Ni-Cu sind von einer großen Zahl von Forschern untersucht worden. Nach den übereinstimmenden Angaben bilden beide Metalle eine lückenlose Reihe von Mischkristallen. Der magnetische Umwandlungspunkt wird vom Nickel ausgehend stetig herabgesetzt und erreicht bei etwa 35% Cu die Achse der Raumtemperatur. Der Verlauf der Umwandlung bei tiefen Temperaturen ist von A. Krupkowsky[1] verfolgt worden.

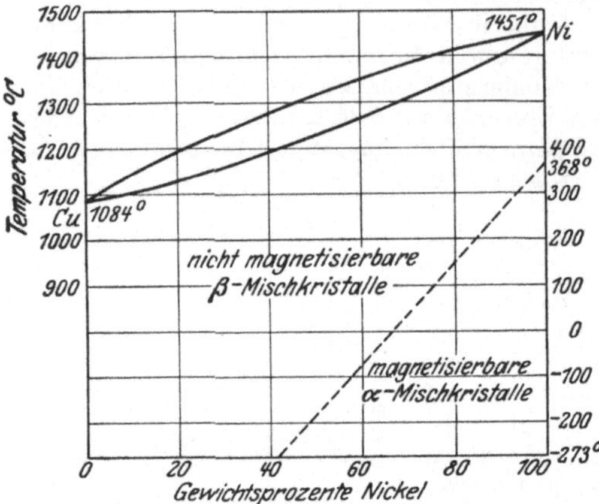

Abb. 103. Zustandsschaubild Ni-Cu (aus Landolt-Börnstein).

DieMagnetisierungskurven von Ni-Cu-Legierungen zeigen entsprechend der festen Lösung den gleichen Charakter wie die von Nickel (vgl. Monel Metall, Kap. IX), nur unter allmählicher Abnahme der Induktionen. Die Sättigungsmagnetisierung $4\pi J_\infty$ beträgt bei 10, 20 und 30% Cu $4\pi J_\infty =$ 5000, 3450, 1500 (S. Kaya und A. Kußmann).

Die Suszeptibilität in dem paramagnetischen Teil des Diagramms ist von E. H. Williams[2] gemessen worden.

Ni-Fe siehe Fe-Ni.

Ni-Mg, Nickel-Magnesium. Nickel und Magnesium bilden die intermetallische Verbindung

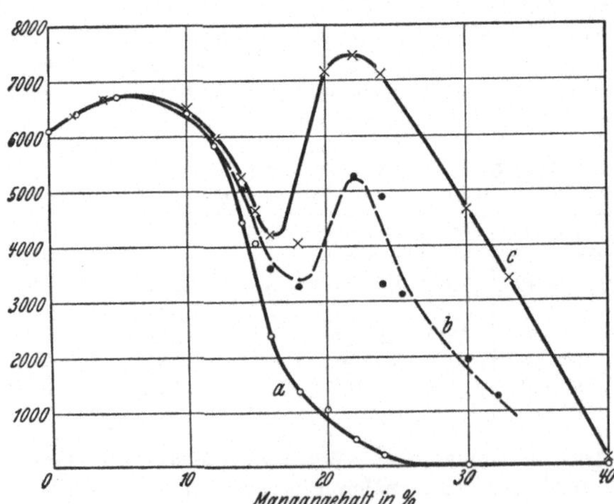

Abb. 104. Sättigungswerte von Ni-Mn-Legierungen (Kaya und Kußmann).
a rasch abgekühlte, b langsam abgekühlte, c 2 Tage getemperte Proben.

Ni₂Mg (mit rd. 17% Mg), die in Nickel bei Raumtemperatur praktisch unlöslich ist. Von 0 bis 17% Mg bestehen die Legierungen somit aus einem Gemenge von Ni und Ni₂Mg; der Curiepunkt ist praktisch unverändert.

---

[1] Rev. Met. 26, 131 (1929).   [2] Phys. Rev. 37, 1681 (1931).

Ni-Mn, Nickel-Mangan. Die Ni-Mn-Legierungen zeigen ähnlich wie die Heuslerschen Legierungen (s. u.) eine außerordentliche Abhängigkeit ihrer magnetischen Eigenschaften von der Wärmebehandlung. Bei gewöhnlich behandelten Proben erreicht der Umwandlungspunkt bei etwa 25% Mn die Achse der Raumtemperatur, so daß Legierungen oberhalb dieser Konzentration unmagnetisch sind. Werden die Proben jedoch mehrere Tage bei Temperaturen von 400° getempert, so bildet sich an der Stelle 23% Mn ein stark ferromagnetischer Zustand aus, wobei die Sättigungsmagnetisierung mit $4\pi J_\infty = 7400$ um 20% höher ist als die von Nickel (Abb. 104). Durch Erwärmen auf höhere Temperaturen und darauffolgendes Abschrecken können die anormalen Eigenschaften wieder beseitigt werden. S. Kaya und A. Kußmann[1] konnten zeigen, daß es sich um eine Überstrukturumwandlung des α-Mischkristalls handelt, wobei der statistischen Verteilung der beiden Atomarten im Raumgitter der schwach magnetische, der geordneten Atomverteilung Ni_3Mn (= 23,7% Mn) der stark ferromagnetische Zustand angehört.

Ni-Pb, Nickel-Blei. Nickel und Blei weisen nach G. Voß[2] im festen Zustand praktisch keine Löslichkeit ineinander auf. Die Sättigungsmagnetisierung der Nickelkristalle wird daher durch Einlagerung von fast reinem Pb linear herabgesetzt.

Ni-Pd, Nickel-Palladium. Die Komponenten Nickel und Palladium bilden nach F. Heinrich[3] eine ununterbrochene Reihe von festen Lösungen; der magnetische Umwandlungspunkt wird durch den Pd-Zusatz bis zu 40% nur wenig beeinflußt, und fällt erst dann allmählich zur Raumtemperatur ab. Die Magnetisierbarkeit reicht bis etwa 90% Pd.

Ni-S, Nickel-Schwefel. Im festen Zustand praktisch keine Löslichkeit.

Ni-Sb, Nickel-Antimon. Nickel und Antimon bilden nach K. Loßew[4] vier intermetallische Verbindungen, von denen die nickelreichste von der Zusammensetzung Ni_4Sb selber noch ferromagnetisch ist. (Curiepunkt bei rd. 90°.) Vom Nickel ausgehend liegt bis etwa 8% Sb Mischkristallbildung vor; die magnetische Umwandlung wird auf 320° erniedrigt. Von 8% bis 34% Sb bestehen die Legierungen aus einem heterogenen Gemenge des Grenzmischkristalls und Ni_4Sb und verlieren ihre Magnetisierbarkeit bei 320°, von 34% bis 57% aus einem Gemenge von Ni_4Sb und Ni_3Sb.

Ni-Si, Nickel-Silizium. Das binäre System Nickel-Silizium bildet ein außerordentlich kompliziertes Zustandsfeld mit mehreren intermediären Verbindungen. Nach Guertler und Tammann[5] soll der magnetische Umwandlungspunkt des Nickels durch den Si-Zusatz bis auf etwa 1100° heraufgesetzt werden. A. Kußmann und B. Scharnow[6] fanden diese Angabe nicht bestätigt, sondern auch hier die für den Zusatz eines unmagnetischen Elements übliche Abnahme. Bei 4,5% Si geht nach ihnen der Curiepunkt durch die Raumtemperatur, so daß Legierungen oberhalb dieser Konzentration unmagnetisch sind. Die Grenze der festen Lösung des Si im Nickel ist zu etwa 6% anzusetzen. Der Curiepunkt hat hier die Temperatur −75° erreicht und bleibt dann bis etwa 10% Si konstant. Die Widerstandserhöhung des Nickels durch das Silizium ist ziemlich linear und beträgt etwa 0,06 Ω m/mm² pro % Si.

Ni-Sn, Nickel-Zinn. Bis etwa 16% Sn wird vom Nickel in feste Lösung aufgenommen. Der gesättigte Grenzmischkristall — die magnetische Umwandlungstemperatur ist auf 200° gesunken — bildet dann ein heterogenes Gemenge mit der Verbindung Ni_4Sn mit rd. 33% Sn. Bis dahin sind die Legierungen ferromagnetisch.

---

[1] Ztschr. f. Phys. **72**, 293 (1931).   [2] Z. anorg. u. allg. Chem. **57**, 54 (1908).
[3] Ebenda **83**, 322 (1913).   [4] Ebenda **49**, 63 (1906).
[5] Ebenda **49**, 98 (1906).   [6] Unveröffentlicht.

Ni-Tl, Nickel-Thallium. Das Zweistoffsystem NiTl weist im festen Zustand eine breite Mischungslücke auf (G. Voß), die von etwa 3% Tl bis unmittelbar an das reine Thallium heranreicht. Im Mischkristallgebiet wird der magnetische Umwandlungspunkt auf 310° gesenkt. Entsprechend dem Bestehen aus 2 Kristallarten nimmt dann die Magnetisierbarkeit der Legierungen zum Tl hin allmählich ab.

Ni-V, Nickel-Vanadium. Nach Giebelhausen[1] sowohl im festen als auch im flüssigen Zustand bis 36% V vollkommene Mischbarkeit. Der magnetische Umwandlungspunkt wird durch Vanadium rasch erniedrigt; Legierungen mit mehr als 12% V sind bei Raumtemperatur nicht mehr ferromagnetisch. Eine beobachtete Temperaturhysterese ist sicher auf Versuchsfehler zurückzuführen.

Ni-W, Nickel-Wolfram. Über die magnetischen Eigenschaften von Ni-W-Legierungen liegt eine kurze Notiz von Trowbridge und Sheldon[2] vor. Nach R. Vogel[3] verschwindet die Magnetisierbarkeit im System Ni-W zwischen 10% und 20% W. Das Zustandsschaubild (ebenda) zeigt eine intermetallische Verbindung Ni_6W auf (mit 35% W) die sich bei 905° in eine W-reichere und W-ärmere Phase spaltet.

Ni-Zr Nickel-Zirkon. Löslichkeit nur bis 0,5% Zr; darüber hinaus eutektisches Gemenge. (16% Zr).

d) Kobalt und Kobaltlegierungen.

Die physikalischen Eigenschaften des dritten ferromagnetischen Elements, Kobalt, haben lange Zeit weder besonders wissenschaftliches noch technisches Interesse erregt. Erst in neuerer Zeit ist hier durch die Entdeckung der merkwürdigen Eigenschaften der Co-Legierungen ein erheblicher Wandel eingetreten. Je nach dem Reinheitsgrad des verwandten Materials schwanken jedoch die Angaben über dieses Metall noch in ziemlich weiten Grenzen.

Nach den bisherigen Feststellungen beträgt das spezifische Gewicht des Kobalts bei Raumtemperatur etwa 8,78, der spezifische elektrische Widerstand 0,64 bis 0,65 Ω m/mm². Der Schmelzpunkt des Kobalts liegt bei 1490°, die Temperatur des Verschwindens der Magnetisierbarkeit[4] bei 1115° C. Der Kobalt besitzt ferner bei 450° eine allotrope Umwandlung, die erstmalig von H. Masumoto[5] nachgewiesen wurde. Das unterhalb dieser Temperatur beständige H-Kobalt weist ein Raumgitter hexagonal dichtester Kugelpackung auf, während das α-Kobalt ein kubisch flächenzentriertes Gitter besitzt. Die Umwandlung ist von einer erheblichen Volumenanomalie, einer Änderung der Dichte, des spezifischen Widerstandes und auch der magnetischen Eigenschaften (s. unten) begleitet. Sie zeigt insbesondere beim Vorhandensein von Beimengungen eine beträchtliche Temperaturhysterese, und kann durch eine rasche Abkühlung ganz oder teilweise unterdrückt werden, wodurch sich die früher

---

[1] Z. anorg. u. allg. Chem. **91**, 254 (1915).
[2] Sill. J. **38**, 462 (1889).
[3] Z. anorg. u. allg. Chem. **116**, 231 (1921).
[4] Nach H. Masumoto.   [5] Sci. Rep. Tohoku Imp. Univ. **15**, 449 (1926).

gemachten Unterschiede zwischen „gegossenem", d. h. rasch abge-
kühltem, und „geglühtem" Kobalt erklären.

Magnetisierungskurven von polykristallinem Kobalt sind in neuerer
Zeit von M. Samuel[1], H. Masumoto, A. Kußmann u. a. aufgenommen worden. Alle Messungen zeigen übereinstimmend — wenn sie auch
in den Einzelheiten infolge des verschiedenen Reinheitsgrades der verwandten Proben stark voneinander abweichen — daß das Co eine
außerordentlich schrägliegende Magnetisierungskurve besitzt, die man
in erster Näherung mit der eines schlechten Gußeisen vergleichen kann,
und die bei niedrigen Feldstärken gewöhnlich weit unter der des Nickels,
bei höheren zwischen der von Nickel und Eisen liegt. (Vgl. Abb. 80.)

Anfangs- und Maximal-
permeabilität sind aus diesem Grunde stets gering
(rd. 50 bzw. 150) und ebenso weist auch die Rema-
nenz im Verhältnis zum
Sättigungswert einen sehr
kleinen Betrag auf. Die
Koerzitivkraft des Co ist
stets bedeutend größer wie
die von Eisen und Nickel
und ergibt sich durch-
schnittlich zu etwa 10 bis
30 Oersted. Im Gegensatz
zu allen anderen Materia-
lien ist ferner beim Kobalt
selbst bei Feldern von

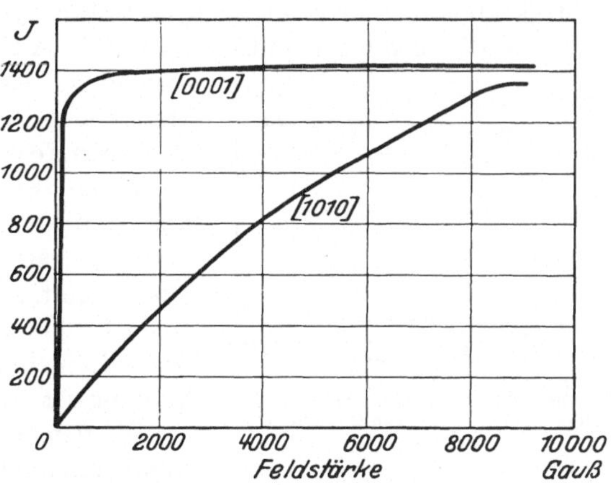

Abb. 105. Magnetisierungskurven eines Co-Einkristalls
(Kaya).

$\mathfrak{H}$ = 10000 Oe die Sättigungsgrenze noch nicht erreicht, sondern die
Magnetisierungskurve steigt immer noch an. Die Sättigungsmagnetisierung des Kobalt wurde von P. Weiß zu $4\pi J_\infty = 17700$ bestimmt, ist
also etwa 20% kleiner als die des Eisens.

Die Ursache dieser schweren Magnetisierbarkeit und im Vergleich
zum Eisen und Nickel grundlegend abweichenden Kurvenform wollte
man früher ausschließlich in dem großen Gehalt an Verunreinigungen
sehen; sie konnte jedoch in neuerer Zeit auf den kristallographischen
Aufbau und insbesondere das hexagonale Raumgitter zurückgeführt
werden, das nach verschiedenen Richtungen ganz verschiedene Magnetisierbarkeit besitzt.

Magnetisierungskurven eines Kobalt-Einkristalls nach den Messungen von
S. Kaya[2] sind auszugsweise in Abb. 105 wiedergegeben. In der Ebene [10$\bar{1}$0] sind

[1] Ann. Physik 86, 798 (1928).
[2] Sci. Rep. Tohoku Imp. Univ. 17, 1157 (1928).

zwei aufeinander senkrechte Richtungen vorhanden: In der ersten steigt die Kurve verhältnismäßig steilan und erreicht nach einer Biegung bereits bei $\mathfrak{H} = 2000$ nahezu den Sättigungswert, wogegen in der Richtung der schweren Magnetisierbarkeit die Kurve flach verläuft und $4\,\pi J_\infty$ selbst für $\mathfrak{H} = 10000$ Gauß noch nicht erreicht ist. Für die Maximalpermeabilitäten wurden hier die Werte 380 und 4 gefunden. In der (0001) Ebene sind zwei Achsen, die sich unter einem Winkel von 30⁰ schneiden, ähnlich Richtungen schwerer Magnetisierbarkeit.

Auch die hohe Koerzitivkraft des Kobalt hat ihre Ursache in dem hexagonalen Raumgitter, und zwar in dessen nach verschiedenen Richtungen verschiedenen thermischen Ausdehnungskoeffizienten. Letzterer bewirkt, daß nach dem Durchschreiten der Umwandlung bei 450⁰ in dem Kristallitenverband innere Spannungen entstehen, die die Koerzitivkraft um so mehr erhöhen, je weiter die Temperatur eben von dem Umwandlungspunkte entfernt ist. Die Aufnahme der Temperaturabhängigkeit der Koerzitivkraft eines Kobaltstabes nach A. Kußmann und B. Scharnow (Abb. 106) bestätigt diese Annahme. Sie zeigt, daß die Koerzitivkraft mit steigender Temperatur annähernd linear abnimmt, und nach dem Überschreiten der Umwandlung nur noch einen Bruchteil des Anfangswertes beträgt. Auch die Temperaturhysterese bei der Abkühlung ist deutlich zu ersehen.

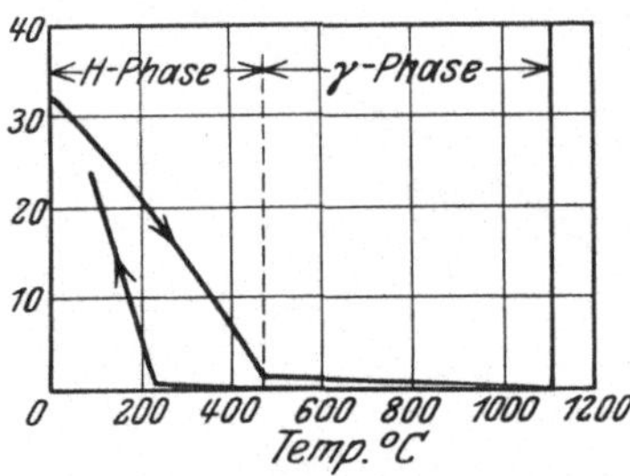

Abb. 106. Temperaturabhängigkeit der Koerzitivkraft von Co (Kußmann u. Scharnow).

Die gleichen Erscheinungen findet man, wenn man die Temperaturabhängigkeit der anderen magnetischen Eigenschaften aufnimmt. Mit steigender Temperatur richtet sich in dem Intervall bis 450⁰ die Magnetisierungskurve mehr und mehr auf, die Permeabilität wird größer, bis das oberhalb 450⁰ beständige α-Kobalt mit dem kubisch flächenzentrierten Raumgitter den vollkommen normalen Verlauf der Hystereseschleife wie das reine Eisen oder Nickel aufweist.

Über die magnetischen Eigenschaften der Legierungen des Co liegen außer bei einigen Systemen nur wenige Messungen vor, so daß wir auf die Angaben des Zustandsdiagramms und auf die allgemeinen Regeln (s. S. 108) angewiesen sind. Bei den festen Lösungen ist dabei zu unterscheiden, ob wir es mit der *H*-Phase oder dem flächenzentrierten Kobalt zu tun haben; für erstere ist entsprechend dem hexagonalen Gitter eine hohe Koerzitivkraft zu erwarten. Allgemein ist dann noch zu sagen, daß alle Co-Legierungen sich durch eine hohe „Spannungsempfindlichkeit" auszuzeichnen scheinen, so daß auch in den heterogenen Gemengen sehr große Koerzitivkräfte auftreten.

Co-Ag, Kobalt-Silber. Nach J. Petrenko im festen und im flüssigen Zustand keine Mischbarkeit.

Co-Al, Kobalt-Aluminium. Thermische, mikroskopische und magnetische Untersuchungen von Kobalt-Aluminium-Legierungen sind von A. Gwyer[1] durchgeführt worden. Bis zu 9,5% Al Mischkristallbildung. Die Temperatur des Verlustes der Magnetisierbarkeit wird auf 790° erniedrigt. Bei 31,5% Al liegt die Verbindung CoAl. Letztere ist nach Gwyer nicht mehr merklich ferromagnetisch. Die Magnetisierbarkeit der Legierungen zwischen 10% und 20% Al nimmt entsprechend der Einbettung eines heterogenen Strukturbestandteils rasch ab. Der Curiepunkt der wieder homogenen, aber ebenfalls noch schwach magnetischen Proben bis 30% Al konnte nicht festgestellt werden.

Co-As, Kobalt-Arsen. Bereits bei geringen Arsengehalten sind die Legierungen heterogen.

Co-Au, Kobalt-Gold. Das System Kobalt-Gold gehört nach Wahl[2] zum einfachen eutektischen Typus mit beiderseitiger begrenzter Mischbarkeit. Das heterogene Zustandsfeld reicht in der Nähe der eutektischen Temperatur (997°) von 3,5 bis ~ 95% Au und verbreitert sich wahrscheinlich noch zur Raumtemperatur hin. Entsprechend dem Bestehen aus zwei Strukturelementen sind die Co-Au-Legierungen bis zu sehr hohen Au-Gehalten ferromagnetisch, die Sättigungsmagnetisierbarkeit wird proportional dem Goldgehalt herabgesetzt. Die nach der Regel von Kußmann und Scharnow im heterogenen Gemenge zu erwartende hohe Koerzitivkraft (s. oben) wird ebenfalls von Wahl bestätigt, der starken „Polarmagnetismus" anführt.

Co-Bi, Kobalt-Wismut. Nach Lewkonja[3] besteht zwischen Kobalt und Wismut im festen Zustand nur geringe Löslichkeit. Durch die Einbettung von fast reinem Bi im Gefüge nimmt die Magnetisierbarkeit des Co daher bis zum Wismut hin allmählich ab.

Co-C, Kobalt-Kohlenstoff. Ähnlich wie Nickel vermag auch das Kobalt bei Raumtemperatur beträchtlich größere Mengen Kohlenstoff in Lösung zu nehmen wie das Eisen. Nach O. Ruff und Keilig[4] beträgt die Grenze der Löslichkeit bei 1300° etwa 0,82% C und bei 1000° C 0,33% C.

Co-Cr, Kobalt-Chrom. Das Zweistoffsystem Kobalt-Chrom weist zwei unmagnetische intermetallische Verbindungen CoCr und Co_2Cr_3 auf (F. Wever und U. Haschimoto; besondere magnetische Messungen von F. Wever und H. Lange[5]). Der Curiepunkt des Kobalt wird durch Chrom, das bis etwa 30% Cr in feste Lösung aufgenommen wird, stetig herabgesetzt, und durchschneidet zwischen 10% und 20% Cr die Nullisotherme. Die magnetischen Erscheinungen werden jedoch dadurch außerordentlich kompliziert, daß gleichzeitig auch die polymorphe Umwandlung des Kobalts (bei 400°) zu höheren Temperaturen verschoben wird, wobei eine beträchtliche Temperaturhysterese von mehreren hundert Grad eintritt, so daß sich bei Chromgehalten mit mehr als 75% die polymorphe Umwandlung und der Curiepunkt überlagern. Wever und Lange konnten zeigen, daß die beiden Modifikationen des Kobalt-Chrom-Mischkristalls je eine eigene Temperaturkonzentrationslinie für den Verlust der Magnetisierbarkeit besitzen, die sehr nahe parallel verlaufen, und daß die beobachtete Temperaturhysterese der magnetischen Umwandlung nur auf die Verzögerungserscheinungen der polymorphen Umwandlung zurückzuführen ist.

Co-Cu, Kobalt-Kupfer. Das Zustandsdiagramm des Systems Kobalt-Kupfer ist von R. Sahmen[6] aufgestellt worden. Auf der Kobaltseite wird etwa 8% Cu in

---

[1] Z. anorg. u. allg. Chem. **57**, 136 (1908).

[2] Z. anorg. u. allg. Chem. **66**, 65 (1910).

[3] Z. anorg. u. allg. Chem. **59**, 317 (1908).

[4] Z. anorg. u. allg. Chem. **88**, 410 (1914).   [5] Mitt. Eisenforsch.

[6] Z. anorg. u. allg. Chem. **57**, 3 (1908).

feste Lösung aufgenommen, während bei höheren Konzentrationen — ähnlich wie im System Fe-Cu — eine Mischungslücke vorliegt, die nach G. Tammann und W. Oelsen bis unmittelbar an das Kupfer heranreicht. Die Grenze des heterogenen Zustandsfeldes liegt bei 1000° bei etwa 95% Cu, bei Raumtemperatur bei etwa 99,8% Cu. Sämtliche Kobalt-Kupfer-Legierungen bis 99,8% Cu sind daher ferromagnetisch. Im Mischkristallgebiet (bis 8% Cu) ist nach A. Kußmann und B. Scharnow die Koerzitivkraft gering (1 bis 2 Oersted), während in dem heterogenen Gemenge erhebliche Werte (40 bis 50 Oersted) beobachtet wurden. Die Temperatur der magnetischen Umwandlung des gesättigten Mischkristalls mit 8% Cu liegt bei 1050°; sie bleibt in dem heterogenen Gemenge konstant.

Die magnetischen Umwandlungspunkte in dem ternären Diagramm Co-Cu-Ni sind von Waehlert[1] bestimmt worden.

Co-Fe, Kobalt-Eisen, siehe Fe-Co.

Co-Mn, Kobalt-Mangan. Nach K. Hiege[2] bilden Co und Mn eine ununterbrochene Reihe von festen Lösungen. Die magnetische Umwandlung soll durch Mangan stetig herabgesetzt werden und bei etwa 60% Mn die Achse der Raumtemperatur durchschreiten. Auf das Unzutreffende der lückenlosen Mischbarkeit haben W. Blumenthal, A. Kußmann und B. Scharnow[3] aufmerksam gemacht.

Co-Mo, Kobalt-Molybdän. Im System Kobalt-Molybdän (vgl. U. Raydt und G. Tammann)[4] liegt bei 61,8% Mo die intermetallische Verbindung CoMo, die mit dem gesättigten kobaltreichen Mischkristall mit 28% Mo ein eutektisches Gemenge bildet. Die Temperatur der magnetischen Umwandlung wird von 1040° beim Co bis auf ca. 770° bei der Grenze der festen Lösung herabgesetzt und bleibt dann konstant. Da die Verbindung CoMo unmagnetisch ist, verschwindet der Ferromagnetismus der Legierungen bei 61,8% Mo.

Co-Ni, Kobalt-Nickel, siehe Ni-Co.

Co-P, Kobalt-Phosphor. Der kobaltreiche Teilabschnitt des Systems ist von S. Zemczuzny und J. Schepelew[5] mit Hilfe der thermischen und mikrographischen Analyse untersucht worden. Co und P bilden eine Verbindung Co_2P mit 21% P, die sich durch erhebliche mechanische Härte auszeichnet und nach den Angaben der Autoren auch noch einen schwachen eigenen Ferromagnetismus besitzt. Die Schmelzkurve besteht in dem betrachteten Bereich aus zwei Ästen, die sich in einem eutektischen Punkte (16,6% P, 1022°) schneiden. Da schon bei geringen Phosphorkonzentrationen der eutektische Haltepunkt nachgewiesen wurde, so scheint im festen Zustand eine merkbare Löslichkeit von P in Co nicht vorhanden zu sein.

Co-Pb, Kobalt-Blei. Nach K. Lewkonja[6] sind Kobalt und Blei im festen Zustand beiderseits nur beschränkt ineinander löslich. Entsprechend dem Vorhandensein von fast reinem Kobalt als gesonderte Kristallart im Gefüge machen daher schon geringste Co-Zusätze das Blei ferromagnetisch.

Co-Pd, Kobalt-Palladium. Außerordentlich bemerkenswertes magnetisches Verhalten zeigen Co-Pd-Legierungen, von denen zwei Proben mit hohen Pd-Gehalten (90% und 95% Pd) und in gleicher Weise auch einige Co-Pt-Legierungen (siehe unten) von W. Constant[7] untersucht worden sind. Dem Gefügebild nach

[1] Z. öst. Berg- u. Hüttenver. **62**, 341 ff.

[2] Z. anorg. u. allg. Chem. **83**, 283 (1913).   [3] a. a. O.

[4] Z. anorg. u. allg. Chem. **83**, 246 (1913).

[5] Z. anorg. u. allg. Chem. **64**, 254 (1909).

[6] Z. anorg. u. allg. Chem. **59**, 307 (1908).

[7] Phys. Rev. **34**, 1217 (1929); **36**, 1654 (1930).

waren diese Legierungen Mischkristalle, womit auch der Verlauf der magnetischen Umwandlung übereinstimmt, die für die Legierung 10% Co, 90% Pd bei 189° C und für 5% Co, 95% Pd bei 28° C gefunden wurde. Vom Co ausgehend scheint demnach der Curiepunkt kontinuierlich zu sinken und erst beim reinen Pd den absoluten Nullpunkt zu erreichen. Einige magnetische Kennwerte nach den Messungen Constants umgerechnet, sind in der folgenden Zahlentafel zusammengestellt:

Probe	Koerzitivkraft Oe		Remanenz Gauß		Sättigungswert
	hartgezogen	geglüht	hartgezogen	geglüht	
90 Pd 10 Co	420	115	2650	2100	~ 4000
95 Pd 5 Co	410	110	1830	1360	—

Ins Auge fällt dabei die extrem hohe Koerzitivkraft von über 400 Oersted im hartgezogenen Zustand. Ferner gibt Constant an, daß zwischen dem hartgezogenen und geglühten Zustand ein Unterschied im Curiepunkt von über 50° gefunden wurde.

Co-Pt, Kobalt-Platin. Die Magnetisierbarkeit reicht nach Constant bis fast an das Platin. Als magnetischer Umwandlungspunkt wurde gemessen bei 90% Pt: 249°, bei 95% Pt: 50° C. Die Magnetisierung bei $\mathfrak{H} = 300$ Oe betrug 3700 bzw. 1500, die Koerzitivkraft 10 bis 20 Oe.

Co-S, Kobalt-Schwefel. Ähnlich wie in Nickel und Eisen ist Schwefel auch in festem Kobalt praktisch unlöslich.

Co-Sb, Kobalt-Antimon. Nach J. Lewkonja[1] sind Kobalt-Antimon-Legierungen bis 67% Sb ferromagnetisch. Der magnetische Umwandlngspunkt wird von 1034° beim reinen Co bis auf 925° bei der Legierung mit 12,5% Sb herabgesetzt, und bleibt dann konstant. Der Verlauf steht in Übereinstimmung mit dem Zustandsdiagramm, das bis etwa 12,5% Sb Mischkristallbildung, darüber hinaus ein heterogenes Gemenge des gesättigten Mischkristalls mit der Verbindung CoSb mit 65% Sb angibt.

Co-Si, Kobalt-Silizium. Das System Kobalt-Siliziuum weist ein sehr kompliziertes Zustandsfeld mit einer ganzen Reihe ven Siliziden auf, die jedoch sämtlich nicht ferromagnetisch sind. Nach K. Lewkonja[1] liegt vom Kobalt ausgehend im festen Zustande zunächst Mischkristallbildung vor bis 7% Si. In diesem Bereich wird der Curiepunkt des reinen Kobalt um etwa 100° auf 1035° erniedrigt. In dem darauffolgenden eutektischen Gemenge wird die Magnetisierbarkeit durch die Verringerung des gesättigten Mischkristalls im Gefüge rasch herabgesetzt und verschwindet bei 19,5% Si entsprechend der Verbindung Co_2Si.

Co-Sn, Kobalt-Zinn. Nach K. Lewkonja[1] liegt die Grenze der festen Lösung von Zinn in Kobalt bei etwa 3,5% Sn. Bei höheren Konzentrationen findet sich ein eutektisches Gemenge des gesättigten Mischkristalls mit der intermetallischen Verbindung Co_2Sn mit 50 Gewichtsproz. Sn., die nicht mehr ferromagnetisch ist.

Co-Tl, Kobalt-Thallium. In der Schmelze nur löslich bis 2,87% Tl.

Co-W, Kobalt-Wolfram. Keine magnetischen Daten.

e) Legierungen aus unmagnetischen Komponenten.

Außer den eigentlichen ferromagnetischen Elementen Eisen, Nickel und Kobalt können auch die im periodischen System benachbarten Metalle Mangan und

---

[1] Z. anorg. u. allg. Chem. **59**, 307 (1908).

Chrom unter bestimmten Umständen ferromagnetische Eigenschaften aufweisen. Das Auftreten des Ferromagnetismus ist dabei an die Legierung mit anderen Komponenten und insbesondere wieder an stöchiometrisch einfache Verhältnisse geknüpft, und da an den betreffenden Stellen singuläre Kristallarten nicht oder nur selten nachgewiesen werden konnten, so scheint die Bildung geordneter Atomverteilungen innerhalb von Mischkristallen (Überstrukturumwandlung, vgl. S. 92) hier eine Rolle zu spielen. Praktische Verwendung haben alle diese Legierungen bisher nicht gefunden, da — bei zwar manchmal erheblicher Koerzitivkraft — ihre Sättigungsmagnetisierung im Vergleich zum Eisen doch klein ist. Um so größer ist jedoch ihre Bedeutung in theoretischer Beziehung.

Von den Grundmetallen ist Chrom im reinen Zustand sicher nur paramagnetisch ($\chi = + 3,7 \cdot 10^{-6}$). Zweifelhaft ist lange Zeit hindurch der Magnetismus von Mangan und außerdem noch von Platin gewesen, von denen das letztere zwar Werte in paramagnetischer Größenordnung, dafür aber eine Feldabhängigkeit der Suszeptibilität zeigte, während die Eigenschaften von Mangan außerordentlich von der chemischen Zusammensetzung abzuhängen schienen. Die Mehrzahl der Forscher steht jedoch heute auf dem Standpunkt, daß die hier beobachteten Anomalien nur auf Beimengungen zurückzuführen sind. Die Suszeptibilität von sehr reinem Mangan wurde so von Kapitza[1] zu $\chi = 9,66 \cdot 10^{-6}$ gefunden.

Die Existenz eines ferromagnetischen Stoffes, und zwar zunächst einer direkten chemischen Verbindung aus Chrom und einer anderen nicht magnetischen Komponente wurde im Jahre 1859 von F. Wöhler[2] nachgewiesen. Es ist dies das Chromoxyd Cr_5O_6, sein magnetischer Umwandlungspunkt liegt zwischen 120° und 130°; eine weitere Verbindung dieser Art ist das Chromylsubchlorid, $(CrO_2)_5Cl_9$, das Pascal[3] dargestellt hat. Ferromagnetische Legierungen des Chroms konnten von V. M. Goldschmidt[4] und neuerdings von E. Friederich aufgezeigt werden, und zwar in den Systemen Cr-Te und Cr-Pt. Vom Platin ausgehend steigt die Magnetisierbarkeit an, zeigt bei etwa 90% Pt 10 Cr ein Maximum (Sättigungsmagnetisierung $4\pi J \sim 1000$, magnetischer Umwandlungspunkt 400°) und fällt dann wieder ab, so daß bei höheren Cr-Gehalten die Legierungen paramagnetisch sind.

Der Ferromagnetismus der Legierungen des Mangans wurde erstmalig von Fr. Heusler[5] im Jahre 1898 an Mangan-Zinnlegierungen entdeckt. Von ihm, seinen Mitarbeitern (s. u.) und einer Reihe anderer Forscher (Hilpert, Wedekind u. a.) sind dann auch die Legierungen des Mangans mit weiteren Elementen[6] untersucht und als ferromagnetisch festgestellt. Bisher sind bekannt:

Mn-As. Relativ starker Ferromagnetismus in der Umgebung der Stelle MnAs. Etwas schwächer magnetisierbar ist die Verbindung Mn_3As_2. Der Curiepunkt[7] liegt für die erstere bei etwa 130°.

Mn-B. Ferromagnetismus bei dem Manganborid MnB. Als Induktionen wurden gemessen für $\mathfrak{H} = 100$ und 500 Oe etwa 500 bzw. 1900 Gauß, als Koerzitivkraft rd. 30 Oe.

Mn-Bi. Magnetisierbarkeit bei Mn-Bi; Curiepunkt 360° bis 380°.

Mn-C. Ferromagnetismus bei Mn_3C.

---

[1] Proc. Roy. Soc. London. **131**, 224 (1931).   [2] Lieb. Ann. **111**, 117 (1850).
[3] Comptes Rendus **148**, 1463 (1909).
[4] Ber. Chem. Ges. **60**, 1263 (1927).
[5] Verh. d. dt. Phys. Ges. **5**, 219 (1903). Schriften d. Ges. z. Bef. d. ges. Naturw. zu Marburg, Nov. **1905**.
[6] Über die magnet. Eigensch. der Manganverbindungen mit P, As, Sb, Bi. Vgl. Hilpert u. Dickenson: Ber. d. Chem. Ges. **44**, 1615 (1911); Bates, L. F.: Proc. Roy. Soc. A **117**, Nr A 778, S. 680—91 (1928).
[7] Bates, L. F.: Phil. Mag. **8**, 714 (1929).

Mn-Cu. Im binären System nur Paramagnetismus.

Mn-Fe. Hogg[1] hat schon früher, und zwar im Jahre 1892 darauf hingewiesen, daß eine Legierung aus 55% Mn, 13% Fe, 25% Al stark ferromagnetisch sei.

Mn-H. Wahrscheinlich Ferromagnetismus durch Bildung von Hydriden. So fanden P. Weiß und K. Kamerling Onnes[2] an einer Manganprobe Paramagnetismus, solange sie sich in Pulverform befand, nach dem Umschmelzen im Wasserstoffstrom jedoch Ferromagnetismus ($4\pi J_\infty = 200$, $\mathfrak{H}_c = 670$ Oe).

Mn-N. Nach Wedekind und Veit[3] ist neben Mn_3N_2 und Mn_6N_2 relativ stark magnetisch die Verbindung Mn_7N_2; sie zeigt remanenten Magnetismus.

Mn-Ni. Über die geordnete Atomverteilung Ni_3Mn (Kaya und Kußmann) vgl. S. 135.

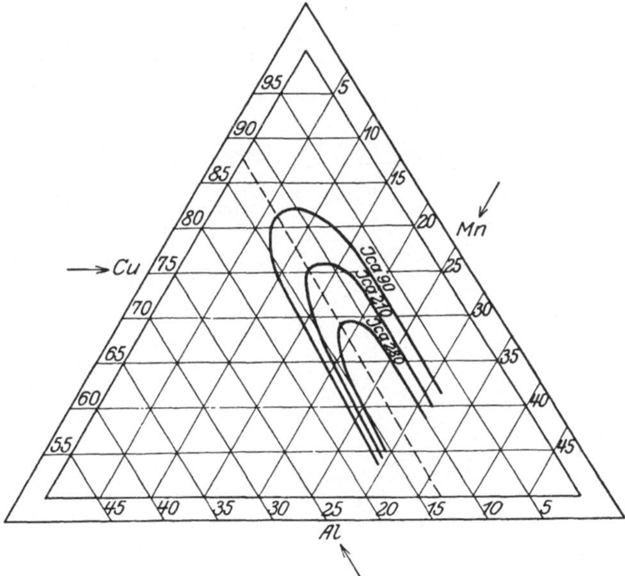

Abb. 107. Magnetisierung im System Mn-Cu-Al.

Mn-P. Stärkste Magnetisierbarkeit bei Mn_5P_2; die Koerzitivkraft ist klein, der Curiepunkt liegt bei 18 bis 26°; schwächer ferromagnetisch Mn_3P_2 und MnP (Magnetisierungsintensität für $\mathfrak{H} = 86$, 340 und 746 Oe: $4\pi J = 115$, 285, 490).

Mn-S. Ferromagnetismus bei dem Mangansulfid MnS.

Mn-Sb. Es treten drei ferromagnetische intermetallische Verbindungen auf, und zwar Mn_2Sb (52,6% Sb, Curiepunkt 315°, Koerzitivkraft $\mathfrak{H}_c = 30,9$), Mn_3Sb_2 mit 59,8% Sb (Curiepunkt 315°) und MnSb (68,9% Sb, Curiepunkt 330°, Koerzitivkraft 8,2 Oe). Entsprechend den heterogenen Zustandsfeldern des Diagramms zeigt sich Ferromagnetismus auch in den Zwischenbereichen. Für MnSb beträgt die Magnetisierungsintensität bei $\mathfrak{H} = 770$ Oe $4\pi J = 4500$, für das schwächer magnetische Mn_2Sb bei $\mathfrak{H} = 600$ Oe rund $4\pi J = 950$.

Mn-Se, MnSi, Mn-Te, ebenfalls Ferromagnetismus, keine näheren Angaben.

MnSn. Nach neueren Untersuchungen von Potter ist bei Zimmertemperatur nur magnetisch Mn_4Sn (65% Mn) mit einem Curiepunkt bei 150°. Bei der Tem-

[1] Chem. News 66, 140 (1892).   [2] Comptes Rendus 150, 687 (1910).
[3] Chem. Ber. 41, 3769 (1908). Vgl. R. Ochsenfeld: Ann. d. Phys. 12, 353 (1932).

peratur der flüssigen Luft tritt noch ein $3\frac{1}{2}$ mal so ausgeprägtes Maximum bei 48,5% Mn entsprechend Mn_2Sn auf, das mit $4\pi J = 5900$ der Magnetisierbarkeit des Nickels fast gleichkommt. Der Curiepunkt liegt bei 0^0 C.

Die stärkste Magnetisierbarkeit weisen nach dem bisher bekannten jedoch zwei ternäre Systeme, und zwar die Mangan-Aluminium-Kupfer- und Mangan-Kupfer-Zinn-Bronzen auf, die auch speziell als Heuslersche Legierungen[1] bezeichnet werden. Die Magnetisierung kann im günstigsten Fall bis zu $4\pi J = 5000$, d. h. etwa ein Viertel von der des Eisens betragen, und ferner zeigen auch die einzelnen Legierungen in der Form der Magnetisierungskurve in Abhängigkeit von der chemischen Zusammensetzung und Wärmebehandlung bemerkenswerte Unterschiede.

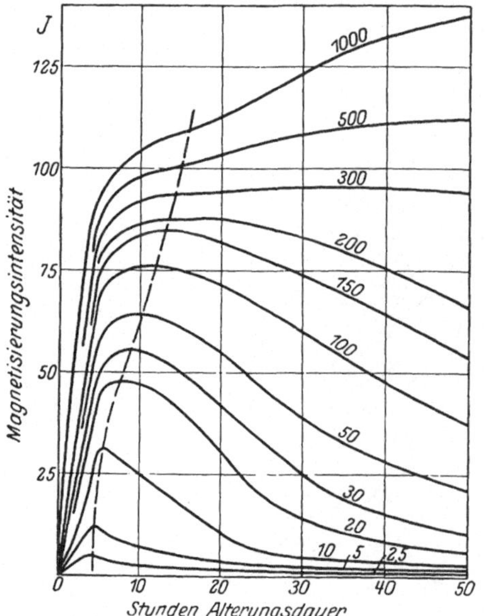

Abb. 108. Magnetisierung als Funktion der Anlaßdauer (Temperatur 209°, nach Take).

Einen Überblick über die Abhängigkeit der Sättigungsmagnetisierung von der chemischen Zusammensetzung im System Al-Cu-Mn gibt die Darstellung im van't Hoffschen Dreieck (Abb. 107). Der Bereich der magnetischen Legierungen zieht sich demnach in Art eines Gebirgszuges längs des Schnittes Cu_3Al—$AlMn_3$ hin, wobei die Magnetisierbarkeit mit wachsendem Mn- bei gleichbleibendem Al-Gehalt und umgekehrt mit zunehmendem Al- bei gleichbleibendem Mn-Gehalt zunimmt, so daß das Maximum stets bei konstantem Al-Gehalt (13%) liegt. Die in dem Diagramm der Abb. 107 nicht angegebenen Legierungen mit höheren Mn-Gehalten (über 30%) wurden neuerdings von W. Krings und W. Ostmann (s. u.) untersucht und Magnetisierbarkeit bis zu einer Probe mit 75% Mn, 14% Al, 11% Cu festgestellt.

Außerordentlich kompliziert ist der Zusammenhang der magnetischen Eigenschaften der Al-Cu-Mn-Legierungen mit der Wärmebehandlung[2]. Nach Abschrecken von etwa 600° sind die Legierungen unmagnetisch (paramagnetisch), sie erlangen ihre Magnetisierbarkeit erst durch eine langdauernde Erwärmung bei niederen Temperaturen (vgl. Abb. 108). Bei Alterungstemperaturen von etwa 100° werden sie dabei magnetisch „weich", d. h. sie besitzen eine schmale Hystereseschleife (Koerzitivkraft $\sim 0,5$ bis 1 Oersted) und eine relativ hohe Permeabilität, während bei Alterungstemperaturen oberhalb 150° ein starker Anstieg der Koerzitivkraft zu beobachten ist, die bis 200 Oe erreichen kann. Die Änderung der Koerzitivkraft einer Legierung

---

[1] Die grundlegenden Untersuchungen wurden im Jahre 1905—10 im Physikalischen Institut der Univers. Marburg ausgeführt, wobei neben Heusler und Richarz zu nennen sind: Asteroth, Preusser, Semm, Haupt und insbesondere E. Take. Literaturzusammenstellung s. v. Auwers: Z. anorg. Chem. **108**, 49 (1919); Jahrb. Radioakt. **17**, 181 (1920).

[2] Vgl. E. Take: Gött. Abh. (N. F.) **8**, Nr 2 (1911), u. Verh. dt. Phys. Ges. **12**, 1059 (1910).

mit 16,8% Mn, 8,6% Al und 74,1% Cu ist in Abb. 109 nach A. Kußmann und B. Scharnow wiedergegeben, während Abb. 110 zwei Hystereseschleifen dieser Legierung nach verschiedener Wärmebehandlung darstellt.

In der Frage nach dem Zusammenhang der magnetischen Eigenschaften mit dem Aufbau der Al-Cu-Mn-Legierungen kam Fr. Heusler[1] seinerzeit zu der Annahme, daß als Träger des Ferromagnetismus eine chemische Verbindung $Al_x(MnCu)_{3x}$ anzusehen sei, in der Mn und Cu isomorph durcheinander ersetzbar wären. Die Moleküle dieser Verbindung sollten bei hoher Temperatur dissoziiert sein und sich bei tieferen Temperaturen zusammensetzen, bei längerem Altern ferner in einer Art Polymerisationsvorgang zu größeren Gruppen zusammentreten und so die bei

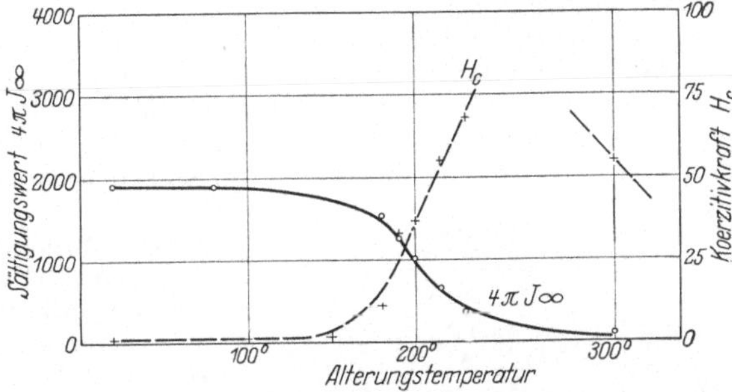

Abb. 109. Änderung von Koerzitivkraft und Sättigungswert.

der Alterung beobachtete Erhöhung der Koerzitivkraft bewirken (Richarzsche Komplextheorie).

Mit dem Aufkommen metallkundlicher Methoden ist dann das Konstitutionsproblem des Systems Al-Cu-Mn von den verschiedensten Seiten neu in Angriff genommen worden, wobei — trotz im einzelnen scheinbar widersprechendem Resultate — im ganzen doch eine gewisse Klärung erzielt wurde.

In einer systematischen Untersuchung zeigten zunächst Krings und Ostmann[2], daß eine ternäre Verbindung in dem System Al-Cu-Mn nicht existiert, sondern daß die magnetisierbaren Legierungen bei 800° aus Mischkristallen bestehen, die sich mit sinkender Alterungstemperatur in zwei Phasen aufspalten. L. Harang[3] wies (im Anschluß an einige Messungen von Young) röntgenographisch das Bestehen von 3 Gittertypen vor, doch konnte er keinen Zu-

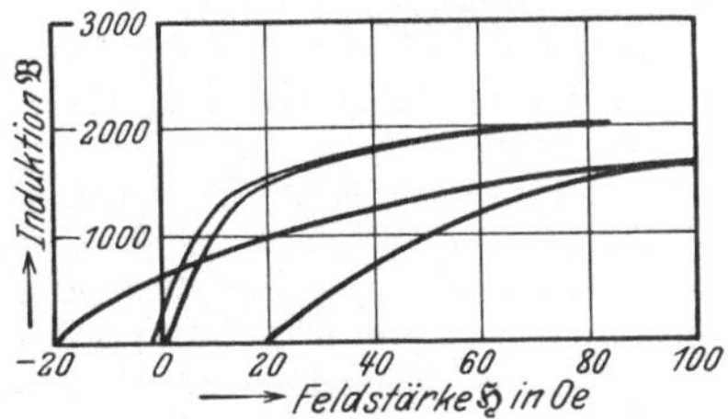

Abb. 110. Hystereseschleifen von Mn-Al-Cu-Legierungen.

sammenhang zwischen der Kristallstruktur und den magnetischen Eigenschaften finden. A. Kußmann und B. Scharnow[4] zeigten dann zusammen mit Schliffbildaufnahmen, daß die Erhöhung der Koerzitivkraft und das Breiterwerden der Hystereseschleifen bei Alterungen oberhalb 130° keinen atomaren Vorgang darstellt, sondern an den oben genannten Zerfall des Mischkristalls und die dadurch hervorgerufenen interkristallinen Spannungen gebunden ist (vgl. Abb. 111).

O. Heusler[5] bewies durch die thermische Analyse, daß das Auftreten des Ferromagnetismus im β-Mischkristall in homogener Phase ohne Umkristallisation

---

[1] Vgl. E. Take, a. a. O., s. auch Fr. Heusler: Z. Physik 10, 403 (1922), und Z. anorg. u. allg. Chem. 161, 159 (1927).

[2] Z. anorg. u. allg. Chem. 163, 145 (1927).

[3] Z. Kristall. 65, 261 (1927).   [4] Z. Physik 47, 770 (1928).

[5] Z. anorg. u. allg. Chem. 171, 126 (1928).

verläuft und somit eine Überstrukturumwandlung darstellt, und diese Auffassung konnte röntgenographisch durch E. Persson[1] bestätigt werden, der in dem β-Mischkristall in Übereinstimmung mit den Messungen von Young und Harang ein kubisches Grundgitter fand, in dem die Al-Atome in einer flächenzentriert kubischen Überstruktur angeordnet sind. Die Vergütungserscheinungen beim Zerfall der Mischkristalle sind von Fr. Heusler[2] und E. Dönnges untersucht und gedeutet worden.

Die magnetischen Eigenschaften im System Cu-Mn-Sn untersuchte frühzeitig A. Semm[3] an zwei Legierungsreihen, die durch Legieren des 30%igen und 15%igen Mangankupfers mit Zinn erhalten waren. Die nach 1500stündigem Anlassen bei 150° beobachteten Intensitätswerte ergaben im Dreiecksdiagramm dargestellt ähnlich wie bei Al-Cu-Mn eine hervortretende rückenartige Fläche, deren „Kamm-

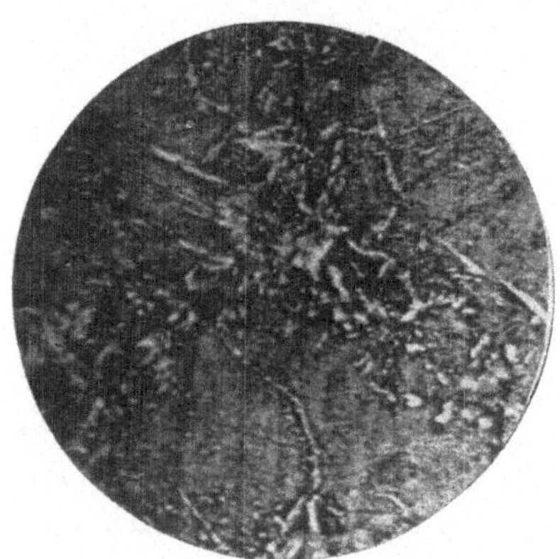

Abb. 111. Zerfall des β-Mischkristalls.

linie“ bis zu den binären Grenzdiagrammen extrapoliert, die Konzentrationen $SnCu_3$ und $SnMn_3$ verbindet. Neben diesem Rücken verläuft jedoch noch ein zweiter niedrigerer Rücken, dessen Höchstwerte auf einer Linie zwischen den Konzentrationen mit je 10 Atomproz. Sn der binären Grenzsysteme Sn-Cu und Sn-Mn liegen. Als Maximum der Magnetisierbarkeit überhaupt wurde $4\pi J$ von rund 5500 gemessen, und zwar an der Stelle der Konzentration $MnSnCu_2$. Die magnetischen Umwandlungstemperaturen lagen zwischen 240° und 285° C. Im Gegensatz zu den Al-Cu-Mn-Legierungen werden diese Punkte durch Abschrecken der Legierungen nicht geändert.

Röntgenographische Untersuchungen über das System Cu-Mn-Sn vgl. L. Harang[4] sowie Persson[4].

H. Potter[5] hat in den Al-Cu-Mn-Legierungen das Kupfer durch Silber ersetzt und dementsprechend das System Al-Ag-Mn untersucht. Die maximale Magnetisierung ($4\pi J$ rund 500) trat bei der Zusammensetzung 86,9% Ag, 8,8% Mn und 4,3% Al entsprechend der Formel Ag_5MnAl, auf, während die Zusammensetzungen Ag_4MnAl und Ag_6MnAl geringere Magnetisierbarkeit aufweisen. Die Legierungen besaßen Koerzitivkräfte bis 5000 Oersted; der Curiepunkt liegt bei etwa 360°, das Raumgitter war das flächenzentrierte (Parameter 4,06 Å) wie beim reinen Silber. Überstrukturen wurden nicht gefunden.

3. Wärmebehandlung und magnetische Eigenschaften.

Außer durch Legierung, d. h. durch Änderung des Gefügeaufbaus infolge Änderung der Konzentration lassen sich die magnetischen Eigenschaften der Stoffe in gewissen Grenzen auch durch Wärmebehandlung beeinflussen. Die hierdurch eingeleiteten Kristallisationsvorgänge sind einmal abhängig von der Natur der Legierungen und den

---

[1] Z. Physik **57**, 115 (1929).　　[2] Z. anorg. u. allg. Chem. **171**, 126 (1928).
[3] Semm, A.: Diss. Marburg 1915; vgl. auch E. Take u. A. Semm: Verh. Physik. Ges. **16**, 971 (1914).
[4] l. c.　　[5] Phil. Mag. **12**, 255 (1931).

Umwandlungen, die beim Erhitzen oder Abkühlen durchlaufen werden, dann von der Erhitzungsdauer und der Abkühlungsgeschwindigkeit und schließlich noch von dem in dem Kristallitengemenge vorliegenden Spannungszustand. Als Hauptarten der Wärmebehandlung kann man dabei bezeichnen

1. Glühen,
2. Abschrecken, bei den Stählen auch Härten genannt,
3. Anlassen.

Im folgenden seien kurz die theoretischen Grundlagen der Wärmebehandlung erörtert, während die bei den einzelnen Werkstoffen gebräuchlichen technischen Verfahren und die dabei zu beachtenden praktischen Gesichtspunkte jeweils an der betreffenden Stelle gesondert besprochen werden.

a) Glühen.

Unter Glühen versteht man ein Erwärmen eines Materials auf bestimmte Temperaturen und ein darauf folgendes mehr oder minder langsames Abkühlen. Die Möglichkeit der Änderung der magnetischen Eigenschaften durch das Glühen ist an eine Änderung oder zumindestens eine Störung des Gleichgewichtes des Gefüges geknüpft. Wir können daher in dem (praktisch allerdings nie vorkommenden) Fall eines idealen und spannungsfreien Mischkristalls, der keine Umwandlungen durchläuft, auch keine Änderung der magnetischen Eigenschaften durch eine Glühbehandlung erwarten und umgekehrt wird die Möglichkeit der Beeinflussung um so größer sein, je heterogener das Gefüge und je mannigfaltiger die Zustandsfelder sind, die beim Erhitzen und Abkühlen durchlaufen werden.

Bei den technischen Werkstoffen wird dabei ein Glühen je nach dem Material und den gewünschten Gebrauchseigenschaften verschiedene Zwecke verfolgen, nämlich entweder a) Beseitigung von Seigerungen oder b) Änderung der Gefügeverteilung, d. h. Verfeinerung von zu grobem oder Vergröberung von zu feinem Gefüge oder c) Aufhebung von mechanischen Spannungen, die von dem Gußvorgang oder einer Kaltverformung in dem Werkstoff zurückgeblieben sind, oder schließlich d) Durchführung und Begünstigung chemischer Reaktionen.

Ein Vorhandensein von Seigerungen, d. h. von Zonen verschiedener chemischer Zusammensetzung ist besonders schädlich bei Werkstoffen, die eine hohe Permeabilität aufweisen sollen, indem solche Seigerungen im Sinne der Spannungstheorie nach A. Kußmann und B. Scharnow ähnlich wie heterogene Bestandteile wirken und durch die auftretenden mechanischen Spannungen die Koerzitivkraft herauf- und die Permeabilität herabsetzen. Zur Beseitigung der Seigerungen dient ein Glühen bei sehr hohen Temperaturen, d. h. möglichst kurz unterhalb der Soliduslinie, wobei schon eine merkliche Diffusion im festen Zustand stattfindet.

Beispiele für den schädigenden Einfluß von Kristallseigerungen haben E. Gumlich, W. Steinhaus, A. Kußmann und B. Scharnow[1] an einer 50%igen Nickel-Eisenlegierung gegeben. Zu rasch abgekühlte Gußproben mit ausgeprägt dendritischem Gefüge ergaben Anfangspermeabilitäten von 2100 und Koerzitivkräfte von 0,35 Oersted; durch ein 9stündiges Glühen bei 1050°, wodurch sich die Mischkristalle homogenisierten, ließen sich die Werte verbessern auf $\mu_0 = 3200$ und dementsprechend $\mathfrak{H}_c = 0{,}15$ Oe.

Einer Glühbehandlung nach b und c wird man meistens gegossene Gegenstände unterwerfen, und zwar um einmal das grobkristalline Gußgefüge, das einen sehr geringen Widerstand gegen plötzliche mechanische Beanspruchungen zeigt, zu beseitigen und ferner um die durch ungleichmäßige Abkühlung entstandenen Spannungen, die leicht zu Rissen führen können, auszugleichen.

Beschränken wir uns bei der Betrachtung auf das System Eisen-Kohlenstoff, so besteht die Möglichkeit weitgehender Gefügeänderungen hier vor allem darin, daß die Stähle unterhalb der Linie PSK des Zustandsdiagramms (Abb. 61) aus zwei Phasen (Ferrit + Zementit) bestehen, während oberhalb der Linie $GOSE$ Mischkristalle (Austenit) vorliegen. Erhitzt man also einen Stahl, in dem der Perlit in einem sehr groben Netzwerk angeordnet ist, über die Umwandlungstemperatur und kühlt wieder ab, so läßt sich die beim Durchschreiten der Umwandlung einsetzende sekundäre Kristallisation so leiten, daß das Gefüge nunmehr eine sehr feine Verteilung des Ferrits und Perlits aufweist.

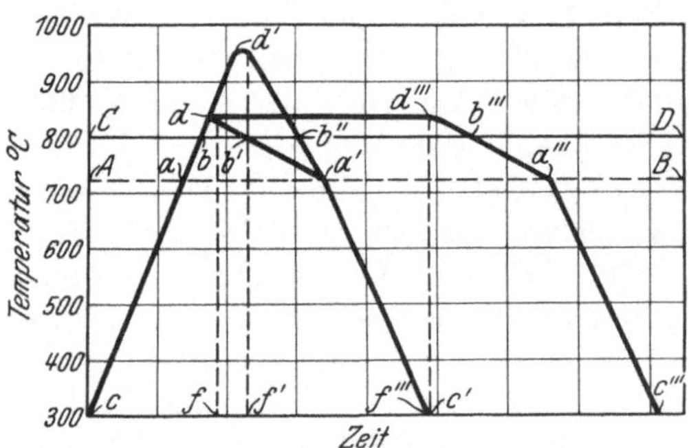

Abb. 112. Glühdiagramm.

Den Glühvorgang eines Stahles mit etwa 0,35% C in Abhängigkeit von Zeit und Erhitzungsdauer zeigt das schematische Diagramm Abb. 112). Die Umwandlungstemperaturen A_1 und A_3 sind durch die waagerechten Linien AB und CD gegeben. Wird der Stahl entsprechend der Linie ca erwärmt, so tritt beim Punkte a die erste Umwandlung des Perlits in Austenit auf. Bei weiterer Erwärmung findet beim Punkte b die Lösung des freien Ferrits im Austenit statt. Wird durch das Glühverfahren eine Kornverfeinerung bezweckt, so genügt dafür eine Überschreitung der Linie CD um etwa 30° (Punkt d). Läßt man dann den Stahl erkalten, so verläuft die Abkühlung entlang der Linie $db'a'c'$, und die Umwandlungen werden in entgegengesetzter Richtung wiederholt.

Durch zu hohe Erhitzung eines Stahles (Temperatur d') tritt die sogenannte Überhitzung ein, die durch die Entstehung sehr grobkörnigen Gefüges mit geringen Festigkeitseigenschaften gekennzeichnet ist. Auch durch lange Glühdauer kann der Stahl überhitzt werden (Fall d''', Abb. 112). Bei Erhitzungstemperaturen kurz unterhalb der Soliduslinie tritt ferner das sogenannte Widmannstettsche Gefüge auf, daß durch eine kristallographisch gleichartige Orientierung von Ferrit und Perlit gekennzeichnet ist. Wird endlich die Soliduslinie überschritten, so bildet

---

[1] Vgl. ENT. 5, 83 (1928).

sich eine flüssige Phase, die Kanten des Stahles schmelzen ab, und tiefe Zunder-
löcher erscheinen in der Oberfläche. Daneben verlaufen bei allzu großer Erhöhung
der Temperatur und Glühdauer auch noch andere Reaktionen, wie die sogenannte
Entkohlung, d. h. Verbrennung und Verarmung an C in den Randzonen des
Stückes, und die Verdampfung von Legierungselementen (wie Si, Mn, Mo), wodurch die magnetischen Eigenschaften ebenfalls weitgehend beeinflußt werden.

Als Weichglühen bezeichnet man eine Wärmebehandlung, durch
die die infolge Kaltverformung eingetretene Verfestigung beseitigt
werden sollen, wobei mit der Änderung des Gefüges (Rekristallisation)
auch gleichzeitig eine Änderung der magnetischen Eigenschaften eintritt (vgl. S. 173). Einem solchen Weichglühen müssen nach der endgültigen Formgebung alle Werkstoffe unterworfen werden, die eine
hohe Permeabilität und geringe Hystereseverluste aufweisen sollen,
insbesondere also die Dynamo- und Transformatorenbleche sowie die
Sonderlegierungen in der Fernmeldetechnik. Auch während des Fabrikationsganges wird des öfteren ein Weichglühen zwischengeschoben,
um zwar einmal um die Walzspannungen und somit die Gefahr der
Rißbildung zu beseitigen und dann den Widerstand gegen die Verformung und damit den Arbeitsaufwand herabzusetzen.

Die Einleitung bestimmter metallurgischer Reaktionen und entsprechender Beeinflussung der magnetischen Eigenschaften wird bezweckt durch Glühbehandlungen etwa im Vakuum, in oxydierenden
oder reduzierenden Atmosphären, wobei durch Aufnahme oder Abgabe
von meist gasförmigen Produkten die chemische Zusammensetzung
des fertigen Stückes noch geändert werden kann. Näheres vgl. S. 305.

b) Abschrecken und Anlassen.

Unter Abschrecken, bei den Stählen auch Härten genannt, versteht man eine rasche Abkühlung eines Werkstoffes von erhöhten
Temperaturen herab auf Raumtemperatur. Die Geschwindigkeit der
Abkühlung kann durch die Wahl des umgehenden Mediums (Luft, Ein-
tauchen in Öl oder Wasser) noch variiert werden. Sieht man von der
Erzeugung innerer Spannungen zwischen Kern und Oberfläche der
Probe (infolge ungleichmäßiger Temperaturverteilung, s. S. 289) ab,
so beruhen alle durch eine solche Wärmebehandlung bedingten Eigenschaftsänderungen generell auf der Tatsache, daß man die Temperatur
schneller verändern kann als die Bildungsgeschwindigkeit neuer Phasen
beträgt. Man ist also auf diese Weise imstande, vorhandene Umwandlungen vollkommen zu unterdrücken und das der vorherigen Glühtemperatur zugehörige Gefüge und damit auch dessen physikalische
Eigenschaften bei Raumtemperatur zu fixieren, so daß also eine Legierung bei ein und derselben chemischen Zusammensetzung nach verschiedener Abschreckbehandlung ganz verschiedenes magnetisches Verhalten aufweisen kann.

Ein durch Abschrecken und Überspringung einer Umwandlung erhaltenes Gefüge befindet sich stets in einem labilen Gleichgewicht und ist daher bestrebt, in das der betreffenden Temperatur zugehörige stabile Gefüge überzugehen. Diese Einstellung des Gleichgewichts erfolgt bei Raumtemperatur gewöhnlich nur unendlich langsam, schneller dagegen bei Erhöhung der Reaktionsgeschwindigkeit[1] durch Erhöhung der Temperatur. Durch ein nachträgliches Erhitzen einer abgeschreckten Legierung lassen sich daher die Eigenschaften des Werkstoffs auch weit unterhalb der eigentlichen Umwandlungslinie noch zu den Gleichgewichtswerten zurückführen. Man bezeichnet solche Behandlungen in der Praxis als Anlassen.

Hinsichtlich der Rückwirkung auf die magnetischen Eigenschaften technischer Legierungen verdient besondere Beachtung der Fall einer mit steigender Temperatur zunehmenden Löslichkeit einer zweiten Komponente (etwa einer Verunreinigung) in einer Grundsubstanz, wie er in Abb. 113 schematisch dargestellt ist. Eine Legierung von der Zusammensetzung B besteht demnach bei Raumtemperatur aus zwei Phasen, und zwar aus einem heterogenen Gemenge des gesättigten Mischkristalls und einer zweiten Kristallart. Nach Erhitzung auf höhere Temperatur (T_1) und Überschreitung der Sättigungslinie wird diese Kristallart in Lösung gehen, so daß das Gefüge nunmehr aus homogenen Mischkristallen besteht, die durch Abschrecken bei Raumtemperatur fixiert werden können. Durch längeres Lagern oder auch durch Erwärmung auf erhöhte Temperaturen (T_2, vgl. Abb. 113) werden sich die übersättigten Mischkristalle wieder zum Zerfall bringen lassen, wodurch der überschüssig gelöste Stoffanteil CD zur Ausscheidung gelangt. Man bezeichnet diesen letzteren Erscheinungskomplex, der heute in großem Maße insbesondere bei den Leichtmetallen technisch angewendet wird, als Vergütung oder Aushärtung (age hardening), und zwar aus dem Grunde, weil beim ersten Beginn der Ausscheidung einer Kristallart aus einem übersättigten Mischkristall die Legierungen in ihren physikalischen Eigenschaften eine Zwischenstufe durchlaufen, die gegenüber den beiden Endzuständen (dem unzerfallenen und dem vollständig zerfallenen Mischkristall) durch eine erhebliche Erhöhung der mechanischen Festigkeit gekennzeichnet ist.

Die Änderungen der magnetischen Eigenschaften bei der Aufnahme einer Kristallart in Lösung und Zerfall eines übersättigten ferromagnetischen Misch-

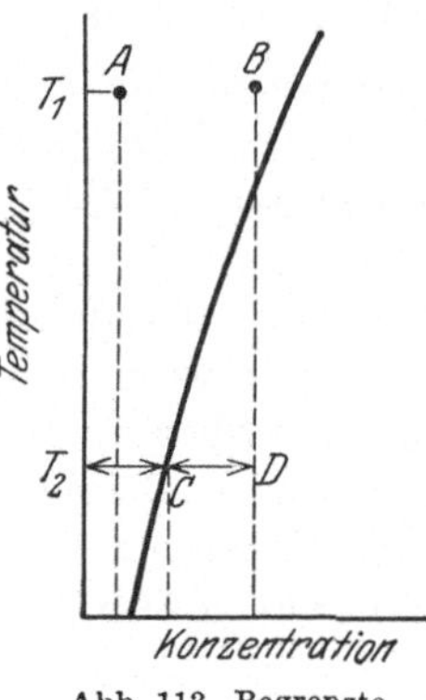

Abb. 113. Begrenzte Löslichkeit.

---

[1] In gleichem Sinne wie eine Erhöhung der Temperatur wirken auch Kaltverformung, ja bisweilen auch dauernde mechanische Erschütterungen.

kristalls lassen sich, wie zuerst A. Kußmann und B. Scharnow gezeigt haben, aus der Spannungstheorie ohne weiteres voraussagen, und zwar wird dem abgeschreckten Mischkristall eine kleine Koerzitivkraft und hohe Permeabilität zukommen, während beim Anlassen innerhalb des heterogenen Zustandsfeldes entsprechend der Ausscheidung einer zweiten Phase Koerzitivkraft und Hystereseverlust (unter gleichzeitiger Abnahme der Permeabilität) allmählich zunehmen müssen. Da bei höheren Anlaßtemperaturen die durch die Volumenänderungen noch bedingten additiven Spannungen wieder ausgeglichen werden, so hängt die Größe der erreichten Koerzitivkraft außer von der Menge des heterogen ausgeschiedenen Zusatzstoffes auch von der Höhe der Anlaßtemperatur ab. Diese Erscheinungen konnten in neuerer Zeit durch Messungen von W. Köster[1], A. Kußmann und B. Scharnow[2], R. Wasmuth[3] u. a. bestätigt werden.

Als Beispiel einer solchen Beeinflussung durch die Wärmebehandlung diene Abb. 114 für die Magnetisierungskurven einer vergütbaren Ni-Be-Legierung mit 2,5% Be. Bei Abschreckung von 1000°, wobei das Gefüge aus homogenen Mischkristallen besteht, weist die Legierung eine sehr schmale Hystereseschleife mit einer Koerzitivkraft von etwa 0,2 Oe, die durch Anlassen in eine breite Schleife

mit einer Koerzitivkraft von etwa 50 Oe übergeht. Die allmähliche Änderung der Nullkurve eines Elektrolyteisens mit 0,7% Cu nach stufenweisem Anlassen bei 600° zeigt Abb. 115a, während Abb. 115b die zugehörigen Permeabilitätskurven darstellt (A. Kußmann und B. Scharnow).

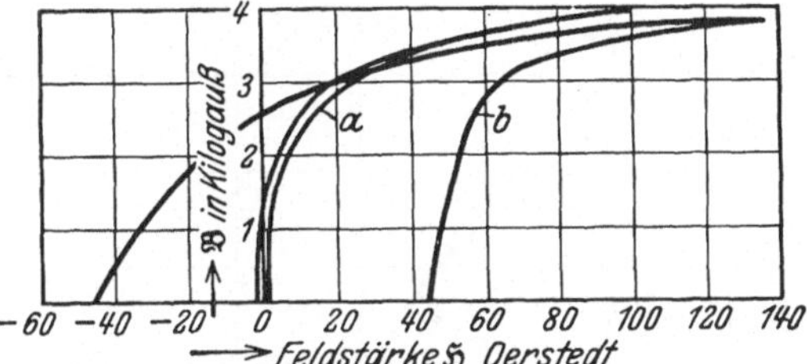

Abb. 114. Ni-Be-Legierung mit 2,5% Be abgeschreckt (a) und angelassen bei 600° (b).

Den für die Technik wichtigsten Abschreckvorgang bildet die Härtung der Stähle, d. h. die rasche Abkühlung der Eisen-Kohlenstofflegierungen aus dem Gebiet der festen Lösung oberhalb der Linien *GOS* und *SE* des Zustandsdiagramms (vgl. Abb. 61). Steigert man die Abkühlungsgeschwindigkeit eines auf diese Temperatur erhitzten Stahles, so wird der gemäß dem Diagramm angezeigte Zerfall des Mischkristalls immer undeutlicher, wobei neben einer Reihe von Zwischenstufen im Gefüge (s. u.) auch Verschiebungen der Haltepunkte auftreten (*Ar'*). Es gelingt jedoch umgekehrt nicht (wenigstens nicht bei den reinen Kohlenstoffstählen) die feste Lösung (Austenit) im Gefüge vollständig bei Raumtemperatur zu fixieren, vielmehr tritt bei einer wesentlich tieferen Temperatur (A_r'') wieder eine Entmischung des Austenits ein, und wir erhalten bei Raumtemperatur dann Gefügebestandteile (Martensit), die sich sowohl in ihrer Magnetisierbarkeit als auch in ihren sonstigen physikalischen Eigenschaften, Härte, elektr.

---

[1] Arch. Eisenhüttenwes. 2, 194 u. 503 (1929), (Fe-C); Stahleisen 50, 687 (1930), (Fe-Cu); Arch. Eisenhüttenwes. 3, 553 (1930), (Fe-N); 4, 609 (1931), (Fe-P). [2] a. a. O.   [3] Kruppsche Monatshefte 12, 159 (1931).

Widerstand usw., von dem bei langsamer Abkühlung erhaltenen Gefüge (Ferrit + Zementit) grundlegend unterscheiden.

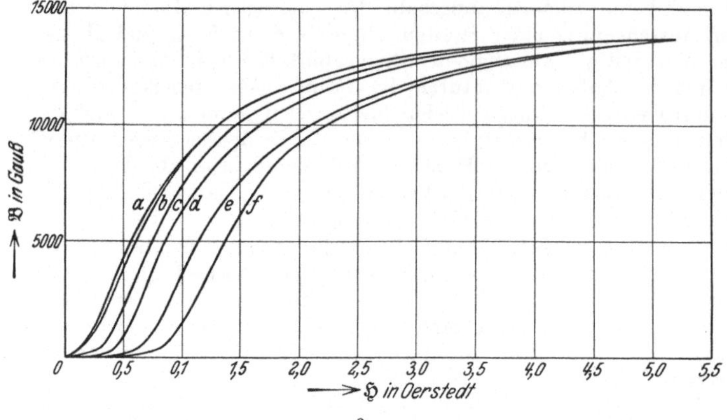

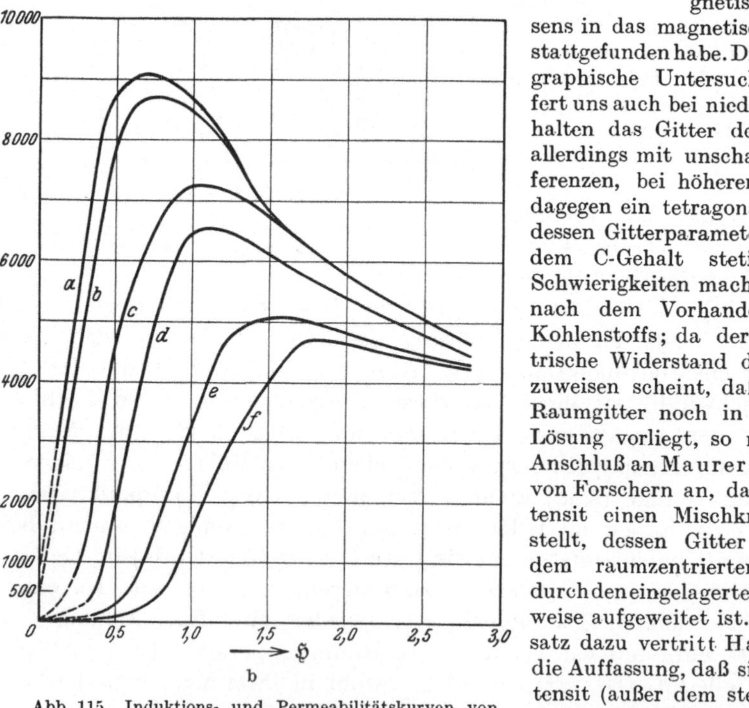

Abb. 115. Induktions- und Permeabilitätskurven von Eisen + 0,7% Cu, abgeschreckt von 900° und angelassen bei 600° (Kußmann und Scharnow).

Trotz vielfacher Untersuchungen ist bisher weder der Mechanismus des Abschreckvorganges noch das Wesen des Martensits völlig geklärt. Aus der Magnetisierbarkeit des gehärteten Stahles hat man bereits frühzeitig abgeleitet, daß ein Umschlagen des unmagnetischen γ-Eisens in das magnetische α-Eisen stattgefunden habe. Die röntgenographische Untersuchung[1] liefert uns auch bei niedrigen C-Gehalten das Gitter des α-Eisens, allerdings mit unscharfen Interferenzen, bei höheren Gehalten dagegen ein tetragonales Gitter, dessen Gitterparameter sich mit dem C-Gehalt stetig ändert. Schwierigkeiten macht die Frage nach dem Vorhandensein des Kohlenstoffs; da der hohe elektrische Widerstand darauf hinzuweisen scheint, daß der C im Raumgitter noch in homogener Lösung vorliegt, so nehmen im Anschluß an Maurer[2] eine Reihe von Forschern an, daß der Martensit einen Mischkristall darstellt, dessen Gitter gegenüber dem raumzentrierten α-Eisen durch den eingelagerten C zwangsweise aufgeweitet ist. Im Gegensatz dazu vertritt Hanemann[3] die Auffassung, daß sich im Martensit (außer dem stets vorhandenen γ-Eisen, Restaustenit, s. u.) drei verschiedene Gefügebestandteile unterscheiden lassen ($\eta, \vartheta, \varepsilon$),

[1] Vgl. eine Zusammenfassung v. E. Öhmann: Iron Steel Inst. 1, 445 (1931).
[2] Mitt. K. W. I. Eisenforsch. 1, 39 (1920).   [3] Arch. Eisenhüttenwes. 4, 113 (1929).

deren Auftreten entsprechend einem metastabilen Temperatur-Konzentrations-
schaubild regelmäßig vom Kohlenstoff abhängt.
Auch Honda[1] nimmt zwei Arten von Martensit
an (α und β), während Esser und Eilender[2]
die Möglichkeit einer hochdispersen Verteilung
von Zementit vertreten.

Den Gefügebildern nach zeigt der Martensit
ein eigentümlich typisch nadliges Aussehen,
und entspricht daher keineswegs der sonstigen
polyedrischen Struktur der festen Lösungen;
deutet man diese Nadeln nicht durch Kon-
zentrationsverschiedenheiten (s. o.), so muß
man sie als mechanisch bedingte Verwerfungen
ansehen. — Zwischen der martensitischen Struktur und dem bei ganz langsamer Abkühlung
erhaltenen Perlit finden sich je nach der che-

Abb. 116. Grobnadliger Martensit.

mischen Zusammensetzung, der Härtetemperatur, der Erhitzungsdauer und der

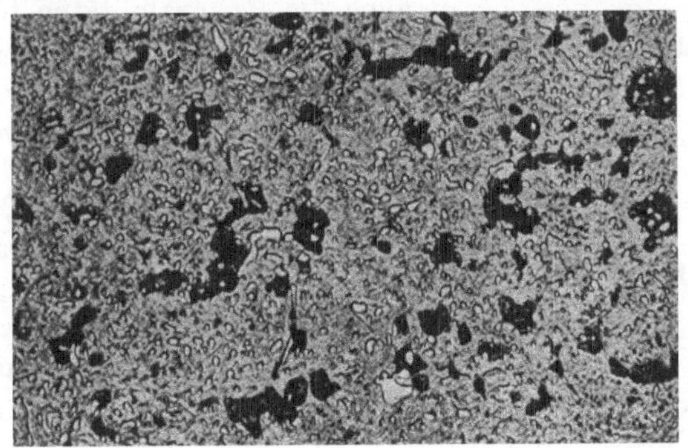

Abb. 117. Feiner Martensit (Hardenit) + Zementitkügelchen (weiß) + Abschrecktroostit
(schwarz).

Abkühlungsgeschwindigkeit und auch dem Abschreckmittel noch eine Reihe
labiler Übergangsgefüge, die als Troostit und
Sorbit bezeichnet werden. Ferner ist in gehärteten Stählen in geringer Menge auch stets
noch Austenit vorhanden.

Normaler Martensit wird erhalten bei Abkühlungsgeschwindigkeiten etwa 100°/sec. Die
besten Eigenschaften weist dabei speziell ein
Magnetstahl auf, dessen Martensit ein sehr fein-
körniges, fast strukturloses (hardenitisches)
Gefüge besitzt. Eine geringe Überhitzung beim
Härten bewirkt das Auftreten von grobnadligem
Martensit (Abb. 116), der etwas schlechtere magnetische Eigenschaften aufweist.

Bei etwas geringerer Abkühlungsgeschwindigkeit (etwa 65°/sec) erscheinen neben dem

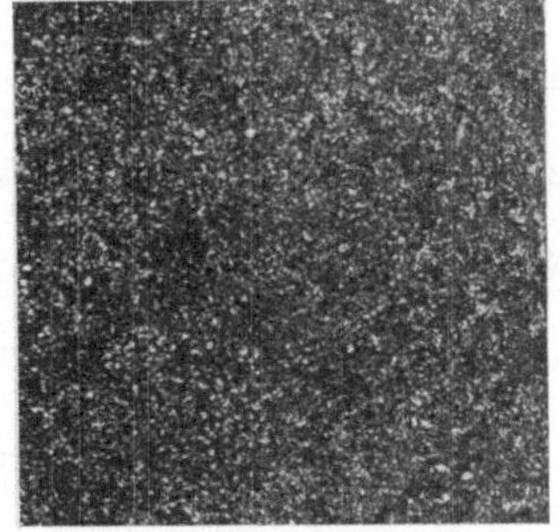

Abb. 118. Sorbit

[1] Sci. Rep. Tohoku Imp. Univ. **18**, 503 (1919).   [2] Arch. Eisenh. **4**, 113 (1930).

martensitischen Gefüge Troostitflecken, deren Größe von der Schnelligkeit der Abkühlung abhängt. Das Kleingefüge eines solchen Stahles ist in Abb. 117 wiedergegeben, wobei wegen zu niedriger Härtetemperatur noch ungelöste Karbidkörner zu erkennen sind. Ein weiteres Zwischengefüge bei noch langsamerer Abkühlung, der Sorbit ist in Abb. 118 dargestellt.

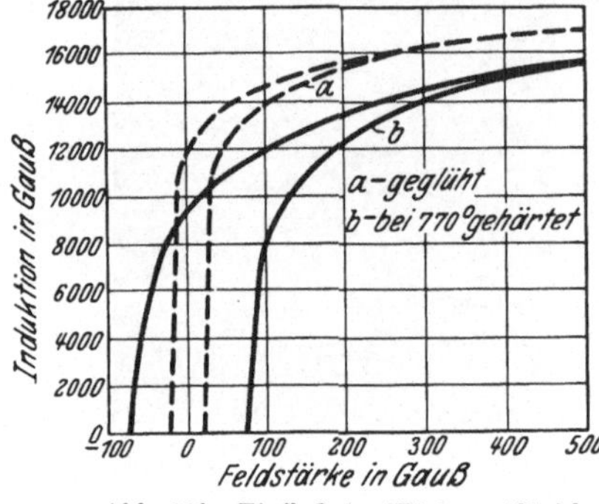

Abb. 119. Einfluß des Härtens (Stahl mit 1,03% C).

Der Einfluß des Abschreckens auf die magnetischen Eigenschaften ist aus Abb. 119 zu ersehen, in der die Hystereseschleife eines Stahles (1,03% C, 5,07% Cu) im ausgeglühten Zustand und nach dem Härten bei 770° wiedergegeben ist. Die Nullkurven verlaufen wesentlich flacher, die Induktionen und auch die Permeabilitäten für die betreffenden Feldstärken sind beträchtlich verringert. Gleichzeitig hat die Koerzitivkraft auf das mehr als Dreifache zugenommen, während die Remanenz verringert ist. Eine Erklärung für die Erhöhung der Koerzitivkraft muß man, falls man den Martensit als Mischkristall ansieht (s. o.), in den bei der Umwandlung noch auftretenden inneren Spannungen suchen.

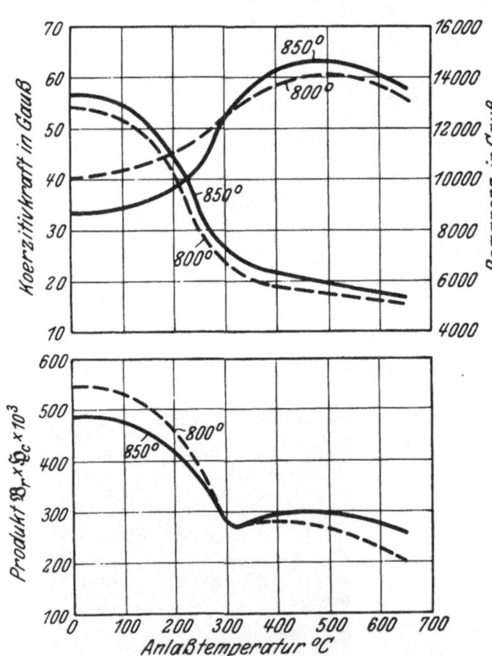

Abb. 120a. Anlassen eines Magnetstahls (Oberhoffer und Emike).

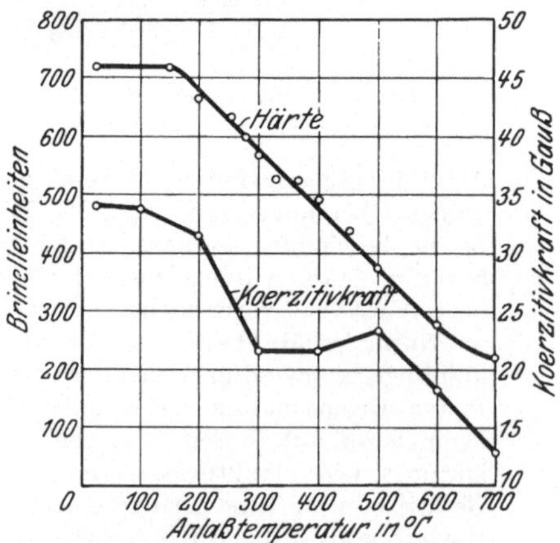

Abb. 120b. Änderung von Koerzitivkraft und Härte beim Anlassen.

Die Verminderung der Remanenz, die besonders beträchtlich ist bei den unlegierten Kohlenstoffstählen, kann durch bestimmte Zusatzstoffe wieder aufgehoben werden, so daß dann das für die Verwendung als

Dauermagnetstahl maßgebende Produkt $\mathfrak{B}_R \times \mathfrak{H}_c$ vergrößert wird. Nähere Einzelheiten werden weiter unten bei der Besprechung der technischen Magnetstähle gegeben werden (vgl. S. 229ff.).

Durch ein Erwärmen des abgeschreckten Stahles auf erhöhte Temperaturen wird unter Durchlaufung der oben genannten Zwischenstufen das Gefüge in den Gleichgewichtszustand (Ferrit + Zementit) zurückgeführt, wobei gleichzeitig auch die physikalischen Eigenschaften den Normalwerten zustreben. Bei Lagerung bei Raumtemperatur beginnen diese Anlaßvorgänge bereits äußerst langsam zu verlaufen, was man als „Alterung" bezeichnet. Der Einfluß eines Anlassens auf die magnetischen Eigenschaften eines Chrommagnetstahls ist in Abb. 120a nach P. Oberhoffer und O. Emike[1] wiedergegeben, während Abb. 120b die Änderung der mechanischen Härte und der Koerzitivkraft in Abhängigkeit von der Anlaßtemperatur darstellt.

4. Temperatur und magnetische Eigenschaften.

Die Änderung der ferromagnetischen Eigenschaften der Stoffe mit der Temperatur zeigt bei den verschiedenen Metallen und Legierungen in großen Zügen ähnliche Gesetzmäßigkeiten. Im einzelnen treten jedoch noch verwickelte und

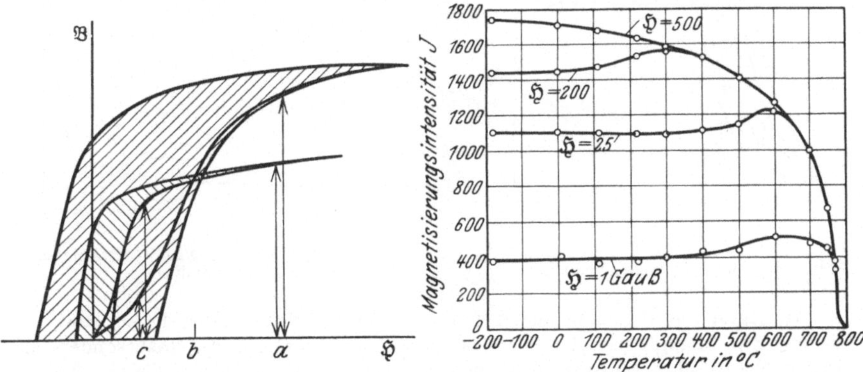

Abb. 121. Schema für den Einfluß der Temperatur.

Abb. 122. Temperaturabhängigkeit der Magnetisierung beim Eiseneinkristall (Honda, Masumoto, Kaya).

mitunter schwer zu übersehende Komplikationen auf, die darauf zurückzuführen sind, daß außer den reinen Temperaturänderungen noch Änderungen der Struktur und des Gefüges unterlaufen, deren Wirkung sich den obigen Vorgängen überlagert.

Die allgemeinen Zusammenhänge mögen aus Abb. 121 hervorgehen, in der das Schema der vollständigen Magnetisierungskurve eines Werkstoffs einmal bei Raumtemperatur (äußere Kurve) und dann bei einer wesentlich erhöhten Temperatur (innen) wiedergegeben ist. Sättigungsmagnetisierung, die Induktionen und damit auch die Permeabilitäten bei hohen Feldstärken, ferner auch die Koerzitivkraft und die Remanenz und damit der ganze Inhalt der Hystereseschleife (Hyste-

―――――――――――

[1] a. a. O.

reseverlust) nehmen mit der Steigerung der Temperatur ab. Stellt man also diese Größen als Funktion der Temperatur dar, so wird man Kurvenzüge finden, die von Raumtemperatur bzw. vom absoluten Nullpunkt angefangen erst langsam und dann immer schneller abnehmen, um bei einer bestimmten Temperatur (Curiepunkt, magnetischer Umwandlungspunkt) den Wert Null zu erreichen. Ganz anders verhalten sich dagegen die Eigenschaften bei niedrigen Feldstärken. Entsprechend der Abnahme der Koerzitivkraft und dem Schmalerwerden der Schleife hat sich die Nullkurve mit der Erhöhung der Temperatur aufgerichtet und ist erheblich steiler geworden. Eine Aufnahme von Werten in diesem Bereich (niedrige Induktionen, Anfangs- und Maximalpermeabilität usw.) wird also mit einer Steigerung der Temperatur ein Anwachsen erkennen lassen, dem nach Überschreitung eines Maximums (da ja beim Curiepunkt ebenfalls der Wert Null erreicht sein muß) ein mehr oder minder steiler Abfall folgt. Schließlich gibt es dann mittlere Feldstärken bzw. Induktionen, in denen die Magnetisierung über größere Temperaturbereiche praktisch konstant bleibt, um in der Nähe des Curiepunktes rasch auf Null abzufallen.

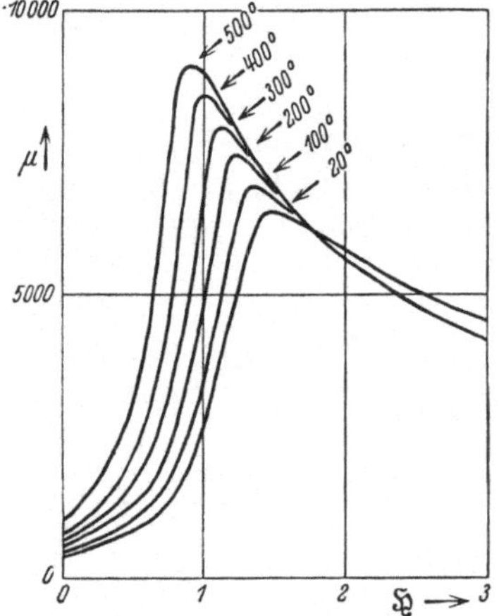

Abb. 123. Permeabilitätskurven von Weicheisen (Kühlewein und Neumann).

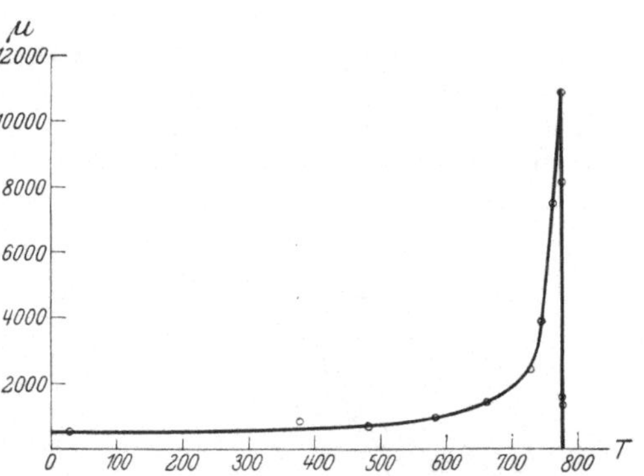

Abb. 123a. Temperaturabhängigkeit der Anfangspermeabilität bei Eisen.

An Hand des Schemas lassen sich nun die experimentellen Daten über die Temperaturabhängigkeit der magnetischen Eigenschaften, die insbesonders im älteren Schrifttum in großer Zahl niedergelegt sind (Rowland, Bauer, Trowbridge, Tomlinson, Hopkinson, Wills u. a.) leicht übersehen. Aus neueren Arbeiten zeige Abb. 122 die Temperänderung der Magnetisierungsintensität eines Eiseneinkristalls nach K. Honda, H. Masumoto und S. Kaya[1], während Abb. 123 die Permeabilitätskurven eines Weicheisens bei verschiedenen Feldstärken nach Neumann und Kühlewein[2] darstellt.

Von Einzelwerten hat besonders der Verlauf der Sättigungsmagnetisierung theoretisches Interesse. Es zeigt sich, daß seine Änderung (und damit auch die der Induktionen bei hohen Feldstärken) prozentual um so geringer ist, je weiter man von dem Curiepunkt entfernt ist, und daß diese Abhängigkeit für die verschiedenen Stoffe einem ähnlichen Gesetz gehorcht, das von P. Weiß[3] aufgestellt ist.

---

[1] Sci. Rep. Tohoku Imp. Univ. **17**, 111 (1928); vgl. auch E. Dußler: Z. Physik **50**, 195 (1928).

[2] Physik. Z. **32**, 427 (1931).   [3] J. Physique **6**, 661 (1907).

Koerzitivkraft und Hystereseverlust nehmen mit steigender Temperatur beide ziemlich gleichförmig ab, da ja die sie verursachenden interkristallinen Spannungen der Magnetostriktion und der verschiedenen thermischen Ausdehnung der Gefügebestandteile (vgl. S. 109) ebenfalls geringer werden. Etwas komplizierter ist das Verhalten der wahren Remanenz, die wegen des Aufrichtens der Nullkurve und der Schleife anfänglich sogar eine Zunahme erfahren kann. Bei Abkühlung auf tiefe Temperaturen[1] (z. B. flüssige Luft) zeigt sich umgekehrt eine Vergrößerung von Koerzitivkraft und Hystereseverlust. Über die Temperaturabhängigkeit der scheinbaren Remanenz von Magnetstählen vgl. S. 59.

Bei der Temperaturabhängigkeit der Anfangspermeabilität des Eisens ist besonders bemerkenswert die starke Erhöhung der Permeabilität bei etwa 600° bis 700°, die von sehr vielen Autoren beobachtet ist (vgl. Abb. 123a). Bisweilen[2] fin-

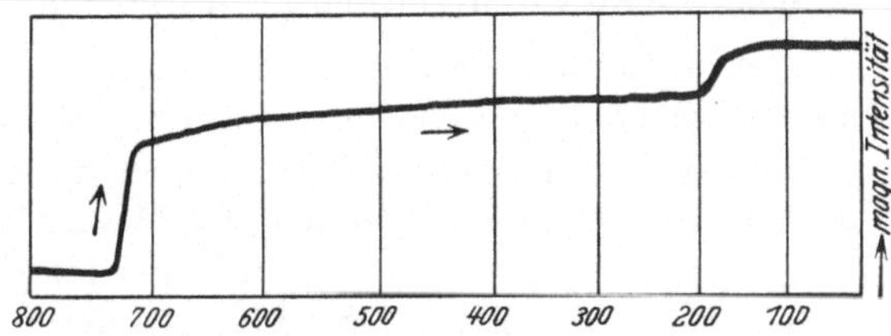

Abb. 124. Magnetisierungs-Temperaturkurve für Stahl mit 1,2% C (Esser).

det man sogar vor diesem Anstieg ein kleines Absinken; nach A. Kußmann und B. Scharnow sind diese Erscheinungen auf das Inlösunggehen von heterogen ausgeschiedenen Verunreinigungen zurückzuführen.

In Legierungen, falls sie aus Mischkristallen bestehen, ist die Temperaturabhängigkeit der magnetischen Eigenschaften analog dem der reinen Metalle. Etwas anderes ist dagegen das Verhalten, wenn mehrere Phasen vorliegen bzw. allotrope Umwandlungen auftreten. Als Beispiel zeigt Abb. 124 die Magnetisierungstemperaturkurve eines Stahles mit 1,2% C, dessen Magnetisierung gemäß dem Diagramm des Systems Fe-C (Abb. 61) wegen des Auftretens des unmagnetischen Austenits im Zustandsfeld *FESK* bereits bei einer wesentlich niedrigeren Temperatur wie beim reinen Eisen verschwindet. Analog liegen die Verhältnisse bei den irreversiblen Fe-Ni sowie den Fe-Co-Legierungen im α-Gebiet, die ebenfalls keinen eigentlichen magnetischen Umwandlungspunkt besitzen, sondern ihre Magnetisierbarkeit infolge eines Phasenwechsels verlieren. Auf der Kurve der Abb. 124 ist ferner noch bei etwa 215° deutlich ein Knick zu sehen, der dem Verlust der Magnetisierbarkeit des Eisenkarbids Fe_3C entspricht. Über Co vgl. S. 138.

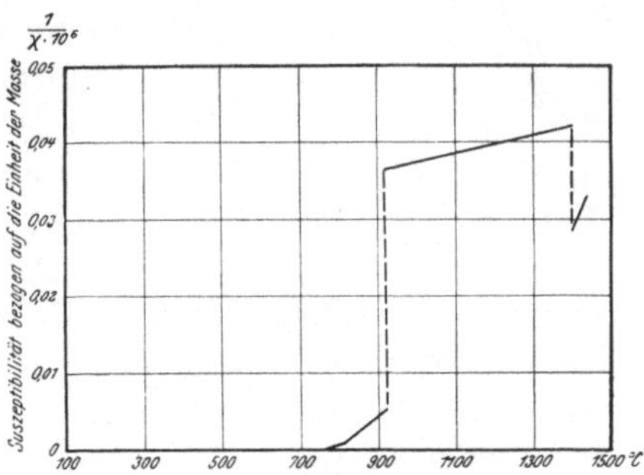

Abb. 125. Suszeptibilität oberhalb des Curiepunktes (Weiß und Foëx).

Oberhalb des magnetischen Umwandlungspunktes, d. h. im paramagnetischen Zustand befolgen die Stoffe im allgemeinen das Curie-Weißsche Gesetz der Temperaturabhängigkeit, das durch die Formel

$$\chi \, (T + \Theta) = \text{konst}$$

gegeben ist, d. h. die Suszeptibilität ist der absoluten Temperatur umgekehrt pro-

---

[1] Gray u. Ross: Trans. Farad. Soc. **1912**; vgl. Ferrum **11**, 213 (1913).
[2] Vgl. neuerdings H. Kühlewein: Physik. Z. **32**, 860 (1931).

portional. Seine Gültigkeit ist durch eine Reihe von Messungen an Ni, Co und
einigen Legierungen bestätigt worden. Umwandlungen machen sich auch hier im
Verlauf der Suszeptibilitätskurven bemerkbar. So zeigt Abb. 125, die das thermomagnetische Verhalten des Eisens bei höheren Temperaturen nach P. Weiß und
G. Foëx darstellt, daß die Suszeptibilität des Eisens beim A_3-Punkt diskontinuierlich
ansteigt, um bei A_4 wieder abzufallen, und daß ferner der Verlauf der Kurve in
der δ-Phase als zwanglose Fortsetzung des α-Eisens angesehen werden kann.

5. Elastische Formänderungen und magnetische Eigenschaften.

Der wechselseitige Zusammenhang zwischen den magnetischen und
mechanischen Eigenschaften ist bereits oben als einer der wichtigsten
Abschnitte des gesamten Ferromagnetismus und als das Erklärungs-
prinzip für die Verschiedenheit der Magnetisierungskurve bei den einzelnen Legierungen angedeutet worden (vgl.
S. 109). Aus der großen Zahl der Beobachtungen, die sich mit diesem Fragenkomplex im
einzelnen befassen, sei hier nur ein kurzer
systematischer Auszug gebracht. Dabei ergibt
sich von selbst eine Unterteilung einmal in
den Einfluß elastischer Beanspruchungen auf
das magnetische Verhalten und dann die Änderung der elastischen Eigenschaften durch
die Magnetisierung; beide Fragen sind im
vorliegenden Kapitel behandelt. Die für die
Technik noch wichtigere Wirkung plastischer
Deformationen ist dann gesondert im nächsten Abschnitt besprochen.

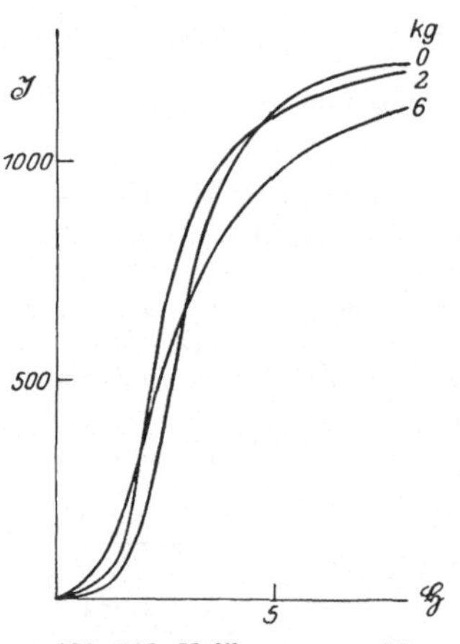

Abb. 126. Nullkurven von Eisen
unter Zugbelastung (aus Geiger-
Scheel).

Bereits Villari[1] stellte fest, daß durch
Zugbeanspruchung bestimmte Änderungen
der Permeabilität bedingt werden, die ihrer-
seits von der Höhe der Induktion bzw. der Feldstärke abhängig sind. Beim
Eisen wird dabei allgemein bei schwachen Feldern durch Zugbelastung
die Permeabilität vergrößert, während bei hohen Feldstärken das Umgekehrte der Fall ist. Nimmt man also die Nullkurve des Eisens für verschiedene Belastungen auf (vgl. Abb. 126), so überschneiden sich die
einzelnen Kurven an einem Punkte, der als Villarischer Punkt bezeichnet wird und dessen Lage von der Belastung abhängig ist. Diese
charakteristische Erscheinung wurde durch zahlreiche Untersuchungen[2]
bestätigt. Als Beispiel sind in Zahlentafel 21 die Werte der Induktion
für verschiedene Feldstärke und Belastung für einen Tiegelflußstahl-

---

[1] Villari: Pogg. Ann. **126**, 87 (1865).

[2] Siehe z. B. Sanford: Sci. Pap. Bur. Stand. Nr. 496 (1924); Sanford,
Cheney u. Barry: Sci. Pap. Bur. Stand. Nr. 516 (1925); Merica, Paul D.:
Dissert. Berlin 1914.

Zahlentafel 21. Magnetische Induktion für verschiedene Feldstärken
bei verschiedenen Zugspannungen (nach Sanford).

Feld-stärke $\mathfrak{H}$ Oersted	Magnetische Induktion $\mathfrak{B}$ in Gauß					
	Ohne Belastung	18 kg/mm²	36 kg/mm²	54 kg/mm²	72 kg/mm²	90 kg/mm²
5	370	460	480	500	470	490
10	1120	1430	1500	1600	1500	1500
15	2500	4300	5300	4850	3600	3600
20	5600	8650	9600	9300	7500	5700
25	8100	10820	11800	11550	9850	9100
30	10000	12150	12970	12700	11400	10600
40	12400	14000	14400	14050	13170	12400
50	14050	15150	15150	14750	14000	13320
75	16520	16620	16200	15700	15150	14600
100	17600	17300	16900	16370	15880	15350
150	18640	18250	17780	17280	16800	16350
200	19200	18850	18400	17940	17500	17030

draht nach R. L. Sanford[1] wiedergegeben. Der Einfluß der Belastung
auf die Induktion kommt am stärksten bei einer Feldstärke von etwa
20 Oe zum Ausdruck. Bei höheren Feldstärken nimmt die Induktion
immer weniger zu, bis bei einer Feldstärke von 75 Oe der Einfluß einer

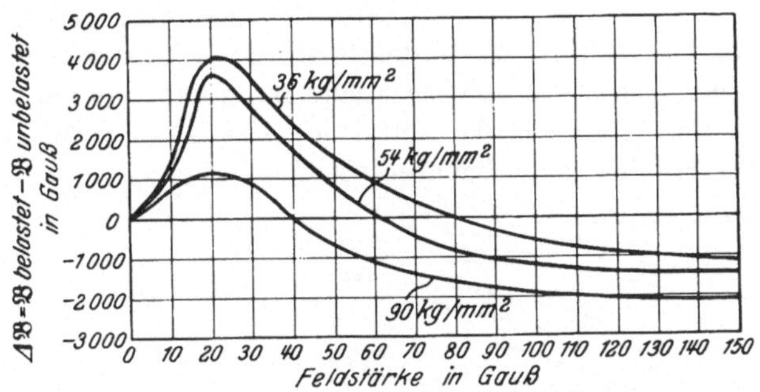

Abb. 127. Änderung der Induktion bei Zugbelastung.

Belastung kleiner als etwa 36 kg/mm² vernachlässigt werden kann.
Bei Steigerung der Belastung nimmt die Induktion auch hier wie bei
den übrigen Feldstärken ab, wobei der Schnittpunkt der Kurven mit
der Belastungsachse mit zunehmender Feldstärke zu immer niedrigeren
Belastungen verschoben wird. Nähern wir uns schließlich dem Gebiet
der Sättigung, so wird der Einfluß der Belastung immer geringer, bis
der Sättigungswert selber wahrscheinlich von der elastischen Beanspruchung unabhängig ist.

Die Lage des Villarischen Punktes und ihre Abhängigkeit von der Belastung
stellt Abb. 127 dar[2]. Mit wachsender Zugbeanspruchung rückt der Villarische

---

[1] Technol. Pap. Bur. Stand. Nr. 315 (1926).

[2] Die Schaulinien sind nach der Zahlentafel 21 entworfen.

Punkt, d. h. der Schnittpunkt der Kurven mit der Feldachse nach links, also zu niedrigeren Feldstärken. Ähnliches gilt auch für Siliziumstahl[3], der für Dynamobleche verwendet wird (s. weiter unten).

Die entgegengesetzte Wirkung wie ein Längszug übt nun ein Längsdruck aus. Durch ihn wird die Induktion für geringe Feldstärken verkleinert, für hohe dagegen vergrößert. Quantitativ ist der Einfluß des Druckes, besonders bei schwachen Feldern, aber erheblich stärker, als der des Zuges. Dies geht deutlich aus Abb. 128[1] hervor. So hat sich bei einer Feldstärke von 10 Oersted und einem Druck von 1000 kg z. B. die Induktion eines Siliziumstahles um etwa 4200 Gauß gegenüber dem unbelasteen Zustand verringert, während eine Zugbeanspruchung von 1500 kg nur eine Änderung (Vergrößerung) der Induktion für dieselbe Feldstärke um etwa 750 Gauß hervorruft.

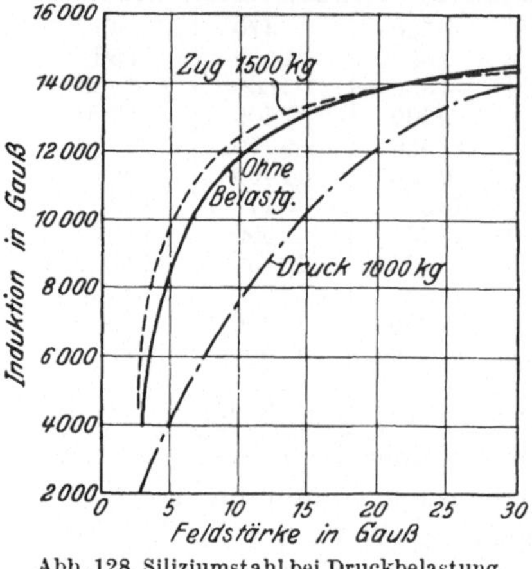

Abb. 128. Siliziumstahl bei Druckbelastung.

Bei gleichzeitiger Einwirkung von Zug und Druck wird daher der Einfluß des letzteren überwiegen. Ein solches Beispiel bietet die elastische Biegung, bei der tatsächlich auch immer eine Abnahme der Induktion bzw. Permeabilität und eine Zunahme der Hysterese beobachtet wird.

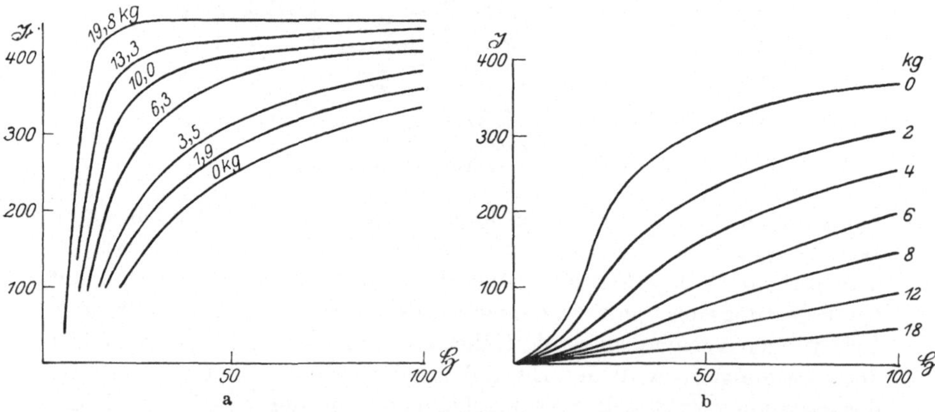

Abb. 129. Nullkurven von Nickel bei Druck- (a) und Zugbelastung (b) nach Ewing (aus Geiger-Scheel).

Betrachten wir das zweite ferromagnetische Element, Nickel, so finden wir gerade eine Umkehr aller dieser Effekte, wie aus den vorstehenden Abb. 129a und b zu ersehen ist. Durch Zug wird hier die

[1] Smith u. Sherman: Phys. Rev. **4**, 267—73 (1914).

Permeabilität herabgesetzt, die Kurven verlaufen flacher geneigt. Umgekehrt hat Längsdruck zur Folge, daß die Induktionen und Permeabilitäten sich erheblich vergrößern. Die ganze Magnetisierungskurve richtet sich auf; sie steigt fast senkrecht an und biegt dann ziemlich scharf in die horizontale Richtung um. Die Sättigung wird also verhältnismäßig früh erreicht, wobei jedoch ebenso wie beim Eisen, der absolute Betrag von $4\,\pi J_\infty$ durch die mechanische Beanspruchung nicht geändert wird.

Auch in zweiter Hinsicht besteht beim Ni ein wichtiger Unterschied darin, daß ein Villarieffekt nicht existiert, sondern daß die Wirkung der Belastung bei allen Feldstärken in der gleichen Richtung geht. Das Nickel zeigt also ein bedeutend einfacheres Verhalten. Es sei jedoch bemerkt, daß die Villarische Umkehr auch beim Eisen durch Zusatz geringer Beimengungen, nach F. Preisach von 8% Ni oder 3% Si verschwindet, so daß es den Anschein hat, als ob sie nur eine dem Eisen

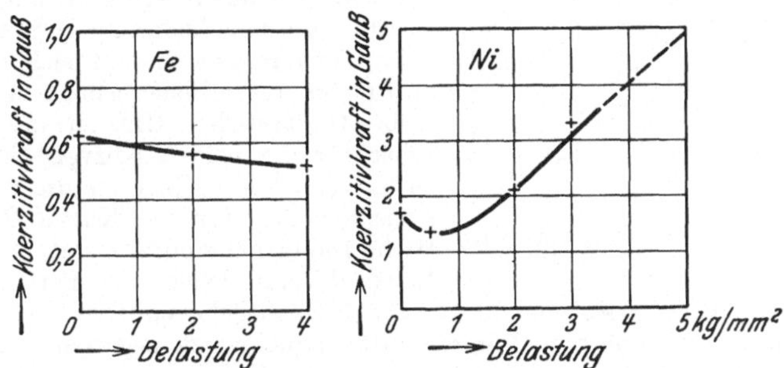

Abb. 130. Änderung der Koerzitivkraft von Fe und Ni bei Zugbeanspruchung (Kußmann und Scharnow).

zufällig zugehörige Erscheinung sei. Legierungen dieser Art zeigen dann bei Zugbelastung (außer im Gebiet der Sättigung) für alle Feldstärken eine Zunahme der Magnetisierung, bei Druck eine Herabsetzung, also vollkommen das spiegelbildliche Verhalten zum Nickel.

Entsprechend den Änderungen der Nullkurve ändert sich auch die gesamte Hystereseschleife der Werkstoffe. So tritt beim Eisen bei Zugbelastung — sofern man sich eben auf elastische, d. h. reversible Beanspruchungen beschränkt — stets eine Verkleinerung der Koerzitivkraft und der Hystereseverluste, beim Nickel eine Vergrößerung auf (vgl. Abb. 130). Umgekehrt liegen die Verhältnisse bei der Wirkung eines Längsdruckes.

Von Wichtigkeit ist nun die Frage, wie sich in den Legierungen von Nickel und Eisen der Übergang zwischen den verschiedenartigen Beeinflussungen vollzieht. Hier haben insbesondere Bucley und Mc. Keehan als erste in einer Reihe von eingehenden Untersuchungen gezeigt, daß vom Nickel ausgehend alle Effekte kleiner werden und bei etwa 81% Ni ihr Vorzeichen wechseln. Dies ist gerade die Konzentration, bei der auch die Magnetostriktion verschwindet, und umgekehrt auch die Legierung mit der kleinsten Koerzitivkraft und der höchsten Anfangspermeabilität (Permalloy).

Der Einfluß allseitigen (hydrostatischen) Druckes ist zuerst von Honda und Nagaoka[1] untersucht worden; dabei zeigte Eisen eine Verkleinerung, Nickel eine Vergrößerung der Magnetisierung. Eine neuerdings sehr sorgfältig ausgeführte Arbeit von S. Yeh[2] hat gezeigt, daß die Änderung der magnetischen Eigenschaften dem Druck proportional, aber bei verschiedenen Feldstärken verschieden ist.

Der Einfluß der Torsion auf die magnetischen Eigenschaften des Eisens ist dem des Zuges ähnlich, und zwar nimmt die Induktion erst zu, dann ab, um noch weiter negativ zu werden. Auch ein Villarischer Punkt tritt bei der Torsion ähnlich wie beim Zug auf.

Die zeitliche Änderung der Eigenschaften beim Torsionsversuch läßt sich nach R. Cazaud[3] im wesentlichen gemäß der Kurven der Abb. 131 darstellen. Hier ist in der Abszissenachse für die beiden Kurven die Zeit, in der Ordinatenachse der Kurve *I* die Werte des Torsionsmoments, für die Kurve *II* die magnetische Induktion eingezeichnet. Im Verlauf der Kurve *II* sind leicht vier Perioden zu unter-

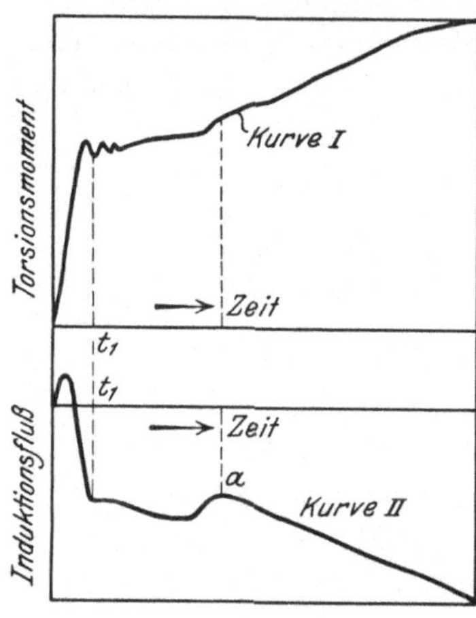

Abb. 131. Änderung der Magnetisierung beim Torsionsversuch (Cazaud).

scheiden: zuerst tritt eine nicht sehr beträchtliche positive Änderung der Induktion auf, dann bis zum Zeitabschnitt t_1 abnehmende negative Werte, wobei der Punkt t_1 der sichtbaren Elastizitätsgrenze im Torsionsdiagramm (Kurve *I*) entspricht. Der darauffolgende Stillstand entspricht einem solchen in der Kurve *I*.

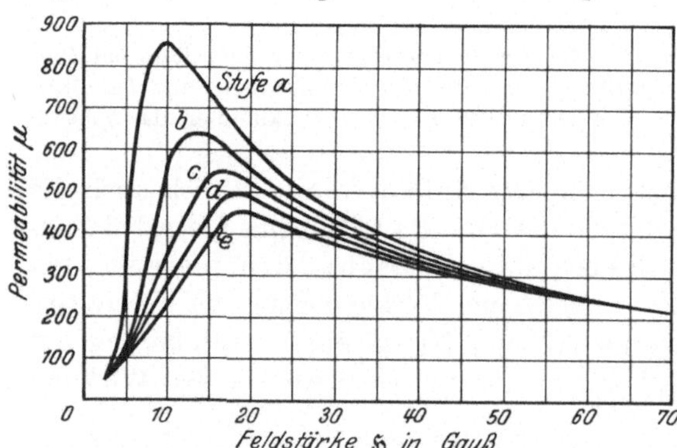

Abb. 132. Änderung der Permeabilität bei Torsion (Krüzner).

Endlich, vom Punkt *a* angefangen, nimmt die Induktion gleichmäßig mit zunehmendem Torsionsmoment ab, da man hier schon mit plastischen Formänderungen zu tun hat.

In der nachstehenden Zahlentafel 22 sind ferner einige zahlenmäßige Angaben über den Einfluß der Torsion auf die magnetischen Eigenschaften von weichem Eisen (käuflicher Eisendraht) und hartem Werkzeugstahl nach H. Krüzner[4] wiedergegeben.

Die Angaben betreffen, wie zu ersehen, die Hystereseschleifen bei konstanter und wechselnder Torsionsrichtung. In letzterem Falle wurden die Hysterese-

[1] Phil. Mag. **4**, 45 (1902).   [2] Proc. Amer. Acad. **60**, 503 (1924).
[3] Rev. gén. électr. **21**, 895—900 (1927).
[4] Arch. Elektrot. **12**, 234—48 (1923).

schleifen nach vollständigen Torsionszyklen mit zunehmenden Amplituden, also nach jedem Vor- und Zurücktordieren unter zunehmender Torsionsarbeit, aufgenommen. In Abb. 132 sind die entsprechenden Permeabilitätskurven des harten Stahls für konstante Torsionsrichtung dargestellt. Die Maximalpermeabilität nimmt stetig ab und tritt mit zunehmender Torsion bei immer größeren Feldstärken auf. Der Einfluß der Torsion auf die Permeabilität kommt nur bis zu einer Feldstärke von etwa 60 Oersted zur Geltung. Von da angefangen fallen die Permeabilitätskurven zusammen.

Zahlentafel 22. Einfluß der Torsion auf die magnetischen Eigenschaften von Einse und Stahl (Krüzner).

Bear-beitungs-stufe	Zugeführte Arbeit cmkg/cm³	Zahl der Ver-windungen	$\mathfrak{B}_{max}$ in Gauß	Remanenz in % von $\mathfrak{B}_{max}$	Koerzitiv-kraft Oersted	Hysterese-fläche in cm²
		Weiches Eisen; konstante Torsionsrichtung				
a	0	0	15600	82	4,5	17,1
b	48,5	1	15600	82	5,0	17,5
c	204	4	15200	84	5,5	17,8
d	465	8	14900	81	6,0	18,1
e	1114	16,4	14900	81	7,0	23,5
f	1730	22,5	14600	75	8,0	22,5
		Weiches Eisen; wechselnde Torsionsrichtung				
a	0	—	15600	81,5	4,0	17,1
b	62,5	—	15200	82,5	4,2	16,4
c	396	—	15400	78,0	4,5	15,6
d	895	—	15400	76,0	5,0	16,1
e	1730	—	15100	75,0	5,5	17,4
f	2705	—	15100	73,0	5,8	17,8
		Harter Stahl; konstante Torsionsrichtung				
a	0	0	11700	92,5	9,0	21,0
b	100	1	10900	83,5	10,0	19,7
c	184	2	10100	81,0	10,5	18,5
d	384	4	10000	83,0	11,2	19,0
e	950	8	9500	84,5	12,0	19,0
f	1820	14	9600	80,0	12,0	19,0
		Harter Stahl; wechselnde Torsionsrichtung				
a	0	—	11900	92,5	9,0	21,0
b	79	—	11700	81,0	9,0	17,8
c	230	—	11100	95,5	10,0	18,3
d	556	—	10900	86,0	10,5	18,3
e	1422	—	10500	78,0	10,5	18,5
f	2333	—	10400	77,0	10,5	17,2

Außerordentlich kompliziert und unübersichtlich werden die Verhältnisse, wenn man sich nicht auf eine einzige Beanspruchung beschränkt, sondern gleichzeitig mehrere Einflüsse überlagert, wie Torsion und Dehnung, oder schon plastisch verformte (verfestigte) Materialien nochmals der Einwirkung elastischer Spannungen aussetzt.

Als Beispiel zeigt Abb. 133 die von Preisach[1] erhaltenen merkwürdig rechteckigen Hystereseschleifen, die man erzielt, wenn man

---

[1] Ann. d. Phys. **3**, 737 (1929).

einen bereits kalt gereckten Eisendraht (92% Fe 8% Ni) einer wachsenden Zugbeanspruchung im elastischen Gebiet aussetzt. Schleifen ähnlicher Art wurden auch beim Nickel, aber hier durch eine Kombination

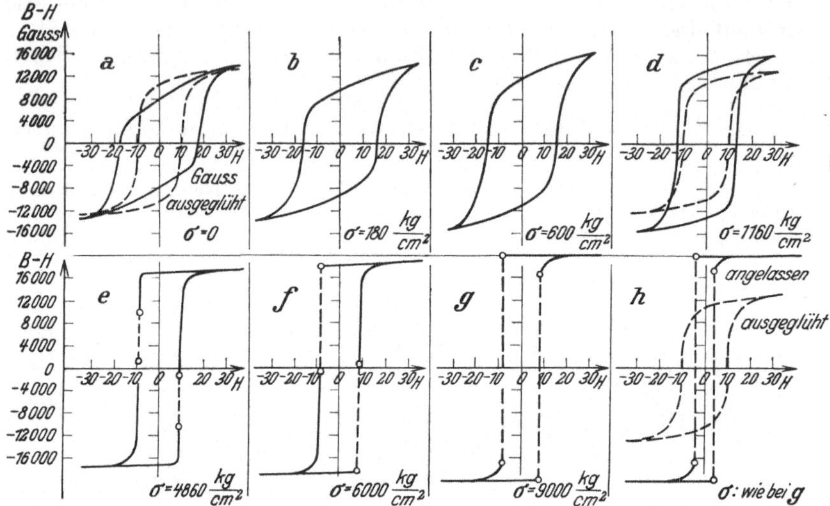

Abb. 133. Zugbelastung einer Eisen-Nickel-Legierung (nach Preisach).

von plastischer Verformung und elastischer Biegung durch Forrer[1] beobachtet.

Entsprechend der genannten Wirkung der mechanischen Vorgänge auf die magnetischen Eigenschaften ist nun rückwärts ein Einfluß der Magnetisierung auf das mechanische Verhalten bemerkbar, von denen hier nur die Magnetostriktion und die Änderung des Elastizitätsmoduls angeführt seien.

Unter „Magnetostriktion" versteht man die Dimensionsänderungen, die ein ferromagnetisches Material unter dem Einfluß des magnetischen Feldes erleidet; wobei nicht nur Längenänderungen („Joule"effekt), sondern gleichzeitig auch Querschnittsverminderungen oder -vergrößerungen eintreten.

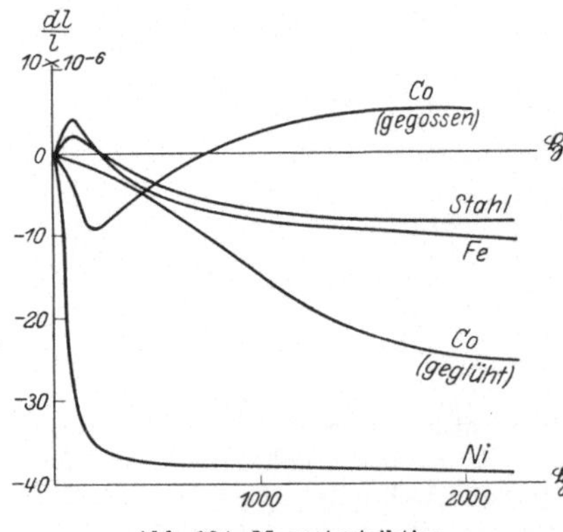

Abb. 134. Magnetostriktion.

Die Längenänderungen einiger Werkstoffe sind in Abb. 134 als Funktion der äußeren Feldstärke wiedergegeben. Man erkennt, daß

---

[1] C. R. **180**, 1394 (1925).

diese Änderungen zwar nur gering, aber doch für die einzelnen Stoffe typisch verschieden sind. Insbesondere zeigt das Nickel bei allen Feldstärken eine Verkürzung, während sich beim Eisen der Effekt bei Feldern von etwa 100 bis 300 Oersted umkehrt. Dieser Unterschied entspricht dem oben gezeigten Bestehen eines Villarischen Punktes.

Von den Eisenlegierungen zeigen die mit Si eine Verringerung, die mit Al eine Vergrößerung der Magnetostriktion (A. Schulze[1]). So besitzt insbesondere eine Legierung mit 10% Al einen ähnlich hohen Wert wie Nickel. Bei den Si-Legierungen kehrt die Längenänderung zwischen 5 und 6% Si ihr Vorzeichen um. Von besonderem Interesse sind ferner die Nickel-Eisen-Legierungen (Honda[2], Mc. Keehan[3], A. Schulze[1]), die in Abb. 135 nach Schulze wiedergegeben sind. Über 81% zeigen alle Legierungen Verkürzung, unter 81% dagegen Verlängerung, d. h. in der Gegend von „Permalloy" ist die Magnetostriktion gleich Null. Die Magnetostriktion der Eisen-Kobalt-Legierungen (Honda und Kido)[4] zeigt ebenfalls bei etwa 80% Co eine Nullstelle. Nickel-Kobalt-Legierungen sind von Masumoto[5] untersucht worden.

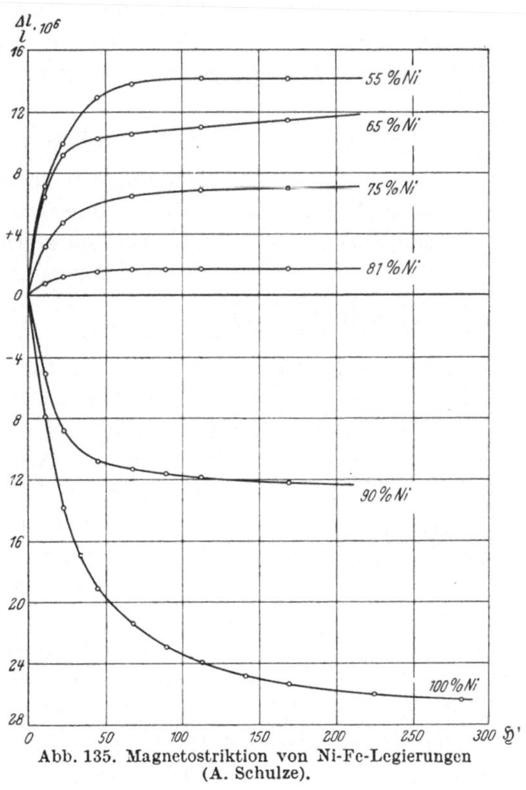

Abb. 135. Magnetostriktion von Ni-Fe-Legierungen (A. Schulze).

Die Volumenänderungen bei der Magnetisierung sind nur gering (Masiyama[6]). So beträgt $\frac{dv}{v}$ bei einem Feld von 1500 Oersted etwa $+1 \cdot 10^{-6}$ für Eisen, etwa $+0{,}2 \cdot 10^{-6}$ für Nickel, während relativ sehr hohe Werte (bis $+50 \cdot 10^{-6}$) bei den Nickel-Eisen-Legierungen um 30% Ni gemessen wurden.

[1] Z. Physik 50, 448 (1928).   [2] Sci. Rep. Tohoku Imp. Univ. 16, 333 (1927).
[3] Phys. Rev. 27, 703 (1924); 28, 188 (1926).
[4] Sci. Rep. Tohoku Imp. Univ. 9, 221 (1920).   [5] a. a. O.
[6] Sci. Rep. Tohoku Imp. Univ. 20, 574 (1931).

Gehen wir jetzt zu den Änderungen des Elastizitäts- und des Torsionsmoduls (E und T) über, so liegt hier eine größere Arbeit von Honda und Terada[1] vor, die ihre Ergebnisse in zahlreichen Tabellen niedergelegt haben. In schwedischem Eisen und in Wolframstahl sind die Änderungen in E und T nur klein (die von E kleiner als 0,5%), doch können sie in Nickel und in den ebenfalls untersuchten Nickel-Eisen-Legierungen erhebliche Beträge erreichen. So beträgt bei Nickel die Änderung von E bis zu 15%, von T bis zu 7%, wobei in schwachen Feldern Abnahme, in starken Zunahme erfolgt. Ähnlich kräftig ist der Effekt bei den Legierungen mit 50 und 70% Ni.

7. Plastische Verformung und magnetische Eigenschaften.

Unter plastischer Verformung versteht man eine spanlose Bearbeitung eines Werkstoffs, durch die eine dauernde Formänderung bewirkt wird. Die Formgebung erfolgt bei den Metallen und in Technik üblichen Verfahren gewöhnlich durch Druck oder Zug, insbesondere also durch Schmieden, Walzen, Ziehen, Recken usw. Je nach der Temperatur, bei der die Bearbeitung vorgenommen wird, unterscheidet man zwischen Warmverformung und Kaltverformung. Die Warmverformung erfolgt bei Wärmegraden oberhalb der Rekristallisationstemperatur, während die für die Änderung der magnetischen Eigenschaften wichtigere Kaltverformung bei Raumtemperatur oder zumindestens unterhalb der Rekristallisationstemperatur erfolgt.

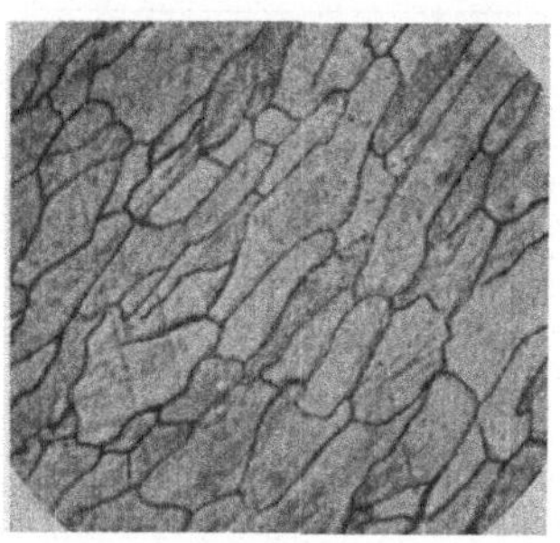

Abb. 136. Verformtes Gefüge.

Die Möglichkeit der Verformung überhaupt beruht auf der Eigenschaft der Kristalle, sich längs gewisser Flächen zu bewegen. Das Gefüge eines kaltgereckten Materials erfährt dabei eine grundlegende Veränderung, die sich im Schliffbild sowohl in einer Streckung der einzelnen Kristallkörner, als auch in dem Auftreten von Scharen paralleler Kurven (Translations- oder Gleitlinien) äußert, die eben die Schnittlinien von im Kristall verlaufenden Flächen mit der Oberfläche des Schliffs darstellen. Als Beispiel einer plastischen Verformung zeigt Abb. 136 das Kleingefüge eines Dynamoblechs mit 0,83% Si in der Nähe des ausgestanzten Randes. Während die Kristalle im ursprünglichen Zustand grob waren, sind sie hier verkleinert und ausgezogen[2]. Der vorliegende

---

[1] Phys. Z. **1905**, 628; **1906**, 465; Phil. Mag. **13**, 36 (1907).

[2] Genauer über diese Frage siehe Oberhoffer, P.: Das technische Eisen, S. 359—99. Berlin: Julius Springer 1925; Czochralski, J.: Moderne Metallkunde, S. 125—58. Berlin: Julius Springer 1924; siehe auch Sauerwald u. Kuhans: Z.

Fall stellt jedoch ein Bild einer verhältnismäßig schwachen Kaltverformung dar. Beim Kaltziehen und Kaltwalzen ist die Kristallzertrümmerung viel ausgeprägter, und zwar um so stärker, je höher der Verformungsgrad[1] ist.

Hand in Hand mit der Kaltbearbeitung geht eine Änderung der physikalischen Eigenschaften vor sich, die besonders auffällig in den Festigkeitswerten ist, weswegen der ganze Komplex der Eigenschaftsänderungen durch die Kaltverformung auch den Namen „Verfestigung" führt. So tritt bei jeder Deformation eine gewisse Richtungseinstellung der Achsen der Einzelkristalle auf (Faserstruktur), ferner ändern sich der spezifische elektrische Widerstand, der Wärmeinhalt, das Lösungsvermögen gegen Säure u. a., die Härte, die Festigkeit und die Streckgrenze, die mit der Verformung zunehmen, während Dehnung, Kontraktion und Kerbzähigkeit abnehmen, und schließlich auch die magnetischen Eigenschaften.

Der durch die Kaltverformung bedingte Zustand der Verfestigung ist ein instabiler. Durch eine Erwärmung auf höhere Temperatur gehen die Eigenschaftsänderungen zurück, und nach der Abkühlung zeigt das Metall wieder das normale Verhalten. Parallel dieser Eigenschaftsänderung tritt auch eine Änderung des deformierten Gefüges ein, wobei es zu einer Neubildung der Kristallite, der sogenannten Rekristallisation kommt.

Mitunter können jedoch auch die Eigenschaften bereits zurückgehen, bevor die Kristallitenanordnung eine Änderung erfährt. Man spricht in diesem Fall von Kristallerholung.

Im Gegensatz zu den üblichen Glühvorgängen ist es bei der Wärmebehandlung eines kaltverformten Materials nicht gleichgültig, ob eine hohe Temperatur eine kurze Zeit, oder umgekehrt eine niedrigere Temperatur in einer längeren Zeit wirkt, sondern zum Einsetzen der Rekristallisation ist eine bestimmte Temperatur notwendig, die einmal von dem Material und dann von dem Verformungsgrad abhängt, wobei sie um so tiefer liegt, je höher der Verformungsgrad war. Diese Temperatur wird Rekristallisationstemperatur genannt. Auch die durch die Rekristallisation erzielbare Korngröße hängt von verschiedensten Faktoren ab, wobei insbesondere die Korngröße um so kleiner ist, je größer die Deformation und je niedriger die Glühtemperatur. Unter bestimmten, sogenannten kritischen Bedingungen, d. h. Glühen bei einer kritischen Temperatur nach kritischer Formänderung, oder, was dasselbe ist, kritische Formänderung bei kritischer Temperatur, kann ferner ein außerordentlich grobes Korn entstehen, ähnlich wie es beim überhitzten Glühen der Fall ist. Die Beziehungen zwischen Korngröße,

---

Metallkunde 18, 193—95 (1926); Sauerwald u. Giersberg: Zentralbl. Hütt. Walzw. 30, 501—4 (1926); Sauerwald u. Elsner: Z. Phys. 44, 36 (1927).

[1] Unter Verformungsgrad wird die Größe $q = \dfrac{f - f_0}{f} \cdot 100\%$ verstanden, wo f den ursprünglichen Querschnitt und f_0 den Querschnitt nach der betreffenden Verformung bedeuten.

Verformungsgrad und Temperatur werden meist graphisch in Form eines Rekristallisationsdiagramms wiedergegeben, wie es in den letzten Jahren für eine ganze Reihe von Metallen aufgestellt ist.

Das Rekristallisationsschaubild der technisch wichtigen Eisen-Silizium-Legierungen ist mehrfach bearbeitet worden. Nach den Untersuchungen Büschers[1] liegt die untere Rekristallisationstemperatur (bei 4% Si) bei 700°. In neuerer Zeit fand M. R. Cazaud[2] an einem Siliziumstahl mit 2,85% Si, daß Glühen bei 450° noch keine Gefügeänderungen hervorruft, die nur bei einer Glühtemperatur von 600° eintreten, und daß bei 800° der Rekristallisationsvorgang beendigt ist. Die Korngröße nimmt mit steigender Temperatur zu, so daß bei einer Temperatur von 1100° das Korn sehr grob, der Stahl also überhitzt wird. Ebenso zeigte auch M. von Moos[3] an einem 4%igen Siliziumstahl, daß bei niederen Verformungsgraden die untere Rekristallisationstemperatur bei 800° bis 900°, also um etwa 300° höher, als bei Flußstahl (500 bis 600°) liegt, wobei die Rekristallisation an den Korngrenzen und den Translationslinien beginnt. Ein vollständiges Rekristallisationsschaubild der Si-Stähle ist von M. von Moos, P. Oberhoffer und W. Oertel[4] zusammengestellt. Ihre Hauptergebnisse[5] sind in den

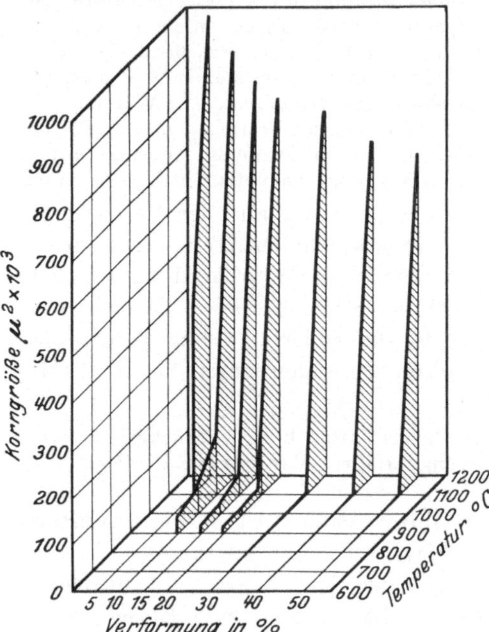

Abb. 137. Rekristallisationsdiagramm von Fe-Si-Legierungen mit 4% Si.

Zahlentafeln 23 und 23a und in Abb. 137 wiedergegeben. Wie auch aus ihr zu entnehmen, liegen die Rekristallisationstemperaturen im Vergleich zum Elektrolyteisen oder weichen Flußstahl erheblich höher (um mehrere 100°).

Aus dem Vergleich zwischen den Zahlentafeln 23 und 23a geht ferner hervor, daß die Glühdauer auf die Temperatur des Rekristallisationsbeginns ohne wesentlichen Einfluß ist, da eine 4stündige Glühdauer bei 500° selbst bei einer Verformung von 50% noch keine Rekristallisationserscheinungen hervorruft[6]. Der Einfluß der längeren Glühzeiten äußert sich hauptsächlich nur darin, daß die Kornausbildung bedeutend weiter als bei den kürzeren Glühzeiten fortschreitet (siehe Zahlentafel 23a). Auch der Einfluß des Kohlenstoffs wurde in dieser Arbeit berücksichtigt. Es zeigte sich nämlich, daß zwischen 700° und 800° eine geringe

<hr>

[1] Dipl.-Arbeit Aachen **1921**.   [2] Rev. Mét. 8, 473—83 (1924).
[3] Dipl.-Arbeit Aachen **1925**.   [4] Stahleisen **48**, 394—403 (1928).
[5] Vgl. dazu auch O. v. Auwers: Z. techn. Phys. **12**, 475 (1928) Abb. 1.
[6] Nur für die niederen Verformungsgrade wird mit wachsender Glühdauer die Temperatur etwas nach unten verschoben.

Zahlentafel 23. Abhängigkeit der Korngröße von der Glühtemperatur und dem Verformungsgrad bei einem 4%igen Siliziumstahl. Glühdauer 1 St.

Glüh-temperatur °C	Korngröße in μ^2 nach einem Verformungsgrad von						
	5%	10%	15%	20%	30%	40%	50%
500	—	—	—	—	—	—	—
600	—	—	—	Rekr.-Beg.	Rekr.-Beg.	Rekr.-Beg.	Rekr.-Beg.
700	—	Rekr.-Beg.	Rekr.-Beg.	„	1046	571	206
800	Rekr.-Beg.	„	„	„	1780	1110	782
900	„	33109	7974	4964	3078	1820	1468
1000	„	65060	12994	6725	3721	2604	1985
1100	376415	152772	46635	10121	6107	4298	3624
1200	995022	904889	854269	802267	774589	724022	699333

Zahlentafel 23a. Abhängigkeit der Korngröße von der Glühtemperatur und dem Verformungsgrad eines 4%igen Siliziumstahls. Glühdauer 4 St.

Glüh-temperatur °C	Korngröße in μ^2 nach einer Verformung von						
	5%	10%	15%	20%	30%	40%	50%
500	—	—	—	—	—	—	—
600	—	—	Rekr.-Beg.	Rekr.-Beg.	Rekr.-Beg.	Rekr.-Beg.	Rekr.-Beg.
700	Rekr.-Beg.	Rekr.-Beg.	„	„	1251	710	311
800	„	23958	10300	3327	2081	1608	1305
900	„	37717	16613	11440	5521	3987	2512
1000	223289	62024	33832	20110	7015	5070	3690
1100	415560	353183	361243	390365	351024	336654	313080
1200	1009022	928222	985955	868444	966533	831372	792342

Löslichkeit des Zementits in der Grundmasse eintritt, was sich beim Glühen bei 1000°, 1100° und besonders bei 1200° bemerkbar macht.

Die Wirkung der Kaltverformung auf die magnetischen Eigenschaften der Stoffe äußert sich nun stets darin, daß bei gleichzeitigem Abnehmen der Permeabilität und der Induktion die Koerzitivkraft und die Hystereseverluste zunehmen, die ganze Hystereseschleife also breiter und flacher wird, wobei jedoch in der quantitativen Auswirkung zwischen den verschiedenen Legierungen erhebliche Unterschiede bestehen. Diese Tatsache haben wir oben als verschiedene „Spannungsempfindlichkeit" bezeichnet. Neuere Untersuchungen (A. Kußmann und B. Scharnow) scheinen ferner darauf hinzuweisen, daß wir es bei dieser Beeinflussung gar nicht mit einer direkten Wirkung der „Verfestigung", sondern mit einem Einfluß der die Kaltverformung begleitenden inneren Spannungen, die über erhebliche räumliche Bereiche verteilt sind, zu tun haben.

Trotz der großen Wichtigkeit in theoretischer und praktischer Hinsicht sind alle diese Erscheinungen erst wenig untersucht. Einige zahlenmäßige Beziehungen zwischen den magnetischen Eigenschaften und der

Kaltverformung von Stählen hat Goerens[1] aufgestellt, der drei verschieden gekohlte Stähle gemessen hatte. Aus der Zahlentafel 24, die

Zahlentafel 24. Einfluß der Kaltverformung auf die magnetischen Eigenschaften von Kohlenstoffstählen mit verschiedenem Kohlenstoffgehalt (Goerens).

Material	Verformungsgrad	$\mathfrak{B}_{max}$	Maximalpermeabilität	$\mathfrak{H}$ für μ_{max}	Remanenz $\mathfrak{B}_r$	Koerzitivkraft $\mathfrak{H}_c$	Hystereseverlust
	%	Gauß	μ_{max}	Oersted	Gauß	Oersted	Erg/cm³
Thomasstahl A .	—	18400	1091	5,5	8200	3,5	24400
C = 0,07% . .	41,6	18200	442	10,4	6600	7,0	43950
Si = 0,006% .	70,5	18200	—	—	7900	10,1	—
Mn = 0,48% . .	79,5	17600	—	—	7600	11,0	—
P = 0,080% .	85,7	18300	420	19,4	8000	12,7	75200
S = 0,056% .	89,2	18000	415	23,1	9300	11,9	76000
	93,2	18250	400	21,9	9200	13,0	77200
	95,2	18300	410	20,0	9500	12,9	77000
	96,5	18200	380	22,5	9800	14,8	78650
Martinstahl B. .	—	17850	471	17,0	9500	10,0	60100
C = 0,55% . .	34,0	17550	306	28,7	7200	18,0	89700
Si = 0,262% .	55,0	17600	—	—	8000	17,0	—
Mn = 0,47% . .	62,6	17400	320	32,0	9600	17,4	93400
P = 0,068% .	78,6	17550	312	31,0	9700	18,5	98200
S = 0,036% .	86,5	17350	297	31,6	11600	18,5	104000
Martinstahl C. .							
C = 0,78% .	—	16600	327	27,5	10200	15,0	80600
Si = 0,113% .	25,4	16700	290	38,4	8600	19,6	118700
Mn = 0,38% .	36,7	16800	284	38,7	9100	18,5	112400
P = 0,016% .	47,5	17000	279	38,3	10200	22,7	125900
S = 0,019% .	58,5	16700	282	39,2	9900	22,1	129000
	67,5	20100	281	39,3	11800	22,0	129500

die Ergebnisse seiner Untersuchungen enthält, ist zu ersehen, daß die magnetischen Eigenschaften sich am stärksten nach der ersten Verformung ändern, und daß der Einfluß der Kaltverformung desto ausgeprägter ist, je niedriger der Stahl gekohlt ist. Man erkennt ferner, daß die Maximalpermeabilität nach dem ersten Abfallen praktisch konstant bleibt, während die Koerzitivkraft und die Hystereseverluste mit steigender Verformung auf einer erst steilen und dann flacher werdenden Kurve zunehmen. Etwas anders verhält sich die Remanenz, die nach der ersten Verformung mit weiter steigendem Verformungsgrad zunimmt.

Im wesentlichen dasselbe hat sich bei den Untersuchungen von W. S. Messkin[2] ergeben, dessen Ergebnisse an einem C-Stahl mit 0,78% C in Abb. 138 wiedergegeben sind. Die Härte steigt mit zunehmendem Verformungsgrad gleichzeitig mit der Koerzitivkraft an. Die Maximalinduktion bleibt praktisch unverändert.

---

[1] Stahleisen **1913**, 282 u. 441; J. Iron Steel Inst. **1911**, 320—400.
[2] Arch. Eisenhüttenwes. Dez. **1929**, Heft 6.

Die Remanenz nimmt erst stark ab, um bei weiteren Verformungsgraden beträchtlich anzuwachsen. Ferner ist deutlich zu ersehen, daß für den Knick, der nach der ersten Verformung in allen Eigenschaften (mit Ausnahme des spezifischen Wider-

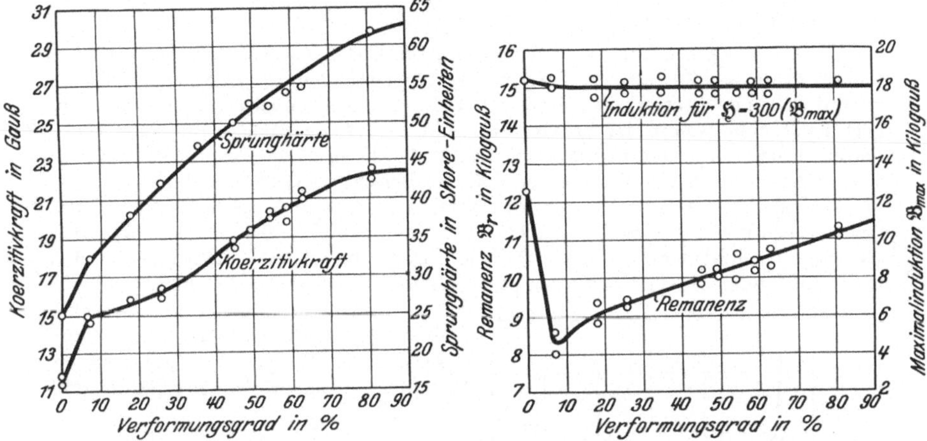

Abb. 138. Änderung der Eigenschaften beim Kaltwalzen von Stahl mit 0,78% C (Messkin).

standes) eintritt, nicht der Verformungsgrad, sondern nur eben die erste Stichabnahme maßgebend ist. So entspricht hier der Knick einem Verformungsgrad von etwa 7%, während bei Goerens derselbe bei rd. 30%iger Verformung liegt.

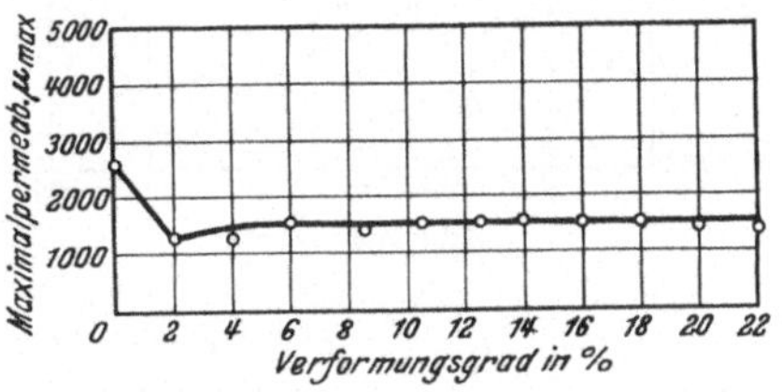

Der Einfluß der Kaltverformung auf Fe-Si-Legierungen ist in Abb. 139 wiedergegeben, die die Koerzitivkraft, Remanenz und Maximalpermeabilität eines kaltgewalzten

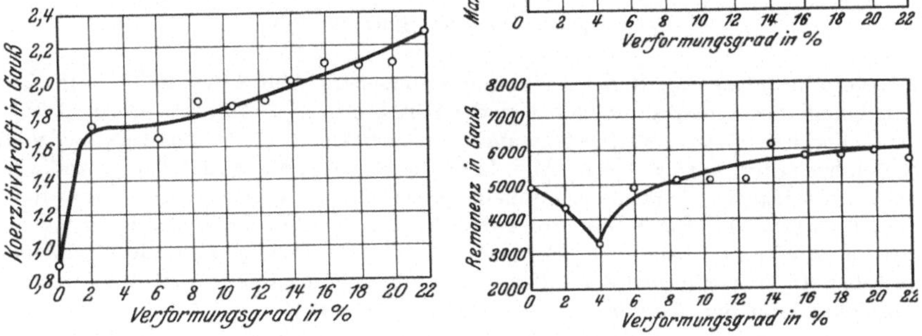

Abb. 139. Kaltwalzung von Si-Legierungen (Messkin und Pelz).

Transformatorenstahles in Abhängigkeit vom Verformungsgrad nach den Untersuchungen von W. S. Messkin und E. J. Pelz[1] darstellt. Der Verlauf der Kurven ist im wesentlichen derselbe, wie beim harten Stahl,

---

[1] Mitt. Inst. Metallf. Leningrad (russ.) Lfg. 11 (1930).

und zwar nimmt die Koerzitivkraft besonders stark durch die erste Stichabnahme zu. Bei einem Verformungsgrad von 22% ist die Koerzitivkraft und damit auch die Hystereseverluste das Doppelte ihres ursprünglichen Wertes.

Da die Dicke von Transformatorenstahl im Mittel 0,35 mm beträgt, (und für besondere Verwendungszwecke noch viel geringer sein kann, vgl. unten S. 309), so entspricht einem Verformungsgrad von 20% eine Dickenverminderung von ungefähr 0,07 mm, was in der Praxis sehr leicht, z. B. beim Richten der Tafeln oder der aus ihnen herausgestanzten Teile, stattfinden kann. Gemäß Abb. 139 muß man also in diesem Falle schon mit einer Verlusterhöhung von 100% rechnen.

Besonders im Auge zu behalten ist ferner der Einfluß des Schneidens und des Ausstanzens von Blechproben, da bei ihnen die in der Nähe des Schnitts liegenden Blechteile („Randzone", vgl. das Schliffbild Abb. 136) ebenfalls deformiert werden und dann andere Eigenschaften besitzen als das Material der Blechmitte. Dieser Einfluß des Ausstanzens ist aus den Abb. 140 a und b nach G. H. Cole[1] für ausgestanzte Ringproben verschiedener Durchmesser und Stärke aus Siliziumstahl

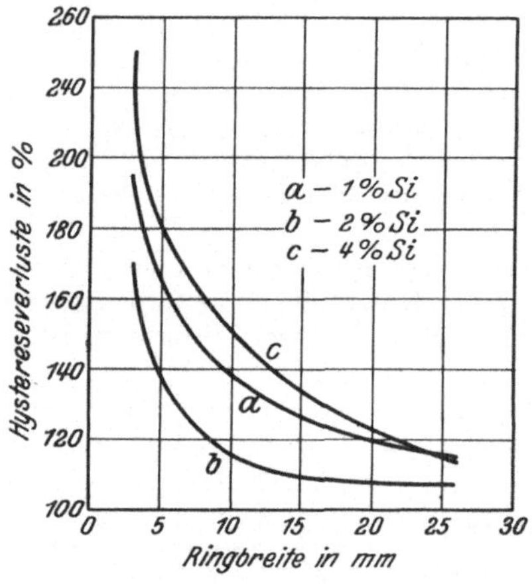

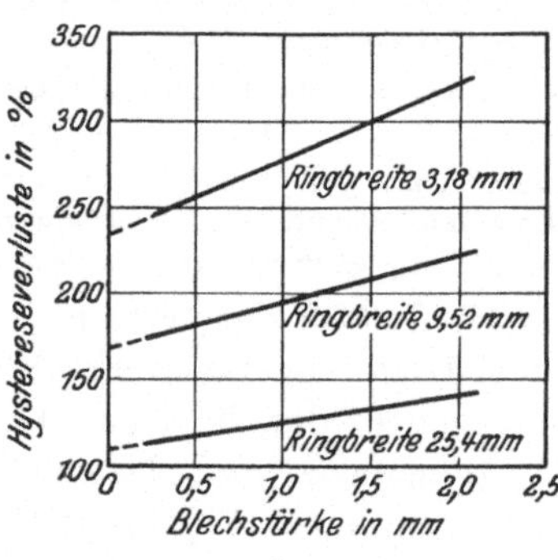

Abb. 140. Änderung der Hystereseverluste.

mit verschiedenen Gehalten an Silizium zu ersehen. Abb. 140 a stellt so die Abhängigkeit der Hystereseverluste von der Ringbreite in Prozenten der ursprünglichen Verluste (vor der Kaltverformung) ausgedrückt, für Stähle mit verschiedenen Siliziumgehalten dar, während Abb. 140 b dieselben Verluste in Abhängigkeit von der Blechstärke für verschieden dimensionierte Ringe wiedergibt. Die Hystereseverluste wachsen danach mit abnehmender Ringbreite erheblich stärker an als mit zunehmender Blechdicke. Ferner ist noch zu ersehen, daß die Beziehung zwischen Hystereseverlust und Blechstärke eine geradlinige ist, während die Abhängigkeit von der Ringbreite verwickelter erscheint.

Nach Cole läßt sich die Zunahme der Hystereseverluste, wenn die Induktion und die Streifenbreite mittlere Werte betragen, annähernd aus der Formel berechnen:

$$\delta W_h = \frac{35}{\text{Streifenbreite in cm}}\%,$$

wobei δW wieder in Prozenten des ursprünglichen Wertes ausgedrückt ist.

---

[1] Electr. J. **21**, (2), 55—61 (1924).

Ebenso stark, wie die Hystereseverluste, wird auch die Permeabilität angegriffen, wie es aus Abb. 141 für eine Induktion von $\mathfrak{B} = 10\,000$ hervorgeht, wo in der Abszisse die Ringbreite und in der Ordinate die Permeabilität in Prozenten ihres ursprünglichen Wertes eingezeichnet sind. Für die schmalen Ringe beträgt die Permeabilität etwa 20 bis 30% des Wertes vor der Verformung. Eine bestimmte Beziehung zum Siliziumgehalt besteht auch hier nicht.

Parallel der Änderung der übrigen physikalischen Eigenschaften beim Anlassen eines verfestigten Materials verbessern sich auch die magnetischen Eigenschaften. Für einen Transformatorenstahl ist die Beziehung zwischen Wattverlust (Gesamtverlust), Glühtemperatur und Glühdauer durch das Raumdiagramm der Abb. 142 dargestellt[1]. Es zeigt, daß mit steigender Glühdauer die Wattverluste sich besonders bei 700⁰ verringern, und bei 800⁰ und 900⁰ nach einer vierstündigen Glühdauer ein Minimum erreichen, von wo ange-

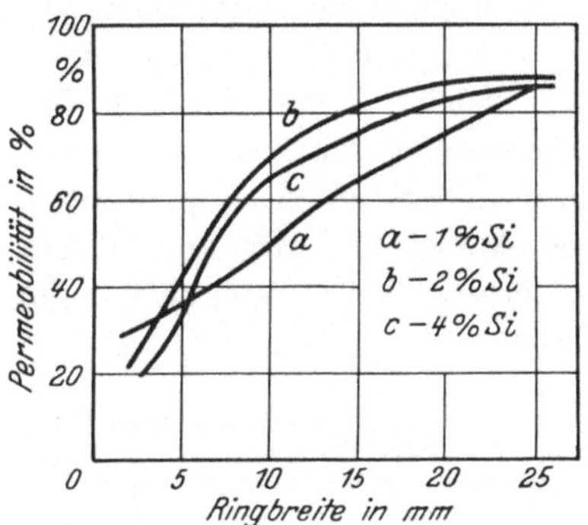

Abb. 141. Änderung der Permeabilität (Cole).

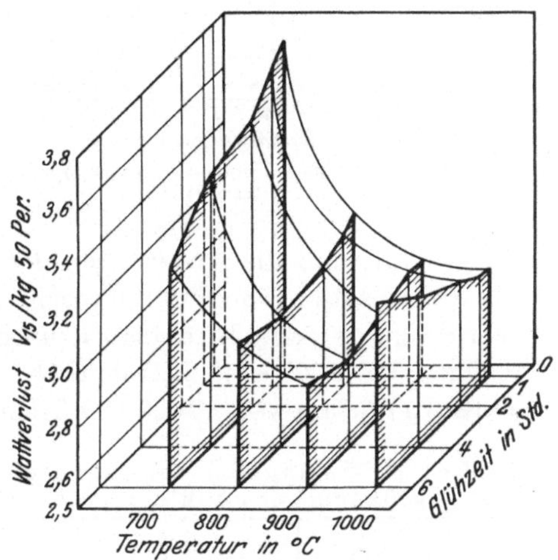

Abb. 142. Verlustziffer, Glühtemperatur und Glühzeit (Moos, Oertel u. Scherer).

fangen keine Verbesserung mehr stattfindet. Bei einer Glühtemperatur von 1000⁰ ruft eine längere Glühzeit (mehr als 4 Stunden) aus anderen Gründen sogar wieder eine Verschlechterung hervor[2]. (Überglühen, vgl. S. 318.)

Den Einfluß der Glühtemperatur nach der Kaltverformung auf die Permeabilität in Längs- und Querrichtung zum Walzen, sowie auf die Hysterese- und Wirbelstromverluste stellt ferner das aus den Untersuchungen von M. R. Cazaud[3] entnommene Diagramm in der Abb. 143 dar. Die Bestwerte der magnetischen Eigenschaften werden erreicht bei

---

[1] Moos, M. von, W. Oertel u. Scherer: Stahleisen 48, 477—85 (1928).

[2] Dies gilt nur für die eingepackt geglühten Proben. Für die in Wasserstoff geglühten hat sich diese Verschlechterung bei 1000⁰ zwischen der zweiten und vierten Glühstunde gezeigt.

[3] Rev. Mét. 8, 473—83 (1924).

einer Glühtemperatur von 800°, die einer vollständigen Rekristallisation entspricht (siehe oben, Abb. 137). Auf die Wirbelstromverluste bleibt der Glühvorgang wie zu erwarten praktisch ohne Einfluß. Die Kurve verläuft geradlinig und fast waagerecht. Wird die Glühtemperatur noch weiter erhöht, so treten schon Verschlechterungen ein. Ferner ist aber zu ersehen, daß nach Glühung bei 450° bereits eine beträchtliche Verbesserung aller Eigenschaften zu beobachten ist, während nach dem Rekristallisationsschaubild im Gefüge bei derselben Glühtemperatur noch keine Änderungen eintreten (vgl. Abb. 137). Dies ist im obigen Sinne ein Beweis dafür, daß die Änderungen der magnetischen Eigenschaften dem Rekristallisationsvorgang vorauseilen, und daher mit der eigentlichen Verfestigung nichts Direktes zu tun haben. Auch Cole[1] gibt an, daß ein Glühen bei 450° eine beträchtliche Steigerung der Permeabilität bei einer Induktion von 10000 Gauß hervorruft.

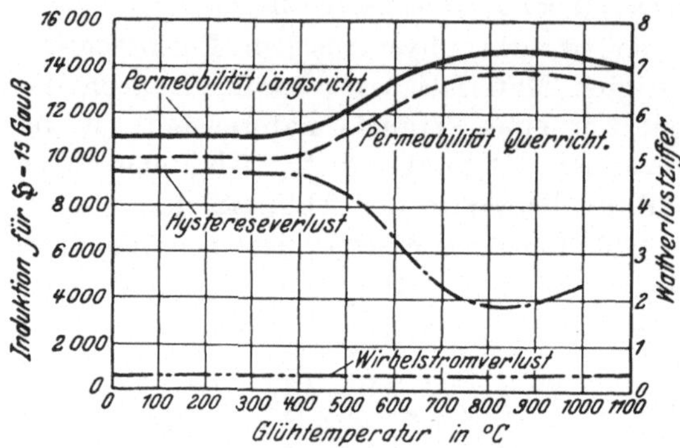

Abb. 143. Weichglühen von verformtem Dynamoblech (Cazaud).

Zahlentafel 25. Magnetische Eigenschaften von kaltgewalztem und darauf geglühtem schwachlegiertem und unlegiertem Dynamobandeisen.

Bandstärke	Querschnittsabnahme vor dem Glühen	Glühtemperatur	Glühdauer	Magnetische Eigenschaften						Korrzahl bei 1 mm Bandlänge und Stärke
mm	%	°C	Std.	V_{10}	V_{15}	$\mathfrak{B}_{25}$	$\mathfrak{B}_{50}$	$\mathfrak{B}_{100}$	$\mathfrak{B}_{300}$	
Unlegiertes Dynamobandeisen mit 0,068—0,10 % C (vor dem Glühen) und Spuren Si.										
0,55	45	800 in H₂	4	3,59	8,21	16500	17800	18900	21000	384
0,50	9	800 in N	4	3,04	7,18	16330	17380	18640	20830	2
0,36	55	800 in H₂	4	3,15	7,13	16350	17650	18750	20800	1085
0,33	8	800 in N	4	2,59	5,91	16050	17140	18420	20770	30
Schwachlegiertes Dynamobandeisen mit rd. 1 % Si und etwa 0,004 % C (nach dem Glühen).										
0,50	über 50	850	4	3,80	8,53	16100	17100	18200	20400	1690
		950	4	3,20	7,54	15900	16950	18100	20300	830
0,50	2	800	12	2,54	5,84	15350	16440	17810	20550	8
0,50	5	800	12	2,24	5,16	16120	17210	18480	20780	6
0,50	9	800	12	2,50	5,83	16030	17050	18240	20620	210
0,50	14	800	12	2,37	5,42	16410	17390	18700	20950	296

[1] Electr. J. **21**, (2), S. 55—61 (1924).

Was den Einfluß des vorangegangenen Verformungsgrades auf die magnetischen Eigenschaften nach dem Glühen betrifft, so liegen die letzteren anscheinend am günstigsten, wenn durch die Rekristallisation ein möglichst grobes Korn erzielt wird. In Zahlentafel 25 sind die nach dem Glühen erreichten Werte der Wattverluste und der Induktion sowie der Korngröße bei auf verschiedene Grade kaltgewalzten Bändern aus unlegiertem und schwachlegiertem Dynamoeisen nach A. Pomp und L. Walther wiedergegeben. Aus ihnen folgt deutlich, daß die niedrigsten Wattverluste durch Rekristallisationsglühung nach voraufgegangener

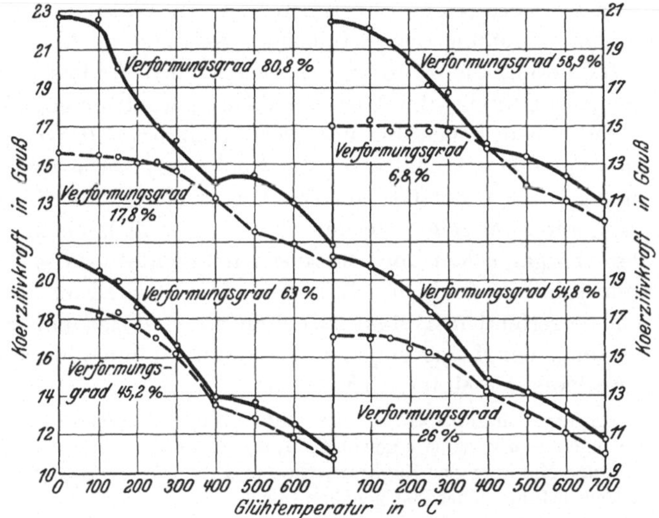

Abb. 144. Glühen von kaltverformtem Stahl (Messkin).

kritischer Kaltverformung erzielt werden, da dabei der Einfluß des erzielten groben Kornes nicht durch eine Überhitzung überdeckt wird, wie es beim Glühen bei höheren Temperaturen nach höheren Verformungsgraden der Fall ist.

Zum Schluß sei in Abb. 144 die Änderung der Koerzitivkraft eines kaltverformten Stahles mit 0,78% C durch das Glühen nach W. S. Messkin veranschaulicht. Dieselbe zeigt, daß auch hier, wie oben im allgemeinen angedeutet wurde, die Rekristallisation bei um so höheren Glühtemperaturen zum Ausdruck kommt, je niedriger der Verformungsgrad.

V. Magnetische Analyse.

Unter magnetischer Analyse soll alles das verstanden werden, was zum Ziel hat, durch Messung der magnetischen Eigenschaften Aussagen über das Verhalten der Werkstoffe in irgendeinem metallkundlichen Sinne zu gewinnen. Von diesem Gesichtspunkt aus rechnet hierzu nicht nur die oft im engeren Sinne so bezeichnete Untersuchung auf innere Fehler, sondern auch die Prüfung der mechanischen Eigenschaften und der Wärmebehandlung durch magnetische Methoden und schließlich die strukturelle Untersuchung von Legierungsreihen (Konstitutionsforschung, „Magnetochemie"), wobei wir uns bei der letzteren nicht auf die ferromagnetischen Erscheinungen zu beschränken brauchen, sondern auch den Dia- und Paramagnetismus betrachten können.

1. Konstitutionsforschung.

Para- und diamagnetische Legierungen. Während zur wissenschaftlichen Untersuchung der metallischen Systeme die Aufnahme der Wärmeinhaltskurven, die Prüfung des elektrischen Widerstandes, der thermischen Ausdehnung, der Gitterstruktur usw. allgemeine Verwendung gefunden haben, liegen dia- und paramagnetische Messungen über ganze Legierungsreihen verhältnismäßig wenig vor. Diese wenigen Ergebnisse genügen aber bereits, um die Wichtigkeit[1] des Gebietes zu kennzeichnen, und zwar zeigen sie einmal, daß — ähnlich wie in manchen Zweigen der anorganischen und organischen Chemie[2] — die Suszeptibilität als ein sehr empfindliches Kriterium für die Stellung der Legierung in dem betreffenden System zu gelten hat und daß ein andermal der Magnetismus der Legierungen auch an die unmittelbarsten Probleme des Aufbaus der Materie heranführt.

Die Messung der Suszeptibilität der schwach magnetischen Stoffe erfolgt wegen der geringen Größe von $\varkappa$ gewöhnlich mit Hilfe der ponderomotorischen Wirkung, d. h. der Messung der Zugkraft, die ein Probekörper in einem inhomogenen Magnetfeld erfährt. Diese ist gegeben durch

$$ f = v \cdot \varkappa \, \mathfrak{H} \, \frac{\partial \mathfrak{H}}{\partial x}, $$

wobei v das Volumen der Probe, $\varkappa$ die Volumsuszeptibilität, $\mathfrak{H}$ die Feldstärke und $\dfrac{\partial \mathfrak{H}}{\partial x}$ den Gradient des Feldes in der Bewegungsrichtung x bedeuten, und ist daher cet. par. der Suszeptibilität direkt proportional.

Zur Durchführung der Messung wird der Probekörper, der an dem einen Ende einer empfindlichen Waage, Drehwaage oder ähnlichen Anordnung aufgehängt ist, in die Nähe der Pole eines starken Elektromagneten gebracht und die nach Einschalten des Feldes eingetretene Ortsänderung beobachtet. Dabei wird ein paramagnetischer Körper zu Stellen größerer, ein diamagnetischer zu Stellen kleinerer Feldstärke hin bewegt. Die Lagenänderung bzw. die sie bewirkende Kraft wird entweder durch aufgelegte Gewichte (bei einer Waage) oder durch die Torsion des Aufhängefadens, elektrodynamische Wirkung (bei der Drehwaage) bestimmt, wozu eine Reihe bequemer Methoden ausgearbeitet sind. Über die Einzelheiten der Anordnungen sei auf die Literatur[3] hingewiesen.

---

[1] Vgl. H. J. Seemann: Z. techn. Phys. **10**, 399 (1929).

[2] Vgl. E. Wedekind: Magnetochemie, Berlin 1911; W. Klemm: Z. f. angew. Chemie **44**, 250 (1931).

[3] Curie u. Chénevéau: J. Physique **1903**, 796; Chénevéau u. Jolley: Phil. Mag. **1910**, 357; Faex u. Forrer: J. Physique **1926**, 180; Spencer u. John: Proc. roy. Soc. A. **1927**, 61; Honda u. Endo: J. Inst. Met. **37**, (1), 30 (1927), (auch im geschmolzenen Zustand); W. Sucksmith: Phil. Mag. **8**, 158 (1929).

Die folgende kleine Tabelle enthält zunächst die Werte der spezifischen Suszeptibilität $\chi = \varkappa/\text{Dichte}$ für einige wichtige Metalle.

Aluminium	$+ 0,62 \cdot 10^{-6}$	Kupfer	$- 0,09 \cdot 10^{-6}$	Wismut	$- 1,3 \ \cdot 10^{-6}$
Antimon	$- 0,82 \cdot 10^{-6}$	Mangan	$+ 9 \ \ \cdot 10^{-6}$	Wolfram	$+ 0,3 \ \cdot 10^{-6}$
Blei	$- 0,11 \cdot 10^{-6}$	Platin	$+ 0,9 \ \cdot 10^{-6}$	Zink	$- 0,15 \cdot 10^{-6}$
Gold	$- 0,14 \cdot 10^{-6}$	Silber	$- 0,19 \cdot 10^{-6}$	Zinn	$+ 0,03 \cdot 10^{-6}$

Für die Suszeptibilität von Legierungsreihen haben Honda und seine Mitarbeiter folgende Regeln abgeleitet:

1. Bei binären Legierungen, die aus einem mechanischen (eutektischen) Gemenge bestehen, ist die Suszeptibilitäts-Konzentrationskurve eine Gerade[1].

2. Bei Legierungen, die Mischkristalle bilden, wird an Stelle der Geraden eine gekrümmte Kurve erhalten.

3. Eine Verbindung besitzt eine für sich eigentümliche Suszeptibilität, die sich aus den Suszeptibilitäten der einzelnen Komponenten nicht berechnen läßt.

4. Findet in der Legierung irgendeine Umwandlung statt, so ruft dies meist einen scharfen Knick auf der Suszeptibilitäts-Temperaturkurve hervor.

Als Beispiel für die erste Regel ist in Abb. 145 das Zustandsdiagramm und die Suszeptibilitätskurve des Systems Blei-Antimon nach H. Endo[2] wiedergegeben. Aus der Abbildung ist zu ersehen, daß im Gebiet geringer Löslichkeit der Komponente die Suszeptibilitätskurve stark von der Geraden abweicht, wie es auf Grund

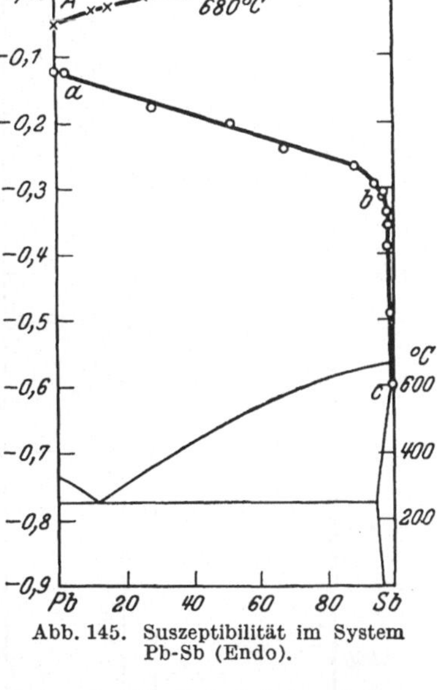

Abb. 145. Suszeptibilität im System Pb-Sb (Endo).

der Regel 2. auch zu erwarten war. Diese Tatsache findet sich in vielen anderen Fällen bestätigt, wobei insbesondere ein paramagnetisches Metall (beispielsweise Sn) durch Zusatz einer diamagnetischen Komponente schon bei sehr geringen Konzentrationen stark diamagnetisch werden kann.

Abweichungen von der Regel 1 haben neuerdings G. Davies und E. S. Keeping[3] an den Systemen Cu-Mg und Cu-Sb beobachtet, die für die zwischen den

---

[1] Die Suszeptibilität der Legierung läßt sich also additiv aus den Suszeptibilitäten der Komponenten berechnen.

[2] Sci. Rep. Tohoku Imp. Univ. **14**, 429 (1925); **16**, 201 (1927); auch K. Honda u. H. Endo: J. Inst. Met. **37** (1), 29—49 (1927).

[3] Phil. Mag. **7**, 145 (1929).

reinen Komponenten und deren Verbindungen Cu_2Mg und $CuMg_2$ gebildeten Eutektika starke Maxima der paramagnetischen Suszeptibilität nachgewiesen haben. Wie dieser Befund zu deuten ist, läßt sich zur Zeit noch nicht entscheiden.

Als Beispiel für Regel 2 diene das System Cu-Au nach den Untersuchungen von H. J. Seemann und E. Vogt[1], in dem die Suszeptibilitätskurve eine Kettenlinie darstellt (Abb. 148, ausgezogene Kurve).

Verbindungen, die im Zustandsdiagramm Maxima ergeben, sind gewöhnlich auch in der Suszeptibilitätskurve durch entsprechende Maxima oder Minima gekennzeichnet. So besitzt die Verbindung Te-Sn nach K. Honda und

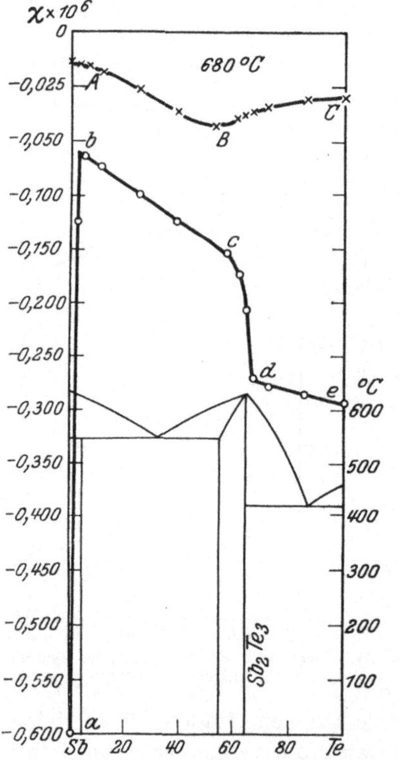

Abb. 146. Suszeptibilität im System Sb-Te (Endo).

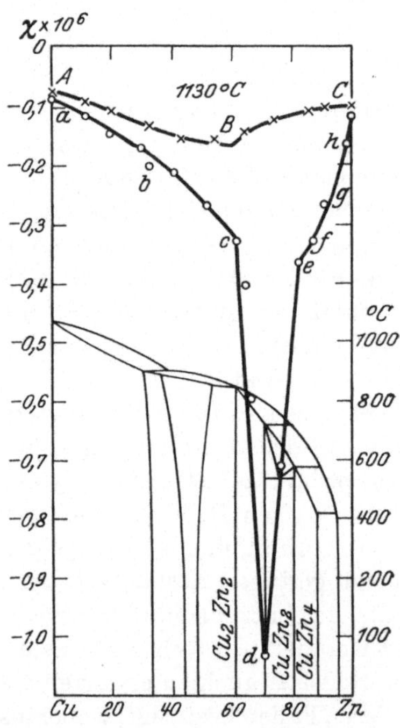

Abb. 147. Suszeptibilität im System Cu-Zn.

T. Soné[2] ein Maximum der diamagnetischen Suszeptibilität, während die Verbindung $PbTl_2$ (vgl. Abb. 146) nach H. Endo[3] ein Minimum aufweist[4]. Die Verbindung Sb_2Te_3 z. B., die ebenfalls diamagnetisch

---

[1] Ann. Physik **2**, 976 (1929).   [2] Sci. Rep. Tohoku Imp. Univ. **2**, 1 (1913).
[3] a. a. O.; siehe auch Rev. Mét. **25**, Nr. 7, 292 (1928).
[4] Maxima der diamagnetischen Suszeptibilität weisen auch die Verbindungen Bi_2Te_3, PbTe und CdSb, während Bi_5Tl_3 ein Minimum der diamagnetischen Suszeptibilität besitzt.

ist, zeichnet sich dagegen auf der Suszeptibilitätskurve (Abb. 146) durch einen Knick aus.

Von technisch besonders wichtigen Legierungsreihen seien ferner die Messinge, also das System Cu-Zn in Abb. 147 nach Honda und Endo wiedergegeben. Der Verlauf der Suszeptibilitätskurve folgt hier genau dem Zustandsdiagramm[1], und zwar läßt sich die Kurve in die folgenden Teile zerlegen: Der Kurvenzug $a\,b$ entspricht dem α-Mischkristall. Im Bereich der geraden Linie bc liegt ein Gemenge von α- und β-Mischkristallen vor, während der Knick im Punkt c die Verbindung Cu_2Zn_2 andeutet. Vom Punkt c steigt die diamagnetische Suszeptibilität rasch bis zum Punkt d an, der der Verbindung $CuZn_2$ entspricht. Zwischen d und e haben wir wieder eine Gerade für das mechanische Gemenge von γ- und ε-Mischkristallen. Endlich läßt sich die Kurve $e\,h$ in drei Abschnitte ef, fg und gh entsprechend den ε-, $\varepsilon + \eta$- und η-Mischkristallen zerlegen.

Merkwürdig ist nun die Tatsache, daß in manchen Fällen die im festen Zustande vorhandenen intermetallischen Verbindungen sich auch in der Schmelze noch durch eine Unregelmäßigkeit im Kurvenzug bemerkbar machen. Für die oben angegebenen Systeme, für die im oberen Teil der Abbildung die Suszeptibilität im geschmolzenen Zustand noch einmal aufgetragen ist, ist dies für die Verbindung Sb_2Te_3 (vgl. Abb. 146 Punkt B) deutlich zu ersehen. Honda und Endo schließen daraus, daß solche Verbindungen auch in der Schmelze nicht völlig dissoziiert sind, sondern teilweise noch erhalten bleiben.

Auch die Überstrukturumwandlungen im festen Zustand, die einmal durch eine geordnete, ein andermal durch eine regellose Verteilung zweier Atomarten im Raumgitter gekennzeichnet sind, prägen sich ebenfalls in den magnetischen Eigenschaften aus. So konnten Seemann und Vogt[2] zeigen, daß mit dem Auftreten der Überstruktur im System Cu-Au eine erhebliche Änderung der diamagnetischen Suszeptibilität verbunden ist, die bei Cu_3Au eine Zunahme, bei $CuAu$ eine Abnahme der Suszeptibilität bewirkt (vgl. Abb. 148, gestrichelte Kurve).

Die einwandfreie Messung der Suszeptibilität der schwach magnetischen Stoffe wird erschwert durch das als Beimengung vorhandene Eisen. Dieses Eisen ist magnetisch nur dann wirksam, wenn es in freier Form oder als ferromagnetische Kristallart in dem Material vorhanden ist — insbesondere also in den Metallen und Legierungen, die keine

---

[1] Hier ist zu bemerken, daß nach den Messungen von J. F. Spencer u. M. E. John: Proc. roy. Soc. **116**, 61 (1927) für 7 Systeme (Ag-Pb, Au-Pb, Au-Sn, Au-Cd, Al-Sn, Bi-Sn und Cd-Sn) die Ergebnisse der Suszeptibilitätskurve von den der Zustandsdiagramme teilweise stark abweichen. Ob und inwieweit das ein Zufall ist, müssen weitere Untersuchungen entscheiden.

[2] Ann. Physik **2**, 976 (1929).

oder nur sehr geringe Löslichkeit gegen Eisen besitzen (wie Cu, Ag,
Pb, Messing) — während in fester Lösung befindliches Eisen (wie in
W, Au, Zn) die Suszeptibilität meist nur geringfügig ändert (vgl. S. 106
und die Zustandsdiagramme S. 113). Eine Bestimmung der magnetischen
Eigenschaften erlaubt daher in diesen Fällen eine Kontrolle auf An-
wesenheit von Eisen, die sich durch den Vergleich mit Proben, denen
absichtlich eine bestimmte Eisenmenge zugesetzt ist, wegen des großen
Unterschiedes der Suszeptibilität der ferromagnetischen und der nicht
ferromagnetischen Stoffe (etwa $10^6 : 1$) als außerordentlich empfindliche
Meßmethode[1] ausbauen läßt.

Speziell für Strukturuntersuchungen ist diese Methode ganz kürzlich ange-
wandt worden von G. Tammann und W. Oelsen[2] zur Bestimmung der Löslich-,

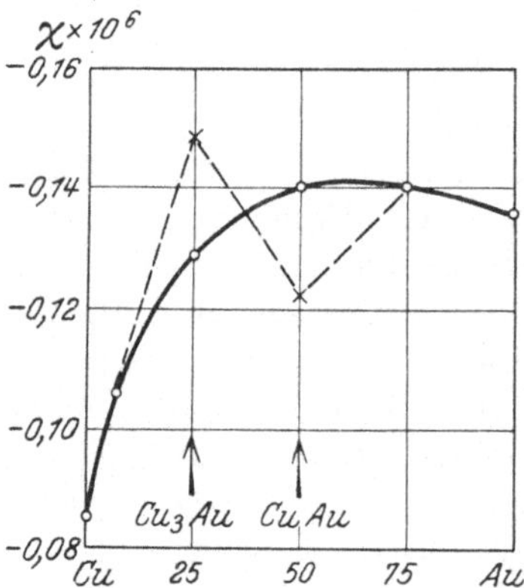

Abb. 148. Suszeptibilität im System
Au-Cu (Seemann und Vogt).

keit eines ferromagnetischen Metalls in einem
an ihm gesättigten Mischkristall, wobei die Aufnahme von Eisen, Nickel und Kobalt in Blei,
Silber, Wismut, Cadmium, Kupfer und Quecksilber und durch Abschrecken von verschiedenen Temperaturen bei Kupfer-Kobalt, Silber-
Nickel, Blei-Nickel und Eisen-Kupfer auch die
Änderung der Löslichkeitskurve mit der Temperatur gemessen wurde. Für die Löslichkeit des
Eisens im Cu wurden dabei die Werte gefunden;
bei 1035°: 3,10%, bei 930°: 1,73%, bei 852°:
1,04%, bei 720°: 0,36% und bei 630°: 0,14°.
Unterhalb dieser Temperatur und Konzentration bleibt der Eisengehalt dagegen gewöhnlich
instabil in fester Lösung. In Aufstellung eines
allgemeinen analytischen Zusammenhanges für
die Abhängigkeit der Löslichkeit von der Temperatur konnten Tammann und Oelsen jedoch ableiten, daß die wahre Löslichkeit des
Fe in Cu bei Raumtemperatur sehr gering sein muß (rd. $5,9 \cdot 10^{-11}$).

A. Kußmann und H. J. Seemann[3] haben unter Hinweis darauf, daß alle
unsere Kupferproben erheblich größere Fe-Verunreinigungen enthalten (rd.
10^{-3} bis 10^{-5}%), eine Erklärung für den bei manchen Metallen, insbesondere Cu
und Ag beobachteten Einfluß einer Kaltverformung auf die diamagnetische Sus-

---

[1] Kann man die Magnetisierbarkeit des Mischkristalls gegenüber dem ferromagnetischen Metall (etwa Eisen) vernachlässigen und beträgt bei konstanter,
hinreichend hoher Feldstärke die spezifische Magnetisierung.

für 1 mg Eisen σ_{Fe},
für das eingewogene Metall σ_m,
für die eingewogene Eisenmenge σ_1 und
für die Legierung der beiden i_2,

so gibt $\dfrac{\sigma_2 - \sigma_m}{\sigma_{Fe}}$ die Menge des freien Eisens und $\dfrac{\sigma_1 - (\sigma_2 - \sigma_m)}{\sigma_{Fe}}$ die Menge des gelösten Eisens an [vgl. G. Tammann und W. Oelsen: Z. anorg. u. allg. Chem. **186**,
257 (1930)], dagegen aber auch eine frühere ergebnislose Untersuchung über die
Eisenbeimengungen in Messing mittels magnetischer Methoden.

[2] l. c.   [3] Naturwissensch. **19**, 309 (1931).

zeptibilität gegeben. (vgl. K. Honda und J. Shimizu)[1]. Danach ist der ganze Effekt auf die Wirkung der Eisenbeimengungen zurückzuführen, die gewöhnlich sich instabil in fester Lösung befinden und sich magnetisch nicht bemerkbar machen. Eine Kaltreckung bringt jedoch die Fe-Verunreinigungen als ferromagnetische Kristallart zur Ausscheidung und erhöht die Suszeptibilität im Sinne eines Übergangs vom Diamagnetismus zum Paramagnetismus.

Auch zur Untersuchung anderer Werkstoffe, wie von keramischen Massen[2], sowie von Mineralien[3] auf den Gehalt von Eisenbeimengungen hat sich die magnetische Methode mit Vorteil verwenden lassen.

Ferromagnetische Stoffe. Für die Untersuchung von ferromagnetischen Systemen kommen 3 verschiedene Arten von Messungen in Betracht. Oberhalb des magnetischen Umwandlungspunktes (Curiepunkt) wird die paramagnetische Suszeptibilität in soeben beschriebener Weise gemessen; die zweite Art von Messungen besteht in der Bestimmung des Curiepunktes selber und seines Verlaufes mit der Konzentration. Endlich kann unterhalb des Curiepunktes zur Erforschung des Systems die Messung sämtlicher magnetischer Größen als Funktion der Konzentration und Temperatur benutzt werden.

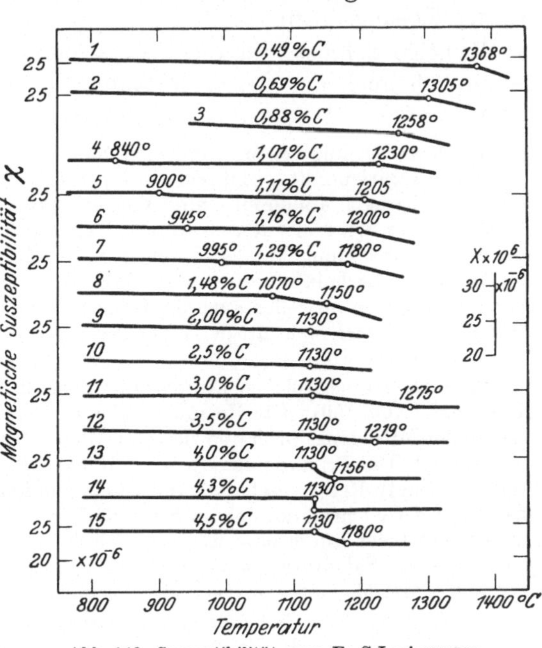

Abb. 149. Suszeptibilität von Fe-C-Legierungen.

Als Beispiel für die erste Gruppe von Messungen sind in Abb. 149 die Ergebnisse von K. Honda und K. Endo[4] an Eisen-Kohlenstoff-Legierungen mit verschiedenem Kohlenstoffgehalt wiedergegeben. Die

---

[1] Nature **126**, 990 (1930).

[2] Einen Überblick über die Natur, Ursprung und Menge der in Ton, Sand, Porzellan, Steingut usw. vorhandenen Eisenbeimengungen gibt Hopwood: Proc. roy. Soc. **89**, 14.

[3] Die Magnetisierbarkeit der Mineralien ist gewöhnlich keine Eigenschaft der Gesteine selber, sondern wird durch den Gehalt an Magnetit bedingt. Sie kann erhebliche Beträge erreichen. Über die Verwendung magnetischer Methoden vgl. einen zusammenfassenden Bericht von G. Grenet: Ann. Physik **33**, 263—348 (1930), der auch die Messungsergebnisse von 500 Mineralien enthält.

[4] J. Inst. Met. **37**, 1 (1927).

Suszeptibilitäts-Temperaturkurven weisen bei den Proben 1, 2 und 3 (untereutektoid) je einen Knick auf, der der Soliduslinie des Zustandsdiagramms (Abb. 61) entspricht und bei immer tieferen Temperaturen liegt. Bei den Proben 4 bis 8 sind noch die der Auflösung des Zementits[1] entsprechenden Knicke, bei sämtlichen übrigen Proben ferner der der eutektischen Horizontale zugehörige Knick bei 1130° und bei den Proben 11 bis 15 noch die Punkte der Liquiduslinie zu beobachten. Charakteristisch ist der scharfe Knick bei der eutektischen Legierung (Probe 14) und der allmähliche Übergang von einem Ast zum anderen bei den Lösungslinien.

Wichtige Schlüsse für die Untersuchung eines Systems lassen sich gewöhnlich auch aus der Bestimmung des Curiepunktes selber, sowie des Verlaufs der Magnetisierung mit der Temperatur ziehen.

Zur Durchführung der Messung wird man in allen Fällen, bei denen es nur auf die Lage des Curiepunktes und nicht auf quantitative Aussagen über die Höhe der Magnetisierbarkeit ankommt, mit Vorteil Wechselstrommethoden verwenden. Dabei befindet sich konzentrisch zu dem Heizrohr um die Probe eine Primär- und eine Sekundärwicklung, in der durch das Verschwinden der EMK der Verlust der Magnetisierbarkeit angezeigt wird. Methoden dieser Art, bei denen für weniger genaue Messungen bisweilen auch die Heizwicklung selber als Primärspule benutzt werden kann, lassen sich mit den einfachsten Mitteln improvisieren und sind vielfach beschrieben worden.

Als Beispiel einer solchen Einrichtung diene die registrierende Anordnung von H. Esser[2] (Abb. 150). Die Versuchsprobe V befindet sich in einem Quarzröhrchen in der Mitte eines bifilar gewickelten Ofens, der von einem Kupferkühlmantel umgeben ist. Die Primärspule B_1, sowie die zur Kompensation dienende Primärspule B_3 sind in Reihe geschaltet und von einem konstanten Wechselstrom durchflossen. Das Gleichrichten des im Sekundärkreis B_2 und B_4 induzierten Wechselstromes geschieht durch eine Kathodenröhre, und ferner wird ein Doppelspiegelgalvanometer (Saladin-Apparat) benutzt, von denen das eine die Temperatur, das andere die Magnetisierbarkeit des Probestücks[3] anzeigt.

Eine Untersuchung bei kleinen Feldstärken, bei denen nach den früheren Darlegungen (vgl. S. 156) die Permeabilität mit der Temperatur erst zunimmt, um dann steil abzufallen, hat den Vorteil, daß der Curiepunkt sehr genau bestimmt werden kann, erfordert jedoch in elektrischer und magnetischer Beziehung gewisse Störungsfreiheit bzw. Abschirmung. Eine hierfür geeignete Anordnung ist von W. Steinhaus und A. Kußmann[4] angegeben worden. Ein Porzellanrohr trägt die bifilar gewickelte Heizspule und darüber gesondert die Magnetisierungs-(Primär-)wicklung. Im Innern des evakuierbaren Ofens befindet sich die Sekundärspule (100 Windungen Silberdraht, durch Asbest und keramische Massen isoliert), in die die Probe eingelegt wird. Der Primärstrom wird von einem Röhrengenerator

---

[1] Diese Temperatur läßt sich nicht durch thermische Analyse feststellen. Nachweis durch elektrische Messungen vgl. S. Kaya: Sci. Rep. Tohoku Imp. Univ. **14**, 529 (1925).

[2] Stahleisen **46**, 145 (1926).

[3] Vgl. auch: Stahleisen **47**, 343 (1927). Vgl. a. F. Stäblein: Stahleisen **46**, 101—04 (1926).

[4] a. a. O.

(800 Per/sec) geliefert, die Magnetisierungsfeldstärke beträgt etwa 10^{-4} bis 10^{-5} Oersted. Der auf der Sekundärseite induzierte Strom wird durch einen Zweifachverstärker verstärkt, durch einen Detektor (Trockengleichrichter) gleichgerichtet und mit einem Zeigergalvanometer abgelesen.

Sollen quantitative Bestimmungen der Magnetisierungsintensität in Abhängigkeit von der Temperatur ausgeführt werden, so wird in den meisten Fällen sich nur die magnetometrische Methode verwenden lassen. Daß dabei auch bei ungünstiger Lage des Beobachtungsortes (Gebäudeerschütterungen, unmittelbare Nähe bewegter schwerer Eisenmassen) sich mit einem erschütterungsfrei aufgehängten astastischem System gute Erfolge erzielen lassen, haben jüngst F. Wever und H. Lange[1] gezeigt, die in Anlehnung an das Magnetometer von F. Kohlrausch und H. Holborn[2] auch den Bau eines solchen Instruments beschreiben. Ein

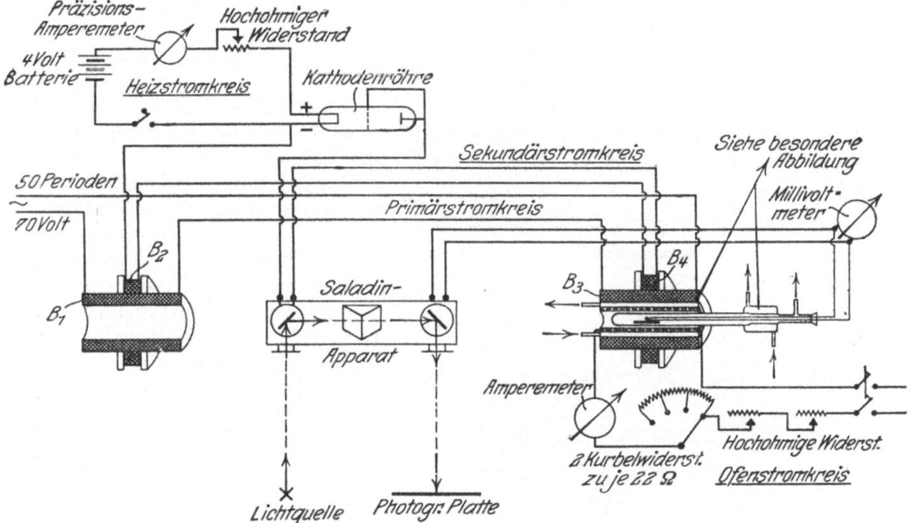

Abb. 150. Anordnung zur Messung der Temperaturabhängigkeit der Magnetisierung (Esser).

registrierendes Magnetometer ist von F. Lehrer[3] angegeben worden. Schließlich hat F. Lehrer[4] für Messung bei hohen Feldstärken (Sättigungswerte) eine Apparatur durchgebildet, die dem Prinzip nach aus einem leichten Aluminiumpendel besteht, an dem die Probe zwischen den Polen eines Elektromagneten aufgehängt ist und dessen Ausschläge die Magnetisierbarkeit anzeigen.

Als Beispiel für die Auswertung von Magnetisierungs-Temperaturkurven mögen zwei Wolframstähle (mit 0,61 bzw. 0,50% C und 1,39 bzw. 2,06% W) dienen, die einer umfangreichen Arbeit von K. Honda[5] und seinen Mitarbeitern[6] über Eisen-Kohlenstoff- und Eisen-Kohlenstoff-Wolfram-Legierungen entnommen sind (vgl. Abb. 151a und b).

[1] Mitt. K. W. I. **12**, 353 (1930.   [2] Ann. Physik **10**, 287 (1903).
[3] Z. techn. Phys. **9**, 136 (1928).   [4] Z. techn. Phys. **10**, 177 (1929).
[5] J. Iron Steel Inst. **98**, Nr. 2 375—419 (1918).
[6] Sci. Rep. Tohoku Imp. Univ. **1917**, 349.

Es existiert im Stahl Nr.1 (Abb.151a) mit einem Überschuß von Kohlenstoff, als zur Bildung von Doppelkarbiden notwendig ist, außer Eisen und Doppelkarbid 4 Fe₃C·WC, noch freier Zementit, während im Stahl Nr. 2 (Abb. 151 b) mit einem Überfluß an Wolfram, freies Wolframkarbid WC vorhanden sein muß. Im ersten Fall sehen wir dementsprechend auf den Kurven *1* und *2* die Umwandlungen des Zementits bei 215⁰ bzw. des Doppelkarbids bei 400⁰, während im zweiten Fall an der Kurve *1* nur die Umwandlung des Doppelkarbids bei 400⁰ zu ersehen ist, da das Wolframkarbid WC unmagnetisch ist.

Die übrigen Kurven zeigen das Verhalten der Karbide[1] beim Erhitzen auf verschiedene Temperaturen, wobei nach Honda die folgende Reaktion stattfindet:

$$WC + 5\,Fe \rightarrow Fe_2W + Fe_3C\,.$$

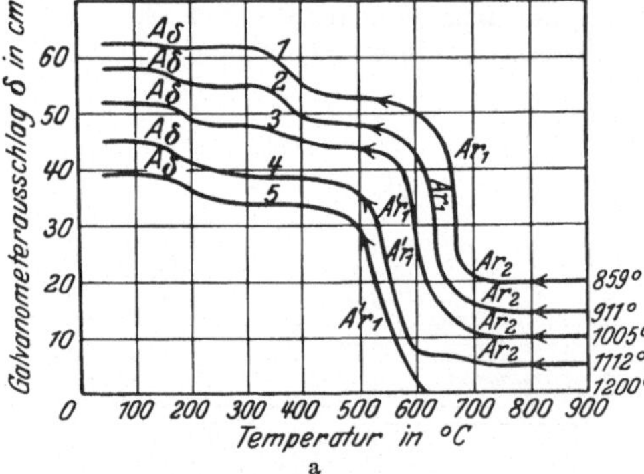

Die Reaktion verläuft um so schneller von links nach rechts, je höher die Temperatur ist, so daß von einer bestimmten, mit dem Kohlenstoffgehalt zunehmenden Temperatur alle Wolframkarbide in Wolframid und Zementit zerlegt sind. Diese Tatsache ist in den Abkühlungskurven, in denen die Zunahme der Magnetisierbarkeit bei 720⁰ mit steigender Höchsttemperatur allmählich geringer, die plötzliche Zunahme der Magnetisierbarkeit in der Nähe von 500⁰ jedoch intensiver wird, deutlich zu ersehen. Gleichzeitig nimmt auch die magnetische Umwandlung des Zementits an Intensität zu. Ist die oben angegebene Reaktion vollkommen abgelaufen, so kommt die Umwandlung der Doppelkarbide bei 400⁰ gänzlich zum Verschwinden, während die Intensität der A_0-Umwandlung des Zementits einen Höchstwert erreicht.

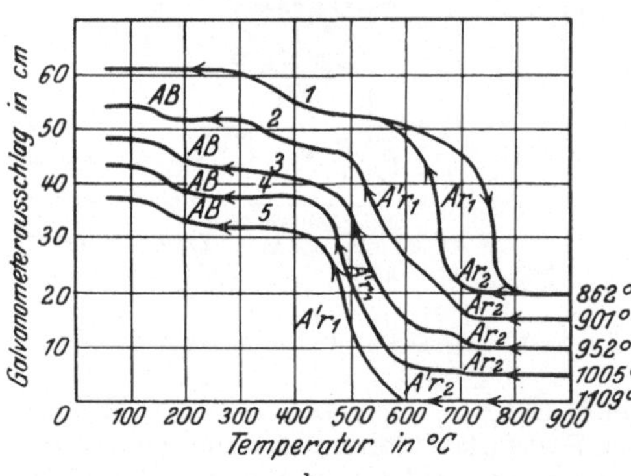

Abb. 151a und b. Magnetisierungs-Temperaturkurven von Wolframstählen.

Zur metallkundlichen Untersuchung von ferromagnetischen Legierungen bei Raumtemperatur können schließlich ebenfalls magnetische Messungen beitragen. An Stelle der umständlichen Aufnahme der ganzen Magnetisierungskurve der Probe wird man sich dabei gewöhnlich auf die Bestimmung ausgewählter Werte beschränken, und zwar am besten auf den Sättigungswert der Magnetisierung $4\,\pi\,J_{\infty}$ und auf die Koerzitivkraft $\mathfrak{H}_c$, die, wie oben auseinandergesetzt (vgl.

---

[1] Über das Verhalten der Karbide im Wolframstahl siehe weiter unten Kapitel „Dauermagnetstähle".

S. 104ff.), beide zusammen das gesamte magnetische Verhalten eines Materials zu diesem Zweck hinreichend charakterisieren.

Der Verlauf der Sättigungswerte gibt, wie oben gezeigt (vgl. S. 106), ein Maß für die Magnetisierbarkeit bzw. der chemischen Konstitution einer Legierungsreihe schlechthin, und ihre Bestimmung ist daher ein sehr geeignetes Hilfsmittel, wenn man den mengenmäßigen Verlauf von Umsetzungen etwa zwischen einer ferromagnetischen und einer nicht ferromagnetischen Kristallart festlegen will (s. u.). Als Beispiel für die Anwendung solcher Messungen diene der Nachweis einer Überstrukturumwandlung im System Nickel-Mangan, der von S. Kaja und A. Kußmann[1] hauptsächlich auf magnetischem Wege durchgeführt worden ist.

Von weiteren Arbeiten sei ferner auf die Untersuchungen von Lehrer[2] hingewiesen, der mit Hilfe der magnetischen Methode ein bis ins kleinste ausgearbeitetes Zustandsschaubild des Systems Eisen-Stickstoff erbracht hat.

Auch für die Erforschung des gehärteten Stahles und seines Verhaltens beim Anlassen hat sich die magnetische Messung als eine der empfindlichsten und bequemsten Methoden bewährt, doch würde selbst eine nur andeutungsweise Erwähnung der Unzahl der hier ausgeführten Untersuchungen den Rahmen des Buches bei weitem überschreiten.

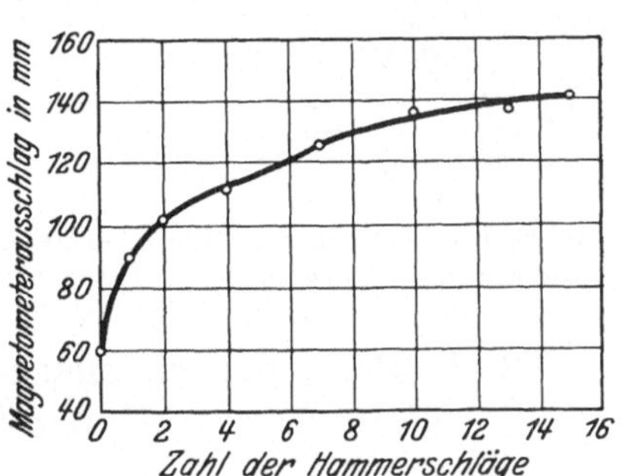

Abb. 152. Austenitzerfall bei mechanischer Bearbeitung (Honda).

Als ein beliebiges Beispiel diene so die Abb. 152 aus einer Arbeit von Honda und Iwase[3], in der es sich um die Messung des Austenitzerfalls unter dem Einfluß von Spannungen handelte. In der Abszissenachse ist die Zahl der Hammerschläge aufgetragen, während in der Ordinatenachse der Magnetometerausschlag eingezeichnet ist. Die Kurve betrifft einen Stahl mit 1,4% Kohlenstoff und 5% Chrom, der bei 1100⁰ in Öl abgeschreckt war. Es ist zu sehen, wie mit zunehmender Zahl der Schläge die Magnetisierbarkeit erst rasch und dann langsam anwächst. Beim Anlassen einer ähnlichen Probe waren merkliche Änderungen in der Magnetisierbarkeit erst von 300⁰ an zu beobachten.

Für die aus Messungen der Koerzitivkraft zu ziehenden Schlüsse kommt hauptsächlich die Regel von A. Kußmann und B. Scharnow in Betracht, wonach

---

[1] Z. Phys. 72, 293 (1931).

[2] Z. Elektrochem. 36, 460 (1930).

[3] Sci. Rep. Tohoku Imp. Univ. 16 (1927); vgl. auch J. Iron Steel Inst. 119, Nr. 1, 427—41 (1929); Heat Treat. a. Forging 15 (8), 991—94 (1929).

in einem und demselben System ein heterogenes Gemenge eine höhere Koerzitivkraft besitzt als Mischkristalle. und ferner die Menge des ausgeschiedenen Bestandteils in gewissen Grenzen der Koerzitiv-
krafterhöhung proportional ist. Ein plötz-
licher Anstieg der Koerzitivkraft mit der
Konzentration zeigt somit die Grenze
zwischen einem Mischkristallgebiet und
heterogenem Gemenge an.

Als Beispiel der Verwendung dieser
Regel ist in Abb. 153 die Änderung der
Koerzitivkraft mit dem Kupfergehalt bei
Eisen-Silizium-Legierungen mit 1,5% und
4% Silizium nach A. Kußmann, W. S.
Messkin und B. Scharnow[1] wiedergegeben. Der Knick bei 0,8% Cu (obere
Kurve, 1,5% Si) bzw. bei 0,6% Cu (untere
Kurve, 4% Si) läßt darauf schließen, daß
bis zu diesen Prozentgehalten das Kupfer
sich bei gewöhnlicher Abkühlung in fester
Lösung befindet, wodurch sich auch der
verbessernde Einfluß auf die Korrosion
erklären läßt. Darüber hinaus scheidet sich
das Kupfer in freier Form aus, was einen

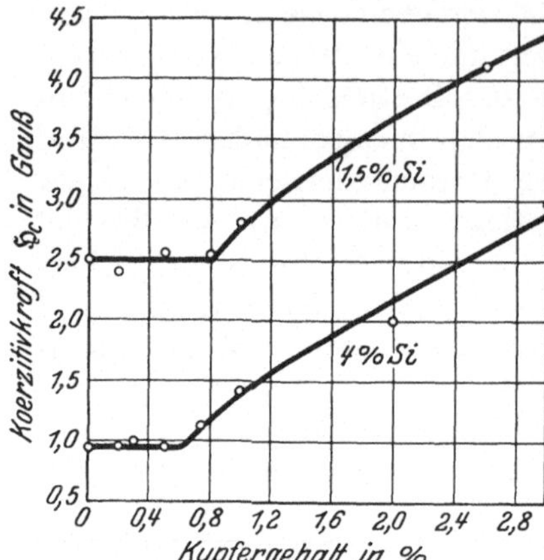

Abb. 153. Koerzitivkraft in gekupferten
Dynamo- und Transformatorenstählen
(Messkin, Kußmann, Scharnow).

beträchtlichen Anstieg der Koerzitivkraft und die Herabsetzung des Korrosions-
widerstandes hervorruft.

2. Prüfung der chemischen Zusammensetzung und der Gefügebestandteile.

Die Anwendung der magnetischen Analyse zur direkten Prüfung der
chemischen Zusammensetzung von Legierungen wird dadurch erschwert,
daß die magnetischen Eigenschaften außer von der Konstitution auch
noch von anderen Variabeln abhängen. Es ist deshalb auf diesem Gebiete erst wenig geschaffen worden; doch gelingt es auch hier bereits,
falls einzelne der Bedingungen bekannt sind bzw. eliminiert werden
können, die magnetische Methode nutzbringend anzuwenden.

Wie natürlich brauchen sich die Untersuchungen dabei nicht auf
Stoffe mit einem direkten späteren magnetischen Verwendungszweck
zu beschränken, sondern können alle ferromagnetischen Stoffe umfassen, und ferner lassen sich zur Festlegung der Konstitution die verschiedensten magnetischen Bestimmungsgrößen, so der Sättigungswert, die Umwandlungstemperatur, die Koerzitivkraft u. a. verwenden.

Verhältnismäßig einfach sind Fälle zu lösen, bei denen das Vorhandensein einer relativ großen Beimengung eines unmagnetischen Stoffes in
einem ferromagnetischen Material bestimmt werden soll, was am zweckmäßigsten durch eine Messung des Sättigungswertes geschieht. Hier
gilt zunächst die Regel, daß die Sättigung eines heterogenen Gemenges

---

[1] Stahleisen 50, 1194 (1930).

gleich ist der Summe der Sättigungswerte der Einzelbestandteile. Besteht somit eine Legierung aus zwei Kristallarten (Volumprozente p_1 und p_2), wobei der Sättigungswert des einen Bestandteils x_1 aus anderen Messungen bekannt ist, so läßt sich aus der Gleichung

$$x_1 \frac{p_1}{100} + x_2 \frac{p_2}{100} = 4\,\pi\,J_\infty \text{ (experimentell gefunden)}.$$

entweder der Mengenanteil der beiden Kristallarten oder auch die unbekannte Sättigung x_2 berechnen (vgl. S. 107).

E. Gumlich hat diese Methode vielfach zur Bestimmung von Legierungen verwandt und ferner haben auch A. Kußmann und B. Scharnow[1] bei Heuslerschen Legierungen aus der Messung des Sättigungswertes Schlüsse auf die Zusammensetzung zu ziehen versucht. Kürzlich haben dann E. Maurer und K. Schroeter[2] aus der Annahme, daß die Differenz des Sättigungswertes in einem

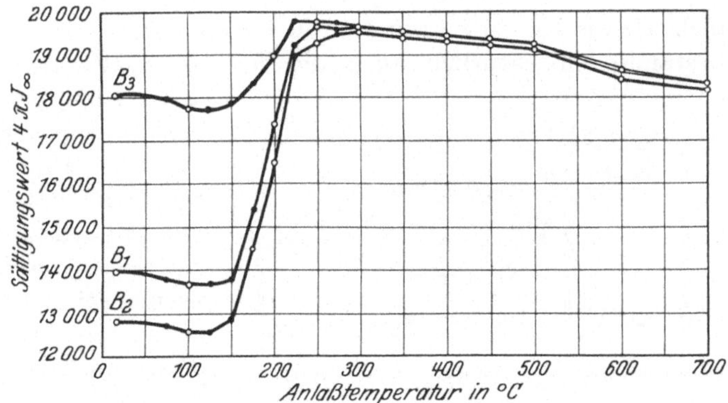

Abb. 154. Änderung des Sättigungswertes beim Anlassen (Maurer und Schroeter).

gehärteten und geglühten Stahl durch den Gehalt an (unmagnetischem) Austenit bedingt sei, die Menge des Austenits in gehärteten Stählen zu berechnen versucht.

Ein interessanter Zusammenhang zwischen dem Sättigungswert und den Gefügeumwandlungen hat sich in dieser Arbeit bei den Anlaßversuchen herausgestellt, wie Abb. 154 veranschaulicht. Danach ist die Abnahme des Sättigungswertes durch Anlassen auf 100° auf die Ausscheidung von Eisenkarbid (Zementit) bei der vor sich gehenden Martensitzersetzung zurückzuführen, während der Höchstwert der Sättigung bei 200 bis 250° Anlaßtemperatur der Austenitzersetzung entspricht.

W. S. Messkin[3] hat die Ergebnisse von Maurer und Schroeter im wesentlichen bestätigt. Dabei zeigte sich, daß nicht unbedingt eine Messung des Sättigungswertes erforderlich ist, sondern daß auch die bei einer Feldstärke von $\mathfrak{H} = 300$ Oersted aufgenommenen Induktionen, und zwar sowohl bei Kohlenstoffstahl, als auch bei einem Molybdänstahl denselben Verlauf zeigen.

---

[1] a. a. O.

[2] Stahleisen **49**, 929—40 (1929). Vgl. auch Z. anorg. u. allg. Chem. **174**, 193 bis 215 (1928).

[3] Arch. Eisenhüttenw. **3** (1929).

Ist die Beimengung nur klein, so daß nur eine geringfügige und schwer meßbare Änderung des Sättigungswertes eintritt, so kann in heterogenen Legierungen mitunter auch die Bestimmung der Koerzitivkraft einen Anhaltspunkt für die chemische Zusammensetzung geben, wobei als einfachstes Beispiel an den Nachweis verschiedener C-Gehalte im Stahl gedacht sei.

W. Köster[1] hat auf die Möglichkeit der Stickstoffbestimmung mit Hilfe der Koerzitivkraftmessung hingewiesen, die allerdings nur dann zu einigermaßen sicheren Resultaten führt, wenn außer Stickstoff keine anderen Legierungselemente in dem Stahl vorhanden sind, und die auf der Tatsache beruht, daß der in dem Eisen vorhandene Stickstoff, der bei gewöhnlicher Abkühlung instabil in fester Lösung bleibt, durch ein etwa 14tägiges Erwärmen restlos ausgeschieden wird. Die dadurch auftretende Koerzitivkrafterhöhung ist der Menge des Stickstoffs ziemlich streng proportional (siehe oben), und zwar entspricht der Ausscheidung von 0,01 % N eine Änderung der Koerzitivkraft um 3,2 Oersted.

Ähnlich wie die Koerzitivkraft sind in Legierungen mit heterogenen Gefügebestandteilen natürlich auch die mit $\mathfrak{H}_c$ in Zusammenhang stehenden magnetischen Größen von der chemischen Konstitution irgendwie gesetzmäßig abhängig. Als das bisher wichtigste Anwendungsbeispiel sei das Karbometer von J. G. Holmström und J. G. Malmberg zur Kohlenstoffanalyse[2] genannt, das auf dem Zusammenhang zwischen dem Kohlenstoffgehalt des Stahles und seiner reversiblen Permeabilität beruht.

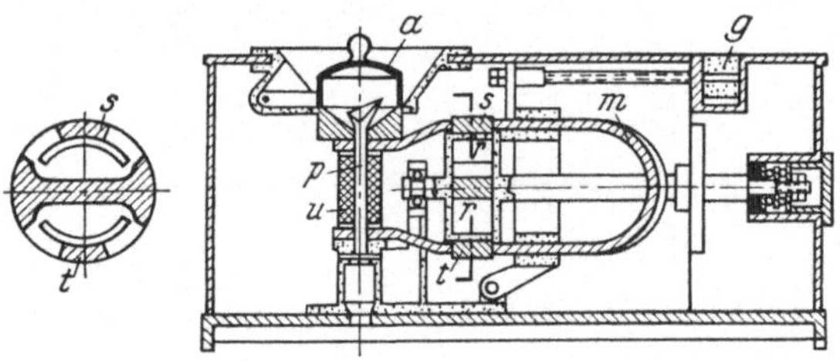

Abb. 155. Karbometer von Holmström und Malmberg.

Die Konstruktion des Karbometers, die bereits an verschiedenen Stellen[3] eingehend beschrieben worden ist, geht aus Abb. 155 hervor. Die zu untersuchende Probe befindet sich zwischen den Polen eines permanenten Magneten und wird durch dessen Drehung magnetisiert. Die Enden der Induktionsspule u führen an ein ballistisches Galvanometer. Über die betriebsmäßige Verwendung haben P. Klinger und H. Fucke[4] berichtet.

---

[1] Arch. Eisenhüttenw. **3**, 637 (1930).

[2] Testing **49**, 117 (1919). Hier ist vielleicht noch auf die elektrische Methode zur Bestimmung des Kohlenstoffgehaltes (Methode von Enlund) zu verweisen. Vgl. C. Holthaus: Ber. Chem.-Aussch. d. V. d. Eisenh. **1922**, Nr. 39.

[3] Eddy, J.: Testing **1**, 49—57 u. 160—63 (1924); Stahleisen **45**, 760 (1925); v. Auwers, O.: Physik. Z. **24**, 874 (1927).

[4] Arch. Eisenhüttenw. **3**, 347 (1929). Vgl. auch Kornfeld: ebenda **5**, 477 (1931).

Die zur Durchführung der Analyse (Entnahme der Probe) notwendigen Gegenstände bestehen aus:

1. einem Schöpflöffel;
2. einem Härtegefäß;
3. einer kleinen, aus zwei Teilen zusammensetzbaren Gußform;
4. Klammer und Keil zum Zusammenhalten der Gußformhälften;
5. Aluminiumdraht und
6. Zangen.

Mit dem Schöpflöffel wird aus dem Bade eine möglichst schlackenfreie Probe geschöpft, der Stahl durch einen bestimmten Aluminiumzusatz verdichtet und die Probe dann in die kleine Gußform gegossen. Enthält der Stahl mehr als 0,4% C, so wird die Probe gehärtet, während sie bei geringen Kohlenstoffgehalten ungehärtet[1] bleibt. Nach dem Erkalten wird die Probe in das Karbometer eingesetzt (bei a, Abb. 155).

Die wichtigste Vorbedingung für die praktische Verwendung des Karbometers ist nun eine richtige Eichkurve, die den Zusammenhang zwischen dem Kohlenstoffgehalt und dem Galvanometerausschlag gibt. Diese Kurven sind für verschiedene Stahlsorten und auch für verschiedene Zustände ein und desselben Stahles verschieden. Als Beispiel für die Größe und die Unterschiede der erzielten Ausschläge diene die folgende kleine Zusammenstellung, die von Klinger und Fucke an einer großen Zahl von Proben durch Vergleich mit den Ergebnissen der chemischen Analyse gefunden ist.

Kohlenstoffgehalt %:	0,2	0,4	0,6	0,8	1,0	1,2
Ausschlag, gehärtete Probe:	150	137	126	108	95	80
„ ungehärtete Probe:	110	88	—	—	—	—

Sind außer Kohlenstoff in dem Stahl noch andere Begleitelemente vorhanden, so erfahren die Ausschläge des Galvanometers eine Änderung. Diesen empirisch bestimmten Einfluß gibt Zahlentafel 26 nach Klinger und Fucke wieder.

Zahlentafel 26. Prozentuale Änderung des Galvanometerausschlages durch einige wichtige Legierungselemente.

Kohlenstoff %	Mangan		Silizium			Nickel			Chrom	
	1%	2%	0,8%	1,0%	1,5%	0,7%	1,5%	2,5%	1,0%	2,0%
0,40	+ 3,7	+ 10,3	+ 1,5	+ 2,9	+ 4,4	+ 2,9	+ 8,8	+ 14,7	− 5,1	− 10,3
0,50	+ 2,3	+ 3,9	+ 1,5	+ 3,5	+ 4,6	+ 2,3	+ 7,0	+ 11,6	− 4,6	− 9,7
0,60	− 3,3	− 6,6	+ 2,5	+ 4,5	+ 6,6	+ 1,6	+ 4,9	+ 8,7	− 3,3	− 8,7
0,70	− 5,3	− 8,8	+ 3,5	+ 5,7	+ 7,9	+ 0,9	+ 0,9	+ 0,9	− 3,5	− 8,3
0,80	− 6,9	− 12,4	+ 3,2	+ 6,0	+ 7,8	− 2,3	− 3,2	− 4,1	− 4,1	− 8,7
0,90	− 9,7	− 16,5	+ 3,9	+ 6,8	+ 8,0	− 5,8	− 6,8	− 7,8	− 5,8	− 9,7
1,00	− 8,0	− 17,6	+ 9,1	+ 12,3	+ 15,5	− 4,8	− 5,9	− 6,9	− 4,3	− 9,1
1,10	− 8,1	− 19,8	+ 12,7	+ 16,4	+ 19,8	− 5,2	− 7,0	− 8,1	− 5,8	− 10,5
1,20	− 7,7	—	+ 16,7	+ 22,4	+ 26,3	− 6,4	− 7,7	− 8,9	− 9,0	− 13,5

[1] In zweifelhaften Fällen muß sowohl eine gehärtete als auch eine ungehärtete Probe entnommen werden.

Bei geringen Gehalten an Legierungselementen, vor allem von Mangan, Silizium usw. in normalen Mengen können daher ohne weiteres die Eichkurven für den normalen Kohlenstoffstahl benutzt werden. Bei hohen Gehalten an Legierungselementen, sowie bei gleichzeitiger Anwesenheit mehrerer Elemente (bei mehrfach legierten Stählen) gelten die Korrekturen jedoch nicht mehr. In solchen Fällen versagt also die magnetische Methode. Ebenfalls versagt sie für Stähle mit sehr geringen Kohlenstoffgehalten, wie z. B. Transformatoreneisen.

Die erzielbare Genauigkeit des Karbometers zeigt Abb. 156 nach Klinger und Fucke. Demnach beträgt der mittlere Unterschied zwischen den an den Eichkurven abgelesenen und den chemisch bestimmten Werten des Kohlenstoffgehaltes zwischen 0,01 und 0,02% C, was für die Praxis vollkommen genügend ist. Es läßt sich deshalb sagen, daß bei Sorgfältigkeit und Übung das Karbometer einen wichtigen Dienst für die Praxis leisten kann, zumal die Untersuchung insgesamt nur etwa 1,5 bis 2,5 Minuten in Anspruch nimmt.

Eine weitere wichtige Anwendung magnetischer Methoden besteht ferner in der Untersuchung von geschichtetem ungleichmäßigen Material. Wird nämlich ein ungleichmäßiger, und zwar aus magnetisch verschiedenen harten Schichten bestehender Werkstoff entlang dieser Schichten magnetisiert, so weicht nach E. Gumlich[1] die enthaltene Magnetisierungskurve bzw. Hystereseschleife in ihrer Form außerordentlich von den gewöhnlichen Schleifen ab. Eine solche Kurve ist in Abb. 157 für einen gehärteten, aber stark randentkohlten Wolframmagnetstahl dargestellt, der demgemäß aus einem Kern aus Martensit, d. h. magnetisch hartem Material (Koerzitivkraft rd. 65 Oe) und einer sehr schmalen magnetisch weichen Randzone aus Ferrit besteht. An diesen Kurven fällt stets zweierlei auf: 1. Eine mehr oder minder starke Ausbauchung in der Gegend des Knies, welche eine erhebliche Vergrößerung des Flächeninhaltes und damit des Hystereseverlustes bewirkt, und 2. eine verhältnismäßig kleine Koerzitivkraft, die nicht das Mittel aus den Koerzitivkräften der Materialien darstellt, sondern bedeutend geringer ist, da das

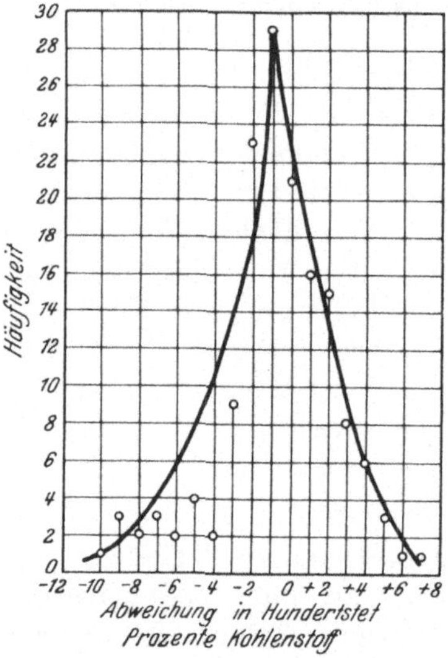

Abb. 156. Genauigkeit der Kohlenstoffbestimmung durch das Karbometer (Klinger u. Fucke).

[1] Arch. Elektrot. 9, 153 (1920); Stahleisen 40, 1097—105 (1920); siehe auch ETZ H. 5, 112 (1921).

weiche Material für die harten Schichten gewissermaßen einen magnetischen Nebenschluß bildet.

Es sei betont, daß diese Verzerrungen nur auftreten, wenn die Schichtungen in Richtung der Magnetisierung liegen, während bei Schichtung senkrecht dazu oder auch bei unregelmäßig körniger Verteilung der magnetisch verschiedenen Bestandteile die Kurven regelmäßig verlaufen und insbesondere sich die Koerzitivkraft aus der Mischungsregel berechnen[1] läßt.

Tritt umgekehrt eine verzerrte Magnetisierungskurve auf, so ist dies stets ein Beweis dafür, daß das Material aus zwei oder mehreren

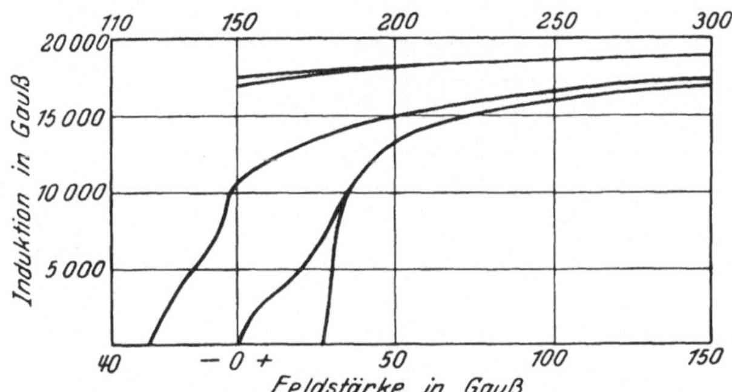

Abb. 157. Magnetisierungskurve von verschiedenartig geschichtetem Material (randentkohlter Stahl).

in der Längsrichtung orientierten Schichten besteht, die sich magnetisch verschieden verhalten. Es ist nun für die Praxis sehr oft wichtig, bei einem solchen ungleichmäßigen Material, wie z. B. an einsatzgehärteten oder randentkohlten Proben die Ursache der Koerzitivkrafterniedrigung festzustellen, ohne die Gegenstände selbst zu zerstören, da außer der Randentkohlung auch eine falsche Glühbehandlung, wie etwa Glühen im kritischen Gebiet, oder schließlich auch eine mangelhafte chemische Zusammensetzung zur Verringerung der Koerzitivkraft beitragen kann.

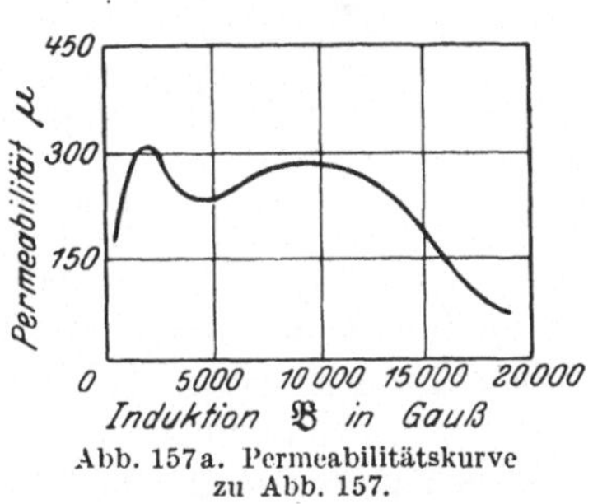

Abb. 157a. Permeabilitätskurve zu Abb. 157.

Die Prüfung solcher Proben auf magnetischem Wege, d. h. die Messung der Koerzitivkraft der äußeren und inneren Schicht, beruht nun nach der zuerst von E. Gumlich angedeuteten Möglichkeit auf der Aufnahme der Induktion und der Aufzeichnung der Permeabilitätskurve, die beispielsweise in Abb. 157a für den oben in Abb. 157 dar-

---

[1] Diese Überlegungen und auch Versuche von Gumlich beziehen sich nur auf lose nebeneinanderliegende, d. h. getrennte Schichtungen. In einer aus heterogenen Bestandteilen zusammengesetzten wirklichen Legierung treten wie oben erwähnt infolge der Verschiedenheit der thermischen Ausdehnungskoeffizienten außerdem noch Verspannungen der Schichten und damit Komplikationen auf.

gestellten Stahl wiedergegeben ist. Diese Kurve weist zwei Maxima auf. Das erste (höhere) Maximum, das bei einer Induktion von 1800 Gauß oder bei einer Feldstärke von etwa 6 Oersted liegt, entspricht dem weichen Bestandteil, während das zweite (kleinere) Maximum, das bei einer Induktion von 10700 bzw. bei einer Feldstärke von 37 Oe (aus der Nullkurve entnommen), liegt, dem harten Bestandteil zugehört.

Unter Benutzung der Gumlichschen Näherungsformel (S. 13) $\mathfrak{H}\,\mu_{max} \sim 1{,}3\,\mathfrak{H}_c$ ergeben sich jetzt für die Koerzitivkräfte der beiden Schichten entsprechend die Zahlen 4,6 bzw. 28,5. Interpretieren wir

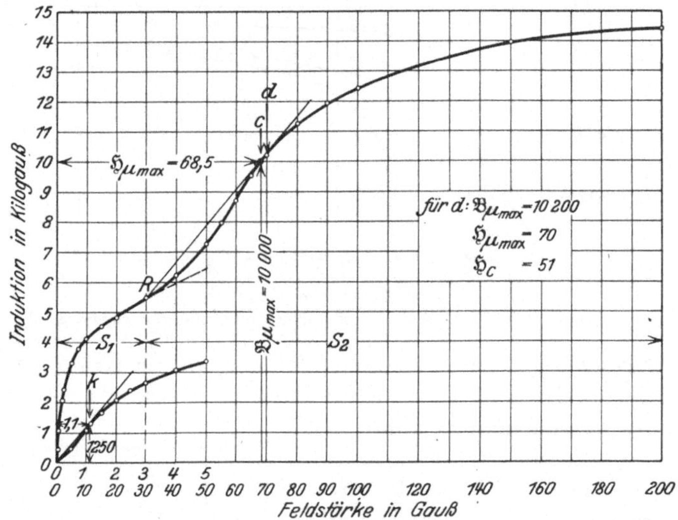

Abb. 158. Ungleichmäßiges Material.

also den obigen Fall, so läßt sich sagen, daß die Koerzitivkraft einer Grundmasse mit 28,5 Oe durch eine Randzone aus magnetisch weichem Material ($\mathfrak{H}_c = 4{,}6$ Oe) bis auf 27,5 Oersted heruntergesetzt ist. Nun ist aber auch die Koerzitivkraft des Grundmaterials mit 28,5 Oe für gehärteten Wolframstahl zu wenig, und dies läßt außer der Entkohlung noch auf irgendeinen andern Fehler schließen, für den sich dann in der Tat bei der Nachprüfung eine falsche chemische Zusammensetzung ergeben hat.

Die neuzeitlichen Untersuchungen von W. S. Messkin[1] haben gezeigt, daß die Beurteilung eines ungleichmäßigen Materials noch vereinfacht werden kann, und zwar durch bloße Benutzung der verzerrten Nullkurve. Als Beispiel ist in Abb. 158 die Nullkurve eines ungleichmäßigen Materials wiedergegeben, die aus einem dicken Stab gehärteten Kohlenstoffstahles mit einer Koerzitivkraft von 50 Oersted und einem dünnen (1 mm) Stab aus Transformatorenstahl mit einer Koerzitivkraft von 0,86 Oe bestand. Die Koerzitivkraft der zusammengesetzten

---

[1] l. c.

Probe betrug 22,4 Oe. Betrachten wir jetzt die Nullkurve, so ersehen wir, daß dieselbe aus zwei Teilen — S_1 und S_2 besteht, von denen der erste Teil (S_1) der weichen und der zweite Teil (S_2) der harten Schicht der Probe entspricht. Die entsprechenden Werte für $\mathfrak{H}\,\mu_{max}$ können durch eine einfache graphische Konstruktion gefunden werden.

Benutzen wir die oben auf S. 13 angegebenen Näherungsformeln von W. S. Meßkin für die Beziehung zwischen $\mathfrak{H}\,\mu_{max}$ und $\mathfrak{H}_c$, so ergibt sich daraus für die Koerzitivkraft der weichen bzw. der harten Schicht 0,91 bzw. 51 Oersted.

Diese Methode ist insbesondere dann von Nutzen, wenn etwa auf der Permeabilitätskurve die Maxima nicht deutlich ausgeprägt[1] bzw. nur durch eine sehr genaue Messung festzustellen sind, wie Abb. 158a für das Material der Abb. 158 darstellt.

Auf die Bestimmung der Faserstruktur kaltgewalzter Metalle mittels magnetischer Methoden haben Dahl und Pfaffenberger[2] hingewiesen, und zwar benutzen sie dazu die Verschiedenheit der Permeabilität in den verschiedenen Kristallrichtungen, die beispielsweise bei Eisen für $\mathfrak{H} = 100$ Oe parallel der (100) Achse etwa 17, in der Diagonale (111) dagegen etwa 12 beträgt (vgl. Abbild. 81).

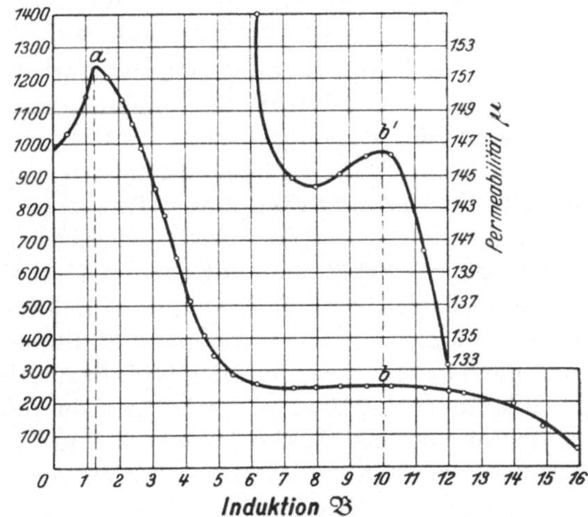

Abb. 158a. Ungleichmäßiges Material.

Eine zwischen den Polen eines Elektromagneten leicht drehbar aufgehängte Scheibe aus dem betreffenden Werkstoff zeigt daher beim Vorhandensein einer Vorzugsrichtung der Kristallite auch besonders leichte Einstellung in die Lagen hoher Permeabilität, woraus die Struktur der Faserung abgeleitet werden kann.

Schließlich sind in diesem Zusammenhang noch zu nennen die von den verschiedensten Seiten konstruierten Härteöfen, in denen die Erreichung der Temperatur A_2 durch den Verlust der Magnetisierbarkeit des Härtegutes angezeigt wird.

3. Werkstoff- und Geräteprüfung.

Die Werkstoff- und Geräteprüfung auf magnetischem Wege befaßt sich mit zwei verschiedenen Aufgaben. Bei der ersten Gruppe von

---

[1] Um das zweite Maximum b sichtbarer zu machen, ist es nebenan in einem vergrößerten Maßstab der Permeabilität gezeichnet.

[2] Z. Phys. **71**, 93 (1931).

Messungen wird versucht, aus magnetischen Daten Rückschlüsse auf die mechanische Brauchbarkeit eines Werkstücks und die ihr zugrunde liegende (richtige) thermische und mechanische Vorbehandlung während des Fabrikationsganges zu ziehen. Diese Messungen berühren sich daher auf das engste mit der im vorigen Kapitel besprochenen Prüfung der chemischen Zusammensetzung. Der zweite Teil umfaßt die Bestimmung innerer Fehler, wie Lunker, Risse, Seigerungsstellen in Werkstücken oder bereits in Betrieb befindlichen Geräten.

a) Rückschlüsse auf mechanische Eigenschaften. Prüfung der thermischen Behandlung.

Die Grundlage der ersten Art der Werkstoffprüfung beruht auf dem Zusammenhang zwischen den magnetischen und den mechanischen Eigenschaften, der außer in dem Einfluß der plastischen Formänderungen auch in vielen anderen Tatsachen zum Ausdruck kommt (vgl. S. 158). Die bekanntesten dieser Tatsachen sind der Parallelismus der Zunahme der Zugfestigkeit, der mechanischen Härte und der Koerzitivkraft bei einer Erhöhung des Kohlenstoffgehaltes und beim Abschrecken der Stähle (gleichzeitig Abnahme der Dehnung und der Permeabilität), während umgekehrt beim Anlassen des Stahles eine Abnahme der Härte und der Koerzitivkraft eintritt (vgl. dazu Abb. 121).

Die ältere Auffassung der Magnetiker fußte nun auf einer direkten Gleichsetzung der beiden Eigenschaftsgruppen. Insbesondere sollten zwischen den Festigkeitseigenschaften der Werkstoffe auf der einen Seite, also etwa der mechanischen Härte, und dem Hystereseverlust (bzw. der Koerzitivkraft) auf der anderen Seite ganz allgemeine, oft als eine direkte Proportionalität angenommene Beziehungen bestehen, und eine ganze Reihe von Arbeiten haben sich mit der Aufstellung von Gesetzmäßigkeiten zwischen magnetischen und mechanischen Größen beschäftigt (vgl. N. J. Gebert[1]: Festigkeit und „Hysteresefläche"[2]; G. Mars[3]: Remanenz und Härte bzw. Kohlenstoffgehalt von Stählen).

Diese begriffliche Grundlage der Werkstoffprüfung ist jedoch in neuerer Zeit stark erschüttert worden. So haben die neuzeitlichen Untersuchungen, insbesondere die Arbeiten von A. Kußmann und B. Scharnow, W. Köster, W. S. Meßkin u. a. gezeigt, daß dieser Zusammenhang insbesondere zwischen der Härte und der Koerzitivkraft,

---

[1] Proc. amer. Test. Mater. **19** (2), 117 (1919); siehe auch Physik. Z. **24**, 874 (1927).

[2] Unter „Hysteresefläche" wird nach Gebert das Produkt aus Koerzitivkraft und Maximalinduktion für eine bestimmte Feldstärke (150 Oe) verstanden, das in erster Näherung dem Hystereseverlust proportional sein soll.

[3] Stahleisen **1909**, 1673.

doch wesentlich komplizierter und vor allem nur ein indirekter sein kann, wie sich auch aus unseren heutigen Vorstellungen über die Abhängigkeit der magnetischen Eigenschaften von der Konstitution nicht anders erwarten läßt (vgl. S. 110), da die Hystereseeigenschaften nur von den die Verformung, die Härtung usw. begleitenden inneren Spannungen, nicht aber von diesen Größen selber abhängen. Es findet z. B. weder bei der Änderung der Festigkeitseigenschaften durch Mischkristallbildung, noch bei der Vergütung irgendeine merkbare Beeinflussung der Koerzitivkraft statt. Auch beim Stahl geht die Abnahme von Koerzitivkraft und Härte beim Anlassen[1] doch nicht vollkommen parallel, sondern erstere zeigt zwischen 400⁰ und 700⁰ ein kleines sekundäres Maximum (vgl. auch von Auwers[2]), während die Härte mit der Anlaßtemperatur sowohl bei den wasser- als auch bei den ölgehärteten Stählen gleichmäßig abnimmt. Ähnliches gilt für die Remanenz und die Härte bzw. den Kohlenstoffgehalt.

Muß nach dem heutigen Stand der Forschung somit eine direkte und allgemeingültige Beziehung zwischen den mechanischen und den magnetischen Eigenschaften abgelehnt werden, so steht nichts im Wege, daß für spezielle Einzelfälle Gesetzmäßigkeiten bestehen, die mit einer erheblichen Genauigkeit erfüllt sind. Kennt man daher umgekehrt diese Bedingungen, dann lassen sich mit Hilfe der magnetischen Methode recht gute Erfolge erzielen.

Als ein erstes Beispiel dieser Art seien die Arbeiten von Fraichet[3] genannt, die sich mit der Anwendung der magnetischen Analyse beim Zerreißversuch beschäftigen. Danach lassen sich durch magnetische Messungen nicht nur die aus dem üblichen Dehnungs-Belastungs-Diagramm sich ergebenden Größen, sondern auch neue, u. a. eine so-

---

[1] Dies steht mit der Erscheinung der sogenannten Anlaßsprödigkeit (siehe oben S. 215) in Zusammenhang, die nach den neuzeitlichen Untersuchungen von H. A. Dickie: J. Iron Steel Inst. 1926, 359 und Honda u. Jamada: Sci. Rep. Tohoku Imp. Univ. 16, 307—19 (1927) durch die Ausscheidung des Karbids aus der festen Lösung in verschiedener Form erklärt wird. Auf die Härte bleibt die Anlaßsprödigkeit ohne merklichen Einfluß. Nach T. Matsushita und K. Nagasawa: (J. Iron Steel Inst. 115, Nr. 1, 731 (1927)) ist das Maximum auch von der Anlaßdauer stark abhängig. Auch die oben zu ersehende Verzögerung der Koerzitivkraftabnahme mit der Glühtemperatur der kaltgereckten Stähle (Abb. 114) ist wahrscheinlich ein Vorgang derselben Art. Köster, W.: Z. anorg. u. allg. Chem. 179, 279—308 (1929) deutet das sekundäre Maximum so, daß das aus dem Zerfall des Martensits entstehende Karbid in dem genannten Temperaturbereich eine auf die Koerzitivkraft erhöhend wirkende Teilchengröße durchläuft.

[2] Wiss. Veröfftlg. Siemens-Konz. 4 (2), 266 (1925).

[3] Rev. Mét. 20, Jan., 32—43 (1923); Rev. Mét. 20, Aug., 549—59 (1923); Techn. Mod. 27, 15. Aug., 490—95 (1925); Techn. Mod. 28, 1. Aug., 461—65 (1926). Er hat sich auch bereits früher mit der Frage befaßt: vgl. Ecl. électr. 36, 361—69 u. 413—22 (1903). Vgl. auch Grünhut u. Wahn: Stahleisen 29, 1493 (1909).

genannte „wahre" Elastizitätsgrenze feststellen, unter der das Ende der molekularen elastischen Verformung, d. h. der elastischen Verformung des Raumgitters verstanden wird, und die bei gewöhnlichen Stählen im ausgeglühten Zustand etwa 70 bis 80%, bei kaltverformtem Material etwa 50 bis 60% der Proportionalitätsgrenze beträgt.

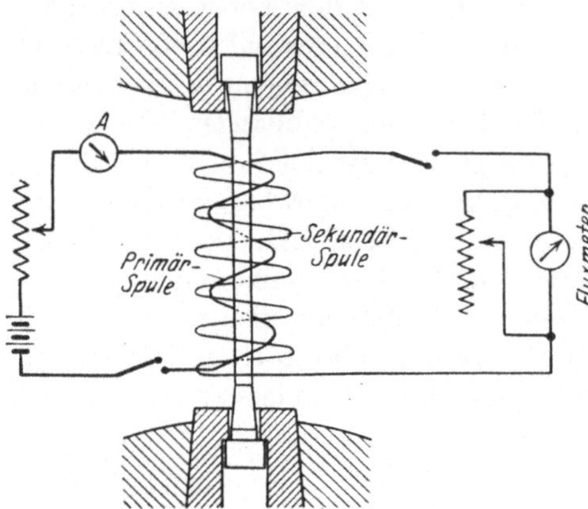

Abb. 159. Magnetische Messung beim Zerreißversuch.

Auch nach J. A. Oding[1] können alle mechanischen Größen, wie Zugfestigkeit, Streckgrenze und Proportionalitätsgrenze aus dem Magnetisierungsschaubild entnommen werden, insbesonders die letztere mit einer erheblich größeren Genauigkeit als nach den üblichen Verfahren.

Die Durchführung der Messung geschieht dabei meist in der Weise, daß der in die Maschine eingespannte Probestab von einer Primär- und Sekundärspule umgeben ist, und bei konstanter Feldstärke die den einzelnen Dehnungsphasen entsprechenden Induktionsänderungen ballistisch aufgenommen werden. Mit den zu beachtenden Einzelheiten hat sich neuerdings eine umfangreiche russische Arbeit von P. Mischin und W. Basilewitsch[2] befaßt. Ihre Ergebnisse sind im wesentlichen die folgenden:

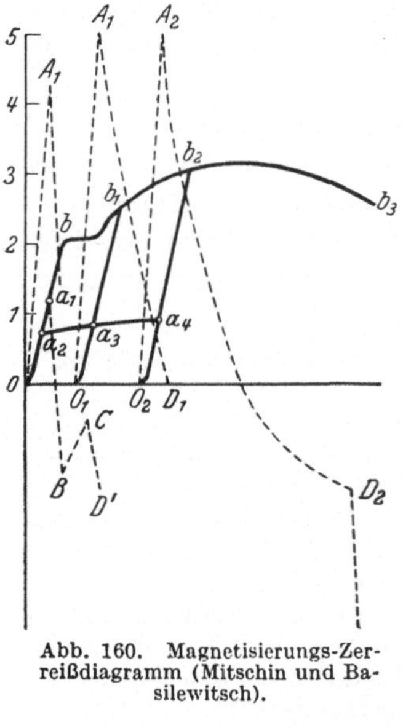

1. Die Einspannvorrichtungen der Zerreißmaschine müssen aus Bronze bestehen, da bei Verwendung eiserner Einspannvorrichtungen der magnetische Widerstand während des Zerreißvorganges infolge des Zusammenquetschens der Probenköpfe stark verändert wird. Das Schema der Einspannung geht dementsprechend aus Abb. 159 hervor.

2. Die günstigste Magnetisierungsfeldstärke ist von der Art des Probematerials abhängig und beträgt etwa 50 Oersted.

3. Als Meßinstrument soll ein Fluxmeter, d. h. ein überaperiodisch gedämpftes Instrument Verwendung finden, das eine Addition der Galvanometerausschläge erlaubt.

Abb. 160. Magnetisierungs-Zerreißdiagramm (Mitschin und Basilewitsch).

Ein Zerreiß-Magnetisierungsdiagramm nach Mitschin und Basilewitsch ist in Abb. 160 gegeben. Die magnetische Messung gestattet auch nach diesen

---

[1] Elektritschestwo (Russ.) 6, 199—202 (1927).

[2] Bote der Metallindustrie (russ.) 10, Nr. 5, 19—29 (1929); Nr. 7, 88—102 (1929).

Autoren die „wahre" Elastizitätsgrenze zu bestimmen, die zwischen 25 und 50% des Wertes der Streckgrenze beträgt. Punkte A (auf der Fluxmeterkurve) und a (auf dem Zerreißdiagramm). Bei wiederholten Beanspruchungen wird diese „magnetische" Elastizitätsgrenze herabgesetzt (Punkt a_1), wenn die Beanspruchung nur dicht oberhalb der „wahren" Elastizitätsgrenze liegt, während sie bei stärkeren Belastungen ansteigt (Punkte a_2, a_3), und zwar um so stärker, je höher der Kohlenstoffgehalt des Stahles ist.

Auch F. Schmidt[1], der kürzlich an einer ganzen Reihe von Materialien magnetische Untersuchungen beim Zerreißversuch durchgeführt hat, hat auf der magnetischen Kurve eine „wahre" Elastizitätsgrenze gefunden, die unterhalb der bei 0,001% bleibender Dehnung ermittelten Elastizitätsgrenze liegt. Richtung und Stärke der Induktionsänderung sind nach F. Schmidt ferner außer von der Feldstärke auch von der magnetischen Vorgeschichte abhängig, und zwar tritt die größte Zunahme der Induktion bei der Feldstärke auf, die der größten Steilheit der Nullkurve bzw. des aufsteigenden Astes der Hystereseschleife (d. h. also dem Maximum der differentiellen Permeabilität) entspricht, so daß für praktische Messungen dieser Arbeitspunkt anzustreben ist. Die Streckgrenze kennzeichnet sich ferner im magnetischen Diagramm durch ein Minimum mit anschließendem Maximum oder durch einen Haltepunkt, der auf die Streckgrenze folgende weitere Belastungsanstieg durch Induktionsabnahme.

Im Gegensatz zu Mischin und Basilewitsch (siehe oben) benutzt Schmidt die üblichen Einspannbacken der Zerreißmaschine und sieht das Maschinengestell als ein Schlußjoch an, wobei zur Verkleinerung des magnetischen Widerstandes an den Enden des Probestabes die Stabköpfe mit Gewinde versehen und in die Einspannvorrichtungen eingeschraubt wurden.

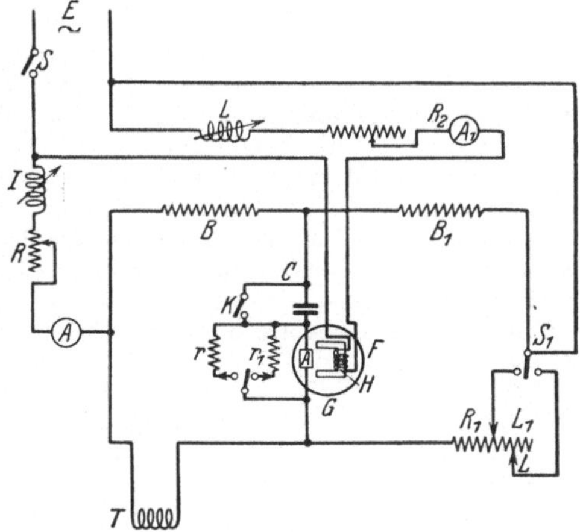

Abb. 161. Schaltung nach de Forest zur Prüfung von Schnelldrehstahl.

Zur Prüfung der thermischen Behandlung von Werkstücken, insbesondere der richtigen Abschreck- und Anlaßtemperatur und der dabei erreichten mechanischen Werte (Zugfestigkeit und Härte) lassen sich ebenfalls magnetische Methoden verwenden, wobei als Kenngrößen gewöhnlich die Permeabilität oder der Hystereseverlust (bzw. bei Wechselstrommagnetisierung der Wattverlust) benutzt werden, deren Zusammenhang mit den mechanischen Daten durch besondere Vorversuche ermittelt werden muß.

Von neuzeitlichen Arbeiten sind hier insbesondere die Untersuchungen von A. V. de Forest[2] zu nennen, der auch eine Reihe von Betriebsverfahren angegeben hat, in denen die Prüflinge mit einer Normalprobe verglichen werden.

---

[1] Dissertation Dresden 1931.   [2] Proc. amer. Soc. Test. Mat. **23**, 611 (1923).

Ein Schaltschema für eine Wechselstrombrückenanordnung, in der die das Prüfstück umschließende Spule T den einen Zweig einer Brücke bildet, während die übrigen Arme aus Widerständen B, B , R_1 bzw. Selbstinduktionen L_1 bestehen, ist in Abb. 161 dargestellt. Die Magnetisierung bei Gleichstrom wird gewöhnlich unter Verwendung eines Joches durchgeführt, dessen Konstruktion von Fall zu Fall den zu prüfenden Gegenständen anzupassen ist. Als Beispiel ist in Abb. 162 die von W. B. Kouwenhoven[1] konstruierte Einrichtung zur magnetischen Prüfung von Bohrern schematisch angegeben. Der Querschnitt des Joches ist 6,5 cm². Die Sekundärspule besteht aus 355 Windungen, der maximale Induktionsfluß beträgt ungefähr 10000. Als Kennwert wurde hier die Koerzitivkraft $\mathfrak{H}_c$ gemessen, die durch die Stromstärke in der Primärspule ausgedrückt und mit einem Standardbohrer verglichen wurde. Die positive bzw. negative Differenz zwischen $\mathfrak{H}_c$ der Normal- bzw. der Versuchsprobe dient dann als Maß für die Güte.

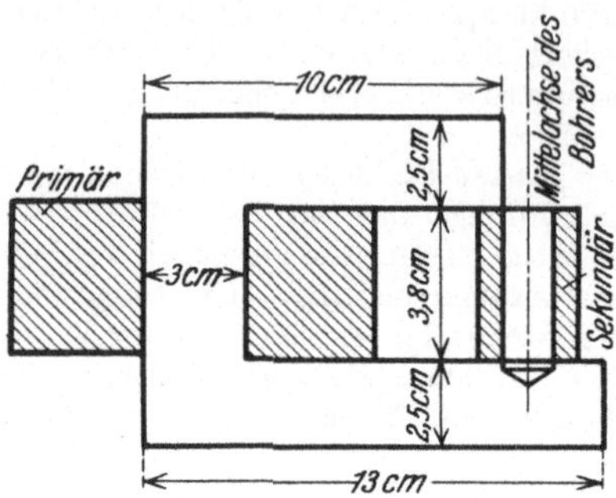

Abb. 162. Joch zur Bohrerprüfung.

In Zahlentafel 27 ist die Zahl der bei der Prüfung mit verschiedenen Methoden als gut bzw. schlecht gefundenen Bohrer wiedergegeben und mit den Ergebnissen der Härteprüfung nach Rockwell und Brinell verglichen. Die magnetische Prüfung ist demnach vollkommen gleichberechtigt und sogar besser geeignet als die Härteprüfung.

Zahlentafel 27.
Ergebnisse der Bohrerprüfung mit verschiedenen Methoden.

	Magnetische Prüfung					Härteprüfung	
	Gleichstrom 2 Messungen	Wechselstrom 60 Per. 2 Mess.	Wechselstrom 10 Per. 2 Mess.	Wechselstrom 10 u. 60 Per. 4 Mess.	Wechselstrom 10 u. 60 Per. 3 Mess.	nach Rockwell	nach Brinell
Zahl der Bohrer bester Qualität .	4	4	7	6	5	7	6
Zahl der Bohrer mittl. Qualität .	17	10	14	13	12	17	16
Gesamtzahl der Bohrer guter Qualität[2] . . .	21	14	21	19	17	24	22
Zahl der Bohrer geringer Qual. .	2	1	3	0	0	7	2
Zahl der unbrauchbaren Bohrer . .	0	0	0	0	0	3	3
Gesamtzahl der geprüften Bohrer .	23	15	24	19	17	34	27

[1] Proc. amer. Soc. Test. Mat. **24**, II., 635—50 (1924).
[2] Gleich der Summe der Bohrer bester und mittlerer Qualität.

Für die magnetische Prüfung der thermischen Behandlung von Kugellagerringen hat Heindlhofer[1] das in Abb. 163 dargestellte Schema benutzt. Eine etwas verbesserte Schaltung für denselben Zweck ist von H. Styri[2] angegeben worden. Die Methode liefert relative Ergebnisse und arbeitet nach einem dem von de Forest (vgl. oben) ähnlichen Prinzip, wobei die Primär- und Sekundärspule der Standardprobe mit den entsprechenden Spulen der Versuchsprobe in Reihe geschaltet sind. Zur Phasenverschiebung des Galvanometerstromes dienen Kondensatoren verschiedener Kapazität. Zweckmäßig wird die Normalprobe (Ring) so gewählt, daß die Galvanometerausschläge für gute Ringe positiv und für schlechte Ringe negativ sind.

Von der S. K. F. Norma A. G. ist ein Verfahren zur Prüfung von Wälzlagerringen[3] ausgearbeitet worden, bei dem ebenfalls die durch Hereinbringen eines Ringes in ein Wechselstromfeld bewirkte Phasenverschiebung ein Maß für den Hystereseverlust und damit für die mechanische Härte des Ringes ist.

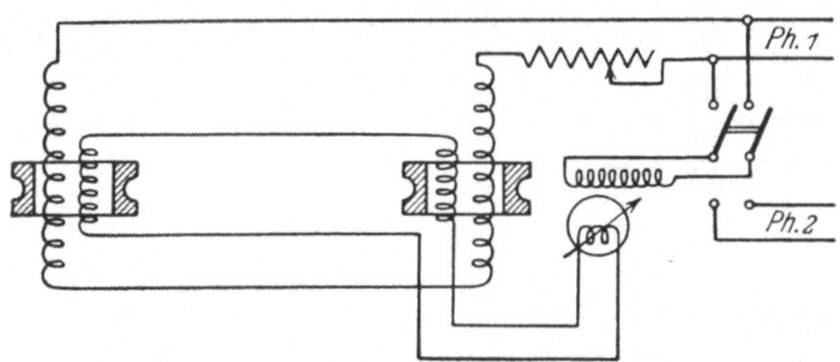

Abb. 163. Schaltung zur Prüfung von Kugellagerringen.

Auch eine ältere Methode von R. Sanford und M. Fischer[4] zur Prüfung von Kugellagerringen, die auf einer relativen Messung der Koerzitivkraft beruht, ist hier erwähnenswert. Die zu prüfenden Ringe werden auf einer vertikalen Achse in das Feld eines Elektromagneten gebracht. Dieser wird seinerseits um seine Symmetrieachse mit einer Tourenzahl von 100 bis 200 pro Minute gedreht, wobei die Ringe bestrebt sind, der Drehung zu folgen, und zwar mit einer um so stärkeren Kraft, je größer die Koerzitivkraft ist. Als Kennwert für die Güte der Ringe gilt dann der mit einer Feder gemessene Zug, mit der die Ringe von dem magnetischen Feld mitgeführt werden.

Die gebräuchlichen magnetischen Methoden zur Prüfung der thermischen Behandlung von Schnelldrehstahl sind von T. Spooner[5] einer eingehenden Kritik unterzogen. Er hat zunächst darauf hingewiesen, daß die Messung bei hohen Feldstärken bestimmte Vorteile gegenüber der bei mittleren Feldstärken bietet, da im letzten Falle die gemessenen magnetischen Größen nicht allein durch die chemische Zusammensetzung und die thermische Behandlung, sondern auch durch makroskopische

---

[1] Iron Age 116, 606 (1925).
[2] Proc. amer. Soc. Test. Mat. 26, II., 148—154 (1926).
[3] Kugellager-Z. 1929, 43.   [4] Proc. amer. Soc. Test. Mat. 19, II., 68 (1919).
[5] Proc. amer. Soc. Test. Mat. 26, II., 116—47 (1926); Stahleisen 1927, 673.

Spannungen beeinflußt werden, während bei hohen Feldstärken dagegen die Wirkung der Spannungen[1] zurücktritt.

Als beste Versuchsanordnung hat sich nach Spooner die in Abb. 164 schematisch dargestellte Differentialmethode gezeigt. Durch die Spule des Mittelschaftes des H-förmigen Lamellenjoches wird ein Wechselstrom (50 bis 60 Perioden) geschickt. Die eine Seite des erwähnten Joches nimmt die Normalprobe und die andere Seite die Versuchsprobe auf. Die Verbindung der Sekundärspulen ist aus der Abbildung deutlich zu ersehen.

Wird nun die linke Spule (der Normalspule) mit dem Galvanometer G verbunden (Schalter S_1 nach links) und der Schalter S bei rotierendem Phasenschieber in die obere Stellung gebracht, so wird das Galvanometer

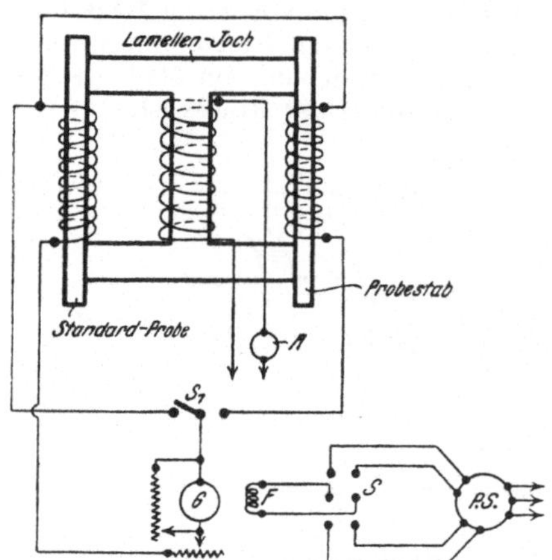

Abb. 164. Lamellenjoch (nach Spooner).

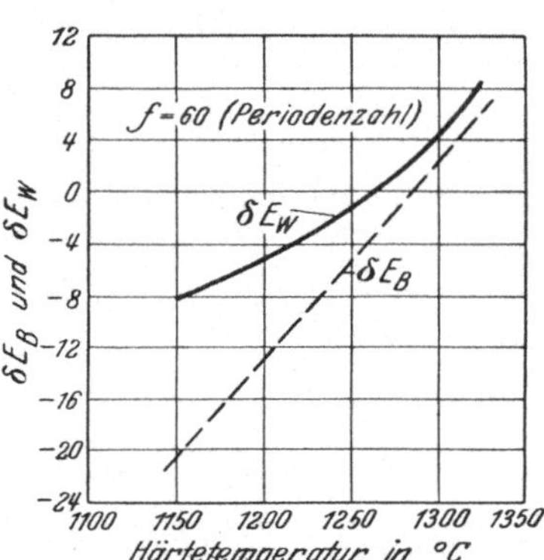

Abb. 165. Abhängigkeit der Kennwerte von der Härtetemperatur.

auf Null eingestellt, während bei der unteren Stellung von S ein Höchstausschlag erhalten wird. Verbinden wir aber beide Sekundärspulen mit dem Galvanometer (Schalter S_1 nach rechts), so entstehen bei den verschiedenen Stellungen von S zwei verschiedene Ausschläge, von denen der eine der Differenz der Gesamtverluste (Hysterese + Wirbelstromverluste) der beiden Proben (δE_W), der andere der Differenz ihrer Induktionen (δE_B) proportional ist.

In Abb. 165 ist der Zusammenhang zwischen den Werten von δE_W bzw. δE_B und der Härtetemperatur wiedergegeben, wobei die betreffenden Schnelldrehstähle die folgende chemische Zusammensetzung besaßen:

C %	Si %	Mn %	P %	S %	Ni %	Cr %	V %	W %
0,79	0,42	0,176	0,031	0,042	0,10	3,42	0,88	17,35
0,70	0,30	0,173	0,021	0,030	0,11	3,97	1,49	14,03

[1] Betr. die Prüfung bei mittleren Feldstärken in einer Spule; vgl. die Ergänzungen von de Forest zu der Arbeit von Spooner: Ebenda, 155—64. Nicht

A. V. de Forest[1] hat die Methode der magnetischen Messung von Schnelldrehstählen kombiniert mit einem Kathodenstrahl-oszillographen für niedrige Spannungen. Die Grundlagen dieses Verfahrens[2] bestehen im folgenden: Eine Vergleichsprobe und die zu untersuchende Probe werden beide dem Feld eines sinusförmigen Wechselstromes ausgesetzt, der je nach seiner augenblicklichen Stärke die Ablenkung des Kathodenstrahlbündels in der einen Koordinatenrichtung hervorruft. In der zweiten Koordinatenrichtung wird der Spannungsunterschied in zwei die Proben umgebenden Sekundärspulen aufgenommen.

Ferner sei genannt das von J. A. Sams[3] konstruierte „Duroskop", bei dem ein Wechselstrommagnet mit zugespitzten Polen auf die zu prüfende Stelle aufgesetzt und der durch Ummagnetisieren auftretende Energieverlust gemessen wird. Mit diesem Duroskop hat H. Styri[4] eingehende Untersuchungen an gehärteten und angelassenen Schnelldrehstählen über die Beziehung zwischen den relativen abgelesenen magnetischen Kennwerten und der Abschrecktemperatur durchgeführt.

W. B. Kouwenhoven und J. D. Tebo[5] benutzten zur magnetischen Untersuchung von gehärtetem bzw. angelassenem Schnelldrehstahl die Bestimmung der Permeabilität unter Verwendung zweier magnetisierender Felder, die entweder gegenseitig verstärkt, oder geschwächt werden können („incremental permeability method").

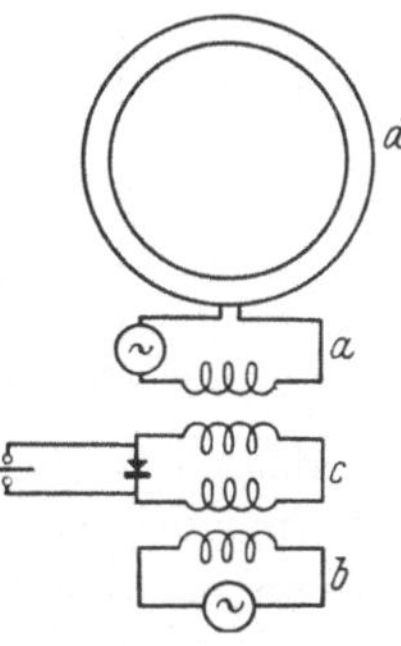

Abb. 166. Anordnung von Späth.

Außer den bisher besprochenen Schnelldrehstählen, Kugellagerringen ließen sich nun auch andere Gegenstände mit Erfolg magnetisch prüfen, z. B. Messerklingen, Sägen usw. Von den dabei benutzten Methoden, die von Fall zu Fall ganz verschieden sein können, seien nachstehend nur zwei kurz erwähnt.

In der Anordnung von W. Späth[6] (Abb. 166) wird die Änderung der Frequenz eines Schwingungskreises gemessen, die durch Einführung von Materialien mit verschiedener Permeabilität in eine Prüfspule d hervorgebracht wird. Nach demselben Grundgedanken arbeitet auch die Einrichtung von N. J. Poltjew[7], die

notwendig ist die Verwendung hoher Feldstärken bei der Prüfung von geglühtem Material und überhaupt dort, wo keine Spannungen zu erwarten sind.

[1] Proc. amer. Soc. Test. Mat. 27, II.,(1927); vgl. Stahleisen 1927, 2088.

[2] Sie sind in einer besonderen Arbeit von Th. Spooner (ebenda) eingehender bearbeitet.   [3] a. a. O.

[4] Proc. amer. Soc. Test. Mat. 28, II., 375—86 (1928); Stahleisen 48, 1725—26 (1928).

[5] Fuels u. Furnaces 6, Sept., 1179—82 (1928); Proc. amer. Soc. Test. Mat. 28, II., 356—74 (1928); Stahleisen 48, 1654 (1928).

[6] D.R.P. Nr. 428447 (1922).

[7] J. Russischen Physik. Gesellschaft 56, Lief. 5—6, 650—57 (1929).

in Abb. 167 dargestellt ist. Die Versuchsprobe a wird in die Selbstinduktionsspule b des Schwingungskreises eines Kathodengenerators mit akustischer Frequenz eingebracht, wodurch die Frequenz und infolgedessen auch die eingestellte Schwingungszahl einer Saite e geändert wird. Die Schwingungszahl wird dann mittels der veränderlichen Kapazität g auf ihren ursprünglichen Wert gebracht. Der Kondensator f dient zur genauen Einstellung von g vor der Prüfung.

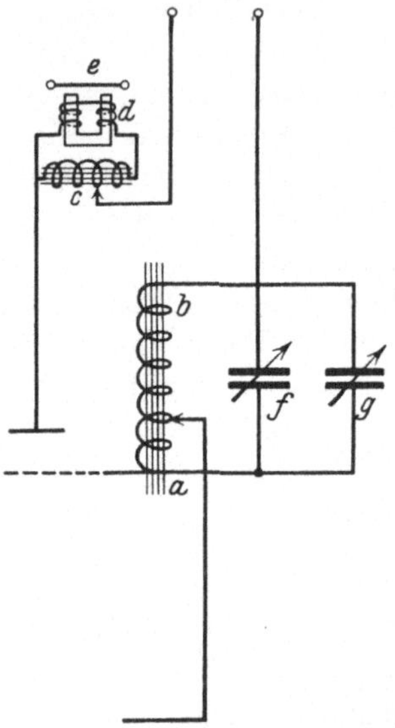

b) Fehleruntersuchung.

Die Verwendung magnetischer Methoden zur Aufsuchung von inneren, verborgenen Fehlern der Werkstoffe beruht fast durchweg auf der Messung des durch die Fehlerstelle hervorgerufenen Streuflusses: Der zu untersuchende Körper, der einen möglichst gleichmäßigen Querschnitt besitzen soll, wird mit Hilfe einer Spule oder eines Joches magnetisiert und eine mit einem empfindlichen ballistischen Galvanometer verbundene Sekundärspule über den Körper verschoben.

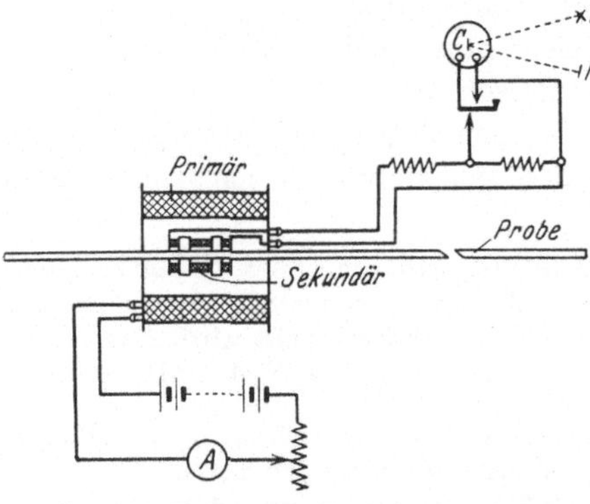

Abb. 167. Anordnung von Poltjew.

Bei einer solchen Bewegung der Prüfspule wird das Instrument so lange in Ruhe bleiben, solange der Induktionsfluß längs des Körpers konstant ist, d. h. solange keine Querschnittsänderungen, Härterisse, Lunker oder Seigerungen auftreten. An Stellen jedoch, an denen Inhomogenitäten vorhanden sind, ist infolge des Austretens von Induktionslinien aus der Oberfläche das Feld verzerrt, und in der vorbeigeführten Spule wird ein Stromstoß entstehen, der einen Ausschlag im Galvanometer verursacht und somit auf das Vorhandensein der Fehlstelle hinweist. Bei Verwendung von Wechselstrom zur Magnetisierung wird das ballistische Galvanometer durch einen Wechselstromindikator ersetzt; ferner können auch mehrere Sekundärspulen in Differentialschaltung benutzt werden.

Abb. 168. Magnetische Fehlerbestimmung nach dem Streuflußverfahren.

Der Grundgedanke der magnetischen Analyse erscheint sehr einfach und verlockend, und da zur Prüfung auf innere Fehler eines Werkstücks ohne dessen Zerstörung keine anderen Möglichkeiten vorliegen — bei dicken Proben versagt auch die Durchleuchtung mit Röntgenstrahlen —, so ist auf diesem Gebiet sehr viel Entwicklungsarbeit geleistet worden. Es ist im Rahmen dieses Buches unmöglich, eine erschöpfende Behandlung aller dieser Fragen zu geben, doch seien wenigstens die Hauptarbeiten[1] und die Schwierigkeiten der praktischen Verwendung kurz angedeutet.

Das Schema einer Gleichstrom-Anordnung wie sie von R. L. Sanford und W. B. Kouwenhoven zur Untersuchung von Förderseilen entwickelt worden ist, geht aus Abb. 168 hervor. Die äußere große Spule dient zur Magnetisierung des Probestückes, das mit einer Geschwindigkeit von etwa 1 cm/sec durch das Feld hindurchgeschoben wird, während die Sekundärspule mit einem ballistischen Galvanometer ver-

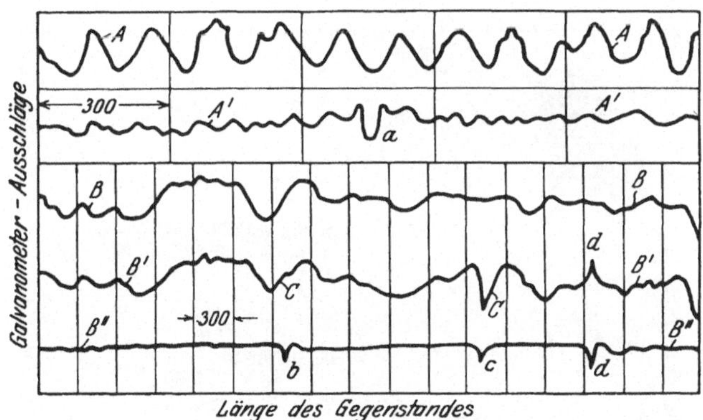

Abb. 169. Kennkurven von Förderseilen bei der magnetischen Fehlerbestimmung (Sanford).

bunden ist. Die Induktionskurve wird photographisch registriert. Nach der gleichen Schaltweise arbeiten eine ganze Reihe ähnlicher Apparaturen, wie die Anordnungen von Sanford und Barry[2] zur Prüfung von Bandstahl, die Schienenprüfer von Ch. W. Burrows[3], von Ch. W. Burrows[4] und F. P. Fahy, von P. H. Dudley[5], der Rohrprüfer und Förderseilprüfer von F. Wever und A. Otto[6] u. a.

Als Galvanometer schlägt Sanford ein Instrument von kurzer Schwingungsdauer im überaperiodisch gedämpften Zustand vor, während F. Wever und A. Otto[6] ein aperiodisch gedämpftes Schleifengalvanometer empfehlen.

Der Charakter der erhaltenen Kurven geht aus Abb. 169 hervor, die einige von R. L. Sanford an Förderseilen aufgenommene Schaulinien

---

[1] Zus. Berichte vgl. R. L. Sanford: Trans. amer. Soc. Steel Treat 5, 577 (1924); Amer. Inst. Electr. Engs. 48, 7 (1929); O. v. Anwers: Physik. Z. 28, 879 (1927); E. Herold: Mitt. Forsch. Inst. Verein. Stahlwerke 2, 23 (1931).

[2] Sci. Pap. Bur. Stand. 21, 727—42 (1927); Rev. Mét. 26, 4 (1929).

[3] Bull. Bur. Stand. 13, 173 (1916).

[4] Proc. amer. Soc. Test. Mat. 19, II., 5 (1919).

[5] Iron Trade Rev. 64, 1685 (1919).   [6] Mitt. Eisenforsch. 12, 373 (1930).

darstellt. Dabei sind A und B an gesunden Drähten, A' und B' an dem-
selbem Material, aber mit künstlich beschädigten Stellen aufgenommen.

Wie deutlich zu ersehen, sind nun auch die Kurven der gesunden
Drähte keineswegs gerade Linien, sondern sie sind vielmehr aus Wellen
zusammengesetzt, die auf Unregelmäßigkeiten in dem natürlichen Walz-
oder Drahtquerschnitt, auf verschiedenen Gefügeaufbau, innere Spannungen usw. zurückzuführen sind, und die bisweilen so stark sind, daß
sie Erkennbarkeit wirklicher Fehler empfindlich beeinträchtigen, was
z. B. aus dem Vergleich der Zacke a der Kurve A' mit den Wellen
der Kurve A deutlich hervorgeht.

Die Auswertung der Prüfergebnisse bietet aus diesem Grunde mitunter beträchtliche Schwierigkeiten. Um sie zu überwinden, muß die

Abb. 170. Magnetischer Schienenprüfer (nach Suzuki).

Feldstärke, bei der die Prüfung vorgenommen wird, entsprechend gewählt werden, wodurch die für den betrachteten Fall nebensächlichen
Einflüsse in gewissem Maße zum Verschwinden gebracht werden können.
Ganz allgemein läßt sich dabei sagen, daß Kalthärtungen und unregel-
mäßige Spannungen sich vor allem bei schwachen Magnetisierungen
ausprägen, mit Annäherung an die Sättigung dagegen mehr und mehr
verschwinden, während die direkten Querschnittsfehler erst bei hohen
Feldstärken gut zu erkennen sind (vgl. S. 199). So ist die Kurve B'
(Abb. 169) bei einer Feldstärke von 20 Oe aufgenommen. Sie weist
drei Zacken auf, die drei beschädigten Stellen am Drahtseile entsprechen, die aber infolge des unregelmäßigen Verlaufes der ganzen
Kurve nicht deutlich zu ersehen sind. Eine Vergrößerung der Feldstärke von 20 bis auf 100 Oe macht den Verlauf der Kurve geradlinig und läßt damit die Störungen klarer hervortreten (Kurve B'').

Eine große Reihe von Arbeiten haben sich mit der Benutzung der magnetischen Analyse zur Prüfung von Eisenbahnschienen beschäftigt. Hierzu gehört z. B. das sogenannte „Defektoskop" von M. Suzuki[1], das in Japan für die laufende Kontrolle von verlegten Schienen auf der Strecke konstruiert worden ist. Da die Magnetisierung durch eine die Probe umschließende Spule nicht möglich ist, wird ein U-förmiger, mit Gleich- oder Wechselstrom betriebener Elektromagnet verwendet, der auf einem kleinen Wagen über die Schienen fährt und dessen Kraftfluß durch das zu prüfende Stück geschlossen wird (Abb. 170). Die Prüfspule ist ebenfalls bügelförmig ausgebildet, die Aufzeichnung der Kurve geschieht von der Hand oder durch photographische Registrierung[2].

Als Beispiel der Prüfergebnisse sind in Abbild. 171 vier Kurven für verschiedene Schienen angegeben, von denen Kurve *2* eine gesunde und homogene Schiene, Kurve *4* dagegen eine stark mit Fehlern behaftete Schiene darstellt. Nach den japanischen Angaben soll der Defektoskop drei Hauptklassen von Fehlern aufzeigen:

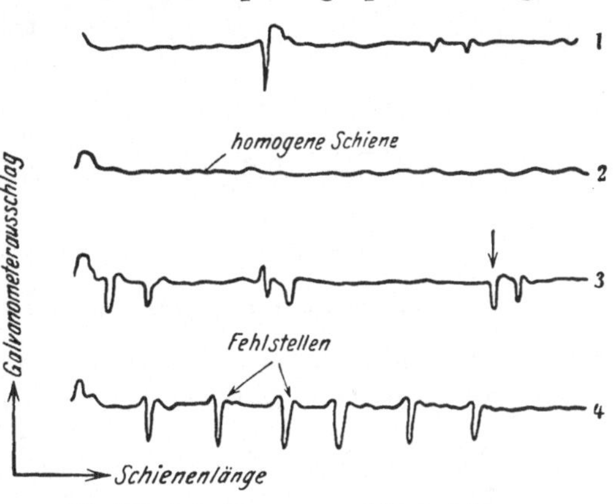

Abb. 171. Aufzeichnung von Schienenfehlern.

nämlich 1. Innere Risse, Hohlräume, Gasblasen usw. 2. Segregation von Verunreinigungen im Stahl. 3. Innere Spannungen, und zwar sowohl von vornherein in der Schiene vorhandene als auch solche, die während des Gebrauches durch Befahren entstanden sind.

Als Beispiel für die Anwendung der Streuflußmethode auch für Körper mit komplizierter Form sei die Prüfung von Turbinenscheiben erwähnt, für die von der General Electric Co. ein Verfahren ausgearbeitet worden ist[3]: Die fertig bearbeiteten Scheiben werden auf einen drehbaren und in einer Richtung verschiebbaren Tisch aufgespannt und laufen langsam zwischen den Polen eines kräftigen Elektromagneten hindurch. Die Veränderung des Kraftflusses durch den verschiedenen magnetischen Widerstand der Scheibe wirkt induzierend auf Sekundärspulen, die in den Polen selber untergebracht und mit einem Meß-

[1] Sci. Rep. Tohoku Imp. Univ. **15**, 479 (1926); Rev. Mét. **25**, Nr. 5, 195 (1928).

[2] Die Empfindlichkeit des ballistischen Galvanometers betrug 5×10^{-10} A bei 6 Sekunden Schwingungsdauer.

[3] Vgl. J. A. Capp: Proc. amer. Soc. Test. Mat. **27**, II., 268 (1927).

instrument verbunden sind. Das Kenndiagramm einer Scheibe ist in Abb. 172 dargestellt. Die fünf scharfen Zacken rühren von den Dampflöchern her, während die starke Störung bei D durch einen inneren Fehler, und zwar eine starke Anhäufung von Einschlüssen, verursacht war.

Zum Aufsuchen des Streufeldes sind die verschiedensten Hilfsapparaturen benutzt und entwickelt worden. Als Beispiel sei die differentielle Methode der AEG[1] genannt, bei der die Prüfspulen magnetische Nebenschlüsse zu der Probe bilden. Die Probe wird mit Wechselstrom magnetisiert, die Sekundärspannung verstärkt und gleichgerichtet, so daß auch die Verwendung eines unempfindlicheren Meßinstrumentes möglich ist. Vgl. Abb. 173.

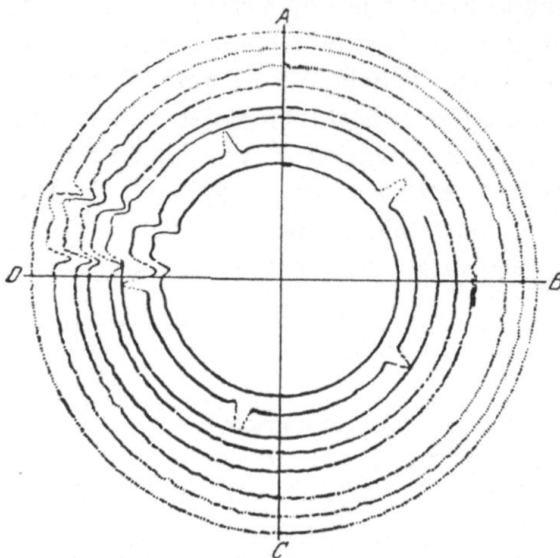

Abb. 172. Prüfung von Turbinenscheiben (nach Capp).

Eine Anordnung von H. Voigt[2] zur Feststellung der Wandstärken- oder Querschnittsveränderung von Rohren (Abb. 174) mißt nicht die Änderung des Streuflusses, sondern des Gesamtflusses, wobei zur Magnetisierung permanente

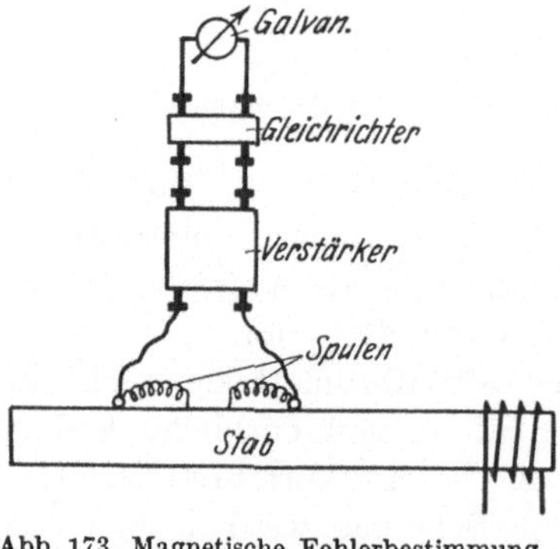

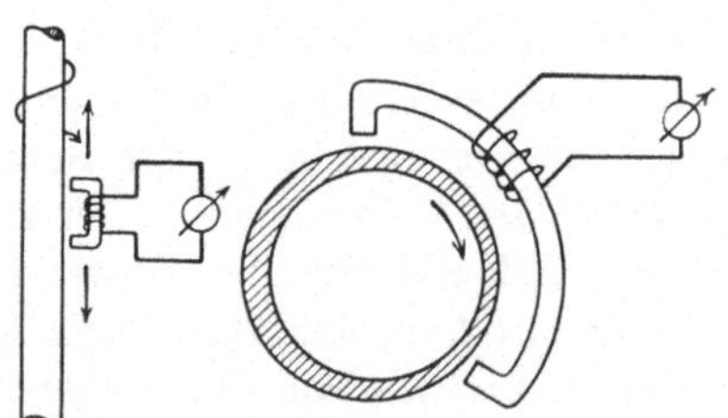

Abb. 173. Magnetische Fehlerbestimmung. Methode der AEG.

Abb. 174. Anordnung von Voigt zur Prüfung von Rohren.

Magnete verwendet werden können. Eine Methode zur Prüfung von Rohren durch Quermagnetisierung ist von P. Plosz[3] angegeben worden.

Für die Prüfung von Turbinenwellen hat R. Pohl[4] ein Verfahren angegeben. Der durchbohrten Welle wird an zwei gegenüberliegenden Stellen des Umfangs Gleichstrom (etwa 1000 Amp) zugeführt, der sich um die Bohrung herum ver-

[1] D.R.P. Nr. 437367 (1924).　　[2] D.R.P. Nr. 447864 (1926).
[3] a. a. O. vgl. Mitt. Eisenforsch. **12**, 375 (1930).
[4] Forschung und Technik **1930**, 455.

zweigt. Bei guter Beschaffenheit der Welle sind diese Teilströme gleich, so daß im Inneren der Welle kein magnetisches Feld vorhanden ist, und in einer in die Bohrung eingebrachten Prüfspule beim Kommutieren des Stromes nichts induziert wird. Beim Vorhandensein irgendwelcher Fehlstellen überwiegt jedoch die Stromleitung durch eine Wellenhälfte, und die induzierte EMK kann als ein Maß der Störung dienen.

Schließlich seien Vorschläge und Verfahren erwähnt, nicht den Gesamtfluß, sondern nur die Normalkomponente der bei Störungen auftretenden Streufelder zu messen (W. Gerlach[1]).

Auch zu mancherlei anderen Zwecken sind Streuflußverfahren vorgeschlagen und mit Vorteil benutzt worden, wie z. B. der Aufdeckung von mit bloßem Auge nicht erkennbaren Rissen an der Oberfläche von Werkstücken, oder bei der Prüfung von Schweißnähten bei Kesselblechen[2]. Für erstere Zwecke hat sich insbesondere ein Vorschlag von Hoke[3] gut bewährt. Die zu prüfenden Stücke werden in ein Ölbad eingebracht, und je nachdem, ob gehärtet oder ungehärtet, entweder vorher magnetisiert oder beim Verweilen im Bad einem Magnetfeld ausgesetzt. Das Ölbad enthält feines Eisenpulver bzw. Eisenfeilspäne, die sich da anlagern, wo Risse vorhanden sind.

Die Ansichten über die praktische Brauchbarkeit der Fehlerprüfung auf magnetischem Wege im Betriebe, insbesondere also bei der Ab-

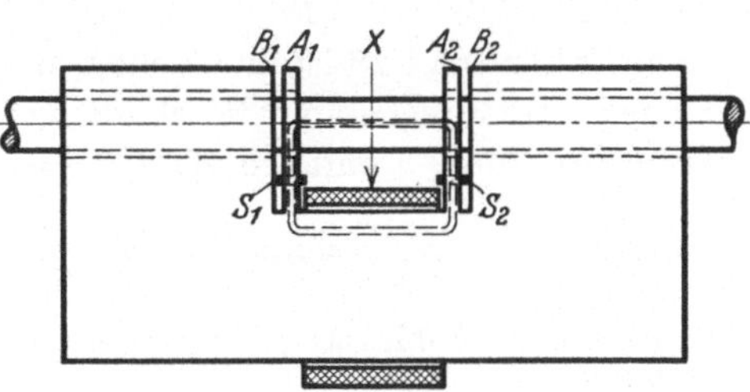

Abb. 175. Prüfung von Drahtseilen (nach Wall).

nahmeprüfung, gehen nun heute noch weit auseinander. Während M. Suzuki bei der Schienenprüfung (s. oben) verhältnismäßig gute Resultate erhielt, spricht sich R. L. Sanford mehr ablehnend aus, da bei der Untersuchung von Drähten selbst Fehlstellen, bei denen der Querschnitt um ein Drittel vermindert war, sich mitunter nicht erkennen ließen. Zu einem entgegengesetzten Urteil kommt T. F. Wall[4], der ebenfalls eine eingehende Untersuchung über die Prüfung von Stahldrahtseilen durchgeführt hat.

Das Prinzip der von ihm konstruierten Jochanordnung erhellt aus Abb. 175. Die Seile werden durch die Bohrungen eines Lamellenjochs geführt, auf dem auch die Primärwicklung angebracht ist. Die Sekundärspulen S_1 und S_2 sind gegeneinander geschaltet, so daß die induzierte elektromotorische Kraft die Differenz zwischen den betreffenden Stellen angibt. Als Stromart wurde Wechselstrom gewählt,

---

[1] Metallwirtschaft 8, 875 (1929).

[2] Vgl. M. Roux: Rev. Mét. 25, 605 (1928); Weld. Eng. 15, 31 (1930).

[3] USA Pat. Nr. 1426384; vgl. a. Th. Spooner: Properties and Testing of Magnetic Materials, 365—66. New-York: Mc. Graw-Hill Book Company, 1927.

[4] Iron Coal Trades Rev. 118, 907 (1929).

nachdem sich übereinstimmend ergeben hatte, daß bei einer Frequenz unterhalb
20 Per. pro Sekunde die Magnetisierung praktisch gleichmäßig über den ganzen
Querschnitt des Seiles verteilt war. Die Induktion betrug etwa 16000 Linien.
Interessant ist ferner der von Wall rechnerisch dargestellte Einfluß der Exzentrizität des Seiles in den Jochausbohrungen, für den auch Korrekturformeln angegeben sind.

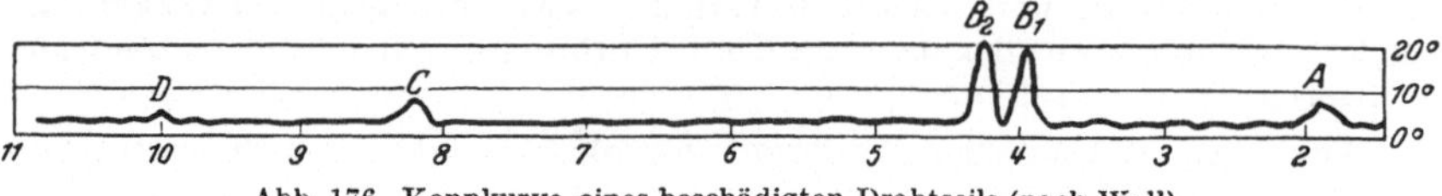

Abb. 176. Kennkurve eines beschädigten Drahtseils (nach Wall).

Eine der von ihm erhaltenen Kennkurven eines Drahtseiles ist in
Abb. 176 dargestellt, wobei das Seil mit einem Gesamtdurchmesser
von $1^3/_8''$ aus 7 Reihen Draht nach folgendem Schema bestand:

1. Reihe innen:	1 Draht	5. Reihe:	24 Drähte
2. Reihe	6 Drähte	6. „	30 „
3. „	12 „	7. „	36 „
4. „	18 „		

Aus Zahlentafel 28 ist zu ersehen, wie groß die den einzelnen Zacken
der Kurve entsprechenden Beschädigungen im Verhältnis zum Gesamt-
querschnitt sind. Demnach sind selbst geringe Beschädigungen, wie

Zahlentafel 28.

Entspricht dem Zacken (Abb. 176)	Zahl und Stelle der zerbrochenen Drähte	Beschädigter Querschnitt in % des Gesamt- querschnittes
A	6 zerbrochene Drähte in 6. Reihe	4,7
B_1, B_2	6 zerbrochene Drähte in jeder Reihe mit Aus- nahme der 2. und 7. Reihe	18,8
C	1 zerbrochener Draht in jeder Reihe mit Aus- nahme der 2. und 7. Reihe	3,2
D	4 zerbrochene Drähte in 4. Reihe	3,2

3,2% noch deutlich zum Ausdruck gebracht, im Gegensatz zu den
mechanischen Prüfungen, bei denen sich Beschädigungen, unterhalb 10%
des Gesamtquerschnittes kaum noch bemerkbar machen.

Zu einem gleich günstigen Urteil hinsichtlich der Brauchbarkeit der
magnetischen Methode zur Überwachung von Drahtseilen, insbesondere
von Förderseilen, kommen F. Wever und A. Otto[1], die bei der Prüfung eines schadhaften Drahtseiles (aus 268 Einzeldrähten, von je 2,6 mm
Durchmesser) mit der von ihnen entwickelten Apparatur darauf hin-
weisen, daß sich auch der Bruch eines einzelnen Drahtes mit Sicherheit
nachweisen ließ.

Zusammenfassend läßt sich sagen, daß die magnetische Analyse
auch im Betriebe gegenüber den üblichen Prüfmethoden zweifellos be-

---

[1] Mitt. Eisenforsch. **12**, 373 (1930).

trächtliche Vorteile bietet, da sie die Untersuchung der metallischen Gegenstände ohne deren Zerstörung und unter sehr geringem Zeitaufwand gestattet, und ferner auch Fehler aufdeckt, die mit den gebräuchlichen Methoden nicht bzw. nur schwer gefunden werden können. Wegen der mannigfachen Schwierigkeiten ihrer Anwendung muß jedoch erst die Zukunft lehren ob und auf welchen Gebieten sich die magnetische Analyse in der Praxis der Betriebe bewähren wird.

VI. Technologische Eigenschaften.

Für die Beurteilung der Verwendbarkeit von magnetischen Legierungen kommt außer den magnetischen Eigenschaften auch noch ihr Verhalten bei den technischen Formgebungsverfahren in Betracht. Die dabei geforderten Eigenschaften lassen sich im allgemeinen in vier Gruppen einteilen, nämlich in: 1. Kaltbearbeitbarkeit, 2. Kaltbildsamkeit, 3. Warmbildsamkeit und 4. Härtbarkeit. Da zu den meisten dieser Eigenschaften jedoch erst in neuerer Zeit eingehend Stellung genommen ist, so sollen die hier verwendeten Prüfverfahren kurz besprochen werden.

1. Kaltbearbeitbarkeit.

Unter „Kaltbearbeitbarkeit" oder „Bearbeitbarkeit"[1] schlechthin wird der Widerstand verstanden, den ein Material dem Spanabhub mit schneidenden Werkzeugen bei gewöhnlicher Temperatur entgegensetzt. Ein Werkstoff gilt als desto leichter bearbeitbar, je geringer dieser Widerstand ist. Als quantitatives Maß für die Bearbeitbarkeit dient dabei die in der Zeiteinheit unter sonst gleichen Verhältnissen erzielbare Spanmenge, bei gegebenen Werkstoff, Vorschub und Spantiefe auch die wirtschaftliche Schnittgeschwindigkeit.

Zur Prüfung der Bearbeitbarkeit werden zur Zeit drei Methoden benutzt[2], nämlich der Bohrversuch, die Schnittdruckmethode und der Drehzeitversuch:

---

[1] Oft versteht man auch unter „Bearbeitbarkeit" die Eigenschaft des Materials, eine glatte Trennfläche zu geben. In diesem Falle darf die Festigkeit des Materials nicht unter einem gewissen Betrag liegen, da es sonst nicht möglich ist, eine saubere Oberfläche zu erzielen (siehe Rapatz: Die Edelstähle, S. 22, Berlin: Julius Springer 1925). So wird nach Portevin und Bernard die saubere Bearbeitungsfläche durch körnigen Perlit im Gefüge verhindert. Auch ein grobes Korn hat oft eine unsaubere Bearbeitung zur Folge. Ebenso wird im betrachteten Sinne die Bearbeitbarkeit nach A. Wimmer [Stahleisen 3, 73—79 (1925)] durch Sauerstoffgehalt beeinträchtigt.

[2] Die Prüfung des Widerstands gegen Verformung ist auch noch mit dem Herbertschen Pendelhärteprüfer möglich, bei dem aus der Abnahme der Dämpfung großer Schwingungen auf die Bearbeitungsfähigkeit geschlossen wird. Über die Gel-

1. Beim Bohrversuch (Methode von Keep, auch als Keßnersches Verfahren bekannt) dient als Maß die Lochtiefe, die bei 100 Umdrehungen eines Bohrers und gleichmäßigem Bohrdruck erzielt wird. An reinen Kohlenstoffstählen mit 0,1 bis 0,6% C hat Keßner[1] gefunden, daß die kleinste Lochtiefe bei den weichsten Werkstoffen erzielt wird und daß die Bearbeitbarkeit in geradem Verhältnis zur Brinellhärte steht.

2. Bei der Schnittdruckmethode werden sowohl bei den Bohr- als auch bei den Drehversuchen die Kraftkomponenten in der Vorschub- und Stahlschaftrichtung durch Meßdosen in Verbindung mit Manometern gemessen. Im Augenblick der Schneidenzerstörung tritt eine plötzliche Steigerung auf, wodurch die Lebensdauer der Schneide begrenzt wird. Die Vertikalkomponente, die für den Wert des Drehmoments maßgebend ist, wird nicht berücksichtigt, da sie beim Stumpfwerden der Schneide keine wesentliche Vergrößerung erfährt. Das Schema eines Zwei-Komponenten-Meßsupportes nach Mohr und Federhaff für Drehversuche ist in Abb. 177 dargestellt.

3. Bei den Drehzeit- oder Abstumpfungsversuchen wird die Schneidhaltigkeit bestimmt, und zwar wird die Schnittgeschwindigkeit festgestellt, die bei einem bestimmten Spannquerschnitt eine für die Praxis nötige Haltbarkeit der Schneide gestattet.

Mit der Frage nach den Vor- und Nachteilen jeder dieser Methoden hat sich in neuerer Zeit F. Rapatz[2] befaßt und hat dabei an Hand seiner Untersuchungen gezeigt, daß für die Feststellung der jeweiligen wirtschaftlichen Schnittgeschwindigkeit der Drehzeitversuch allein geeignet ist. Die Methode von Keep ist sowohl für die Feststellung der Schnittgeschwindigkeit als auch wegen der Unberücksichtigung des Drehmomentes für die Feststellung des Kraftverbrauches ungeeignet, zur Bestimmung der günstigsten Form der Schneide kann noch die Schnittdruckmessung dienen.

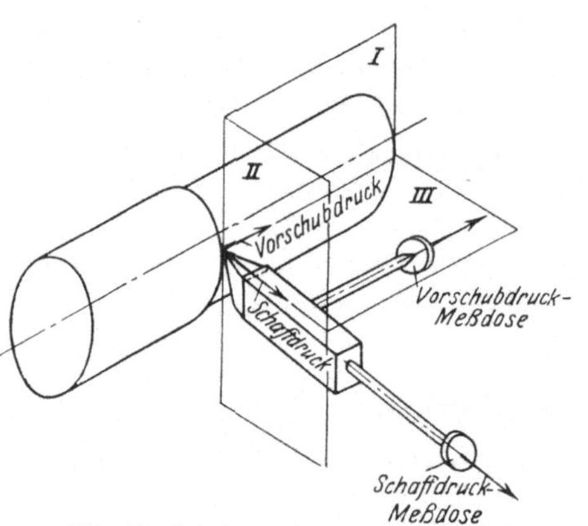

Abb. 177. Schnittdruckmethode zur Prüfung der Bearbeitbarkeit.

---

tung dieses Maßes siehe A. Pomp u. H. Schweinitz: Mitt. Eisenforsch. 8, Lief. 4, 79—100 (1926). — Näher über Bearbeitbarkeit und deren Prüfung siehe außer den unten erwähnten Arbeiten noch folgende: Wallichs, A.: Masch.-Bau 6, 997 (1927); Leyenstetter, W.: Masch.-Bau 6, 1177—84 (1927); auch Stahleisen 29, 975 (1928). Letzterer hat ein Doppelpendel konstruiert, das aus dem Unterschied in der Änderung des Rückdruckes der Schneide (bei Abnutzung) auf den Unterschied des Bearbeitbarkeitsgrades zweier Werkstoffe unter sonst gleichen Bedingungen schließen. läßt. Siehe ferner zusammenfassende Berichte: Boston, O. W.: Trans. amer. SocSteel Treat. vgl. Stahleisen 28, 947 (1928); Rapatz, F.: Stahl u. Eisen als Werk stoff (Gesamm. Vortr. auf der Werkst.-Tagung Berlin 1927), Verl. Stahleisen 48, 60 (1928); Wallichs u. Krekeler: Stahl u. Eisen als Werkstoff 1, 65—68; 4, 37—49. Vgl. auch: Herbert: Engg. 126, 21. Dez., 789 (1928); Eng. 146, 21. Dez., 692—95 (1928); F. Rapatz: Ber. Nr. 47 d. Eidgen. Materialpr. Anst. Zürich 1929.

[1] Werkst.-Techn. 14, 633 (1920).   [2] Stahleisen 48, 257—61 (1928).

Für die Bearbeitbarkeit eines Stahles ist nun in erster Linie die Zerreißfestigkeit und die Härte des Materials wichtig. Außer diesen spielen noch viele andere Eigenschaften eine große Rolle, wie Streckgrenze, Dehnung, Einschnürung, Gefügeaufbau, Kalthärtbarkeit während der Bearbeitung, Kühlung, Schneidtemperatur usw. Schließlich steht die Bearbeitbarkeit in engem Zusammenhang mit der chemischen Zusammensetzung.

Für die magnetischen Legierungen kommt die Kaltbearbeitbarkeit hauptsächlich für die Magnetstähle, d. h. für gewöhnliche und legierte Kohlenstoffstähle, in Betracht. Ein Beispiel für die Abhängigkeit der Bearbeitbarkeit von der chemischen Konstitution ist in Abb. 178 wiedergegeben. Der Übergang vom Stahl VCN 35[1] zum Stahl VCN 45, der sich von dem ersten nur um etwa 1% Ni unterscheidet, hat die Bearbeitbarkeit um 20% verringert. Ein Beispiel für den Einfluß des Reinheitsgrades[2] gibt F. Rapatz[3] an. Es wurden nämlich zwei Stücke geschnitten, von denen das eine von Einschlüssen frei war und eine Festigkeit von etwa 100 kg/mm² neben 90 kg/mm² Streckgrenze, 12% Dehnung und 50% Einschnürung besaß, während das andere mit etwa 90 kg/mm² Festigkeit, 60 kg/mm² Streckgrenze, 8% Dehnung und 30% Einschnürung ein von Seigerungen durchsetzter unreiner Stahl war. Bei der Bearbeitung mit derselben

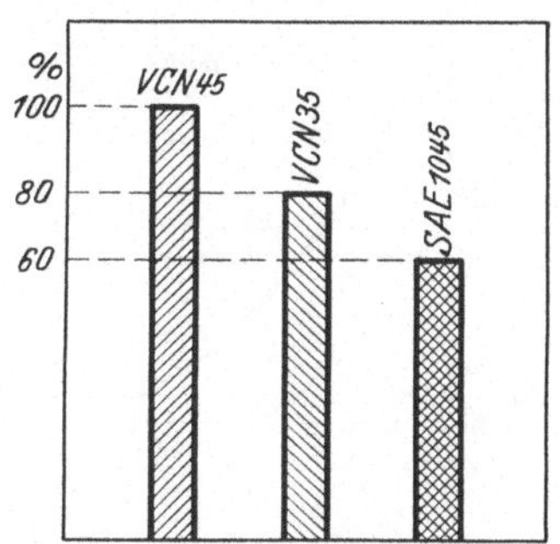

Abb. 178. Bearbeitbarkeit von Stählen verschiedener Zusammensetzung.

Schneide unter denselben Schnittbedingungen ergab sich bei dem härteren und zäheren Werkstück eine um rd. 30% größere Schnittzeit als bei dem weniger festen und weniger zähen Werkstück.

Die Abhängigkeit der Bearbeitbarkeit von der Festigkeit unter sonst gleichen Verhältnissen erhellt aus Abb. 179[4]. Mit steigender Festigkeit nimmt also die Drehdauer sehr rasch ab. Zu beachten ist jedoch, daß die Abb. 179 nur ein relatives Bild über den Einfluß der Festigkeit gibt, da man immer imstande ist, durch entsprechende Wahl der Schnittgeschwindigkeit die Drehdauer zu verlängern. Sie weist jedoch darauf hin, daß hohe Festigkeit die Bearbeitbarkeit des betreffenden Stahls sinnfällig erschwert.

---

[1] Nach DIN Vornorm KrG 601 bezeichnet. Stahl VCN 45: 0,25 bis 0,40% C, rd. 4,5% Ni und − 0,8% Cr; Stahl VCN 35: 0,25 bis 0,40% C, 3,5 ± 0,25% Ni und 0,75 ± 0,2% Cr. Stahl SAE 1045 entspr. StC 4561 DJN 1661.

[2] Näheres über dies siehe den auf der Werkstofftagung (1927) von F. Rapatz gehaltenen Vortrag: „Bearbeitbarkeit mit schneidenden Werkzeugen und die Prüfung der Werkzeuge".

[3] Stahleisen **46**, 115 (1926).   [4] Nach Schwerd: a. a. O.

Bei der Bearbeitung von Magnetstählen kommen Festigkeiten höher als 60 bis 80 kg/mm² selten in Betracht, so daß hieraus Schwierigkeiten kaum zu erwarten sind. Auch die Erschwerungen bei der Bearbeitung von nichtmagnetischem, hochprozentigem austenitischem Manganstahl (s. unten) hängen nicht mit seiner höheren Festigkeit (etwa 100 kg/mm²) zusammen, sondern sind vielmehr durch seine hohe Dehnung (etwa 35 bis 40%) und besonders durch seine sehr leichte Kalthärtbarkeit bei der Bearbeitung bedingt. So fanden H. Hall und G. R. Hanks[1], daß ein solcher Stahl, der im abgeschreckten Zustand eine Brinellhärte von 180 bis 200 Einheiten besaß und sich deshalb hämmern und meißeln ließ, nach den ersten Schlägen in seiner Brinellhärte bis zu etwa 450 Einheiten anstieg.

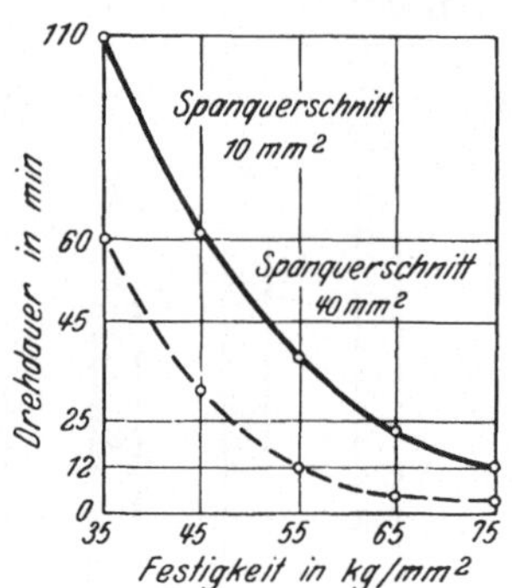

Abb. 179. Bearbeitbarkeit in Abhängigkeit von den Festigkeitswerten.

Im Zusammenhang damit hat sich aus den bemerkenswerten Untersuchungen von E. Herbert[2] ergeben, daß bei jedem Stahl[3] für den Widerstand gegen Zerspannung nicht seine ursprüngliche Härte, sondern die Bearbeitungshärte, d. h. die Kalthärtung maßgebend ist. Der Verlauf der Kalthärtung, welche der in das Material eindringenden Schneide vorausgeht, ist in den verschiedenen Teilen des Spanes verschieden.

E. Herbert[4] hat auch den Einfluß der Temperatur untersucht und gefunden, daß die Kalthärtbarkeit mit steigender Temperatur drei Höchstwerte und drei Mindestwerte zeigt, wobei das Minimum der Kalthärtung, also das Maximum der Bearbeitbarkeit bei einer Schneidtemperatur von etwa 120° C liegt. Dieselben drei höchsten und niedrigsten Werte für die Kalthärtbarkeit ergaben sich auch bei der Prüfung eines niedrig gekohlten Eisenbleches[5] sowie bei anderen Materialien.

Hinsichtlich der Rückwirkung der Gefügeausbildung[6] auf die Bearbeitbarkeit, die unter Umständen sogar den Einfluß der Festigkeit überwiegen kann, ist in erster Linie die Gegenwart und Ausbildung der Karbide wichtig, die die Lebensdauer der Schneide durch ihre Kratzwirkung sehr stark beeinträchtigen, und zwar läßt sich mit

---

[1] Proc. amer. Soc. Test. Mat. **24**, (2) 631 (1924).

[2] Trans. amer. Soc. Mech. Engs. **48**, 705 (1926); Eng. **143**, 138—40, 156—57 u. 180 (1927); Proc. Inst. Mech. Engs. 4, Dez., 863—908 (1927); Stahleisen **47**, 1052—53 (1927).

[3] Eine Ausnahme bilden wohl spröde Werkstoffe, wie z. B. Gußeisen, bei denen die Bearbeitungshärtung eine geringe Rolle spielt, da ihr Span wenig Kalthärtung erfährt.

[4] Proc. Inst. Mech. Engs. Nr. 4, Dez., 874 (1927).

[5] Nur entspricht hier das Minimum der Kalthärtbarkeit einer Temperatur von rd. 140° C.

[6] Stahleisen **48**, 257—61 (1928).

körnigem Perlit eine höhere Bearbeitungsfähigkeit als mit streifigem (lamellarem) Perlit erzielen. Aus diesem Grunde hat zum Zwecke der Bearbeitung B. Kjerrman[1] ein besonderes Glühverfahren, die sogenannte Perlitglühung, vorgeschlagen, die eine vollkommen kugelige Ausbildung des Zementits herbeiführt. Diese Wirkung der Karbide kommt jedoch nur dann zum Ausdruck, wenn die Bearbeitbarkeit durch den Drehdauerversuch geprüft wird, da die Karbide auf den Schnittdruck fast ohne Einfluß bleiben.

Schließlich ist für die Bearbeitbarkeit in hohem Maße wichtig, ob der Schneidvorgang mit oder ohne Kühlung vor sich geht. Nach G. Schlesinger[2], dessen Ergebnisse an einem Chrom-Nickel-Konstruktionsstahl erhalten wurden, kommt die durch Kühlwasserzufuhr verursachte wesentliche Zunahme der Bearbeitbarkeit bei einer Menge von 10 bis 20 l/min zu einem Stillstand. In der Praxis muß dabei wahrscheinlich die untere Zahl genommen werden, weil die Abnahme der Lebensdauer der Schneide sich durch die Verringerung des für die Kühlwasserzufuhr notwendigen Kraftverbrauches bezahlt macht. Nach Schlesinger läßt sich der Schluß ziehen, daß man legierte Stähle und harte Kohlenstoffstähle mit schneidenden Werkzeugen ohne Kühlung überhaupt nicht bearbeiten sollte. Will man aber die gleiche Standzeit erreichen, so kann die Schnittgeschwindigkeit erheblich größer gewählt werden, als wenn man ohne Kühlung arbeitet.

2. Kaltbildsamkeit.

Kaltbildsamkeit kommt bei den magnetischen Legierungen fast ausschließlich für die silizierten Transformatoren- und Dynamostähle in Betracht[3], und zwar gleichgültig, ob sie in Blech- oder Bandform vorliegen. Es ist sogar zu sagen, daß die geringe bisherige Verbreitung der Bandform fast ausschließlich auf die Schwierigkeiten zurückzuführen ist, die sich dem Kaltwalzen von Transformatorenstahl entgegenstellen. Diese Schwierigkeiten hängen mit der Gegenwart des Siliziums zusammen, das mit zunehmendem Gehalt den Stahl sehr hart und spröde macht (s. Abb. 243), so daß er beim Kaltwalzen leicht aufreißt oder bei leichten Biegungen abbricht. Die Bleche mit mehr als 3,5% Si lassen sich bei Raumtemperaturen nicht mehr kalt bearbeiten, wohl aber bei etwas erhöhten Temperaturen, die je nach dem Si-Gehalt

---

[1] Stahleisen **42**, 697 (1922). Er hat statt „körniger Perlit" für den endgültigen Gleichgewichtszustand zwischen Ferrit und Zementit die neue Bezeichnung „kugeliger Zementit" eingeführt.

[2] Stahleisen **48**, 307—12, 338—45 (1928).

[3] Aus den Fertigblechen werden die verschiedensten Maschinenteile gewöhnlich durch Stanzen hergestellt. Hier und auch beim Schneiden der Bleche darf daher kein Aufreißen der Schnittkante eintreten.

zwischen 50 und 250⁰ liegen. Durch eine geringe Erwärmung der Bleche auf die genannten Temperaturen — ein Verfahren, das von A. Pomp[1] vorgeschlagen worden ist — und die dadurch bedingte Verbesserung der Kaltbildsamkeit wird daher eine weitgehende Schonung der Stanzgeräte erzielt.

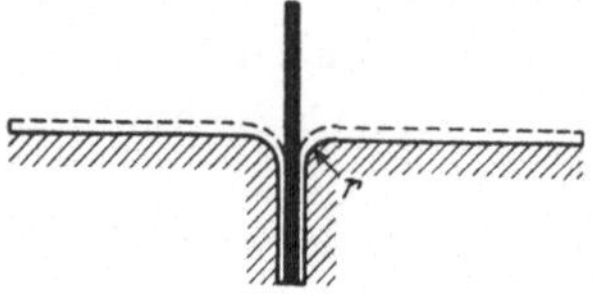

Abb. 180. Biegeprobe.

Auf die Kaltbildsamkeit eines Materials wird aus der Kaltbiegeprobe und aus der sogenannten Tiefziehfähigkeit geschlossen. Bei der Biegeprobe schneidet man aus dem untersuchenden Blech einen Probestreifen (meistens 10 × 100 mm) und biegt diesen zwischen Backen mit abgerundeten Kanten hin und her (vgl. Abb. 180). Als Maßstab dient die Anzahl der Hin- und Herbiegungen, die die Probe bis zum Auftreten von Rissen verträgt. Das Blech gilt als gerissen, wenn irgendeine Stelle der Oberfläche den Zusammenhang verloren hat. Der Radius r der Biegekanten (Abb. 180) wird je nach der Blechdicke zwischen 0,6 und 1 cm gewählt.

Die Biegeprobe wird nach den deutschen Normen als Kennzeichen für die Verarbeitbarkeit der magnetischen Legierungen bei Raumtemperatur benutzt und hat sich anscheinend auch bewährt. Dabei besagen die in DIN 6400 angegebenen Richtlinien, daß ein der Walzrichtung entnommener Blechstreifen von 30 mm Breite bei der Temperatur von 20⁰ und einer Biegung um einen Rundungshalbmesser von 5 mm bei den Dynamoblechen Güte I bis III mindestens 10, bei der Blechgüte IV (Transformatorenblech) mindestens 2 Biegungen um 180⁰ aushalten muß.

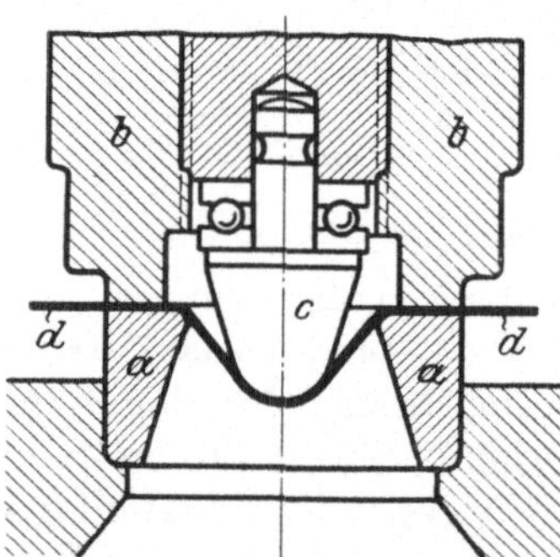

Abb. 181. Schema des Erichsen-Apparates.

Die Tiefziehfähigkeit von Blechen und Bändern wird gewöhnlich durch die Erichsen-Probe[2] ermittelt. Das Prinzip des dabei benutzten Prüfapparates ist in Abb. 181 wiedergegeben. Die Blechprobe d wird zwischen Ziehring a und Blechhalter b mit einem Spielraum von etwa 0,5 mm eingespannt. Unter der Einwirkung des beweglichen Stöpsels c aus gehärtetem Stahl kann sich das Blech frei einziehen und bis zum eintretenden Bruche tiefen. Die Tiefung des Eindruckes bzw. die Pfeilhöhe gilt dann als ein Maß für die Kaltbildsamkeit.

---

[1] Mitt. Eisenforsch. 7, Lief. 9, 105—12 (1925).

[2] D.R.P. 260180; Stahleisen 34, 879—82 (1914). Auch andere Vorrichtungen (wie z. B. von Olsen, U. S. A.) werden zu diesem Zweck benutzt. Sie besitzen aber nur verschiedene konstruktive Einzelheiten, während das Prinzip dasselbe ist. Der Erichsen-Apparat wird hauptsächlich in Deutschland verwendet.

Die Bewegung des Stöpsels c, der in einer Schraube befestigt ist, geschieht von der Hand durch Andrehen eines großen Rades. Um den Einfluß der Drehwirkung des Stöpsels auf das Blech zu vermeiden, ist letzterer in einem Kugelring gelagert. Die zu prüfenden Blechabschnitte betragen üblich 90 × 90 mm. Unter Benutzung eines speziellen Zusatzwerkzeuges können auch Streifen von etwa 25 bis 30 mm Breite, also dieselbe wie zur Prüfung der magnetischen Eigenschaften im Epsteinschen Apparat, auf Tiefziehfähigkeit geprüft werden.

Der Hauptnachteil des Prüfverfahrens besteht darin, daß die Tiefungswerte unter sonst gleichen Bedingungen von der Blechdicke abhängig sind. Besitzen also die zu prüfenden Bleche oder Bänder verschiedene Stärke, so ist ein unmittelbarer Vergleich[1] ihrer Ergebnisse unmöglich.

3. Warmbildsamkeit.

Die Warmbildsamkeit ist eine der wichtigsten technologischen Eigenschaften, die von den ferromagnetischen Legierungen verlangt wird. Das Verhalten der Stähle bei verschiedenen Formänderungen in der Wärme ist nun sowohl von ihrer chemischen Zusammensetzung und Festigkeitseigenschaften, als auch von den Formänderungsbedingungen abhängig. Zahlenmäßige Forschungsergebnisse aus dem Betrieb über die Warmbildsamkeit besonders legierter Stähle liegen allerdings noch wenig vor, doch sind auch hier in den letzten Jahren einige Richtlinien für die Prüfung der Warmformänderungsfähigkeit durch reine Laboratoriumsversuche aufgestellt worden.

Zum Zwecke der Prüfung der Warmformänderungsfähigkeit werden statische und dynamische Untersuchungen bei verschiedenen Temperaturen vorgenommen. K. Honda[2] untersuchte die Formänderungsfähigkeit von Kohlenstoffstählen mit 0,12 bis 1,2 % C mit Hilfe der Dehnungszahlen bei statischen Warmzerreißversuchen. Er stellte einen Abfall der Dehnung, also auch der Formänderungsfähigkeit, bei 200 bis 300°, dem Gebiet der sogenannten Blausprödigkeit, und bei der A_3-Umwandlung fest. Dasselbe fand auch A. Sauveur[3], der die Formänderungsfähigkeit durch Warmtorsionsversuche prüfte.

Die statischen Versuche geben aber keinen sicheren Aufschluß über das Verhalten des Stahls beim Schmieden oder Walzen, da, wie bereits

---

[1] Marsh, H. S., u. R. S. Cochran: (Iron Age 116, 1251 (1925) haben zwar einen bestimmten Zusammenhang zwischen Blechstärke und Tiefziehfähigkeit bei Blechen gleicher Beschaffenheit festgestellt (die Tiefungswerte liegen nach ihren Untersuchungen in Abhängigkeit von der Blechstärke auf geraden und parallel verlaufenden Linien), doch betreffen diese Daten abgesehen davon, daß sie Transformatorenbleche überhaupt nicht berücksichtigen, nur Blechdicken größer als 1 mm. Vgl. auch Aumann, W.: Masch.-Bau 7, Nr. 3, 105—110 (1928). Neuerdings hat K. Daeves [Stahleisen 50, 1501 (1930)] gezeigt, daß die Tiefziehfähigkeit dem Logarithmus der Blechstärke proportional ist.

[2] J. Iron Steel Inst. 109, 313 (1924); Stahleisen 44, 1117 (1924).

[3] Trans. amer. Inst. Min. Met. Engs. 70, 3 (1924).

G. Liss[1] hingewiesen hat, außer der Temperatur auch die Formänderungsgeschwindigkeit berücksichtigt werden[2] muß. Nach H. Hennecke[3] ist bei einem Verhältnis der Formänderungsgeschwindigkeit von 1 : 1000 der dynamische Formänderungswiderstand gegenüber dem statischen um durchschnittlich 100 bis 200% größer. Nach E. Siebel[4] beträgt die Festigkeitssteigerung bei den mittleren während der verschiedenen Formgebungsprozesse gebräuchlichen Geschwindigkeiten gegenüber den Warmzerreißversuchen zwischen 200 und 300%, wobei unter sonst gleichen Bedingungen die Festigkeitssteigerung annähernd der Wurzel der Formänderungsgeschwindigkeit proportional ist[5]. Die Formänderungsgeschwindigkeit muß also selbst bei den dynamischen Versuchen in der Weise gewählt werden, daß sie der wirklichen, während des Formgebungsprozesses stattfindenden Geschwindigkeit nahe liege, um einen richtigen Schluß über das Verhalten des Stahls beim Schmieden oder Walzen selbst möglich zu machen.

Die Ursache dieser Festigkeitssteigerung liegt hauptsächlich in den selbst bei hohen Temperaturen auftretenden Verfestigungserscheinungen, die bei den statischen Formänderungen durch inzwischen eintretende Rekristallisation beseitigt werden, bei dynamischen aber nur dann, wenn die Rekristallisationsgeschwindigkeit genügend groß ist. Hauptbedingung für die leichte Formänderungsfähigkeit bei hohen Temperaturen muß also diejenige sein, daß die Rekristallisationsgeschwindigkeit größer ist als die Formänderungsgeschwindigkeit. Ein gutes Beispiel dafür liefern die unmagnetischen austenitischen Stähle. Der Formänderungswiderstand in kg/mm² in Abhängigkeit von der Temperatur für zwei Stähle dieser Art ist in Abb. 182 b, ferner für einen Chromstahl mit 1,19% C und 2,10% Cr, der als Dauermagnetstahl verwendet wird, und für einen Stahl mit 0,48% C und 1,10% Mn ist nach E. Houdremont und H. Kallen[6] in Abb. 182 a dargestellt. Die Werte sind an Hand dynamischer Warmbiegeversuche erhalten. Sowohl der flache Verlauf der Kurven als auch der verhältnismäßig hohe Formänderungswider-

---

[1] Stahleisen **42**, 689 (1922). Siehe auch E. Siebel: Ber. Walzw.-Aussch. V. d. E., Nr. 28 (1923); Körber, F., u. J. B. Simansen: Mitt. Eisenforsch. **5**, 21 (1924).

[2] Nach F. Pacher u. F. Schmitz: Stahleisen **51**, 1568—74 (1924) können die statischen Warmzerreißversuche, und zwar die dabei erhaltenen Werte der Dehnung und Kontraktion zur Beurteilung des Verhaltens des betreffenden Stahles bei solchen Formgebungsprozessen dienen, die ihrem Wesen nach der statischen Prüfung näher liegen, wie z. B. beim Schmieden unter der Presse, wo die Beanspruchung, also auch die Formänderung verhältnismäßig langsam erfolgt.

[3] Ber. Werkst.-Aussch. V. d. E. Nr. 94 (1926); Stahleisen **48**, 315 (1928).

[4] Stahleisen **44**, 1675—78 (1924).

[5] Ähnliches fanden auch G. Liß und bereits früher E. Siebel a. a. O.

[6] Stahleisen **47**, 826 (1927).

stand bei 1050⁰ bei den austenitischen Nickel- und Manganstählen ist durch ihre geringere Rekristallisationsgeschwindigkeit[1] einerseits und ihre hohe Verfestigungsfähigkeit anderseits verursacht. Beim Schmieden solcher und ähnlicher Stähle muß daher die Formänderungsgeschwindigkeit niedrig gewählt werden, was die Bearbeitung natürlich umständlicher macht.

Bei einem Stahl, der einen geringen Formänderungswiderstand bei der Schmiedetemperatur aufweist, ist die Gefahr für das Auftreten von Rissen kleiner und der Kraftbedarf beim Schmieden geringer.

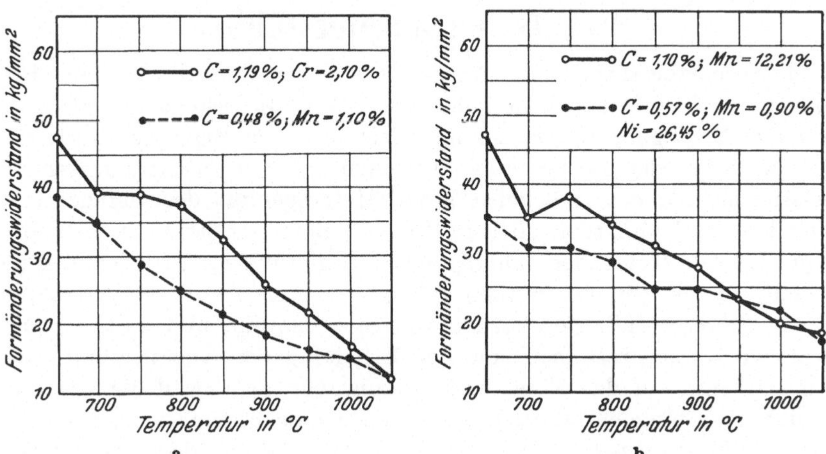

Abb. 182. Abhängigkeit des Formänderungswiderstandes von der Temperatur bei Stählen.

Zur Beurteilung des Verhaltens der Stähle beim Schmieden und Walzen müssen also dynamische Warmversuche benutzt werden. Von den Prüfmethoden ist die Schlagbiegeprobe bei hohen Temperaturen wahrscheinlich am besten geeignet. Die Durchführung dieser Versuche bietet allerdings einige Schwierigkeiten, die in der Hauptsache darin bestehen, daß die Proben im Gegensatz zu den Warmzerreißversuchen während des Zerschlagens sich nicht im Ofen befinden können. Infolgedessen erfordert die Prüfung ein bestimmtes Geschick des Untersuchers, wobei insbesondere auf den Temperaturabfall, der in der Zeit von der Entnahme der Probe aus dem Ofen bis zur Verformung eintritt[2], Rück-

---

[1] Vgl. Schottky u. Jungblutt: Kruppsche Monatshefte 4, 197 (1923).

[2] Nach E. Siebel: Stahleisen 51, 1675—78 (1924), kann der sekundliche Temperaturabfall δT annähernd aus der Formel berechnet werden:

$$\delta T = \text{rd. } 9 \cdot \frac{U}{f} \left(\frac{T}{1000}\right)^4 .$$

Hier bedeuten: U den Umfang der Probe in mm; f ihren Querschnitt in mm²; und T die absolute Temperatur.

sicht genommen werden muß. Zu den Vorteilen dieses Verfahrens gehört die Möglichkeit, durch entsprechende Wahl der Probenabmessungen und der Fallhöhe des Hammers verschiedene Formänderungsgeschwindigkeiten, je nach der Art des in Frage kommenden Formänderungsprozesses, zu erhalten.

Über die Eigenschaft, die wir als „leichte Härtbarkeit" bezeichneten, wird unten bei der Besprechung der Wärmebehandlung von Magnetstählen noch die Rede sein.

VII. Dauermagnetstähle.

Dauermagnetstähle sind Werkstoffe, die eine möglichst hohe Remanenz und eine möglichst hohe Koerzitivkraft besitzen sollen. Notwendige Bedingung zur Erzielung dieser letzteren Eigenschaft ist, wie wir oben bei der Besprechung der chemischen Konstitution kennen gelernt hatten, eine möglichst große Heterogenität des Gefüges und eine dadurch bedingte möglichste Höhe des inneren Spannungszustandes (vgl. S. 110). Unter den mannigfachen Legierungen, die prinzipiell zu diesem Zweck benutzt werden könnten, nehmen nun die härtbaren Eisen-Kohlenstoff-Legierungen die erste Stelle ein, und zwar einmal, weil der Kohlenstoff im Sinne der Erhöhung der Koerzitivkraft mit am stärksten auf das Eisen wirkt, dann aber auch, weil die von ihm gebildeten Gefügebestandteile selber noch eine beträchtliche Magnetisierbarkeit aufweisen. Dies hat zur Folge, daß in den Legierungen auch eine erhebliche Remanenz erhalten bleibt, während beim Vorhandensein größerer Mengen von unmagnetischen Bestandteilen stets eine innere Entmagnetisierung und damit eine Verkleinerung der Remanenz bzw. des Nutzkraftflusses bewirkt wird. Die sämtlichen heute benutzten Dauermagnetstähle bauen deshalb auf dem System Eisen-Kohlenstoff auf, wobei sie den Kohlenstoff entweder allein oder üblicherweise in Verbindung mit anderen Elementen enthalten.

Nach der Zusammensetzung unterscheidet man dabei unlegierte Kohlenstoffstähle, Wolframmagnetstähle, Chrommagnetstähle und Kobaltmagnetstähle, wozu in neuerer Zeit dann noch einige andere Stahlsorten, wie Kupferstähle, Molybdänstähle usw. hinzugetreten sind.

1. Kohlenstoffstahl.

Der Kohlenstoff liegt in den Fe-C-Legierungen im ausgeglühten Zustand als Gefügebestandteil Perlit bzw. Zementit vor (vgl. das Zustandsschaubild S. 93 ff.). Schon in dieser Form bewirkt er eine beträchtliche magnetische Härtung des Eisens, die in einer Erniedrigung der Permeabilität und einer Erhöhung der Koerzitivkraft $\mathfrak{H}_c$ zum Ausdruck kommt. Die Werte von $\mathfrak{H}_c$ steigen dabei wie bei allen anderen heterogenen Gemengen angenähert linear mit dem C-Gehalt an (vgl. Abb. 84). Die Remanenz der geglühten Stähle wird durch den Kohlenstoffzusatz praktisch nicht geändert, dagegen nehmen Maximalpermeabilität und Anfangspermeabilität mit steigendem Kohlenstoffgehalte ab. Auch die Induktionen bei hohen Feldstärken und die Sättigungsmagnetisierung werden entsprechend dem C-Gehalt herabgesetzt, wie in der früheren Abb. 83 bereits dargestellt. Ferner wird durch den Kohlenstoff der spez. elektrische Widerstand, die Härte und Zugfestigkeit hinaufgesetzt, während das spez. Gewicht abnimmt.

Einen Überblick über die physikalischen Eigenschaften der geglühten Kohlenstoffstähle gibt Zahlentafel 29.

Für die Änderung des spezifischen elektrischen Widerstands[1] mit dem C-Gehalt hat E. Gumlich[2] die Gleichung angegeben:

$$\varrho = 0{,}105 + 0{,}03\,C + 0{,}02\,C \; \Omega \text{ pro m/mm}^2\,,$$

in der C den Gehalt an Kohlenstoff in Prozenten bedeutet, während E. D. Campbell und H. W. Mohr[3] für technische Stähle die Formel finden:

$$\text{bei} \quad 0{,}0 \text{ bis } 1{,}1\%\,C: \quad \varrho = 0{,}1044 + 0{,}037\,C\,,$$
$$\text{bei} \quad 1{,}1 \text{ bis } 1{,}5\%\,C: \quad \varrho = 0{,}1451 + 0{,}078\,(C - 1{,}1)\,.$$

Zahlentafel 29. Physikalische Eigenschaften von Fe-C-Legierungen im geglühten Zustand (Durchschnittswerte).

C-Gehalt	0	0,2%	0,4%	0,6%	0,8%	1,0%	1,2%	1,4%
Zugfestigkeit in kg/mm² . .	25	40	55	75	90	$\sim$90	$\sim$80	$<$ 50
Härte in Brinell.	65	105	140	200	240	270	295	320
Dichte	$7{,}87_6$	$7{,}87_0$	$7{,}86_4$	$7{,}85_8$	$7{,}85_2$	$7{,}84_6$	$7{,}84_0$	$7{,}83_6$
Spez. elektrischer Widerstand in Ω pro m/mm²	$0{,}10_5$	$0{,}11_3$	$0{,}12_5$	$0{,}13_4$	$0{,}14_0$	$0{,}15_0$	$0{,}15_5$	$0{,}16_5$

Auch der thermische Ausdehnungskoeffizient wird durch Zusatz von C stetig herabgesetzt, und ist bei dem Stahl der eutektoiden Zusammensetzung etwa 10% kleiner als beim reinen Eisen.

Als Beispiel für das magnetische Verhalten der Eisen-Kohlenstofflegierungen seien nun in Zahlentafel 30 die Werte der Induktionen auf der Nullkurve von Stählen im geglühten Zustand nach den umfangreichen Untersuchungen von Gumlich[2] wiedergegeben, aus denen man die Abnahme der Induktionen mit steigendem C-Gehalt deutlich ersehen kann.

[1] Z. B. Le-Chatelier: Comptes Rendus **126**, 1709, 1782 (1898); Barret, Brown u. Hadfield: J. Inst. Electr. Engs. **31**, 729 (1902); Benedicks: Recherches Physiques et Physico-Chimique sur l'Acier au Carbone, Upsala 1904; Gumlich, E.: Trans. Farad. Soc. **8**, 102 (1912); Saldau, P.: J. Iron Steel Inst., Carn. Schol. Mem. **7**, 215—17 (1916); Campbell: J. Iron Steel Inst. **1915**, 164; Simidu: Sci. Rep. Tokio, **6**, Nr. 3 (1917); Norbury, A. L.: J. Iron Steel Inst. **101**, Nr. 1, 627—45 (1920); Yensen, T. D.: J. amer. Inst. El. Engs. **43**, 566 (1924).

[2] Wissenschaftl. Veröffentl. d. Phys.-Techn. Reichsanst. **4**, 271—420 (1918).

[3] J. Iron Steel Inst., Nr. 1, 375—92 (1926); auch Stahleisen **46**, 1127 (1926).

Zahlentafel 30. Magnetisierungskurven von technischen Eisen-Kohlenstoff-Legierungen im geglühten Zustand (nach Gumlich).

Gehalt Feldst. $\mathfrak{H}$	0,23% C $\mathfrak{B}$	0,69% C $\mathfrak{B}$	0,99% C $\mathfrak{B}$	1,57% C $\mathfrak{B}$	1,78% C $\mathfrak{B}$
1 Oe	1000	280	200	168	115
2,5 „	5500	850	580	520	380
5 „	9200	3700	1850	1350	940
10 „	12000	8500	6550	4950	3250
50 „	15970	14600	13850	12600	11860
100 „	17200	16080	15500	14130	13540
300 „	19560	18480	17900	16000	15900
1000 „	21750	20750	20230	18550	18400
3000 „	23920	23200	22830	21730	21500

Betreff der Einzelheiten der Eigenschaften der unlegierten Kohlenstoffstähle stimmen nun die Angaben der verschiedenen Forscher nicht immer überein[1], und dies ist auf den wesentlichen Einfluß zurückzuführen, den die chemische Zusammensetzung, insbesondere der verschiedene Gehalt an Begleitelementen, und ferner auch noch die Glühtemperatur, Art der Abkühlung, Gefügeausbildung u. dgl. auf die magnetischen (und elektrischen) Eigenschaften ausüben.

Zahlentafel 31. Magnetische Eigenschaften von vakuumgeschmolzenen Eisen-Kohlenstoff-Legierungen (Elektrolyteisen) im ausgeglühten Zustand.

Chemische Zusammensetzung				$\mathfrak{B}_{max}$ (für $\mathfrak{H} = 150$) Gauß	Remanenz $\mathfrak{B}_r$ Gauß	Koerzitivkraft $\mathfrak{H}_c$ Oersted	Maximalpermeabilit. μ_{max}
C %	Si %	Mn %	S %				
0,14	0,01	0,002	0,020	18240	9980	3,3	2990
0,23	0,006	0,004	0,020	18010	10010	4,5	2090
0,32	0,007	Spuren	0,009	17790	9830	5,0	1560
0,52	0,003	„	0,011	17310	9410	6,1	1180
0,88	0,018	0,006	0,011	16050	10610	8,5	830
1,28	0,025	Spuren	0,008	15130	10730	8,3	880
1,32	0,006	„	0,011	14990	10530	7,5	920
1,60	0,005	„	0,005	13850	8990	11,0	470

Ein Beispiel für den Einfluß der Zusammensetzung bieten die beiden Zahlentafeln 31 und 32, von denen die erstere einige Werte von geglühten Kohlenstoffstählen nach W. L. Cheney[2] enthält, wobei die Proben aus Elektrolyteisen hergestellt und im Vakuum erschmolzen waren, während die Proben der Tafel von A. F. Stogoff und W. S. Messkin[3] in dem üblichen Siemens-Martin-Verfahren hergestellt sind. Der Vergleich der beiden Tafeln lehrt, daß im ersteren Falle die

---

[1] Vgl. die Angaben von Campbell u. Whitney: J. Iron Steel Inst. **110**, 291 (1924) und die Ergebnisse der Untersuchungen von Maurer u. Stäblein (a. a. O.); auch P. Bardenheuer u. H. Schmidt: Mitt. Eisenforsch. **10**, Lief. 10, 209—10 (1928).

[2] Trans. amer. Soc. Steel Treat. **6**, 33 (1924); Stahleisen **45**, 88 (1925).

[3] Arch. Eisenhüttenw. **2**, H. 5 (1928).

Koerzitivkräfte erheblich kleiner sind (bzw. die Permeabilitäten höher), und diese Tatsache kann nur auf den äußerst geringen Gehalt an fremden Beimengungen bei den hier zusammengestellten Stählen zurückgeführt werden, wobei wir im Zusammenhang mit früher Gesagtem insbesondere an die Erhöhung der „Spannungsempfindlichkeit" durch den höheren Mn-Gehalt in den technischen Stählen zu denken haben[1]. Nähere Einzelheiten über die Schädlichkeit verschiedener Begleitelemente sind weiter unten gegeben (vgl. S. 235).

Der Einfluß der Abkühlungsgeschwindigkeit nach dem Ausglühen ist für einen eutektoiden Kohlenstoffstahl mit 0,85% C, 0,23% Si, 0,23% Mn, 0,016% P, 0,14% S und 0,05% Cr aus Zahlentafel 33 ersichtlich[2]. Je langsamer die Abkühlung vor sich geht, desto größer ist die

Zahlentafel 32. Magnetische Eigenschaften einiger Siemens-Martin-Kohlenstoffstähle im ausgeglühten Zustand.

Chemische Zusammensetzung				$\mathfrak{B}_{max}$ (für $\mathfrak{H} = 600$) Gauß	Remanenz $\mathfrak{B}_r$ Gauß	Koerzitivkraft $\mathfrak{H}_c$ Oersted
C %	Si %	Mn %	Cu %			
0,66	0,29	0,32	0,08	19184	12663	10,5
0,92	0,22	0,49	0,03	18973	8687	16,5
1,02	0,14	0,23	0,09	18497	10595	15,0
1,06	0,19	0,19	0,07	18372	11567	13,7

Induktion für gleiche Feldstärke, die Maximalpermeabilität und die Remanenz, während die Koerzitivkraft und der spezifische Widerstand

Zahlentafel 33.
Einfluß der Abkühlungsgeschwindigkeit auf die magnetischen (und elektrischen) Eigenschaften eines eutektoiden Kohlenstoffstahls.

rhitungsauer bei 300° Min.	Art der Abkühlung	Abkühlungsdauer von 800° bis 650° Min.	Maximalpermeabilität μ_{max}	Magnetische Induktion Gauß			Remanenz $\mathfrak{B}_r$ Gauß	Koerzitivkraft $\mathfrak{H}_c$ Oersted	Sättigungsintensität (berechnet)	Spezifischer Widerstand
				$\mathfrak{H} = 15$	$\mathfrak{H} = 150$	$\mathfrak{H} = 1000$				
—	Luftabkühlung . . .	—	385	5150	16100	20050	10050	13,4	1564 / 1520	0,2025
—	In Kalk abgekühlt .	—	437	6150	16300	20000	10540	12,4	1550 / 1500	0,2006
12	Ofenabkühlung . .	56	630	9300	16100	20030	12300	10,18	1580 / 1490	0,1941
13		78	630	9300	16100	20030	12300	10,0	1600 / 1430	0,1950
20		200	698	10000	16300	20000	12360	9,2	1610 / 1430	0,1931
13		90	633	9300	16100	20080	11970	9,2	1540 / 1400	0,1963

[1] Man erkennt daraus, daß vom praktischen Standpunkt aus eine extreme Reinheit des Eisens also gar nicht geboten ist.

[2] Nußbaum, C. u. W. L. Cheney: Sci. Pap. Bur. Stand. Nr. 408, 65—78 (1921).

sich mit abnehmender Abkühlungsgeschwindigkeit verringern. Als Ursache dieser Erscheinung haben wir die Änderung des Gefügeaufbaus mit der Abkühlungsgeschwindigkeit anzusehen. Je langsamer nämlich die Abkühlung, desto näher ist das Gefüge dem körnigem Perlit, der magnetisch weicher ist als der lamellare Perlit. Die Luftabkühlung, die ein sorbitisches Gefüge zur Folge hat, macht den Stahl dagegen magnetisch hart. Auch die Feinheit des Gefüges spielt eine beträchtliche Rolle. So stellten F. C. Langenberg und R. G. Weber[1] an einem Stahl mit 0,43% C fest, daß mit zunehmender Kornverfeinerung eine Steigerung des Hysteresisverlustes und der Koerzitivkraft eintritt.

Die verschiedene Rückwirkung der spezifischen Gefügeausbildung auf die magnetischen Eigenschaften, insbesondere auf die Höhe der Koerzitivkraft, auf die in neuerer Zeit auch W. Köster[2] noch einmal hingewiesen hat, bildet eine exakte Bestätigung der Spannungstheorie der Magnetisierungskurve und läßt sich aus dieser ohne weiteres ableiten. Man kann nämlich annehmen, daß die für den Verlauf der magnetischen Eigenschaften maßgebenden interkristallinen Spannungen, die aus den verschiedenen thermischen Ausdehnungen der Gefügebestandteile resultieren (vgl. S. 110), von den verspannten Grenzflächen aus nur eine bestimmte Eindringungstiefe haben, so daß bei nicht allzu großer Menge der heterogenen Bestandteile ein Teil des Grundmaterials unverspannt bleibt. In diesem Fall wird die Größe der verspannten Bezirke im Kristall von der Oberfläche der heterogen eingelagerten Fremdpartikel abhängen, und da der lamellare Perlit aus geometrischen Gründen stets eine größere Oberfläche besitzt als kugeliger Zementit gleichen Volumens, so wird ersterer relativ höhere interkristalline Spannungen und deswegen auch eine größere Koerzitivkraft bewirken (A. Kußmann und B. Scharnow)[3].

Mit der Gefügeausbildung hängt auch die Wirkung des Ausglühens bei verschiedenen Glühtemperaturen zusammen; auch hier gilt, daß dem körnigen Perlit in magnetischer Beziehung immer die höhere Permeabilität, d. h. die kleinere Koerzitivkraft entspricht. Der Einfluß der Glühtemperatur nach dem Schmieden auf die Permeabilität eines Kohlenstoffstahls mit 0,3% C, 0,084% Si, 0,85% Mn, 0,027% P und 0,024% S geht aus Zahlentafel 34 hervor[4]. Die geringe Permeabilität des ausgeschmiedeten Stahles wird durch Glühen bei 700° auf das 3fache vergrößert, da dabei der Perlit in körniger Form unterliegt, während bei hohen Glühtemperaturen, die sorbitischen Perlit zur Folge hat, wieder eine Verringerung der Permeabilität eintritt.

Im ausgeglühten, weichen Zustand spielt nun der Stahl in magnetischer Beziehung keine wesentliche Rolle; seine technische Bedeutung erlangt er vielmehr erst durch ein Abschrecken von Temperaturen oberhalb der A_1-Umwandlung und die dabei auftretende Härtung, über deren Wesen wir oben ausführlich gesprochen haben (vgl. S. 151). Gemäß dem Zustandsdiagramm (vgl. Abb. 61) ist die Höhe der Ab-

---

[1] Iron Trade Rev., 23. Sept., 576—77 (1915).
[2] Arch. f. Eisenhüttenwes. 4, 289 (1930).   [3] a. a. O.
[4] Delbart, G.: Comptes Rendus 183, 662 (1926).

schreck temperatur dabei durch die chemische Zusammensetzung gegeben. Sie liegt am tiefsten bei der eutektoiden Legierung mit 0,9% C, und zwar bei mindestens 740°, während niedriger gekohlte Stähle entsprechend dem Verlauf der Linie GOS (vgl. Abb. 61) für eine vollständige Auflösung des Zementits höhere Temperaturen erfordern, und zwar um so höher, je geringer der Kohlenstoffgehalt ist. Um Bestwerte der magnetischen Eigenschaften zu erzielen, wird man bei den unterperlitischen Stählen zum Zwecke der Härtung auch daher stets die Linie GOS überschreiten. Etwas anders liegen dagegen die Verhältnisse bei den übereutektoiden Stählen. Eine Abschreckung aus Temperaturbereichen oberhalb der steil ansteigenden Linie ES des Zustandsdiagramms, d. h. aus dem Gebiet der festen Lösung, führt hier zu einem Gefüge aus grobnadligem Martensit mit erheblichen Mengen Restaustenit und daher zu relativ schlechten magnetischen Eigenschaften. Legierungen dieser Zusammensetzung werden daher gewöhnlich aus dem Zwischengebiet zwischen den Linien SK und SE des Diagramms abgeschreckt (wobei je nach der Abschrecktemperatur mehr oder weniger Zementit erhalten bleibt), und die Höhe der Härtetemperatur richtet sich empirisch nach den gewünschten Gebrauchswerten.

Zahlentafel 34. Magnetische Eigenschaften eines geschmiedeten und darauf bei verschiedenen Temperaturen geglühten Kohlenstoffstahls.

Feldstärke $\mathfrak{H}$ Oersted	Magnetische Induktion $\mathfrak{B}$. Gauß.			
	Geschmiedet	Bei 700° geglüht	Bei 850° geglüht	Bei 980° geglüht
3	325	837	575	550
7,5	2387	8250	5662	4750
12,0	5050	11550	9500	8700
21,75	9750	14800	13150	12500
30,0	12200	15600	14600	14000
40,0	14200	16450	15600	15000
50,0	15450	16850	16200	16000
80,0	17350	17600	17400	17100
100,0	18200	18250	18000	17700
150,0	19100	19000	19000	18900
200,0	19700	19450	19700	19500

Über die physikalischen Eigenschaften der abgeschreckten Stähle ist folgendes zu bemerken: Die Dichte des gehärteten Stahles in Abhängigkeit von dem im Eisen vorhandenen C ist geringer als bei den ausgeglühten Proben. Sie läßt sich ausdrücken durch die Beziehung $S = 7,876 - 0,14\,C$; wenn C den Kohlenstoffgehalt bedeutet.

Die Änderung der Sättigungsinduktion mit dem Kohlenstoffgehalt beim Abschrecken von 850° geht aus der früheren Abb. 83 hervor. Aus ihr ist zu ersehen, daß die Sättigungswerte mit zunehmendem C-Gehalt im gehärteten Zustand erheblich stärker abnehmen als im geglühten (nach E. Gumlich $4\pi J_\infty = 21620 - 3200\,C$, wo C wie oben den Kohlenstoffgehalt in Gewichtsprozenten bedeutet).

Es ist nicht sicher festgestellt, ob diese Änderung allein auf den in den abgeschreckten Stählen stets noch vorhandenen restlichen Austenit zurückzuführen ist, dessen Menge mit dem Kohlenstoffgehalt und der Abkühlungsgeschwindigkeit zunimmt (in diesem Fall hätten wir es also nur mit einer scheinbaren Abnahme zu tun) oder ob darüber hinaus der Martensit einen wesentlich anderen Sättigungswert besitzt als Ferrit.

Die Größe des spez. elektrischen Widerstandes gehärteter Kohlenstoffstähle zeigt Abb. 183 nach Messungen von E. D. Campbell sowie Gumlich, aus der hervorgeht, daß die Kurve der elektrischen Leitfähigkeit um so steiler verläuft, je höher die Abschrecktemperatur ist. Der Einfluß einer Variation der Abkühlungsgeschwindigkeit (infolge verschiedener Abschreckflüssigkeiten) auf den elektrischen Widerstand mag aus Zahlentafel 35 hervorgehen (nach Campbell und Whitney), in der auch die prozentuale Änderung gegenüber dem ausgeglühten Zustand vermerkt ist.

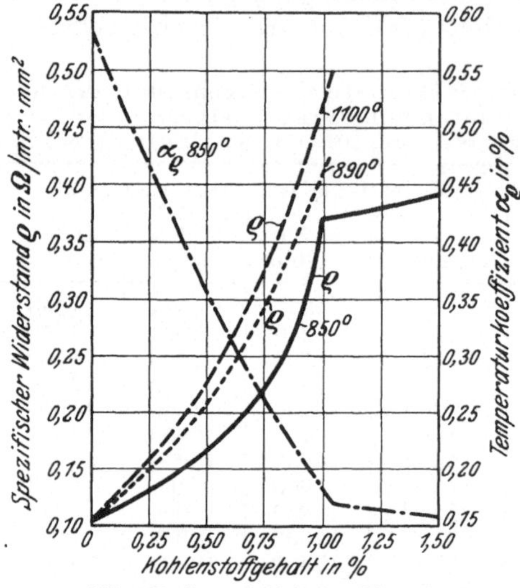

Abb. 183. Spez. elektrischer Widerstand abgeschreckter Stähle.

Die Abhängigkeit der magnetischen Eigenschaften abgeschreckter Stähle vom Kohlenstoffgehalt und der Abschrecktemperatur ist in Abb. 184 nach den umfangreichen Untersuchungen von E. Gumlich[1] wiedergegeben.

Zahlentafel 35. Spezifischer Widerstand in Wasser und Öl gehärteter Kohlenstoffstähle.

Gehalt an übrigen Elementen	C-Gehalt %	Spezifischer Widerstand $\mu\Omega/\text{cm}^3$		Zunahme durch Härten	
		In Wasser bei 922° gehärtet	In Öl bei 922° gehärtet	In Wasser %	In Öl %
	0,03	10,94	10,84	0,38	0,28
	0,21	12,88	11,15	1,81	0,08
Si = Spuren	0,27	13,37	11,38	2,09	0,10
Mn = 0,028%	0,44	17,35	12,03	5,42	0,10
P = 0,003%	0,59	22,34	13,34	9,53	0,53
S = 0,018%	0,74	29,45	15,19	15,64	1,38
Cu = 0,039%	0,90	31,48	21,08	17,62	7,22
	1,05	35,73	25,53	20,93	10,73
	1,12	40,23	25,88	24,49	10,14
	1,48	44,63	31,97	27,65	14,99

Beim Härten von 850° steigt die Koerzitivkraft mit steigendem C-Gehalt demnach zunächst geradlinig an (wobei sich jedoch bei etwa 0,9% C noch ein Knick bemerkbar macht) und erreicht bei etwa 1% C einen Wert von rd. 60 Oersted.

[1] Trans. Farad. Soc. 8, 98—114 (1912); Wissensch. Abh. d. PTR. 1918; Stahleisen 1919.

Bei höheren Härtetemperaturen wird der Verlauf der Kurven verwickelter. Für niedrige C-Gehalte steigt die Koerzitivkraft stärker, das Maximum der Kurven erreicht bei 1000° Abschrecktemperatur etwa 70 Oersted, um dann sowohl mit größeren C-Gehalten als auch höheren Härtetemperaturen wieder zu sinken.

Im entgegengesetzten Sinne wie die Koerzitivkraft ändert sich mit dem Kohlenstoffgehalt die Remanenz. Sie steigt nämlich nur bis zu etwa 0,5% C an, nimmt aber dann dem Kohlenstoffgehalt umgekehrt proportional ab, was auf die steigende Einbettung des unmagnetischen Austenits und die dadurch auftretende innere Entmagnetisierung zurückzuführen ist.

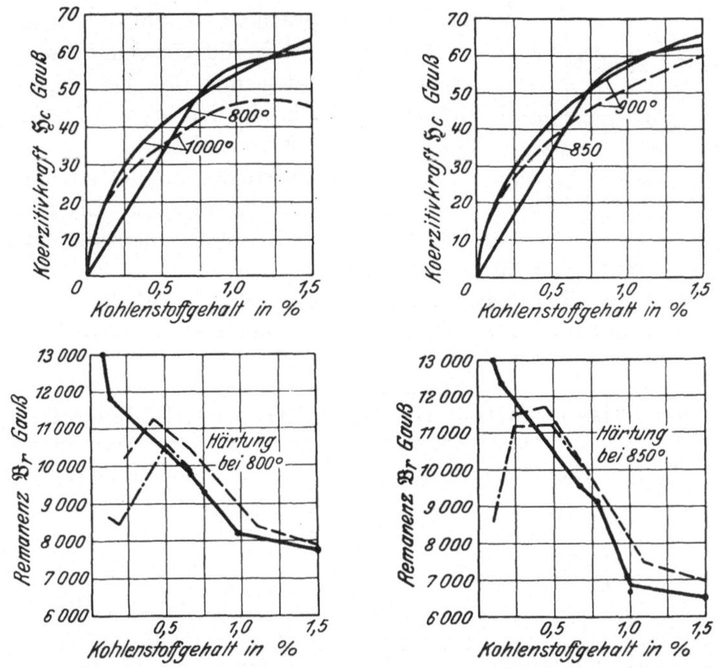

Abb. 184. Koerzitivkraft und Remanenz abgeschreckter Kohlenstoffstähle (Gumlich).

Entsprechend der Wirkung auf die Koerzitivkraft macht sich der Einfluß des Abschreckens auch in der Permeabilität geltend, wobei die Anfangspermeabilität der abgeschreckten Stähle gegenüber den langsam abgekühlten gewöhnlich um etwa die Hälfte, die Maximalpermeabilität um das 6 bis 8fache herabgesetzt wird. So zeigte Gumlich, daß für einen Stahl mit 0,07% C, der nach langsamer Abkühlung eine Anfangspermeabilität von 217 hatte, durch Härtung bei 850° dieser Wert auf 142 herabsinkt. Die Permeabilitätskurven für drei gehärtete Kohlenstoffstähle sind ferner in Abb. 185 wiedergegeben[1] (vgl. Abb. 85, S. 116, Permeabilitätskurven der geglühten Stähle).

Was nun die praktische Verwendung der reinen Eisen-Kohlenstoff-Legierungen als Dauermagnetstähle anbetrifft, so ist es wegen des Gegeneinanderlaufens der Koerzitivkraft und der Remanenz in Ab-

---

[1] Vgl. E. H. Crapper: Engg. 11, April, 453 (1924).

hängigkeit vom Kohlenstoffgehalt anscheinend nicht möglich, höchste Werte der Remanenz mit höchster Koerzitivkraft zu vereinigen. Aus diesem Grunde betragen auch die Werte des Produktes $\mathfrak{B}_r \times \mathfrak{H}_c$ nach allen bisherigen Angaben im günstigsten Fall nicht viel mehr als $500 \cdot 10^3$ (Zahlentafel 36), was für Zwecke, an denen von einem Dauermagneten hohe Leistung verlangt wird, an sich zu klein ist. Auch die gleich zu besprechenden starken Alterungserscheinungen, d. h. die Abnahme des magnetischen Momentes mit der Zeit (s. unten), sprechen außerordentlich gegen die Verwendung reinen Kohlenstoffstahls.

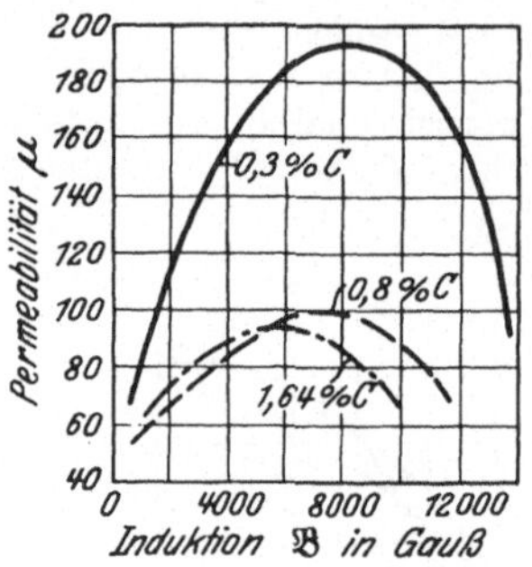

Abb. 185. Permeabilitätskurven für drei gehärtete Kohlenstoffstähle.

Die Absolutwerte der magnetischen Eigenschaften einiger technischer Eisenkohlenstoffstähle sind in der Zahlentafel 36 nach A. Stogoff und W. S. Messkin zusammengestellt.

Sie zeigen in Übereinstimmung mit der älteren Tabelle von Mars (Taf. 37), daß der noch am besten für Dauermagnete geeignete Kohlen-

Zahlentafel 36.
Magnetische Eigenschaften einiger gehärteter Kohlenstoffstähle.

Chemische Zusammensetzung			Thermische Behandlung			Magnetische Eigenschaften			
C	Si	Mn	Härtetemp.	Härtemittel	Erhitzungsdauer bei Härtetemp.	Induktion für $\mathfrak{H} = 600$	Remanenz $\mathfrak{B}_r$	Koerzitivkraft $\mathfrak{H}_c$	Produkt $\mathfrak{B}_r \times \mathfrak{H}_c \cdot 10^{-3}$
%	%	%	° C		Min.	Gauß	Gauß	Oersted	
0,66	0,29	0,32	770	Wasser 9°	5	17856	10360	53,7	556,3
0,66	0,29	0,32	800	Wasser 15°	5	17134	9165	55,2	505,9
0,66	0,29	0,32	850	Öl 28°	5	16050	8080	54,5	440,4
0,66	0,29	0,32	900	Öl 35°	4	16169	7854	53,0	416,3
0,92	0,22	0,49	800	Wasser 15°	5	16241	8395	65,0	545,7
1,02	0,14	0,23	770	Wasser 15°	5	16438	8884	61,5	546,4
1,02	0,14	0,23	800	Wasser 15°	5	15162	7785	64,3	500,6
1,02	0,14	0,23	800	Öl 15°	4	18712	9280	26,7	247,8
1,02	0,14	0,23	850	Öl 28°	5	18925	8780	27,0	237,1
1,06	0,19	0,19	770	Wasser 9°	5	16870	9380	53,0	497,0

stoffstahl ein solcher mit rd. 1% C bei mittleren Gehalten von Silizium und Mangan ist, doch findet aus den oben angegebenen Gründen ein solcher Stahl heute nur noch zur Herstellung billiger Magnete, wie etwa für Radiokopfhörer usw., Verwendung.

Von den Alterungserscheinungen können die irreversiblen Änderungen des Kraftflusses durch Erwärmungen bei 100° (bzw. langes Lagern bei Raumtemperatur) bis 40%, der Verlust durch Erschütterungen bis 5 bis 6% betragen[1]. Zunahme des Kohlenstoffgehaltes verringert dabei nach Gumlich den Einfluß von Erschütterungen unter gleichzeitiger Verstärkung des Einflusses von Erwärmungen. Dabei wirkt eine niedrigere Härtetemperatur im Sinne der Alterungserscheinungen günstiger, als eine höhere, doch ist dieser Einfluß[2] quantitativ nicht wesentlich.

Einige Messungen über die Remanenz gehärteter Hufeisenmagnete aus Kohlenstoffstahl in relativen Einheiten und die Abnahme dieser Werte mit der Zeit nach 8tägigem ruhigen Lagern sind in Zahlentafel 37 nach G. Mars[3] wiedergegeben.

Zahlentafel 37. Relative magnetische Eigenschaften fertiger Magnete aus Kohlenstoffstahl (gehärtet in Wasser 10 bis 15⁰ C).

Chemische Zusammensetzung			Härtetemperatur	Remanenz (in relativen Einheiten)		
C	Si	Mn		Nach der Magnetisierung	Nach 8 Tagen Lagerung	Abnahme der Remanenz
%	%	%	⁰ C			%
0,11	0,016	0,16	880	18,0	17,0	5,6
0,40	0,10	0,30	860	57,5	56,5	3,4
0,65	0,15	0,12	850	58,5	56,5	3,0
0,81	0,08	0,20	820	64,5	62,0	3,9
0,97	0,20	0,15	810	70,5	69,0	2,2
1,17	0,18	0,23	780	55,5	53,0	4,6
1,23	0,17	0,33	780	54,5	50,5	7,4
1,28	0,18	0,25	765	55,5	53,5	3,6
1,48	0,20	0,22	755	60,5	58,0	4,2
1,50	0,12	0,30	750	46,0	44,5	3,6
1,70	0,12	0,65	740	37,5	36,0	4,0

Der Temperaturkoeffizient der reversiblen Änderungen des magnetischen Moments bei den Kohlenstoffstählen ist negativ und nimmt mit wachsendem Kohlenstoffgehalt sowie mit steigender Härtetemperatur ab. In Abb. 186 sind diese Verhältnisse nach E. Gumlich schaubildlich dargestellt. Danach kann bei einem bestimmten Kohlenstoffgehalt, und zwar bei etwa 1,50% C und entsprechend hoher Härtetemperatur der Temperaturkoeffizient gleich Null sein, doch bleibt dies für die Praxis ohne Belang, weil, wie oben ausgeführt, unter diesen Umständen die Erzielung selbst nur

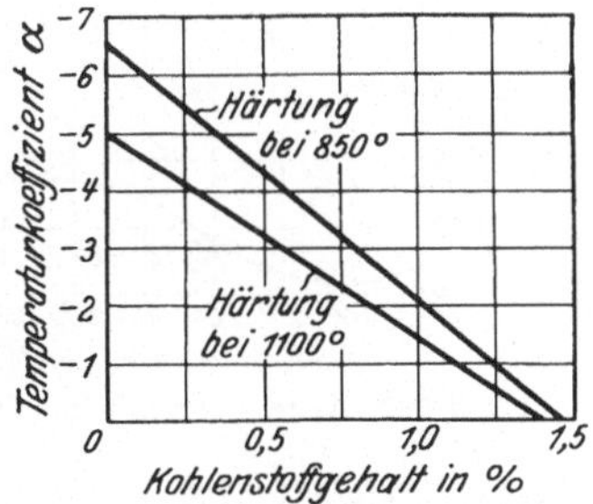

Abb. 186. Temperaturkoeffizient von C-Stählen.

verhältnismäßig guter magnetischer Eigenschaften nicht möglich ist.

---

[1] Vgl. E. Gumlich: Magnetische Messungen, 207.

[2] Nach J. R. Dowdell: Trans. amer. Soc. Steel Treat. 5, 27 (1924) ist die prozentuale Abnahme des magnetischen Moments durch Erschütterungen annähernd der Koerzitivkraft umgekehrt proportional.

[3] Stahleisen 1909, 1673.

In Abhängigkeit vom Kohlenstoffgehalt gelten für den Temperaturkoeffizienten die Formeln:

$$\alpha = -\,0{,}00063 + 0{,}00042\,C \quad \text{(Härtetemperatur } 850^0),$$
$$\alpha = -\,0{,}00050 + 0{,}00034\,C \quad \text{(Härtetemperatur } 1100^0),$$

Der Einfluß des Anlassens auf die magnetischen Eigenschaften der Kohlenstoffstähle ist vielfach untersucht worden[1]. Die Werte der wichtigsten magnetischen Eigenschaften nach dem Anlassen bei verschiedenen Temperaturen[2] gibt die Abb. 187 nach W. L. Cheney wieder. Danach zeigt die Remanenz in Abhängigkeit von der Anlaßtemperatur eine Steigerung bis zu 500^0, wonach sie langsam abzufallen beginnt. Ferner weist die Remanenz bei allen drei Stählen noch ein kleines Minimum zwischen 100 und 200^0 auf. Die Koerzitivkraft nimmt im allgemeinen mit der Anlaßtemperatur stetig ab, wobei die Abnahme um so stärker vor sich geht, je höher die ursprüngliche

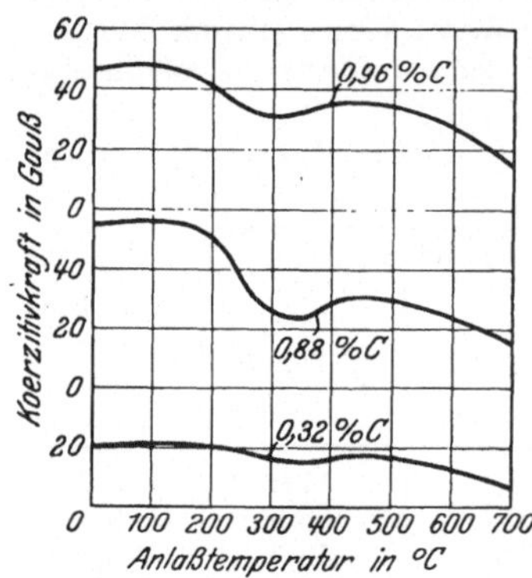

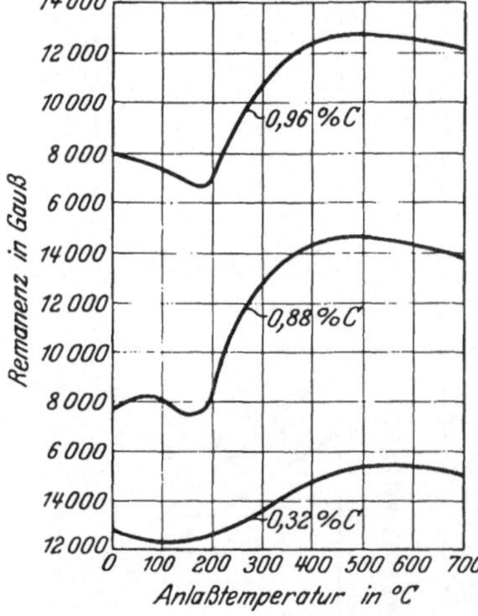

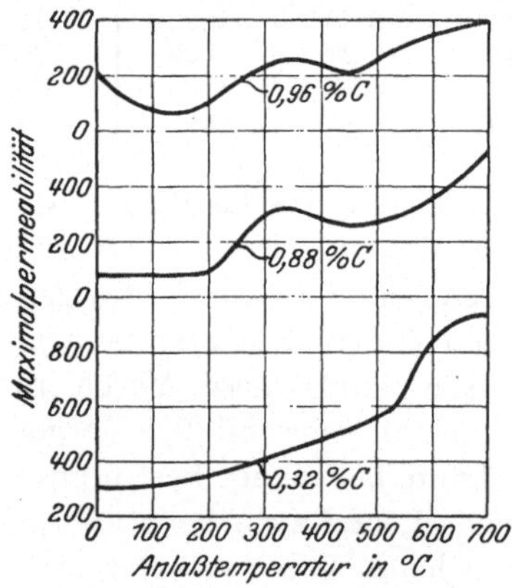

Abb. 187. Änderung der Eigenschaften von Kohlenstoffstählen beim Anlassen (Cheney).

Koerzitivkraft (im gehärteten Zustand) war. Zwischen 400 und 500^0 ist das oben schon erwähnte sekundäre Maximum zu erkennen[3]. Das entsprechende Gegenstück findet sich in dem Verlauf der Maximal-Permeabilität, die in Abhängigkeit von der Anlaßtemperatur (Abb. 187) bis zu den Werten des geglühten Stahles hin ansteigt.

---

[1] Sci. Pap. Bur. Stand. Nr. 463, 609—35 (1922).

[2] Die Anlaßdauer betrug bei allen Stählen etwa 20 min mit darauffolgendem langsamem Abkühlen (in Kalk).

[3] Vgl. auch Maurer: Rev. Mét. 5, 711 (1908).

2. Wolframstahl.

Die schlechte Haltbarkeit und der geringe Wert des Produktes $\mathfrak{B}_R \times \mathfrak{H}_c$ bei den reinen Eisen-Kohlenstoff-Legierungen haben frühzeitig zu Versuchen geführt, die magnetischen Eigenschaften der Kohlenstoffstähle durch geeignete Zusätze zu verbessern. Der älteste und zugleich auch heute noch einer der besten Werkstoffe, die als Ersatz der Kohlenstoffstähle dabei zur Herstellung von Dauermagneten Verwendung gefunden haben, ist der Wolframstahl. Er wurde zuerst von Remy und Böhler im Jahre 1883 hergestellt[1]. Seit jener Zeit fanden dann über diesen Stahl zahlreiche Untersuchungen statt; trotzdem sind uns bis heute noch viele Vorgänge unbekannt geblieben, die mit seinem inneren Aufbau und der Gegenwart des Wolframs zusammenhängen.

Der Einfluß des Wolframs auf das Zustandsschaubild der Eisen-Kohlenstoff-Legierungen besteht zunächst darin, daß der Perlitpunkt S (Abb. 61) beträchtlich nach links verschoben, d. h. der Kohlenstoffgehalt des Perlits erniedrigt wird. Dieser Zusammenhang ist in der Abb. 188 nach den Untersuchungen von Oberhoffer, Daeves und Rapatz[2] dargestellt, aus der hervorgeht, daß bei

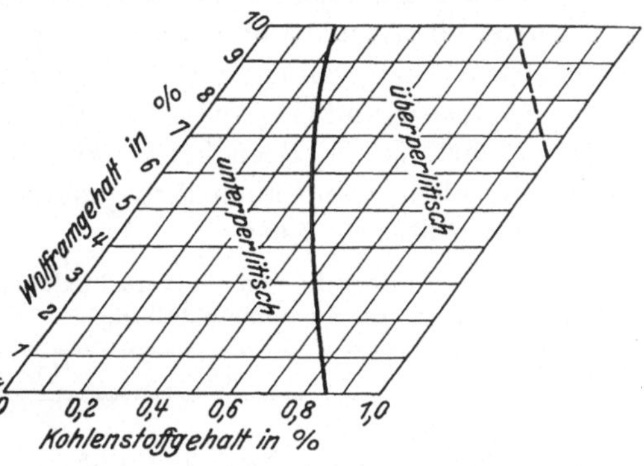

Abb. 188. Einfluß des Wolfram auf A_2.

einem C-Gehalt von 0,6% schon ein W-Gehalt von 3% genügt, um den Stahl überperlitisch zu machen. Die Wolframmagnetstähle üblicher Zusammensetzung gehören daher zu den überperlitischen Stählen.

Der Umwandlungspunkt $A c_1$ des Stahles wird durch Wolfram nur schwach beeinflußt[3], dagegen ruft W eine beträchtliche Erniedrigung des Haltepunktes A_{r_1} hervor, wobei die Hysteresis A_{c_1} bis A_{r_1} um so deutlicher in Erscheinung tritt, je höher bei gleicher Abkühlungsgeschwindigkeit der Kohlenstoff- und Wolframgehalt ist und je höher die maximale Erhitzungstemperatur betrug (F. Osmond[4], 1892).

O. Böhler[5] fand an einem Stahl mit 0,85% C und 7,78% W bei einer Erhitzungstemperatur von 850° den Haltepunkt A_{r_1} bei 700°, nach dem Erhitzen

---

[1] Vgl. Stahleisen **44**, 1327 (1924).   [2] Stahleisen **44**, 432—35 (1924).

[3] Siehe auch E. Rapatz: Die Edelstähle S. 123, Berlin: Julius Springer, 1925.

[4] Siehe R. A. Hadfield: J. Iron Steel Inst. **2**, 14 (1903); auch Rev. Mét. **1**, 348—52 (1904).

[5] Wolfram- und Rapidstahl. Wien 1905.

auf 950° jedoch bei 690°. Bei einer weiteren Steigerung der Temperatur bis 1050°
traten zwei Haltepunkte auf; der eine bei 670° und der andere bei 595°; eine Erhitzungstemperatur von 1100° ergab wieder nur einen Haltepunkt, und zwar bei
etwa 570°. Nach Th. Swinden[1] gibt es eine bestimmte Erhitzungstemperatur
unterhalb deren der Haltepunkt A_{r_1} nicht mehr beeinflußt wird. Diese sogenannte
„Erniedrigungstemperatur" liegt um so höher, je höher der Gehalt des Stahls an
Kohlenstoff und Wolfram ist. Diese Aufspaltung des Punktes A_{r_1} in zwei Teile
ist neuerdings durch die Untersuchungen von P. Dejean[2] und auch von N. T. Gudzow und J. S. Gaew[3] wieder bestätigt worden.

Der wichtigste Einfluß des W in Hinblick auf das Gefüge besteht
dann in der Bildung von Karbiden und Doppelkarbiden verschiedener
Stabilität. Über die Form der Wolframkarbide liegen eine ganze
Reihe von Arbeiten vor, wie von Moissan[4], Williams[5], Carnot
und Goutal[6], Gulliet[7], Swinden[8], Hilpert und Orenstein[9], Ruff
und Wunsch[10], Arnold und Read[11], Honda und Murakami[12], Hultgren[13], Andrew[14], Skaupy[15], K. Becker[16], Westgren und Phragmen[17], Gudzow und Gajew[18] u. a., die nicht immer zu gleichen Ergebnissen geführt haben; doch kann über die Existenz der Karbide kein
Zweifel bestehen, wenn auch ihre genaue stöchiometrische Zusammensetzung noch strittig ist[19].

Eine Übersicht über die von den verschiedenen Forschern angegebenen Karbide
vermittelt beifolgende Zusammenstellung

Karbidform	Forscher
W_2C	Moissan
WC	Williams, Ruff u. Wunsch, Arnold u. Ried, Hultgren
$4\,Fe_3C \cdot WC$	Honda u. Murakami
Fe_2W_2C	Hultgren
Fe_3C	Arnold u. Ried
Fe_6W_3C	Bain, Jeffries

Das erste ausführliche Diagramm der Eisen-Kohlenstoff-Wolfram-Legierungen
ist von K. Honda und T. Murakami entworfen worden. Sie stellten zwei magnetische Umwandlungen fest, und zwar eine bei 200°, die der üblichen Zementit-

[1] J. Iron. Steel Inst. 1, 291—324 (1907).   [2] Rev. Mét. 1917, 641.
[3] Metallurg (Russ.), Nr. 4, 7—24 (1927).   [4] Comptes Rendus 123, 123.
[5] Comptes Rendus 126, 1722; 127, 410.   [6] Comptes Rendus 128, 208.
[7] Rev. Mét. 1904, 263.   [8] J. Iron Steel Inst. Nr. 1, 298 (1907).
[9] Ber. deutsch. Chem. Gesellsch. 46, 1669 (1913).
[10] Z. anorg. u. allg. Chem. 85, 292 (1914).
[11] Engg. 1914, 433; Eng. 27, März, 356, (1914); Stahleisen 1914, 1302.
[12] Sci. Rev. Tohoku Imp. Univ. 6, 253—83 (1918).
[13] „A metallographic Study of Tungsten Steels", Chapman u. Hall, London
1920; Stahleisen 41, 1775 (1921).
[14] J. Phys. Chem. 27, 270 (1923).   [15] Z. Elektrochem. 33, 487 (1927).
[16] Z. Elektrochem. 34, 640 (1928). Vgl. dazu K. Becker: Z. Metallkunde 12,
437—41 (1928).
[17] Z. anorg. u. allg. Chem. 156, 27 (1926).   [18] Metallurg (Russ.) 4, 7—24 (1927).
[19] Außer den Wolframkarbiden wurden noch Wolframide gefunden, die folgende Zusammensetzung besitzen: Fe_3W, FeW_2, Fe_3W_2, Fe_2W, Fe_4W und Fe_5W.

umwandlung entspricht, ferner eine solche bei 400°, die sie eben dem Doppelkarbid 4 Fe$_3$C·WC zuschreiben. Je nachdem ob keine, eine oder zwei magnetische Umwandlungen auftraten, wurden 6 Zustandsfelder unterschieden und der Umwandlungsvorgang wie folgt dargestellt: Oberhalb A_{c_1} ist Wolfram als WC im Austenit gelöst. Kühlt man nach Erreichen von 850° wieder ab, so treten WC und Fe$_3$C zum Doppelkarbid zusammen, das sich bei A_{r_1} ausscheidet und bei 400° magnetisch wird. Hultgren, dessen Zustandsschaubild den Gleichgewichten kurz unterhalb der Temperatur vollendeter Erstarrung entspricht, unterscheidet ein stabiles System mit den Karbiden WC und Z$_1$ und ein metastabiles System mit einem kohlenstoffreicheren Karbid Z$_3$. Eine kürzlich angeführte Untersuchung von S. Takeda[1] nimmt 3 Karbide an, und zwar die η-Phase, das Wolframkarbid WC und die Θ-Phase. Die η-Phase ist nach diesem Autor nahezu identisch mit dem Doppelkarbid Fe$_3$W$_3$C (Westgren und Phragmen), während die Θ-Phase eine ternäre feste Lösung von Zementit, Wolfram und Eisen ist, deren magnetischer Umwandlungspunkt von der Konzentration abhängt.

Unabhängig von der Richtigkeit der einen oder der anderen Auffassung seien die Vorgänge bei der Erwärmung der Wolframstähle hier durch die Auffassung von Hultgren wiedergegeben. Nach dem Strukturdiagramm dieses Autors besteht der Spezialbestandteil der Wolframmagnetstähle mit etwa 0,6 bis 0,8 % C und 5 bis 6 % W aus Doppelkarbiden, die je nach dem Kohlenstoffgehalt ganz verschieden sind, deren wechselnde Zusammensetzung aber im allgemeinen durch die Formel m Fe$_3$C·n WC dargestellt werden kann. Dieses Doppelkarbid ist metastabil und zerfällt bei hohen Temperaturen oberhalb A_{c_3},

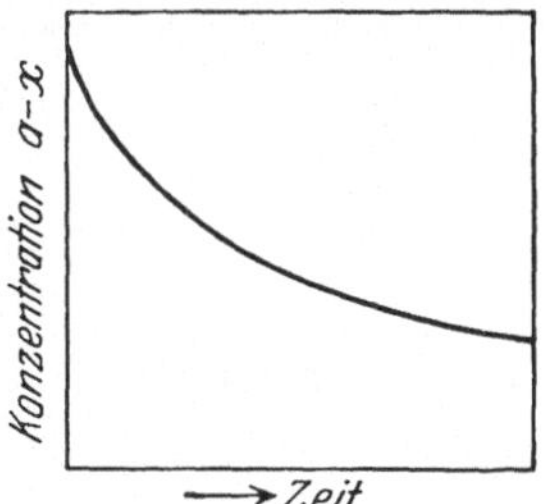

Abb. 189. Zerfallskurve.

nach der Reaktion: m Fe$_3$C·n WC → m Fe$_3$C + n WC — ein Vorgang, der der Zerlegung des Eisenkarbids Fe$_3$C der reinen Eisen-Kohlenstoff-Legierungen in Eisen und Graphit ähnlich ist. Der Verlauf dieser Reaktion kann durch die Kurve der Abb. 189 dargestellt werden[2], in der in der Abszissenachse die Zeit, in der Ordinatenachse die Konzentration der zurückgebliebenen, noch nicht zerfallenen Menge des Doppelkarbids m Fe$_3$C·n WC eingezeichnet ist. Reicht also die Zeit bei einer genügend hohen Temperatur hin, so läuft die oben erwähnte Reaktion m Fe$_3$C·n WC → m Fe$_3$C + n WC vollständig aus, wobei das entstehende stabile Karbid WC eine recht erhebliche Menge des Kohlenstoffs an sich zieht und dadurch den Gehalt des Austenits an Kohlenstoff sinnfällig verkleinert.

---

[1] Technol. Rep. Tohoku Imp. Univ., Sendai 10, 42—92 (1931).

[2] Gudzow u. Gajew: a. a. O. — Die Kurve der Abb. 189 veranschaulicht graphisch die Formel $\dfrac{dx}{dt} = k(a-x)^p$, die die Geschwindigkeit der Reaktion m Fe$_3$C·nWC → m Fe$_3$C + nWC darstellt. Hier ist $(a-x)$ die jeweilige Konzentration des Doppelkarbids, k die Reaktionskonstante und p der Reaktionsexponent.

Bei einem Kohlenstoffgehalt höher als der im Magnetstahl übliche bestehen die Wolframkarbide dagegen im wesentlichen aus WC. So fand Hultgren an einem Wolframmagnetstahl mit 0,61% C und 6,4% W, der in Zuckerkohle eingepackt 4 Std. lang bei 1150° gehalten wurde und dadurch Kohlenstoff angenommen hatte, in der Randzone zahlreiche WC-Körner. Das Karbid WC erscheint unter dem Mikroskop grauweiß und wird von Natriumpikrat nicht geätzt. Es ist sehr hart, ritzt Saphir und sieht im Schliff immer konvex, oft mit gerundeten Kanten aus. Beim Polieren des Schliffes wird es infolge seiner großen Härte und Sprödigkeit leicht herausgerissen, so daß in einem ungeätzten Schliffbild diese Stellen als charakteristische schwarze Punkte erscheinen. Ein Beispiel solchen Schliffbildes ist in Abb. 190 wiedergegeben, wo die nicht herausgerissenen WC-Karbide reliefartig aus der Grundmasse hervortreten und Randschatten zeigen. Im allgemeinen sind die Karbidkörner im

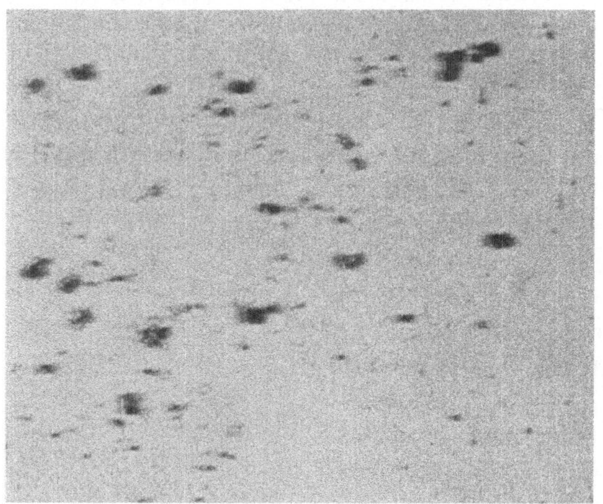

Abb. 190. Schliffbild eines W-Stahles (ungeätzt, × 800).

Stahl so klein, daß zu ihrer Beobachtung eine etwa tausendfache Vergrößerung notwendig ist.

Die magnetischen Eigenschaften der Wolframmagnetstähle hängen nun in hohem Maße von der Größe und der Verteilung dieser Karbide ab, und auch die günstigste chemische Zusammensetzung des Stahles steht mit ihnen in engem Zusammenhang (s. unten).

Die ersten zahlenmäßigen Angaben über das Verhalten von Wolframstählen sind in den Arbeiten Curies[1] enthalten, bei denen sich als beste Zusammensetzung etwa 5% W und 0,6% C ergeben hat.

Ausführliche Untersuchungen über den Einfluß des Wolframs hat dann G. Mars[2] durchgeführt. Die von ihm erhaltenen Werte der Remanenz in willkürlichen Einheiten sind in Zahlentafel 38 zusammengestellt. Aus ihr geht ebenfalls hervor, daß sich die höchsten Werte der „Remanenz" sowie die geringsten Verlustwerte bei der Alterung unter den in der Tabelle angegebenen Werten mit einem Stahl von 0,57% C

---

[1] Vgl. Comptes Rendus **125**, 1165 (1897).   [2] l. c.

Zahlentafel 38. „Remanenz" von Hufeisenmagneten aus Wolframstahl mit verschiedenen Wolfram- und Kohlenstoffgehalten.

Chemische Zusammensetzung				Härtetemperatur °C	Härtemittel	Härte nach Brinell	Remanenz in Magnetometereinheiten		
C %	Si %	Mn %	W %				unmittelbar nach der Magnetisierung	nach acht Tagen	Verlust in %
1,15	0,20	0,23	0,68	780	Wasser von 10–15° C	600	69,5	68,5	2,9
1,16	0,19	0,20	1,20	750	„	744	76,5	76,0	1,3
0,64	0,25	0,26	1,12	820	„	713	76,5	73,5	3,9
0,62	0,22	0,20	1,96	800	„	782	85,5	84,0	1,8
1,20	0,28	0,29	3,22	740	„	782	66,5	65,0	4,5
0,57	0,18	0,26	5,47	930	„	782	90,5	90,5	0,0
1,25	0,27	0,30	8,65	930	„	782	61,0	58,5	4,1
1,25	—	—	30,0	850	Öl	578	19,0	—	—

und 5,47% W erzielen lassen. Viele weitere Untersuchungen haben jedoch dann gezeigt, daß ein Optimum bei etwa 0,72% C liegt, wobei sich der Wolframgehalt zwischen 5,2% und 6% bewegen kann. Wegen der Einzelheiten dieser Arbeiten, in denen manche praktische Erfah-

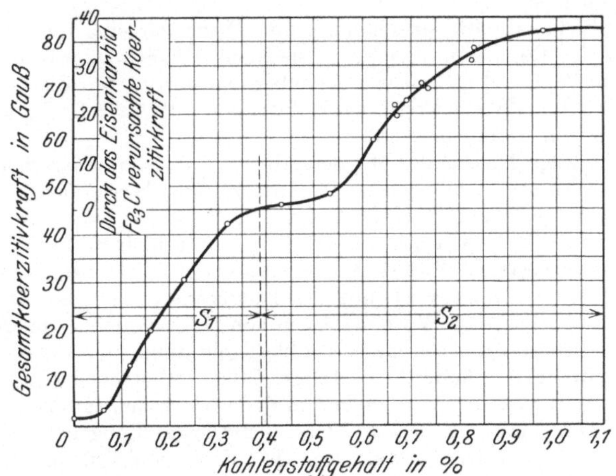

Abb. 191a. Koerzitivkraft gehärteter W-Stähle.

rungen niedergelegt sind, sei auf einen zusammenfassenden Bericht von S. Thompson[1] hingewiesen.

Die Abhängigkeit der Koerzitivkraft von gehärteten Wolframstählen mit 6% W von dem Kohlenstoffgehalt ist in Abb. 191 nach S. Evershed[2] wiedergegeben. Man erkennt, daß die Gesamterhöhung größer

[1] J. Inst. El. Eng. **50**, 80—142 (1913).
[2] J. Inst. Ele. Eng. **63**, 725—821 (1925); Electrician **94**, Nr 2446, 394 (1925).

ist als bei den reinen Eisen-Kohlenstoff-Legierungen, und daß sich die Kurve ferner in zwei Stücke S_1 und S_2 zerlegen läßt, deren Grenze bei rund 0,4% C liegt. Diese letztere Zusammensetzung entspricht gerade demjenigen Kohlenstoffgehalt, der zur Bildung von WC notwendig ist (0,39% C).

Im Zusammenhang mit diesen Untersuchungen ist nun auch die Frage nach der ursächlichen Abhängigkeit der magnetischen Eigenschaften der Dauermagnetstähle von der Konstitution zu erörtern.

Eine Antwort auf diese Frage ist bisher zuerst von Mars[1] versucht worden. Er deutete das Verhalten der Magnetstähle aus der Forderung, daß möglichst viel freies Eisen, d. h. möglichst wenig trennende und unmagnetische Fremdbestandteile in dem Grundmaterial vorhanden sein müssen. Im Fall der Eisen-Kohlenstofflegierungen sind beispielsweise an den Kohlenstoff in Form des Zementits Fe_3C drei Anteile Eisen gebunden und die Bestwerte der magnetischen Eigenschaften werden bei etwa 0,9% C erreicht (vgl. Tab. 36), wogegen nach Mars bei niedrigen C - Gehalten die Wirkung des Zementits auf die Koerzitivkraft nicht ausreicht, während bei höheren Gehalten dem Grundmaterial zu viel Eisen entzogen wird. Umgekehrt finden wir bei Zusatz von Wolfram bei viel geringeren C - Gehalten eine höhere Steigerung der Koerzitivkraft (vgl. Abb. 191a) und dies ist nach Mars darauf zurückzuführen, daß die gebildeten Wolframkarbide dem Stahl eine wesentlich höhere Koerzitivkraft erteilen, ohne so viel freies Eisen an sich zu binden wie bei den unlegierten Stählen, so daß die Remanenz und damit das Produkt $(\mathfrak{B}_R \times \mathfrak{H}_C)$ größer ist.

Wie ersichtlich, gibt die Anschauung von Mars nur eine formale Auslegung der Änderung der Remanenz, doch gibt sie keine Erklärung, warum eben durch den Zusatz von W, Cr, Mo, Co usw. gegenüber den unlegierten Eisen-Kohlenstoffstählen eine Erhöhung der Koerzitivkraft stattfindet (die beim Co bekanntermaßen über 150 Einheiten betragen kann).

Eine vollständige Theorie der Magnetstähle, die auch diese Erscheinungen umfassen müßte, existiert heute noch nicht. Ansätze dazu lassen sich jedoch aus der Spannungstheorie der Magnetisierungskurve (vgl. S. 109) ableiten, und zwar müßte nach Kussmann und Scharnow die Wirkung der günstigen Zusätze von W, Cr, Mo, Co u. a. darin bestehen, daß sie entweder, wie auf S. 110 ausgeführt, die Empfindlichkeit des Grundmaterials auf Druckzugbeanspruchungen verändert oder, indem gerade das ungelöste Vorhandensein von Karbiden oder anderen Bestandteilen die Heterogenität des Gefüges vergrößert und damit den Spannungszustand und die Koerzitivkraft erhöht. Für letztere Tatsache sprechen eine ganze Reihe von Erscheinungen (wie das Vorhandensein der verschiedensten Verbindungen im Gefüge der Spezialstähle, die sich nicht an den Umwandlungen beteiligen, ferner auch die Erhöhung der Koerzitivkraft in den Kupferstählen, vgl. S. 274), doch kommen auch sehr oft umgekehrte Fälle vor, bei denen durch die Bildung eines stabilen heterogenen Bestandteils, wobei gleichzeitig sich die Grundsubstanz (etwa durch Entziehung von Kohlenstoff) sehr stark ändert, die Koerzitivkraft abnimmt und wegen unserer noch verhältnismäßig geringen Kenntnis lassen sich daher diese Einzelheiten noch nicht zu einem einheitlichen Gedankengang zusammenfügen.

Die Abhängigkeit der Güteziffer eines Wolframstahles mit 6% W vom Kohlenstoffgehalt ergibt sich aus Abb. 191b nach Evershed, aus ihr ist zu ersehen, daß das Optimum bei etwa 0,72% C liegt. In Ein-

---

[1] l. c.

klang mit diesen Messungen stehen auch die Ergebnisse von G. Hannack[1] und von K. Schönert und G. Hannack[2] über den Einfluß des Kohlenstoffs auf die magnetischen Eigenschaften von Wolframstählen mit einem durchschnittlichen Wolframgehalt von 5,4 %[3].
Die Untersuchungen umfassen zwar nur Stähle mit einem Kohlenstoffgehalt von 0,55 % bis 0,67 % (Hannack) und von 0,50 % bis 0,75 % (Schönert und Hannack), sind aber besonders wertvoll, weil sie im laufenden Betrieb mit Hilfe der von K. Daeves[4] eingeführten Großzahlforschung gewonnen wurden. (Zahlentafel 39)

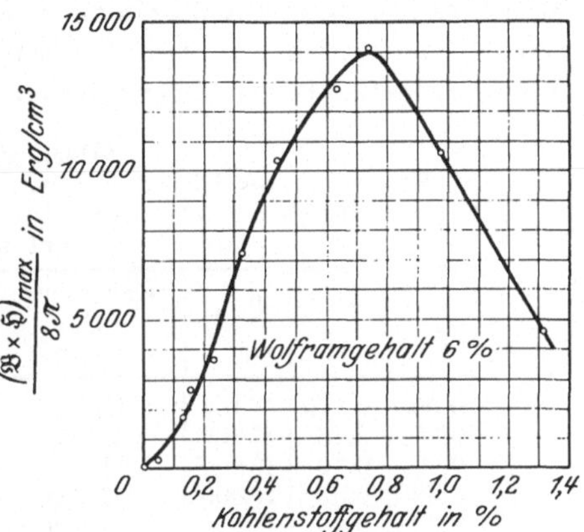

Abb. 191 b. Güteziffer von W-Stählen (Evershed).

Was nun den Einfluß der unumgänglichen Begleitelemente des technischen Eisens, wie Si, Mn, S, P, As, Cu, auf die magnetischen Eigenschaften der Wolframstähle betrifft, so wurde ihnen in früherer Zeit allgemein eine schädliche Wirkung zugeschrieben. Neuere Unter-

Zahlentafel 39. Magnetische Eigenschaften und Kohlenstoffgehalt von Wolframstählen. Härtung bei 830⁰ in Wasser 15—20⁰ C.

C %	$\mathfrak{B}_{max}$ Gauß	Remanenz $\mathfrak{B}_r$ Gauß	Koerzitivkr. $\mathfrak{H}_c$ Oersted	$\mathfrak{B}_r \times \mathfrak{H}_c \times 10^{-3}$	Zahl der Messungen	C %	$\mathfrak{B}_{max}$ Gauß	Remanenz $\mathfrak{B}_r$ Gauß	Koerzitivkr. $\mathfrak{H}_c$ Oersted	$\mathfrak{B}_r \times \mathfrak{H}_c \times 10^{-3}$	Zahl der Messungen
0,50	17 200	12 250	53,5	655,3	37	0,63	16 550	11 750	62,0	738,5	83
0,51	17 100	12 300	55,0	676,5	31	0,64	16 400	11 500	63,5	730,2	89
0,52	17 200	12 300	54,0	664,2	35	0,65	16 300	11 300	64,0	723,2	125
0,53	17 200	12 300	55,0	676,5	43	0,66	16 200	11 200	65,0	728,0	107
0,54	17 200	12 200	56,0	683,2	37	0,67	16 000	11 200	64,0	726,8	103
0,55	17 100	12 200	56,0	683,2	56	0,68	15 850	11 050	66,0	729,3	95
0,56	17 000	12 200	56,0	683,2	52	0,69	15 650	11 000	67,0	737,0	92
0,57	16 800	12 000	56,5	678,0	65	0,70	15 550	10 900	69,0	752,1	111
0,58	16 800	12 000	57,0	684,0	55	0,71	15 500	10 800	70,0	756,0	81
0,59	16 750	11 900	58,0	690,2	51	0,72	15 300	10 750	70,0	752,5	62
0,60	16 700	11 800	60,0	708,0	82	0,73	15 100	10 700	70,0	749,0	47
0,61	16 700	11 700	61,0	713,7	73	0,74	15 000	10 700	72,0	770,4	41
0,62	16 600	11 700	62,0	735,4	88	0,75	14 900	10 600	72,5	768,5	54

[1] Diss. Techn. Hochsch. Aachen 1924; Stahleisen **44**, 1237—40 (1924); ETZ H. 27, 1009 (1925); H. 29, 1093 (1925).

[2] Ber. Werkst.-Aussch. V. d. Eis. Nr. 73 (1925).

[3] Der Gehalt an übrigen Beimengungen betrug: 0,18 % Si; 0,32 % Mn; 0,03 % P und 0,02 % S.

[4] Ber.-Werkst.-Aussch. V. d. Eisenh. Nr. 18; Stahleisen **45**, 79—86 (1925); **4**, 109—14 (1925).

suchungen haben jedoch für viele Elemente, falls sie in geringer Menge vorhanden sind, relative Unschädlichkeit aufgezeigt.

Ein Beispiel für die praktische Unschädlichkeit des Mangans, dem man gerade früher mit erheblichem Mißtrauen begegnete, zeigt Zahlentafel 40 nach Schönert und Hannack. Ebensowenig ist auch ein Siliziumzusatz zu befürchten; in neuerer Zeit hat J. Swan[1] sogar einen

Zahlentafel 40.
Magnetische Eigenschaften und Mangangehalt von Wolframstählen bei gleichbleibendem Kohlenstoffgehalt (nach Schönert und Hannack).

C %	Mn %	$\mathfrak{B}_{max}$ Gauß	Remanenz $\mathfrak{B}_r$ Gauß	Koerzitivkraft $\mathfrak{H}_c$ Gauß	$\mathfrak{B}_r \times \mathfrak{H}_c \times 10^{-3}$
0,55	0,275	17 100	12 200	56	683,2
0,55	0,15	17 000	12 200	56	683,2
0,68	0,40	15 850	11 050	66	729,3
0,68	0,50	16 000	11 300	64	723,2
0,69	0,45	15 650	11 000	67	737,0
0,69	0,60	15 700	11 000	65	715,0

günstigen Einfluß geringer Si-Gehalte (zwischen 0,25% und 0,5%) nachgewiesen. Dieser Einfluß äußert sich zwar nicht in einer unmittelbaren Verbesserung der magnetischen Eigenschaften, jedoch darin, daß der Stahl etwas unempfindlicher wird gegen falsche Glühbehandlung vor dem Abschrecken. Nach W. Zieler[2] wird durch Si-Zusatz die mechanische Härte erniedrigt.

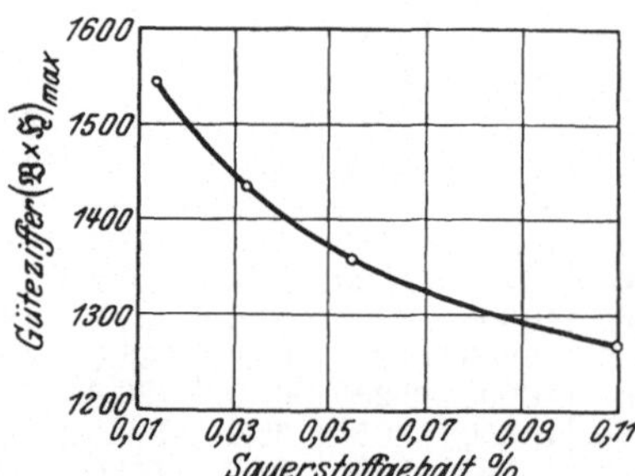

Abb. 192. Einfluß von Sauerstoff.

Außerordentlich schädlich scheint dagegen ein höherer Sauerstoffgehalt auf die magnetischen Eigenschaften des Magnetstahles zu sein. Als Beispiel ist in Abbildung 192 die Güteziffer $(\mathfrak{B} \times \mathfrak{H})_{max}$ für Wolframmagnetstähle mit verschiedenen O-Gehalten, nach den Untersuchungen von Eilender und Oertel wiedergegeben, aus denen die Abnahme deutlich hervorgeht.

Die Härtung des Wolframmagnetstahls wird am zweckmäßigsten in Wasser durchgeführt, da Ölhärtung stets zu geringeren Werten führt. Die Abhängigkeit der erlangten Eigenschaften von der Härtetemperatur ist in Abb. 193 nach Evershed[3] und in Zahlentafel 41 nach den Untersuchungen von A. F. Stogoff und W. Messkin[4] wiedergegeben. Als überhaupt niedrigste

____

[1] Engg. **125**, 4. Mai, 554—55 (1928); J. Iron Steel Inst. **1**, 369—82 (1928); siehe auch ETZ; H. 35, 1306 (1928); Stahleisen **48**, 1100—02 (1928).
[2] Arch. Eisenhüttenw. **3**, 61—78 (1929).   [3] l. c.
[4] Unters. üb. die Temperaturabh. d. reman. Magnetismus, S. 15—16. Moskau: N. T. U.-Verlag 1929.

Zahlentafel 41. Einfluß der Härtetemperatur auf die magnetischen Eigenschaften eines Wolframstahles. Härtung in Wasser. Erhitzungsdauer auf Härtetemperatur 5 Min. (Erhitzung im Bleibad. Stabquerschnitt 1 cm².

Nr. des Stabes	Härtetemperatur °C	$\mathfrak{B}_{max}$ Gauß	Remanenz $\mathfrak{B}_r$ Gauß	Koerzitivkraft $\mathfrak{H}_c$ Oersted	$\mathfrak{B}_r \times \mathfrak{H}_c \times 10^{-3}$
1	800	16300	10700	64,8	700
2	810	16200	10650	65,0	712
3	825	16000	10500	65,7	715
4	850	16500	10700	64,5	700
5	860	16400	10700	65,0	711
6	875	16400	10750	65,5	715
7	890	16500	10750	65,2	713
8	900	16600	10800	64,6	706
9	925	16300	10700	64,0	690
10	950	16200	10750	63,0	670

Härtetemperatur scheint demnach etwa 750⁰ in Frage zu kommen. In dem Bereich zwischen 800⁰ und 900⁰ verlaufen die Kurven aller magnetischen Eigenschaften geradlinig und waagerecht. Eine weitere Erhöhung der Härtetemperatur führt dann jedoch stets zu einer Verschlechterung. Zwar bleibt die Remanenz noch unverändert, doch beginnt die Koerzitivkraft und dementsprechend auch das Produkt $\mathfrak{B}_R \times \mathfrak{H}_c$ abzufallen. Als günstigste Härtetemperatur ergibt sich somit etwa 850⁰.

Ist nun der Wolframstahl, wie aus dem oben Gesagten hervorgeht, gegen eine geringe Überhitzung beim Härten verhältnismäßig unempfindlich, so ist er jedoch außerordentlich empfindlich gegen zu langes Halten auf Härtetemperatur. Diese Tatsache kommt bereits in den Feststellungen von Mars[1] zum Ausdruck (Zahlentafel 42), der angibt, daß die Brinellhärte bei den unmittelbar nach Erreichung der Härtetemperatur abgeschreckten Hufeisenmagneten durchweg höher war als bei den etwa 10 Min. auf Härtetemperatur gehaltenen Proben. Die Werte der Remanenz lassen dies hier noch nicht erkennen; aber auch sie erfahren, neben vielen anderen Eigenschaften (Schnitthaltigkeit usw.), durch ein zu langes Verweilen auf hohen Temperaturen eine Verschlechterung (vgl. F. Pölzguter u. W. Zieler[2]).

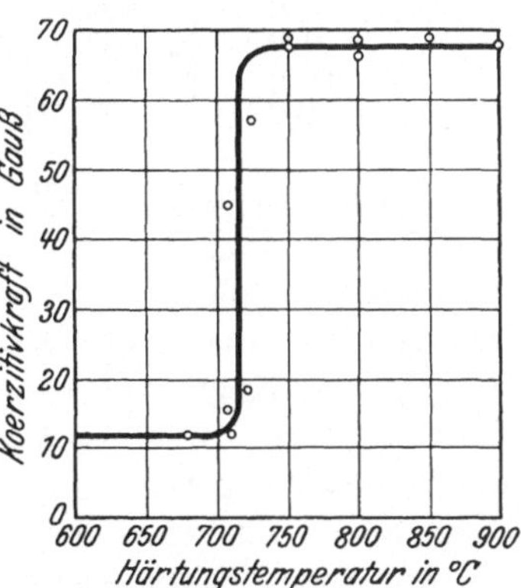

Abb. 193. Änderung der Koerzitivkraft beim Abschrecken.

---

[1] Stahleisen **1909**, 1170. [2] Stahleisen **49**, 468 (1929).

Die Ursache dieses Einflusses der Wärmebehandlung liegt zweifelsfrei in der oben besprochenen Zerlegung des Doppelkarbides in Fe_3C und stabiles Wolframkarbid WC, die sich nach der Reaktion $m\,Fe_3C \cdot n\,WC \rightarrow m\,Fe_3C + n\,WC$ mit der Zeit erst schneller und dann langsamer vollzieht (vgl. Abb. 189).

Zahlentafel 42. Einfluß des Haltens auf Härtetemperatur auf die „Remanenz" und Brinellhärte eines Wolframstahles mit 0,57% C und 5,47% W. Härtung in Wasser.

Härte-temperatur ° C	Brinell-härte	Remanenz in Magnetometereinheiten		
		Unmittelbar nach der Magnetisierung	Nach acht Tagen	Verlust in %
Bei Erreichung der Härtetemperatur abgeschreckt				
800	669	78,5	75,5	3,9
850	713	86,0	83,0	3,5
900	763	92,5	87,0	5,9
950	837	93,5	89,0	4,8
1000	782	92,0	88,5	3,8
1100	800	82,5	81,0	3,5
10 Min. auf Härtetemperatur gehalten				
800	646	79,5	74,0	7,0
900	603	92,0	88,5	3,8
950	683	94,0	92,5	1,6
1000	578	87,0	85,0	2,3
1100	591	79,0	77,0	2,5

Man hat in diesem Fall nämlich zu erwarten, daß die Abhängigkeit bestimmter magnetischer Eigenschaften von der Haltezeit eine ähnliche Kurve befolgt, wie sie in Abb. 189 dargestellt ist. Dies trifft tatsächlich zu, wie aus Abb. 194 nach Gudzow und Gajew[1] hervorgeht. So zeigt die Koerzitivkraft bei 15 Min. Glühdauer ein Maximum, fällt dann aber bis zu etwa 5 Std. Glühdauer verhältnismäßig rasch ab, um schließlich fast waagerecht zu verlaufen. In entgegengesetzter Richtung, aber nach demselben Gesetz geht die Kurve für $\mathfrak{H}_{max}$, und nur die Remanenz bleibt praktisch unverändert. Hand in Hand mit dieser Reaktion und der dadurch hervorgerufenen Verringerung des Gehaltes der festen Lösungen an Kohlenstoff ändert sich auch der spezifische elektrische Widerstand.

Die Magnetisierungskurven eines Wolframmagnetstahles im gehärteten, ausgeglühten und im Anlieferungszustand sind in Abb. 195 wiedergegeben, wobei unter Anlieferungszustand der Zustand des Stahles unmittelbar nach dem Auswalzen verstanden wird. Die Koerzi-

---

[1] In neuerer Zeit wurde das Auftreten des stabilen WC auch direkt durch metallographische Untersuchungen sichergestellt. Vgl. F. Pölzguter u. W. Zieler: a. a. O.

tivkraft ist durch die Härtung gegenüber dem geglühten Zustand um
mehr als das Vierfache und gegenüber dem Anlieferungszustand um
etwa das Zweifache vergrößert. Die Remanenz ändert sich qualitativ
in entgegengesetzter Richtung, so daß $\mathfrak{B}_R$ im Anlieferungszustand

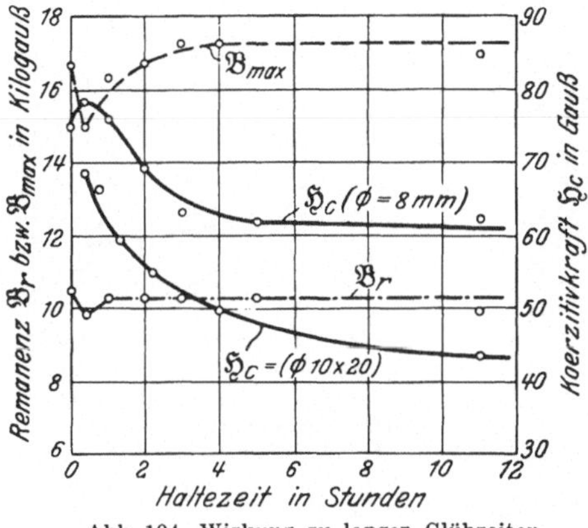

Abb. 194. Wirkung zu langer Glühzeiten.

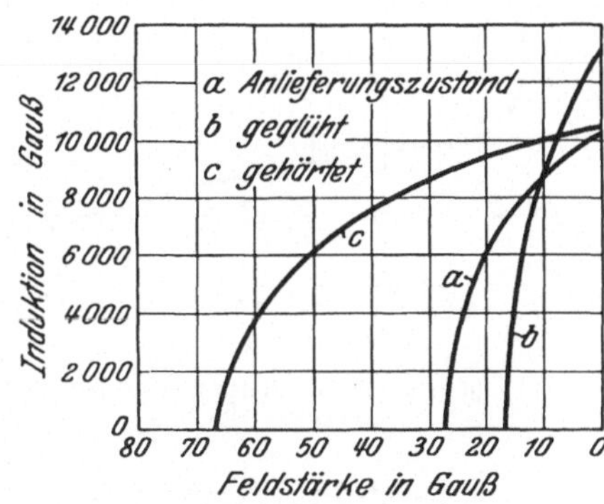

Abb. 195. Abschnitt der Hystereschleife eines
normalen W-Stahles.

gewöhnlich zwischen der Zahl für den gehärteten und geglühten Zustand liegt. Dasselbe trifft auch für die Güteziffer zu.

Im Durchschnitt kann man bei einem richtig gehärteten Wolframstahl mit den folgenden Werten der magnetischen Eigenschaften
rechnen:

$$\begin{aligned}
\mathfrak{B}_r &= \text{zwischen } 10500 \text{ und } 11000 \\
\mathfrak{H}_c &= \text{zwischen } 70 \text{ und } 65 \\
\mathfrak{B}_r \times \mathfrak{H}_c &= \text{zwischen } 700 \text{ und } 725 \times 10^3 \\
(\mathfrak{B} \times \mathfrak{H})_{max} &= \text{zwischen } 280 \text{ und } 300 \times 10^3.
\end{aligned}$$

Zu beachten ist dabei, daß bei der Bestimmung der magnetischen Eigenschaften
und zur Magnetisierung die maximale Feldstärke $\mathfrak{H}_{max}$ nicht unter 500 Oersted liegen
darf, da sich sonst unter gleichen Bedingungen die gemessenen Werte entsprechend
verringern.

Was nun die Alterungserscheinungen des Wolframmagnetstahls betrifft, so kommen diese zwar in geringerem Maße zum Ausdruck als
bei den reinen Kohlenstoffstählen, doch rufen sie auch hier noch beträchtliche Änderungen der magnetischen Eigenschaften hervor.
Evershed hat gezeigt, daß das stärkste Abfallen der Koerzitivkraft
bei der natürlichen Alterung des Stahls in den ersten 10 Std. nach
der Härtung stattfindet. Darüber hinaus nimmt die Schnelligkeit
dieses Vorganges beträchtlich ab, wenn auch eine völlige Stabilität
selbst nach Verlauf von 3½ Jahren noch nicht zu beobachten ist.
Diese Abhängigkeit von der Zeit ist in Abb. 196 wiedergegeben.
Da sich durch künstliche Alterung, und zwar durch Dauererwärmung

bei 100⁰, bei der die Änderung der Koerzitivkraft gemäß Abb. 197 verläuft, eine Abnahme von $\mathfrak{H}_c$ um etwa 0,74 Gauß pro Stunde ergibt, so müssen rund 8 bis 10 Std. zur vollkommenen Stabilisierung eines Wolframmagnetstahls angewendet werden.

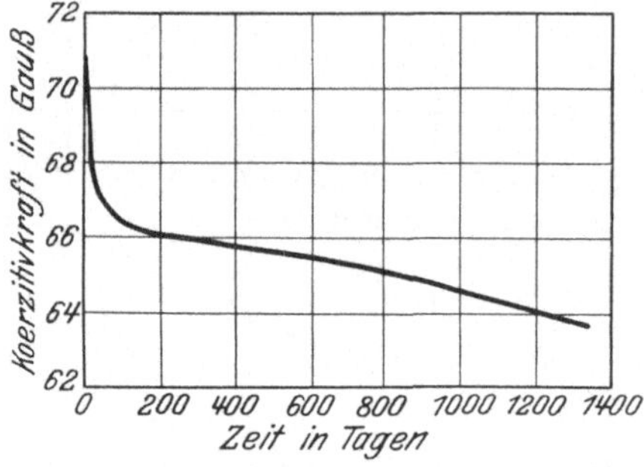

Abb. 196. Natürliche Alterung eines Wolframmagnetstahls.

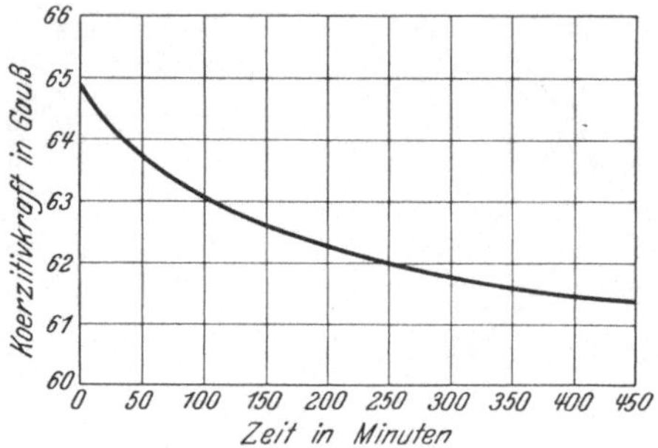

Abb. 197. Änderung der Koerzitivkraft beim Anlassen auf 100⁰.

Die durch die Alterung bedingten Gefügeänderungen sind in Abb. 198 a und b dargestellt, von denen die erstere das Gefüge eines bei 850⁰ in Wasser gehärteten Wolframmagnetstahl vor dem Altern, Abb. 198 b

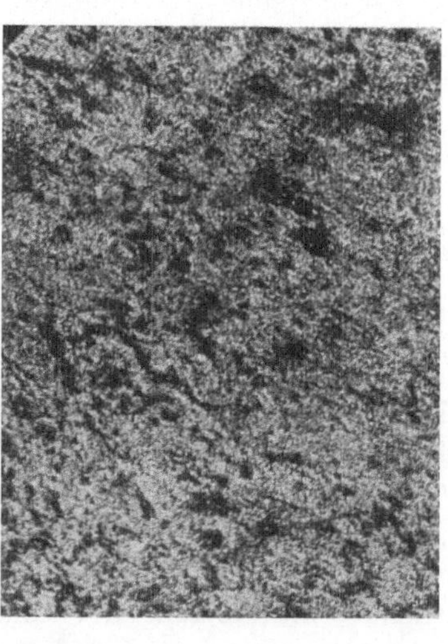

a   b

Abb. 198. Schliffbild eines gehärteten W-Magnetstahls vor (a = Martensit) und nach dem Anlassen (b = Martensit + Troostitflecken).

denselben Stahl nach einem 9 stündigen Anlassen bei 100⁰ wiedergibt. Wie zu ersehen, ist dabei ein beträchtlicher Teil des Gesichtsfeldes mit Troostit, dem nächsten Zerfallprodukt des Martensites, ausgefüllt.

Zahlentafel 43. Einfluß der Härtetemperatur auf die Abnahme des magnet. Moments des Wolframstahls durch zyklische Erwärmungen.

Härte-temperatur °C	Abnahme des magnetischen Moments in % nach einer Zahl der zyklischen Erwärmungen											endgültige Abnahme
	1	2	3	4	5	6	7	8	9	10	11	
800	2,82	3,82	4,82	7,30	9,46	9,63	10,0	10,1	10,2	10,2	10,2	*10,2*
825	3,02	5,04	6,38	6,55	6,90	6,90	—	—	—	—	—	*6,90*
850	5,80	5,80	5,80	5,80	—	—	—	—	—	—	—	*5,80*
900	5,00	5,00	5,00	5,00	—	—	—	—	—	—	—	*5,00*
950	5,46	5,46	5,46	5,46	—	—	—	—	—	—	—	*5,46*

Die Abhängigkeit der Alterungserscheinungen für den Wolframmagnetstahl, und zwar die irreversiblen sowie die reversiblen Änderungen des Moments als Funktion der Härtetemperatur sind in neuerer Zeit von A. F. Stogoff und W. S. Messkin[1] untersucht und in Zahlentafel 43 sowie in Abb. 199 wiedergegeben. In der Abszissenachse ist dabei die Zahl der Temperaturzyklen, d. h. die Zahl der 3 minutigen Erwärmungen bei 100° mit dazwischen liegendem Abschrecken in kaltem Wasser, und in die Ordinatenachse das magnetische Moment in Prozenten seines ursprünglichen Wertes (nach der Dauererwärmung) eingetragen.

Ein Einfluß der Härtetemperatur tritt deutlich hervor. Während bei dem von 800° gehärteten Stahl eine vollständige Stabilität gegen Temperaturschwankungen erst nach neuen Temperaturzyklen und bei dem von

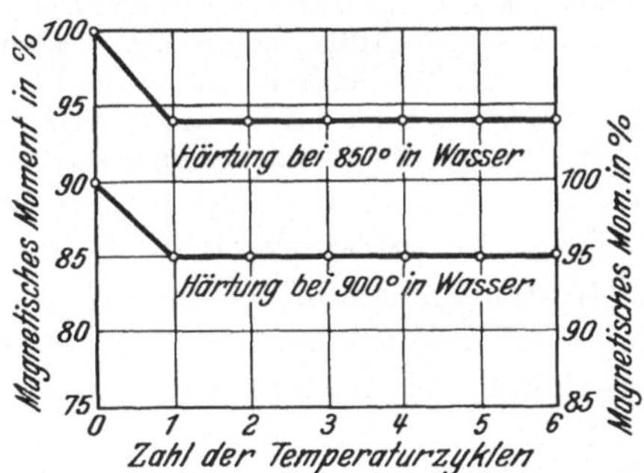

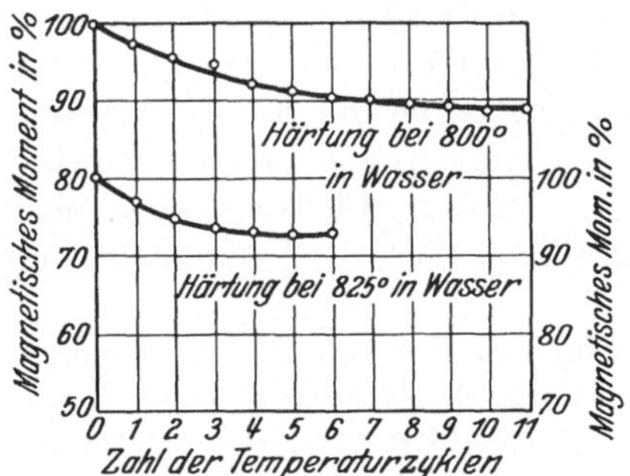

Abb. 199. Änderung des magnetischen Moments beim Anlassen für Wolframmagnetstahl.

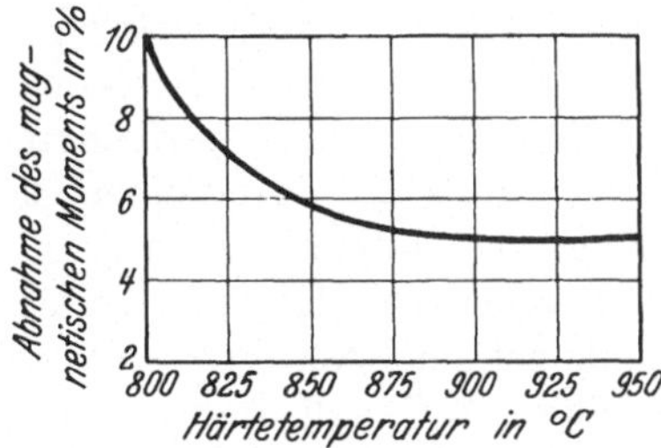

Abb. 200. Abhängigkeit der Alterungserscheinungen von der Härtetemperatur.

825° gehärteten nach fünf Temperaturzyklen zu erreichen ist, zeigen die bei 850° und 900° gehärteten Stähle schon nach 1 Temperaturzyklus praktisch keine Änderung mehr. Die Zahlentafel (vgl. auch Abb. 200) zeigt weiterhin, daß auch die geringste Gesamtabnahme des Moments bei einer Härtung etwas oberhalb 900° eintritt, und daß dieser Wert hier genau die Hälfte der einer Härte-

---

[1] a. a. O.

temperatur von 800° entsprechenden Abnahme beträgt. Praktisch führt jedoch auch eine Härtungstemperatur von 850° bereits zum Ziele, da der Unterschied nur noch 0,6% beträgt.

Als günstigste Härtetemperatur des Wolframmagnetstahles ergibt sich somit aus Abb. 200 ohne weiteres eine solche von 850°. Eine höhere Härtetemperatur hat zwar keinen schädlichen Einfluß, sowohl in Hinblick auf die Alterserscheinungen, als auch auf die erzielbaren Werte der magnetischen Eigenschaften, doch ist sie vom ökonomischen Standpunkte nicht empfehlenswert, da die Kostspieligkeit und die Gefahr der Härterißbildung dadurch vergrößert wird. Eine niedrigere Härtetemperatur, die auf die unmittelbar nach der Härtung erzielbaren magnetischen Eigenschaften innerhalb gewisser Grenzen ohne Einfluß bleibt, ruft wegen des steilen Verlaufs der „Alterungskurve" (Abb. 200) zwischen 800 und 850° eine allzu große Abnahme des Induktionsflusses durch zyklische Erwärmungen hervor.

Durch Erschütterungen nimmt der Induktionsfluß des Wolframmagnetstahls am stärksten nach den ersten Schleuderungen ab, um dann immer unempfindlicher zu werden. Zum Eintreten einer vollständigen Unempfindlichkeit gegen Erschütterungen ist ein ungefähr 500maliges Fallenlassen aus 1 m Höhe notwendig. Dabei kann man im Durchschnitt mit einem Verlust von etwa 5 bis 5,5%[1] des ursprünglichen Wertes des Induktionsflusses rechnen.

Der Temperaturkoeffizient der Wolframmagnetstähle ist ähnlich wie der der Kohlenstoffstähle. Seine Abhängigkeit von der Härtetemperatur[2] geht aus Abb. 201 hervor. Danach wird bei der Härtetemperatur 850° gerade ein Maximum des Temperaturkoeffizienten erreicht, das sich aus der Abbildung zu 0,000408 ergibt.

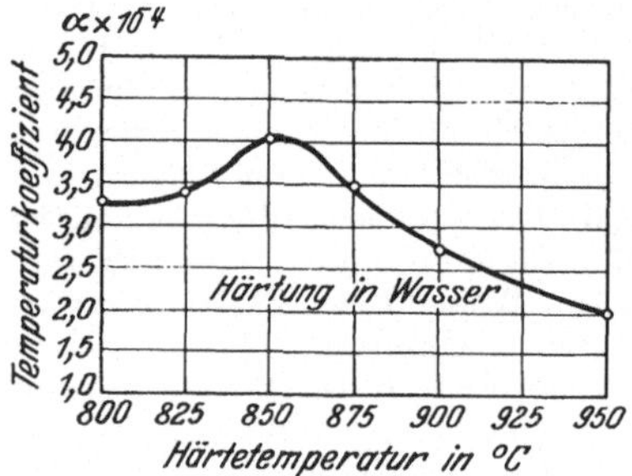

Abb. 201. Temperaturkoeffizient von Wolframmagnetstählen.

Diese Tatsache spricht jedoch noch nicht gegen die Härtetemperatur von 850°, da bei der Berechnung eines magnetischen Kreises sowieso auf den Temperaturkoeffizienten des Magneten Rücksicht genommen werden muß und durch einen etwas größeren Wert die Verwendung nur wenig umständlicher wird[3].

Von den sonstigen physikalischen Eigenschaften der Wolframmagnetstähle ist zu erwähnen, daß das spezifische Gewicht mit zunehmendem W-Gehalt ansteigt, und zwar um rund 0,05 für 1% W, so daß

---

[1] Aus denen 2,5 bis 3% durch die ersten etwa 20 Schläge (bzw. Schleuderungen) und 2,5 bis 2% durch die nachfolgenden 200 verursacht werden.

[2] Nach A. F. Stogoff u. W. S. Messkin.

[3] In der Praxis können sogar Fälle vorliegen, wo die Berechnung sich hierdurch vereinfacht. Als Beispiel sei das Drehspulgalvanometer genannt, bei dem der Temperaturkoeffizient des elastischen Moments der Feder (deren Einfluß dem des Magneten entgegenwirkt) bei den gebräuchlichen Materialien meist gerade so ist, daß bei rd. 0,0004 eine vollständige Kompensation dieser beiden Änderungen eintritt.

die Dichte eines Stahles mit 5% W etwa 8,05 beträgt, wenn man für den unlegierten Stahl 7,85 annimmt. Der elektrische Widerstand wird durch den Wolframzusatz nur unwesentlich beeinflußt. Er wurde für einen geglühten W-Stahl 0,20 Ohm m/mm^2, für einen abgeschreckten Stahl zu 0,39 Ohm m/mm^2 ermittelt. Mit zunehmendem Gehalt an Wolfram nimmt ferner die Wärmeleitfähigkeit ab und beträgt bei dem Wolframmagnetstahl üblicher Zusammensetzung etwa 0,08 cal/cm sec °C.

Zum Schluß ist an dieser Stelle dann noch zu sagen, daß der Wolframstahl auch heute noch einen der zuverlässigsten und am besten erprobten Magnetstähle darstellt. Er hat deswegen bis vor wenigen Jahren auch den Markt vollkommen beherrscht, doch wird er in der letzten Zeit mehr und mehr durch andere Stahlsorten verdrängt, die entweder bei gleicher Leistung billiger sind oder, wie der Co-Stahl, für manche Zwecke bessere Eigenschaften besitzen.

3. Chromstahl.

Der Chromstahl als solcher stellt eine Erfindung aus dem Anfang des 19. Jahrhunderts (etwa 1820) dar. Auf seine Verwendung als Magnetstahl ist man jedoch viel später gekommen, insbesondere erst während des Krieges 1914 bis 1918, als man durch Wolframmangel gezwungen war, einen billigen und einfachen Ersatz für den Wolframmagnetstahl zu suchen. Infolge seiner verhältnismäßig günstigen Eigenschaften und in Anbetracht seines niedrigeren Preises hat er sich dann als Magnetstahl eingebürgert und wird heute mit Vorteil als Ersatz des teuren Wolframstahles verwendet; trotzdem kommen ihm noch einige Werke mit Mißtrauen entgegen, da er etwas schlechtere technologische Eigenschaften besitzt, die seine Verarbeitung und thermische Behandlung umständlicher gestalten.

Die Wirkung des Chroms auf die physikalisch-chemischen Eigenschaften der Stähle besteht hauptsächlich darin, daß das Chrom den Haltepunkt A_{c_1} sowie A_{r_1} erhöht und ebenso wie Wolfram Karbide bildet, wodurch es einen bestimmten Teil des Gesamtkohlenstoffgehaltes an sich zieht. Über die quantitative Beeinflussung der Umwandlungspunkte liegen im Schrifttum[1] nicht völlig übereinstimmende Ergebnisse vor. Einige Kurven aus den Messungen von H. Scott[2] sowie von Nienhaus und Maurer[3] an Stählen mit 0,75% und 1,0% C sind in Abb. 202 wiedergegeben, aus denen zu ersehen ist, daß bei 1,0% C

---

[1] Vgl. auch C. A. Edwards, H. Sutton u. G. Oishi: Engg. 109, 692—94 (1920); J. Iron Steel. Inst. 101, 403 (1920); Dowdell, R. H.: Trans. amer. Soc. Steel Treat. 5, 27 (1924).

[2] Chem. Metallurg. Engg. 28, 212—15 (1923).

[3] Stahleisen 48, 996—1005 (1928). Siehe dazu Berichtigung in Stahleisen 48, 1058 (1928).

und 2% Cr der Punkt A_{c_1} bei etwa 755, A_{r_1} bei 710 liegt, und daß ferner von einem Chromgehalt von etwa 2,5% ab die magnetische Umwandlung unterhalb A_{c_1} herabgesetzt ist.

Für die Verbesserung der magnetischen Eigenschaften der Dauermagnetstähle durch den Chromzusatz ist, ähnlich wie beim Wolfram, in erster Linie die Karbidbildung verantwortlich zu machen, durch die auch die günstigste chemische Zusammensetzung bestimmt wird. Nach G. Mars[1] entspricht der Höchstwert der magnetischen Eigenschaften einem Kohlenstoffgehalt von 1,05% und einem Chromgehalt von 1,62%, was von Mars auf die Bildung eines Chromkarbids Cr_3C_2 zurückgeführt wurde, wogegen der übrigbleibende Kohlenstoff durch die Bildung von Eisenkarbid einen kleineren Gesamtgehalt an Karbiden bedingen soll als beim 1% reinen Kohlenstoffstahl. Diese Auffassung läßt sich jedoch nicht ohne weiteres mehr aufrechterhalten. Einmal ist uns über die Zusammensetzung der auftretenden Chromkarbide nichts Zuverlässiges bekannt und ein andermal hat sich auch aus späteren Untersuchungen erwiesen, daß sowohl der Cr- als auch der C-Gehalt der Stähle in viel weiteren Grenzen schwanken kann als das nach den Untersuchungen von Mars der Fall schien. Die allgemeine Theorie von A. Kußmann und B. Scharnow, wonach einmal die Heterogenität selber,

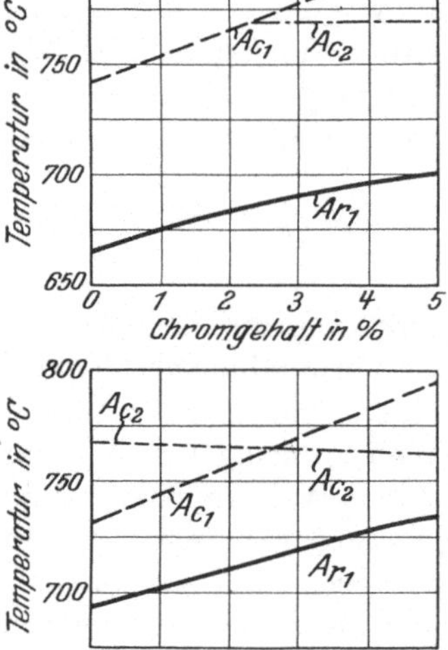

Abb. 202. Einfluß des Chroms auf die Umwandlungspunkte von Stählen mit 0,75% und 1% C.

dann aber auch die Veränderung des Grundmaterials (durch die Aufnahme von Chrom) und die dadurch bedingte veränderte Empfindlichkeit gegenüber den mechanischen Spannungen die Ursache der Materialverschiedenheiten ist, erfährt bei den Chromstählen noch eine Stütze durch die Zahlentafel 43, aus der hervorgeht, daß mit wachsendem Kohlenstoffgehalt der Anteil der Legierungselemente in der Grundmasse zu-, in den Karbiden dagegen abnimmt.

Die Existenz verschiedener Chromkarbide wurde zuerst von Moissan[2] (Cr_3C_2 und Cr_4C), sodann in einer ganzen Anzahl sich in den Einzelergebnissen z. T. einander widersprechenden Untersuchun-

---

[1] Stahleisen **1909**, 1771.

[2] Der elektrische Ofen, S. 194, Berlin 1894; Mars: Die Spezialstähle S. 346, Stuttgart 1922.

Zahlentafel 44. Zusammensetzung der Karbidrückstände und Molekularformel der Karbide in einem 2,33%igen Chromstahl in ausgeglühtem Zustand nach Campbell und Ross.

Zusammensetzung des Stahles					Zusammensetzung der Karbide					Molekularformel
C %	Cr %	Mn %	Fe %	$Cr : C$	C %	Cr %	Mn %	Fe %	Gesamt %	
0,36	2,24	0,24	96,63	6,22	7,38	20,70	0,76	54,02	82,86	$10\,Fe_3C \cdot 4\,Cr_3C_2$
0,50	2,24	0,24	96,50	4,48	7,73	18,23	0,76	58,92	85,64	—
0,85	2,23	0,24	96,16	2,64	6,73	15,01	0,76	71,18	93,68	$6\,Fe_3C \cdot Cr_4C_3$
1,05	2,23	0,24	95,97	2,13	6,81	11,44	0,61	75,33	99,19	$10\,Fe_3C \cdot Cr_4C_2$
1,43	2,22	0,24	95,60	1,56	6,82	10,08	0,56	78,44	95,90	$10\,Fe_3C \cdot Cr_4C_2$
1,62	2,21	0,24	95,41	1,13	6,65	8,06	0,55	83,11	98,37	$13\,Fe_3C \cdot Cr_5C_2$

gen[1] (wie Sauerwald, Neudecker und Rudolph[2], Heusler[3], v. Vegesack[4] u. a.) nachgewiesen. In Zahlentafel 43 sind die von Campbell und Roß[5] in Stählen mit rd. 2,33% Cr und verschiedenem Kohlenstoffgehalt (zwischen 0,36% und 1,62%) gefundenen Chromkarbide bzw. Doppelkarbide wiedergegeben. Es ist zu ersehen, daß sowohl die Form der Chromkarbide als auch das Bindungsverhältnis von Eisenkarbid zu Chromkarbid bei niedrigem, mittlerem und höherem Kohlenstoffgehalt verschieden zu sein scheint.

Durch die röntgenographische Untersuchung haben Westgren, Phragmén und Negresco[6] folgende Karbide festgestellt: Cr_3C_2 mit einem orthorombischen Raumgitter, Cr_7C_3 mit trigonalem Raumgitter, und Cr_4C mit flächenzentriert kubischem Gitter. Daneben wurden neben α- und γ-Eisen folgende Phasen gefunden: Zementit der Zusammensetzung $(FeCr)_3C$, kubisches Chromkarbid (wahrscheinlich) $(CrFe)_3C$, trigonales Chromkarbid $(CrFe)_7C_3$ und orthorhombisches Chromkarbid $(CrFe)_3C_2$. Bezüglich des Doppelkarbids sprechen die letzteren Verfasser jedoch wieder die Vermutung aus, daß es nichts anderes ist als durch Seigerungsvorgänge ungleichmäßig verteilter Zementit. Ferner soll nicht der ganze Chromgehalt, sondern nur etwa 0,9 desselben in Form von Chromkarbiden gebunden sein.

Aus dem Gesagten geht hervor, daß auf die Wiedergabe einer endgültigen Molekularformel der im Chromstahl auftretenden Gefügeelemente noch verzichtet werden muß. Für alles übrige läßt sich jedoch das oben bei den Wolframkarbiden Besprochene genau wiederholen. So muß auch hier zum Zweck der Härtung die Überführung der Karbide in die feste Lösung bei nicht zu hohen Temperaturen erfolgen, da sonst die schädliche Wirkung des Überhitzens die günstige der

---

[1] Über das von Arnold u. Read, J. Iron Steel Inst. **83**, 256 (1911), gefundene Karbid Cr_4C_2 siehe Maurer u. Nienhaus: a. a. O. S. 996.

[2] Z. anorg. u. allg. Chem. **161**, 316 (1927).

[3] Z. anorg. u. allg. Chem. **154**, 359 (1926).

[4] Z. anorg. u. allg. Chem. **154**, 49 (1926).

[5] J. Iron Steel Inst. **112**, 260 (1925); Stahleisen **5**, 153 (1926).

[6] J. Iron Steel Inst. **117**, Nr. 1, 383—400 (1928).

Karbidauflösung überwiegt und eine beträchtliche Verschlechterung der magnetischen Eigenschaften eintreten kann.

Der Einfluß des Kohlenstoffgehaltes auf einen Chromstahl mit 1,85% Cr ist in Abb. 203 nach den umfangreichen Untersuchungen von E. Gumlich[1] dargestellt. Wie zu ersehen, bleibt die Koerzitivkraft oberhalb 0,7% C praktisch konstant, während die Güteziffer $\mathfrak{B}_R \times \mathfrak{H}_c$ bei etwa 1% C ein Maximum erreicht. Ferner ist der Absolutwert der Güteziffer bei einer Härtung von 850° stets größer als bei den von 900° gehärteten Stählen. Praktisch dasselbe folgt aus den auf Grund der Großzahlforschung ausgewerteten Ergebnissen von G. Hannack[2], nur daß hier das Maximum des Produktes $\mathfrak{B}_r \times \mathfrak{H}_c$ bei etwa 1,1% liegt.

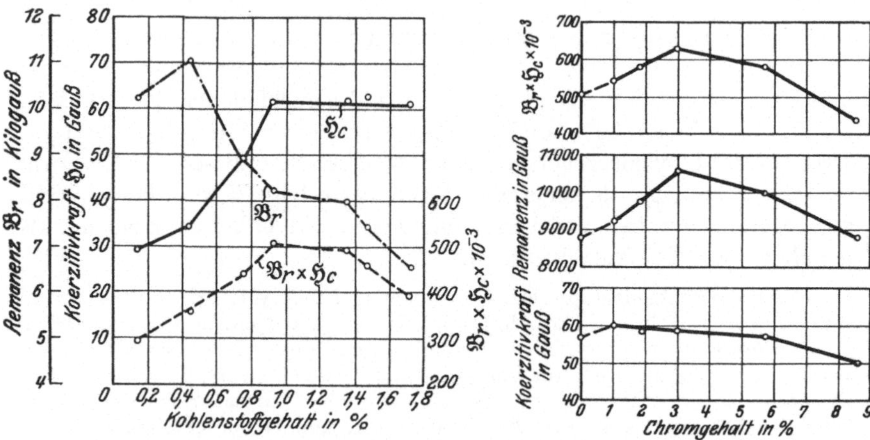

Abb. 203. Magnetische Eigenschaften von Chromstählen (Gumlich).

Abb. 204. Chromgehalt und magnetische Eigenschaften.

Die Abhängigkeit der Eigenschaften vom Cr-Gehalt bei gleichbleibendem C-Gehalt ist in Abb. 204 wiedergegeben.

Für die chemische Zusammensetzung der Chromstähle läßt sich schließen, daß der günstigste Kohlenstoffgehalt bei etwa 2,0% Chromgehalt annähernd 1% ist. Ebenso ergibt sich aus der späteren Zahlentafel 47, daß diesem Kohlenstoffgehalt bei Härtung von 850° in Wasser ein Chromgehalt von etwa 2% am besten angepaßt ist. Bei Härtung von 900° fand Gumlich zwar noch ein Maximum von $\mathfrak{B}_r \times \mathfrak{H}_c$ zwischen 5 und 6% Chrom, doch ist der Wert dieses Maximums nicht größer als beim 2%igen Chromstahl. Zahlentafel 44 zeigt ferner, daß diesem 6%igen Chromstahl ein Kohlenstoffgehalt von 1,13% als der beste zukommt. Da jedoch sowohl der Preis, als auch die Ausschußmenge sich hier beträchtlich steigern, so kommt vor allem nur dem 2%igen Chromstahl ein praktischer Wert zu, um so mehr,

---

[1] Stahleisen **42**, 41—46 (1922).   [2] Stahleisen **44**, 1237—43 (1924).

als er hauptsächlich dort Verwendung findet, wo in erster Linie ein möglichst niedriger Preis in Betracht kommt und doch ein reiner Kohlenstoffstahl im Hinblick auf die magnetischen Eigenschaften nicht genügend befriedigen kann.

Zahlentafel 45a. Einfluß des Kohlenstoffs auf die magnetischen Eigenschaften eines 6%igen Chromstahls.

Nr. des Stabes	C	Remanenz $\mathfrak{B}_r$ Gauß		Koerzitivkraft $\mathfrak{H}_c$ Oersted		$\mathfrak{B}_r \times \mathfrak{H}_c \times 10^{-3}$	
		Härtetemperatur ^{0} C		Härtetemperatur ^{0} C		Härtetemperatur ^{0} C	
	%	850	900	850	900	850	900
13	0,20	8660	8560	36,6	36,2	317	310
14	0,68	9500	9300	50,4	55,5	479	519
15	0,88	10060	10000	51,5	56,4	518	564
16	1,13	9920	9200	64,6	72,5	641	666
28	1,63	—	8040	—	60,2	—	484
29	1,82	—	7030	—	67,7	—	476

Nach G. Mars sowie nach E. Gumlich soll der Chromstahl möglichst frei von Verunreinigungen sein. Besonders hat Gumlich[1] einen ungünstigen Einfluß des Siliziums auf die magnetischen Eigenschaften, und zwar auf das Produkt $\mathfrak{B}_r \times \mathfrak{H}_c$ festgestellt, wie aus Zahlentafel 45 ohne weiteres hervorgeht.

Zahlentafel 45b. Einfluß des Siliziums auf die magnetischen Eigenschaften von Chromstahl.

	Siliziumgehalt 0,3 bis 0,6%				Siliziumgehalt bis 0,1%		
Nr. des Stahles	Cr %	C %	Produkt $\mathfrak{B}_r \times \mathfrak{H}_c \times 10^{-3}$	Nr. des Stahles	Cr %	C %	Produkt $\mathfrak{B}_r \times \mathfrak{H}_c \times 10^{-3}$
11	3,26	0,72	559	11*	2,85	0,88	626
12	3,03	1,06	591	12*	2,90	1,12	615
15	6,15	0,92	496	15*	5,62	0,88	518
19	8,74	0,94	418	19*	8,32	0,96	477
20	8,64	1,18	424	20*	8,05	1,11	455

Die Beziehung zwischen Härtetemperatur und magnetischen Eigenschaften unterscheidet sich von der beim Wolframstahl darin, daß die Temperaturgrenzen, innerhalb deren der Chromstahl gehärtet werden soll, näher aneinander liegen. Die Härtetemperaturen und die betreffenden erzielbaren magnetischen Eigenschaften sind in Zahlentafel 46 nach Hannack[2] zusammengestellt. Aus der Zahlentafel geht

---

[1] Stahleisen **42**, 99—100 (1922).

[2] Stahleisen **44**, 1241 (1924). Die in der Zahlentafel angegebenen, von Hannack erhaltenen Werte scheinen jedoch zu niedrig zu sein.

Zahlentafel 46. Magnetische Eigenschaften und Härtetemperatur
von Chromstählen.

Nr.	Härtetemperatur ° C	$\mathfrak{B}_{max}$ Gauß	Rema- nenz $\mathfrak{B}_r$ Gauß	Koerzitiv- kraft $\mathfrak{H}_c$ Oersted	$\mathfrak{B}_r \times \mathfrak{H}_c \times 10^{-3}$
	C = 0,80%; Cr = 2,00%				
1	5 Min. auf 750	17000	10600	21	223
2	5 ,, ,, 775	16700	10600	22	233
3	5 ,, ,, 800	16700	11300	22	249
4	5 ,, ,, 825	16600	11300	43	486
5	5 ,, ,, 850	16600	11500	49	563
6	5 ,, ,, 875	16300	11600	46	534
7	5 ,, ,, 900	15300	9800	49	480
8	5 ,, ,, 925	15200	9300	46	428
9	5 ,, ,, 950	15000	9000	45	405
10	30 ,, ,, 900	13000	8200	46	377
	C = 1,05%; Cr = 2,00%				
11	5 Min. auf 750	15500	10000	23	230
12	5 ,, ,, 775	15500	10400	21	218
13	5 ,, ,, 800	15000	9500	25	237
14	5 ,, ,, 825	15000	10600	47	498
15	5 ,, ,, 850	14600	10000	50	500
16	5 ,, ,, 875	15100	10800	51	551
17	5 ,, ,, 900	14500	10200	61	622
18	5 ,, ,, 925	10000	5700	51	291
19	5 ,, ,, 950	10000	5400	44	238
20	30 ,, ,, 900	10800	7200	51	367

deutlich hervor, daß der Stahl mit 0,80% C zwischen 850⁰ und 875⁰
gehärtet werden muß. Beim Stahl mit 1,05% C sind die Grenzen durch
die Temperaturen 875⁰ und 900⁰ gegeben[1]. Daraus folgt, daß der
Chromstahl selbst dann, wenn er nur 2% Chrom enthält, gegenüber
dem Wolframstahl bei der Wärmebehandlung etwas empfindlicher ist.
Umgekehrt besitzt der Chromstahl auch einen nicht unwesentlichen
Vorteil. Dieser besteht darin, daß im Gegensatz zum Wolframstahl
eine Härtung in Öl möglich ist, ohne daß dadurch die magnetischen
Eigenschaften einbüßen, wie aus Zahlentafel 47 nach Gumlich[2] deutlich zu ersehen ist. Ein Vergleich des bei den gleichen Chromstählen
in Wasser und in Öl erzielten Produktwertes $\mathfrak{B}_r \times \mathfrak{H}_c$ läßt sogar eine
beträchtliche Steigerung desselben erkennen, bis auf Werte, die selbst
mit dem Wolframstahl kaum noch erzielbar sind. Die Gefahr an Härteausschuß kann außerdem durch Ölhärtung bedeutend herabgesetzt
werden.

---

[1] Im Aufsatz von Hannack wird über die Temperaturgrenzen folgendes
gesagt: „ . . . bei einem Stahl mit 1,05% C etwas weiter, und zwar zwischen 825⁰
und 900⁰." Ein Blick in die Zahlentafel 46 zeigt aber, daß d es keinesfalls zutrifft.
Wahrscheinlich hat sich im Aufsatz ein Druckfehler eingeschlichen.

[2] Stahleisen **42**, 46 (1922).

Zahlentafel 47. Magnetische Eigenschaften von wasser- und ölgehärteten Chromstählen im Vergleich zu denen der Wolframstähle.

		Chromstähle			Wolframstähle		
C	Cr	Remanenz $\mathfrak{B}_r$	Koerzitivkraft $\mathfrak{H}_c$	$\mathfrak{B}_r \times \mathfrak{H}_c$ $\times 10^{-3}$	Remanenz $\mathfrak{B}_r$	Koerzitivkraft $\mathfrak{H}_c$	$\mathfrak{B}_r \times \mathfrak{H}_c$ $\times 10^{-3}$
%	%	Gauß	Oersted		Gauß	Oersted	
In Wasser bei 850° gehärtet							
0,88	2,85	10900	57,4	626	10200	58,1	593
1,12	2,90	10380	59,2	615	9700	61,5	596
In Öl bei 850° gehärtet					10250	63,0	646
					10880	62,3	679
0,81	1,93	12660	56,8	720	10880	66,4	723
1,12	2,97	10910	60,7	662			

Aus diesem Grunde soll der 2%ige Chromstahl bei der praktischen Verwendung immer in Öl gehärtet werden. Das gleiche Ergebnis hat sich auch bei den Untersuchungen von P. Oberhoffer und O. Emicke[1] an einem Stahl mit 1% C und 1,6% Cr gezeigt. Sowohl die Remanenz als auch die Koerzitivkraft lagen bei der Ölhärtung immer höher als bei der Wasserhärtung.

Bei einem Chromstahl, der durchschnittlich 1% C und 2% Cr enthält, kann man nach richtiger Härtung in Öl mit den folgenden Werten der magnetischen Eigenschaften rechnen:

$$\mathfrak{B}_r \quad = \text{zwischen 9000 und 9500}$$
$$\mathfrak{H}_c \quad = \text{im Mittel 60 Oersted}$$
$$\mathfrak{B}_r \times \mathfrak{H}_c = \text{zwischen 550 und } 600 \times 10^3$$
$$(\mathfrak{B} \times \mathfrak{H})_{max} = \text{zwischen 240 und } 250 \times 10^3.$$

In höherem Maße als der Wolframstahl ist der Chromstahl jedoch gegen zu lange Erhitzungsdauer bei den betreffenden Härtetemperaturen empfindlich. Dies geht schon aus Zahlentafel 46 hervor, wo die Stäbe Nr. 10 und 20 gleichzeitig geringe Werte der Remanenz und der Koerzitivkraft aufweisen[2]. Auch schon bei viel niedrigeren Temperaturen macht sich der Einfluß der Erhitzungsdauer bemerkbar. So ist z. B. aus der Zahlentafel 48 nach

Zahlentafel 48.
Magnetische Eigenschaften von Chromstahl in Abhängigkeit von der Erhitzungsdauer.

Erhitzungsdauer in Min.	Remanenz $\mathfrak{B}_r$ Gauß	Koerzitivkraft $\mathfrak{H}_c$ Oersted	$\mathfrak{B}_r \times \mathfrak{H}_c \times 10^{-3}$
2	10700	39,1	420
5	10800	58,5	632
10	10500	63,0	661
15	10000	62,5	625
30	9800	58,2	570

[1] Stahleisen 45, 537—40 (1925).

[2] Dies scheint im allgemeinen ein Kennzeichen für zu langes Erhitzen zu sein, denn wenn die Glühdauer zu kurz gewählt ist, so tritt in der Regel eine Verringerung der Koerzitivkraft unter Erhöhung der Remanenz ein.

E. H. Schulz und W. Jenge[1] zu ersehen, daß die sämtlichen magnetischen Eigenschaften eines bei 800⁰ gehärteten Stahles mit 1% C und 2% Cr bei 10 Min. Erhitzungsdauer ein Maximum aufweisen, um dann rasch abzunehmen. Nach den Untersuchungen von Oberhoffer und Emicke[2] an einem Stahl mit 1% C und 1,6% Cr stehen Härtetemperatur und Erhitzungsdauer in einem gewissen Zusammenhang, der in der Abb. 205, und zwar für Öl- und Wasserhärtung, wiedergegeben ist. Die Kurven stellen diejenigen Erhitzungszeiten dar, die bei verschiedenen Härtetemperaturen die gleichen Werte des Produktes $\mathfrak{B}_r \times \mathfrak{H}_c$ ergeben. Demnach muß bei Ölhärtung zur Erzielung des höchsten Produktes die Härtetemperatur niedriger, die Erhitzungszeit dagegen höher gewählt werden. Bei Wasserhärtung ist das Umgekehrte der Fall, und zwar wird hier das höchste Produkt bei höheren Härtetemperaturen und entsprechend kürzeren Erhitzungszeiten erreicht.

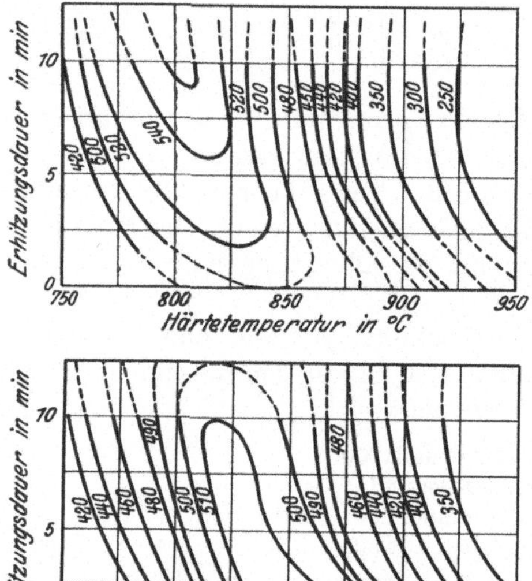

Abb. 205. Kurven gleicher Erhitzungszeiten für Chromstähle.

Die Ursache des verschlechternden Einflusses der Erhitzungsdauer kann zur Zeit noch nicht genau angegeben werden, und ebenso muß es auch dahingestellt bleiben, ob analog den Wolframstählen die Karbide verantwortlich sind. Jedenfalls ist der Vorgang so, daß sich zunächst die Karbide auflösen, was eine Verbesserung der magnetischen Eigenschaften hervorruft. Darüber findet ein zweiter Vorgang statt, der auf die magnetischen Eigenschaften in entgegengesetzter Richtung[3] wirkt.

<hr>

[1] Stahleisen 46, 11—13 (1926).   [2] a. a. O.

[3] Nach der Annahme von Schulz u. Jenge: Stahleisen 46, 11 (1926), setzt die Umwandlung der festen Lösung an den Korngrenzen ein. Da das Chrom die Diffusionsgeschwindigkeit für den Kohlenstoff verringert, so ist der Chromstahl ferner an den Stellen, wo vorher Karbide vorhanden waren, mit Kohlenstoff und Chrom angereichert. Alles, was die Diffusionsgeschwindigkeit erhöht, vermindert nun die Anzahl der Zentren, an denen sich die Umwandlung der festen Lösung einsetzen kann. Dadurch wird aber die Umwandlung gezwungen, über immer längere Zwischenräume fortzuschreiten. Bei einem groben Korn reicht dabei die Abschreckungszeit nicht aus, um die Umwandlung bis ins Innere des Kornes vordringen zu

Im Hinblick auf die Beständigkeit der magnetischen Eigenschaften steht der Chromstahl dem Wolframstahl nicht nach, während er den Kohlenstoffstahl natürlich weit hinter sich läßt. Die Abnahme des magnetischen Moments eines Chrommagnetstahls durch Dauererwärmung beträgt je nach dem Chromgehalt zwischen 0,5% und 4%[1], ist also im Durchschnitt etwa 20mal kleiner wie beim Kohlenstoffstahl. In Zahlentafel 49 ist der Einfluß von zyklischen Erwärmungen in Abhängigkeit vom Chromgehalt bei dem üblichen Kohlenstoffgehalt von rd. 1% nach E. Gumlich[2] wiedergegeben. Mit zunehmendem Chromgehalt nimmt also die prozentuale Abnahme des magnetischen

Zahlentafel 49.
Änderung des magnetischen Moments durch zyklische Erwärmungen in Abhängigkeit vom Chromgehalt bei etwa 1% Kohlenstoff.

Nr. des Stahles	Cr %	Änderung des magnetischen Moments %
4	1,04	— 3,42
8	1,88	— 2,90
12	2,90	— 2,48
16	5,84	— 1,29
20	8,05	— 1,15

Moments stetig ab. Einen ähnlichen Einfluß übt auch der Kohlenstoff bei einem Chromgehalt von ungefähr 2% aus, wie aus Zahlentafel 49a hervorgeht. Bei noch höheren Chromgehalten (etwa 6%, s. Zahlentafel 49a) macht sich der Einfluß des Kohlenstoffs praktisch nicht mehr bemerkbar.

Die durch Erschütterungen hervorgerufenen Änderungen sind nach Gumlich der Koerzitivkraft annähernd umgekehrt proportional[3] und betragen zwischen 2 und 3%. Der Einfluß des Siliziums, das, wie oben

Zahlentafel 49a. Änderung des magnetischen Moments durch zyklische Erwärmungen in Abhängigkeit vom Kohlenstoffgehalt.

Nr. des Stahles	Chromgehalt etwa 2%		Nr. des Stahles	Chromgehalt etwa 6%	
	C %	Änderung des magnetischen Moments %		C %	Änderung des magnetischen Moments %
5	0,16	— 4,53	13	0,20	— 1,89
6	0,43	— 3,54	14	0,68	— 1,17
7	0,78	— 2,87	15*	0,88	— 0,99
8	0,95	— 2,90	16	1,13	— 1,29

erwähnt, auf das Produkt $\mathfrak{B}_r \times \mathfrak{H}_c$ ungünstig wirkt, kommt auch

lassen. Als verschlechternde Faktoren müssen demnach eine hohe Härtetemperatur und lange Erhitzungszeit in Betracht kommen, da diese beiden die Diffusion befördern und den Stahl zu einem grobkörnigen Gefüge veranlassen.

[1] Gumlich, E.: Stahleisen **3**, 97 (1922).

[2] a. a. O. Oberhoffer, P., u. O. Emicke (a. a. O.), haben für einen Stahl mit 1% C und 1,6% Cr Änderungen des magnetischen Moments durch zyklische Erwärmungen zwischen + und — 4,5% festgestellt, ohne daß sich dabei eine gesetzmäßige Abhängigkeit von den Härtungsbedingungen ergab.

[3] Dasselbe konnte auch R. L. Dowdell feststellen. Trans. Amer. Soc. Steel Treat. **5**, 27 (1924); Stahleisen **45**, 21 (1925).

bei den Alterungserscheinungen zum Ausdruck, und zwar wird durch einen Siliziumgehalt in erster Linie die Änderung infolge von Erschütterungen und Lagern ungünstig beeinflußt, während es für die zyklischen Erwärmungen fast ohne Einfluß bleibt.

Einen Einfluß des Siliziums stellte Gumlich auch auf den Temperaturkoeffizienten des Chrommagnetstahls fest, und zwar ist dieser um so größer, je höher der Si-Gehalt ist. Im übrigen liegt der Betrag des Temperaturkoeffizienten praktisch in denselben Grenzen wie bei den reinen Kohlenstoffstählen mit entsprechendem Kohlenstoffgehalt, ändert sich aber mit zunehmendem Kohlenstoffgehalt in niedrigerem Maße als bei den letzteren. Man kann daher bei einem Chromstahl der Zusammensetzung etwa 1% C und 2% Cr und der üblichen Wärmebehandlung mit einem Wert des Temperaturkoeffizienten von rd. — 2,5 × 10⁻⁴ rechnen[1].

Der Einfluß des Anlassens auf die magnetischen Eigenschaften des Chrommagnetstahls geht schon aus den oben wiedergegebenen (S. 154) Abb. 120a und b hervor. Eine Ergänzung bietet die Abb. 260 nach den Untersuchungen Gumlichs.

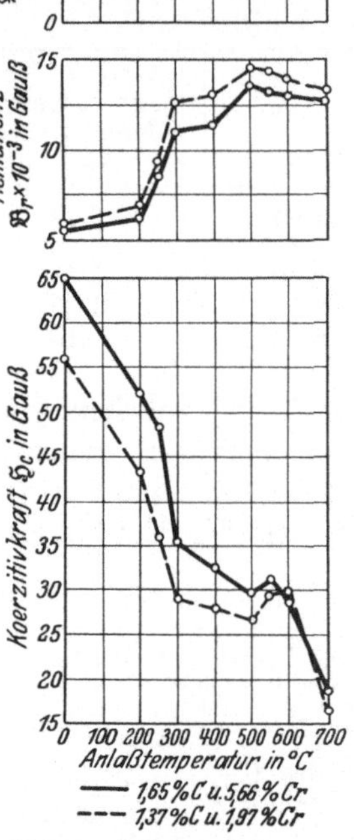

Abb. 206. Anlaßerscheinungen von Cr-Stählen.

4. Wolfram-Chromstahl.

Die magnetischen Eigenschaften des einfachen Wolframstahles lassen sich durch einen Zusatz von Chrom noch verbessern. Komplexe Wolfram-Chromstähle können auf dreierlei Weise zusammengestellt werden: 1. durch einen Zusatz einer geringen Chrommenge zum Wolframstahl üblicher Zusammensetzung; 2. durch Zufügung von Wolfram zum Chromstahl üblicher Zusammensetzung, und 3. durch Vereinigung des üblichen Wolframstahls mit dem üblichen Chrommagnetstahl.

Was die Stähle der ersten Gruppe betrifft, so werden die magnetischen Eigenschaften selbst durch den Chromzusatz nur wenig verändert; der Hauptvorteil besteht jedoch hier darin, daß sich der Stahl bei der Wärmebehandlung etwas besser verhält. Besonders wirkt der Chromzusatz bei der Glühbehandlung günstig, und zwar derart, daß er die Beschädigung des Stahls durch Glühen im sogenannten kritischen Temperaturgebiet verringert. Dasselbe gilt anscheinend auch für den wolframlegierten Chromstahl.

Zahlentafel 50 gibt einige Werte der magnetischen Eigenschaften für Wolfram-Chromstähle mit rd. 6% W und 0,75% Cr, jedoch mit verschiedenen Kohlenstoffgehalten und nach verschiedenen Wärmebehandlungen nach Parkin[2] wieder.

---

[1] a. a. O.   [2] a. a. O.

Die in der Zahlentafel schräg gedruckten Bestwerte entsprechen, wie man erkennt, gerade dem mit etwa 0,75% Cr legierten Wolframstahl üblicher Zusammensetzung, also dem hier unter 1. genannten Stahl.

Zahlentafel 50. Magnetische Eigenschaften von Wolfram-Chromstählen.

Chemische Zusammensetzung			Wärmebehandlung		Magnetische Eigenschaften		
C	W	Cr	Norma-lisiert bei	Härte-temp. (in Öl)	Remanenz $\mathfrak{B}_r$	Koerzitiv-kraft $\mathfrak{H}_c$	$\mathfrak{B}_r \times \mathfrak{H}_c \times 10^{-3}$
%	%	%	⁰ C	⁰ C	Gauß	Oersted	
1,46	5,79	0,76	815	810	7690	51,8	398,3
1,32	5,87	0,77	815	810	7980	78,3	624,8
1,19	5,85	0,73	815	810	7170	77,9	558,5
1,07	5,74	0,75	815	810	8250	77,9	642,7
0,93	6,01	0,77	815	810	9110	74,3	676,9
0,85	6,01	0,75	840	810	9140	75,4	689,1
0,75	6,05	0,76	850	830	9000	79,9	719,1
0,60	*5,91*	*0,81*	*880*	*850*	*11150*	*76,0*	*847,4*
0 51	*6,04*	*0,74*	*880*	*870*	*11190*	*70,1*	*784,4*
0,43	6,01	0,75	920	870	8760	57,4	502,8
0,30	6,10	0,76	920	910	8820	46,1	406,6
0,21	6,08	0,74	930	910	8620	46,1	397,4
0,11	5,38	0,73	950	940	8720	30,2	263,3

Beim Stahl der zweiten hier genannten Gruppe, und zwar bei einer Zusammensetzung von 1,22% C, 1,23% Cr und 0,96% W hat G. Mars in seinen oben mehrfach erwähnten Untersuchungen magnetische Eigenschaften gefunden, die diejenigen des besten Wolframstahls übertreffen. Dieser Stahl wies nämlich neben einer relativ hohen Remanenz einen Verlust durch Altern von nur 1,5% auf. Beim Stahl der dritten Gruppe fand der Verfasser nebst einer Remanenz von 10500 eine Koerzitivkraft, die mehr als 80 Oersted betrug. Der Hauptnachteil aller dieser Stähle besteht aber selbstverständlich darin, daß gleichzeitig auch der Preis erhöht ist.

5. Molybdänstahl.

Das Molybdän beeinflußt die Eigenschaften des Stahles qualitativ in derselben Richtung wie das Wolfram, wirkt aber quantitativ wesentlich stärker. Bereits Ende des vorigen Jahrhunderts wurden daher hauptsächlich von Curie Untersuchungen darüber vorgenommen, ob sich das Molybdän zur Herstellung von Dauermagnetstählen verwenden ließe.

Der Haltepunkt A_{c_1} des Stahls wird durch Molybdän nur schwach beeinflußt, dagegen wird der Umwandlungspunkt A_{r_1} sehr stark nach unten verschoben. Aus Zahlentafel 51 nach A. F. Stogoff und W. S. Messkin[1] ist zu ersehen, daß die Temperaturhysteresis ($A_{c_1} - A_{r_1}$) bei Molybdängehalten, die für den Molybdänmagnetstahl in Betracht kommen, etwa 200⁰ beträgt. Ebenso wie beim Wolframstahl, aber

---

[1] Arch. Eisenhüttenw. 2, H. 9 (1929).

in ausgeprägterer Weise hängt die Erniedrigung von A_{r_1} von der höchsten beim Erhitzen erreichten Temperatur ab. Die **Erniedrigungstemperatur** (s. unten) wird nach Swinden[1] durch den Molybdän-

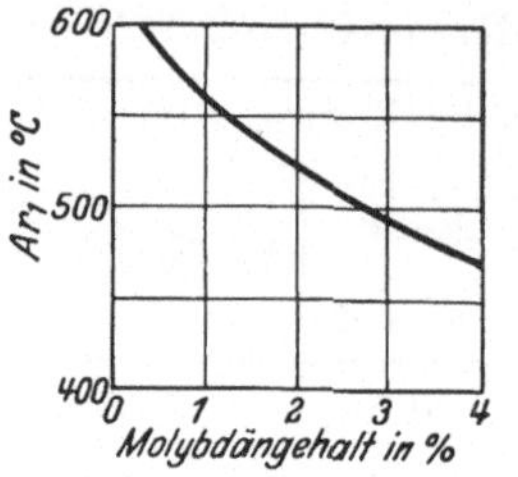

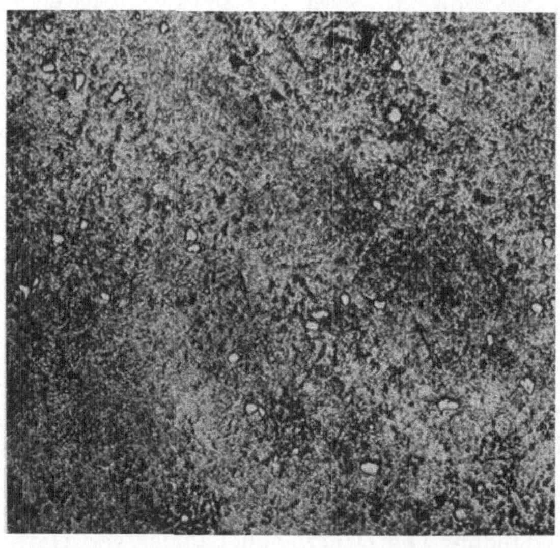
Abb. 207. Einfluß von Mo auf den Punkt A_{r_1}.

Zahlentafel 51.
Umwandlungstemperaturen A_{c_1} und A_{r_1} zweier Molybdänstähle (Saladin-Apparat).

C	Mo	A_{c_1}	A_{r_1}	Temperaturhysteresis $A_{c_1} - A_{r_1}$	Höchsttemperatur
%	%	° C	° C	° C	° C
0,96	2,18	720	535	185	975
0,81	4,33	735	530	205	970

gehalt und den Kohlenstoffgehalt des Stahles bedingt, während die erniedrigte Umwandlungstemperatur A_{r_1} selber vom Kohlenstoffgehalt des Stahles unabhängig bleibt und nur vom Molybdängehalt und der maximal erreichten Temperatur abhängt. Die Änderung des A_{r_1}-Punktes mit dem Molybdängehalt ist nach Swinden in Abb. 207 dargestellt[2]. Die genaue Zusammensetzung der Verbindungen, die das Molybdän im Stahl bildet, ist bisher noch nicht sicher festgestellt. Nach Arnold und Read[3] treten Doppelkarbide auf, die trotz ihres hohen Gehaltes an Eisen[4] unmagnetisch sind. Im

Abb. 208. Molybdänkarbide in martensitischer Grundmasse.

<hr>

[1] J. Iron Steel Inst.; Carnegie Scholarship Memoirs **3**, 66 (1911); **5**, 100 (1913); siehe auch Stahleisen **1912**, 798; **1913**, 2079.

[2] Höchste Erhitzung 1200°. Vgl. dazu G. Mars: Die Spezialstähle, S. 372. Stuttgart 1922.

[3] Engg. **1915**, 26. Nov., 555; Stahleisen **1916**, 395.

[4] In einem Stahl mit 0,78% C und 2,43% Mo fanden sie die Karbide $6\,Fe_3C + Fe_3Mo_3C$; bei 0,75% C und 4,95% Mo $7\,Fe_3C + 3\,Fe_3Mo_3C + 2\,C$. Takei, T.: Sci. Rep. Tohoku Univ. **17**, 939—44 (1928) hat die Existenz des Karbides Mo_2C festgestellt.

Schliffbild sind, wie die Abb. 208 zeigt, die verhältnismäßig groben Molybdänkarbide in der Grundmasse verteilt deutlich zu erkennen. Beim Härten lassen sich die Karbide selbst bei verhältnismäßig hohen Temperaturen nicht in die feste Lösung überführen.

Zahlentafel 52. Magnetische Eigenschaften von Molybdänstahl nach den Ergebnissen Curies[1].

C %	Mo %	Härte- temperatur ^{0} C	Remanenz $\mathfrak{B}_r$ Gauß	Koerzitiv- kraft $\mathfrak{H}_c$ Oersted	Produkt $\mathfrak{B}_r \times \mathfrak{H}_c \times 10^{-3}$
0,51	3,5	850	6700	60	402,0
1,24	4,0	800	6700	85	569,5
1,72	3,9	800	7000	78	536,0

Die Messungen Curies[1] über die magnetischen Eigenschaften von Molybdänstählen (Zahlentafel 52) schienen zu zeigen, daß diese Stähle zur Herstellung von Dauermagneten nicht gut geeignet sind, da sie bei allerdings guter Koerzitivkraft viel zu geringe Werte der Remanenz, also auch des Produktes $\mathfrak{B}_r \times \mathfrak{H}_c$, aufweisen. Ähnliches fanden auch E. L. French und A. Mathews[2] an Stählen mit 2 bis 4% Mo, und gleichfalls G. Mars[3] an einem Stahl mit 1,22% C und 3,85% Mo. Da ferner eine Reihe älterer Forscher neben den schlechten magnetischen auch unbefriedigende technologische Eigenschaften[4] im Sinne des Schmiedens, Härtens und der Empfindlichkeit gegenüber der Wärmebehandlung anführten, so schien der Molybdänstahl keine Aussicht auf praktische Verwendung zu haben.

Es lag nun die Vermutung nahe, daß bei den bisherigen Stählen der Molybdän- und Kohlenstoffgehalt sich nur nicht in dem richtigen Verhältnis zueinander befunden habe, um die günstigsten magnetischen Eigenschaften zu erzielen. So konnten in der Tat A. F. Stogoff und W. S. Messkin[5] in einer neueren Untersuchung zeigen, daß bei einem Kohlenstoffgehalt von rd. 1,35% der Molybdängehalt einen Betrag

---

[1] L'éclerage électr. **15**, 471—77, 501—08 (1898); **16**, 117—26, 151—55 (1898); Vgl. E. Gumlich: Magnet. Messungen. Braunschweig 1918.

[2] Trans. amer. Inst. Min. Met. Engs. **67**, 337—44 (1922); vgl. Iron Age, 24. Febr., S. 505 (1921).

[3] Stahleisen **29**, 1772 (1909).

[4] Vereinzelt finden sich jedoch auch Hinweise auf eine Verwendungsmöglichkeit, vgl. z. B. B. Guillet: Alliages Métalliques, S. 144. Paris 1906. In neuerer Zeit hat auch P. W. Döhmer für einen komplexen Molybdänmagnetstahl die folgende chemische Zusammensetzung angegeben: C = 0,6%, Si = 0,30%, Mn = 0,40%, Mo = 6%, Cr = 2 bis 3%. Der Motorwagen **35**, 20. Dez., 867 (1926); siehe auch E. Stahl: Metallbörse **18**, 2499—500 (1928).

[5] Arch. Eisenhüttenw. **2**, H. 9 (1929).

von etwa 2,5% nicht überschreiten darf, da, wie aus der Abb. 209 hervorgeht, die magnetischen Eigenschaften[1] sowohl bei Wasser- als auch bei Ölhärtung nur bis zu diesem Molybdängehalt zunehmen, um darüber hinaus rasch abzufallen. Die Zahlentafel 53 für die Abhängig-

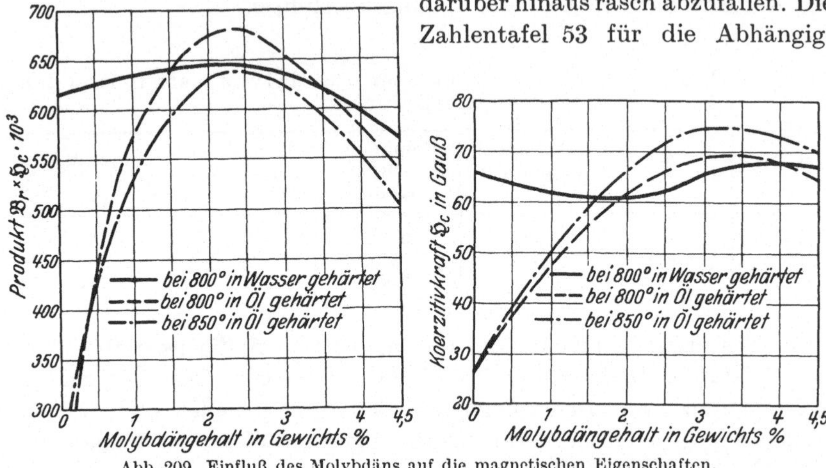

Abb. 209. Einfluß des Molybdäns auf die magnetischen Eigenschaften.

keit vom C-Gehalt zeigt weiterhin, daß der Stahl mit 0,96% C, also mit einem ungestörten eutektoiden Kohlenstoffgehalt bei allen Härtetemperaturen sowohl bei Wasser- als auch bei Ölhärtung das höchste

Zahlentafel 53. Magnetische Eigenschaften von wasser- und ölgehärteten Molybdänstählen mit verschiedenem C-Gehalt bei rd. 2,5% Mo.

C	Mo	Induktion für $\mathfrak{H}=600$ Gauß Härtetemperatur °C			Remanenz $\mathfrak{B}_r$ Gauß Härtetemperatur °C			Koerzitivkraft $\mathfrak{H}_c$ Oersted Härtetemperatur °C			Produkt $\mathfrak{B}_r \times \mathfrak{H}_c \times 10^{-3}$ Härtetemperatur °C		
%	%	800	850	900	800	850	900	800	850	900	800	850	900
						Wasserhärtung							
0,65	2,49	18562	18419	18232	11393	11276	10975	57,0	58,0	56,7	649,4	654,0	622,8
0,96	2,18	16140	15000	15540	10680	9540	9780	76,0	80,5	75,5	811,7	768,0	738,4
1,31	2,54	16884	15656	15956	10466	9461	9067	60,5	67,6	64,2	633,2	639,6	582,1
						Ölhärtung.							
0,65	2,49	18033	18066	17580	11150	11138	10666	60,0	58,3	59,5	669,0	649,3	532,6
0,96	2,18	15780	14160	13560	10080	8340	8160	75,3	82,0	80,0	759,0	683,9	652,8
1,31	2,54	15812	15275	15110	10180	9271	8700	67,3	70,0	66,0	685,1	649,0	574,2

Produkt $\mathfrak{B}_r \times \mathfrak{H}_c$ besitzt und daß die Absolutwerte der magnetischen Eigenschaften denen des Wolframstahles keinesfalls nachstehen. Dies trifft auch in bezug auf die übrigen Eigenschaften zu, so daß ein Stahl

---

[1] Nur für die Koerzitivkraft (Abb. 209) liegt der Wendepunkt bei einem etwas höheren Molybdängehalt (ungefähr 3,5%).

mit 2 bis 2,5% Mo und 0,9 bis 0,95% C ebenfalls zur Herstellung von Dauermagneten geeignet ist[1].

Die Werte der mit diesem Stahl unter verschiedenen Härtungsbedingungen erreichten Eigenschaften sind in Zahlentafel 54 zusammen-

Zahlentafel 54. Härtetemperatur und magnetische Eigenschaften des Molybdänstahles mit 0,96% C und 2,18% Molybdän.

Bezeich-nung des Stahles	Härte-tem-peratur °C	Induktion für $\mathfrak{H} = 600$ Gauß	Rema-nenz $\mathfrak{B}_r$ Gauß	Koerzi-tivkraft $\mathfrak{H}_c$ Oersted	Produkt $\mathfrak{B}_r \times \mathfrak{H}_c \times 10^{-3}$	$\dfrac{\mathfrak{B}_r}{\mathfrak{H}_c}$
			Wasserhärtung			
8a	775	17200	10836	52,5	568,9	206,4
8b	800	16140	10680	76,0	811,7	140,0
8c	825	15786	10317	75,0	773,8	137,5
8c	850	15000	9540	80,5	768,0	118,5
8d	900	15540	9780	75,5	738,0	129,5
			Ölhärtung			
8a₁	775	16340	10466	50,6	529,6	206,8
8b₁	800	15780	10080	75,3	759,0	133,8
8c₁	825	15000	9047	77,3	699,3	117,0
8c₁	850	14160	8340	82,0	683,9	101,7
8d₁	900	13560	8160	80,0	652,8	102,0

gestellt, aus der hervorgeht, daß das höchste Produkt $\mathfrak{B}_R \times \mathfrak{H}_c$ nach einer Härtung bei 800° in Wasser erzielt wird, wobei jedoch der Unter-

schied zwischen den Werten bei 800° und 825° noch so klein ist, daß die günstigste Härtetemperatur zwischen 800 und 825° liegen kann.

Was die Erhitzungsdauer bei dieser Temperatur betrifft, so weisen (Abb. 210) sowohl Koerzitivkraft, wie auch Remanenz und Produkt bei

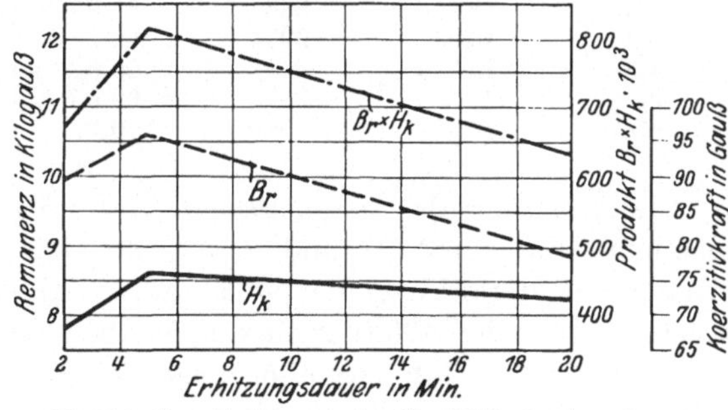

Abb. 210. Verschlechterung der Mo-Stähle durch zu lange Erhitzung.

5 Min. Erhitzungsdauer ein deutlich ausgeprägtes Maximum auf. Gegen zu

---

[1] Gute magnetische Eigenschaften wurden bei A. F. Stogoff u. W. S. Messkin auch mit dem Stahl mit 0,81% C und 4,33% Mo erreicht. Zur praktischen Verwendung aber ist dieser Stahl nicht empfehlenswert, da einmal die Werte der magnetischen Eigenschaften (nach einer Härtung bei 900° in Wasser: $\mathfrak{B}_r = 10140$; $\mathfrak{H}_c = 73,2$; $\mathfrak{B}_r \times \mathfrak{H}_c = 742,2 \cdot 10^3$) geringer als die des Stahls mit 0,96% C und 2,18% Mo sind; das andere Mal aber ist dieser Stahl wegen des fast doppelten Gehalts an Molybdän teuerer, schlechter bearbeitbar und bei der Wärmebehandlung empfindlicher.

langes Erhitzen ist der Molybdänstahl also fast in demselben Maße empfindlich wie der Wolframstahl. Die Aufklärung dieser Erscheinungen ist noch weiteren Untersuchungen vorbehalten[1], doch ist aus den bisherigen Arbeiten bereits zu ersehen, daß einer Verlängerung der Erhitzungsdauer bei 800° nicht eine größere Menge der in die feste Lösung übergeführten Molybdänkarbide entspricht. Dies ist nur durch Erhöhung der Härtetemperatur möglich, und zwar verschwinden die Karbide völlig bei einer Härtetemperatur von 1100°, während sie selbst bei 1000° noch zu beobachten sind, wenn auch in einer viel geringeren Menge als bei niedrigeren Härtetemperaturen.

Im allgemeinen kann man bei dem Molybdänstahl mit 0,9 bis 0,95% C und 2,0 bis 2,5% Mo nach dem Härten bei 800 bis 825° in Wasser mit den folgenden Werten der magnetischen Eigenschaften rechnen:

$$\mathfrak{B}_r = 10250 \text{ bis } 10750$$
$$\mathfrak{H}_c = \text{im Mittel } 75$$
$$\mathfrak{B}_r \times \mathfrak{H}_c = 750 \text{ bis } 800 \times 10^3$$
$$(\mathfrak{B} \times \mathfrak{H})_{max} = 310 \text{ bis } 340 \times 10^3.$$

Zahlentafel 55. Magnetische Eigenschaften eines Molybdänmagnetstahles (mit 0,96% C und 2,18% Mo) bei verschiedenen $\mathfrak{H}_{max}$.

Maximale Magnetisierungsfeldstärke $\mathfrak{H}_{max}$ Oersted	Induktion für $\mathfrak{H}_{max}$ ($\mathfrak{B}_{max}$) Gauß	Remanenz $\mathfrak{B}_r$ Gauß	Koerzitivkraft $\mathfrak{H}_c$ Oersted	$\mathfrak{B}_r \times \mathfrak{H}_c$	$(\mathfrak{B} \times \mathfrak{H})_{max}$
100	9400	6197	54,7	338975	116550
200	12955	8864	66,95	593445	248975
300	14041	9334	69,2	645914	264000
400	14733	9491	69,6	660574	262767
500	15230	9570	69,95	669421	281480
600	15610	9570	70,0	669900	284482

Die Änderung der magnetischen Haupteigenschaften eines Dauermagneten mit 0,96% C und 2,18% Mo (nach Härtung bei 825° in Wasser und darauffolgender vollständiger künstlicher Alterung) in Abhängigkeit von der Höhe der maximalen, beim Magnetisieren gebrauchten Feldstärke ist in Zahlentafel 55 nach den Messungen von W. S. Messkin wiedergegeben. Wie zu ersehen, werden die Höchstwerte erst bei 500 Oersted erreicht, so daß zum Magnetisieren eines Molybdänstahls ein $\mathfrak{H}_{max}$ von etwa 600 Oe zu empfehlen ist.

Die Änderungen der magnetischen Eigenschaften bei der künstlichen Alterung des Molybdänmagnetstahles durch zyklische Erwärmungen sind in Zahlentafel 56 nach A. F. Stogoff und W. S. Messkin[2] wieder-

---

[1] Im Institut für Metallforschung (in Leningrad) sind zur Zeit Untersuchungen im Gang.

[2] Untersuchungen der Temperaturabhängigkeit des remanenten Magnetismus (russ.), S. 21—33, Moskau: N. T. U.-Verlag 1929.

Zahlentafel 56. Abnahme des magnetischen Moments durch zyklische Erwärmungen beim Molybdänmagnetstahl (C = 0,96%; Mo = 2,18%).

Be-zeich-nung des Stahles	Härte-tem-peratur °C	Abnahme des magnetischen Moments in %									end-gültige Ab-nahme
		1	2	3	4	5	6	7	8	9	
		Erwärmung									
		Wasserhärtung									
8a	775	6,65	6,65	8,20	8,20	8,20	8,20	—	—	—	8,20
8b	800	4,57	4,57	4,90	5,88	5,88	5,88	—	—	—	5,88
8e	825	3,03	3,03	3,46	4,32	4,32	4,32	4,32	—	—	4,32
8c	850	3,67	3,67	3,67	4,34	5,57	5,57	5,57	—	—	5,57
8d	900	4,88	4,88	4,88	7,51	8,52	8,52	8,52	—	—	8,52
		Ölhärtung									
$8a_1$	775	3,40	4,54	6,00	6,38	7,27	11,3	12,0	12,0	12,0	1,20
$8b_1$	800	1,60	2,38	2.38	2,38	2,38	—	—	—	—	2,38
$8e_1$	825	0,48	0,48	0,96	0,96	0,96	—	—	—	—	0,96
$8c_1$	850	0,30	0,60	0,60	0,60	0,60	—	—	—	—	0,60
$8d_1$	900	0,85	0,85	0,85	0,85	0,85	—	—	—	—	0,85

gegeben. Aus ihr geht hervor, daß der Alterungsvorgang bei den wassergehärteten Stählen günstiger verläuft als bei den ölgehärteten, da bei den ersteren eine vollständige Stabilisierung schon nach dem ersten Temperaturzyklus erreicht wird, während bei den ölgehärteten Stählen beträchtlich höhere Härtetemperaturen (900⁰) notwendig sind. Stellen wir die endgültige Abnahme des Moments als Funktion der Härtetemperatur graphisch dar, so erhalten wir die Abb. 211, aus der erhellt, daß bei Wasserhärtung die minimale Abnahme des Moments einer Härtetemperatur von eben 825⁰ entspricht. Mit einer für die Praxis hinreichenden Genauigkeit gilt dies auch für die ölgehärteten Stähle.

Zum Entscheid der Frage, ob der Molybdänstahl am günstigsten in Öl oder in Wasser gehärtet wird, zeigt eine kurze Überlegung an Hand der Zahlentafel 56 und der Abb. 211, daß sich die besten Endwerte der Remanenz (nach der vollständigen Stabilisierung) an dem wassergehärteten Stahl ergeben. Aus diesem Grunde soll der Molybdänstahl stets in Wasser gehärtet werden,

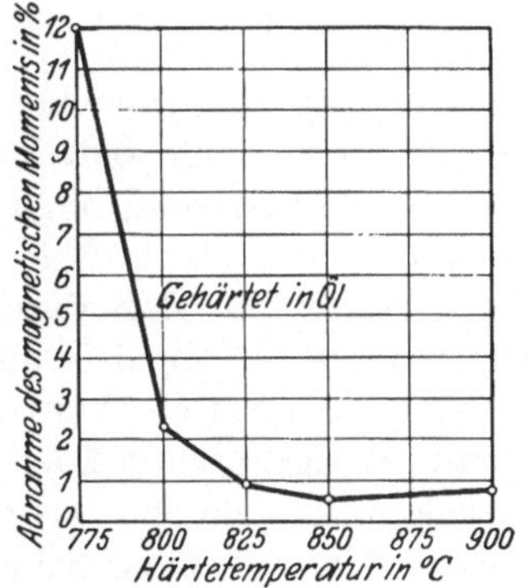

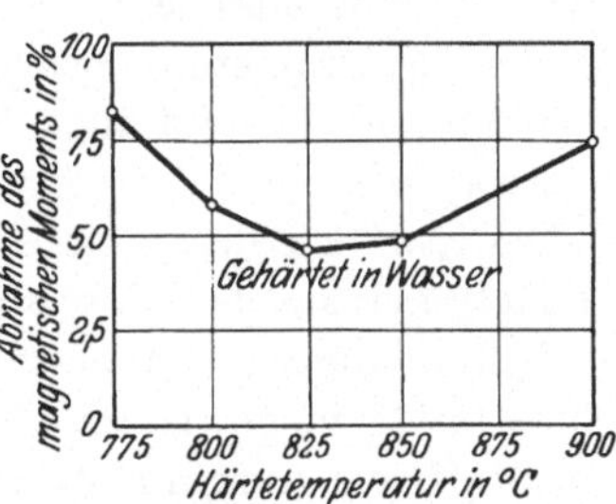

Abb. 211. Alterungserscheinungen in Abhängigkeit von der Härtetemperatur (Meßkin).

wobei die Härtetemperatur zwischen 800⁰ und 825⁰ liegen kann.

Für die Wasserhärtung sprechen auch die reversiblen Änderungen des magnetischen Moments, d. h. der Temperaturkoeffizient (Zahlentafel 56), der bei den wassergehärteten Stählen stets geringer ist als bei den ölgehärteten. Das Minimum des Temperaturkoeffizienten wird ferner gerade bei der üblichen Härtetemperatur 825⁰ erreicht.

Zahlentafel 57. Temperaturkoeffizient des Molybdänstahls nach Wasser- und Ölhärtung (C = 0,96%; Mo = 2,18%).

Bezeichnung des Stahles	Härtetemperatur ^{0}C	Temperaturintervall ^{0}C	Temperaturkoeffizient α
		Wasserhärtung	
8a	775	13,8—100	− 0,000154
8b	800	13,8—100	− 0,000202
8e	825	13,8—100	− 0,000161
8c	850	13,8—100	− 0,000168
8d	900	14,1—100	− 0,000261
		Ölhärtung	
8a$_1$	775	14,4—100	− 0,000305
8b$_1$	800	14,4—100	-- 0,000283
8c$_1$	825	14,4—100	− 0,000215
8c$_1$	850	14,4—100	− 0,000200
8d$_1$	900	14,4—100	-- 0,000250

Was nun die angeblich schlechten technologischen Eigenschaften des Molybdänstahls betrifft, so haben neuere Untersuchungen gezeigt, daß diese Auffassung nicht zutrifft, besonders dann, wenn es sich um Gehalte von 2 bis 2,5% Mo handelt. So vertritt z. B. P. W. Döhmer den Standpunkt, daß durch Molybdän die Bearbeitbarkeit sowie die Geschmeidigkeit sogar in günstigem Sinne beeinflußt werden, da wegen dem geringeren Gehalt an Molybdän (gegenüber Wolframstählen) das Eisen als eigentlicher Träger der Bearbeitbarkeit hier in einer höheren Menge vorhanden ist. Dasselbe gilt auch nach den Angaben von W. N. Lipin, der zu dem Schluß kommt, daß Molybdänstahl selbst bei etwa 4% Molybdän eine bessere Bearbeitbarkeit und Geschmeidigkeit als der Wolframstahl besitzt. Wegen der verhältnismäßig niederen Härtetemperatur sind auch Härterisse, selbst bei Wasserhärtung, kaum zu erwarten.

Gewisse Schwierigkeiten ergeben sich jedoch bei der Herstellung des Molybdänstahls. Diese sind vor allem auf die große Verwandtschaft des Molybdäns zum Sauerstoff zurückzuführen. Da ferner das Molybdän seine Oxyde in gewissem Grade in Lösung hält, so müssen möglichst sauerstofffreie Ausgangsstoffe verwendet und das Fertigprodukt sorgfältig desoxydiert werden. Zur Desoxydation sind hauptsächlich Titan und Vanadium, nicht aber Silizium und Aluminium geeignet. Wegen der schweren Löslichkeit der Eisen-Molybdän-Doppelkarbide im flüssigen Eisen ist weiterhin die Verwendung kohlenstoffarmen Ferro-

Molybdäns (unter 0,5 % C) notwendig, wodurch der Herstellungsprozeß etwas umständlicher wird.

Zusammenfassend ist somit der Molybdänstahl als Magnetstahl durchaus zu befürworten, da der höhere Preis des Molybdäns im Vergleich zum Wolfram durch den geringeren Gehalt (2 bis 2,5 % Mo gegenüber 6 % W) wieder ausgeglichen wird.

6. Kobaltstahl.

Einen besonderen Platz unter den modernen Magnetstählen nehmen die Kobaltstähle ein, deren überraschendes magnetisches Verhalten im Jahre 1917 von Honda und seinen Mitarbeitern entdeckt worden ist.

Nach dem oben angegebenen Zustandsdiagramm des binären Systems Fe-Co (S. 117) bildet das Kobalt mit reinem, kohlenstofffreiem Eisen bis 80 % Co homogene Mischkristalle, wobei es im Gegensatz zu allen übrigen Legierungselementen den Sättigungswert erhöht (vgl. dazu S. 345). Die Hystereseeigenschaften der binären Fe-Co-Legierungen verhalten sich dagegen vollkommen normal, und insbesondere zeigt die Koerzitivkraft denselben Wert wie reines Eisen (Kußmann und Scharnow).

Zahlentafel 58. Lage von A_{c_1} und A_{r_1} bei Kobaltstählen mit verschiedenem Kobaltgehalt.

Chemische Zusammensetzung						Umwandlungstemperatur.	
C %	Si %	Mn %	P %	S %	Co %	A_{c_1} °C	A_{r_1} °C
0,250	0,117	0,176	0,024	0,015	5,12	810	795
0,267	0,232	0,364	0,018	0,033	10,80	860	830
0,287	0,228	0,377	0,018	0,033	15,40	910	885
0,160	0,117	0,180	0,024	0,031	19,76	925	900
0,183	0,140	0,393	0,007	0,023	25,16	935	910
0,427	0,117	0,223	0,006	0,025	29,24	1050	1040

Im ternären System Eisen-Kobalt-Kohlenstoff beeinflußt das Kobalt nach Guillet[1] und Dumas[2] die Umwandlungspunkte derart, daß die Temperaturen A_{c_1} sowie A_{r_1} mit wachsendem Kobaltgehalt steigen, ohne daß dabei aber eine beträchtliche Temperaturhysteresis zu beobachten ist. Die Lage von A_{c_1} bzw. A_{r_1} nach Dumas ist in Zahlentafel 58 zusammengestellt. Ferner bildet das Kobalt Karbide und Doppelkarbide von außerordentlicher Stabilität.

In magnetischer Beziehung bewirkt jetzt das Kobalt im gehärteten Zustand des Stahles eine außerordentliche Steigerung der Koerzitivkraft, wogegen die Remanenz in der üblichen Größenordnung bleibt.

---

[1] Rev. Mét. **1905**, 348.

[2] Recherches sur les aciers au nickel. Paris: Dunod 1902.

Diese Steigerung ist dem Co-Gehalt ungefähr proportional, wobei bei geeigneter thermischer Behandlung Legierungen mit 30 oder 35% Co $\mathfrak{H}_c$ bis 240 Oersted, d. h. etwa den 3- bis 4fachen Wert der W- und Cr-Stähle erreichen können. Als Beispiel zeigt Abb. 212 die Güteziffer von Eisen-Kohlenstoff-Legierungen mit verschiedenem Co-Zusatz, aus der

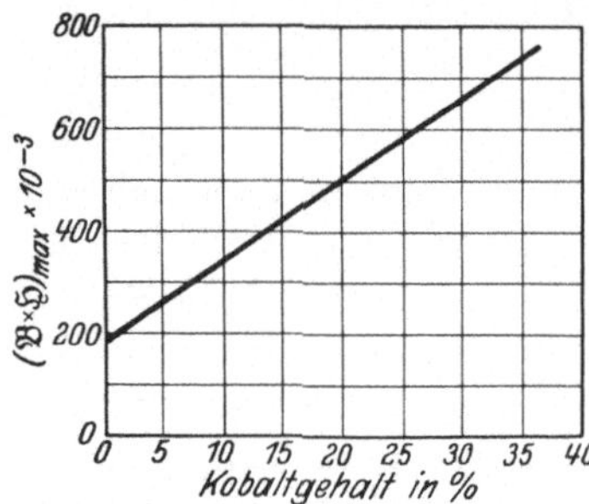

Abb. 212. Zunahme der Güteziffer von Magneten mit dem Kobaltgehalt.

dieser Anstieg ohne weiteres erkennbar ist, während die Hystereseschleife eines Co-Stahls in Abb. 213 wiedergegeben ist.

Eine in Einzelheiten gültige Erklärung darüber, warum gerade die spezifische Wirkung des Kobalts hier in einer Erhöhung der Koerzitivkraft besteht, läßt sich zur Zeit noch nicht geben. Zunächst hat aber bereits G. Watson darauf hingewiesen, daß die hochwertigen Eigenschaften des 35%igen Kobaltstahls nichts mit dem hohen Sättigungswert der gleichprozentigen Eisen-Kobalt-Legierungen und einer früher dort vermuteten intermetallischen Verbindung (vgl. S. 346) zu tun haben, da ja bei den Kobaltstählen nicht die Remanenz, sondern die Koerzitivkraft außerordentlich erhöht ist. Ferner ist nicht daran zu zweifeln, daß die Erklärung auch hier im Sinne der allgemeinen Spannungstheorien zu suchen ist, wonach für die Koerzitivkraft jeweils nur

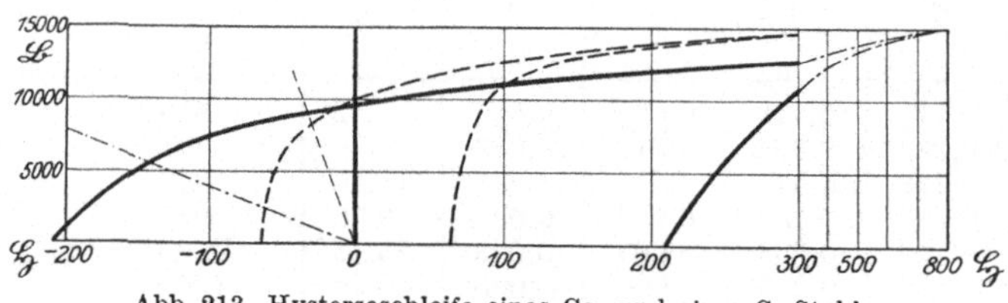

Abb. 213. Hystereseschleife eines Co- und eines Cr-Stahls.

die Heterogenität und die Spannungsempfindlichkeit des Grundmaterials eine Rolle spielt.

Die These der Spannungsempfindlichkeit wird auch bestätigt durch die Möglichkeit der Bildung komplexer Stähle. Es hat sich nämlich herausgestellt, daß innerhalb gewisser Grenzen das Kobalt durch andere Elemente, wie Cr, Mo, W, Mn usw. ersetzt werden kann, ohne daß dabei der Stahl seine hohe Koerzitivkraft einbüßt, wobei diese Legierungszusätze wahrscheinlich gerade diejenigen sind, die wir oben als für die Erhöhung des Spannungszustandes günstig kennen gelernt haben.

Von diesen komplexen, d. h. mehrfachlegierten Stählen wird heute in der Technik fast ausschließlich Gebrauch gemacht, und zwar einmal weil sich mit ihnen bessere Eigenschaften erzielen ließen als mit den reinen Co-Stählen, dann aber auch, um einen wenigstens teilweisen Ersatz des teuren Kobalts anzustreben.

Die ersten legierten Kobaltmagnetstähle wurden bereits im Jahre 1917 von K. Honda und Tagaki[1] hergestellt. Ihre chemische Zusammensetzung war:

0,2 bis 2,0% C; 0,5 bis 20% W oder 0,2 bis 15% Mo und 20 bis 60% Co, wobei das Wolfram oder das Molybdän durch 0,3 bis 10% Chrom ersetzt werden kann. In einer späteren Arbeit haben Honda und Saito[2] die Zusammensetzung dieses Stahles, der als K-S-Stahl[3] bezeichnet wird, in genaueren Grenzen angegeben, und zwar mit

C = 0,4 bis 0,8%; Cr = 1,5 bis 3%; W = 5 bis 9%; Co = 30 bis 40%.

Der K-S-Stahl stellt somit eine Kombination der üblichen Wolfram- und Chrommagnetstähle dar, zu denen eine beträchtliche Menge von Kobalt zugesetzt ist. Als magnetische Eigenschaften besitzt er neben üblicher Remanenz (je nach der genauen Zusammensetzung und Wärmebehandlung zwischen 11 500 bis 7800) eine Koerzitivkraft etwa zwischen 220 und 260 Oersted. E. H. Schulz[4] hat in letzter Zeit einige nachprüfende Untersuchungen mit einem dem K.-S. ähnlichen Stahl vorgenommen, der die folgende chemische Zusammensetzung besaß:

0,54% C; 0,12% Si; 0,34% Mn; 0,02% P; 0,02% S; 2,44% Cr; 6,36% W und 39,3% Co.

und nach dem Härten bei 950⁰ ebenfalls eine Remanenz von 10 600 Gauß nebst einer Koerzitivkraft von 200* gefunden.

Das Gegenstück zu dem japanischen Werkstoff stellen die von E. Gumlich angegebenen manganhaltigen Kobaltstähle dar, die unter dem Sammelnamen „Koerzit" mit verschiedenen Mangan-, Chrom-, Kobalt- und Kohlenstoffgehalten in den Handel gebracht werden. Die magnetischen Eigenschaften einiger einfacher Co-Mn-Stähle sind in der Zahlentafel 59 zusammengestellt.

Mit der Zunahme des Kobaltgehaltes wird demnach auch hier die Koerzitivkraft und die Güteziffer heraufgesetzt. Eine erhebliche Verbesserung der Stähle wird durch das Hinzufügen eines Chromzusatzes von etwa 5% erzielt, wodurch die Koerzitivkraft noch einmal um 60 Einheiten gesteigert wird. Legierungen von der Zusammensetzung

1,1% C,   3,5% Mn,   36% Co,   4,8% Cr

---

[1] Siehe Honda u. Saito: Electr. 85, 706.

[2] Sci. Rep. Tokohu Univ. 5 (1920); Proc. Phys.-Matem. Soc. Japan, 3 R., 2, Nr. 3, 32.

[3] Zum Andenken an den japanischen Industriellen K. Sumitomo.

[4] Z. Metallkunde 9, 337—40 (1924).

* Der Wert der Koerzitivkraft scheint etwas niedrig zu sein, was vielleicht auch auf ein zu kleines $\mathfrak{H}_{max}$ bei der Messung zurückgeführt werden kann.

Zahlentafel 59. Magnetische Eigenschaften von Kobalt-Mangan-Stählen mit verschiedenem Kobaltgehalt nach Gumlich.

Chemische Zusammensetzung			Härtetemperatur 825°				Härtetemperatur 850°				Härtetemperatur 875°			
C %	Mn %	Co %	$\mathfrak{B}$ für $\mathfrak{H}=500$ Gauß	$\mathfrak{B}_r$ Gauß	$\mathfrak{H}_c$ Oersted	$\mathfrak{B}_r \times \mathfrak{H}_c \times 10^{-3}$	$\mathfrak{B}$ für $\mathfrak{H}=500$ Gauß	$\mathfrak{B}_r$ Gauß	$\mathfrak{H}_c$ Oersted	$\mathfrak{B}_r \times \mathfrak{H}_c \times 10^{-3}$	$\mathfrak{B}$ für $\mathfrak{H}=500$ Gauß	$\mathfrak{B}_r$ Gauß	$\mathfrak{H}_c$ Oersted	$\mathfrak{B}_r \times \mathfrak{H}_c \times 10^{-3}$
1,37	4,7	10	7140	3800	70,7	268	5670	2650	71,8	190	4820	1890	63,3	120
1,16	4,4	22	13100	8310	126,4	1050	12900	8240	130,8	1077	12800	7860	118,0	928
1,15	4,4	33	13200	8390	131,2	1100	13840	9310	164,0	1526	13740	8890	160,4	1423

ergeben Koerzitivkräfte von rd. 225 Oe neben einer Remanenz von etwa 9500 und stimmen daher in ihren Güteeigenschaften mit dem japanischen K.-S.-Stahl weitgehend überein. Einige Werte von Koerzit sind weiter unten in Zahlentafel 62 angegeben.

Nach Gumlich beruhen die günstigen Eigenschaften der Koerzitstähle auf der Kombination der Eisen-Mangan-Kohlenstoff-Legierungen und ihrer bei geeigneter thermischer Behandlung zwar hohen Koerzitivkraft, aber kleiner Remanenz mit dem hohen Sättigungswert der Eisen-Kobalt-Legierungen, wodurch die gesunkene Remanenz wieder gehoben wird.

Außer diesen beiden genannten Stahlsorten, dem K.-S.-Stahl und dem Koerzit, sind nun noch eine ganze Reihe anderer komplexer Kobaltstähle verschiedenster chemischer Zusammensetzung in Gebrauch, die entweder aus technologischen Gründen (z. B. Gießbarkeit) oder in Hinblick auf die Härtungsbedingungen (Lufthärtung) oder schließlich aus Preisfragen benutzt werden. Diese Stähle leiten sich gewöhnlich aus Wolfram- oder Chrommagnetstählen unter Hinzufügung einer entsprechenden Menge von Kobalt ab, wobei der Kobalt innerhalb gewisser Grenzen wieder durch andere Elemente ersetzt ist. Einen Überblick über die Gesamtheit dieser komplexen Kobaltstähle vermittelt die von Watson[1] vorgeschlagene Einteilung in drei Hauptgruppen, deren Kennzeichen[2] die Menge der in dem Stahl außer Co vorhandenen Legierungselemente sein soll,

[1] Vgl. E. Watson: Engg. 118, 274—76 und 302—04, 22. u. 29. Aug. (1924)—. ETZ 47, 1235—36 (1926).

[2] Die früher übliche Einteilung der Stähle nach dem Kobaltgehalt (vgl. P. Goerens: Stahleisen 44, 1657 (1924)) ist nicht zutreffend, weil die übrigen Legierungselemente in ihrem Einfluß auf die magnetischen Eigenschaften meist das Co bedeutend übertreffen. So besitzt z. B. der Stahl mit 17,8% Co (in Zahlentafel 60) eine Koerzitivkraft von 130 Oe, während der Stahl mit 15% Co, der aber höher mit C und Cr legiert ist, 210 Oe aufweist.

Zahlentafel 60. Chemische Zusammensetzung und magnetische Eigenschaften von Kobaltstahl verschiedener Gruppen.

Bezeichnung der Gruppen	Chemische Zusammensetzung										Magnetische Eigenschaften		
	C %	Si %	P %	S %	Ni %	Mn %	Cr %	W %	Mo %	Co %	Remanenz $\mathfrak{B}_r$ Gauß	Koerzitivkraft $\mathfrak{H}_c$ Gauß	$(\mathfrak{B} \times \mathfrak{H})_{max} \times 10^{-3}$
Niedriglegierte Kobaltstähle { Permanit	0,52	0,29	0,046	0,058	0,51	0,42	2,2	8,0	—	8,9	9900	97	375
	0,52	0,25	0,024	0,043	0,62	0,57	1,8	7,8	—	17,8	10150	130	550
Kobaltstahl mit mittleren Zusätzen { Gumlich-Krupp- englisches	1,11	—	—	—	—	3,5	4,8	—	—	36,0	9310	227	825—850
Fabrikat	0,8—1,0	—	—	—	—	1,0	5—6	4,0	—	36,0	9500—10000	240—260	850—1000
Hochlegierter Kobaltstahl	1,0	—	—	—	—	—	9,0	—	1,5	15,0	8500	210	650

während in jeder Gruppe sodann nach dem Kobaltgehalt geordnet wird. Die drei Hauptgruppen werden als niedrig legierte Stähle, Stähle mit mittleren Zusätzen und hochlegierte Kobaltstähle bezeichnet. Die chemische Zu-

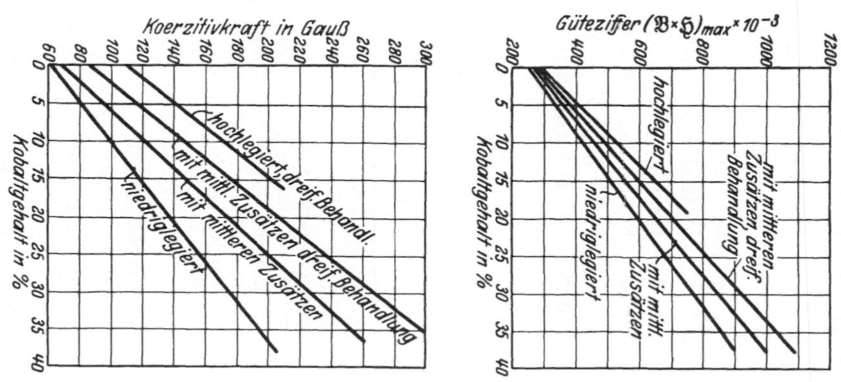

Abb. 214. Eigenschaften komplexer Kobaltstähle.

sammensetzung von Vertretern der genannten drei Gruppen, sowie die durchschnittlich dabei erzielten magnetischen Eigenschaften sind in Zahlentafel 60 zusammengestellt, während Abb. 214 die Abhängigkeit der Koerzitivkraft und der Güteziffer vom Kobaltgehalt für die drei Stahlgruppen wiedergibt[1]. Man ersieht aus den Kurven, daß in allen drei Fällen sowohl die Güteziffer als auch die Koerzitivkraft von dem Co-Gehalt linear abhängig ist, und daß sich somit durch die Wahl des Zusatzelementes Co jeder Wert der Koerzitivkraft erreichen läßt. Wegen der Geradlinigkeit der Kurven können wir daher die folgenden Gleichungen zur Berechnung der magnetischen Daten von Kobaltstählen annehmen (vgl. F. Kayser[2]):

$$\mathfrak{H}_c = \mathfrak{H}_0\,(1 + k\,\mathrm{Co}) \ldots \text{ für die Koerzitivkraft}$$
$$P = P_0\,(1 + k'\,\mathrm{Co}) \ldots \text{ für die Güteziffer } (\mathfrak{B} \times \mathfrak{H})_{\max}.$$

Hier bedeuten:

$\mathfrak{H}_0$ und P_0 die Koerzitivkraft bzw. die Güteziffer des kobaltfreien Stahls der betreffenden Zusammensetzung,

Co den Kobaltgehalt des Stahles in Gewichtsprozenten,

k und k' empirische Konstanten, die ihrerseits von dem Gehalt an Legierungselementen abhängen, und die zusammen mit den Werten für $\mathfrak{H}_0$ und P_0 in der nachstehenden Zahlentafel 61 angegeben sind.

Zahlentafel 61.
Werte der Größen $\mathfrak{H}_0$, P_0, k und k' für verschiedene Kobaltstahlgruppen.

Gruppe Nr.	Art der Legierung	$\mathfrak{H}_0$	k	P_0	k'
1	Reine Kobalt-Kohlenstoffstähle .	hängen vom Kohlenstoffgehalt ab		190000	7,9
2	Niedriglegierte Stähle	62	0,0615	240000	7,1
3 a	Stähle mit mittleren Zusätzen .	68	0,080	260000	7,35
3 b	Stähle mit mittleren Zusätzen, dreimal behandelt	85	0,074	270000	7,9
4	Hochlegierte Stähle, dreimal behandelt	110	0,056	285000	8,4

Die Wärmebehandlung und die Härtungsbedingungen der Kobaltstähle hängen innerhalb gewisser Grenzen von der chemischen Zusammensetzung ab, doch scheint nach Watson dabei gerade der Kobalt eine viel geringere Rolle zu spielen als die übrigen im Stahl vorhandenen Legierungselemente Kohlenstoff, Chrom, Wolfram usw.

Zunächst muß für alle Kobalt enthaltenden Stähle das Verweilen auf Härtetemperatur kurz sein, und ebenso soll auch der Stahl rasch auf Härtetemperatur gebracht werden, da sich die erzielten Werte erfahrungsgemäß sonst erheblich verschlechtern. Diese Erscheinung ist zweifelsohne auf eine Begünstigung der Graphitbildung durch Co zurückzuführen (vgl. Arnold und Read[3]). Nach Watson soll die Erhitzungsdauer bis zur Erreichung der Härtetemperatur etwa 8 bis 10 Min. betragen und darf 15 Min. nicht überschreiten.

---

[1] Nach Watson, ebenda. Über die dreimalige thermische Behandlung siehe unten.

[2] Eng. **135**, 19. u. 26. Jan., 57 u. 83 (1923). — Stahleisen **44**, 206 (1924).

[3] J. Inst. Mech. Engs. **1915**, 247.

Für die niedrig legierten Stähle (siehe oben) wird als Härtetemperatur etwa 925 bis 950⁰, für die Stähle mit mittleren Zusätzen rd. 850⁰ bis 875⁰ benutzt. Abschreckflüssigkeit sollte an sich diejenige sein, die für den kobaltfreien Stahl der betreffenden Zusammensetzung in Frage kommt. Gewöhnlich wird man jedoch mit Vorteil Öl verwenden, das gleichzeitig verhältnismäßig gute magnetische Eigenschaften gewährleistet und die Gefahr der Bildung von Härterissen, Verziehungen usw. vermindert.

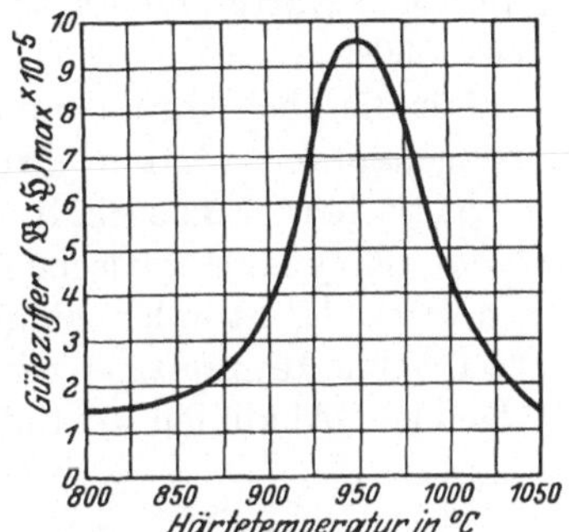

Abb. 215a. Härtung eines 35%igen Kobaltstahls.

Für den K.-S.-Magnetstahl im besonderen wird von Honda und Saito und von E. H. Schulz[1] als günstigste Härtetemperatur 950⁰ empfohlen. Eine niedrigere Härtetemperatur hat keine vollkommene Härtung zur Folge, während höhere Wärmegrade Überhitzung hervorrufen. Die Änderung der Güteziffer für einen solchen 35%igen Kobaltstahl in Abb. 215a nach P. H. Brace[2] bestätigt diesen Befund.

Die Ursache der Verschlechterung bei einer zu hohen Härtetemperatur haben wir vor allem in der Bildung beträchtlicher Mengen von Austenit zu sehen, das als unmagnetischer Gefügebestandteil eine innere Entmagnetisierung bewirkt und die Remanenz herabsetzt. Einen experimentellen Beweis dafür bringen (außer den Gefügebildern, s. unten) die Kurven von Watson[3] (vgl. Abb. 215b), aus denen man erkennt, daß mit steigender Härtetemperatur nicht so sehr die Koerzitivkraft $\mathfrak{H}_c$, als die Remanenz $\mathfrak{B}_R$ heruntergedrückt wird.

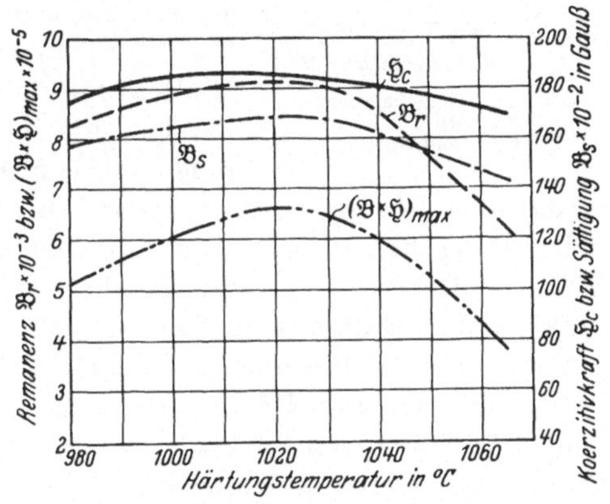

Abb. 215b. Eigenschaften von Co-Stählen bei verschiedener Härtung.

Aus diesen Gründen ist es auch verständlich, daß bei den manganhaltigen Kobaltstählen (Koerzit) die günstigste Härtetemperatur wieder niedriger liegen muß, da die Anwesenheit von Mn die Austenitbildung begünstigt. Die Abhängigkeit des Produktes $(\mathfrak{B}_R \times \mathfrak{H}_c)$ von dem Mangangehalt dieser

---

[1] Z. Metallkunde 9, 337—40 (1924).　　[2] Electr. J. 26, Nr. 3, 111—21 (1929).
[3] J. Inst. El. Engs. 61, Nr. 319, 641—60 (1923).

Stähle und der Härtetemperatur ist aus Abb. 216 nach Gumlich zu ersehen. Eine Steigerung der Härtetemperatur über 850⁰ hinaus ruft ein um so stärkeres Sinken der Produktes $\mathfrak{B}_r \times \mathfrak{H}_c$ hervor, je höher der Mangangehalt ist, je mehr Austenit sich also beim Härten bildet. Die günstigste Härtetemperatur für die Kobalt-Manganstähle liegt also bei etwa 850⁰.

Für die hoch chrom- und kobaltlegierten Stähle, also die Stähle der obengenannten dritten Gruppe wird zur Erzielung der günstigsten magnetischen Eigenschaften eine dreifache Wärmebehandlung verwandt (Kayser)[1], zwischen deren einzelne Stufen zweckmäßig Pausen von etwa 12 Stunden eingeschaltet werden. Sie besteht: 1. in einer etwa 5 bis 10 minutigen Erwärmung auf 1150 bis 1200⁰ mit darauf folgendem Abkühlen an Luft; 2. einem kurzen etwa ½ stündigen Zwi-

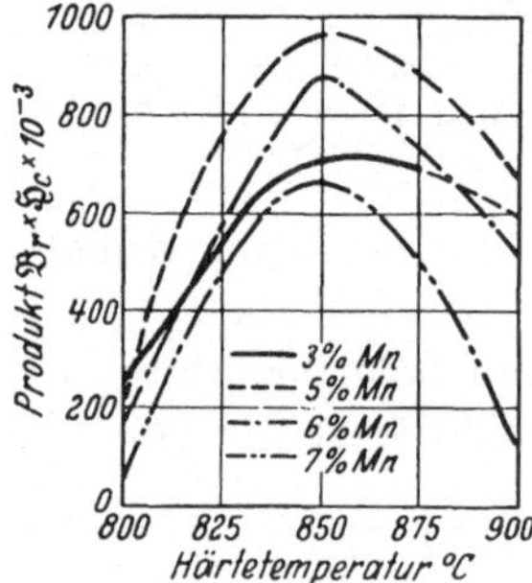

Abb. 216. Abhängigkeit der Güteziffer von Co-Mn-Stählen von der Härtetemperatur.

schenglühen des Stahles bei 750⁰, worauf sich 3. dann die gewöhnliche Härtung von 950⁰ bis 1000⁰ anschließt, die je nach der Zusammensetzung in Öl oder in Luft zu erfolgen hat.

Mit der Deutung der dreifachen Wärmebehandlung der hoch legierten Stähle haben sich insbesondere E. H. Schulz, W. Jenge und F. Bauerfeld[2] befaßt, deren Untersuchungen sich auf Stähle mit 1% C, etwa 9% Cr, 2,5 Mo und 6 bis 18% Co beziehen. Sie stellten fest, daß es sich insgesamt darum handelt, die in dem Stahl vorhandenen Karbide vor dem Härten möglichst vollkommen in die feste Lösung überzuführen. Die ersten zwei Stufen der Wärmebehandlung haben dabei nur zum Ziel, ein schwer lösliches Chromkarbid in so feiner Form auszuscheiden, daß es bei dem Härtungsvorgang in kürzester Haltezeit in Lösung geht, was wiederum die oben genannte Verschlechterung der magnetischen Eigenschaften (wenn der Stahl zu lange auf Härtetemperatur gehalten wird) vermeidet. Die Abb. 217 a—d stellen die nacheinander folgenden Gefügeänderungen des Stahles dar. Durch die erste Stufe wird ein austenitisches Gefüge erhalten, das nach der halbstündigen Erwärmung auf 750⁰ sich größtenteils in eine sorbitische Grundmasse umgewandelt hat (Abb. 217c). Nach der dritten und letzten Wärmebehandlung (Abb. 217d) besteht schließlich das Gefüge aus einer Art Martensit, der die höchsten magnetischen Eigenschaften besitzt, Koerzitivkraft zwischen 190 und 250 Oersted. Nach der Annahme von Schulz, Jenge und Bauerfeld lassen sich die zweite und dritte Stufe der Wärmebehandlung vereinigen.

---

[1] Eng. **135**, 57 u. 83 (1923).   [2] Z. Metallkunde, H. 5, 155—56 (1926).

Bei der Aufmagnetisierung verlangen die Kobaltmagnetstähle entsprechend ihrer großen Koerzitivkraft eine unverhältnismäßig hohe Feldstärke, die nicht unter 1000 Oe betragen darf. Die Abhängigkeit der Remanenz und der Koerzitivkraft von der gewählten Magnetisierungsfeldstärke $\mathfrak{H}_{max}$ gibt nebenstehende Übersicht nach H. Crapper bei hochlegierten Stählen an:

$\mathfrak{H}_{max}$	$\mathfrak{B}_r$	$\mathfrak{H}_c$	$(\mathfrak{B} \times \mathfrak{H})_{max}$
400	8750	175	500×10^3
600	9900	194	678×10^3
1500	11000	200	714×10^3

während E. Gumlich bei Koerzit (1,1% C, 3,5% Mn, 4,8% Cr, 36% Co) etwas geringere Unterschiede gefunden hat (siehe Zahlentafel 62).

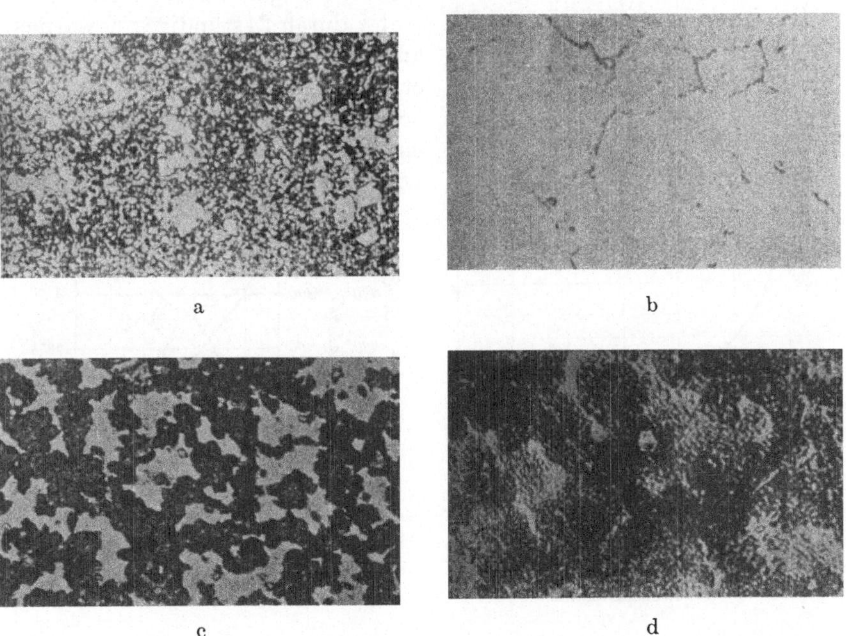

Abb. 217a—d. Gefüge eines Kobaltmagnetstahls.
a) geglüht, b) von 1150° abgekühlt, c) nach Erhitzung auf 750°, d) von 1000° gehärtet. × 150.

Zahlentafel 62. Abhängigkeit der magnetischen Eigenschaften von Co-Cr-Mn-Stählen von der Magnetisierungs-Feldstärke.

$\mathfrak{H}_{max}$ Oersted	Remanenz $\mathfrak{B}_r$ Gauß	Koerzitivkraft $\mathfrak{H}_c$ Oersted	$\mathfrak{B}_r \times \mathfrak{H}_c \times 10^{-3}$
540	8820	217,2	1915
820	9210	226,0	2080
1110	9310	227,1	2113

Der Wert des Temperaturkoeffizienten der Co-Stähle beträgt im Durchschnitt 2×10^{-4}, ist also von derselben Größenordnung wie bei

Wolfram- und Chromstahl. Einige Werte sind in Zahlentafel 63 zusammengestellt.

In Hinblick auf die magnetische Alterung ist die Tatsache bemerkenswert, daß die Kobaltmagnetstähle in höherem Maße altern als
die üblichen Wolfram- und Chrommagnetstähle. Abb. 218 gibt die
Änderung der Koerzitivkraft eines gehärteten hochlegierten Kobaltstahls mit der Zeit nach Evershed[1] wieder. In 1000 Tagen hat sich
demnach die Koerzitivkraft von 180 bis auf 161,2 Oersted, also um etwa
10% verringert. Noch viel stärker, und zwar etwa 21%, beträgt die Abnahme der Koerzitivkraft bei den
Kobalt-Manganstählen nach Gumlich[2] durch 24stündiges Erwärmen
auf 100⁰, wie aus Zahlentafel 63
erhellt. Nach Brace[3] ist beim
35%igen Kobaltmagnetstahl mit
einer Abnahme der Koerzitivkraft
von etwa 25% nach 1stündiger, von

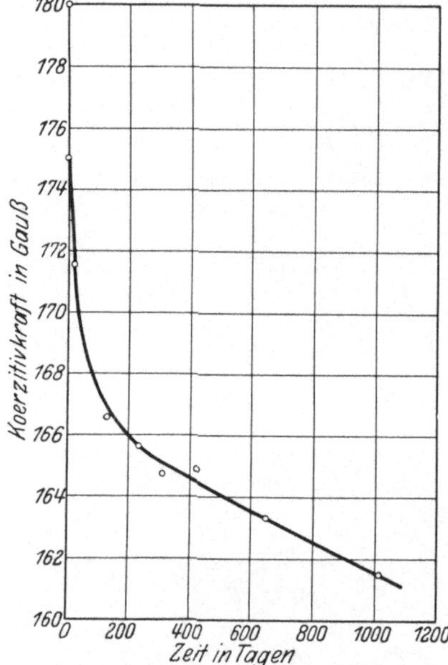

Abb. 218. Natürliche Alterung eines
Kobaltmagnetstahls.

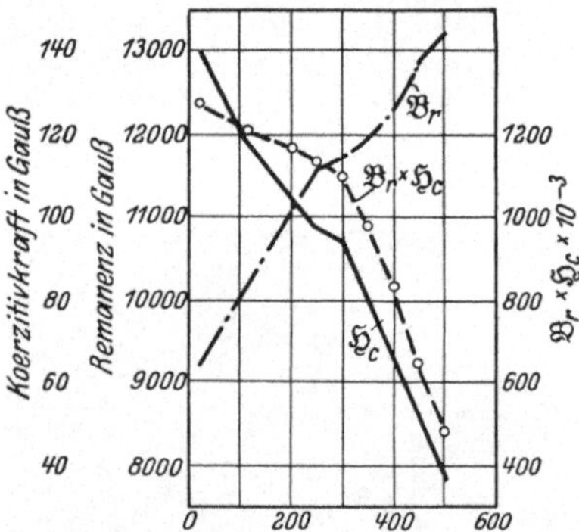

Abb. 219. Anlassen von Kobaltstählen.

rd. 30% nach 5stündiger Erwärmung bei 100⁰ zu rechnen. Entsprechend
groß ist auch der Einfluß höherer Anlaßtemperaturen. Die Änderung der
magnetischen Eigenschaften von Kobalt-Manganstählen mit steigender
Anlaßtemperatur zeigt Abb. 219, aus der man erkennt, daß das Abfallen der Koerzitivkraft bereits bei 100⁰ Anlaßtemperatur ziemlich
stark eintritt, im Gegensatz zu den Wolfram- und Chromstählen, bei
denen eine merkliche Abnahme der Koerzitivkraft erst bei 150⁰ bis 200⁰
zu beobachten ist.

Durch Erschütterungen von Kobaltstählen hat Gumlich eine Abnahme des magnetischen Moments nach 10maligem Fallenlassen (vgl.

[1] J. Inst. Electr. Engs. 63, 763 (1925).   [2] ETZ, H. 7, 147—51 (1923).
[3] Electr. J. 26, Nr. 3, 111—21 (1929).

Zahlentafel 63. Alterungserscheinungen und reversible Änderungen des magnetischen Moments bei den Kobalt-Manganstählen nach Gumlich.

Chemische Zusammensetzung			Einfluß von Dauererwärmungen		Einfluß von Erschütterungen			Einfluß zyklischer Erwärmungen			Einfluß von Lagern			Reversible Änderungen
			Koerzitivkraft		Abnahme des magnetischen Moments in % nach			Abnahme des magnetischen Moments in % nach			Änderung des magnetischen Moments in % nach			
C	Mn	Co	nach dem Härten	nach 24-stünd. Erwärmung bei 100⁰	2 malig. Fall	4 malig. Fall	10 mal. Fall	$1\times5\,\mathrm{min}$	$2\times5\,\mathrm{min}$	$3\times1\,\mathrm{min}$	½ Jahr	¾ Jahr	1¼ Jahr	Temperatur-koeffizient $\alpha\times10^4$
%	%	%												
0,83	4,8	35	149,2	111,8	1,3	1,4	1,5	2,9	3,0	3,0	− 0,09	+ 0,13	− 0,07	− 2,05
0,70	5,1	35	145,3	114,5	0,8	0,9	1,0	0,4	0,5	0,5	− 0,13	− 0,05	− 0,25	− 2,02
1,12	4,7	35	146,1	115,1	0,9	1,0	1,1	4,8	4,9	4,9	+ 0,02	+ 0,07	− 0,05	− 2,06
1,10	5,1	34	14,38	113,4	0,9	1,0	1,1	5,1	5,2	5,3	+ 0,02	+ 0,13	− 0,09	− 2,14
1,24	4,0	35	147,8	114,0	1,0	1,2	1,3	4,4	4,5	4,5	+ 0,01	+ 0,17	− 0,05	− 1,96
1,30	5,0	35	155,5	120,7	0,7	0,8	0,9	3,9	4,0	4,0	− 0,02	+ 0,13	− 0,36	− 2,03
Mittel....			146,0	115,0	0,9	1,0	1,1	3,6	3,7	3,7	− 0,03	+ 0,10	− 0,15	

Zahlentafel 63) um rd. 1% gefunden. Merkwürdigerweise ist die Abnahme durch Erschütterungen beim K.-S.-Stahl nach Honda und Saito[1] etwa 3½ mal größer (Abb. 220). Dabei verläuft die Kurve nach den ersten 10 Schlägen immer flacher und gelangt zu einer maximalen Abnahme von 5,2% nach 200 Schlägen. Alle diese Änderungen sind höher als bei den übrigen Magnetstahlsorten, z. B. Chromstahl.

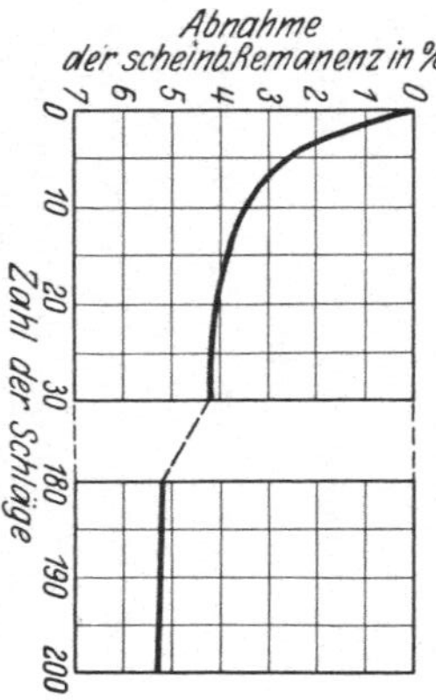

Abb. 220. Einfluß von Erschütterungen auf K.-S.-Kobaltstahlmagnete (Honda).

Auch in technologischer Beziehung hat sich der Kobaltmagnetstahl bedeutend schlechter als die übrigen Magnetstähle erwiesen. Eine Bearbeitung mit schneidenden Werkzeugen ist zwar nicht ausgeschlossen, erfordert jedoch einen höheren Kraftbedarf. Nach E. H. Schulz ist der mittellegierte Stahl in kaltem Zustande sehr spröde, die Zerteilung mit der Säge machte jedoch keine Schwierigkeiten. Eine erhöhte Sprödigkeit, die durch die Verringerung der Dehnung gekennzeichnet ist, haben auch Arnold und Read gefunden,

[1] Sci. Rep. Tohoku Imp. Univ. 9, Nr. 5 (1920).

und zwar war der Stahl desto spröder, je höher der Kobaltgehalt ist. Um diesen Schwierigkeiten aus dem Weg zu gehen, werden in neuerer Zeit hauptsächlich gegossene Kobaltmagnetstähle verwendet. Mit ihrer Zusammensetzung und ihren Eigenschaften werden wir uns im übernächsten Kapitel gesondert beschäftigen (vgl. S. 283).

Mit der technischen Verwendung des Co-Stahls und den bei der Berechnung der Magnete zu beachtenden konstruktiven Daten haben wir uns bereits oben (vgl. S. 41) beschäftigt. Es sei hier nochmals betont, daß man die günstigen Eigenschaften der Co-Stähle nur dann voll ausnutzen kann, wenn es sich um Magnete von sehr ungünstigem Dimensionsverhältnis handelt (vgl. Abb. 27a und b). Neben den rein magnetischen Eigenschaften spielt dabei aber auch die ökonomische Frage eine ausschlaggebende Rolle. Infolge des hohen Preises des Metalles Kobalt ist der Kobaltstahl unter sonst gleichen Bedingungen viel teurer als die anderen Magnetstähle, und darin liegt die Ursache, daß er trotz seines ausgezeichneten magnetischen Verhaltens doch erst beschränkte Verwendung gefunden hat. Für die Praxis wird man daher genau gegeneinander abzuschätzen haben, ob man zur Erzielung eines bestimmten Kraftflusses große Magnete aus dem billigeren Chrom- oder Wolframstahl, oder kleinere Magnete aus dem teueren Grundstoff benutzen will.

Die Preisfrage der Magnetstähle ist eingehend von A. Watson studiert worden. Zur Berechnung des Preises von verschiedenen Kobaltstahlsorten gibt er zunächst die folgende Gleichung an:

$$p = p_0 + p_c \, \text{Co},$$

wo p_0 den Preis des kobaltfreien Grundstoffes pro Pfund, p_c den Preis des Kobalts[1] und Co den Kobaltgehalt in Gewichtsprozenten bedeuten. Da bei verschieden legierten Stählen auch die erzielbare Güteziffer $(\mathfrak{B} \times \mathfrak{H})_{max}$ verschieden ist, so wird weiterhin die charakteristische Größe $\dfrac{(\mathfrak{B} \times \mathfrak{H})_{max}}{\text{Preis je Pfund}}$ eingeführt, die als Kennzeichen für die Rentabilität eines Stahles angenommen werden kann.

Unter Zugrundelegung der oben genannten Kayserschen Gleichung für die Änderung der Güteziffer $(\mathfrak{B} \times \mathfrak{H})_{max}$ mit dem Kobaltgehalt $P = P_0 (1 + k'\text{Co})$ erhalten wir dann

$$\frac{\mathfrak{B} \times \mathfrak{H}_{max}}{\text{Preis für Pfund}} = \frac{P}{p} = \frac{P_0(1 + k'\,\text{Co})}{p_0 + p_c\,\text{Co}} = \frac{P_0(1 + k'\,\text{Co})}{p_0\left(1 + \dfrac{p_c}{p_0}\,\text{Co}\right)} = \frac{P_0}{p_0} \cdot \frac{1 + k'\,\text{Co}}{1 + \dfrac{p_c}{p_0}\,\text{Co}}. \quad (*)$$

Die charakteristische Größe $\dfrac{P}{p}$ wird demnach mit zunehmendem Kobaltgehalt zu- oder abnehmen, je nachdem, ob k' größer bzw. kleiner ist als $\dfrac{p_c}{p_0}$. Da nun k' (siehe Zahlentafel 61) für die verschiedenen Kobaltstahlsorten (vgl. S. 266) nur inner-

---

[1] In Wirklichkeit ist p_c die Differenz zwischen dem Kobaltpreis und dem Preis der gleichen Menge Eisens. Wegen des hohen Preises des Kobalts gegenüber dem Eisen kann aber p_c annähernd als der Kobaltpreis gedeutet werden.

Zahlentafel 64. Kostenpreis von 39800 Ergs/cm³ [entsprechend $(\mathfrak{B} \times \mathfrak{H})_{max} = 1000000$] aus verschiedenen Magnetstählen. Kobaltpreis 10 sh[1] (12,5 sh) je Pfund.

Material	Erforderliches Volumen cm³	Kosten des Materials d	Herstellungskosten (bis zum Härten) d/Pfund 3 d[2]	6 d[2]	1 sh[2]	Kosten der Härtung wenig Aus-schuß	viel Aus-schuß	Gesamtkostenpreis gute Härtung 3 d	6 d	1 sh	mangelhafte Härtung 3 d	6 d	1 sh
Chromstahl	4,34	0,457	0,231	0,462	0,924	0,153	0,459	0,841	1,072	1,434	1,147	1,378	1,840
Wolframstahl	3,88	0,820	0,205	0,410	0,820	0,136	0,408	1,161	1,366	1,776	1,433	1,638	2,048
Kobalt-Chromstahl (9% Co)	2,00	0,884	0,106	0,212	0,424	0,141	0,423	1,131	1,237	1,449	1,413	1,519	1,731
„ (12% Co)	1,73	0,910	0,092	0,184	0,368	0,122	0,366	1,124	1,216	1,400	1,368	1,460	1,644
„ (15% Co)	1,55	0,940	0,082	0,164	0,327	0,109	0,327	1,131	1,213	1,377	1,349	1,431	1,595
Kobaltstahl (35% Co)	1,25	1,420	0,066	0,132	0,264	0,044	0,132	1,530	1,596	1,728	1,618	1,684	1,816

halb enger Grenzen variiert, so richtet sich der Wert von $\frac{P}{p}$ hauptsächlich nach der Größe des Nenners, und zwar liegt das günstigste Verhältnis dann vor, wenn $\frac{p_c}{p_0}$ möglichst klein ist. Unter der Annahme eines Kobaltpreises[1] von 12,5 sh pro Pfund[2] ist der Verlauf der Preisgeraden und der Größe $\frac{P}{P_0}$ in Abhängigkeit vom Co-Gehalt in Abb. 221 wiedergegeben. Sie zeigt tatsächlich, daß die Kurven für $\frac{P}{P}$ bei niedrigen Kobaltgehalten für die

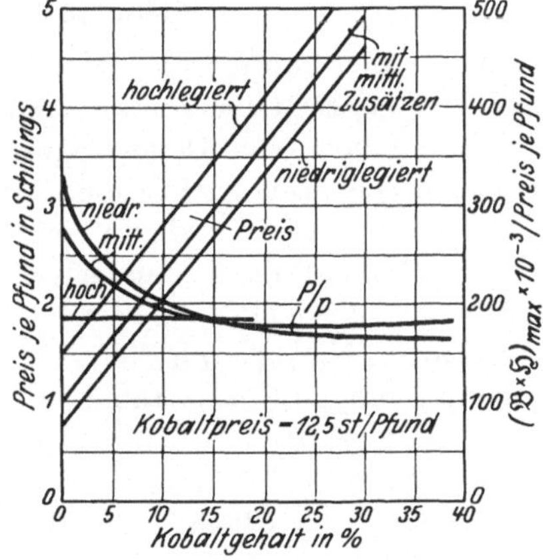

Abb. 221. Preiskurven von Kobaltstählen (Watson).

Gruppe der niedrig und mittellegierten Stähle am günstigsten verlaufen, und daß erst oberhalb 15% Co, dem Schnittpunkt der drei Kurven, die Verhältnisse für den hochlegierten Stahl besser liegen. Dies bedeutet also, daß vom ökonomischen Standpunkt aus sich ein hoher Kobaltzusatz erst in hochlegierten Stählen rentiert, deren Preis wegen der anderen Zusätze an sich schon verhältnismäßig hoch ist.

---

[1] Reiner Kobaltpreis 10 sh pro Pfund, dazu 25% Aufschlag wegen Abbrand und Verluste bei der Herstellung. Die Preise sind in großbritannischer Münze angegeben 1 £ (Pfund Sterling) = 20 sh (Shilling); 1 sh = 12 d (penny).

[2] Vgl. Anmerkung 2 auf S. 274.

18

Watson zeigte weiterhin, daß, wenn der Preis des Kobalts auf 5 sh (6,25 sh siehe Bemerkungen, S. 273) je Pfund gesunken wäre, der Kobaltstahl die üblichen Magnetstähle völlig verdrängen würde.

In Zahlentafel 64 sind die von Watson[1] berechneten Kosten einer bestimmten Menge magnetischer Energie (entsprechend $(\mathfrak{B} \times \mathfrak{H})_{max} = 1\,000\,000$) bei verschiedenen Kobaltstahlsorten im Vergleich mit den üblichen Chrom- und Wolframstählen wiedergegeben, wobei nicht nur auf das bei verschiedenen Stählen erforderliche Stahlvolumen, sondern auch auf die Herstellungs-[2] und Härtungskosten Rücksicht genommen ist. Danach wurde die Energiemenge am billigsten vom Chromstahl geliefert werden, der auch nur dann, wenn die Härtungskosten der Magnete gering und auch die Form nicht zu kompliziert ist. Vom ökonomischen Standpunkt bietet der Wolframstahl nur gegenüber dem hochprozentigen Co-Stahl Vorteile, während mittelgute Co-Stähle unter Umständen bereits billiger als W-Stähle sein können.

7. Kupferstahl. Sonstige Stähle.

Außer den betrachteten Magnetstählen sind nun im Laufe der Zeit noch eine ganze Reihe von anderen Legierungen auf ihre Brauchbarkeit zur Herstellung von Dauermagneten geprüft worden, doch haben sie sich nicht als geeignet erwiesen, und zwar entweder, weil die Absolutbeträge der erreichten Werte von Koerzitivkraft und Remanenz zu klein waren, oder weil die technologischen Eigenschaften zu wünschen übrig ließen. Als Beispiele solcher Legierungen seien genannt die von Mars überprüften Nickelstähle, ferner Chrom-Nickel-, Silizium-Mangan- und Silizium-Mangan-Chromstähle.

Hohe Koerzitivkraft bei gleichzeitig zu kleiner Remanenz zeigen ferner neben den von Gumlich untersuchten Manganstählen (über 100 Oersted) vor allem auch die Heuslerschen Al-Cu-Mn-Legierungen (über 200 Oersted), die ebenfalls jedoch keine technische Anwendung finden konnten. (Siehe den Abschnitt: Chemische Konstitution und magnetische Eigenschaften, S. 104ff.)

Besondere Beachtung hat man eine Zeitlang dem Einfluß des Vanadiums geschenkt, das ebenso wie W und Mo, aber in noch höherem Maße, Karbide bildet. Es zeigte sich jedoch, daß gerade die karbidbildende Neigung des Vanadiums seine Verwendung als Magnetstahl verhindert, da die Vanadiumkarbide, zu deren Bildung das Vanadium sehr viel Kohlenstoff an sich zieht[3], bei der Härtung sehr schwer in die feste Lösung übergehen, wogegen die Grundmasse dann fast keinen

---

[1] J. Inst. El. Engs. **63**, Nr. 344, 822—38 (1925). Siehe auch P. H. Brace: El. J. **26**, Nr. 3, 117 (1929).

[2] 3 d, 6 d und 1 sh bedeuten die verschieden komplizierte Magnetform, und zwar stellen sie die Herstellungskosten je Pfund — 3 d; 6 d und 1 sh, entsprechend 0,053 d; 0,106 d und 0,212 d je cm³ dar.

[3] Nach Maurer: Stahleisen **45**, 1629 (1925), hat das Vanadiumkarbid die Formel V_4C_3. Vgl. eine neuere Untersuchung des System Te-V-C von Hougardy: Mitt. Forsch.-Inst. verein. Stahlwerke **2**, 39 (1931).

Kohlenstoff mehr enthält. Bei 1,1% V verschwindet ferner das γ-Feld, und diese Grenzkonzentration wird entsprechend der Höhe des Kohlenstoffs zu höheren V-Gehalten verschoben.

Mit Ausnahme der Untersuchungen J. Lonsdales[1], der den Vanadinstahl zur Herstellung von Dauermagneten als brauchbar bezeichnet hat[2], haben dann auch alle Untersuchungen diese Tatsache bestätigt. So hat z. B. R. Dieterle[3] bei einem Stahl mit 0,22% C und 0,64% V nach Härtung bei 900° in Wasser eine Koerzitivkraft von nur 21,4 Oersted gefunden ($\mathfrak{H}_{max}$ == 80 Oersted), während Stähle mit 0,28% und 0,36% C und 1,75% bzw. 3,60% V nach derselben Härtung Koerzitivkräfte von 6,08 bzw. 6,12 Oersted ergaben. Schlechte Ergebnisse haben auch A. Stogoff und W. Messkin[4] mit einem Zusatz von 1,01 bis 1,16% V zu Stählen mit 0,55 bis 0,90% C und 0,79 bis 0,92% Cr erhalten[5].

Zahlreiche neuere Untersuchungen haben sich dann mit dem Zusatz von Kupfer beschäftigt.

Für die magnetischen Eigenschaften des Kupferstahls fand bereits Curie[6] (1898) für einen Stahl mit 0,87% C und 3,9% Cu nach Härtung bei 730° eine Koerzitivkraft von 66 Oersted, was mit einem reinen Kohlenstoffstahl desselben Kohlenstoffgehaltes niemals erzielbar ist. Es erwies sich jedoch die Remanenz noch etwas niedrig (6200 Gauß). In neuester Zeit haben dann A. F. Stogoff und W. S. Messkin[7] Kupferstähle mit verschiedenem Kohlenstoff- und Kupfergehalt auf magnetische Eigenschaften untersucht und gefunden, daß Kupfer die magnetischen Eigenschaften des Stahls verbessert, und zwar in der Richtung, daß Koerzitivkraft und Produkt $\mathfrak{B}_r \times \mathfrak{H}_c$ mit zunehmendem Kupfergehalt, wenigstens bis zu einem Gehalt von 5% Cu zunehmen (Zahlentafel 65). Was die Remanenz betrifft, so nimmt sie bei den Stählen, die ihrem Kohlenstoffgehalt nach untereutektoid sind, ebenso mit wachsendem Kupfergehalt, und zwar bei allen Härtetemperaturen zu, während sie bei übereutektoidem Stahl, besonders bei höheren Härtetemperaturen, ganz niedrige Werte erhält und nur bei 800° einen Wert von etwa 9000 Gauß hat.

In Zahlentafel 65 sind einige mit den Kupferstählen erreichten Werte der magnetischen Eigenschaften zusammengestellt. Danach werden die besten Werte mit dem Stahl mit etwa 1% C und 5% Cu nach Härtung bei 770° in Wasser erzielt. Bei Ölhärtung liegen die Werte von $\mathfrak{B}_r \times \mathfrak{H}_c$ durchaus niedriger als bei Wasserhärtung, so daß für den Kupferstahl nur Wasserhärtung in Betracht kommt.

Die Alterungserscheinungen, und zwar die irreversiblen und reversiblen Ände-

---

[1] Physik. Z. **14**, 581 (1913).

[2] Dieser Befund wurde bei der Nachprüfung in der Versuchsanstalt der Firma Krupp A.-G. nicht bestätigt.

[3] Ann. Physik **59**, 343—92 (1919).

[4] Stogoff, A. F. u. W. S. Messkin: Einfluß des Vanadiums auf die magnet. Eigensch. chromhaltiger Stähle **2**, 28—33 (russ.), Moskau: N. T. U.-Verlag 1928.

[5] Nach G. Hannack: Stahleisen **35**, 1239 (1908) ist ihm gelungen, hervorragend gute Magnete aus Chrom-Vanadiumstahl herzustellen. Leider sind dort keine Zahlen angegeben.

[6] l. c.

[7] Arch. Eisenhüttenw., H. 5, Nov., 321—31 (1928); Stahleisen **50**, 1743 (1928).

rungen des magnetischen Moments zweier bei verschiedenen Temperaturen in
Wasser und in Öl abgeschreckten Kupferstähle sind in Zahlentafel 66 wiedergegeben[1]. Danach ist die endgültige Abnahme des magnetischen Moments durch

Zahlentafel 65. Magnetische Eigenschaften einiger Kupferstähle.

C %	Cu %	Härte- temp. °C	$\mathfrak{B}$ für $\mathfrak{H}=600$ ($\mathfrak{B}_{max}$) Gauß	Remanenz $\mathfrak{B}_r$ Gauß	Koerzitiv- kraft $\mathfrak{H}_c$ Oersted	$\mathfrak{B}_r \times \mathfrak{H}_c \times 10^{-3}$
				Wasserhärtung		
0,87	1,19	770	17500	8645	62,5	538,7
0,76	3,03	775	17822	9447	58,3	550,8
0,76	3,03	800	17654	9223	58,0	535,2
0,76	3,03	850	16266	8556	60,5	516,6
0,69	4,81	800	17059	9364	65,0	610,7
0,69	4,81	850	17292	9030	61,0	550,8
0,69	4,81	900	17014	8732	58,0	506,4
1,11	1,42	770	16130	8372	64,6	544,1
1,07	3,25	770	16000	8959	71,0	636,0
1,07	3,25	800	15505	7660	69,0	528,0
1,03	5,07	770	16320	*8929*	*74,5*	*665,0*
1,03	5,07	800	14720	7866	78,0	613,6
0,74	1,41	775	13505	8876	56,7	503,3
1,22	1,27	800	15000	7759	65,0	504,8
				Ölhärtung		
0,76	3,03	760	17043	8942	58,9	526,7
0,76	3,03	800	17480	9177	60,0	550,6
0,69	4,81	800	16570	8702	61,0	530,8
0,69	4,81	850	16394	8225	64,0	526,4
1,03	5,07	760	15912	8781	59,0	518,1
1,03	5,07	800	14003	7355	77,0	566,3
0,74	1,41	770	16850	8994	60,0	539,1

Zahlentafel 66. Irreversible und reversible Änderungen des
magnetischen Moments einiger Kupferstähle.

Chemische Zusammen- setzung		Wärmebehandlung		Irreversible Änderungen		Reversible Änderungen	
C %	Cu %	Härte- tempe- raturen °C	Härte- flüssigkeit	Zahl der zyklischen Erwär- mungen	Endgültige Abnahme des Moments %	Temperatur- intervall	Tempera- turkoeffi- zient[1] $\alpha \times 10^{-4}$
1,03	5,07	770	Wasser	7	2,57	14,5—100	− 6,36
1,03	5,07	760	Öl	6	1,32	15,3—100	− 7,44
1,03	5,07	800	Öl	9	7,00	14,5—100	− 3,95
1,03	5,07	850	Wasser	11	11,90	14,4—100	− 2,06
1,03	5,07	850	Öl	8	5,32	14,4—100	− 1,47
1,03	5,07	900	Öl	12	13,50	15,4—100	− 1,98
1,07	3,25	770	Öl	7	10,80	15,6—100	− 5,45
1,07	3,25	800	Wasser	12	7,80	15,5—100	− 4,37
1,07	3,25	850	Wasser	17	19,50	15,5—100	− 1,89
1,07	3,25	850	Öl	14	15,86	15,6—100	− 1,42

[1] Nach A. F. Stogoff u. W. S. Messkin: Untersuchungen über die Temperaturabhängigkeit des remanenten Magnetismus (russ.), 33—36, Moskau: N. T. U.-
Verlag 1929.

zyklische Erwärmungen bei dem obengenannten Stahl mit 1% C und 5% Cu nach Härtung bei 770⁰ in Wasser sehr gering und beträgt etwa die Hälfte des Wolframstahles. Eine noch geringere prozentische Abnahme ist durch Härten desselben Stahles in Öl erzielbar, doch kann dieser Vorteil den geringeren Gesamtwert des dabei erhaltenen Produktes $\mathfrak{B}_r \times \mathfrak{H}_c$ nicht aufwiegen. In Abb. 222 ist so der Stabilisierungsvorgang durch zyklische Erwärmungen dargestellt, wobei insbesondere der hohe Temperaturkoeffizient der Kupferstähle bemerkenswert ist. Die Ursache dieser verbessernden Wirkung des Kupfers, insbesondere bei gleichzeitiger Anwesenheit eines hohen Kohlenstoffgehalts, ist bisher noch nicht mit Sicherheit festgestellt worden, da im Gegensatz zu dem binären System Fe-Cu (vgl. S. 119) gerade über das ternäre System Fe-C-Cu (oder Fe-Fe$_3$C-Cu) noch sehr wenig Forschungsergebnisse vorliegen. Nach T. Ishivara, T. Jonekura und T. Ishigaki[1] ist in einem Stahl mit 1,7% C das Kupfer in strukturell freier Form erst oberhalb 5,5% Cu zu erkennen, wobei sich die neue Kristallart (Mischkristalle ε) an den Korngrenzen abscheidet. Es ist jedoch anzunehmen, daß auch hier ähnlich wie bei den reinen Fe-Cu-Legierungen die wahre Grenze der festen Lösung bereits viel tiefer (unter 1% Cu) liegt, so daß der günstige Einfluß des Cu-Zusatzes dann im Sinne der Theorie von A. Kußmann und B. Scharnow einfach auf der Wirkung fein verteilter Kupferteilchen beruht und auf die Erhöhung der inneren Spannungen zurückzuführen ist. So steht auch die Größe der Koerzitivkrafterhöhung durchaus

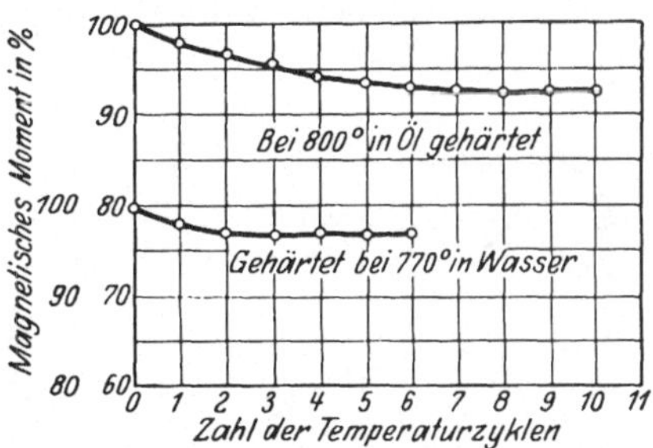

Abb. 222. Abnahme des magnetischen Moments von Kupferstählen (Stogoff und Messkin).

in Übereinstimmung mit den Werten, die diese Autoren[2] und später Köster[3] an reinen Fe-Cu-Legierungen nachgewiesen haben.

In technologischer Beziehung beeinträchtigt ein Kupferzusatz selbst von 5% (neben 1% C) die Bearbeitbarkeit nicht. Dagegen scheint das Cu bei langsamem Abkühlen die Graphitbildung zu befördern, und ferner erheischt auch die Herstellung des Kupferstahles gewisse Vorsicht, um nicht Blocksseigerungen hervorzurufen. Um daher eine Entscheidung über die Brauchbarkeit des Kupferstahles als Dauermagnetstahl fällen zu können, müssen noch einige genaue Untersuchungen über den Herstellungsprozeß selbst und die Weiterverarbeitung vorgenommen werden. Vom ökonomischen Standpunkt ist zu bedenken, daß der Kupferstahl sehr billig ist, so daß sich einige Schwierigkeiten bezahlt machen könnten.

8. Wärmebehandlung der Magnetstähle.

Die Wärmebehandlung der Magnetstähle bietet sowohl in Hinblick auf das magnetische, als auch auf das technologische Verhalten in vielen Fällen spezifische Besonderheiten und sei im folgenden etwas eingehender besprochen.

---

[1] Sci. Rep. Tohoku Univ. 15, 81 (1926).
[2] Z. Phys. 54, 1 (1929).   [3] Z. Metallkd. 22, 290 (1930).

Im Laufe des Bearbeitungsprozesses wird ein geschmiedetes oder gewalztes Stück aus Magnetstahl neben der Warmformgebung selber gewöhnlich einem einfachen oder mehrmaligen Weichglühen unterworfen, das zum Zwecke der weiteren Formgebung eine gute Schneidbarkeit herbeiführen soll. Neuzeitliche Beobachtungen haben nun gezeigt, daß alle diese Glühbehandlungen unter Umständen auf die nach dem Härten zu erwartenden magnetischen Eigenschaften, insbesondere auf die Koerzitivkraft, von großem Einfluß ist, und sich ähnlich auswirken kann wie ein zu langes Halten auf Härtetemperatur (vgl. S. 237 u. 249). Am meisten empfindlich hat sich dabei der Wolframmagnetstahl erwiesen. Die Abhängigkeit der Koerzitivkraft eines solchen Stahles (0,69% C, 6,2% W) von der Dauer der Erhitzung bei 900⁰ ist in Abb. 223 nach Evershed[1] dargestellt. Man

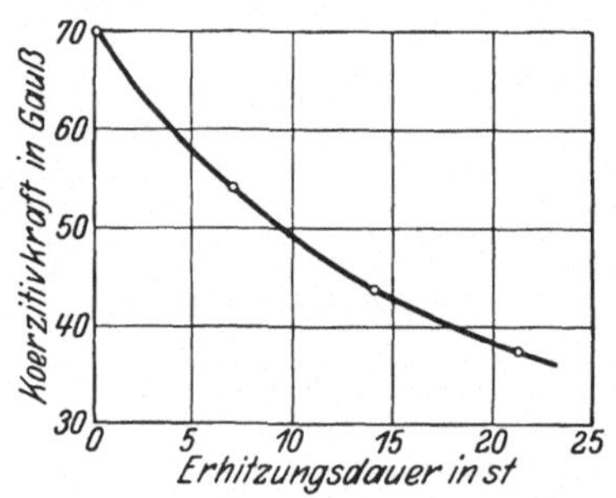

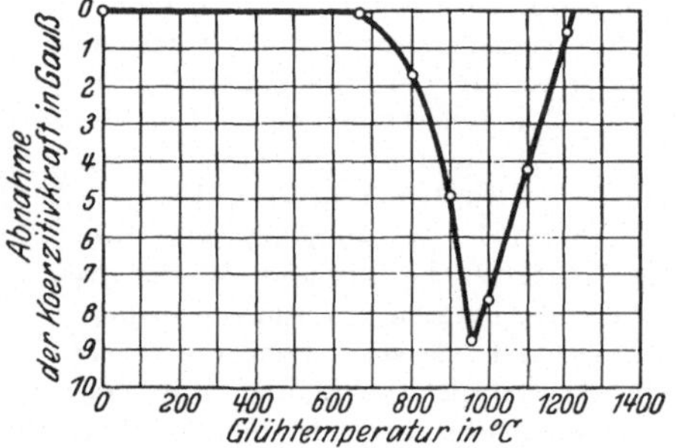

Abb. 223. Änderung der Koerzitivkraft mit der Erhitzungsdauer (Evershed).   Abb. 224. Beschädigung eines Wolframmagnetstahls in Abhängigkeit von der Erhitzungstemperatur.

erkennt, daß die Koerzitivkraft von etwa 70 Oersted im Ausgangszustande mit zunehmender Erhitzungsdauer beim Glühen außerordentlich rasch sinkt, und zwar bei 21 Std. bis auf ungefähr die Hälfte. Durch eine Erhöhung der Glühtemperatur bei konstanter Erhitzungsdauer wird die Erscheinung in entsprechender Weise beeinflußt. So zeigt die folgende Abb. 224, daß bei einer Glühdauer von 2½ Std. und einer Glühtemperatur unterhalb 700⁰ noch keine Beschädigung zu beobachten ist. Darüber hinaus findet eine rasche Beschädigung statt, die sich auch hier in einer beträchtlichen Erniedrigung der Koerzitivkraft äußert. Diese Verminderung dauert aber nur bis zu rd. 950⁰, worauf dann wieder eine Verbesserung mit der Glühtemperatur eintritt.

Als Ursache dieser Erscheinung haben wir ähnlich wie oben bei dem Verweilen auf Härtetemperatur das Verhalten der Wolframdoppelkarbide anzusehen, das entsprechend der Reaktion

$$m\,\mathrm{Fe_3C \cdot WC} \rightleftarrows m\,\mathrm{Fe_3C} + n\,\mathrm{WC}$$

[1] J. Inst. Electr. Engs. 63, Nr. 344, 749—57 (1925).

verläuft. Die ungünstigste Glühtemperatur wird somit diejenige sein, bei der die Reaktion vollständig wird, weil sich dann aus der festen Lö-

sung die größte Menge des stabilen Wolframkarbides WC ausscheidet, und in der Grundmasse die geringste Menge Kohlenstoff zurückbleibt. Diese Temperatur wurde bei Evershed (vgl. Abb. 224) zu 950⁰ festgestellt. Dasselbe fanden auch Gudzow und Gajew[1], sowie W. S. Messkin, dessen Ergebnisse (Einfluß der Glühtemperatur bei einer

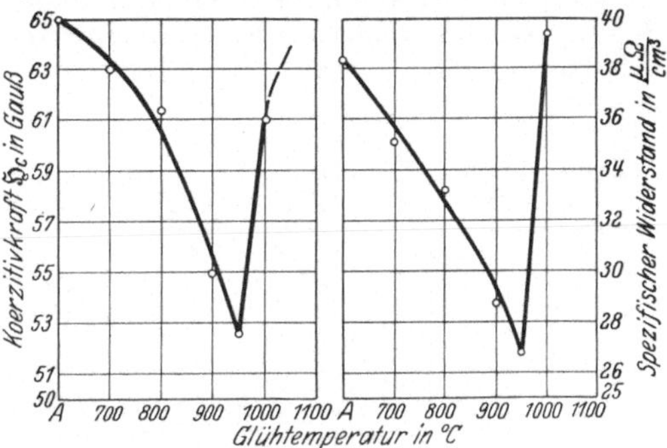

Abb. 224a. Glühtemperatur, elektrischer Widerstand und Koerzitivkraft.

Glühzeit von je 3 Stunden auf die Koerzitivkraft und den spezifischen elektrischen Widerstand eines gehärteten Wolframmagnetstahls[2]) in Abb. 224a wiedergegeben sind. Die metallographische Untersuchung der ungeätzten Schliffoberfläche eines in dem kritischen Temperaturbereich (3 Std. bei 950⁰) geglühten Wolframstahles bestätigt die obige Annahme und läßt eine Anhäufung von reliefartig aus der Grundmasse herausstehenden Karbiden deutlich erkennen (vgl. dazu Abb. 225).

Nach F. Pölzguter[3] liegt der kritische Temperaturbereich zwischen 750⁰ und 1050⁰*. Seine in der Abb. 226 wiedergegebenen Ergebnisse lassen ferner die günstige Wirkung eines Chromzusatzes zu dem Wolframmagnetstahl erkennen, indem ein Zusatz von 0,35% Chrom den Stahl unempfindlich gegen Glühen macht. Gleichzeitig verliert der Werkstoff etwas weniger an mechanischer Härte.

Im Gegensatz zu Pölzguter, konnte Swan[4]

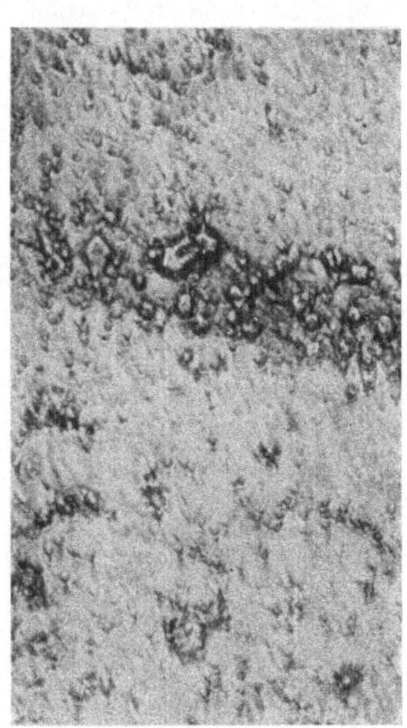

Abb. 225. Wolframkarbide in einem falsch geglühten Stahl.

---

[1] Metallurg (russ.) **1927** u. **1928**.

[2] Bemerkenswert ist der Verlauf der Widerstandskurve, die außerordentlich gut der Koerzitivkraft folgt.   [3] Stahleisen **48**, 1100—1102 (1928).

* In einer neuen Arbeit stellten F. Pölzguter u. W. Zieler [Stahleisen **49**, 521—27 (1929)], fest, daß der kritische Temperaturbereich je nach der chemischen Zusammensetzung wechselnde Lage hat.

[4] Engg. **125**, 4. Mai, 554—55 (1928); J. Iron Steel Inst. **1**, 16 (1928); siehe auch ETZ **49**, 1306 (1928).

keinen Einfluß des Chroms selbst bei einem Gehalt von etwa 1% feststellen. Dagegen wirkt nach diesem Autor in günstiger Weise ein höherer Siliziumgehalt. Einige quantitative Angaben über den Einfluß des Siliziums sind seinen in Zahlentafel 67 zusammengestellten Hauptergebnissen zu entnehmen, bei denen allerdings die Stähle verschiedenen Gehalt an Cr und auch an anderen Elementen besitzen.

Zahlentafel 67. Einfluß des Siliziums auf die Beschädigung des Wolframstahles durch kritische Glühbehandlung.

C %	Si %	Mn %	W %	Cr %	Art der Wärmebehandlung	Remanenz $\mathfrak{B}_r$ Gauß	Koerzitivkraft $\mathfrak{H}_c$ Oersted	$(\mathfrak{B} \times \mathfrak{H})_{max}$
0,74	0,25	0,09	6,25	0,60	Abgeschreckt in Wasser bei 775°; erhitzt auf 1020°, 5 St. gehalten, normalisiert bei 750° und dann in Wasser bei 785° abgeschreckt	11100 11200	66,5 54,0	360000 315000
0,80	0,51	0,33	6,98	0,54	Abgeschreckt in Wasser bei 825°; erhitzt auf 1000°, 5 St. gehalten, normalisiert bei 750° und in Wasser bei 825° abgeschreckt	10700 10200	64,0 59,0	380000 287000
0,83	1,05	0,34	6,85	0,72	Abgeschreckt in Wasser bei 865°; erhitzt auf 1000°, 5 St. gehalten, normalisiert bei 750° und dann bei 865° in Wasser abgeschreckt	9700 9400	64,5 60,0	309000 28600

Ähnlich wie der Wolframstahl zeigen nun auch die übrigen legierten Stahlsorten eine Beschädigung durch Glühung im kritischen Temperaturgebiet. Für einen Chrommagnetstahl mit 1% C und 1,75% Cr geht

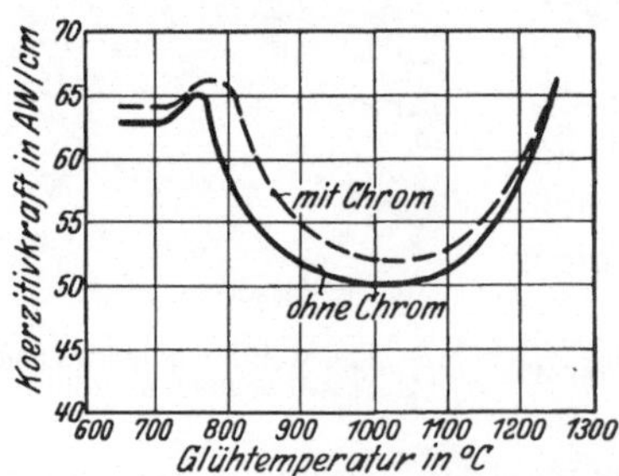

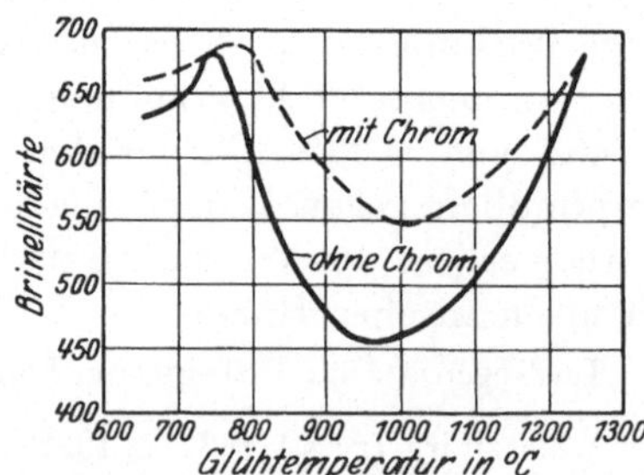

Abb. 226. Einfluß von Chrom auf das Glühen bei kritischer Temperatur.

der Einfluß des Glühens aus Zahlentafel 68 nach J. R. Adams und F. E. Goeckler[1] hervor. Der Einfluß der Glühdauer bei 760° sowie

---

[1] Trans. amer. Soc. Steel Treat. **10**, Nr. 2, 173—94, 213 (184) (1926).

Zahlentafel 68. Einfluß der Glühtemperatur vor dem Härten auf die magnetischen Eigenschaften eines gehärteten Chromstahls mit 1,0% C und 1,75% Cr.

Glühtemperatur ° C	Rema- nenz $\mathfrak{B}_r$ Gauß	Koerzitivkraft $\mathfrak{H}_c$ Oersted	$\mathfrak{B}_r \times \mathfrak{H}_c \times 10^{-3}$	$(\mathfrak{B} \times \mathfrak{H})_{max} \times 10^{-3}$
Nach dem Walzen	8400	69,0	579,6	242,5

Nach dem Glühen langsam abgekühlt und von 860° in Öl gehärtet.

593	8500	67,5	573,7	237,0
650	8600	67,0	576,2	242,0
705	8800	63,4	557,9	227,0
760	9300	58,0	539,4	217,5
815	9200	55,0	506,0	182,0
871	8600	55,0	473,0	170,0
917	8700	56,0	487,2	175,0
982	8200	59,0	483,8	172,5

Nach dem Glühen an der Luft gehärtet und dann von 860° in Öl gehärtet.

593	8400	68,5	575,4	240,0
650	8925	68,0	606,9	262,5
705	8750	66,5	581,9	245,0
760	8400	65,5	550,2	222,0
815	9125	64,5	588,6	248,5
871	8850	64,0	566,4	232,5
927	8900	68,5	609,6	262,0
982	8500	68,0	578,0	241,5
1040	8600	69,0	593,4	250,0

der Haltezeit auf Härtetemperatur zweier Chromstähle mit 1,03% C und 4,07% Cr, bzw. mit 0,98% C und 1,75% Cr ist in Zahlentafel 69 wiedergegeben. Der analoge Verlauf der Erscheinung wie beim W-Stahl weist daraufhin, daß es sich auch hier um irgendeinen Vorgang in den Doppelkarbiden handelt, der aber noch nicht so sicher wie beim Wolframstahl bekannt ist.

Zahlentafel 69. Einfluß der Glühdauer bei 760° vor dem Härten und der Haltezeit auf Härtetemperatur auf die magnetischen Eigenschaften von bei 860° in Öl abgeschrecktem Chromstahl.

Stahl mit 1,03% C und 4,07% Cr			Stahl mit 0,98% C und 1,75% Cr		
Glüh- dauer bei 760° Stunden	Remanenz $\mathfrak{B}_r$ Gauß	Koerzitiv- kraft $\mathfrak{H}_c$ Oersted	Haltezeit auf Härte- temperatur Minuten	Remanenz $\mathfrak{B}_r$ Gauß	Koerzitiv- kraft $\mathfrak{H}_c$ Oersted
1	10200	57,0	0	8750	65,0
3	10100	55,0	5	8400	64,0
5	10100	52,0	15	7900	62,0
12	9700	51,5	30	7800	60,5
24	9800	49,5	60	7600	59,5
42	9400	48,0	120	7300	56,0

Analoge Verhältnisse gelten auch für den Molybdänmagnetstahl, doch kommt der Einfluß einer Glühbehandlung hier in geringerem Maße

zum Ausdruck, als bei den Chrom- und Wolframstählen. Durch einen
Zusatz von Wolfram zum Chromstahl scheint übrigens der schädliche
Einfluß der Glühbehandlung herabgesetzt werden zu können.

Ist nun ein Stahl durch Glühen im kritischen Temperaturgebiet un-
brauchbar geworden, so liegt die Möglichkeit der Verbesserung darin,
daß man ihn einer weiteren Glühbehandlung bei sehr hohen Temperaturen, etwa 1250⁰, aussetzt. Dieser Weg geht bereits aus den Abb. 224
und 224a hervor, aus denen zu erkennen ist, daß nach Überschreiten der
Temperatur 950⁰ (oder 1050⁰ nach Pölzguter) die bei dem Härten
erreichte Koerzitivkraft wieder zunimmt, bis sie bei etwa 1220⁰ den ursprünglichen Wert erreicht hat.

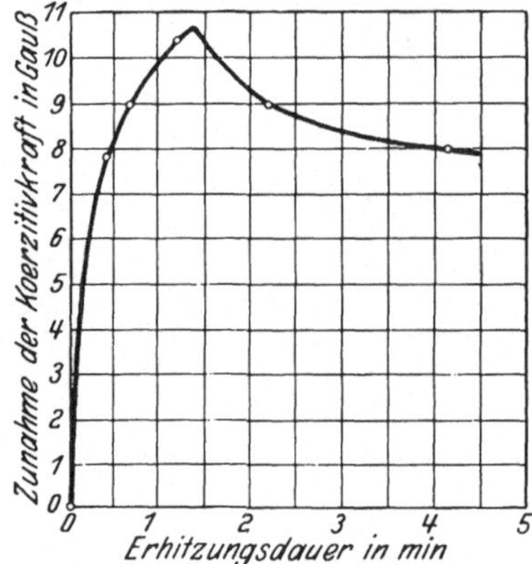

Abb. 227. Regeneration eines überhitzten
Stahls.

Vom physikalisch-chemischen Standpunkt aus kann dies damit erklärt werden,
daß beim Erhitzen z. B. des Wolframstahls
oberhalb der „Erniedrigungstemperatur"
die in WC und Fe_3C zerfallenen Karbide
sich wieder nach der Reaktion

$$m\,Fe_3C + n\,WC \rightarrow m\,Fe_3C \cdot n\,WC$$

in Doppelkarbide vereinigen, wodurch auch
die ursprünglichen magnetischen Eigenschaften wieder eintreten. Nun ist aber
die Geschwindigkeit der jetzt in entgegengesetzter Richtung verlaufenden Reaktion
viel größer als beim Zerfallvorgang, so daß
schon eine geringe Erhitzungsdauer bei
1250⁰ genügt, um die Eigenschaften des
beschädigten Stahles zu verbessern. So
zeigt Abb. 227, die den Einfluß der Erhitzungsdauer bei 1250⁰ darstellt, deutlich, daß die Koerzitivkraft (nach dem Härten bei 850⁰) zunächst rasch zunimmt,
um dann wieder langsam abzunehmen. Für diese Abnahme der Koerzitivkraft
durch zu lange Erhitzungszeit (bei 1250⁰) ist aber nicht das Verhalten der Karbide
verantwortlich zu machen, sondern die andern bei hoher Temperatur außerdem
stattfindenden Erscheinungen, insbesondere die Entkohlung (siehe unten). Es
ist somit zu raten, mit der Erhitzungsdauer bei 1250⁰ niemals über 10 bis
15 Min. hinauszugehen[1].

Nach einer solchen Glühbehandlung bei 1250⁰ muß der Stahl ferner
an Luft abgekühlt werden und darf erst dann unter normalen Bedingungen gehärtet werden, da eine Härtung unmittelbar von 1250⁰ selbstverständlich zu schlechten Eigenschaften führen würde; Diese Abkühlung an der Luft (Lufthärtung) ist notwendig, um einmal das kritische Temperaturintervall möglichst rasch zu durchlaufen und andermal,

---

[1] Dem Verfasser bot sich die Gelegenheit zu beobachten, daß ein Wolframmagnetstahl zur Verbesserung seiner magnetischen Eigenschaften in genannter
Richtung 16 Std. bei 1250⁰ geglüht wurde. Das Resultat war aber das Umgekehrte,
nämlich nach der Härtung eine Koerzitivkraft von 15 Oersted neben einer Härte
von 135 Brinelleinheiten.

um eine feine Verteilung der Karbide in einer sorbitischen Grundmasse hervorzurufen, Es ist jedoch zu sagen, daß diese Verbesserung mit mancherlei Schwierigkeiten verknüpft ist. Auch ist eine völlige Beseitigung des Einflusses des kritischen Temperaturintervalles nicht immer möglich. Auf jeden Fall ist also bei dem Weichglühen der Magnetstähle möglichst große Vorsicht gebot, um lieber von vornherein eine Beschädigung des Stahles zu vermeiden.

Um den Glühvorgang und die Bearbeitung überhaupt zu umgehen, sind vielfach Versuche gemacht worden, von vornherein gegossene Magnete herzustellen. Ein solcher Guß von hochleistungsfähigen Magneten ist auch aus mancherlei anderen Gründen wünschenswert. So ist es z. B. nur im gegossenen Zustande möglich, komplizierte Formen und Magnete mit wechselndem Querschnitt[1] anzufertigen. Ferner sind gegossene Magnete beträchtlich billiger als die aus geschmiedeten oder gewalzten Bändern hergestellten.

Zahlentafel 70. Vergleich der magnetischen Eigenschaften von gegossenem und gewalztem Magnetstahl.

Eigenschaften	Wolframstahl		Kobaltstahl	
	gewalzt	gegossen	gewalzt	gegossen
Koerzitivkraft in Oersted	64,6	64,4	138	147
Remanenz (wahre) in Gauß	10810	10550	9900	9650
Remanenz (scheinbare) in Gauß . .	7250	7150	6400	6400
Maximale Energie in Ergs je cm³ des Stahles $[(\mathfrak{B} \times \mathfrak{H})_{max}/8\,\pi]$	13150	12880	23200	24000

Versuche zeigten nun, daß der gegossene Magnetstahl tatsächlich an magnetischen Eigenschaften dem gewalzten nicht nachsteht und ihn in einigen Fällen sogar übertrifft. Ein Beispiel ist in Zahlentafel 70 nach Evershed[2] wiedergegeben. Letztere zeigt deutlich, daß der Magnetstahl durch das Walzen eine Beschädigung erlitten hat, die besonders beim Kobaltstahl in Erscheinung tritt.

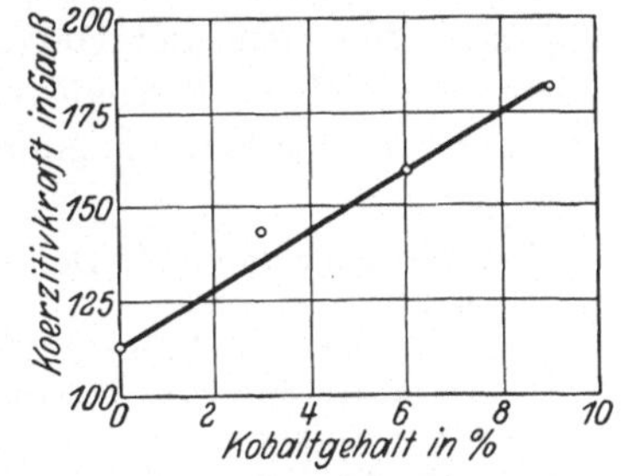

Zu einer laufend fabrikationsmäßigen Herstellung von gegossenen Magneten ist es bisher jedoch nur beim Kobaltstahl gekommen. Den Vorteil des gegossenen Kobaltstahls gegenüber dem gewalzten hat — abgesehen von der Billigkeit — neuerdings auch J. F. Kayser[3] hervorgehoben. Danach stellt Abb. 228 die Abhängigkeit der Koerzitivkraft vom Kobaltgehalt bei einem gegossenen Kobaltstahl mit etwa 10% Cr dar. Sie läßt sich analytisch durch die Formel wiedergeben:

Abb. 228. Koerzitivkraft gegossener Kobaltstähle.

$$\mathfrak{H}_c = \mathfrak{H}_0 + k_2\mathrm{Co},$$

wo $\mathfrak{H}_0$, wie oben, die Koerzitivkraft des kobaltfreien Grundstoffs, Co den Kobaltgehalt in Gewichtsprozenten und k_2 eine Konstante bedeuten, die hier rd. 7,5 beträgt, während sie sich bei gewalztem Kobaltstahl je nach der chemischen Zu-

---

[1] J. Inst. El. Engs. 58, 797 (1920).   [2] J. Inst. El. Engs. 63, 779 (1925).
[3] Metallurgist (Beilage zu Engineer), 1928, 28. Sept., 136—38.

sammensetzung und Wärmebehandlung nur zwischen 5,5 und 6,3 bewegt[1]. — Nach Kayser darf jedoch der Kobaltgehalt des gegossenen hochchromhaltigen Stahls nicht über 15% hinausgehen. Kommt eine besonders hohe Koerzitivkraft in Betracht, so ist es besser, einen Kobalt-Wolframstahl zu verwenden, der 35% Co enthält und eine Koerzitivkraft von 250 Oersted gestattet.

Außer dem Zerfall der Sonderkarbide üben nun auch andere Gefügeverhältnisse auf die nach dem Härten erzielbaren magnetischen Eigenschaften der Stähle einen nicht unwesentlichen Einfluß aus. Hierzu gehört insbesondere die Form des Ausgangsgefüges.

Als Ausgangsgefüge des weichen Stahles kommen, wie bekannt, lamellarer Perlit oder körniger Perlit (und zwar entweder in reiner Form oder von lamellarem Perlit begleitet) und schließlich sorbitischer Perlit in Frage. Der körnige Perlit als Ausgangsgefüge löst sich beim Härtungsprozeß schwieriger auf als der lamellare oder sorbitische[2], und gerade auf diesem Verhalten gründet sich der Unterschied in den mechanischen und magnetischen Eigenschaften. Für die mechanischen Eigenschaften ist nämlich der körnige Perlit im Ausgangsgefüge außerordentlich günstig, was nach G. Klein und W. Aichholzer[3] damit erklärt wird, daß wegen der verzögerten Auflösung die nach Überschreitung von A_{c_1} noch ungelöst bleibenden Zementitreste[4] infolge Keimwirkung ein milderes Abschreckergebnis erwirken. Dagegen ist als Ausgangsgefüge für die magnetischen Eigenschaften körniger Perlit nicht wünschenswert, da gerade hier die Karbide beim Härten vollständig aufgelöst werden sollen, was man am leichtesten mit der sorbitischen Perlitform erzielen kann.

Zahlreiche neuzeitliche Untersuchungen haben diese Tatsache bestätigt. So zeigten W. Jenge und H. Buchholtz[5] an einem Chrommagnetstahl, daß unter sonst gleichen Verhältnissen die magnetischen Eigenschaften nach der Härtung um so besser sind, je feiner im ungehärteten Stahl die Karbide verteilt waren. Ähnliche Ergebnisse haben sich auch bei den Untersuchungen von P. Oberhoffer und O. Emicke[6]

---

[1] Siehe Zahlentafel 61. Der Koeffizient k_2 ist dem Produkt $k \times \mathfrak{H}_0$ gleichbedeutend.

[2] Portevin, A. u. V. Bernard: J. Iron Steel Inst. **90,** 204 (1914); Stahleisen 7. 268—70 (1922); Sauvaged: Comptes Rendus **1921,** 1. Aug., 297—300; Jungbluth, H.: Stahleisen **47,** 1918—19 (1925); Portevin u. Bernard haben gezeigt, daß die Verschiedenheiten in den magnetischen und anderen Eigenschaften (in gehärtetem Zustand) beim körnigen und lamellaren Perlit sich nach mehreren aufeinanderfolgenden Härtungen ausgleichen.

[3] Stahleisen **51,** 1734—39 (1736—37) (1924).

[4] In der Arbeit von Klein u. Aichholzer handelt es sich um einen reinen Kohlenstoffstahl mit 1 bis 1,1% C.

[5] Mitt. a. d. Vers.-Anst. Dortmunder Union 1, 152—60 (1924); vgl. E. Schulz u. W. Jenge: Stahleisen 1, 11—13 (1926).

[6] Stahleisen **45,** 537—40 (1925).

an Chromstahl (vgl. Zahlentafel 71), von K. G. Brecht, R. Scherer und H. Hanemann[1] an Wolframstahl und schließlich auch bei J. R. Adams und F. E. Goeckler ergeben. Einige Zahlenwerte der letzteren Autoren für einen Stahl mit 0,72% C und 5,55% W sind in

Zahlentafel 71. Einfluß des Ausgangsgefüges auf die magnetischen Eigenschaften eines gehärteten Chrommagnetstahles.

Behandlung	Ausgangsgefüge	Maximale Induktion Gauß	Remanenz $\mathfrak{B}_r$ Gauß	Koerzitivkraft $\mathfrak{H}_c$ Oersted	$\mathfrak{B}_r \times \mathfrak{H}_c \times 10^{-3}$
ungeglüht	Sorbit	15700	13300	20,9	278
gehärtet	—	13450	10100	60,2	608
geglüht	körniger Perlit	15000	12900	10,7	138
gehärtet	—	14200	10000	53,9	539

Zahlentafel 72. Einfluß der Glühdauer bei niedrigen Temperaturen auf die magnetischen Eigenschaften eines nachher bei 870° in Wasser gehärteten Wolframstahls.

Glühtemperatur 650° C langsame Abkühlung			Glühtemperatur 705° C langsame Abkühlung		
Glühdauer Stunden	Remanenz $\mathfrak{B}_r$ Gauß	Koerzitivkraft $\mathfrak{H}_c$ Oersted	Glühdauer Stunden	Remanenz $\mathfrak{B}_r$ Gauß	Koerzitivkraft $\mathfrak{H}_c$ Oersted
1	10275	67,5	1	10200	64,5
3	10250	66,0	3	10150	62,5
5	10100	65,0	5	10225	62,0
12	10225	63,5	12	10300	61,5
24	10175	63,0	24	10225	62,0
36	10250	63,0	36	10150	58,5

Zahlentafel 72 zusammengestellt, wobei für die Abnahme der Koerzitivkraft unter gleichzeitigem praktischem Konstantbleiben der Remanenz hier die durch die langen Glühzeiten verursachte Zusammenballung der Karbide in einer solchen Form verantwortlich zu machen ist, daß beim Härten ihre Auflösung verzögert wird.

Aus den genannten Gründen ist also in den Magnetstählen stets ein sorbitisches Ausgangsgefüge zu empfehlen. War daher der betreffende Magnetstahl nach dem Walzen (oder Schmieden) langsam abgekühlt oder durch eine nachträgliche Wärmebehandlung erweicht, so muß er wieder auf eine Temperatur etwa oberhalb 1000° gebracht und darauf an der Luft abgekühlt werden. Durch eine solche Behandlung werden die magnetischen Eigenschaften nach de Vries gemäß Abb. 229 (obere Kurve) gleichzeitig mit der Härtesteigerung vor dem Abschrecken verbessert, da diese Lufthärtung ein sorbitisches Ausgangsgefüge hervorruft. Letzteres gestattet wieder, infolge der feinsten Verteilung der Kar-

---

[1] Stahleisen **49**, 41 (1929).

bide, eine kürzere Erhitzungsdauer bei den Härtetemperaturen, wodurch gleichzeitig der nachteilige Einfluß des Überhitzens usw. vermieden werden kann. Auch die dreifache Wärmebehandlung des Kobaltstahls (vgl. S. 268) befolgt grundsätzlich denselben Zweck. War ferner ein Stahl während des Glühens im kritischen Temperaturgebiet beschädigt, so

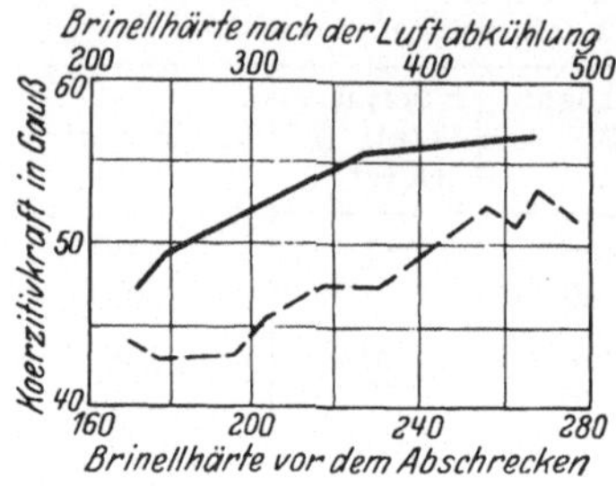

Abb. 229. Bezugskurve für den Einfluß der Gefügeausbildung.

läßt sich die Glühbehandlung bei 1250°, die zur Verbesserung der Stahleigenschaften notwendig ist, mit der eben genannten Glühbehandlung vereinigen.

Da der sorbitische Perlit stets härter ist als der körnige, so müssen, wie ersichtlich, die magnetischen Eigenschaften ein und desselben Materials nach dem Abschrecken um so besser sein, je höher im geglühten Zustand die mechanische Härte war. Die Messung der Härte vor dem Abschrecken ergibt daher mitunter ein Kriterium für die hinterher zu erwartenden Eigenschaften. Abb. 229 (untere Kurve) stellt eine solche von R. P. de Vries[1] für einen Chromstahl gefundene Beziehung der Koerzitivkraft nach dem Härten bei 835° zu der Härte des geglühten Stahles dar. In Zahlentafel 73 ist ein ähnliches den Untersuchungen von A. F. Stogoff und W. S. Messkin entnommenes Beispiel für einen Wolframmagnetstahl wiedergegeben[2]. Selbstverständlich ist die mechanische Härte jedoch nur dann für die magnetischen Eigenschaften von Bedeutung, wenn sie ein Kennzeichen für die Form und die Verteilung der Karbide war. Ein durch andere Verfahren, wie etwa durch Kaltrecken, erzeugte hohe Härte, spielt dagegen keine

Zahlentafel 73. Einfluß der Härte vor dem Abschrecken auf die magnetischen Eigenschaften eines Wolframstahles.

Härtetemperatur	Induktion für $\mathfrak{H} = 600$ ($\mathfrak{B}_{max}$) Gauß		Remanenz $\mathfrak{B}_r$ Gauß		Koerzitivkraft $\mathfrak{H}_c$ Oersted		$\mathfrak{B}_r \times \mathfrak{H}_r \times 10^{-3}$	
	Härte vor dem Abschrecken in Brinelleinheiten							
°C	248	269	248	269	248	269	248	269
850	16435		10483		61,5		644,7	
850	16435	16296	10545	10890	62,5	65,0	663,3	707,8
900	16123	16800	10234	10988	65,0	64,5	665,2	708,7

Rolle. So konnte W. S. Messkin[3] an einem auf verschiedene Grade kalt gewalzten Kohlenstoffstahl keinerlei Änderung der magnetischen Eigenschaften nach dem Härten feststellen, trotzdem die Härte (Sprunghärte nach Shore) zwischen 25 und 62 Einheiten schwankte.

---

[1] Trans. amer. Soc. Steel Treat. 8, 139—49 (1925); vgl. Stahleisen 40, 1361 (1926).

[2] Zu der Zahlentafel 73 ist zu bemerken, daß selbst die mikroskopische Prüfung keinen sichtbaren Unterschied im Gefügeaufbau der beiden Stähle ergab.

[3] Arch. Eisenhüttenwesen 1929 Dez.

Auch wegen des Zusammenballens der Karbide ist dann noch aus einem dritten Grunde eine zu lange Glühdauer der Magnetstähle zu vermeiden, nämlich aus der Gefahr, daß eine beträchtliche Menge von Zementit in Graphit zerfallen kann. Da nun der Graphit an sich magnetisch unwirksam ist und bei den üblichen Härtungsbedingungen auch nicht in die feste Lösung übergeht, so muß er die magnetischen Eigenschaften stets beeinträchtigen, da außer der Querschnittsverminderung der ferromagnetischen Grundmasse und der Erniedrigung der Remanenz (durch die unmagnetischen Zwischenschichten) auch der für die Härtung notwendige Kohlenstoffgehalt des Stahles herabgesetzt ist.

Zu den weiteren Erscheinungen, die sich bei der Wärmebehandlung oder Warmverarbeitung der Stähle abspielen können, gehört die Randentkohlung. Die Randentkohlung besteht bekanntlich darin, daß der Kohlenstoff aus den äußersten Schichten herausbrennt, so daß sich um den Stahl eine weiche Haut bildet, die überwiegend aus Ferrit

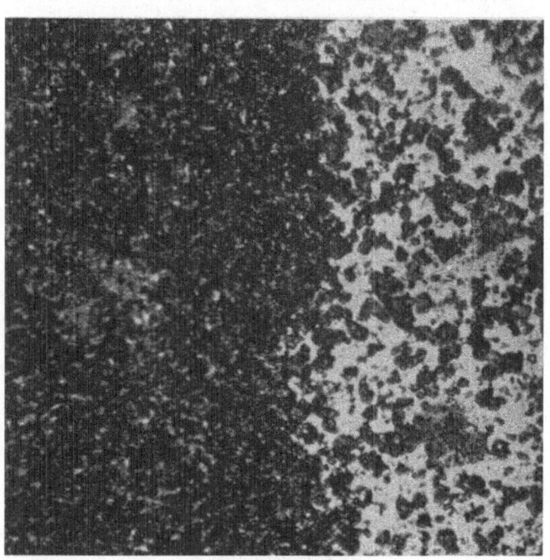

Abb. 230. Gehärteter und randentkohlter Wolframmagnetstahl, Übergangszone (× 600).

besteht und keinen Kohlenstoff oder Spezialelemente enthält (vgl. Abb. 230). Der Übergang vom entkohlten Rande zur unveränderten Mitte ist gewöhnlich ein allmählicher, so daß sich auch die chemische Zusammensetzung allmählich vom Rand zur Mitte ändert. Der Entkohlungsgrad ist von der Glühtemperatur, der Glühdauer und der Glühatmosphäre abhängig[1]. Auch die Zusammensetzung des Stahls spielt eine gewisse Rolle[2]. Als Grenztemperatur, unterhalb deren eine Randentkohlung praktisch überhaupt nicht mehr auftreten kann, wird

---

[1] Über die Frage siehe Emmons: Trans. amer. Inst. Min. Met. Engs. 50, 405 (1915); Scott: Chem. Metallurg. Engg. 25, 72 (1921); Schulz u. Niemeyer: Mitt. a. d. Dortmunder Union 1, 110 (1922); Houdremont u. Kallen: Stahleisen 16, 587—88 (1925); auch Chem. Zentralblatt 1, 1260 (1929). Trans. amer. Soc. Steel Treat. 15, 96—116.

[2] Zu bemerken ist, daß gerade das Wolfram die Randentkohlung begünstigt.

die Temperatur A_1 genannt. Mit steigender Temperatur geht auch die Randentkohlung immer leichter und rascher vor sich, und zwar um so stärker, je mehr die Diffusionsgeschwindigkeit für den Kohlenstoff größer ist als die Oxydationsgeschwindigkeit. Ferner befördert eine auf der Stahloberfläche vorhandene Oxydschicht die Randentkohlung.

In magnetischer Beziehung beeinflußt die Randentkohlung die Eigenschaften des Stahles außerordentlich schädlich, indem durch die Bildung eines magnetischen Nebenschlusses in der weichen Schicht die wirksame Koerzitivkraft des ganzen Stückes stark verringert wird.

Abb. 231. Entkohlung längs Härterissen. × 500.

Außerdem wird auch die Abnahme des magnetischen Moments durch Altern beträchtlich vergrößert. Einige ausführliche zahlenmäßige Beispiele für diese Erscheinung und die Abschätzung der Randentkohlung sind in dem Kapitel: Magnetische Analyse aufgeführt (vgl. S. 191), so daß hier nur auf die betreffende Stelle hingewiesen werden mag. (S. 191.)

Zu bemerken ist, daß sich die Entkohlungszone im Stahl durch die während der Warmbearbeitung entstandenen Risse vergrößern kann, und zwar dann, wenn diese Risse an die Oberfläche der äußeren Schicht treten. Ein solcher Fall ist in Abb. 231 dargestellt.

Bei der Härtung selber muß neben den zu erreichenden magnetischen Eigenschaften auch auf technologische Fragen, insbesondere den „Härteausschuß" Rücksicht genommen werden.

Der Härteausschuß besteht darin, daß gehärtete Stäbe „geführt", verzieht, verkrümmt oder bei Hufeisenmagneten die Maulweite verkleinert oder vergrößert wird, wobei im schlimmsten Fall ein vollkommenes Aufreißen des Werkstoffs unter Bildung von „Härterissen" eintritt. Die Menge des Härteausschusses ist außer von der Zusammensetzung des Stahls von den Härtungsfaktoren, und zwar von der Härtetemperatur und Abkühlungsgeschwindigkeit (also vom Härtemittel) abhängig, und zwar ist die Gefahr für Härteausschuß desto größer, je höher die Härtetemperatur und je größer die Abkühlungsgeschwindigkeit ist. So ist bei Ölhärtung z. B. ein erheblich geringerer Härteausschuß als bei Wasserhärtung zu erwarten.

Die Ursache der hier auftretenden Erscheinungen, insbesondere die Entstehung der Härterisse, ist nun in drei Hauptfaktoren zu sehen, und zwar einmal in den reinen Wärmespannungen infolge der raschen Abkühlung, dann in den Volumänderungen, die auf die im Stahl während des Härtens sich vollziehenden Umwandlungen zurückzuführen sind[1], und schließlich in nicht vollkommen beseitigten inneren Spannungen aus der Bearbeitung vor dem Härten.

Die Wärmespannungen entstehen durch die ungleichmäßige Abkühlung der äußeren Schicht und des Kernes. Die Größe des dabei auftretenden Temperaturunterschiedes zwischen der Oberfläche und dem Innern des zu härtenden Gegenstandes selbst bei verhältnismäßig

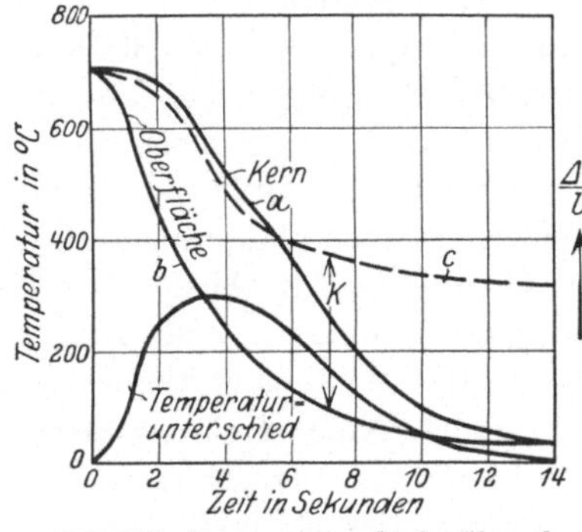

Abb. 232. Temperaturverlauf während des Abschreckvorgangs.

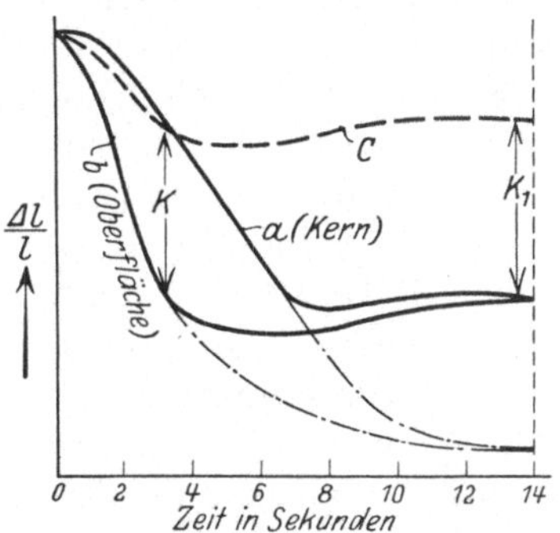

Abb. 232a. Längenänderungen eines Stahls während des Abschreckens.

kleinen Abmessungen des letzteren (Durchmesser 26 mm), geht aus Abb. 232 nach Honda und Matsushita[2] hervor, wo in der Abszissenachse der Zeitverlauf, in der Ordinatenachse die Temperatur im Kern bzw. an der Oberfläche eingezeichnet sind. Die mittlere Kurve ergibt dabei einen maximalen Temperaturunterschied von 300°, der einem Zeitabschnitt von etwa 4 sek entspricht. Bei noch schrofferer Abschrekkung würde diese Differenz noch größer sein. Könnten nun die äußere Schicht und der Kern des zu härtenden Gegenstandes sich beim Abkühlen unabhängig voneinander bewegen, so würde die Zusammenziehung entsprechend den Temperaturkurven a und b (Abb. 232) ver-

---

[1] Siehe z. B. O. Schmidt: Dissert. Techn. Hochschule Breslau 1921; Strauß: Betrieb 3, 400 (1921); W. Tafel: Stahleisen 41, 1321—28 (1921); W. Tafel u. O. Schmidt: Betrieb 4, 393—98 (1922); C. F. Berck: Werkzeugmaschine 1922, H. 4, 67—70; C. E. Berck: Werkzeugmaschine 1922, H. 26/27, 482—86; H. 28, 499—504; H. 29/30, 526.

[2] Sci. Rep. Tohoku Univ. 1919, 36. Vgl. auch J. Iron Steel Inst. 103, 251 (1921); Stahleisen 41, 1867 (1921).

laufen. Wegen der gegenseitigen Behinderung geht die Veränderung[1] jedoch auf einer Kurve c vor sich, wodurch der Kern stark auf Druck beansprucht wird. In dem letzteren müssen dann, wenn die Bruchdehnung des Stahls bei einer entsprechenden Temperatur kleiner ist als die Dehnung $\varkappa$ (Abb. 232), Längsrisse entstehen. Bei weiterer Abkühlung wird der Kern auf Zug und die äußere Schicht auf Druck beansprucht, da der Kern zur weiteren Zusammenziehung strebt. Diese Beanspruchung hat gewöhnlich ein Auseinanderplatzen des Kernes zur Folge. Durch das plötzliche Auslösen der Spannungen und die Kerbwirkung beim Zerspalten des Kernes wird der Gegenstand dann meistens auch bis auf die Oberfläche zerstört.

Durch die beim Härten stattfindenden Umwandlungen werden die Verhältnisse noch etwas verzerrt, und zwar ist dabei eine vollkommene und unvollkommene Durchhärtung zu unterscheiden. So bildet sich insbesondere der Martensit erst bei einer Temperatur von 300^0 ($A_{r''}$ siehe S. 151), womit eine Volumenzunahme verknüpft ist. Da diese Temperatur wieder in der äußeren Schicht früher als im Kern erreicht wird, so biegt die Kurve a (Abb. 232a)[2] für die Längenänderungen in der Oberfläche früher als die Kurve b für den Kern nach oben um, wodurch sich auch die Strecken K und K_1 ändern. Obwohl nun die Absolutbeträge der Spannungen nicht größer gegenüber den früheren (Abb. 232) geworden sind, so ist doch die Bruchdehnung des Martensits kleiner, und die Gefahr von Häuterissen daher vergrößert. Noch viel ungünstiger liegen die Verhältnisse im Fall der unvollkommenen Durchhärtung, da dort die Volumenzunahme im Kern (als Folge der mangelhaften Martensitbildung) ausbleibt, wodurch sich die Strecken K und K_1 noch vergrößern.

Außer diesen beim Härten selbst auftretenden Spannungen können nun auch noch die durch eine vorhergegangene mechanische Bearbeitung im Stahl zurückgebliebenen Spannungen (Kaltbearbeitung, zu niedrige Endtemperatur beim Schmieden u. dgl.) die Härterisse beeinflussen.

Aus dem Gesagten geht ohne weiteres hervor, daß alles, was die Spannungen vergrößert, in bezug auf Härterißentstehung gefährlich ist. Offenbar sind hierzu in erster Linie eine hohe Härtetemperatur und große Abkühlungsgeschwindigkeit zuzurechnen, da beide den Tempera-

---

[1] Als Beispiel für die Größe der Wärmespannungen sind nachstehend die von E. Maurer [Stahleisen **47**, 1323 (1927)] rechnerisch bestimmten Wärmezugspannungen in verschiedenen Materialien für den Fall von Vollzylindern von 1 m Durchmesser angeführt:

Weicher Flußstahl, wassergekühlt . . . . 35,6 kg/mm²
Kohlenstoffstahl (0,4% C), wassergekühlt . . . . 50,0 kg/mm²
Nickel-Chromstahl (0,4% C), ölgekühlt . . . . 54,5 kg/mm²
Chromstahl (0,8% C), ölgehärtet . . . . 62,5 kg/mm².

[2] Vgl. L. Traeger: Masch.-Bau **7**, 20—23 (1928).

turunterschied zwischen Kern und Oberfläche vergrößern. Eine hohe Härtetemperatur ist auch noch aus dem Grunde gefährlich, da sie beim Abschrecken hauptsächlich am Rand Austenitbildung bewirkt, was infolge der Verschiedenheit des spez. Volumens von Martensit und Austenit wiederum zu Härterissen führen kann. Umgekehrt wirkt eine gleichmäßige Erwärmung vor dem Härten günstig auf die Vermeidung von Härterissen, da bei einer ungleichmäßigen oder plötzlichen Erwärmung infolge der verschiedenen Wärmeausdehnung der einzelnen Schichten des zu härtenden Gegenstandes leicht innere Spannungen entstehen können.

Eine allmähliche Erwärmung der Magnete kann entweder durch eine Vorwärmung, oder auch durch allmähliches Einbringen erzielt werden. Eine gleichmäßige Erwärmung läßt sich am leichtesten in Flüssigkeitsbädern erreichen. Als solche werden am meisten das Blei- und Salzbad verwendet. Sie besitzen ferner den Vorteil, daß keine Entkohlung, Oxydation oder Verflüchtigung von Legierungselementen, wie bei der Erwärmung im Luftraum, stattfindet und daß die Erhitzungsdauer auf Härtetemperatur infolge der hohen Wärmeleitfähigkeit des Bleis etwa 3 mal kleiner sein kann wie bei der Lufterwärmung. Ein Nachteil des Bleibads besteht allerdings darin, daß das spezifische Gewicht des Bleis größer als das des Stahls ist, so daß spezielle Vorrichtungen notwendig sind, um den zu erwärmenden Stahlgegenstand auf einer bestimmten Tiefe zu halten, und ferner auch das Anhaften des Bleis an den Stahl, was nach der Härtung eine Reinigung erfordert. Diese Nachteile besitzt das billigere Salzbad nicht, nur daß hier die Regulierung der Temperatur nicht ganz so bequem ist wie beim Bleibad.

Auf die Neigung zu Härterissen übt auch die Beschaffenheit des Materials einen Einfluß aus. Dabei läßt sich nach den genauen neuzeitlichen Ergebnissen von E. Maurer und W. Haufe[1] und auch von W. Haufe[2] über den Einfluß verschiedener Legierungsbestandteile etwa folgendes aussagen:

Durch Kohlenstoff selbst steigt die Empfindlichkeit des Stahles für das Auftreten von Härterissen nur bis zum eutektoiden Gehalt an. Ein übereutektoider Stahl ist gegen Härterisse viel weniger empfindlich als ein eutektoider.

Ein höherer Silizium- und Mangangehalt beeinflussen die Härterißbildung ungünstig. Ebenso schädlich wirken Phosphor, Arsen und Schwefel.

Das Kupfer beeinflußt die Härterißbildung derart, daß sich der Stahl etwas schlechter als übereutektoider, aber viel besser als eutektoider verhält. Dabei wurde der Einfluß eines Kupfergehaltes von 0,5% bis 1,1% untersucht. Nach A. F. Stogoff und W. S. Messkin[3] treten im Kupferstahl Härterisse erst bei hohen Härtetemperaturen auf. Bei Temperaturen um 800° herum konnten Härterisse selbst bei 5% Kupfergehalt (C $\sim$ 1%) weder bei Öl- noch selbst bei Wasserhärtung beobachtet werden.

Durch Chrom, wenn es im Stahl in niedrigem Prozentsatz enthalten ist, wird die Gefahr der Härterißbildung verringert[4]. Nach W. Haufe fällt der Bestwert mit

---

[1] Stahleisen **44**, 1720—26 (1924).   [2] Stahleisen **47**, 1365—73 (1927).

[3] Arch. Eisenhüttenw. **1928**, H. 5, Nov.

[4] Dieselbe Ansicht vertritt auch Osann: Lehrbuch der Eisenhüttenkunde **2**, 2. Aufl., 796. Leipzig: W. Engelmann 1926.

einem Chromgehalt 1,2% zusammen. Aber selbst bei 1,5 bis 2% Cr (und 1,13 bis 1,21% C), also der Zusammensetzung, die dem Chrommagnetstahl entspricht, läßt sich die Härterißbildung durch Ölabschreckung fast völlig vermeiden.

Abb. 233. Beim Härten gerissener Zählermagnet aus Chromstahl.

Beim Wolframstahl üblicher Zusammensetzung, ebenso wie beim Molybdänstahl mit 0,96% C und 2,18% Mo haben A. F. Stogoff und W. S. Messkin Härterißbildung in ihren oben erwähnten Arbeiten nur bei Temperaturen oberhalb 900° sowohl bei Öl- als auch bei Wasserhärtung beobachtet.

Auch die Form des Magneten und die Vorbehandlung sind auf die Härterißbildung von Einfluß. Scharfe Übergänge von einem Querschnitt zum anderen, sowie eine starke mechanische Bearbeitung vor dem Härten pflegen die Härterißbildung zu befördern. In ähnlicher Weise wirkt auch ein entkohlter Rand. Abb. 233 stellt so einen beim Härten gerissenen Hufeisenmagneten aus Chromstahl dar, der im Bügel und an den Schenkelenden, wo Bohrungen vorhanden waren, geplatzt ist.

Über die Beschädigungen von Magneten durch Wasserstoffaufnahme (beim Beizen) vgl. S. 120.

VIII. Legierungen für den Dynamomaschinen- und Transformatorenbau.

Für den Dynamomaschinen- und Transformatorenbau kommt im Gegensatz zur Herstellung von Dauermagneten ein magnetisch weiches Material in Betracht. Es muß eine hohe Permeabilität, geringe Koerzitivkraft und Wattverluste, möglichst hohe Induktionen für entsprechende Feldstärken, gute Beständigkeit gegen Alterungserscheinungen und endlich bestimmte technologische Eigenschaften besitzen. Im folgenden sei gezeigt, wie und mit welchen Materialien dies zur Zeit erreicht werden kann.

1. Reines Eisen. schwachlegierte Baustähle.

Der Begriff „reines Eisen" ist nach den im Abschnitt „Chemische Konstitution" (S. 104) gegebenen Darlegungen irreführend, da es absolut reines Eisen gar nicht gibt, sondern jedes Material, auch der angeblich beste Eiseneinkristall noch einen gewissen Prozentsatz von anderen Elementen enthält, die teilweise in den Ausgangsstoffen vorhanden, teilweise durch das Herstellungs- und Bearbeitungsverfahren in das Eisen hineingelangt sind. Jedes Eisen stellt somit eine Legierung dar, bei der sich nur von einem größeren oder geringeren Reinheitsgrad sprechen läßt. Durch den metallphysikalischen Zustand, in dem sich diese Beimengungen befinden, ist das magnetische Verhalten des Materials im wesentlichen bestimmt.

Der Reinheitsgrad der technischen Eisensorten ist nun je nach ihrem Herstellungsverfahren außerordentlich verschieden, und insbesondere haben wir unvermeidbar in jedem Eisen wechselnde Mengen von C, Al, Si, Mn, S, P, Cu, O, N, während von den zur Erhöhung der Festigkeit absichtlich in geringer Menge legierten Bestandteilen vor allem Ni, Cr, W, Mo oder V zu nennen sind. Es ist somit verständlich, daß die Eigenschaften dessen, was wir Eisen nennen, in weiten Grenzen schwanken. Dabei ist insbesondere die Magnetisierung bei kleinen Feldstärken (Anfangs- und Maximalpermeabilität) und der Hystereseverlust verschieden, während die Induktionen bei hohen Feldstärken nur verhältnismäßig geringe Unterschiede aufweisen. Als Beleg für diese Tatsache diene zunächst die folgende kleine Tabelle 74, die die Mittelwerte von 46 verschiedenen handelsüblichen Eisensorten enthält und einer älteren Untersuchung von E. Gumlich und E. Schmidt[1] entnommen ist. Die Minimal- und Maximalwerte des käuflichen Materials betrugen für die Koerzitivkraft 0,6 bzw. 4,3 Oersted, für die Maximalpermeabilität 1100 und 8350. Die Induktionswerte bei $\mathfrak{H}_{max} \sim 130$ Oe lagen dagegen fast ausschließlich zwischen $\mathfrak{B} = 17\,000$ und $18\,000$ Gauß.

Zahlentafel 74. Magnetische Eigenschaften verschiedener Sorten käuflichen Eisens nach E. Gumlich und E. Schmidt (1901).

	Remanenz $\mathfrak{B}_r$	Koerzitivkraft $\mathfrak{H}_c$	μ_{max}	Hystereseverlust Erg/cm³	Spez. el. Widerstand Ohm/m/mm³
Mittel aus Nr.					
1—10	8360	1,10	4120	10060	0,147
11—21	8900	1,53	3030	12850	0,158
22—36	9360	2,09	2190	17190	0,164
37—46	10740	3,43	1560	24380	0,190

Wenn wir nun nach der Wirkung der Beimengungen auf das magnetische Verhalten des Eisens fragen, so ist in großen Zügen der spezifische Einfluß der verschiedenen Fremdbestandteile bereits oben besprochen worden (vgl. S. 104). Insbesondere wurde gezeigt, daß für

---

[1] ETZ **1901**. Vgl. auch Z. techn. Physik **12**, 670 (1925).

die Induktionswerte bei hohen Feldstärken alle Zusätze (außer Co) qualitativ in derselben Richtung im Sinne der Herabsetzung der Magnetisierbarkeit wirken. Für die Hystereseeigenschaften (Koerzitivkraft, Remanenz, Anfangs- und Maximalpermeabilität, Hystereseverlust usw.) ergibt sich dagegen nach der von A. Kußmann und B. Scharnow entwickelten Systematik ein fundamentaler Unterschied je nach der Löslichkeit oder Unlöslichkeit, indem diejenigen Beimengungen, die mit dem Eisen eine feste Lösung eingehen, eine direkte Wirkung überhaupt nicht ausüben und eine indirekte nur insofern, als das betreffende Material irgendwelche Reaktionen verursacht oder die „Spannungsempfindlichkeit" des Ferrits verändert. Umgekehrt bewirken alle nicht im Raumgitter gelösten, also die heterogen ausgeschiedenen Partikel infolge der Erzeugung von inneren Spannungen an den Trennungsflächen in jedem Fall eine Erhöhung der Koerzitivkraft und des Hystereseverlustes, die cet. par. der Menge des ausgeschiedenen Bestandteils proportional ist.

Für Baustähle, die in Magnetgestellen der Dynamomaschinen, Motorgehäusen usw. bei statischer Magnetisierung Verwendung finden, und für die je nach den gewünschten Festigkeitseigenschaften Stahlguß mit verschiedenen Kohlenstoffgehalten, bei rasch umlaufenden Teilen auch Schmiedestücke mit Nickel-, Chrom- oder Wolframzusätzen benutzt werden, kommt ausschließlich der Verlauf der Magnetisierungskurve im Bereich höherer Feldstärken in Betracht. Wegen der praktisch als additiv anzunehmenden Wirkung der einzelnen Legierungselemente lassen sich hier die Induktionswerte eines Stahles bestimmter chemischer Zusammensetzung angenähert aus der Kurve des reinen Eisens berechnen, indem man letztere um empirisch festgestellte Beträge vermindert.

Eine Reihe von Koeffizienten, die durch Multiplikation mit dem jeweiligen Prozentgehalt des betreffenden Elements die von den Normalwerten (2. Reihe) abzuziehenden Beträge ergeben, sind kürzlich von Gerold[1] zusammengestellt worden:

Feldstärke AW/cm .	25	50	100	300
Normalwerte . . .	16 500	17 500	19 000	20 800
$\Delta \mathfrak{B}$ je 1% C . . .	− 5000	− 3800	− 3000	− 2800
„ „ 1% Si . . .	− 550	− 440	− 310	− 250
„ „ 1% Al . . .	− 750	− 700	− 690	− 650
„ „ 1% Cu . . .	− 350	− 310	− 150	− 100
„ „ 1% Mo . .	− 1500	− 950	− 780	− 600
„ „ 1% Mn . .	− 800	− 400	− 400	− 300
„ „ 1% Cr . . .	− 900	− 580	− 300	− 200

Die Berechnung gilt für Legierungsgehalte bis etwa 2% und für die Magnetisierungskurve herab bis zu Feldstärken von 25 AW/cm, falls es sich um normal behandelte, insbesonders langsam abgekühlte Werkstoffe handelt. Der Unterschied zwischen den berechneten und experimentell bestimmten Werten bleibt nach

---

[1] Stahleisen **51**, 631 (1931).

Gerold innerhalb weniger Hundert Induktionslinien; so wurden für einen Stahl mit 0,05% C, 0,20% Si, 2,66% Mn, 0,15% Cu für $\mathfrak{H} = 100$ und 200 AW/cm berechnet die Werte 17595 und 18820, während die Induktionen 17625 bzw. 19075 gemessen wurden.

Einen Überblick über die durchschnittlichen Festigkeitswerte und magnetischen Eigenschaften von technisch verwendeten Baustählen (Dynamostahlguß und geschmiedete Stähle) nebst der üblichen chemischen Zusammensetzung gibt die Zahlentafel 75 (nach Normblatt DIN 1681 und Werkstoffhandbuch Stahl und Eisen).

Zahlentafel 75. Chemische Zusammensetzung, Festigkeits- und Induktionswerte von Baustählen.

Bezeichnung	Chemische Zusammensetzung %					Zug-festig-keit kg/mm²	Magnetische Induktion bei AW/cm		
	C	Si	Mn	Ni	Cr		25	50	100
Stg 38.81 D	0,08—0,12	0,3—0,4	0,4—0,6	—	—	38	14500	16000	17500
Stg 45.81 D	0,15—0,25	0,3—0,4	0,4—0,6	—	—	45			
	0,3—0,4	0,2—0,35	0,3—0,6	1,0	0,3	60—70	14000	16000	17000
	0,3—0,4	0,2—0,35	0,3—0,6	2,0	1,0	60—75			
	0,25—0,35	0,2—0,35	0,3—0,6	3,0	1,0	65—75			
	0,1	0,2—0,35	0,3—0,6	—	—	35—40	16000	17000	18000
	0,2	0,2—0,35	0,3—0,6	5,0	—	60—70	14800	16800	18000

Hinsichtlich der Einwirkung der Beimengungen auf den Verlauf der Magnetisierungskurve des Eisens bei niedrigen Feldstärken sowie auf die Hystereseeigenschaften haben wir als wichtigstes der Begleitelemente den Kohlenstoff aufzufassen. Der Einfluß des C in geringen Konzentrationen auf die magnetischen Eigenschaften des Eisens ist bisher nur einmal systematisch, und zwar von T. D. Yensen[1] untersucht worden. Seine Ergebnisse hinsichtlich der Koerzitivkraft, der Maximalpermeabilität und des Hystereseverlustes gehen aus der Abb. 234 hervor, aus der man erkennt, daß der Kohlenstoff selbst in geringen Mengen außerordentlich schädigend auf das Eisen wirkt, indem er die Koerzitivkraft und den Hystereseverlust herauf, die Permeabilität dagegen herabsetzt. In dieser Auffassung stimmen auch alle übrigen Autoren, die an Eisen-Kohlenstoff-Legierungen Messungen durchgeführt haben, überein, wenn auch in den quantitativen Einzelresultaten Abweichungen vorliegen.

Die sämtlichen Kurven von Yensen zerfallen in zwei Abschnitte, deren Grenze bei etwa 0,006% C liegt. Dieser Punkt stellt ziemlich genau die Grenze dar, bis zu der auch bei langsamer Abkühlung der Kohlenstoff im α-Eisen in fester Lösung bleiben kann, und es ergäbe sich somit hier die bemerkenswerte Tatsache, daß der Kohlenstoff in fester Lösung, d. h. in Mengen von 0 bis etwa 0,006%, viel stärker wirken soll, als für höhere Gehalte, in denen er als heterogene Kristallart Fe_3C vor-

---

[1] J. Inst. El. Engs. **43** (6), 558—67 (1924); vgl. auch Nr. 11, 1065—68 (1924).

liegt. Durch diesen Befund scheint die Gültigkeit der A. Kußmann- und B. Scharnowschen Regel über den Einfluß der Beimengungen umgestoßen zu werden. Es sei jedoch darauf hingewiesen, daß bei der außerordentlichen Schwierigkeit der Untersuchung bei so kleinen C-Gehalten der Yensensche Kurvenzug aus im einzelnen stark streuenden Meßpunkten zusammengesetzt ist, so daß sich sichere Schlüsse aus ihm nicht ziehen lassen.

Da ferner neuere röntgenographische Untersuchungen gezeigt haben, daß der Kohlenstoff in dem betrachteten Bereich nicht normale Gitterpunkte besetzt, sondern atomdispers eingelagert ist, so haben wir hiervielleicht keine wirkliche feste Lösung, sondern eine Art Übergangszustand, ähnlich wie im Martensit, und entsprechende magnetische Eigenschaften.

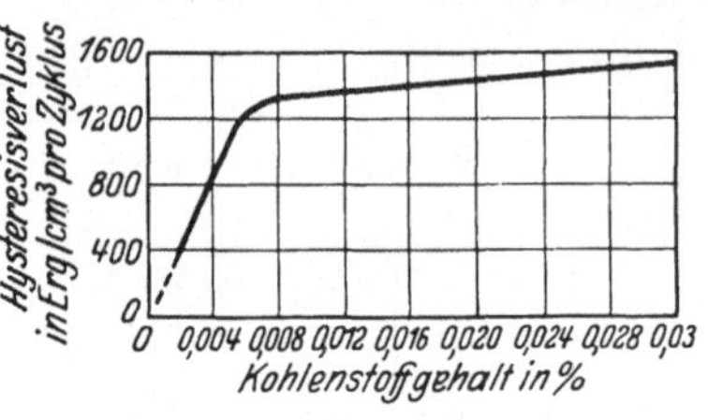

Für die Abhängigkeit der Koerzitivkraft von dem Kohlenstoffgehalt gibt Yensen gemäß obigem die folgenden Gleichungen an:

$$\mathfrak{H}_c = 80 \times C \text{ für C-Gehalte zwischen 0}$$
und 0,006%

$$\mathfrak{H}_c = 0,8 \times C \text{ für C-Gehalte zwischen 0,01}$$
und 0,09%.

Auch diese Formeln sind wegen der schwer zu erfassenden anderen Einflüsse nicht genau genug, um eine praktische Anwendung und Berechnung zu ermöglichen. Die Änderung des elektrischen Widerstandes durch C ist in Abb. 235 wiedergegeben.

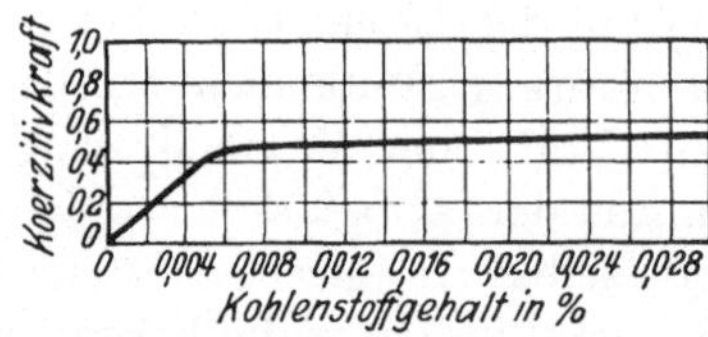

Wesentlich bessere Übereinstimmung in den Einzelresultaten be-

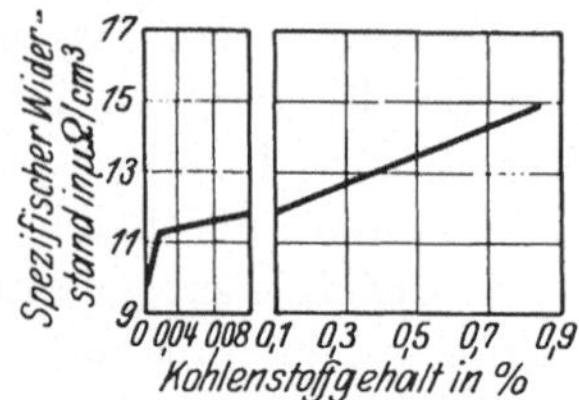

Abb. 234. Einfluß von C auf die magnetischen Eigenschaften (Yensen).

Abb. 235. Spez. el. Widerstand bei Zusatz von C.

steht bei höheren Kohlenstoffgehalten (rd. 0,1% C), weil dann der Einfluß der übrigen Legierungselemente meist zurücktritt, und zwar gilt nach Yensen für die Erhöhung der Koerzitivkraft durch den Kohlenstoff hier $\mathfrak{H}_c = 5,4 \times C$, während Gumlich für den Zusatz von 0,1% C in perlitischer Form eine durchschnittliche Steigerung um 0,7 Oersted, d. h. also $\mathfrak{H}_c = 7 \times C$ gefunden hat. Zur Erzielung eines magnetisch weichen Materials ist also der Kohlenstoff so gering wie möglich zu halten.

Als weitere Eisenbegleiter haben wir die Elemente Schwefel, Phosphor und Mangan zu betrachten.

T. D. Yensen gab für den Hystereseverlust die Formeln an:

$$W_h = 100\,000\,C + 18\,000\,S + 13\,000\,P + 1000\,Mn \text{ für C-Gehalt bis } 0,008\% \text{ und}$$

$$\cdot = 2250\,(C - 0,008) + 16\,500\,(C - 0,09) + 18\,000\,S + 13\,000\,P + 1000\,Mn$$
$$\text{für höhere C-Gehalte,}$$

wo W_h den Hystereseverlust in Erg/cm³ pro Zyklus, C S, P und Mn den Kohlenstoff-, Schwefel-, Phosphor- und Mangangehalt bedeuten. Sinngemäß gilt für die Genauigkeit dieser Gleichungen jedoch das oben für den Kohlenstoff Gesagte.

Ein schädlicher Einfluß des Schwefels[1] auf die magnetischen Eigenschaften im Sinne einer Erhöhung der Koerzitivkraft und des Hystereseverlustes und einer Herabsetzung der Permeabilität ist ohne weiteres zu verstehen, da ja der Schwefel nach dem Zustandsdiagramm schon von verschwindend geringen Prozentgehalten an im Eisen als heterogene Phase FeS ausgeschieden wird. Diese Tatsache wird auch durch neuere Messungen von A. Kußmann bestätigt. Schwächer wirken die Elemente Phosphor und Mangan, die in den betrachteten Konzentrationsbereichen in die feste Lösung aufgenommen werden. Es ist sogar anzunehmen, daß im idealen Fall kein Einfluß auf die magnetischen Eigenschaften stattfindet, und daß die bisweilen beobachteten Wirkungen auf Nebenerscheinungen zurückzuführen sind. So setzen nach Gumlich, Steinhaus, Kußmann und Scharnow geringe Zusätze von reinem Mangan zu reinem Eisen sogar die Koerzitivkraft und den Hystereseverlust herab (unter gleichzeitiger Erhöhung der Anfangspermeabilität, vgl. S. 353), und ferner hat B. Scharnow und A. Kußmann beim Eisen (vgl. S. 123) und an anderer Stelle auch T. D. Yensen bei Eisen-Silizium-Legierungen keinen merklichen Einfluß von Phosphor beobachtet. Wegen der sekundären Wirkung, die das Mangan auf die Ausbildungsform des stets noch vorhandenen Kohlenstoffs haben kann, wird es sich jedoch empfehlen, den Gehalt dieses Elementes nicht allzuhoch zu wählen. Einige Zahlenwerte über den Einfluß des Mangans finden sich in Tafel 17.

Die Abhängigkeit des spezifischen elektrischen Widerstandes des Eisens von dem Gehalt an Mn, P und S nach Yensen ist in Abb. 235a veranschaulicht.

Die Elemente Nickel, Chrom, Wolfram und Molybdän sind in geringen Beträgen und bei Abwesenheit von Kohlenstoff entsprechend der von ihnen gebildeten festen Lösung auf die Hystereseeigenschaften des Eisens ohne Einfluß. Wegen anderer, weniger wichtiger Zusatzmetalle vgl. die Zusammenstellung Kapitel IV, 2.

Eine nicht unerhebliche Rolle in magnetischer Beziehung spielen jedoch dann wieder die in dem Metall vorhandenen Gase Wasserstoff, Stickstoff und Sauerstoff.

---

[1] Ein geringer Schwefelgehalt im Ausgangsmaterial kann jedoch mitunter von Nutzen sein, und zwar weil der Schwefel während des Schmelzprozesses gleichzeitig mit dem ebenso schädlichen Sauerstoff entweicht.

Die Aufnahme der Gase findet gewöhnlich während des Herstellungsprozesses statt, bei dem das flüssige Eisen mit Sauerstoff und Stickstoff in innige Berührung kommt; in gleicher Weise wird auch durch
Zersetzung der Luftfeuchtigkeit und aus den Heiz- und Verbrennungs-
gasen Wasserstoff aufgenommen. Ferner können in das Eisen unter bestimmten Bedingungen auch im festen Zustand Gase hineindiffundieren,
also etwa Sauerstoff beim Glühen aus
einer oberflächlichen Oxydschicht, oder
Wasserstoff beim Beizen. Auf diese

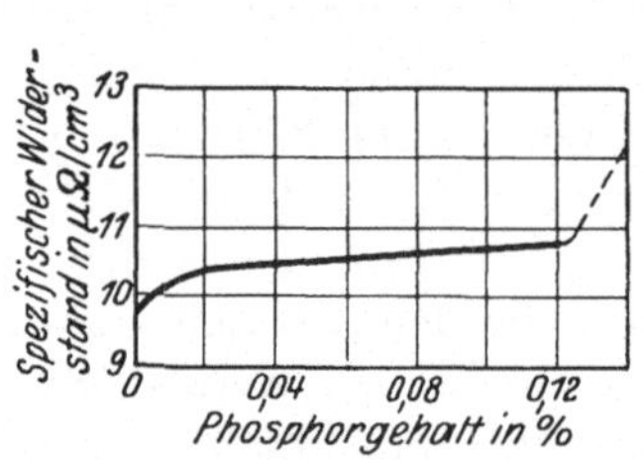

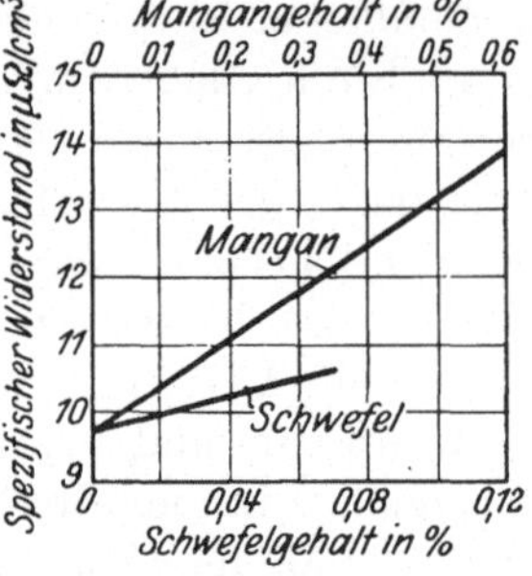

Abb. 235a. Einfluß von P, Mn und S auf den elektrischen Widerstand des Eisens.

Weise erhalten selbst solche Legierungen Gase, die während der
Schmelze keine Gelegenheit zur Gasaufnahme hatten (Vakuumschmelze).
Daß ferner elektrolytisch niedergeschlagenes Eisen sehr große Mengen
Wasserstoff enthält, ist allbekannt. Über die Gesamtmenge der in
Stählen vorkommenden Gase gibt Zahlentafel 76 Auskunft, aus der
außerdem zu ersehen ist, wie sich der verschiedene Herstellungsprozeß
der einzelnen Eisensorten in ihrem Gasgehalt bemerkbar macht.

Zahlentafel 76. Gase im Stahl (Hessenbruch). Versuchstemperatur 1550°C.

Material	Chemische Zusammensetzung							Gasgehalt		
	C %	Si %	Mn %	P %	S %	Cr %	Ni %	O_2 %	H_2 %	N_2 %
Elektrolyteisen	0,02	0,02	0,02	Spur	0,0028	—	—	0,010	0,0010	0,0037
Armco-Eisen .	0,02	—	0,05	—	—	—	—	0,062	0,0007	0,0035
Schwed.-Nagel- eisen	0,04	—	—	—	—	—	—	0,152	0,0012	0,0029
Thomasstahl vor d. Desoxydation	0,05	—	0,15	0,06	0,035	—	—	0,076	0,0009	0,0089
Thomasstahl nach d. Desoxydation	0,06	0,05	0,30	0,05	0,032	—	—	0,034	0,0007	0,0042
Siemens-Martin- Stahl	1,02	0,31	0,25	0,02	0,030	1,47	—	0,005	0,0004	0,0027
Elektrostahl .	1,03	—	—	—	—	1,47	0,27	0,003	0,0002	0,0087

Der Gehalt des Eisens an Stickstoff wurde in neuerer Zeit für
die Erscheinung des „Alterns" verantwortlich gemacht, worunter man
die Tatsache versteht, daß die Hystereseeigenschaften eines eben her-

gestellten bzw. geglühten Eisens sich mit der Zeit selbst bei ruhigem Lagern bei Raumtemperatur um einen gewissen Betrag vergrößern. Der Ablauf dieser Vorgänge läßt sich durch eine Erwärmung auf höhere Temperaturen bedeutend beschleunigen, und als Maß der Alterung wird seit langem der nach dem Vorschlag von Gumlich vom Verband deutscher Elektrotechniker eingeführte „Alterungskoeffizient" benutzt, der das Verhältnis der Koerzitivkraft vor und nach einer 600stündigen Erwärmung des Materials auf 100⁰ darstellt. In umfangreichen Untersuchungen konnte insbesonders W. Köster[1] nachweisen, daß magnetisch alterndes Eisen mehr Stickstoff enthält, als seiner Löslichkeit bei Raumtemperatur entspricht, und daß die Änderung der Eigenschaften daher durch die Abscheidung des Stickstoffs aus der festen Lösung bedingt sind (vgl. S. 152). Die Zunahme der Koerzitivkraft mit steigendem N-Gehalt ist in Abb. 236 nach Köster zu ersehen.

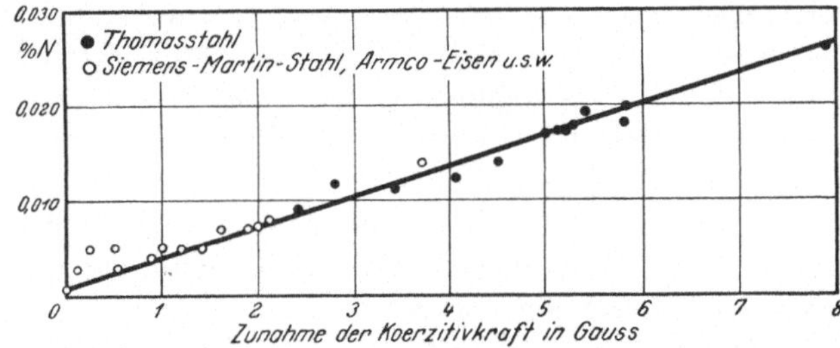

Abb. 236. Einfluß von N auf die Koerzitivkraft des Eisens (Köster).

Der Einfluß des Sauerstoffs auf das reine Eisen ist in Zahlentafel 77 dargestellt, wo die Induktion bzw. die Permeabilität für zwei Stähle mit 0,08 bzw. 0,23% Sauerstoff nach Tritton und Hanson[2] wiedergegeben ist. Die aus der Zahlentafel 77 hervortretende typische härtende Wirkung des Sauerstoffs entspricht ebenfalls dem Vorliegen als heterogener Gefügebestandteil.

Aus dem Gesagten geht nun hervor, daß, wenn alle diese Elemente, die mit dem Eisen keine feste Lösung bilden, in dem Material gleichzeitig vorhanden sind, die Hystereseeigenschaften mit denen des wirklich reinen Eisens nichts zu tun haben, und daß ferner aber auch durch Niedrighaltung bzw. Entfernung der schädlichen Beimengungen, insbesondere also von C, S, O, N usw. sich die Eigenschaften des Werkstoffs in hohem Maße verbessern lassen müssen.

Die Verringerung des Gehaltes an schädlichen Elementen kann nun auf

---

[1] Arch. Eisenhütt. **3**, 637 (1930).

[2] J. Iron Steel Inst. **110**, 110—113. (1924). Der spezifische elektrische Widerstand wurde bei der Legierung mit 0,08% O zu 9,4, bei der mit 0,23% O zu 9,6 Ω m/mm² festgestellt.

Zahlentafel 77. Einfluß des Sauerstoffs auf die magnetischen Eigenschaften des reinen Eisens.

Eisen mit 0,23% Sauerstoff				Eisen mit 0,08% Sauerstoff			
Zusammensetzung	Feldstärke $\mathfrak{H}$ Oersted	Induktion $\mathfrak{B}$ Gauß	Permeabilität μ	Zusammensetzung	Feldstärke $\mathfrak{H}$ Oersted	Induktion $\mathfrak{B}$ Gauß	Permeabilität μ
	0,2	250	1250		0,2	1300	6500
C = Spuren	0,4	800	2000	C = Spuren	0,4	8500	21300
Si = Spuren	0,6	2400	4000	Si = Spuren	0,6	11400	19000
Mn = Spuren	0,8	6100	7630	Mn = Spuren	0,8	12600	15800
P = 0,007%	1,0	9000	9000	P = 0,007%	1,0	13220	13200
O_2 = 0,23%	1,5	11670	7780	S = Spuren	1,5	14000	9330
S = Spuren	2,0	12730	6370	O_2 = 0,08%	2,0	14370	7190
	3,0	13700	4570		3,0	14770	4920
	5,0	14560	2910		5,0	15110	3020

mehrererlei Weise erreicht werden, und zwar 1. durch die Führung des Herstellungsprozesses, indem man sowohl die Eisenbegleiter als auch die Gase in möglichst geringerer Menge entstehen läßt, oder auch 2. durch eine entsprechende Wärmebehandlung des unreinen Eisens, wodurch die ursprünglichen Beimengungen entfernt bzw. unschädlicher gemacht werden und schließlich 3. durch eine absichtliche Legierung mit anderen Elementen und die dabei auftretenden chemischen Reaktionen bzw. Änderungen der Struktur.

Schon in dem modernen Flußeisen (Flußstahl), das nach einem der gewöhnlichen Stahlerzeugungsverfahren im Tiegel, im Siemens-Martinofen oder in der Birne erschmolzen und dann in Formen gegossen wird, läßt sich der Gehalt an Kohlenstoff, Schwefel, Stickstoff, Phosphor u. a. in den Grenzen weniger hundertstel Prozent halten. Bei einem solchen Material, das als Beispiel rd. 0,03% C, 0,006% Si, 0,07% P, 0,002% S und 0,2% Mn enthalten mag, kann man etwa mit Werten der magnetischen Eigenschaften rechnen (im ausgeglühten Zustand), wie sie in Zahlentafel 78 wiedergegeben sind.

Weiterhin ist die Permeabilitätskurve eines solchen Flußstahls in Abb. 237 dargestellt.

Ein besonders in Amerika für magnetische Zwecke viel benutztes Sonderweicheisen stellt das sogenannte „Armco"-Eisen[1] dar, das wegen seines geringen Gehaltes an fremden Bestandteilen ebenfalls eine verhältnismäßig kleine Koerzitivkraft besitzt. Nach Arnold und Elmen[2] gelten für dieses Material die folgenden Durchschnittswerte:

Koerzitivkraft . . . . $\mathfrak{H}_c = 0,72$
Maximalpermeabilität. . . . . $\mu_{max} = 7000$
Hystereseverlust . . . . $W_h = 2100$ Erg/cm³ pro Zyklus.

---

[1] Abkürzung für „American Rolling Mill Company".   [2] a. a. O.

Einen weiteren mit Erfolg beschreitbaren[1] Weg zur Herstellung eines an Beimengungen armen Eisens bietet die **Elektrolyse**.

Nach einem brauchbaren Verfahren wurde Elektrolyteisen erstmalig von Franz Fischer (1906) hergestellt. Es besaß nach den Untersuchungen von M. Breslauer[2] die folgenden Eigenschaften:

Hystereseverlust: für $\mathfrak{B} = 10000 - 0{,}9$ W/kg;

                      für $\mathfrak{B} = 15000 - 2{,}38$ W/kg;

Wirbelstromverlust: für $\mathfrak{B} = 10000 - 0{,}72$ W/kg;

                      für $\mathfrak{B} = 15000 - 1{,}45$ W/kg;

Gesamtverlust (im Mittel): $V = 1{,}66 \cdot 10^{-3} \cdot \mathfrak{B}^2$ W/kg.

Die Permeabilität des Fischerschen Elektrolyteisens ist aus Zahlentafel 79 zu entnehmen, wo die Amperewindungszahl zur Erzielung einer bestimmten Induktion für das Elektrolyteisen und zwei damals gebräuchliche Dynamostähle wiedergegeben ist. Es ist zu bemerken, daß das unmittelbar gewonnene Elektrolyteisen für magnetische Zwecke

Zahlentafel 78. Flußeisen.

Feldstärke $\mathfrak{H}$	Induktion $\mathfrak{B}$
0,1	100
0,5	1000
1	6000
2,5	12000
5	13000
10	14600
50	17100
100	18100

Anfangsperm. μ_0 = 250
Max. Perm. μ_{max} = 6500
Koerzitivkraft $\mathfrak{H}_c$ = 0,75
Remanenz $\mathfrak{B}_r$ = 10000

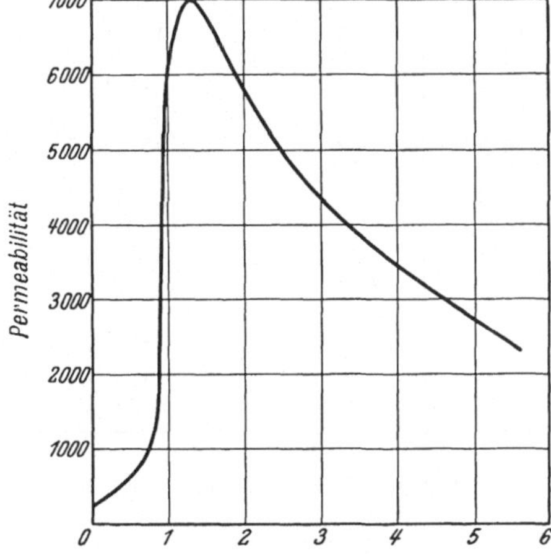

Abb. 237. Permeabilitätskurve eines weichen Flußstahls.

wenig geeignet ist, da es infolge eines hohen Wasserstoffgehaltes eine hohe Koerzitivkraft — bis etwa 20 Oersted — und dementsprechend eine breite Hystereseschleife besitzt. Die Entfernung des Wasserstoff aus dem Eisen geschieht am besten durch ein nochmaliges Umschmelzen im Vakuum (siehe unten), angenähert aber auch durch ein Ausglühen. Nach J. Cournot[3] genügt

---

[1] Von den mannigfachen Versuchen, den Gehalt an Beimengungen herabzudrücken, seien dann erwähnt die besonders in früheren Jahren vielfach ausgeführten Arbeiten, aus chemisch reinem Eisenoxyd durch Reduzieren im Wasserstoffstrom (ferrum reductum) und nachträgliches Zusammenschmelzen ein brauchbares Material zu gewinnen. Trotz des Fehlens der anderen festen Verunreinigungen gelang es jedoch nicht, die magnetischen Eigenschaften besser zu gestalten als bei gewöhnlichem Schmiede- oder Flußeisen, wofür wahrscheinlich ein zurückgebliebener Betrag an Oxyd verantwortlich zu machen ist. Ähnliches gilt auch für das Nitrateisen.

[2] ETZ **1913**, 671—74 u. 705—07; Stahleisen **34**, 113—114 (1914).

[3] Comptes Rendus **171**, 170—71 (1920).

zum Ausglühen ein Salzbad oder ein Gasofen, wobei die notwendige Glühtemperatur von der Glühdauer abhängig ist, und zwar muß dieselbe bei 950° zwei Stunden, bei 1050° eine Stunde, während bei 850° selbst ein vierstündiges Glühen zur vollständigen Entfernung des Wasserstoffs nicht ausreicht.

Wesentlich besser wird die Wasserstoffentfernung durch Ausglühen (evtl. mehrmalig) im Vakuum erzielt, wie aus der nachstehenden Zahlentafel 80 nach Gumlich[1] hervorgeht. Man erkennt, daß es auf diese Weise gelang, die Koerzitivkraft des Fischerschen Elektrolyteisen auf den Wert von 0,155 Oersted herabzusetzen[2]; gleichzeitig nahm merkwürdigerweise auch die Remanenz bis auf 850° ab.

Zahlentafel 79.

Permeabilität von Elektrolyteisen im Vergleich mit anderen Materialien.

Induktion $\mathfrak{B}$ Gauß	Benötigte Amperewindungen je cm		
	Elektrolyt-eisen mit $V_{10} = 1,23$	Dynamo-blech mit $V_{10} = 2,8$	Legiertes Blech mit $V_{10} = 1,45$
5000	0,4	2,0	—
7000	0,5	2,9	2,0
8000	0,6	3,4	3,0
10000	0,7	6,0	5,5
11000	0,8	8,0	8,0
12300	1,0	11,0	11,0
13000	1,3	15,0	18,0
14000	2,0	21,0	30,5
15000	4,0	31,5	52,5
16000	14,0	58,0	101,0
16000	21,0	80,0	138,0
17000	33,5	106,0	175,0
17000	52,0	140,0	215,0
18000	72,0	180,0	260,0
19000	112,0	280,0	—

Zahlentafel 80.

Magnetische Eigenschaften des Fischerschen Elektrolyteisens nach verschiedenen thermischen Behandlungen. $\mathfrak{H}_{max} = 150$.

Thermische Behandlung	Koerzitiv-kraft $\mathfrak{H}_c$ Oersted	Remanenz $\mathfrak{B}_r$ Gauß	Maximalper-meabilität μ_{max}
Vor dem Ausglühen	2,83	11450	1850
Nach dem ersten Glühen im Vakuum (24 St. bei 800°) und langsamem Abkühlen	0,375	10850	14400
Nach dem fünften Erhitzen (920°) und raschem Abkühlen	0,225	5000	11600
Nach dem 13. Erhitzen (830°) und raschem Abkühlen	0,155	850	4800

Ein gutes fabrikationsmäßig hergestelltes Elektrolyteisen (Langbein-Pfannhauser-Werke, später „Griesheim Elektron") besitzt durchschnittlich etwa folgende Verunreinigungen:

$$C = 0,008\%, \; P = 0,005\%, \; Mn = 0,036\%, \; Si = 0,000\%$$
$$S = 0,000\% \; Cu = 0,010\%.$$

---

[1] Gumlich u. Steinhaus: ETZ **36**, 675—77 u. 691—94 (1915); 26 u. 27 (1919); Stahleisen **39**, 805 (1919); Z. techn. Physik **12**, 672 (1925).

[2] Jensen, T.: Eng. Exp. Sta. Univ. Illinois, Nr. 83, S. 67; Trans. amer. Inst. El. Engs. **34**, 2664 (1915), gelang es fast gleichzeitig an einer Probe mit 3% Si eine Koerzitivkraft von 0,10 Oersted zu erhalten.

Nach dem Umschmelzen im Vakuum kann man mit nebenstehenden magnetischen Eigenschaften rechnen (Zahlentafel 80 a).

Der Vergleich mit den Werten für Flußeisen (siehe S. 301) zeigt ohne weiteres die Verbesserung der Permeabilität insbesondere bei schwachen Feldstärken. Noch etwas günstigeres Verhalten weist das doppelt raffinierte Elektrolyteisen auf, bei dem als Elektrodenmaterial nicht gewöhnliches Eisen, sondern schon eine einmal elektrolytisch abgeschiedene Platte benutzt wird. Es ergab nach Gumlich nach mehrmaligem Glühen eine Koerzitivkraft von 0,13 Oersted und Werte der Anfangspermeabilität über 800.

Zahlentafel 80a.
Elektrolyteisen.

Feldstärke $\mathfrak{H}$	Induktion $\mathfrak{B}$
0,1	200
0,5	7 000
1	12 000
2,5	14 000
5	15 000
10	15 500
50	16 200
100	18 200

Anfangsperm. μ_0 $=$ 500
Max. Perm. μ_{max} $=$ 15 000
Koerzitivkraft $\mathfrak{H}_c$ = 0,36
Remanenz $\mathfrak{B}_R$ $=$ 10 500

Der Sättigungswert $4\pi J_\infty$ dieser Proben wurde zu 21 620, der spezifische elektrische Widerstand zu 9,94 $\frac{\mu\,\Omega}{cm^3}$ und sein Temperaturkoeffizient zu 0,57% (zwischen 20% und 100°) bestimmt.

Neben dem elektrolytischen Verfahren ist es dann in letzter Zeit gelungen, auch aus Eisenkarbonyl $Fe(CO)_6$ ein sehr reines Eisen[1] herzustellen. Die aus Karbonyleisenpulver durch Sintern und Walzen verfertigten Bleche zeigten nach einer Glühbehandlung in Wasserstoff und im Vakuum folgende magnetische Eigenschaften:

Anfangspermeabilität μ_0 . . . . . . 2000—3000
μ für $\mathfrak{H} = 0,005$ . . . . 3500—4000
Maximalpermeabilität . . . . . rd. 15000
Koerzitivkraft $\mathfrak{H}_c$ 0,21
Remanenz $\mathfrak{B}_R$ 5550

Eine Hystereseschleife eines Karbonyleisenblechs ist in Abb. 238 wiedergegeben. Bemerkenswert ist im Vergleich zum Elektrolyteisen die Höhe der Anfangspermeabilität, während die Maximal-

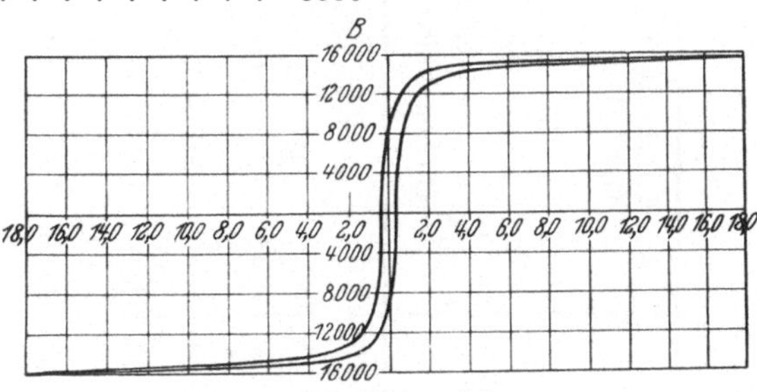

Abb. 238. Karbonyleisen.

permeabilität und Koerzitivkraft in gleicher Größenordnung liegen.

Ist nun die Geringhaltung von schädlichen Beimengungen von vornherein nicht durchführbar, so haben wir in einer nachträglichen Wärme-

---

[1] Vgl. Stahleisen **51**, 921 (1931).

behandlung, und zwar in einem Ausglühen des Eisens bei hohen Temperaturen ein wenn auch engbegrenztes Mittel, um die Hystereseeigenschaften noch etwas zu verbessern. Der Einfluß einer solchen Glühbehandlung besteht — neben der Beseitigung der von einer früheren Bearbeitung in dem Werkstoff zurückgebliebenen Spannungen — vor allem darin, daß die in dem Material vorhandenen Gase ausgetrieben werden und daß dabei bei gleichzeitiger Anwesenheit von C und O die beiden schädlichen Bestandteile zu CO oder CO_2 reagieren und gasförmig entweichen.

Die Wirkung der Glühbehandlung wird um so rascher und vollkommener erreicht, je höher die Temperatur, je dünner die Proben und je geringer der äußere Druck ist. Am geeignetsten ist daher stets ein Glühen im Vakuum, wobei ein Druck von etwa 1 mm Quecksilbersäule praktisch vollkommen ausreicht. Kann dies nicht erfolgen, so soll in neutraler Atmosphäre (N) geglüht oder zumindestens durch Einbettung des Materials in Eisen- oder besser Kupferspäne die Oxydation verhindert werden, da sonst deren schädlicher Einfluß unter Umständen die ganze Glühbehandlung illusorisch machen kann. Als Glühtemperatur selber kommt etwa 850^0 in Frage, während die Glühdauer je nach der Dicke der Proben eine bis mehrere Stunden beträgt. Ebensowenig wie für die Glühbehandlung läßt sich jedoch für die Abkühlungsgeschwindigkeit eine allgemeine Vorschrift angeben. Gewöhnlich wird eine Abkühlung benutzt, bei der pro Stunde ein Intervall von 100^0 bis 200^0 durchlaufen wird.

Zahlentafel 81. Einfluß des Glühens (im Vakuum) auf die magnetischen Eigenschaften von Flußstählen (Gumlich).

Bezeichnung der Probe	Art[1]	Koerzitivkraft $\mathfrak{H}_e$ Oersted			Remanenz $\mathfrak{B}_z$ Gauß			Maximalpermeabilität μ_{max}			ϱ in $\frac{\mu\Omega}{cm^3}$ bei 20° C		
		vor dem Glühen	nach dem ersten Glühen	nach dem zweiten Glühen	vor dem Glühen	nach dem ersten Glühen	nach dem zweiten Glühen	vor dem Glühen	nach dem ersten Glühen	nach dem zweiten Glühen	vor dem Glühen	nach dem ersten Glühen	nach dem zweiten Glühen
Glühtemperatur 785⁰. Glühdauer 24 St.													
1h	S	1,51	0,80	0,37	10000	14070	11050	3550	9160	14840	13,40	13,17	—
1c	B	2,42	0,67	0,69	11720	14700	—	2360	10520	—	13,87	13,17	13,00
2c	B	2,09	0,635	0,64	11730	14300	—	2560	10840	—	14,45	13,58	13,45
3h	S	1,50	1,01	1,02	11520	14870	14800	4460	7020	7000	12,48	12,01	—
3s	B	3,00	0,76	—	—	—	—	—	—	—	—	—	—
5h	S	2,11	0,775	0,525	9270	11400	8300	1950	7380	7840	13,96	13,57	—
5h	B	4,05	0,965	0,995	8450	13200	—	1200	6420	—	14,50	13,72	13,43

[1] S = Stahl; B = Blech.

Die Entfernung der Gase durch eine solche Glühbehandlung ist am leichtesten für den Wasserstoff durchführbar (vgl. S. 301). Stickstoff und ebenso auch Sauerstoff allein lassen sich dagegen durch das Glühen im festen Zustande nicht beseitigen, wie die Versuche Gumlichs an einem sauerstoffreichen Eisen gezeigt haben, dessen Koerzitivkraft sich durch Ausglühen nicht verringerte. Ist neben Sauerstoff jedoch noch Kohlenstoff vorhanden, so tritt schon beim Glühen in Luft, besser aber unter vermindertem Druck fast in jedem Falle eine Erhöhung der Permeabilität und Herabsetzung der Koerzitivkraft auf, und die Untersuchungen Gumlichs konnten zeigen, daß in diesem Fall die beiden schädlichen Elemente C und O in Form von CO oder CO_2 entweichen. Diese Verbesserung verläuft in Abhängigkeit von Glühzeit und Glühdauer so lange, bis sich ein Gleichgewichtszustand eingestellt hat. Von da angefangen wird, insbesondere beim Glühen in Luft, der Einfluß der gleichzeitig stattfindenden Oxydation und Sauerstoffaufnahme mit ihrer schädigenden Wirkung wieder überwiegen, so daß nunmehr eine Verschlechterung eintritt. Zum Zwecke einer Verbesserung durch das Glühverfahren muß daher eine begrenzte Glühzeit eingehalten werden, und ferner ist es günstig, wenn der Kohlenstoff- und der Sauerstoffgehalt des Stahles in einem bestimmten Verhältnis zueinander stehen.

Die grundsätzliche Wirkung der Entkohlung durch das Glühen gehe zunächst nach Gumlich an einem Kohlenstoffstahl mit mittlerem C-Gehalt (0,55%) hervor, an dem durch Glühen bei immer höheren Temperaturen der C-Gehalt bis auf 0,2% abnahm, wobei gleichzeitig die Koerzitivkraft sich wie folgt änderte:

Glühtemperatur	Koerzitivkraft	Glühtemperatur	Koerzitivkraft
vorher	7,2	900°	3,4
660°	6,5	950°	2,3
735°	6,6	975°	2,35
785°	5,8		

Ein weiterer Auszug aus den Ergebnissen der umfangreichen Untersuchungen von Gumlich über den Einfluß der Wärmebehandlung von Flußstählen mit Gehalten von 0,04 bis 0,06% C, 0,3 bis 0,4% Mn, 0,04 bis 0,01% P, 0,03 bis 0,07% S und Spuren Si ist ferner in Zahlentafel 81 wiedergegeben, in denen auch hier die günstige Wirkung des Glühens (im Vakuum) hinsichtlich der Verkleinerung des Hystereseverlustes und der Vergrößerung der Permeabilität ohne weiteres zu erkennen ist.

Die Richtigkeit der Gumlichschen Auffassung über das Wesen der Glühbehandlung konnte in neuerer Zeit von Eilender und Oertel[1]

---

[1] l. c.

bestätigt werden, die bei der Untersuchung der Glühbedingungen technischer Dynamo- und Transformatorenstähle ebenfalls feststellten, daß zur Erzielung geringster Hystereseverluste und höchster Permeabilität die Gehalte des Ausgangsmaterials an Kohlenstoff und Sauerstoff möglichst gleich sein müssen, da dann während des Glühens der Sauerstoffgehalt gerade zur Oxydation des Kohlenstoffs ausreicht und das Fertigprodukt die geringste Menge beider Bestandteile enthält. Als Beispiel ihrer Ergebnisse diene die Abb. 239, in der in der Abszissenachse die Differenz $C - O_2$ zwischen Kohlenstoff- und Sauerstoffgehalt von Rohblöcken (hier eines Siliziumstahles) und auf der Ordinate die Wattverlustziffer V_{10} aufgetragen sind.

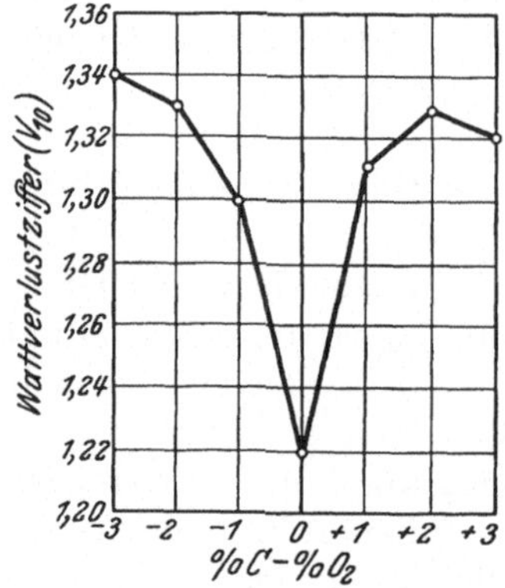

Abb. 239. Abhängigkeit der Verlustziffer eines Transformatorenblechs vom Sauerstoff- und Kohlenstoffgehalt (Eilender und Oertel).

Dem Prinzip nach ein verbessertes und erweitertes Glühen stellt das Schmelzen im Vakuum dar, bei dem die besprochene Entgasung (bzw. Entkohlung) nur viel rascher und gründlicher erfolgt als durch die einfache Wärmebehandlung. Die grundlegenden Untersuchungen auf diesem Gebiet hat insbesondere Yensen[1] durchgeführt, der bereits im Jahre 1914 zeigen konnte, daß gewöhnliches Eisen durch einen solchen Schmelzprozeß — unter entsprechender Erniedrigung der Koerzitivkraft — etwa 50 bis 90% seines C-Gehaltes verliert. Noch mehr ins Auge fallend sind diese Vorteile bei Anwendung von Elektrolyteisen. Auch Yensen konnte dabei nachweisen, daß die Entfernung der letzten Spuren der schädlichen Elemente O und C am günstigsten derart geschieht, daß man durch Zusatz eines der beiden Elemente dafür sorgt, daß im Schmelzfluß möglichst beide Bestandteile im gleichen Atomverhältnis vorhanden sind, d. h. indem man ein sauerstoffreicheres Eisen aufkohlt bzw. ein kohlenstoffreiches Eisen durch Zusatz von Oxyden künstlich oxydiert.

Die Magnetisierungskurve eines derartigen im Vakuum geschmolzenen sehr reinen Elektrolyteisens, in dem durch die Schmelzungsführung eine möglichste Verringerung an Sauerstoff und Kohlenstoff angestrebt ist, stellt Abb. 240 im Vergleich mit Armco-Eisen dar. Bemerkenswert ist der außerordentlich rasche Anstieg der Kurve schon bei geringen Feldstärken, also damit die hohe Anfangs- und Maximalpermeabilität. Der Absolutwert von μ_{max} beträgt 61000 und liegt

---

[1] Vgl. J. Frankl. Inst. **206**, 504 (1928).

somit bereits in der Größenordnung der Werte der Nickel-Eisen-Legierungen (Permalloy).

Eine noch bessere Reinigung des Eisens gelang in neuester Zeit Cioffi[1], indem er möglichst kohlenstoffarmes Weicheisen kurz unterhalb der Schmelztemperatur, und zwar bei etwa 1480° viele Stunden in feuchtem Wasserstoff glühte. Durch diese Wärmebehandlung erzielte er eine außerordentliche magnetische Weichheit mit einer Anfangspermeabilität über 6000, einer Maximalpermeabilität über 190000 und einer Koerzitivkraft von 0,025 Oersted, und diese Zahlen stellen zur Zeit die besten an Eisen erzielten Resultate dar, doch ist wohl mit Sicherheit zu schließen, daß damit noch nicht das letzte Wort auf diesem Gebiet gesagt ist.

Der Übersicht halber seien zum Schluß in Zahlentafel 82 die magnetischen Eigenschaften der jeweils „reinsten" Eisensorten nach den Angaben verschiedener Forscher von 1873 bis 1932 zusammengestellt, aus der die mit der Verfeinerung der Herstellungsverfahren, insbesondere mit der immer besseren Entfernung der Verunreinigungen fortschreitende Erhöhung der Permeabilität und Erniedrigung der Hystereseverluste deutlich zu erkennen ist.

Die technische Bedeutung und Verwendung von ganz reinem unlegierten Eisen (beispielsweise also Elektrolyteisen) ist nur gering. Wegen seines niedrigen spezifischen elektrischen Widerstandes kommt

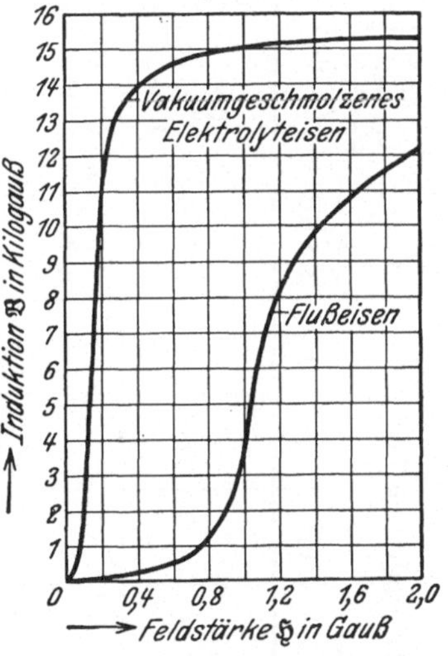

Abb. 240. Magnetisierungskurve eines sehr reinen Elektrolyteisens (Yensen).

seine Benutzung für Leistungsübertragung bei Wechselstrommagnetisierung nicht in Frage, und eine hohe Permeabilität im Bereich schwacher magnetisierender Kräfte läßt sich besser und bequemer mit Nickel-Eisen-Legierungen erzielen. Reines Eisen wird daher wohl nur für einige Sonderzwecke verwandt, wo wir es mit statischer Magnetisierung zu tun haben und gleichzeitig hohe Permeabilität und hohe Induktionen verlangt werden. Einige solche Anwendungsgebiete, so die Benutzung zu Massekernen, werden weiter unten noch besprochen werden.

2. Eisen-Silizium-Legierungen.

An Stelle des reinen Eisens mit seinem geringen spezifischen elektrischen Widerstand benutzt die Technik für alle zyklischen Magnetisierungsvorgänge heute fast ausschließlich legierte Werkstoffe, und zwar

---

[1] Nature **126**, 200 (1930); Phys. Rev. **39**, 363 (1932).

Zahlentafel 82.

Magnetische Eigenschaften verschiedener Eisensorten nach verschiedenen Forschern seit 1873 bis 1932.

Material	Maximalpermeabilität μ_{max}	Permeabilität μ für $\mathfrak{H}=$					Koerzitivkraft $\mathfrak{H}_c$ Oersted	Hystereseverlust Erg/cm³ pro Zyklus	Forscher	Jahr
		0	0,01	0,1	0,5	1,0				
Schweißeisen	2500	—	—	—	—	—	—	—	Rowland[2]	1873
Schweißeisen	2600	—	—	—	—	—	—	5000	Ewing[3]	1885
Schwedisches Holzkohleneisen	2600	—	—	—	1000	2000	0,92	2700	Hadfield[4]	1900
Schweißeisen	8350	—	—	—	—	—	0,50	1500	Gumlich und Schmidt[5]	1901
Elektrolyteisen nach d. Ausglühen	11000	—	—	—	—	—	—	—	Terry[6]	1910
Dynamostahl, zweimal geglüht[1]	14800	320	351	872	—	—	0,37	$\eta=0{,}00054$	Gumlich und Rogowsky[7]	1911
Bleche mit 0,4% Silizium	11600	—	—	—	—	—	0,45	1400	Gumlich und Goerens[8]	1912
Fischersches Elektrolyteisen nach dem Ausglühen	11500	—	—	—	11200	9600	—	1440	Breslauer[9]	1913
In Vakuum geschmolzenes Elektrolyteisen	19000	—	—	—	18800	12500	0,22	810	Yensen[10]	1914
Fischersches Elektrolyteisen nach Glühen in Vakuum (24 St. bei 800°) und langsamem Abkühlen	14400	—	—	—	—	—	0,375	—	Gumlich und Steinhaus[11]	1915
In Vakuum geschmolzenes Elektrolyteisen	25800	—	—	—	23600	14000	0,20	660	Yensen[12]	1915
In Vakuum geschmolzenes Elektrolyteisen mit Zusatz von 0,15% Si	50000	—	—	—	27000	14500	0,09	290	Yensen[13]	1915
Armco-Eisen	7000	250	260	320	1000	4300	0,72	2100	Arnold und Elmen[14]	1920
In Vakuum geschmolzenes Elektrolyteisen	41500	—	—	1700	27000	14600	0,17	500	Yensen[15]	1920
In Vakuum geschmolzenes Elektrolyteisen	61000	1150	2600	46600	28600	15500	0,09	300	Yensen und Ziegler[16]	1928
In Wasserstoff bei 1480° geglühtes Armcoeisen	190000	6000	50000	110000	—	—	0,025	190	Cioffi[17]	1930

[1] C = 0,044%; Si = 0,004%; Mn = 0,4%; P = 0,044%; S = 0,027%.
[2] [3] Ewing: Magnetic Induction in Iron and other Metals, Kap. 4.   [4] Sci. Trans. Roy. Dublin Soc. 7 (2), 67, Jan. (1900).
[5] ETZ **22**, 29. 891 Aug. (1901).   [6] Phys. Rev. **30**, 133 (1910).   [7] Ann. Physik **34**, Nr. 2, 254 (1911).
[8] Trans. Farad. Soc. **8**, 98 (1912).   [9] ETZ **34**, 671—74 12. Juni (1913); 19. Juni, S. 705—7 (1913); Stahleisen **3**, 113—14 (1914).
[10] Eng. Exper. Stat. Univers. of Illinois **1914**, Nr. 72.   [11] ETZ **36**, 675—77 und 691—94 (1915).
[12] [13] Trans. Amer. Inst. Electric. Engs. **34**, 2601 (1915).   [14] J. Frankl. Inst. **195**, 62 (1923); vgl. Yensen: Met. a. Chem. **14**, 585 (1916).
[15] Trans. Amer. Inst. Electr. Engs. **43**, 145 (1924).   [16] Vgl. Yensen: J. Frankl. Inst., Okt. **1928**, 503—10.   [17] Phys. Rev. **39**, 363 (1932).

insbesondere die Eisen-Silizium-Legierungen, die neben guter Magnetisierbarkeit auch einen geringen Wirbelstromverlust und ferner noch eine Reihe anderer praktischer Vorteile aufweisen. Je nach den gestellten Anforderungen verwendet man dabei verschiedene Siliziumgehalte[1], und zwar Stähle mit 0,5 bis 1% Si als Baustähle für statische Magnetisierung (Dynamostahlguß, vgl. S. 294), Stähle mit 2 bis 3% Si zur Herstellung von Blechen für Elektromaschinen (Dicke meist 0,5 mm), von denen neben guter Verlustziffer und Magnetisierbarkeit noch gute Bearbeitbarkeit und hohe Festigkeit verlangt werden und schließlich Stähle mit rd. 4% Si zum Auswalzen hochwertiger Bleche für Transformatoren (Dicke meist 0,35 mm, auch geringer).

Die Einführung des legierten Materials in die Technik, die etwa im Jahre 1904 erfolgte, verdanken wir E. Gumlich[2]. Es haben allerdings Barret, Brown und Hadfield[3], die in der englischen und amerikanischen Literatur des öfteren als Erfinder bezeichnet werden, bereits im Jahre 1899 einige Messungen über Fe-Si- und Fe-Al-Legierungen veröffentlicht. Diese Arbeit blieb jedoch ohne praktische Folgerungen. Erst E. Gumlich erkannte die technische Bedeutung des Werkstoffs für die Herstellung von Dynamo- und Transformatorenblechen[4], und auf seine persönliche Anregung hin begann im Jahre 1902 ein westdeutsches Stahlwerk (Capito und Klein in Benrath a. Rh.) mit Versuchen über die Herstellung und das Auswalzen von Siliziumstählen.

Der heutige Verbrauch an siliziertem Eisen mag aus einer Zusammenstellung hervorgehen, die prozentisch die Hauptverwendungszwecke der nordamerikanischen Schwarzblechproduktion für das Jahr 1925 wiedergibt:

Automobilbleche	37,7%
Stärkere Feinbleche für Konstruktionszwecke über 15 mm	13,0%
Bleche für die Elektrizitätsindustrie	7,8%
Dachbleche	5,2%
Faß- und Behälterbleche	4,3%
Ausfuhr	4,0%
Ofen- und Herdbleche	3,5%
Kühlanlagen und Kessel	3,2%
Blechmöbel	2,8%
Häuserbau	2,2%
Rinnen und Getreidebehälter	1,9%
Wasserabflußröhren	1,9%
Verschiedenes zus.	12,5%

---

[1] In Deutschland gelten nach DIN VDE 6400 folgende Unterteilungen:

   I. Normale Dynamobleche (Dynamoblech Art I) mit 0,5 Si,

   II. Schwachlegierte Bleche (Dynamoblech II) mit rd. 1% Si,

   III. Mittelstarklegierte Bleche (Dynamoblech III) mit 2 bis 3% Si,

   IV. Hochlegierte Bleche (Transformatorenblech Art IV) mit rd. 4% Si.

[2] Vgl. den Nachruf von W. Steinhaus auf E. Gumlich† in Z. techn. Phys. sowie H. A. Klein in einem Aufsatz über die Geschichte der Transformatorenbleche. Stahleisen **46**, 1052 (1926).

[3] Sci. Trans. Roy. Dubl. Soc. **7**, 4. Jan. 1900, Ergänzungen J. Inst. El. Engs. **31**, 674 (1902).

[4] Vgl. seine Arbeit: Über das Verhältnis der magnetischen Eigenschaften zum elektrischen Leitvermögen magnetischer Materialien. ETZ **1902**, 101.

Die Blechproduktion für die Elektrizitätsindustrie nimmt also die dritte Stelle in Anspruch und machte 7,8% des Gesamterzeugnisses aus. Absolut genommen betrug sie im Jahre 1925 in Nordamerika 470000 t, stellt also einen recht umfangreichen Industriezweig[1] dar. Die durch die Fe-Si-Legierungen gegenüber dem unlegierten Material erzielten Ersparnisse an elektrischer Energie betrugen nach einer Schätzung allein in Deutschland jährlich 50 Millionen Mark.

Dem Zustandsdiagramm nach (vgl. S. 128) bestehen die Eisen-Silizium-Legierungen in dem für technische Zwecke in Betracht kommenden Bereich aus Mischkristallen. Das Gefüge dieser Mischkristalle bei Raumtemperatur (Siliziumferrit) ist in Abb. 241 wiedergegeben.

Der direkte Einfluß des Siliziumzusatzes auf die physikalischen Eigenschaften des Eisens tritt nun in mannig-

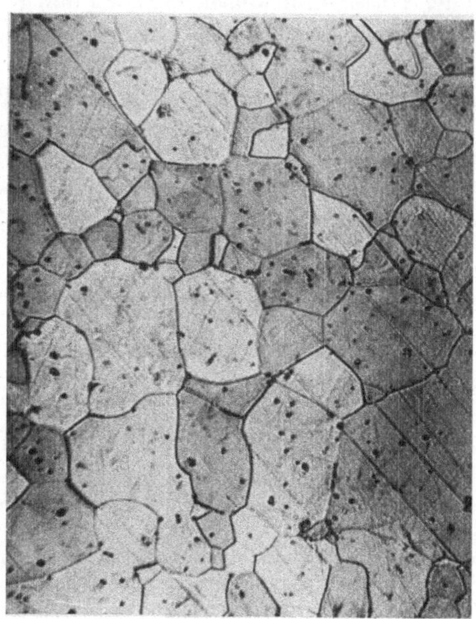

Abb. 241. Gefüge eines Transformatorenstahls.

facher Weise in Erscheinung. Als erstes wird der spezifische elektrische Widerstand der Legierungen proportional dem Siliziumgehalt heraufgesetzt, wodurch eben die Wirbelstromverluste entsprechend abnehmen. Der Verlauf des Widerstandes sowie des Temperaturkoeffizienten mit der Konzentration geht aus Abb. 242 nach Gumlich[2] hervor. Bis zu etwa 4% Si gilt für diesen Zusammenhang der analytische Ausdruck

$$\varrho \text{ in } \Omega/\text{m/mm}^2 = 0,0999 + 0,12\,p,$$

in dem p den Prozentgehalt des Zusatzes bedeutet. Die Formel ist genügend genau, um bei niedrig ge-

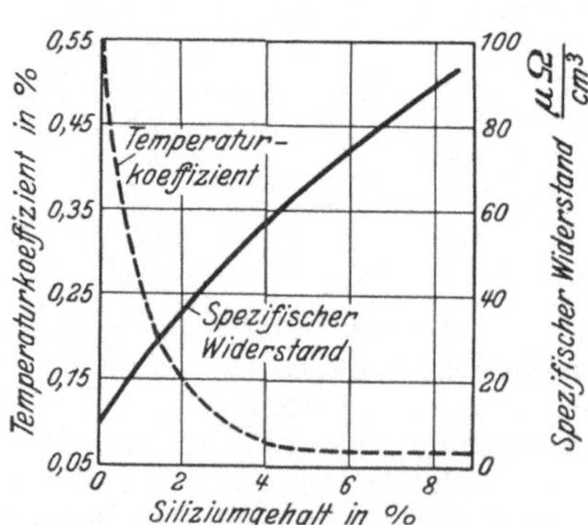

Abb. 242. Spezifischer elektrischer Widerstand von Fe-Si-Legierungen.

---

[1] In Deutschland betrug die Produktion legierter Bleche im Jahre 1927 etwa 120000 t.

[2] Wissenschaftl. Abh. d. Phys. Techn. Reichsanst. 1918.

kohlten Stählen aus der Messung des elektrischen Widerstandes auf den Siliziumgehalt zu schließen.

Die Abnahme der Sättigungsmagnetisierung mit dem Siliziumgehalt erfolgt auf einer schwach gekrümmten Kurve, und zwar ergeben sich etwa folgende Werte:

Siliziumgehalt:	0%	2%	4%	6%	8%
Sättigungswert $4\pi J_\infty$:	21 600	20 800	19 700	18 500	17 000

die sich bis etwa 4% Si durch die Beziehung

$$4\pi J_\infty = 21\,600 - 480\,p$$

darstellen lassen (Gumlich).

Die Dichte der Legierungen nimmt mit steigendem Si-Gehalt ebenfalls ziemlich linear ab, und zwar gemäß der Formel

$$s = 7{,}874 - 0{,}0622\,p,$$

wobei p wie oben die Gewichtsprozente angibt. Über die normierten Mittelwerte der Dichte für technische Legierungen vgl. Zahlentafel 11.

Der thermische Ausdehnungskoeffizient und ebenso

Zahlentafel 83. Wärmeleitfähigkeit von Fe-Si-Legierungen.

Stahlart	Wärmeleitfähigkeit bei 0^0 $\lambda = \dfrac{cal}{cm\ sec\ {}^0C}$
Reines Eisen . .	0,13
mit 0,6% Si . .	0,11
mit 1,5% Si . .	0,077

auch die Wärmeleitfähigkeit werden gegenüber dem reinen Eisen vermindert (vgl. Zahlentafel 83), was insbesondere für den Wärmeausgleich und die Glühbehandlung in Öfen und Glühkisten beachtet werden muß.

Beträchtlich ist der Einfluß des Siliziums ferner auf die mechanischen Eigenschaften. So werden Festigkeit, Härte und Streckgrenze mit steigendem Si-Zusatz stetig erhöht, und zwar steigt die Festigkeit von dem Wert des Eisens (etwa 27 kg/mm²) auf 65 kg/mm² bei der Legierung mit 4,5% Si an, während die Streckgrenze in dem gleichen Bereich von 10 kg/mm² auf etwa 50 kg/mm² heraufgesetzt wird. Die Änderung der Härte mit dem Siliziumgehalt ist aus Abb. 243 nach Yensen[1] zu ersehen, aus der man erkennt, daß bei einem Zusatz von 4% Si die Härtezahl in Brinelleinheiten von 86 beim Eisen auf 220 gestiegen ist. Gleichzeitig wird durch die Beigabe von Silizium das Eisen außerordentlich spröde und brüchig, was die Möglichkeit einer Bearbeitung sinn-

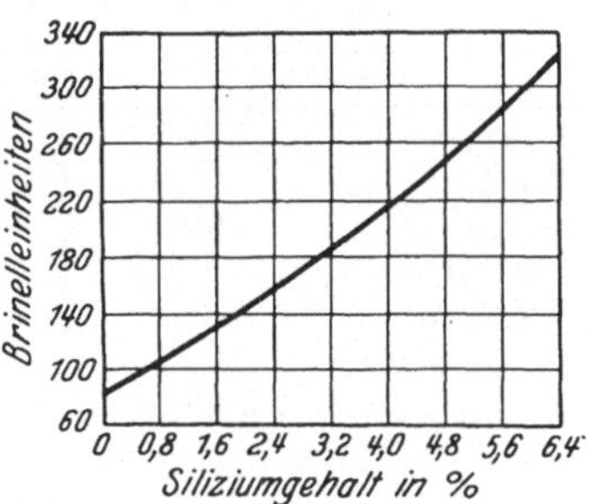

Abb. 243. Brinellhärte von Fe-Si-Legierungen (Yensen).

---

[1] Engg. 17, 173 (1924).

fällig erschwert. Stähle mit Siliziumgehalten höher als 5% finden wegen dieser Schwierigkeiten der Verarbeitung keine Verwendung. Über die Prüfung der Bearbeitkarkeit ist in Kap. VI berichtet worden.

Einen Überblick über die durchschnittlichen magnetischen Eigenschaften (Induktions- und Permeabilitätswerte)[1] von technischen Eisen-Silizium-Legierungen mit verschiedenen Si-Gehalten gibt Zahlentafel 84, während die Wattverluste[2] (Hysterese- + Wirbelstrom-

Zahlentafel 84. Induktions- und Permeabilitätswerte von technischen Eisen-Silizium-Legierungen.

Feldstärke $\mathfrak{H}$ (Oersted)	Unlegiertes Material		Schwachlegiertes Material		Mittellegiertes Material		Hochlegiertes Material	
	0,04% Si 0,23% C 0,18% Mn 0,03% P ? S		1,03% Si 0,25% C 0,09% Mn 0,02% P 0,04% S		2,40% Si 0,21% C 0,08% Mn 0,01% P 0,04% S		4,09% Si 0,07% C 0,10% Mn 0,01% P 0,01% S	
	Induktion $\mathfrak{B}$	Permeab. μ	Induktion $\mathfrak{B}$	Permeab. μ	Induktion $\mathfrak{B}$	Permeab. μ	Induktion $\mathfrak{B}$	Permeab. μ
0,25	70	280	420	1680	500	2000	1000	4000
0,50	250	500	1500	3000	1350	2700	3350	6700
1,0	1000	1000	8450	8450	7650	7650	7000	7000
2,5	5500	1600	13230	5290	12700	5080	10400	4160
5	9200	1840	14620	2920	14120	2820	12250	2450
10	12000	1200	15300	1530	14830	1480	13330	1330
20	14120	710	15870	790	15420	770	14080	700
50	15970	320	16820	335	16420	330	15220	305
100	17200	172	17880	179	17420	174	16600	166
150	18500	120	18600	124	18200	121	17450	116
300	19560		19950		19400		18900	
500	20700		20900		20350		19600	
1000	21750		21750		21050		20300	
2000	22900		22900		22150		21350	
4000	24900		24900		24250		23450	
Maximal-Permeab. μ_{max}	2200		8400		7700		7800	
Koerzitivkraft $\mathfrak{H}_c$	2,3		0,77		0,83		0,47	

verluste) von Blechen ($d = 0,5$ mm) in Watt/kg bei 50 Per./sec für verschiedene Maximalinduktionen in Zahlentafel 85 zusammengestellt sind. Die chemische Zusammensetzung der Proben der Zahlentafel 84, insbesondere der Gehalt an Kohlenstoff, ist in den obersten Spalten vermerkt.

Betrachten wir die in den Zahlentafeln angegebenen Werte, so zeigt sich, daß mit steigendem Si-Gehalt zunächst die Induktionen bei hohen

---

[1] Nach Messungen von Gumlich.
[2] Nach Steinhaus, vgl. Handbuch d. Physik v. Geiger-Scheel Bd. 16.

Feldstärken allmählich herabgesetzt werden, was aus dem Absinken des Sättigungswertes ohne weiteres verständlich ist. Entsprechend der Erhöhung des spezifischen elektrischen Widerstandes (vgl. Abb. 242) nehmen ferner die Wirbelstromverluste ab und betragen bei der Legierung mit 4% Si nur noch einen Bruchteil der Werte beim unlegierten Werkstoff. Weiterhin ist jetzt neben dem Absinken der Wirbelstromverluste aber noch ein anderer Effekt bemerkbar, und zwar gehen mit steigendem Siliziumzusatz — bei ungefähr gleichem Gehalt der Proben an den übrigen Beimengungen — die Induktionen und

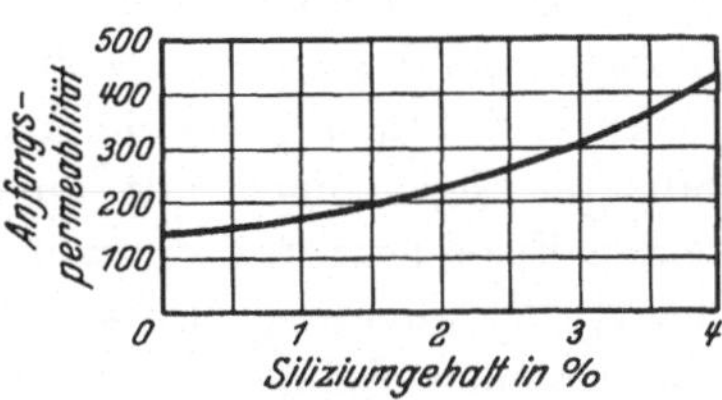

Abb. 244. Anfangspermeabilität von Fe-Si-Legierungen (Gumlich).

Permeabilitäten bei niedrigen und mittleren Feldstärken deutlich herauf, während die Koerzitivkraft und die Hystereseverluste dementsprechend herabgesetzt werden. Dies ist besonders außer in dem Gang der Hystereseverluste (Zahlentafel 85) auch aus dem Verlauf der Anfangspermeabilität zu ersehen, die nach Gumlich in Abb. 244 noch einmal gesondert wiedergegeben ist.

Zahlentafel 85. Hysterese-, Wirbelstrom- und Gesamtverluste (in Watt/kg bei 50 Per./sec) für Bleche.

Maximal-Induktion (Gauß)	Unlegiertes Blech ½% Si			Schwachlegiert. Blech 1% Si			Mittellegiertes Blech 2,5% Si			Hochlegiertes Blech 4% Si		
	Hysterese-Verlust	Wirbelstrom-Verlust	Gesamt-Verlust	Hysterese-Verlust	Wirbelstrom-Verlust	Gesamt-Verlust	Hysterese-Verlust	Wirbelstrom-Verlust	Gesamt-Verlust	Hysterese-Verlust	Wirbelstrom-Verlust	Gesamt-Verlust
2 500	0,20	0,11	**0,33**	0,19	0,06	**0,25**	0,18	0,03	**0,21**	0,11	0,01	**0,12**
5 000	0,64	0,33	**0,97**	0,59	0,20	**0,79**	0,52	0,11	**0,63**	0,32	0,04	**0,36**
7 500	1,26	0,69	**1,95**	1,13	0,47	**1,60**	1,00	0,23	**1,23**	0,63	0,10	**0,73**
10 000	2,20	1,15	**3,35**	1,90	0,78	**2,68**	1,68	0,38	**2,06**	1,06	0,16	**1,22**
12 500	3,75	1,73	**5,48**	2,98	1,17	**4,15**	2,55	0,60	**3,15**	1,65	0,28	**1,93**
15 000	6,31	2,28	**8,59**	5,13	1,65	**6,78**	3,76	0,86	**4,62**	2,52	0,37	**2,89**

Unter all den durch das Silizium bewirkten Eigenschaftsänderungen ist nun gerade dieser letztere Effekt, die Verbesserung der Permeabilität und der Hystereseverluste, die sich im Laufe der Jahre und mit der Verfeinerung der Herstellungsverfahren immer deutlicher herausgestellt hat, von erheblicher technischer und ökonomischer Bedeutung. Er gestattet es, unter Vermeidung von kostspieligen und umständlichen Reinigungsverfahren, d. h. etwa der Verwendung von Elektrolyteisen oder der Vakuumschmelzung auch einem weniger guten, insbesondere nicht ganz kohlenstofffreien Eisen als Ausgangsmaterial gute magnetische Eigenschaften zu verleihen. Zweifelsohne handelt es sich dabei um sekundäre Erscheinungen. Die Frage nach ihrer Ursache hat lange Jahre hindurch die Forschung beschäftigt, und ihre Beantwortung ist gleichbedeutend mit der Lösung der Aufgabe, einen möglichst brauchbaren Werkstoff zu erzeugen. Es sei versucht, den heutigen Standpunkt des Problems kurz darzulegen.

In Hinblick auf die chemische Konstitution der technischen Eisen-Silizium-Legierungen gilt zunächst ähnliches, wie oben schon beim reinen Eisen gesagt, d. h. auch hier wird die Permeabilität um so höher, der Hystereseverlust um so geringer sein, je geringer die im Material vorhandenen Beimengungen von Elementen sind, die sich nicht in fester Lösung befinden, während die in Lösung vorhandenen Verunreinigungen keine Wirkung auf die Hystereseverluste ausüben. Durch diese von A. Kußmann und B. Scharnow aufgestellte Gesetzmäßigkeit (vgl. S. 109) ist auch generell die Frage nach der Schädlichkeit oder Unschädlichkeit von Zusatzelementen geklärt, und da bei niedrigen Siliziumgehalten die Löslichkeitsverhältnisse der Stoffe ähnlich sind wie für das reine Eisen, so läßt sich die Wirkung der Legierungselemente und der Wärmebehandlung, über die in früheren Jahren viele und mancherlei erfolglose Versuche vorgenommen sind, aus der Kenntnis der Zustandsdiagramme ohne weiteres ableiten und verstehen.

Als erstes ist das Silizium nun wie bekannt ein gutes Desoxydationsmittel, und aus diesem Grunde wird schon in dem Herstellungsverfahren bei der Zugabe des Si zu dem flüssigen Eisen der Gehalt der Schmelze an Sauerstoff vermindert und die Menge der heterogen ausgeschiedenen Oxyde[1] in ihrer schädigenden Wirkung auf die Koerzitivkraft herabgesetzt. Als Beispiel für den Einfluß höherer Sauerstoffgehalte (nachträglich beim Glühen aufgenommen) auf die Wattverluste eines Transformatorenblechs diene Zahlentafel 86 nach Eilender und Oertel[2], aus der der Anstieg der Verluste mit dem O_2-Gehalt deutlich zu erkennen ist.

Zahlentafel 86. Einfluß des Sauerstoffs auf die magnetischen
Eigenschaften von Transformatorenblech.

C	O_2	Un-geglüht	Geglüht		$\mathfrak{B}_{25}$	$\mathfrak{B}_{50}$	$\mathfrak{B}_{100}$	$\mathfrak{B}_{300}$
%	%	V_{10}	V_{10}	V_{15}				
0,01	0,010	2,79	1,10	2,93	14800	15800	17100	19400
0,01	0,015	2,78	1,18	3,10	14700	15700	17000	19300
0,01	0,027	2,76	1,22	3,37	14500	15500	16800	19100
0,01	0,042	2,77	1,26	3,25	14700	15700	17000	19200

Weiterhin erfährt auch der in dem Eisen restlich vorhandene Kohlenstoff unter dem Einfluß des Siliziums eine wesentliche Umgestaltung.

---

[1] Der Sauerstoff wird außerdem in die weniger schädliche Form SiO_2 übergeführt. Vgl. S. 316.　　　　[2] Stahleisen **47**, 1558 (1927).

Durch die Gegenwart von Silizium wird nämlich, wie oben erwähnt (vgl. S. 128), die Stabilität des Zementit außerordentlich herabgesetzt bzw. der Zerfall von Fe_3C in Eisen und elementaren Kohlenstoff (Graphit) begünstigt. Letzterer ist aber in seiner Wirkung auf die Koerzitivkraft bedeutend weniger schädlich als der Zementit, und so kommt es, daß

dieselbe Menge Kohlenstoff in den Eisen-Silizium-Legierungen eine viel geringere Erhöhung der Koerzitivkraft und der Hystereseverluste bewirkt als bei unlegierten Materialien. Der Zusammenhang dieser Erscheinungen sei in einer Reihe von Abbildungen dargestellt, von denen Abb. 245 (nach Yensen[1]) den Einfluß des Kohlenstoffes in geringen Mengen auf die Hystereseverluste von Legierungen mit 2%, 3,5%, 4% und 5 bis 6% Silizium enthält.

Interessant ist die aus seinen Messungsergebnissen hervorgehende Abhängigkeit der Menge des in Form von Graphit ausgeschiedenen Kohlenstoffs von dem Siliziumgehalt. Ein Gehalt von 2% Si reicht nämlich noch nicht aus, um den Kohlenstoff in Graphitform auszuscheiden. Er ist daher in Form von Perlit vorhanden mit dem Wirkungsgrad:

$$\delta W_h = 16500 \cdot \delta C.$$

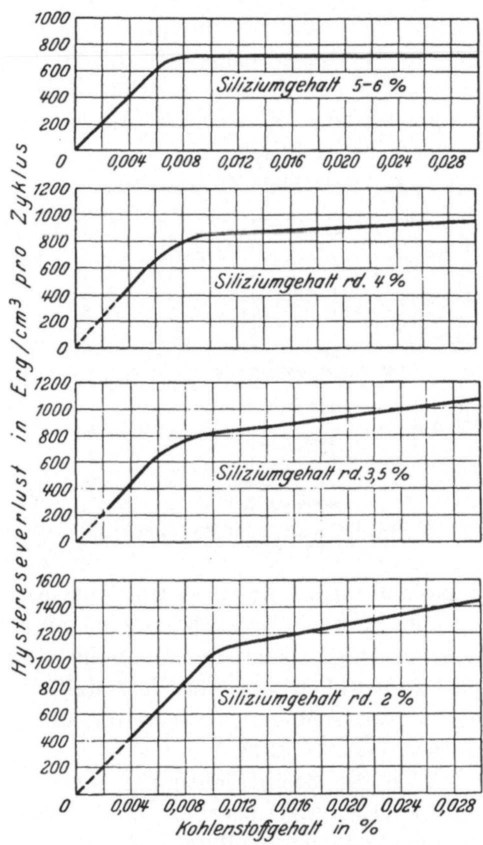

Abb. 245. Einfluß des Kohlenstoffs auf die Hystereseverluste bei Siliziumstählen (Yensen).

Bei einem Siliziumgehalt von 4% ist dagegen der Kohlenstoff nur bis zu 0,08% in Form von Fe_3C mit dem Wirkungsgrad

$$\delta W_h = 2500 \cdot \delta C$$

vorhanden.

Darüber hinaus ist aller C in Form von Graphit ausgeschieden, was zur Folge hat, daß eine weitere Zunahme des Kohlenstoffgehaltes ohne Einfluß auf die Hystereseverluste bleibt. Bei einem noch höheren Gehalt an Silizium, und zwar bei 5 bis 6% Si, findet die Graphitbildung schon bei etwa 0,008% statt.

---

[1] Trans Am. Inst. Electr. Eng. **43**, 145 (1924).

Auch die übrigen Fremdelemente üben auf den Hystereseverlust der Eisen-Silizium-Legierungen einen geringeren Einfluß aus als auf das reine Eisen, was im Sinne der Spannungstheorie (vgl. S. 109) vielleicht mit der kleineren Magnetostriktion im Zusammenhang steht. Von den Beimengungen seien nach Yensen die Ergebnisse für die Elemente Mangan, Phosphor und Schwefel in Abb. 246 wiedergegeben. Man erkennt das P und Mn entsprechend der Aufnahme in die feste Lösung auf die Hystereseverluste praktisch ohne Wirkung bleiben (Phosphor setzt sogar den Hystereseverlust etwas herab), wogegen das heterogen ausgeschiedene Eisensulfid die Koerzitivkraft bzw. die Hystereseverluste beträchtlich vergrößert. Auch K. Daeves[1] kam auf Grund einer statistischen Zusammenfassung von über 1000 Schmelzen zu dem Schluß, daß Mangan (bis 0,3%) und Phosphor in üblichen Gehalten ohne merkliche Wirkung sind.

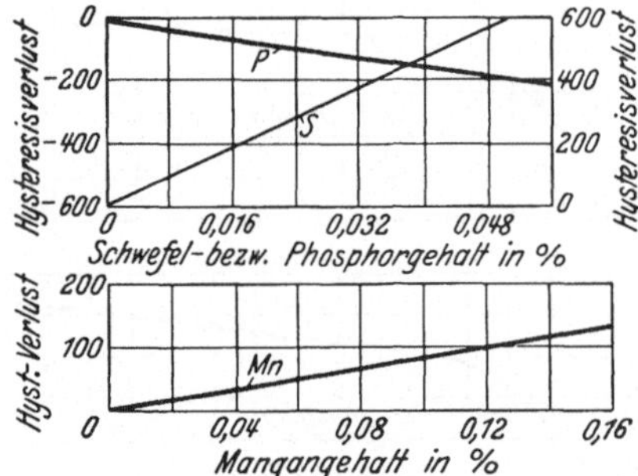

Abb. 246. Einfluß von S, P und Mn auf Siliziumstähle (Yensen).

Geringe Kupfermengen sind nach Kußmann, Messkin und Scharnow[2] auf die Hystereseeigenschaften unschädlich (vgl. Abbildung 153), und ähnlich bewirkt auch Nickel, das in neuerer Zeit vielfach zur Erhöhung der Festigkeitswerte (Verwendung der Bleche in rasch umlaufenden Maschinen!) zugesetzt wird, keine wesentliche Änderung der Magnetisierbarkeit.

Ein Aluminiumgehalt der Siliziumstähle ist sehr erwünscht. Auf die Möglichkeit, durch reichlicheren Aluminiumzusatz als bisher praktisch üblich war, die Verlustziffer der Dynamobleche noch weiter herunterzudrücken, wird weiter unten noch gesondert eingegangen werden (vgl. S. 331).

Über die Beeinträchtigung der magnetischen Eigenschaften durch höheren Sauerstoffgehalt bzw. durch die bei der Desoxydation mit Silizium gebildeten Silikate, die bei nicht genügender Abscheidung in die Schlacke als Einschlüsse in dem Material zurückbleiben, ist oben bereits gesprochen worden.

Ein günstiger Einfluß des Siliziums besteht sodann in der Erniedrigung des Alterungskoeffizienten (S. 299) gegenüber den unlegierten Materialien. Als Beispiel gibt Zahlentafel 87 die Alterungskoeffizienten von Blechen mit verschiedenen Si-Gehalten nach Gumlich wieder, aus der die Abnahme der Alterung deutlich erkennbar ist. Da wir nach den neueren Untersuchungen von Köster[3] die Ursache der

---

[1] Z. Elektrochem. **32**, 479 (1926).   [2] Stahleisen **50**, 1194 (1930).
[3] a. a. O. 901.

Zahlentafel 87. Einfluß des Siliziums auf den Alterungskoeffizient der Eisen-Silizium-Legierungen.

Bezeich-nung	Si-Gehalt vor dem Glühen %	Koerzitivkraft in Oersted			Alterungs-koeffizient in %
		nach dem erstenGlühen (800°)	nach dem zweitenGlühen (800°)	nach dem Altern	
Si 0	0,075	1,85	1,62	2,80	73
Si 4	0,425	0,54	0,52	0,80	54
Si 10	1,030	0,775	0,74	0,74	0
Si 30	2,410	0,835	0,775	0,77	0
Si 38	3,705	0,835	0,775	0,78	0
Si 38_k	3,705	0,68	—	0,80	18
Si 50	4,450	1,06	1,06	1,065	0

Alterung in der Ausscheidung von Stickstoff aus übersättigter fester Lösung zu sehen haben, so erklärt sich diese Erscheinung entweder durch eine Verlagerung der Löslichkeitslinie oder durch die verringerte Spannungsempfindlichkeit der Fe-Si-Legierungen.

Im Zusammenhang mit der geringen Alterung steht auch die geringe Empfindlichkeit der magnetischen Eigenschaften der Silizium-Stähle gegen Dauererschütterungen, wobei ein Einfluß solcher Erschütterungen wahrscheinlich als eine Begünstigung der Ausscheidungsvorgänge durch die elastischen Beanspruchungen zu deuten ist. Einen Überblick über den Einfluß von Erschütterungen auf technische Bleche mag Zahlentafel 88 nach Gumlich und Steinhaus[1] bringen.

Wenden wir uns nun nach der Besprechung der chemischen Konstitution dem Einfluß der Glühbehandlung zu, so ist vom metallphysikalischen Standpunkt znuächst darauf hinzuweisen, daß das System Eisen-Silizium zu den Legierungen mit einem abgeschlossenen γ-Feld gehört, d. h. mit zunehmendem Gehalt an Silizium wird die $\gamma \overset{\leftarrow}{\rightarrow} \alpha$-Umwandlung zu immer höheren Temperaturen verschoben, bis sie schließlich bei einer bestimmten Konzentration ganz verschwunden ist. Diese Grenzkonzentration ist von dem Gehalt an Kohlenstoff und übrigen Beimengungen abhängig und ist in Abb. 247

Zahlentafel 88. Einfluß von Erschütterungen auf die magnetischen Eigenschaften von Eisenblechen.

Be-zeich-nung	Chemische Zusammensetzung in %	Änderung der magnetischen Eigenschaften in %				
		Koerzi-tiv-kraft	Rema-nenz	$\mathfrak{B}$ für $\mathfrak{H}=5$	$\mathfrak{B}$ für $\mathfrak{H}=10$	Hyste-rese-verlust
AV_1	C = 0,045; Mn = 0,400	+ 5,0	— 14,1	— 7,5	— 3,9	+ 9,3
AV_3	C = 0,045; Mn = 0,300	+ 6,4	— 20,9	— 12,6	— 7,2	+ 21,1
Al 5	Al = 0,6; C = 0,2; Mn = 0,09	+ 3,6	— 13,7	— 9,2	— 4,7	+ 11,0
Al 32	Al = 3,2; C = 0,13; Mn = 0,11	+ 10,1	— 21,4	— 13,9	— 7,0	+ 5,9
Si 38	Si = 3,7; C = 0,05; Mn = 0,31	— 0,4	— 7,5	— 7,8	— 6,4	— 3,1
Si 40	Si = 3,8; C = 0,05; Mn = 0,14	— 1,6	— 15,3	— 8,4	— 4,3	— 0,7

[1] ETZ 1913, H. 36, 1022—29.

zu 2,5% Si angenommen. Oberhalb 2,5% Si besitzen demnach die Eisen-Silizium-Legierungen keine allotrope Umwandlung mehr, und wegen des Fortfalls der Beeinflussung beim Durchlaufen der Umwandlung müßten daher theoretisch, d. h. im idealen Falle die Eigenschaften von der Wärmebehandlung unabhängig sein. Praktisch beobachtet man jedoch eine außerordentliche Abhängigkeit der erreichten Magnetisierbarkeit und Verlustziffer, die wieder nur durch sekundäre Faktoren bedingt sein kann.

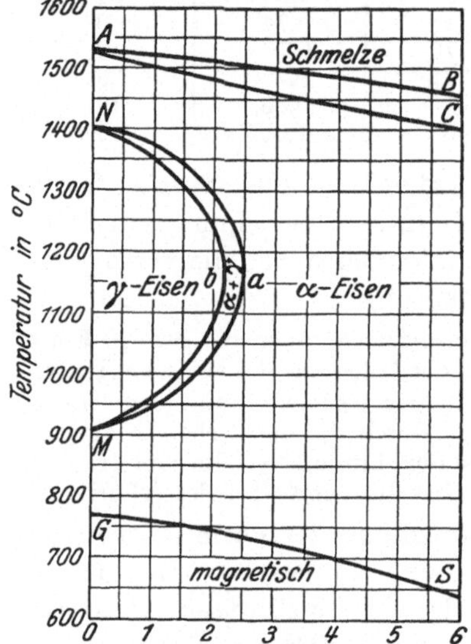

Abb. 247. Oberer Teil des Zustandsdiagramms vom System Fe-Si.

Als solche sind zu nennen:

1. Beeinflussung der Form und Ausbildung des restlichen Kohlenstoffs.

2. Beseitigung der Walzspannungen und vollständige Rekristallisation.

3. Nachträgliche Änderung der chemischen Zusammensetzung durch Entkohlung und Entgasung.

4. Änderung des Gefügeaufbaus, insbesondere der Korngröße.

Mit der Ausbildung der Kohlenstofform hängt zunächst das Vorhandensein bestimmter günstigster Glühtemperaturen und Glühzeiten zusammen. Es zeigt nämlich die Erfahrung, daß bei einer Wärmebehandlung der Siliziumstähle oberhalb etwa 850 bis 900° eine stetige und allmähliche Verschlechterung der Hystereseverluste eintritt. Man bezeichnet diese Erscheinung in der Technik als Überglühen der Bleche, und die Zahlentafeln 90a und 92 werden eine ganze Reihe von Beispielen für diesen Effekt bringen.

Die Ursache dieser Überglühung stellt man sich heute etwa wie folgt vor. Der verbessernde Einfluß des Siliziums besteht nach früheren in einer Herabsetzung der Stabilität des Zementits und Begünstigung des Zerfalls dieser Kristallart in den magnetisch weniger schädlichen Graphit. Durch eine Erwärmung bei mittleren Temperaturen werden diese Vorgänge auch bedeutend befördert. Bei höheren Temperaturen besteht nun aber wegen des mit der Temperatur steigenden Lösungsvermögens die Möglichkeit, den elementaren Kohlenstoff wieder in die feste Lösung zu überführen, und zwar wird nach Charpy und Cornu-Thénard[1] in einer Legierung mit 2% Si der elementare Kohlenstoff bei etwa 800°, bei einer solchen mit 4% Si bei etwa 850° merklich in Lösung genommen. Hat aber eine solche Auflösung des Graphits einmal stattgefunden, so ist es wegen der Trägheit der Reaktionen im Eisen-Graphit-System anscheinend sehr schwer, den

---

[1] Vgl. Stahleisen **35**, 1083 (1915).

Kohlenstoff wieder als Graphit aus der festen Lösung auszuscheiden. Er fällt vielmehr als Zementit aus, der durch Natriumpikratätzung des Schliffes in Form von dunklen Einschlüssen in dem Siliziumferrit deutlich zu erkennen ist, und hierdurch werden, wie natürlich, auch die magnetischen Eigenschaften eine erhebliche Verschlechterung erfahren, indem Koerzitivkraft und Hystereseverlust sich vergrößern, während die Permeabilitätswerte abnehmen.

Um die Überglühung[1] der Fe-Si-Legierungen zu vermeiden, d. h. um den in feste Lösung übergeführten Graphit wieder als solchen und nicht als Zementit zu erhalten, muß eine nicht allzu hohe Glühtemperatur gewählt werden, und ferner muß die Abkühlung sehr langsam erfolgen. Es liegt zwar auch der Vorschlag nahe, die Glühtemperatur überhaupt niedriger zu halten, und zwar unterhalb der Temperatur, bei der der Graphit sich aufzulösen beginnt, wodurch man der Gefahr der Überglühung wirksam begegnen würde. Eine so niedrige Glühtemperatur ist jedoch in der Praxis aus anderen Gründen nicht wünschenswert, und zwar weil die ebenso wichtigen Vorgänge der Entgasung und Entkohlung des Stahles erst bei höheren Temperaturen in bedeutendem Umfang einsetzen.

Ein weiteres Beispiel für die Beeinflussung der Kohlenstofform durch die Wärmebehandlung[2], und zwar hier durch die Abkühlungsgeschwindigkeit mag die Zahlentafel 89 bieten. Aus den dort angegebenen Koerzitivkräften von 4 Eisen-Silizium-Legierungen mit verschiedenem Si-Gehalt ist zu ersehen, daß die Proben Si 52 und Si 85 trotz ihres relativ hohen Siliziumgehaltes doch erhebliche Werte der Koerzitivkraft aufweisen, und als Vergleich sind daneben berechnete Zahlen angegeben, die sich auf geglühte bzw. abgeschreckte Eisen-Kohlenstoff-Legierungen gleichen Kohlenstoffgehaltes beziehen.

Die Deutung ergibt sich aus den Angaben von Gumlich[3], und zwar waren die Proben Si 52 und Si 85 in Form dünner Stäbe gegossen, während die beiden anderen Legierungen aus dicken Blöcken ausgeschnitten waren. Die letzteren

Zahlentafel 89.
Einfluß der Kohlenstofform auf die Koerzitivkraft (Gumlich).

Bezeichnung der Probe	C %	Si %	Beobachtet			Berechnet	
			vor dem Glühen	nach dem Glühen bei 700°	nach dem Glühen bei 975° (24 St.)	C als Martensit	C als Zementit
Si 30	0,21	2,40	1,30	1,19	0,70	13	2,3
Si 50	0,29	4,50	1,26	0,65	0,59	18	2,9
Si 52	0,18	5,25	1,93	0,70	0,59	11	2,1
Si 85	0,34	8,35	6,56	4,60	0,70	20	3,2

[1] J. Iron Steel Inst. **41**, 276 (1915). Nach Angaben von M. L. Becker: Ebenda **112**, 2 (1925), vgl. Stahleisen **45**, 1789 (1925) liegen die Temperaturen etwas höher, und zwar bei etwa 900 bis 920°.

[2] Zur Regeneration eines überglühten Bleches wird empfohlen, dem Material erst eine schwache Kaltverformung zu geben und dann eine normale Glühung vorzunehmen.

[3] a. a. O.

waren infolgedessen auch langsamer abgekühlt und der Kohlenstoff als Graphit abgeschieden, während in den beiden anderen Stäben Si 52 und Si 85 infolge der raschen Abkühlung eine Härtung eingetreten war. Man erkennt auch, daß diese Schädigung sich erst durch ein langdauerndes Glühen wieder ausgeglichen hat.

Mit der Beeinflussung der magnetischen Eigenschaften der Fe-Si-Legierungen durch die plastische Verformung[1] und mit der Rückbildung der normalen Werte durch die Glühbehandlung haben wir uns an früherer Stelle eingehend beschäftigt (vgl. S. 171). Im allgemeinen kann man sagen, daß für die bei den technischen Formgebungsverfahren erzielte Verfestigung der Eisen-Silizium-Legierung eine Glühung bei 800° vollkommen genügt[2], um die Werte auf den Ausgangszustand zurückzuführen, zumal beim Warmwalzen der Transformatorenbleche wegen der hohen Verarbeitungstemperatur selbst schon eine teilweise Rekristallisation stattfindet. In geringer Weise scheint die günstigste Glühtemperatur von dem Siliziumgehalt abhängig zu sein, wie Zahlentafel 90a nach Cazaud[3] zeigt, in der die Änderung der Permeabilität und der Verlustziffer bei verschiedenen Glühtemperaturen und je zweistündiger Glühdauer wiedergegeben ist, und zwar würde demnach ein höherer Siliziumgehalt auch eine höhere Glühtemperatur erfordern. Es sind jedoch diese Unterschiede nicht so erheblich, um eine dauernde technische Verwendung zu befürworten, da sich bei höheren Wärmegraden durch die Überglühung (siehe unten) meist wieder eine Verschlechterung bemerkbar macht.

---

[1] Nachgetragen sei hier nur eine kleine Tabelle von Epiphanow, die die außerordentliche Beschädigung der magnetischen Eigenschaften eines geglühten Dynamoblechs durch geringe Kaltverformungen, und zwar hier durch Hämmern darstellt (vgl. Elektritschestwo 7, 381 (1926).

Zahlentafel 90. Änderung der magnetischen Eigenschaften von Dynamoblechen durch Hämmern.

		10	18	30	62	125
	Feldstärke $\mathfrak{H}$ in Oersted.	10	18	30	62	125
Probe I	Induktion $\mathfrak{B}$ vor dem Hämmern in Gauß . .	13730	14550	15160	16270	17450
	Nach dem Hämmern (Gauß)	7980	10250	12250	15040	17230
	Abnahme in %	41,9	29,5	19,1	7,4	1,2
Probe II	Induktion $\mathfrak{B}$ vor dem Hämmern (Gauß). . .	12670	14350	15460	16890	18080
	Nach dem Hämmern (Gauß)	8780	11250	13490	16240	17890
	Abnahme in %	31,0	22,0	13,0	4,0	1,0

Wegen der großen Empfindlichkeit dieser Legierungen, die besonders bei kleinen Induktionen stark hervortritt, ist an allen Stufen des Verarbeitungsprozesses große Vorsicht geboten (Biegungen beim Verpacken und beim Transport!) und alle großen Beschädigungen mechanischen Ursprungs beim Stanzen und Schneiden müssen durch nachträgliches Glühen beseitigt werden.

[2] Vgl. z. B. De Nolly u. Veyret: Rev. Mét., Jan. 1913, 161—70; Gumlich: Stahleisen 29, 904 (1919).

[3] Rev. Mét. 21, Nr. 8, S. 473—83 (1924).

Bemerkenswert ist die aus Zahlentafel 90a hervortretende Tatsache, daß die magnetischen Eigenschaften der einem Walzstück in verschiedenen Richtungen entnommenen Probe verschieden sind, wobei insbesondere die in der Walzrichtung entnommenen Proben stets eine höhere Permeabilität (und kleinere Koerzitivkraft) aufweisen. Diese Unterschiede wurden bereits erstmalig von Gumlich und Vollhardt[1] beobachtet und werden gewöhnlich auf die verschiedene Ausbildung der Kristallite in Längs- und Querrichtung zurückgeführt, indem wegen der Streckung der Körner (vgl. Abb. 136) der magnetische Kraftfluß in der Längsrichtung weniger Kristallgrenzen und auch geringeren Widerstand zu überwinden habe. Da diese Erscheinungen jedoch auch nach einer intensiven Glühung bestehen bleiben, wobei alle andern Verschiedenheiten, die die Bleche nach dem Walzen aufzeigen, verschwunden sind, so sind vielmehr wahrscheinlich nichtmetallische Schlackeneinschlüsse für den Effekt verantwortlich zu machen. Diese Einschlüsse werden beim Walzen parallel zur Walzrichtung gestreckt und können durch die darauf folgende Wärmebehandlung nicht verändert werden. Aus diesem Grunde ist der Unterschied in den Güteeigenschaften des Stahls in Längs- und Querrichtung auch desto größer, je unreiner der Stahl an Einschlüssen ist. Bei einem Dynamoblech mittlerer Güte beträgt die Differenz der Koerzitivkraft in beiden Richtungen etwa 4 bis 7%.

Zahlentafel 90a. Glühtemperatur und magnetische Eigenschaften von verschiedenen Siliziumstählen.

Si %	Glüh- tempe- ratur °C	Induktion $\mathfrak{B}$ in Gauß für $\mathfrak{H} = 15$		Hyste- rese- verlust W/kg	Spezif. Wider- stand ϱ $\dfrac{\mu \Omega}{cm^3}$	Wirbel- strom- verlust W/kg	Gesamt- verlust W/kg
		Längs- richtung	Quer- richtung				
0,83	0	11300	10000	6,85	24,0	0,55	7,40
	450	12800	11000	6,70	23,8	0,55	7,25
	600	15100	13200	4,80	23,8	0,55	5,35
	750	15000	13300	2,80	23,6	0,56	3,36
	900	14800	13300	2,75	22,2	0,60	3,35
	1100	14400	13500	3,40	19,0	0,70	4,10
2,05	0	10700	10000	5,45	39,0	0,35	5,80
	450	11400	10700	5,20	39,0	0,35	5,55
	600	13400	12600	4,00	38,8	0,35	4,35
	750	14000	13400	2,30	39,0	0,35	2,65
	900	13900	13300	2,45	34,0	0,40	2,85
	1100	13600	13000	2,90	32,0	0,43	3,33
3,96	0	9750	8600	4,20	59,0	0,15	4,35
	500	11000	9900	4,00	59,0	0,15	4,25
	600	13300	12300	3,15	59,0	0,15	3,30
	750	14100	13300	1,26	59,0	0,15	1,41
	950	14000	13200	1,17	59,0	0,15	1,32
	1000	13550	12700	1,27	59,0	0,15	1,43

Von außerordentlicher Wichtigkeit für die Güte der technischen Siliziumstähle ist nun außer Glühtemperatur und Glühzeit auch die

---

[1] ETZ 38, 903—07 (1908).

Glühatmosphäre, und zwar insofern, als ähnlich wie beim reinen Eisen hierbei die Entkohlung und Entgasung, d. h. das Entweichen der Elemente C und O in Form von CO oder CO_2 weitgehend beeinflußt wird.

Eine Untersuchung über die Wirkung verschiedener Glühfaktoren auf die Entgasung und sekundär also auch auf die magnetischen Eigenschaften ist neuerdings von M. v. Moos, W. Oertel und R. Scherer[1] veröffentlicht worden, deren Ergebnisse in Zahlentafel 91 sowie in Abb. 248 und 249 in Abhängigkeit von Glühtemperatur, Glühdauer und Glühatmosphäre (Parameter) dargestellt sind.

Betrachten wir im einzelnen die Ergebnisse[2], so nehmen zunächst mit steigender Glühtemperatur bei kurzer Glühdauer die Wattverluste stetig ab, und zwar sowohl bei Betriebsglühung als auch bei Wasserstoffglühung (Abb. 248), während gleichzeitig der schädliche Sauerstoff aus dem Stahl entfernt wird (Abbildung 249). Als günstigste Glühdauer hat sich etwa 2 bis 4 Stunden ergeben; als Glühtemperatur etwa 800 bis 900°. Bei etwa 1000° tritt die oben erwähnte Verschlechterung durch Überglühung auf.

Besonders ins Auge fallend ist der Unterschied in den Wattver-

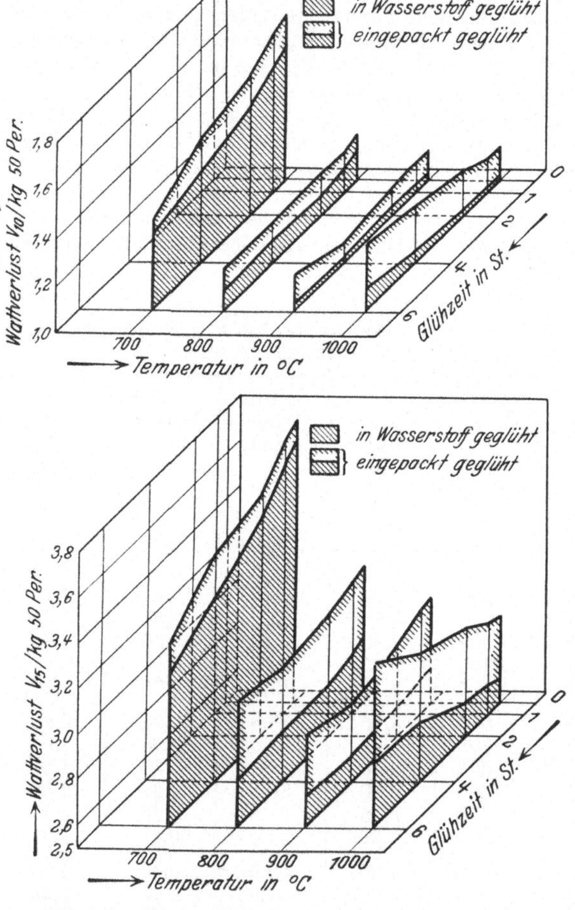

Abb. 248. Glühdiagramm von Transformatorenstählen.

<hr>

[1] Stahleisen 48, 477—85 (1928).

[2] Zusammensetzung ihrer Proben: 0,12% C; 4,13% Si; 0,07% Mn; 0,007% P; 0,005% S und 0,041% O_2.

lusten hinsichtlich der Glühatmosphäre, und zwar ergaben die in Wasserstoff geglühten Bleche stets bessere Eigenschaften als das eingepackt geglühte Material.

In Zahlentafel 91 sind die Werte der Verluste und der Induktionen, die nach verschiedener Glühdauer und in verschiedenen Glühatmosphären bei Glühtemperaturen von 800 und 900° erzielt worden waren, noch einmal gesondert zusammengestellt. Die Induktion bleibt danach für verschiedene Glühdauer bei beiden Temperaturen praktisch konstant und hat auch für die beiden

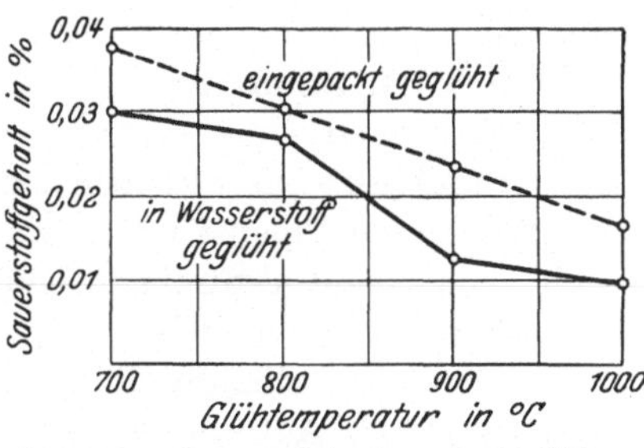

Abb. 249. Sauerstoffabnahme beim Glühen von Si-Stählen.

den Temperaturen praktisch konstant und hat auch für die beiden

Zahlentafel 91. Kohlenstoffgehalt, Wattverluste und magnetische Induktion eines Siliziumstahles mit 4,13% Si und 0,041% O nach verschiedenen Glühungen. (Moos, Oertel und Scherer.)

Glüh-dauer St.	V_{10} un-ge-glüht	V_{10} W/kg	V_{15} W/kg	$\mathfrak{B}_{25}$ Gauß	$\mathfrak{B}_{50}$ Gauß	$\mathfrak{B}_{100}$ Gauß	$\mathfrak{B}_{300}$ Gauß	Biegezahl längs	Biegezahl quer	C %
\multicolumn{11}{c}{Glühtemperatur 800°.}
\multicolumn{11}{c}{a) eingepackt geglüht.}
½	2,70	1,20	3,11	14600	15600	16900	19300	9	5	0,01
1	2,72	1,17	3,08	14400	15400	16800	19100	4	3	0,01
2	3,21	1,18	3,04	14400	15400	16700	19100	7	2	0,01
4	2,67	1,17	3,00	14400	15400	16800	19100	8	5	0,01
6	2,50	1,18	3,05	14400	15400	16700	19100	7	8	0,01
\multicolumn{11}{c}{b) in Wasserstoff geglüht.}
½	2,64	1,14	2,80	14500	15500	16800	19200	10	9	0,01
1	3,00	1,10	2,76	14500	15500	16800	19200	10	9	0,01
2	2,67	1,08	2,73	14500	15500	16800	19200	5	2	0,01
4	2,77	1,09	2,72	14500	15500	16800	19200	5	8	0,01
6	2,64	1,08	2,70	14500	15500	16800	19200	5	3	0,01
\multicolumn{11}{c}{Glühtemperatur 900°.}
\multicolumn{11}{c}{a) eingepackt geglüht.}
½	—	1,15	2,97	14400	15400	16800	19100	2	2	0,02
1	2,60	1,13	2,95	14500	15500	16800	19200	1	2	0,02
2	—	1,12	2,90	14400	15400	16700	19100	2	4	0,03
4	—	1,08	2,84	14500	15500	16800	19200	5	6	0,02
6	—	1,16	2,90	14300	15300	16700	19100	2	1	0,02
\multicolumn{11}{c}{b) in Wasserstoff geglüht.}
½	—	1,03	2,67	14600	15600	16900	19300	9	7	0,01
1	2,67	1,04	2,65	14600	15600	16900	19300	9	8	0,01
2	—	1,04	2,63	14600	15600	16900	19200	6	4	0,01
4	—	1,02	2,61	14600	15600	16900	19300	3	4	0,01
6	—	1,03	2,63	14600	15600	16900	19300	8	5	0,01
10	2,60	1,03	2,66	14600	15600	16900	19200	7	8	0,01

Glühatmosphären ungefähr den gleichen Betrag. Weiterhin schwankt auch die Biegezahl (und ebenso auch die Tiefziehfähigkeit) in weiten Grenzen.

In Übereinstimmung mit der Arbeit von Moos, Oertel und Scherer stehen Untersuchungen von A. Pomp und L. Walther[1], deren Ergebnisse im wesentlichen aus Zahlentafel 92 zu ersehen sind. Die günstigsten Eigenschaften wurden von ihnen bei Transformatorenblech nach einem 4stündigen Glühen und bei normalem Dynamoblech bei 8stündigem Glühen bei 900° erzielt, während sich bei einem mittleren Gehalt an Silizium 1000° als günstigste Glühtemperatur erwies. Auch von diesen Autoren wurde ein günstiger Einfluß einer Wasserstoffglühung, also einer reduzierenden Atmosphäre, angegeben, wie aus

Zahlentafel 92. Magnetische Eigenschaften von elektrisch in Wasserstoff geglühten Blechen mit verschiedenem Siliziumgehalt. (Pomp und Walther.)

Glüh-temperatur °C	Glühdauer St.	Zwischen-mittel	Magnetische Eigenschaften der geglühten und gebeizten Bleche						C-Gehalt der geglühten Bleche %
			V_{10}	V_{15}	$\mathfrak{B}_{25}$	$\mathfrak{B}_{50}$	$\mathfrak{B}_{100}$	$\mathfrak{B}_{300}$	
Transformatorenblech mit 0,018% C (im Rohblech) und 4,04% Si; Blechstärke 0,35 mm									
900	8	—	1,16	2,80	14800	15800	17100	19450	0,009
900	6	—	1,10	2,72	14800	15800	17100	19500	0,006
900	4	Zinkoxyd	1,09	2,67	14800	15700	17100	19500	0,013
1000	4	Zinkoxyd	1,15	2,86	14600	15500	16900	19300	0,009
1100	4	Kaolin	1,19	2,96	14500	15500	16900	19300	0,012
1200	2	Kaolin	1,17	3,19	14200	15200	16600	19000	0,011
Mittellegierte Dynamobleche mit 0,017% C (im Rohblech) und 2,12% Si; Blechstärke 0,5 mm									
900	4	Zinkoxyd	1,71	4,10	16000	16900	17900	19900	0,013
1000	4	Zinkoxyd	1,62	3,96	16100	16900	17900	20000	0,008
1100	4	Kaolin	1,64	4,04	15500	16300	17400	19550	0,013
1200	2	Kaolin	1,67	4,20	15400	16400	17600	19800	0.007
Normale Dynamobleche mit 0,49% Si und 0,039% C (im Rohblech); Blechstärke 0,5 mm									
900	4	—	2,56	6,10	15400	16400	17600	20100	0,012
900	6	—	2,51	5,95	15500	16600	17700	20300	0,014
900	8	—	2,38	5,66	15800	16700	17800	20300	0,012
1000	4	—	2,54	5.95	15500	16400	17600	20100	0,008
1000	6	—	2,52	5,90	15500	16500	17700	20300	0,013
1000	8	—	2,39	5,60	15700	16700	17800	20300	0,008

[1] Mitt. Eisenforsch. 11, Lfg. 2, 25 (1929). Die Ergebnisse dieser Verfasser nähern sich besser der Praxis, da bei ihnen die Epsteinproben bereits nach dem Glühen herausgeschnitten wurden, wie es in den praktischen Prüfungen vorkommt. Werden fertige Epsteinproben geglüht, so bleiben die Verschlechterungen unberücksichtigt, die beim Herausschneiden entstehen (vgl. S. 171).

Zahlentafel 93 hervorgehen mag, wo die Wattverluste mit den besten nach Betriebsglühung erhaltenen Werten und mit den garantierten Mindestwerten verglichen sind. Die Kohlenstoffgehalte nach den jeweiligen Glühungen (Zahlentafel 92) zeigen weiterhin, daß die Rolle des Wasserstoffs eben in der Entkohlung (und gleichzeitig auch in der Sauerstoffentfernung, vgl. Abb. 249) besteht.

Zahlentafel 93. Beste Wattverlustziffern von Betriebs- und Wasserstoffglühungen (A. Pomp und L. Walther).

		Normale Dynamobleche (Dynamo A)	Mittelstark-legierte Bleche (Dynamo C)	Hochlegierte Bleche (Transformatorenbleche)
Blechstärke . . . . mm		0,5	0,5	0,35
Beste Wasserstoffglühung . . .	V_{10}	2,38	1,62	1,09
	V_{15}	5,60	3,96	2,67
Beste Betriebsglühung	V_{10}	2,7	1,87	1,19
	V_{15}	6,6	4,45	3,04
Wattverlust (Höchstwert) nach DIN 6400	V_{10}	3,60	2,30	1,30
	V_{15}	8,60	5,60	3,25

In der Praxis liegen die Verhältnisse beim Glühvorgang der Eisen-Silizium-Legierungen jedoch nicht immer so einfach, wie das nach obigen Beispielen scheinen mag, aus denen man die unbedingte Überlegenheit einer Glühung in Wasserstoff ableiten könnte. Man bekommt vielmehr bei manchen Blechen umgekehrt die Bestwerte der magnetischen Eigenschaften gerade nach dem Glühen in einer schwach oxydierenden Atmosphäre, und diese Unterschiede sind zweifelsohne durch Verschiedenheiten der chemischen Zusammensetzung (vielleicht höheren C-Gehalt) der Rohbleche bedingt, der mit dem Endziel der Erreichung möglichst geringsten Sauerstoff- und Kohlenstoffgehaltes die Glühatmosphäre angepaßt sein muß.

Unerwünscht ist die bei Glühung in oxydierenden Atmosphären auftretende starke Zunderschicht, die den wirksamen Querschnitt des Eisens[1] herabsetzt.

[1] Kamps, H. [siehe z. B. ETZ, H. 4, 75—79 (1901)] gibt die folgenden prozentualen, durch den Zunder verursachten Fehler bei der Bestimmung der einzelnen magnetischen Größen an:

Für die Induktion und die Permeabilität . . . $\pm \dfrac{2\,d}{\delta}$.

Für den Hystereseverlust . . . . $\pm \dfrac{2\,d}{\delta}$ in bezug auf unveränderte Feldstärke

und . . . . $\mp \left[\left(\dfrac{\delta}{\delta - 2\,d}\right)^{0,6} - 1\right]$ in bezug auf unveränderte Induktion.

Die magnetischen und elektrischen Eigenschaften des Zunders von legierten Blechen wurden von Ball bestimmt. Die chemische Zusammensetzung ergab sich zu 78,8 % Fe, 5,7 % Si, 0,2 % Mn, 0,18 % C, 14,5 % O, der elektrische Widerstand zu 0,53 Ω/m/mm²; die magnetischen Eigenschaften waren schlechter als die für Gußeisen (bei $\mathfrak{H} = 150 : \mathfrak{B} = 8500$).

Vielfach ist die Möglichkeit diskutiert worden, bei den Eisen-Silizium-Legierungen ein Schmelzen im Vakuum vorzunehmen, da die hierbei auftretende starke Entgasung zu einer erheblicheren Verbesserung der magnetischen Eigenschaften führen muß. Als Beispiele seien in Zahlentafel 94 einige Ergebnisse von Yensen an Legierungen mit verschiedenen Siliziumgehalten angeführt, an denen der im Vergleich zu technischen Legierungen herabgesetzte Hystereseverlust (vgl.

Hier bedeuten:
d die mittlere Stärke des einseitigen Zunderbelags,
δ die mittlere Stärke des Bleches (Solldicke).

In den Formeln gilt das obere Vorzeichen dann, wenn die Probe völlig mit Zunder bedeckt, das Eisenmaterial hingegen völlig oxydfrei ist; das untere Vorzeichen gilt für den umgekehrten Fall. Als maximale Werte für die Fehler fand Kamps (für Blechstärke 0,375 mm):

$$\left(\frac{2\,d}{\delta}\right)_{\max} \approx \pm\, 27\,\%,$$

$$\left[\left(\frac{\delta}{\delta - 2\,d}\right) - 1\right]_{\max} \approx \mp\, 20\,\%.$$

Weiterhin ist noch die von Kamps ausgearbeitete magnetische Differentialmethode zur Messung des Zunderbelags erwähnenswert, nach der sich die mittlere Stärke des einseitigen Zunderbelags aus der Formel bestimmen läßt:

$$d = \frac{Q}{2\,b\,n}\left(1 - \frac{B}{\mathfrak{B}' + \dfrac{\mathfrak{B}_z\,(\mathfrak{B}' - B)}{B}}\right).$$

Hier bedeuten:
Q den vollen Blechquerschnitt,
b die Breite eines einzelnen Blechstreifens,
n die Anzahl der zu einer Probe gehörigen Blechstreifen,
B die ohne Berücksichtigung des Zunders gefundene Induktion,
$\mathfrak{B}'$ die Induktion nach der Beize,
$\mathfrak{B}_z$ die Induktion des Zunders.

Dabei kann man mit einer für die Praxis vollkommen hinreichenden Genauigkeit die Permeabilität des Zunders gleich 1 setzen, d. h. das Korrektionsglied $\dfrac{\mathfrak{B}_z\,(\mathfrak{B}' - B)}{B}$ für Feldstärken in der Nähe der Maximalpermeabilität vernachlässigen. Selbstverständlich müssen sich alle drei Induktionen in der Formel auf eine gleiche Feldstärke beziehen.

Auf Grund seiner Beobachtungen und Berechnungen nach der angegebenen Formel fand Kamps, daß sich das Verhältnis $\dfrac{2\,d_m}{\delta}$ in Prozent ausgedrückt an damaligen Materialien zwischen 7 (Minimum) und 16 % (Maximum) bewegte.

Zahlentafel 85) deutlich zu erkennen ist. Durch Zusammenschmelzen von sehr reinem Eisen mit Si gelang es Yensen, Maximalpermeabilitäten bis 60000 zu erreichen, doch kann wohl kein Zweifel darüber bestehen, daß eine betriebsmäßige Durchführung der Vakuumschmelzung zu umständlich ist, und daß der Versuch der Verbesserung in anderen Richtungen gesucht werden muß (vgl. S. 331).

Zahlentafel 94. Hystereseverlust einiger in Vakuum geschmolzener und geglühter Eisen-Silizium-Legierungen (Yensen).

Chemische Zusammensetzung					Thermische Behandlung			Hystereseverlust Erg/cm³ pro Zyklus für $\mathfrak{B} = 10000$
C %	Si %	Mn %	P %	S %	Glühtemperatur ^{0} C	Glühdauer St.	Glühatmosphäre	
In Vakuum umgeschmolzen								
0,0270	3,98	0,110	0,018	0,024	900	4		1245
0,0287	4,01	0,120	0,019	0,020	900	4	12 mm	1180
0,0033	3,98	0,110	0,018	0,024	1100	2	Hg	680
0,0030	4,01	0,120	0,019	0,020	1100	2		635
Entkohlt durch Glühen bei 1000° in Fe₃O₄								
0,0049	4,09	0,125	0,018	0,027	1000	20		775
0,0028	3,95	0,130	0,022	0,026	1000	20		620
0,0033	3,85	0,130	0,021	0,036	1000	20	Vakuum	877
0,0022	3,87	0,135	0,016	0,027	1000	20		675
0,0229	4,06	0,137	0,016	0,028	1000	20		1242

Mit der betriebsmäßigen Durchführung der Vakuumschmelzung und den Eigenschaften derartiger Legierungen hat sich weiterhin eine Arbeit von M. Fucuda[1] beschäftigt, dessen Ergebnisse für Proben in Stab- und weiterverarbeitet in Blechform in Zahlentafel 95 dargestellt sind. Auf Grund seiner Messungen, wonach die Bleche stets schlechtere magnetische Eigenschaften aufweisen als

Zahlentafel 95. Magnetische Eigenschaften von vakuumgeschmolzenen Eisen-Silizium-Legierungen (M. Fucudo).

Material	Form	Glühtemperatur ^{0} C	Max.-Permeabilität μ_{max}	Remanenz $\mathfrak{B}_r$ Gauß	Koerzitivkraft $\mathfrak{H}_c$ Oersted	Hystereseverlust für $\mathfrak{B} = 10000$ Erg/cm³
Elektrolyteisen + 0,47% Si	Stab	900	14000	11700	0,33	1863
„ + 0,47% Si	Stab	1100	31150	14200	0,21	1358
„ + 0,47% Si	Blech	920	6600	8000	0,48	1525
„ + 2,28% Si	Blech	850	11680	7300	0,30	834
„ + 2,28% Si	Blech	925	11680	7250	0,31	870
„ + 3,92% Si	Blech	—	6200	5800	0,57	—
Gewöhnliches Eisen + 4% Si	Blech	925	6600	8750	0,64	1525

---

[1] Denki Gakkwai Zasski Nr. 435 (1924).

die Stäbe aus dem gleichen Material, kam Fucuda zu dem Schluß, daß ein erheblicher Vorteil bei der Verwendung besonders reiner Legierungen nicht zu erzielen sei. Wenn auch zugestanden werden muß, daß durch die Warmverarbeitung des Stahles und die dabei auftretende Sauerstoffaufnahme usw. Komplikationen und Verschlechterungen eintreten, so wird die obige Auffassung in allgemeiner Form doch mit Recht von Gumlich[1] bestritten, der darauf hinweist, daß die Verwendung von reinen Ausgangsmaterialien in jedem Fall zu guten Resultaten führen muß und daß es letzten Endes eine Geldfrage ist, ob sich die Verwendung kostspieliger Materialien lohnt oder nicht.

Als günstigste Abkühlungsart der Eisen-Silizium-Legierungen wird gewöhnlich die langsame Abkühlung bezeichnet, die einmal durch die üblichen Betriebsglühungen gegeben ist und dann auch die beste Gewähr für eine richtige Ausbildung des Kohlenstoffs zu bieten scheint.

Es sind jedoch auch andere Abkühlungen vorgeschlagen worden. So hat neuerdings die „Western Electric Company" eine zweifache Wärmebehandlung angegeben[2], nach der die Stähle, je nach der genauen Zusammensetzung und Größe der Stücke 1 bis 12 Stunden lang bei einer Temperatur von 1000 bis 1200° geglüht und darauf mäßig rasch, höchstens 10° je Minute, abgekühlt werden. Sodann werden sie wieder auf 500 bis 800° erhitzt und dann mit einer Geschwindigkeit, die die des Abschreckens in Luft übertrifft, aber geringer ist als die des Härtens in Wasser, auf Raumtemperatur gebracht.

Besondere Aufmerksamkeit hat man in den letzten Jahren weiterhin dem Einfluß der Korngröße auf die magnetischen Eigenschaften geschenkt, wobei man zunächst von der Annahme ausging, daß der Eiseneinkristall als solcher keinen Hystereseverlust besitzt, und daß sich durch Änderung der Korngröße eine beträchtliche Verbesserung der magnetischen Eigenschaften erzielen ließe.

Als erster fand Thompson[3] für Eisen und Ruder[4] für Eisen-Silizium-Legierungen Steigerung der Hystereseverluste mit zunehmender Kornzahl. T. D. Yensen[5] gab für den Zusammenhang zwischen Korngröße und Wattverlusten von Siliziumstählen die folgenden linearen Gleichungen an:

$$W_h = 65\,\sqrt{N}\ \text{für Kohlenstoffgehalte unterhalb } 0{,}006\%,$$
$$W_h = 3\,N\qquad\text{,,}\qquad\qquad\text{,,}\qquad\text{oberhalb } 0{,}02\%,$$

in denen W_h den Wattverlust in Erg/cm³ pro Zyklus und N die Kornzahl je mm² Flächeninhalt bedeuten sollten.

Ein Beispiel aus den Untersuchungsergebnissen von Daeves[6] mag Zahlentafel 96 geben.

Ähnlicher Weise waren auch die Ergebnisse anderer Autoren. So zeigten Honda und Kaya[7] eine Verringerung der Hystereseverluste des Eisens mit zunehmender Korngröße im Verhältnis 1:9, und Sucksmith[8] und Potter, die von einem sehr unreinen Nickel (Koerzitivkraft 30 Oe) ausgingen, schrieben die Verkleinerung dieser Werte mit der Glühbehandlung ebenfalls der Korngröße zu. Gegenüber der von den älteren Magnetikern (s. c. Gumlich) vertretenen Deu-

[1] ETZ **1926**, 1333.   [2] Karcher, J. C.: A. P. 1677139 (1928).
[3] Phil. Mag. **31**, 357 (1916).   [4] J. Ind. Engg. Chem. **5**, 452 (1913).
[5] Trans. Am. Inst. Electr. Engg. **43**, 145 (1924).   [6] Stahleisen **44**, 283 (1924).
[7] Sc. Rep. Toh. Univ. **15**, 721, 1916.   [8] Nature **118**, 730 (1926).

Zahlentafel 96. Korngröße und Verlustziffern bei einem 4%igen
Siliziumstahl (Daeves).

Blechdicke	Körner auf die Blechdicke		Körner auf 1 mm Länge		Verlustziffern W/kg	
	Längs-schliff	Quer-schliff	Längs-schliff	Quer-schliff	V_{10}	V_{15}
mm						
0,315	6,0	5,6	2,9	6,3	1,27	3,06
0,316	6,3	6,0	2,8	6,3		
0,306	4,7	4,3	4,9	7,7	1,49	3,43
0,299	4,5	4,1	4,3	8,3		

tung, daß die chemische Reinheit, d. h. die Abwesenheit von unlösbaren Verunreinigungen im Raumgitter für die Kleinheit des Hystereseverlustes verantwortlich zu machen sei, trat daher zeitweilig allgemein die Auffassung, daß nur die
Gleichheit der Raumgitterorientierung bzw. die absolute Korngröße für die Verschiedenheit der Koerzitivkraft bzw. des Hystereseverlustes aller Materialien
herangezogen werden brauche.

Diese Vorstellungen des unmittelbaren Zusammenhanges zwischen
den magnetischen Eigenschaften und der absoluten Korngröße sind
dann aber durch neuere Arbeiten weitgehendst eingeschränkt worden.
So konnte Wolman[1] zunächst durch Vergleich eines polykristallinen
Weicheisens und eines aus demselben Material hergestellten Ein-
kristalls zeigen, daß der Einkristall zwar immerhin geringere, bei
geeigneter Beobachtungsmethode aber noch gut meßbare Werte
der Koerzitivkraft und des Hystereseverlustes besitzt (vgl. auch
W. Gerlach[2]). Sizoo[3] konnte an einem Elektrolyteisen (C = 0,024%,
Si = 0,014%, S = 0,012%) nachweisen, daß die Koerzitivkraft und die
Hystereseverluste mit steigender Korngröße zwar abnehmen, doch gingen
die Änderungen der Koerzitivkraft bei einer Variation der Korngröße wie
1 : 30 nicht über das Verhältnis 1 : 2 hinaus (vgl. Zahlentafel 97).

Zahlentafel 97. Magnetische Eigenschaften und Korngröße bei
Elektrolyteisen (Sizoo).

	Dehnung	Mittlere Länge der Kristalle	Koerzitiv-kraft $\mathfrak{H}_c$	Remanenz $\mathfrak{B}_r$	Maximal-permeabili-tät	Hysterese-verlust für $\mathfrak{B} = 10000$
	%	mm	Oersted	Gauß	μ_{max}	Erg/cm³
1	3	11	0,388	9460	8050	1485
2	4	7	0,400	9360	7680	1542
3	5	6,3	0,376	9460	8200	1480
4	7	2,7	0,407	9430	8050	1475
5	11	1,2	0,428	9450	7300	1710
6	13	0,7	0,462	9460	7550	1750
7	15	0,6	0,465	9360	6970	1740
8	20	0,3	0,515	9300	6850	1780

[1] Arch. Elektrot. **19**, 385 (1928). [2] Z. Phys. **39**, 327 (1926).
[3] Z. Phys. **51**, 557 (1928).

Bei siliziertem Material (0,01% C; 2,58% Si) fand O. v. Auwers[1] in einer ersten Arbeit, daß eine Abhängigkeit der magnetischen Eigenschaften von der Korngröße überhaupt nicht besteht, daß dagegen die bei der Wärmebehandlung vorhandenen Gase eine wesentliche Rolle spielen. Eichenberg und Oertel[2] bestätigen zwar die Ansicht von Yensen und Daeves in großen Zügen, doch kamen sie zu dem Schluß, daß große und gleichmäßige Körner wohl niedrige Wattverluste bedingen, daß aber der Einfluß der Korngröße leicht von anderen Einflüssen, insbesondere der Gase, überdeckt werden kann, so daß keine unbedingte Beziehung zwischen Wattverlusten und Korngröße besteht. Einen weiteren Beitrag lieferten M. v. Moos, W. Oertel und R. Scherer[3], nach denen nicht allein die absolute Größe des Gefüges, sondern ebenso die Güte der Gefügeausbildung maßgebend ist, d. h. die günstigsten Wattverluste werden nur bei einem möglichst gleichmäßigen, gut eingeformten Gefüge erreicht. Schließlich zeigte O. v. Auwers[4] nunmehr an Elektrolyteisen und Glühen im Vakuum, daß eine Abhängigkeit der Koerzitivkraft und der Hystereseverluste von der Kornzahl in ähnlicher Größe wie bei Sizoo nachzuweisen war. Diese Unterschiede ließen sich durch ein Glühen in einer Wasserstoffatmosphäre, d. h. durch Gasaufnahme fast zum Verschwinden bringen, traten jedoch bei einer nachfolgenden Entgasung wieder hervor. Der Einfluß des Gases steigt mit der Zahl der Körner. Zu ähnlichen Schlüssen kamen neuerdings auch W. S. Messkin und E. J. Pelz.

Vergleicht man alle obigen Versuchsergebnisse, so kommt man zu dem Schluß, daß ein gewisser Einfluß der Kornzahl auf die magnetischen Eigenschaften technischer Legierungen zweifelsohne vorhanden ist, indem die Koerzitivkraft und die Hystereseverluste mit steigender Korngröße abnehmen. Die besten magnetischen Eigenschaften werden dann erzielt, wenn ein gut eingeformtes, möglichst grobkristallines Gefüge vorliegt, während bei sehr feinem Korn die Wattverluste höher sind, und zwar wird man durch die Art der Gefügeausbildung mit Unterschieden von etwa 0,05 bis 0,1 W/kg rechnen können. Gleichzeitig ist jedoch auch die Biegezahl in dem grobkristallinen Material bedeutend schlechter. Mit O. v. Auwers und im Sinne der Spannungstheorie ist zu schließen, daß der Einfluß der Korngröße auf die Hystereseeigenschaften nur sekundärer Natur ist, indem mit der Korngröße die Verteilung schädlicher Oxyde und Karbide in den Korngrenzen geändert wird, während bei einem sehr reinen Werkstoff die Korngröße keine wesentliche Rolle spielen dürfte.

Über die technische Herstellung der Dynamo- und Transformatorenstähle sind in Kap. 10 noch einige Angaben zu finden.

---

[1] Z. techn. Phys. **6**, 578 (1925).   [2] Stahleisen **47**, 262 (1926).
[3] Stahleisen **48**, 477 (1928).   [4] Wiss. Veröff. Siemens-Konz. **7**, 1917 (1929).

3. Eisen-Aluminium- und Eisen-Silizium-Aluminium-Legierungen.

Der Einfluß des Aluminiums auf das metallurgische Verhalten und die magnetischen und elektrischen Eigenschaften des Eisens ist in großen Zügen der Wirkung des Siliziums ähnlich. Infolge der Vergrößerung des spezifischen elektrischen Widerstandes werden auch hier die Wirbelstromverluste herabgedrückt und ferner nehmen unter sonst gleichen Bedingungen der Zusammensetzung durch die Begünstigung des Zerfalls von Zementit in Graphit die Koerzitivkraft und die Hystereseverluste gegenüber einem unlegierten Material ab, doch ist die Wirkung des Al, den Kohlenstoff in Form von Graphit auszuscheiden, wesentlich weniger kräftig als die von Silizium.

Der Anstieg des spezifischen elektrischen Widerstandes mit der Konzentration läßt sich bis 4% Al nach Gumlich[1] durch die Formel darstellen

$$\varrho = 0,099 + 0,11\,p \text{ in Ohm pro m/mm}^2$$

(vgl. Abb. 250), wobei p den Gehalt in Gewichtsprozenten bedeutet. Er ist also praktisch ebenso groß wie im System Fe-Si. Die Abnahme der Dichte erfolgt nach der Formel

$$s = 7,865 - 0,117\,p,$$

die Änderung der Sättigungsmagnetisierung nach

$$4\,\pi J = 21640 - 570\,p,$$

aus der hervorgeht, daß Aluminium die Induktion um etwa 20% stärker herabsetzt wie ein gleicher Siliziumgehalt.

Die technische Brauchbarkeit binärer Eisen-Aluminium-Legierungen ist mehrfach untersucht worden, doch kamen alle Bearbeiter übereinstimmend zu dem Schluß,

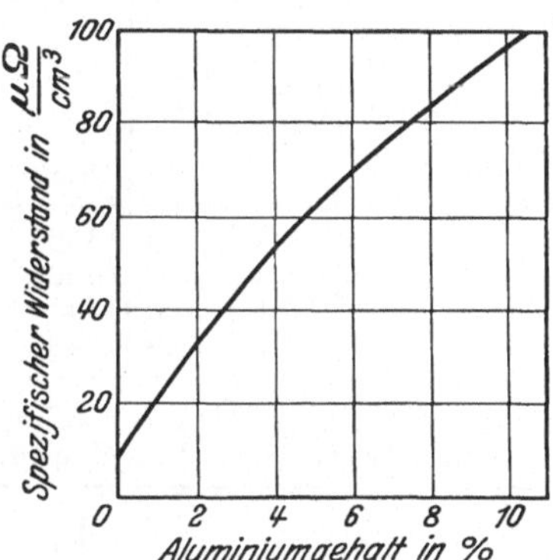

Abb. 250. Elektrischer Widerstand von Fe-Al-Legierungen (Gumlich).

daß außer der oben schon erwähnten relativ stärkeren Herabsetzung der Induktionen bei höheren Feldern auch in der Größe der Hystereseverluste die Al-Legierungen den Siliziumstählen durchaus nachstehen. Als Beispiel seien zunächst in Zahlentafel 98 die von Barret, Brown und Hadfield[2] erhaltenen Werte nach Anbringung einer Korrektion von Gumlich wiedergegeben, aus denen das Gesagte[3] deutlich hervorgeht. Auch Gumlich selber fand, daß die Anfangspermeabilität nicht in dem gleichen Maße erhöht wurde wie bei Siliziumzusatz und daß der Hystereseverlust stets größer sei als bei gleichlegierten Siliziumstählen. Selbst durch Schmelzen im Vakuum erreichen hochprozentige Aluminiumlegierungen, wie aus Zahlentafel 107 nach M. Fucuda zu ersehen ist, nicht die magnetischen Eigenschaften der unter den gleichen Verhältnissen in Blech- noch in Stabform hergestellten Siliziumlegierungen.

Eigentümlich ist das Verhalten der Remanenz, die nach Gumlich mit steigendem Al-Gehalt mehr und mehr abnahm, und bei einer Legierung mit 10,7% Al nur noch etwa 1550 betrug, während entsprechend der schrägen Magnetisierungsschleife die Maximalpermeabilität auf 1000 gesunken war. Es deuten diese Erscheinungen zweifellos auf das Vorhandensein einer inneren Entmagnetisierung durch Oxydhäute (Al_2O_3) zwischen den Kristalliten hin, die auch das sonstige nur mittelmäßige Verhalten der Legierungen erklären würde.

---

[1] Stahleisen **39**, 905 (1919).   [2] ETZ **6**, 101 (1902).
[3] Vgl. auch Richardson, S. W., u. L. Lownds: Phil. Mag. **50**, 601 (1925).

Erschwerend fallen bei den Eisen-Aluminium-Legierungen noch die etwas größeren Umstände der Herstellung ins Gewicht, da Aluminium ein geringes spezifisches Gewicht und eine niedrige Schmelztemperatur besitzt. Das Auswalzen ist nach Gumlich bis zu Aluminiumgehalten von 10% möglich, erfordert jedoch gewisse Vorsicht. Legierungen höher als 13% Al lassen sich wegen ihrer großen Härte und Sprödigkeit nicht bearbeiten. In Hinblick auf den ebenfalls höheren Preis des Aluminiums dürfte daher eine Verwendung binärer Fe-Al-Legierungen für Zwecke der Elektrotechnik nicht in Frage kommen.

Zahlentafel 98. Magnetische Eigenschaften der von Barret, Brown und Hadfield untersuchten Eisen-Aluminium-Legierungen.

Zusammensetzung			Widerstand ϱ in $\mu\,\Omega/\mathrm{cm}^3$		Magnetische Eigenschaften							
C	Si	Al	nicht ange-lassen	ange-lassen	$\mathfrak{B}$ für $\mathfrak{H}=45$	Rema-nenz $\mathfrak{B}_r$	Rema-nenz korri-giert	Koer-zitiv-kraft $\mathfrak{H}_c$ Oersted	μ für $\mathfrak{H}=8$	μ_{max}	Hyste-rese-verlust	Stein-metz-scher Koeffi-zient
%	%	%			Gauß	Gauß					Erg/cm³	η
0,17	0,10	0,75	24,8	22,0	16500	8000	11000	2,00	1517	2700	11620	0,0021
0,24	0,18	2,25	46,3	39,0	16500	7620	11300	1,87	1620	2950	10960	0,0019
0,22	0,20	5,50	78,1	70,0	13410	3480	4500	1,43	1095	1550	6825	0,0017
0,03	0,14	—	11,1	10,9	17480	7120	10600	1,66	1560	3100	11090	0,0018

Zahlentafel 98a. Magnetische Eigenschaften vakuumgeschmolzener Eisen-Aluminium-Legierungen in Blech- und Stabform (Fucuda).

Material	Stab oder Blech	Glüh-tempe-ratur ⁰ C	Maximal-perme-abilität μ_{max}	Rema-nenz $\mathfrak{B}_r$ Gauß	Koer-zitiv-kraft $\mathfrak{H}_c$ Oersted	Hyste-rese-verlust für $\mathfrak{B}=10000$
Elektrolyteisen + 4,55% Al	Stab	900	14400	9600	0,42	1304
„ + 4,55% Al	Stab	1100	19800	8800	0,27	985
„ + 4,55% Al	Blech	930	~4500	6160	0,60	1620
„ + 4,55% Al	Blech	850	~5700	7000	0,46	—
„ + 7,95% Al	Stab	900	3800	4500	0,80	2350
„ + 7,95% Al	Stab	1100	3060	3140	0,80	2065
„ + 7,95% Al	Blech	850	6600	4400	0,45	—
„ + 7,95% Al	Blech	925	5500	7300	0,56	1735

Wesentlich anders scheinen nun aber die Verhältnisse bei den ternären Eisen-Silizium-Aluminium-Legierungen zu liegen, die ganz kürzlich von F. Wever und H. Hindrichs[1] untersucht worden sind, und für die in bestimmten Konzentrationsbereichen im Hystereseverlust eine deutliche Verbesserung gegenüber den reinen Siliziumstählen gefunden wurde. Als Beispiel seien in Zahlenfafel 99 die Verlustziffern und Induktionen einer betriebsmäßig hergestellten Legierung mit 1,34% Si und 0,59% Al wiedergegeben, aus denen die Gütesteigerung — während die Induktionen nach Normblatt DIN 6400 (vgl. S. 72) den Werten für niedriglegierte Stähle entsprechen, liegen die V_{10}-Ziffern unter den Grenzwerten für mittellegierte Bleche — deutlich zu erkennen ist.

---

[1] Mitt. K. W. I. f. Eisenforschung 13, 273 (1931).

Zahlentafel 99. Magnetische Eigenschaften eines Aluminium-Siliziumstahles (1,34% Si, 0,59% Al) nach Wever und Hindrichs.

Blech-dicke	Wattverluste W/kg		Induktion in Gauß				Biegezahl	
	V_{10}	V_{15}	$\mathfrak{B}_{25}$	$\mathfrak{B}_{50}$	$\mathfrak{B}_{100}$	$\mathfrak{B}_{300}$	quer	längs
0,35	1,68	4,63	14900	16030	17330	19930	33	31
0,35	1,67	4,55	15050	16250	17450	19850	37	53
0,50	1,93	4,93	15130	16230	17430	19930	35	39

Nach Wever und Hindrichs ist dieser verbessernde Einfluß physikalisch auf die zusätzliche Desoxydation der Schmelze zurückzuführen. Während nämlich die sauerstoffbindende Wirkung des Siliziums mit steigender Temperatur abnimmt, ist der gleiche Effekt beim Aluminium von der Temperatur unabhängig und daher dem Silizium um so mehr überlegen, je höher das Schmelzgut überhitzt ist. Gleichzeitig ist auch die desoxydierende Wirkung des Al an sich größer, und so werden kleine Zusätze zu einem vorher mit Silizium unvollständig desoxydierten Stahl genügen, um den gesamten restlichen Sauerstoff der Schmelze an sich zu ziehen. Als ein weiterer Vorteil kommt noch hinzu, daß Tonerde und Kieselsäure zusammen ein tiefschmelzendes Silikat bilden, das wesentlich leichter an die Schlacke abgegeben wird als beiden Oxyde allein, so daß die Menge der oxydischen Einschlüsse im Gefüge insgesamt verringert wird.

Weitere Erfahrungen über diese Legierungen liegen noch nicht vor. Es ist nur noch festgestellt, daß bei 4%igen Si-Legierungen ein Zusatz von höchstens 0,25% Al die Primärkristallisation der Blöcke verbessert.

4. Gußeisen.

An Stelle des teueren Stahlgusses findet als Baustoff für die Magnetgestelle der Dynamomaschinen vielfach auch Gußeisen Verwendung, das bis zu 3% C und bis zu mehreren Prozent andere Beimengungen, wie Si, Al, Mn, P usw. enthält. Bei ihrem geringen spezifischen Gewicht nehmen diese Beimengungen erheblichen Raum ein, so daß aus diesem Grunde schon eine Herabsetzung der Magnetisierbarkeit stattfindet. Das Gußeisen stellt somit im Vergleich zu Eisen ein minderwertiges Material dar. Umgekehrt besitzt es aber auch dem Stahl gegenüber erhebliche Vorteile, die hauptsächlich in seiner Billigkeit und infolge des niedrigen Schmelzpunktes bequemen Formgebung begründet liegen.

Die physikalischen Eigenschaften des Gußeisens hängen ebenso wie die der anderen technischen Eisenlegierungen einmal von der gesamten chemischen Zusammensetzung, dann aber hier insbesondere von der Zustandsform des Kohlenstoffs ab, und zwar, infolge des viel größeren Kohlenstoffgehaltes, in einem weit höheren Grade als bei den einfachen Eisenlegierungen. Man kann sogar sagen, daß die Wirkung der verschiedenen Elemente, die in Gußeisen absichtlich oder unabsichtlich enthalten sind, sich im wesentlichen danach richtet, was für einen Einfluß sie auf die Form und Ausbildung des Kohlenstoffs ausüben. Aus diesem Grunde ist es auch nicht möglich, einen unmittelbaren Zusammenhang zwischen dem Gesamt-Kohlenstoffgehalt des Gußeisens und seinen magnetischen und elektrischen Eigenschaften anzugeben. Vielmehr ist es wichtig, das Verhältnis vom gebundenen Kohlenstoff (als Zementit, sowohl frei als auch als Zementit des Ledeburits) zum elementaren Kohlenstoff zu kennen, wobei der letztere wiederum entweder als Graphit oder als Temperkohle (vgl. unten S. 340) ausgeschieden sein kann.

Entsprechend der Zustandsform des Kohlenstoffs wird das Gußeisen in 3 Hauptarten unterteilt, und zwar in

1. weißes Gußeisen,

2. graues Gußeisen, und

3. Temperguß, das ein nach dem Gusse durch ein besonderes Glühverfahren entkohltes bzw. in seiner Kohlenstofform umgewandeltes Gußeisen darstellt.

Die metallographischen Unterschiede der einzelnen Gußeisensorten sind bereits oben betrachtet und durch die typischen Gefügebilder (Abb. 70 bis 75) belegt worden.

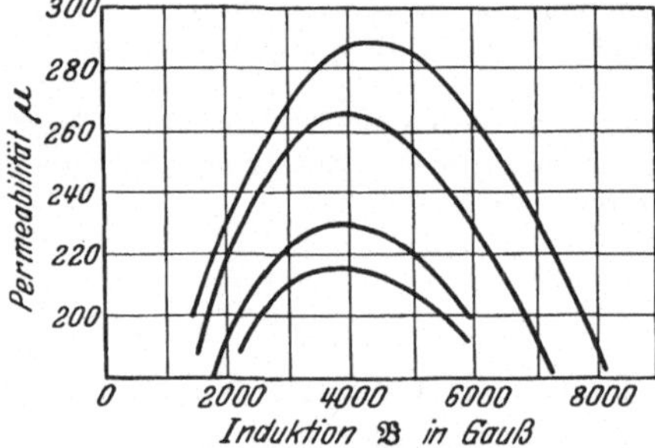

Abb. 251. Permeabilitätskurve von Maschinenguß.

Für die Verwendung im Elektromaschinenbau verhalten sich die beiden ersteren Sorten, deren speziell für magnetische Zwecke bestimmte Qualitäten auch als Maschinenguß bezeichnet werden, wegen ihres hohen Gehaltes an Beimengungen in ihrer Magnetisierbarkeit wesentlich schlechter als der Temperguß, wobei jedoch das graue Gußeisen wieder besser ist als das weiße.

Eine Übersicht über die erzielbaren magnetischen Eigenschaften vom Maschinenguß vermittelt Zahlentafel 100, die die Induktions- und Permeabilitätswerte eines weißen Gußeisens nach den Messungen von Gumlich enthält und außerdem Abb. 251, in der die Permeabilitätskurven[1] verschieden harter Gußeisenstücke wiedergegeben sind. Die Betrachtung dieser Werte zeigt, daß sich das weiße Gußeisen, das nach verhältnismäßig rascher Abkühlung aus dem Guß kommt und aus Zementit, Perlit und Ledeburit besteht, den ganzen Kohlenstoff also in gebundener Form enthält, im ungeglühten Zustand eine erhebliche magnetische Härte besitzt, die sich dem Kohlenstoffstahl mit etwa 1% annähert. Aus der gleichen Zahlentafel ist dann zu ersehen, daß nach dem Glühen die magnetischen Eigenschaften sich in nicht unerheblicher Weise verbessern lassen.

Durch das Glühen hat sich die Menge des als Fe_3C vorhandenen Kohlenstoffs stark verringert und der C-Gehalt wird nunmehr zum größten Teil als elementarer

---

[1] Vgl. E. H. Crapper: Engg. 117, 816 (1924).

Kohlenstoff ausgeschieden. In dieser Form hat aber der C seine hauptsächlichste schädigende Wirkung auf die Koerzitivkraft verloren, was vor allem darauf zurückzuführen ist, daß die Verbindung zwischen den Graphit- bzw. Temperkohleteilchen und der übrigen Grundmasse keine sehr innige ist (vgl. die verhältnismäßig geringen Festigkeitseigenschaften), so daß die zum Vorhandensein der Koerzitivkraft notwendige innere Verspannung geringer ist als zwischen der Grundmasse und in ihr eingebetteten Zementitteilchen. Aus diesem Grunde besitzt auch das graue Gußeisen, das durch langsame Abkühlung während des Gießens entsteht und den C von vornherein in elementarer Form ausgeschieden hält, stets eine erheblich höhere Permeabilität und geringere Koerzitivkraft als das weiße.

Nach der deutschen Normung sollen die Induktionswerte bei höheren Feldstärken eines Maschinengusses (Güteklasse Ge 12,91 D) betragen

Amp Wind/cm	25	50
Induktion $\mathfrak{B}$	1000	8500

Als Festigkeitswerte kann man dabei etwa folgendes annehmen

Zugfestigkeit: 12 kg/mm²
Biegefestigkeit 24 kg/mm²
Brinellhärte: 140—160

Zahlentafel 100. Induktions- und Permeabilitätswerte eines weißen Gußeisens mit 3,109% C; 3,270% Si; 0,560% Mn; 1,050% P; 0,061% S nach Gumlich.

	ungeglüht		geglüht	
$\mathfrak{H}$	$\mathfrak{B}$	μ	$\mathfrak{B}$	μ
2,5	235	94	900	99,5
5	570	114	2950	73,5
10	1960	196	5150	59,6
20	4700	235	6820	42,7
50	7520	150	8620	28,3
100	9320	93,2	9950	16,2
150	10500	70,0	11020	9,06
300	12550	41,8	11920	5,18
1000	15900	15,9	16200	4,06
$\mathfrak{B}_R$	5100		5300	
$\mathfrak{H}_c$	11,4		4,6	
μ_{max}	240		620	

Der Einfluß der verschiedenen, dem Maschinenguß zugesetzten Legierungselemente[1] äußert sich nun wie ersichtlich in magnetischer Beziehung nach zwei Richtungen hin, und zwar einmal verschlechternd, indem die an sich schon geringe Sättigungsmagnetisierung und die erzielbaren Induktionen bei hohen Feldstärken noch herabgesetzt werden, ein andermal günstig, indem durch die Wirkung bestimmter Zusätze die Stabilität des Zementits verringert und die Absonderung des Kohlenstoffs in dem magnetisch harmloseren Graphit befördert werden kann, wodurch die Induktionen bzw. Permeabilitäten wieder zunehmen. Durch die Wahl geeigneter Legierungselemente handelt es sich daher darum, zwischen den widerstreitenden Bedingungen einen Kompromiß zu finden.

Als Beispiel für die Wirkung von Zusätzen diene die Zahlentafel 101, in der die magnetischen und elektrischen Eigenschaften von mit verschiedenen Elementen legiertem Gußeisen nach den neuzeitlichen um-

---

[1] Vgl. Reusch: Stahleisen **1902**, 1196; Parshal: Min. Proc. Inst. Civ. Engs. **1895/96**, 220; Nathusius: Stahleisen **1905**, 99, 164 u. 290; Schweitzer: ETZ **1901**, 363; Goltze: Gieß.-Zg. **1913**, 1, 39 u. 71.

Zahlentafel 101. Einfluß verschiedener Legierungselemente auf die magnetischen und elektrischen Eigenschaften des Gußeisens (Partridge).

Einfluß von	Bezeichnung	Gesamt C %	Graphit C %	Si %	Mn %	Al %	Cr %	Ni %	P %	Co %	Behandlung	$\mathfrak{B}_{max}$ für $\mathfrak{H}=100$	Permeabilität μ_{max}	$\mathfrak{H}$ für μ_{max}	Remanenz	Spezif. Widerstand $\mu\Omega/cm^3$
Silizium	1	2,77	0,89	0,60	0,015	—	—	—	—	—	Gußzustand	9977	264,0	15,1	5025	46,8
	2	2,79	0,65	0,807	Spuren	—	—	—	—	—	„	9678	237,0	16,2	4733	50,66
	3	3,11	2,87	1,43	0,024	—	—	—	—	—		11480	481,5	8,0	5124	47,73
	4	2,95	2,60	1,97	0,025	—	—	—	—	—	15 Min. bei	11644	497,0	8,0	5523	57,15
	5	2,74	2,28	2,26	0,020	—	—	—	—	—	900° geglüht	11747	549,0	6,9	4578	60,95
	6	2,675	2,42	2,46	Spuren	—	—	—	—	—		11900	737,0	7,8	4724	61,59
	8	2,70	1,24	2,41	0,04	—	—	—	—	—	Gußzustand	11090	271,6	16,0	4667	74,35
	9	2,58	1,48	2,745	0,035	—	—	—	—	—	„	10833	253,0	16,0	4431	85,41
	10	2,54	1,19	4,165	0,035	—	—	—	—	—	„	10540	254,0	14,0	4060	111,50
	11	3,06	1,71	2,54	0,020	—	—	—	—	—	„	10190	230,0	16,4	4300	—
	12	2,97	1,72	2,87	0,030	—	—	—	—	—	„	10100	218,0	16,4	4290	—
	13	2,97	1,80	3,41	0,032	—	—	—	—	—	„	9845	213,0	15,2	3800	—
	14	2,76	1,88	4,76	0,053	—	—	—	—	—	„	9455	193,0	20,48	2900	—
	15	2,61	2,52	6,04	0,085	—	—	—	—	—	„	9200	1021,0	2,25	2900	—
	16	2,40	2,30	7,38	0,095	—	—	—	—	—	„	8935	383,0	5,88	1650	—
Mangan	M 1	2,64	1,29	1,724	0,235	—	—	—	—	—	Gußzustand	10900	264,0	15,0	4950	61,94
	M 2	2,82	1,44	1,736	0,630	—	—	—	—	—	„	11225	260,0	17,2	4960	59,36
	M 3	2,69	1,20	1,727	1,070	—	—	—	—	—	„	11016	241,2	20,2	5420	59,40
	M 4	2,73	1,32	1,705	1,49	—	—	—	—	—	„	10240	234,0	16,6	5090	64,95
	M 5	2,65	—	1,466	2,66	—	—	—	—	—	„	8420	160,0	30,0	4600	66,50
Aluminium	A 1	3,09	0,03	0,047	Spuren	0,31	—	—	—	—	15 Min. bei	10530	319	13,2	5900	38,47
	A 2	3,05	0,09	0,047	„	0,62	—	—	—	—	900° geglüht	10510	289	15,0	5660	47,44
	A 3	2,84	1,50	0,046	„	1,03	—	—	—	—		9980	245	18,0	4940	88,47
	A 5	2,56	0,65	0,045	„	1,23	—	—	—	—	Gußzustand	9780	125,5	42,75	3970	69,56
	A 6	2,60	1,18	0,046	„	3,00	—	—	—	—	„	7950	105,2	38,5	4170	89,76
	A 7	3,61	2,26	0,03	„	0,865	—	—	—	—	„	9450	196	19,88	3850	—
	A 9	3,63	2,15	0,03	„	1,52	—	—	—	—	„	9155	199	16,20	3850	—

Aluminium	A10	3,52	1,89	0,02	„	2,23	—	—	—	—	„	8750	165	20,56	3580	—
	A11	3,64	2,30	0,023	„	2,50	—	—	—	—	„	8440	158	18,12	3500	—
	A12	3,50	1,91	0,025	„	2,83	—	—	—	—	„	8140	134	26,0	3040	—
	A13	3,61	2,25	0,018	„	3,60	—	—	—	—	„	7260	109	32,36	3410	—
	A14	3,42	1,85	0,02	„	4,09	—	—	—	—	„	6660	87	41,30	3210	—
Chrom	C 1	2,59	1,38	2,632	0,02	—	0,63	—	—	—	Gußzustand	9925	231	15,1	4460	90,63
	C 2	2,42	1,48	3,627	Spuren	—	1,06	—	—	—	„	10970	330	13,1	5150	—
	C 3	2,45	1,39	3,116	0,015	—	1,79	—	—	—	„	9920	229,7	17,4	4160	113,5
	C 6	2,10	—	1,71	0,01	—	7,51	—	—	—	„	6120	80,0	45,0	3310	64,6
Nickel	N 3	2,56	1,4	1,30	0,025	—	—	12,35	—	—	Gußzustand	419	4,6	60	—	115,9
Phosphor	F	2,20	1,61	2,57	2,04	—	—	10,00	1,96	—	Gußzustand	377	3,8	60	—	88,7
Kobalt	Co1	2,76	1,48	2,18	0,045	—	—	—	—	1,86	Gußzustand	10600	231	16,2	4700	—
	Co2	2,91	1,34	0,905	0,020	—	—	—	—	6,51	„	10340	206	20,3	5240	—
	Co4	2,36	1,11	0,66	0,010	—	—	—	—	19,90	„	13095	266	20,0	6000	—
	Co5	2,20	1,37	0,65	0,010	—	—	—	—	23,33	„	13440	286	21,3	6100	—

fangreichen Untersuchungen von J. H. Partridge[1] wiedergegeben sind, wobei die Proben zunächst im rohgegossenen Zustande unterlagen. Zahlentafel 101a gibt dieselben Werkstoffe nach einer thermischen Behandlung wieder. Bei der Angabe der chemischen Analyse ist der Kohlenstoffgehalt unterteilt in Gesamtkohlenstoffgehalt und als Graphit ausgeschiedenen Anteil.

Die Betrachtung der beiden Zahlentafeln (101 und 101a) bestätigt das oben angedeutete und zeigt, daß nach der Wärmebehandlung bei den meisten Proben die magnetische Induktion und die Permeabilität unter gleichzeitiger Verringerung der Koerzitivkraft und der Hystereseverluste beträchtlich ansteigen. Andererseits aber tritt nach der Wärmebehandlung auch der Einfluß verschiedener Elemente deutlich hervor. Und zwar ist dort, wo der graphitisierende Einfluß eines Elements auf den Kohlenstoff überwiegt, stets eine Verbesserung der magnetischen Eigenschaften zu beobachten, während im Gegenfall[2] die magnetischen Eigenschaften sich stets verschlechtern.

---

[1] Engg. **120**, 402 (1925); J. Iron Steel Inst. **2**, 191 (1925): vgl. auch Stahleisen **46**, 112—14 (1926); ETZ **39**, 1428 (1927). Siehe auch J. H. Partridge: Carnegie Schol. Mem. Iron Steel Inst. **17**, 157—90 (1928).

[2] Unter „unmittelbarem Einfluß" wird die Beeinflussung nicht der Kohlenstofform, sondern der Grundmasse verstanden.

Zahlentafel 101a. Magnetische Eigenschaften verschiedener Gußeisensorten nach thermischer Behandlung.

Bezeich-nung[1]	Behandlung[2]	$\mathfrak{B}$ für $\mathfrak{H}=100$ Gauß	Koer-zitiv-kraft $\mathfrak{H}_c$ Oersted	Hysterese-verlust Erg/cm³ pro Zyklus	Watt-verlust W/kg	Rema-nenz $\mathfrak{B}_r$ Gauß
1		10170	—	—	—	—
2		9810	12,7	34080	46,3	—
3	Bei 875⁰ geglüht,	11060	9,8	27680	34,9	—
4	mit 30⁰/sek bis	11320	8,5	26120	34,2	—
5	675⁰ abgekühlt,	11480	7,0	23860	31,3	—
6	dann Ofenabküh-	11430	6,5	18850	24,9	—
8	lung	11690	—	—	—	—
9		11570	7,6	20120	26,3	—
10		11960	3,5	8700	11,4	—
11		10000	12,7	32435	42,5	—
12		10000	13,1	32900	43,1	—
13		10000	12,0	28700	37,6	—
14		10000	9,8	22840	29,9	—
M 1		11160	—	—	—	5550
M 2	Bei 875⁰ geglüht	11400	9,5	28200	36,8	5930
M 3	und langsam	11180	11,0	29550	39,6	5800
M 4	abgekühlt	10560	12,0	31600	41,3	5440
M 5		8520	20,0	35000	45,8	4760
A 1		10700	9,9	28000	36,7	6210
A 2	Bei 875⁰ geglüht	10540	13,0	36210	47,3	5990
A 3	und	10370	12,4	36100	47,1	5760
A 5	langsam abgekühlt	13470	3,4	9000	11,8	4800
A 6		12850	2,7	7100	9,3	4600
A 7		9600	13,4	31750	41,5	—
A 9		9100	12,7	30335	39,8	—
A 10		8800	14,4	30810	40,3	—
A 11		8500	14,8	31880	41,8	—
A 12		8100	18,4	39790	52,1	—
A 13		—	—	—	—	—
A 14		6700	24,6	41540	54,4	—
C 1	Bei 875⁰ geglüht	—	11,8	31130	41,5	5550
C 2	und	—	10,0	29000	38,1	5290
C 3	langsam abgekühlt	—	8,7	24000	31,4	4960
C 6		—	33,0	45350	59,4	3350
N 3	Bei 875⁰ geglüht und	3140	57	—	—	1330
F	langsam abgekühlt	3280	46	—	—	1630

Die Gruppen sind im Kopf der Behandlungsspalte mit Silizium (1–14), Mangan (M), Aluminium (A), Chrom (C) und Phosph. Nickel (N 3, F) bezeichnet.

[1] Die Bezeichnungen entsprechen den in Zahlentafel 101 angegebenen Zusammensetzungen.

[2] Wo nicht besonders angegeben ist, beziehen sich die Werte auf rohgegossenes Eisen.

Als günstigstes Zusatzelement erscheint Silizium, das die Graphitabscheidung weitgehend fördert. Es erhöht die Induktion und die Maximalpermeabilität, die zudem im angelassenen Zustande mehr als doppelt so groß ist, wie im rohgegossenen. Ausnehmend gute Eigenschaften in bezug auf Koerzitivkraft und Hystereseverlust zeigt die siliziumhaltige Probe 10. Bei höheren Gehalten an Si tritt dann wieder eine beträchtliche Abnahme der Induktion und eine Verringerung der Remanenz auf. Etwas unübersichtlicher ist der Einfluß des Aluminiums. Im Rohguß verringert Al die magnetische Induktion und die Permeabilität. Beim Anlassen ist bei Gehalten bis 1% Al dieser verschlechternde Einfluß ebenfalls noch vorhanden. In Gehalten von 1 bis 3% steigert nach Partridge dagegen Al die Induktion und die Permeabilität erheblich, unter gleichzeitiger Abnahme des Hystereseverlustes, wie die Proben A_5 und A_6 zeigen, in denen auch nach dem Anlassen die Menge des elementaren Kohlenstoffs erheblich vergrößert gefunden wurde.

Mangan, Chrom und Nickel (auch Wolfram) scheinen zwar geeignet, eine etwas höhere magnetische Induktion hervorzurufen, doch wirken sie im Gegensatz zu Si und Al erschwerend auf die Graphitbildung ein, erhöhen deswegen die Koerzitivkraft und den Hystereseverlust und machen das Gußeisen magnetisch hart.

Durch Abschrecken von Rotglut kann diese Wirkung noch gesteigert werden, so daß sich ein Gußeisen mit Zusätzen von Cr, Mn, W usw. auch als Werkstoff für permanente Magnete verwenden läßt. Einige Beispiele gehen aus der Zahlentafel 101a ohne weiteres hervor.

Der Zusatz von Kobalt zum Gußeisen ruft ebenso wie beim Stahl eine hohe Induktion hervor, während Phosphor bis zu einem gewissen Gehalt die magnetischen Eigenschaften nicht zu beeinflussen scheint.

Der spezifische elektrische Widerstand des Gußeisens ist abhängig von dem Graphitgehalt und zeigt verhältnismäßig hohe Werte.

Nach den Schätzungen von Partridge entspricht einem Graphitgehalt von 1% eine Widerstandszunahme von etwa 6 bis 9 $\mu\,\Omega$/cm³. Noch stärker ist der Einfluß des Graphits auf den Widerstand nach den Angaben von H. Pinsl[1], der rechnerisch eine Widerstandserhöhung durch 1% Graphit von 14,4 Mikroohm und experimentell eine solche zwischen 10 und 20 Mikroohm gefunden hat. Unter sonst gleichen Verhältnissen übt ferner der Graphit einen minimalen Einfluß auf den Widerstand aus, wenn er in fein eutektischer Ausbildung vorliegt. Dagegen wird sein Einfluß stark bei vollständiger Abscheidung als grobblätteriger Graphit. Der als Fe_3C gebundene Kohlenstoff wirkt am stärksten in sorbitischer Form. Ebenso stark wird der Widerstand auch durch freien Zementit und Ledeburit erhöht[1].

---

[1] Die Frage, ob gebundener Kohlenstoff stärker als der Graphit wirkt oder umgekehrt, ist bis jetzt noch nicht sicher beantwortet. Nach Pinsl läßt sich mit Ledeburit wohl ein höherer Widerstand als bei der grauen Erstarrung, aber ein

Der Temperaturkoeffizient des Widerstandes für gewöhnliches Gußeisen wurde von Dawson[1] zu etwa 0,0019 ermittelt.

Zahlentafel 102. Einfluß des Siliziums auf den spezifischen elektrischen Widerstand des Gußeisens (Pinsl).

Gruppe	Si %	Gebund. C %	Graphit C %	Mn %	P %	Spezifischer Widerstand ϱ in $\dfrac{\mu\,\Omega}{cm^3}$
I	0,77	0,82	2,37	0,63	0,32	45,2
II	1,30	0,87	2,49	0,67	0,31	63,9
III	1,81	0,70	2,47	0,75	0,67	72,5
IV	2,29	0,66	2,34	0,97	0,52	80,6

Durch zugesetzte Elemente wird der elektrische Widerstand noch gesteigert, insbesondere dann, wenn diese Elemente die Graphitbildung befördern. Für den wichtigsten Legierungsbestandteil Silizium ist die quantitative Wirkung der Widerstandserhöhung aus Zahlentafel 102 nach H. Pinsl[2] zu ersehen. Aus dieser ergibt sich eine Widerstandssteigerung pro Prozent Silizium zwischen der ersten und zweiten Gruppe um 35 Mikroohm und von Gruppe 2 ab bei Berücksichtigung des Mangangehaltes von 14 Mikroohm. Es hängen jedoch diese Zahlen noch von verschiedenen anderen Umständen, vor allem der Gefügeausbildung, ab[3], und ist ferner zu bemerken, daß sie sich nur auf Materialien beziehen, die nicht oberhalb 700° erwärmt sind, da oberhalb dieser Grenzen des Temperprozesses eine erhebliche Verringerung auch des elektrischen Widerstandes einsetzt[4].

Die wichtigste und für die Verwendung im Elektromaschinenbau aussichtsreichste Gußeisenart ist schließlich der Temperguß. In ihm wird nach dem Gusse durch eine Glühbehandlung entweder eine Zersetzung des Eisenkarbids statt in Roheisengraphit in Temperkohle hervorgerufen, die eine äußerst feine Verteilung[5] des Graphits darstellt und wegen dieser feinverteilten Form sowohl auf die mechanischen und elektrischen als auch auf die magnetischen Eigenschaften von anderem Einfluß ist als der grobblättrige Graphit des gewöhnlichen Grau-

---

geringerer als bei mittlerer oder grober Graphitausbildung erzielen. Andererseits ist nach Peirce (Proc. Amer. Acad. 46, 202) mit dem gebundenen Kohlenstoff immer ein höherer Widerstand (bis zu 104 Mikroohm) als mit dem graphitischen Gußeisen (bis zu 75 Mikroohm) zu erreichen.

[1] Foundry Trade J. **29**, 444. Siehe auch Gieß.-Zg. **25**, 379 (1928).

[2] Vgl. Gieß.-Zg. **25**, 73—83 (1928).

[3] Vgl. Rep. Brit. Cast Iron Res. Assoc. **1925**, Nr. 6; **1927**, Nr. 15.

[4] Wird ein temperaturbeständiges Gußeisen gewünscht, so wird ein solches mit der Zusammensetzung: 2,5% Gesamtkohlenstoff, 1% (oder weniger) Silizium, 0,2% Mangan und 0,1% Phosphor vorgeschlagen, das auch bei längerem Glühen verhältnismäßig beständig ist.

[5] Wüst, F., u. C. Geiger: Stahleisen **1905**, 1134 u. 1196; Debye, P., u. P. Scherrer: Physik. Z. **18**, 291—301 (1917); Kohlschütter, V.: Z. anorg. u. allg. Chem. **105**, 35—68 (1918); Jokibe, K.: Stahleisen **1922**, 1619; Wever, F.: Mitt. Eisenforsch. **4**, 81 (1922); Lissner u. Horny: Stahleisen **45**, 1297—1301 (1925).

gusses oder es wird außerdem der Kohlenstoff durch Oxydation aus dem Stücke mehr oder weniger entfernt.

Als Hauptgruppen des Tempergusses haben wir demgemäß folgende zwei Sorten zu unterscheiden:

1. Temperguß mit weißer Bruchfläche, auch „europäischer" Temperguß genannt, durch Glühen in oxydierender Atmosphäre hergestellt und im Gefüge je nach der Entkohlung Perlit, Ferrit und Temperkohle enthaltend (Abb. 74).

2. Temperguß mit schwarzer Bruchfläche (Abb. 75), „Schwarzguß" oder „amerikanischer" Temperguß.

Die oxydierende Atmosphäre beim Glühfrischen des europäischen Temperguß wird durch Einpacken des Stückes in Eisenerz erreicht. Die Glühtemperatur beträgt 850⁰ bis 1050⁰. Da die Entkohlung nur langsam fortschreitet, so ist der Prozeß in bezug auf die Größe der Stücke erheblich begrenzt und findet gewöhnlich nur Anwendung, wenn es sich um etwa 10 mm Tiefe handelt. Der „amerikanische" Temperguß wird dagegen durch Glühen in einer neutralen Atmosphäre hergestellt, in der keine Entkohlung stattfinden kann. Durch das Glühen bei hoher Temperatur und durch einen höheren Siliziumgehalt wird jedoch hier eine möglichst völlige Umwandlung des Eisenkarbides in reinen Ferrit und Temperkohle durchgeführt. Das in diesem Falle aus reinen Ferritkörnern und Temperkohle bestehende Gefüge ist in der obigen Abb. 75 wiedergegeben.

Eine Abart des amerikanischen Tempergusses stellt ferner der sogenannte „Schwarzkernige" („black heart" oder „Bilderrahmenguß") Temperguß dar, dessen Bruch einen hellen Rand aufweist, der mehr oder weniger scharf in einen tiefschwarzen Kern übergeht. Das Gefüge besteht in diesem Falle am Rand aus Ferrit mit einem vom Rand zum Kern zunehmenden Kohlenstoffgehalt, während die Mitte, wie beim üblichen Schwarzguß, aus Ferrit und Temperkohle besteht. Zwischen diesen Gruppen kommen auch weiterhin alle möglichen Übergangsformen vom schwarzen zum weißen Bruchaussehen vor.

Die chemische Zusammensetzung des Tempergusses ist je nach dem zu seiner Herstellung gebrauchten Verfahren und dem Verwendungszweck sehr verschieden, wobei es jedoch prinzipiell darauf ankommt, daß das Eisen im Gusse weiß erstarrt ist. Im allgemeinen kann man vor dem Tempern etwa mit folgenden Grenzen rechnen:

	Gesamt C %	Si %	Mn %	P %	S %
Europäischer Temperguß	3,2—3,7	0,6—0,8	0,1—0,3	0,05—0,12	0,03—0,25
Schwarzguß	2,4—2,6	0,8—1,2	0,3	0,05—0,1	0,05

aus denen die im Verhältnis zum gewöhnlichen Gußeisen wesentlich geringere Menge von Beimengungen zu ersehen ist.

Entsprechend der vom Rand nach innen fortschreitenden Entkohlung ist beim europäischen Temperguß die Höhe des Kohlenstoffgehalts nach dem Tempern von der Randentfernung abhängig und beträgt von 0,2% (am Rand) bis 2% (in der Mitte). Aber auch beim amerikanischen Temperguß tritt gewöhnlich eine geringe Randentkohlung ein.

Den verschiedenen Arten des Tempergusses entsprechen ganz verschiedene magnetische Eigenschaften, die wegen der geringeren Beimengungen jedoch insgesamt besser sind als die des gewöhnlichen Gußeisens. Die besten Werte hinsichtlich einer möglichst geringen Koerzitivkraft und hoher Permeabilität zeigt der reine Schwarzguß, die schlechtesten dagegen der weiße Temperguß, während der schwarzkernige eine mittlere Stellung einnimmt, wobei sich seine Eigenschaften jedoch mehr denen des Schwarzgusses nähern.

Abb. 252 stellt die Magnetisierungskurve bzw. Hystereseschleife eines europäischen Tempergusses nach den Messungen des Verfassers dar. Die daraus abzulesenden Hauptwerte sind wie folgt:

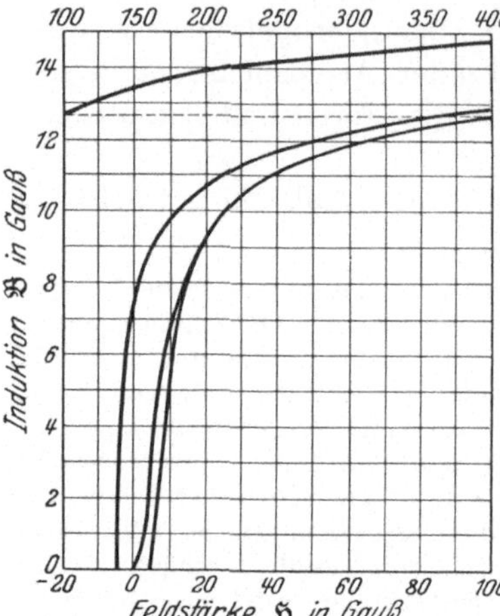

Abb. 252. Magnetisierungskurve von europäischem Temperguß.

$$\mathfrak{B}_r = 7300; \qquad \mathfrak{H}_c = 4{,}5; \qquad \mu_{max} = 800; \qquad \mathfrak{H}\,\mu_{max} = 5 \text{ Oersted.}$$

In der Abb. 253 ist das Gefüge des betreffenden Tempergusses wiedergegeben. In der beträchtlichen Ferritmenge liegt die Ursache für die verhältnismäßig guten erzielten magnetischen Eigenschaften (vgl. Zahlentafel 103).

In Zahlentafel 103 sind dann die Remanenz und Koerzitivkraft der drei Hauptarten des Tempergusses nach R. Stotz[1] wiedergegeben, die das oben Gesagte bestätigen. Die geringste Koerzitivkraft, sowohl relativ als auch absolut besitzt der reine Schwarzguß, der allen Kohlenstoff in Form von Temperkohle enthält. Weniger günstig sind die magnetischen Eigenschaften des schwarzkernigen Tempergusses, infolge des im weißen Rand enthaltenen gebundenen Koh-

Abb. 253. Kleingefüge des europäischen Tempergusses zu Abb. 252.

[1] ETZ 1927, H. 25, 876—79; siehe auch: Gieß.-Zg. **24**, 389—92 (1927); Stahleisen **45**, 2017 (1925).

Zahlentafel 103. Chemische Zusammensetzung und magnetische Eigenschaften von verschiedenen Tempergußarten.

Bezeichnung	Bruchaussehen	% Kohlenstoff			Si %	Mn %	P %	S %	Remanenz $\mathfrak{B}_r$ Gauß	Koerzitivkraft $\mathfrak{H}_c$ Oe
		Gesamt	Gebunden	Temperkohle						
1	Schwarz	2,32	—	2,32	1,16	0,30	0,07	0,050	6500	1,30
2	Schwarz	2,30	—	2,30	1,32	0,32	0,06	0,057	5990	1,22
3	Schwarz m. weißem Rand	2,41	0,18	2,23	1,20	0,28	0,06	0,069	6250	1,86
4	Schwarz m. weißem Rand	2,38	0,22	2,16	1,20	0,32	0,06	0,046	6160	2,52
5	Weiß, einmal geglüht	2,26	1,10	1,16	0,56	0,24	0,09	0,176	6100	8,50
6	Weiß, zweimal geglüht	1,93	0,94	1,04	0,56	0,24	0,09	0,176	6000	7,20

lenstoffs. Weiterhin ist zu ersehen, daß die Koerzitivkraft des weißen Tempergusses sich durch ein zweimaliges Glühen verbessern läßt, was auf eine fortschreitende Entkohlung (vgl. Zahlentafel 103) zurückzuführen ist. Die Verbesserung ist aber verhältnismäßig gering und scheint von dem Querschnitt des Gußstückes abhängig zu sein.

Eine Vorstellung über die Hystereseverluste des Tempergusses geben weiterhin die Abb. 254a, b und c, in denen die Magnetisierungskurven und Hystereseschleifen der drei Tempergußarten dargestellt sind.

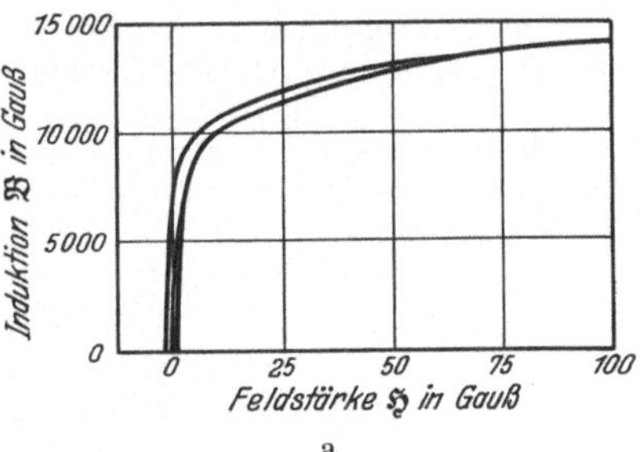

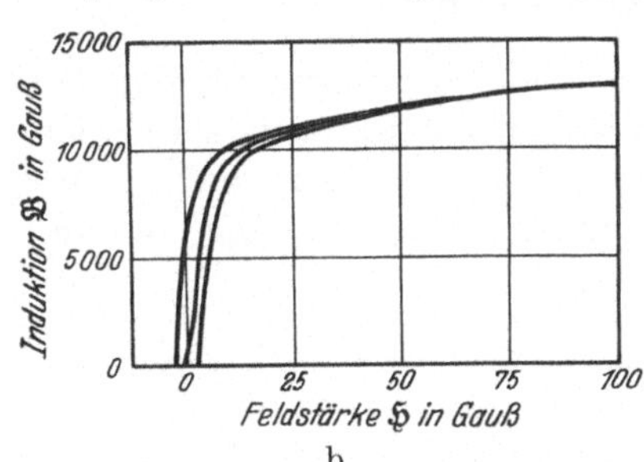

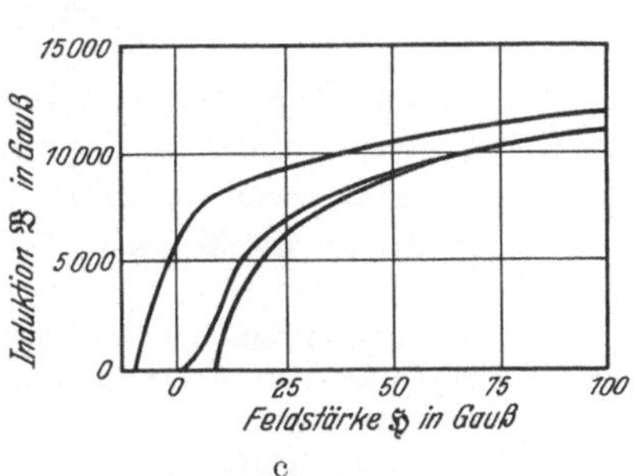

Abb. 254. Magnetisierungskurven von Schwarzguß (a), schwarzkernigem (b) und weißem Temperguß (c).

Endlich zeigt Zahlentafel 104 noch die Werte der magnetischen Induktion für bestimmte Feldstärken. Auch hier bleibt die Induktion des weißen Tempergusses hinter der des Schwarzgusses ganz wesentlich zurück.

Durchschnittlich kann man also bei dem für magnetische Zwecke

Zahlentafel 104. Magnetische Induktion von Temperguß[1].

Feldstärke $\mathfrak{H}$ AW/cm	Magnetische Induktion $\mathfrak{B}$ in Gauß						
	Schwarzguß		Schwarzkern- guß		Weißer Temperguß		Amerikanischer Temperguß nach H. A. Schwarz (1922)
	1	2	3	4	5	6	
25	12050	11850	11250	11100	7350	7900	11700
50	13000	12900	12250	12000	9200	9500	12800
100	14200	14100	13300	13100	11000	11200	—
150	15050	14900	14000	13850	12150	12350	—
200	15750	15150	14700	14500	13100	13300	—
250	16400	16200	15300	15050	14850	14500	—

am besten in Frage kommenden Schwarzguß mit folgenden Eigenschaften rechnen:

Koerzitivkraft	.1,5 Oersted
Remanenz.	.6000 — 6500
Hysteresisverluste	.10 — 11000 Erg/cm^{-3}.

Von den sonstigen physikalischen Eigenschaften des Schwarzgusses ist zu erwähnen der durch die gut leitende ferritische Grundmasse bedingte elektrische Widerstand[2] von $30\,\mu\,\Omega/\text{cm}^3$.

Das spez. Gewicht beträgt 7,15 bis 7,45, die Zugfestigkeit im Durchschnitt[3] 38 kg/mm², die Streckgrenze 25 kg/mm² bei 18% Dehnung, die Härte zwischen 100 bis 140 Brinell.

IX. Legierungen für besondere Verwendungszwecke.

Außer den Dauermagnetstählen und den Legierungen für den Bau von Dynamomaschinen und Transformatoren hat die neuere Entwicklung der Elektrotechnik in steigendem Maße auch auf anderen Gebieten magnetische Werkstoffe erforderlich gemacht. Die an diese

---

[1] Nach einer vorläufigen Übereinkunft sind für die Induktionen bei verschiedenen Feldstärken für Temperguß folgende Norm-Mindestwerte vorgeschlagen worden:

Feldstärke $\mathfrak{H}$.	Induktion $\mathfrak{B}$.
25 AW/cm	11500 Gauß
50 ,,	12500 ,,
100 ,,	13500 ,,

Vgl. Gieß.-Zg. **24**, 341—42 (1927).

[2] Für harten Temperguß (mit weißem Kern) gibt z. B. Hurst (Metall. Cast Iron **1926**, 270) einen spezifischen Widerstand von $33\,\mu\,\Omega/\text{cm}^3$ an, während Dawson (Foundry Trade J. **29**, 444) für ein hartes magnetisches Gußeisen einen Widerstand von $140\,\mu\,\Omega/\text{cm}^3$ gefunden hat.

[3] Stahleisen **51**, 1323 (1931).

Legierungen gestellten Ansprüche beziehen sich gewöhnlich nur auf irgendeine Teileigenschaft, während die übrigen von untergeordneter Bedeutung sind. Als Beispiele seien Legierungen mit besonders hoher Anfangspermeabilität oder besonders konstanter Permeabilität bei schwachen Feldstärken genannt, wie sie in der Nachrichtentechnik eine weitgehende Verwendung finden, ferner solche mit möglichst hohem Sättigungswert, oder besonderer Temperaturabhängigkeit, und schließlich auch Werkstoffe, die bei einer dem Stahl nicht nachstehenden Festigkeit keine oder nur eine sehr geringe Magnetisierbarkeit zeigen sollen.

1. Legierungen mit hohem Sättigungswert.

Wird auf gegebenem Raum ein Maximum der Kraftliniendichte verlangt, wie etwa in den Spulenkernen und Polschuhen von Elektromagneten, den Ankerzähnen von Dynamomaschinen usw., so ist bei der Wahl einer technischen Eisensorte zunächst auf möglichste Reinheit zu achten, da alle Fremdbestandteile die Sättigung des Eisens herabsetzen.

An Stelle von Elektrolyteisen kann auf jeden Fall ein guter Flußstahl benutzt werden, bei dem die Verunreinigungen ebenfalls nur einige Hundertstel Prozent betragen, wogegen der durch Elektrolyteisen bewirkte Zuwachs in keinem Verhältnis zu dem aufgewendeten Preis steht. Einige Sättigungswerte von technischen Eisensorten nach Gumlich[1] sind in der folgenden Übersicht zusammengestellt.

Elektrolyteisen (0,02% C)	$4\pi J\infty$ = 21630
Dynamostahl (0,044% C)	,, = 21420
,, (0,085% C)	,, = 21400
Stahlguß (0,56% C) . . . . geglüht	,, = 20600
gehärtet	,, = 20180
Stahl (0,69% C) . . . . geglüht	,, = 20220
gehärtet	,, = 19450
Dynamostahl (2,40% Si)	,, = 20270
Transformatorenstahl (3,71% Si)	,, = 19780
Gußeisen (geglüht) ~ 3% C, 3% Si, 0,5% Mn . .	,, = 16750

Den höchsten Sättigungswert — höher als das reine Eisen selbst — weisen die Eisen-Kobalt-Legierungen in dem Bereich zwischen 30% und 50% Co auf. Die Steigerung, die man dabei erhält, ist zwar nicht sehr erheblich und beträgt nur etwa 10%. Ferner ist die Verwendung der Legierungen auch durch die schwierigere Bearbeitung und den teuren Kobaltpreis etwas eingeschränkt. Ihre Benutzung wird jedoch dort lohnend sein, wo auch ein kleiner Gewinn an Kraftlinien noch eine große Rolle spielt.

---

[1] Wissenschaftl. Abh. d. P.T.R. 1918.

Den Verlauf der Sättigungsmagnetisierung im System Fe-Co zeigt die beiliegende Abb. 255 nach neueren Messungen von A. Kußmann, B. Scharnow und A. Schulze. Vom Eisen ausgehend steigt die Kurve von $4\,\pi\,J_{\infty}$ zunächst geradlinig an und biegt dann um, um über ein größeres Bereich (zwischen etwa 30% und 55% Co) konstant zu bleiben. Bei höheren Konzentrationen findet wieder ein Abfall statt, wobei sich die einzelnen Gebiete des Zustandsdiagramms in den Kurvenstücken deutlich bemerkbar machen. Im Hinblick auf den teuren Kobaltpreis erscheint als günstigste Zusammensetzung diejenige um etwa 30% bis 33% Co, wobei es jedoch nicht nötig ist, wie früher angenommen, die Konzentration genau der hypothetischen chemischen Verbindung Fe_2Co mit 34% Co anzupassen.

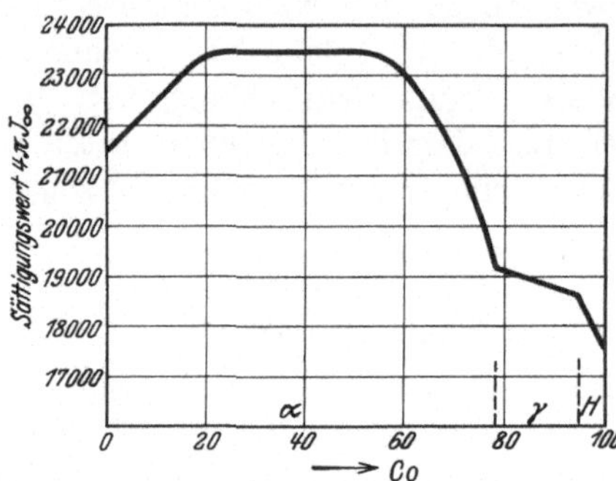

Abb. 255. Sättigungswerte von Fe-Co-Legierungen.

Die sonstigen magnetischen Eigenschaften der Fe-Co-Legierungen um 30% Co zeigen, abgesehen von der naturgemäßen Erhöhung der Induktionen auch bei mittleren Feldstärken, keine Besonderheiten. Wird als Ausgangsmaterial ein möglichst kohlenstoffarmes Flußeisen benutzt, so ähneln die Kurven durchaus denen des technischen Eisens, und ferner sind auch Koerzitivkraft (rd. 1 bis 2 Oersted) und Maximalpermeabilität in der üblichen Größenordnung.

Das spezifische Gewicht der Eisen-Kobalt-Legierungen steigt von Eisen (7,86) zum Kobalt (8,82) hin auf einer schwach gekrümmten Kurve kontinuierlich an (A. Preuß, A. Kußmann). Ebenso wächst auch die mechanische Härte (T. Kase) mit zunehmendem Kobaltgehalt bis etwa 80% Co, und ferner werden die Legierungen sehr spröde. An einer im Vakuum geschmolzenen Probe mit 34% Co hat Yensen die folgenden Festigkeitseigenschaften ermittelt:

Gewichtsproc. Co	El. Widerst. $\sigma \times 10^6$	El. Leitfähigk. $\varkappa \times 10^{-4}$
0	10,0	10,0
12,6	24,66	4,06
21,0	24,03	4,16
34,8	11,10	9,01
44,3	7,58	13,20
52,4	6,15	16,27
65,2	6,68	14,97
79,0	18,89	5,29
88,3	19,87	5,03
99,2	17,02	5,88

Elastizitätsgrenze . . . . 20 kg/mm²
Zugfestigkeit 20   ,,
Dehnung . . . . unter 1%
Bruchdehnung . . . .   ,,   1%
Einschnürung . . . .   ,,   1%.

Entsprechend dieser Sprödigkeit muß die Kaltbearbeitung der Eisen-Kobalt-Legierungen mit besonderer Vorsicht erfolgen. Es ist jedoch zu vermuten, daß die Sprödigkeit nicht eine typische Eigenschaft des Kobaltzusatzes ist, sondern daß ihre Ursache vielmehr in den Verunreinigungen des Kobalts liegt und bei Verwendung reineren Ausgangsmaterials wesentlich zurückgeht. Beachtenswert ist der geringe spezifische elektrische Widerstand der Fe-Co-Legierungen zwischen 45 % und 70 % Co, der von einer ganzen Reihe von Forschern bestätigt ist. Eine Übersicht gibt die nebenstehende kleine Tabelle nach A. Schulze.

Als Erklärung für den hohen Sättigungswert der Fe-Co-Legierungen wurde, wie oben erwähnt, nach Weiß eine intermetallische Verbindung Fe_2Co angenommen, doch konnte diese Verbindung weder im Schliffbild noch durch die thermische Analyse irgendwie nachgewiesen werden. Auch die röntgenographische Untersuchung ergab bei Zimmertemperatur von 0 bis etwa 79 % Co das Bestehen nur einer einzigen Phase mit einem raumzentrierten Gitter. In einer neueren Untersuchung des Zustandsdiagramms der Fe-Co-Legierungen haben jedoch A. Kußmann, B. Scharnow und A. Schulze im Zusammenhang mit der Tatsache, daß in diesem Mischkristallgebiet, in welchem nach der allgemeinen Regel (siehe S. 93) die elektrische Leitfähigkeit sonst geringer sein soll als die der Komponenten — eine so starke Erhöhung der elektrischen Leitfähigkeit stattfindet, auf die Möglichkeit einer geordneten Atomverteilung FeCo hingewiesen, die der Träger der erhöhten elektrischen Leitfähigkeit und auch des erhöhten Sättigungswertes sein sollte. Die Richtigkeit dieser Anschauung wird durch die Messung der Temperaturabhängigkeit des elektrischen Widerstandes wahrscheinlich gemacht. Die Isothermen zeigen, daß das Maximum der Leitfähigkeit um 50 % Co mit zunehmender Temperatur allmählich verschwindet, so daß analog den übrigen geordneten Atomverteilungen, die nur unterhalb einer bestimmten Temperatur stabil sind, oberhalb 800^0 der typische Charakter eines Mischkristallgebietes hervortritt.

2. Legierungen mit besonderen Eigenschaften bei schwachen magnetisierenden Kräften.

a) Allgemeines.

Legierungen mit besonderen Eigenschaften bei schwachen Feldern finden ihr wichtigstes und größtes Anwendungsgebiet in den verschiedenen Zweigen der Nachrichtentechnik. Neben der Benutzung in den Magnetkernen von Relais und Schreibapparaten mit geringer Stromstärke, Übertragern, Wandlern usw. ist es dabei vor allem ihre Verwendung zur Erhöhung der Selbstinduktion der Leitungen (Kabel), durch die sie eine so große Bedeutung erlangt haben. Man kann sogar sagen, daß einige Aufgaben der Fernmeldetechnik erst dadurch gelöst werden konnten, als es gelang, bestimmte Legierungen mit besonderen magnetischen Eigenschaften zu finden.

Die Belastung eines Kabels mit einem magnetischen Material beruht auf folgendem: Die Dämpfung der längs eines Drahtes fortschreitenden elektromagnetischen Welle kann dadurch verringert werden, daß man die Selbstinduktion des Kabels erhöht, woraus sich gleichzeitig eine geringere Verzerrung beim Telegraphieren, Möglichkeit der Erhöhung der Sendegeschwindigkeit u. a. ergibt. Zur Erreichung dieses Zweckes hat die Elektrotechnik bereits früh zwei Methoden ausgearbeitet. Nach dem Verfahren von Pupin[1] sollen in das Kabel in bestimmten

---

[1] Inst. El. Engs. **1899**, 111; **1900**, 245; vgl. ETZ 1901, H. 35, 700—03.

regelmäßigen Abständen besondere eisenhaltige Induktionsspulen eingeschaltet werden, die sogenannten Pupinspulen, mit deren Eigenschaften wir uns in einem der folgenden Kapitel noch zu beschäftigen haben. Krarup sprach dagegen den Gedanken aus, den ganzen Kupferleiter mit einem Draht oder Band aus magnetischem Material fortlaufend zu umwickeln (vgl. Abb. 256) und auf diese Weise die Selbstinduktion zu erhöhen.

Die besonderen Bedingungen, die seitens der Fernmeldetechnik an die Werkstoffe zur Benutzung bei schwachen magnetisierenden Kräften gestellt werden, sind einmal dadurch gegeben, daß die durch die Belastung mit dem ferromagnetischen Material erzeugte Induktivität, die man etwa proportional der Permeabilität setzen kann, möglichst hoch und doch konstant sein soll, dann aber dadurch, daß der Vorteil durch die Erhöhung der Selbstinduktion nicht wieder rückgängig gemacht werden darf durch eine Erhöhung des effektiven Widerstandes der Apparatur durch Wirbelstrom- und Hystereseverluste.

Es ist also zu fordern[1]:

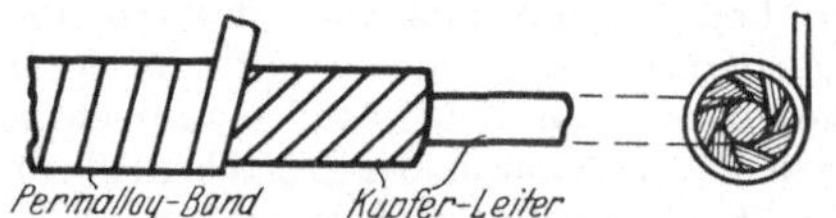

Abb. 256. Umspinnung eines Kabels mit einer Krarupwicklung.

1. eine möglichst hohe Anfangspermeabilität,

2. ein geringer Hystereseverlust und möglichst hoher spezifischer elektrischer Widerstand bzw. geringer Wirbelstromverlust, sowie geringer Nachwirkungsverlust.

3. eine möglichst hohe Konstanz der Permeabilität gegenüber Amplitudenschwankungen des Betriebsstroms, also etwa bei Feldstärken zwischen 0 und 0,1 Oersted.

4. eine möglichst große Stabilität, worunter man in der Fernmeldetechnik die Unabhängigkeit der Permeabilität und der Energieverluste gegenüber einer Überlagerung durch fremde magnetische Gleich- oder Wechselfelder versteht.

Vom Standpunkt der Legierungskunde aus zeigt sich nun zunächst, daß die Forderung 3 nach einer möglichst geringen Änderung der Permeabilität mit der Feldstärke identisch ist mit einem Teil der Forderung 2, nämlich dem nach einem möglichst geringen Hystereseverlust, da ja nach Früherem (vgl. S. 84) beide Eigenschaften stets parallel gehen und der Jordansche Anstiegfaktor a direkt als ein Maß der Hystereseverluste dienen kann. Nach den Messungen von Gumlich, Steinhaus, Kußmann und Scharnow ist ferner der Anstiegfaktor gesetzmäßig mit der Koerzitivkraft verknüpft, wobei ein kleiner Anstiegfaktor (d. h. geringe Änderung der Permeabilität mit der Feldstärke) stets mit großer Koerzitivkraft verbunden ist, und umgekehrt, und es kann daher bei der Wahl eines Materials von geeigneter Koerzitivkraft keine Schwierigkeiten haben, den beiden Forderungen 2 und 3 in irgendeinem ge-

---

[1] Vgl. H. Salinger: Arch. Elektrot. **12**, 268 (1923); A. E. Foster, P. G. Ledger u. A. Rosen: J. Inst. El. Engs. **67**, Nr. 388, 475 (1929).

wünschten Maße nachzukommen. (vgl. Zahlentafel 13). Wesentlich anders verhält es sich dagegen mit der gleichzeitigen Erfüllung der Forderung 1 nach einer möglichst hohen Anfangspermeabilität des Materials auf der einen Seite und den eben besprochenen Forderungen 3 bzw. 2 nach einer möglichsten Konstanz der Permeabilität und geringen Hystereseverlust. Nach dem oben gezeigten findet sich eine hohe Anfangspermeabilität immer nur bei solchen Materialien, die eine geringe Koerzitivkraft aufweisen, während ein geringer Anstiegfaktor und möglichste Konstanz der Permeabilität umgekehrt eine möglichst hohe Koerzitivkraft bedingt. Es ist daher aus theoretischen Gründen vorauszusehen, daß sich diese beiden Eigenschaften in ihren Extremen niemals in einer Legierung werden vereinigen lassen und daß man stets einen Kompromiß schließen muß.

Die Forderung 4 nach möglichst großer Stabilität bedeutet physikalisch möglichst geringe Änderung der reversiblen Permeabilität gegenüber der Anfangspermeabilität mit der Höhe der Vormagnetisierung, wobei letztere entweder (bei gleichzeitiger Belastung) die durch das Fremdfeld erzeugte Momentanmagnetisierung oder (nach vorausgegangener Beeinflussung) die Höhe der in dem Material verbliebenen Remanenz bedeutet. Bei der Besprechung der Gansschen Kurve über die Abnahme dieser Größe (vgl. S. 16) wurde bereits bemerkt, daß die verschiedenen Materialien sich in der Form dieser Abhängigkeit — insbesondere hinsichtlich des Abfalls — sehr verschieden verhalten und daß ferner die reversible Permeabilität auch nicht unabhängig vom Wege ist. Nach Belastung und erfolgter Umkehr bzw. Abnahme eines Fremdfeldes kann also der Endwert der wirksamen Permeabilität entweder unterhalb oder oberhalb des Ausgangswertes liegen und man wird also ein Material auszuwählen haben, bei dem die Kurve der reversiblen Permeabilität möglichst lange horizontal verläuft. Ein mehr äußeres Mittel zur Erhöhung der Stabilität besteht in der Unterteilung des Materials durch Luftspalte, wodurch — unter Verzicht auf die günstigsten Werte der anderen Eigenschaften — dem Werkstoff eine innere Entmagnetisierung erteilt und die bei einer Belastung auftretende Vormagnetisierung sinnfällig verkleinert wird.

Wesentlich anders liegen jedoch wieder die Ansprüche, die die Elektrotechnik an die Werkstoffe für den Bau von Stromwandlern oder Radio-Transformatoren stellt. Gemäß diesen Verschiedenheiten sei daher eine formale Unterteilung der Materialien in folgende Untergruppen vorgenommen:

1. Materialien mit möglichst hoher Anfangspermeabilität, bei denen in erster Linie eben diese in Betracht kommt,

2. Materialien mit möglichster Konstanz der Permeabilität im Bereich niedriger Feldstärken, und

3. Materialien für Pupinspulen.

b) Legierungen mit hoher Anfangspermeabilität.

1. Legierungen des Eisens mit verschiedenen Elementen. Einen Vergleich der bei gewöhnlichen technischen Eisensorten erzielbaren Werte, und zwar sowohl der Anfangspermeabilität als auch ihre Änderung mit der Feldstärke bei niedrigen magnetisierenden Kräften vermittelt Zahlentafel 105 nach Gumlich-Rogowsky.

Zahlentafel 105.
Permeabilitätswerte bei niedrigen Feldstärken nach Gumlich.

	Elektrolyteisen	Dynamostahl	Schwedisches Eisen	Stahl		Gußeisen	Eisen-Silizium-Legierungen		
		geglüht	geglüht	geglüht	gehärtet	geglüht	geglüht		
	%	%	%	%	%	%	%	%	%
C	0,024	0,044	0,027	0,99		3,109	0,139	0,16	0,29
Si	0,004	0,004	0,006	0,10		3,270	0,43	1,93	4,45
Mn	0,008	0,400	0,030	0,40		0,560	0,07	0,09	0,12
P	0,008	0,044	0,099	0,04		1,050	0,008	0,014	0,018
S	0,001	0,027	0,002	0,07		0,061	0,035	0,044	0,025
Feldstärke									
0 Oersted	250	320	470	72,8	43,2	176	158	223	510
0,01 ,,	300	351	513	72,8	43,2	176	161	232	560
0,03 ,,	420	433	600	72,8	43,3	177	173	252	673
0,05 ,,	560	540	680	72,9	43,4	178	191	272	790
0,1 ,,	975	872	890	73,0	43,6	180	237	334	1035
0,15 ,,	1500	1390	1070	73,1	43,8	183	293	390	1228
0,2 ,,	2110	3030	1225	73,3	44,0	186	358	442	1408
μ_{max}	7800	14800	6400	375	110	620	2800	2880	4440
Koerz.-Kraft	0,48	0,37	0,76	16,7	53,4	4,6	1,23	1,32	0,66
Remanenz	7800	11050	9850	13000	7460	5300	7050	8450	6000

Man erkennt, daß zunächst der Stahl entsprechend seiner hohen Koerzitivkraft auch eine sehr niedrige Permeabilität aufweist, daß ferner aber auch das Elektrolyteisen, wenn es ohne besondere Vorsichtsmaßregeln geschmolzen wird, keine besonders hohe Anfangspermeabilität besitzt. Dagegen wird bei gleichem C-Gehalt durch Siliziumzusatz die Anfangspermeabilität des technischen Flußeisens gehoben, so daß μ_0 bei sorgfältiger Durchführung der Glühbehandlung auch bei den nach dem gewöhnlichen Verfahren hergestellten Transformatorenblechen Werte von 400 bis 800 besitzen kann, wobei gleichzeitig die Konstanz der Permeabilität verhältnismäßig brauchbar ist. Ähnliches gilt auch für den Zusatz von Aluminium. Speziallegierungen dieser Art, die zum Teil unter besonderen Namen („Stalloy"[1], „Lohys" u. a.) angeboten werden, enthalten daher gewöhnlich diese beiden Ele-

---

[1] Die Legierung „Stalloy" enthält etwa 3% Si, während für die „Lohys" genannte Legierung keine chemische Zusammensetzung bekannt ist.

mente als Legierungsbestandteil. Die Absolutwerte der Anfangspermeabilität betragen meist 400 bis 800. Wird besonderer Wert auf konstante Permeabilität gelegt (was meistens durch unvollkommene Rekristallisation des verfestigten Materials erreicht wird), so sind die Werte entsprechend geringer.

E. Wilson, V. E. Vinson und O'Dell[1] haben für die „Stalloy" genannte Legierung eine Anfangspermeabilität von 260 und für „Lohys" 222 gefunden, wobei dieser Wert für Feldstärken bis 0,04 Oe nahezu konstant blieb. Auch in neuerer Zeit hat A. Campbell[2] für „Stalloy" $\mu_0 = 254$ gemessen. Für die Hystereseverluste dieses Materials gibt er die folgenden Beziehungen an:

$$W_h = 6,0 \cdot 10^{-6} \cdot \mathfrak{B}^{2,2} \quad \text{für} \quad \mathfrak{H} = 0,0002 \text{ bis } 0,002 \text{ Oe,}$$
$$W_h = 6,6 \cdot 10^{-6} \cdot \mathfrak{B}^{2,4} \quad \text{für} \quad \mathfrak{H} = 0,002 \text{ bis } 0,02 \text{ Oe.}$$

Die Induktions- und Permeabilitätswerte eines Spezialbleches mit 4% Si (für Stromwandler) im Bereich niedriger magnetisierender Kräfte seien in der folgenden Zusammenstellung wiedergegeben.

Feldstärke (Oersted)	0	0,001	0,0035	0,006	0,01	0,02	0,04
Induktion (Gauß)	—	0,73	2,8	5,4	10,1	32	88
Permeabilität	700	7 30	800	900	1100	1600	2220

Feldstärke (Oersted)	0,06	0,08	0,1	0,2	0,5	0,75	1
Induktion (Gauß)	144	200	280	880	4800	7000	8200
Permeabilität	2400	2500	2800	4400	9600	9300	8200

Trägt man die Werte der Permeabilität graphisch auf, so findet man neben dem eigentlichen Permeabilitätsmaximum bei 0,5 Oersted noch ein zweites kleineres relatives Maximum bei etwa 0,03 Oe. Diese Erscheinung ist typisch für Siliziumstahl (vgl. auch Abb. 257) und deutet auf eine Ungleichmäßigkeit des Materials hin, doch ist sie bislang noch nicht genauer untersucht worden.

Noch etwas höhere Werte der Anfangspermeabilität lassen sich wie natürlich unter Verwendung reinerer Ausgangsmaterialien, Vakuumschmelzung usw. erzielen. In Abb. 257 sind so die Permeabilitätskurven für eine 4%ige Eisen-Silizium-Legierung und ein Elektrolyteisen nach T. D. Yensen[3] dargestellt, deren Einzelwerte nochmals aus der nebenstehenden Übersicht hervorgehen:

	Fe	4% Si
Anfangspermeabilität	700	440
Maximalpermeabilität	26000	15500
Sättigung	22600[4]	20000
Hystereseverlust in Erg/cm³ pro Zyklus für $\mathfrak{B} = 10000$	600	500
Remanenz	8600	5200
Koerzitivkraft	0,20	0,15
Elektrischer Widerstand in $\mu\,\Omega/\text{cm}^3$.	10	55
Dichte	7,9	7,6

[1] Proc. roy. Soc. A 80, H. 542, 548 (1908).

[2] Nature 105, 473 (1920); Proc. Phys. Soc. (London), 32, 232—42 (1920). Campbell weist darauf hin, daß die Anfangspermeabilität verschieden war, je nachdem, ob das Material in Form von Draht oder Blech vorliegt.

[3] J. Frankl. Inst. 199, 336—40 (1925); vgl. auch Stahleisen 51, 2093 (1925); Electr. 26. Nov., S. 612 (1926).

[4] Der Sättigungswert für das reine Eisen ist hier zu hoch. Oben ist er überall nach den Messungen der P.T.R. zu 21600 angegeben.

Zahlentafel 106. Anfangspermeabilität und Koerzitivkraft für vakuumgeschmolzenes Elektrolyteisen und dessen Legierungen mit Silizium, Aluminium und Mangan (Gumlich, Steinhaus, Kußmann und Scharnow).

Behandlung	reines Elektrolyteisen		Elektrolyteisen mit													
			0,5% Mn		1,0% Mn		0,5% Al		1,5% Al		0,5% Si		1,5% Si		3,65% Si	
	μ_0	$\mathfrak{H}_c$	μ_0	$\mathfrak{H}_c$	μ_0	$\mathfrak{H}_c$	μ_0	$\mathfrak{H}_c$	μ_0	$\mathfrak{H}_c$	μ_0	$\mathfrak{H}_c$	μ_0	$\mathfrak{H}_c$	μ_0	$\mathfrak{H}_c$
Anlieferungszustand, behandelt nach dem Kurzverfahren[1] $d = 0,6$ cm	400	0,49	535	0,40	550	0,40	635	0,305	450	0,425	1340	0,25	810	0,27	670	—
Gehämmert auf 0,5 cm; Kurzverfahren $d = 0,5$ cm	405	0,485	545	—	520	—	890	—	715	—	2100	—	955	—	730	0,27
Gehämmert a. 0,35 cm; Kurzverfahren $d = 0,35$ cm . . .	455	0,475	520	0,40	520	0,39	860	0,28	730	0,45	1670	0,28	890	0,32	620	0,315
St. bei 730° geglüht, langsam abgekühlt $d = 0,35$ cm . . .	640	0,35	560	0,34	505	0,355	850	0,29	730	0,45	1670	0,28	890	0,32	620	0,315
Kurzverfahren wiederholt	490	0,445	510	0,435	610	0,365	1035	0,255	1050	0,415	1950	0,25	1000	0,295	—	—
Dauerglühen wiederholt (4 St. bei 800°), langsam abgekühlt	520	0,305	580	0,275	740	0,25	840	0,26	740	0,42	1560	0,25	800	0,305	—	—
Behandelt nach dem Kurzverfahren . .	—	—	490	0,42	530	0,39	855	0,31	630	0,49	2000	0,23	850	0,30	—	—

[1] Unter „Kurzverfahren" wird hier überall ein kurzes Glühen (5 bis 10 Minuten) bei 930° mit raschem Abkühlen verstanden.

Bemerkenswert ist die im Vergleich zum Eisen ($\mu_0 = 700$) eigentlich niedrige Anfangspermeabilität der 4%igen vakuumgeschmolzenen Si-Legierung ($\mu_0 = 400$), da man unter sonst gleichen Verhältnissen entsprechend der Desoxydations- und entkohlenden Wirkung des Si auch hier noch eine Steigerung hätte erwarten sollen. Auf diese Tatsache hat bereits Yensen[1] selbst hingewiesen. Es scheint daher so, als ob ein hoher Siliziumgehalt von etwa 4% nur bei kohlenstoffhaltigem Ausgangsmaterial brauchbar ist und die Anfangspermeabilität auf etwa 400 bis 600 erhöht, während bei reinerem Ausgangsmaterial, das eine

an sich höhere Anfangspermeabilität besitzt, ein sekundärer Effekt des Siliziumzusatzes auftritt (eventuell in dem zugesetzten Silizium enthaltene Verunreinigungen), die die Anfangspermeabilität wieder herabdrücken. Ein günstiger Einfluß müßte dann bei geringeren Siliziumgehalten zum Ausdruck kommen, so daß es hier an einer Stelle ein Optimum geben würde.

Diese Auffassung wird bestätigt durch die neueren Untersuchungen von E. Gumlich, W. Steinhaus, A. Kußmann und B. Scharnow[2], deren Ergebnisse für

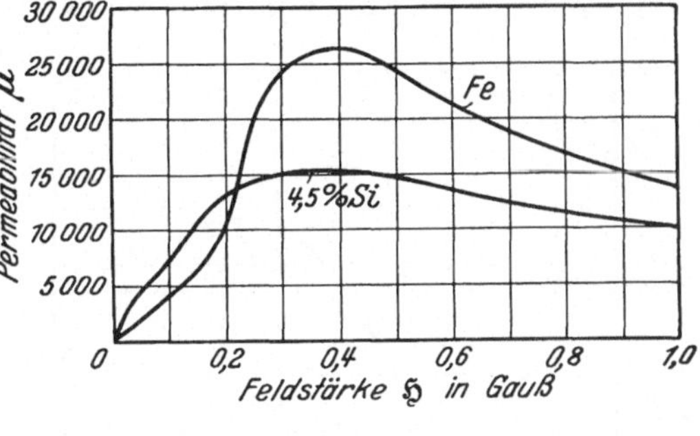

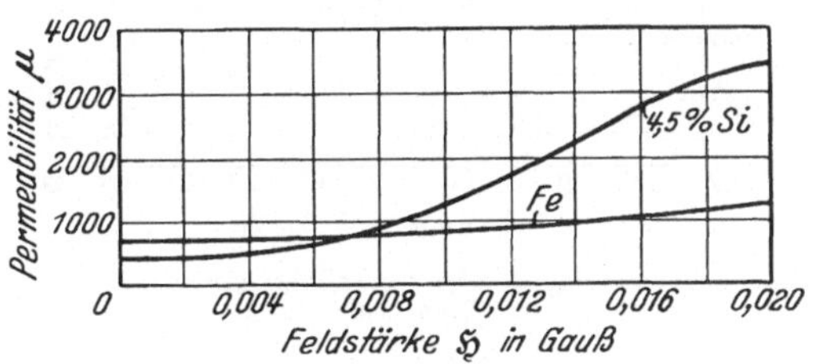

Abb. 257. Permeabilitätskurven von Elektrolyteisen und Fe-Si-Legierungen (Yensen).

Elektrolyteisen und dessen Legierungen mit Silizium, Aluminium und Mangan (im Vakuum geschmolzen) in Zahlentafel 106 zusammengestellt wird. Man erkennt zunächst, daß ebenso wie durch Silizium auch durch Aluminium eine Verbesserung der Eigenschaften des Ausgangsmaterials hervorgerufen wird, und das selbst Mangan in geringen Mengen unter gleichzeitiger Verringerung der Koerzitivkraft die Permeabilität etwas erhöht.

Die günstigsten magnetischen Eigenschaften zeigt unter den in der Tabelle angegebenen Proben ein Elektrolyteisen mit 0,5% Si, das bei geeigneter Wärmebehandlung Werte der Anfangspermeabilität von 2100 ergab, während sowohl bei dem siliziumfreien Ausgangsmaterial als auch bei höheren Siliziumgehalten die Werte deutlich wieder ab-

---

[1] Yensen: a. a. O.,   [2] El. Nachr.-Techn. 5, 87—88 (1928).

nehmen. Als thermische Behandlung erwies sich am besten bei Eisen (und auch bei der Eisen-Mangan-Legierung) eine langsame Abkühlung, während bei Aluminium- und Siliziumzusätzen die rasche Abkühlung zu besseren Resultaten führte.

In ähnlicher Größenordnung wie bei dem durch besondere Zusätze desoxydierten Elektrolyteisen liegen die Werte für das aus Eisenkarbonyl hergestellte Material ($\mu_0 \sim 2000$, vgl. S. 303) und durch ein spezielles Glühverfahren konnte, wie erwähnt, Cioffi die Anfangspermeabilität eines reinen Eisens noch bis auf etwa 6000 herauftreiben (vgl. Zahlentafel 82). Vom Standpunkt der Praxis ist jedoch zu sagen, daß die Erzielung so hoher Werte in jedem Falle umständliche, kostspielige und sorgfältig innezuhaltende Behandlungsverfahren voraussetzt. Falls Anfangspermeabilitäten wesentlich über 1000 erwünscht sind, dürfte sich daher in jedem Falle die Benutzung anderer Werkstoffe, insbesondere der hochpermeablen Nickel-Eisen-Legierungen verlohnen, bei denen diese und wesentlich höhere Werte unter den üblichen Betriebsbedingungen mit Leichtigkeit erreichbar sind.

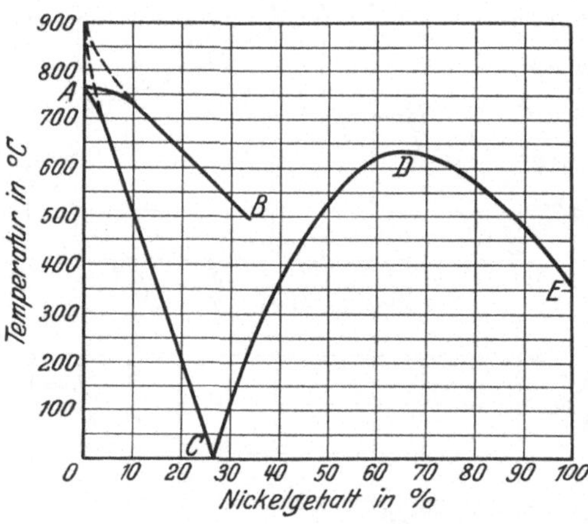

Abb. 258. Magnetische Umwandlungspunkte der Nickel-Eisen-Legierungen.

2. Nickel-Eisen-Legierungen. Der Einfluß des Nickels auf die Sättigungsmagnetisierung des Eisens sowie das Zustandsdiagramm der Eisen-Nickel-Legierungen ist oben bereits besprochen worden (vgl. S. 125, Abb. 93). Nach dem Verhalten der magnetischen Umwandlungspunkte, die in Abhängigkeit von der Konzentration in Abb. 258 noch einmal gesondert wiedergegeben ist, teilt man die Legierungen demnach in zwei Gruppen ein, und zwar in irreversible und reversible Nickel-Eisen-Legierungen. Unter ihnen haben lange Jahre hindurch nur die irreversiblen Legierungen, d. h. insbesondere die unmagnetischen Nickelstähle das Interesse der Forschung erregt, während die nickelreicheren Werkstoffe mit einer Sättigungsmagnetisierung im Höchstfall etwa ¾ von der des Eisens keine Beachtung gefunden haben.

Ein erster Hinweis auf besondere Eigenschaften, und zwar auf eine hohe Permeabilität der reversiblen Nickel-Eisen-Legierungen findet sich in einer Arbeit von Panebianco[1], doch sind auch seine Mitteilungen

---

[1] Rend. d. Napoli **16**, 216 (1910).

anscheinend ohne weitere Beachtung geblieben. Im Jahre 1923 berichteten dann Arnold und Elmen[1] auf Grund ihrer ausführlichen Untersuchungen, die sich auf die Brauchbarkeit der verschiedensten Legierungen zur Umspinnung von Seekabeln (Krarupwicklung) bezogen, über den außerordentlich merkwürdigen und in Hinblick auf die Absolutwerte bis dahin in keiner anderen Legierungsreihe beobachteten Verlauf der Anfangspermeabilität im System Eisen-Nickel. Dieser Gang in Abhängigkeit vom Nickelgehalt,

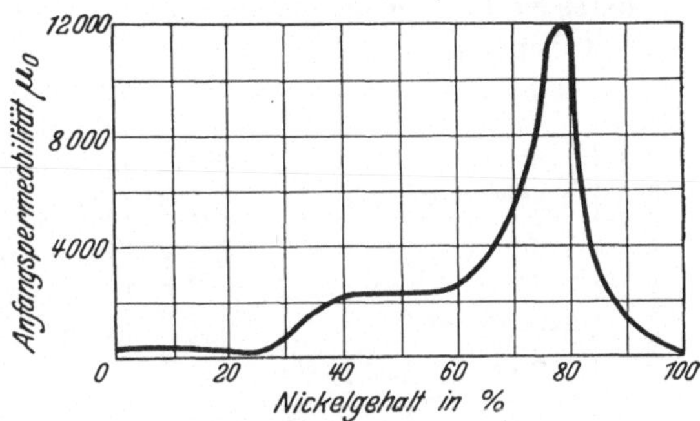

Abb. 259. Anfangspermeabilität von Fe-Ni-Legierungen (Arnold und Elmen).

wie er sich auch in späteren Untersuchungen immer wieder als typisch herausgestellt hat (vgl. Abb. 265) sei nach der Originalarbeit von Arnold und Elmen in Abb. 259 wiedergegeben. Während nämlich die Permeabilität im Bereich der irreversilben Legierungen in derselben Größenordnung bleibt wie im technischen Eisen — bei den unmagnetischen Nickelstählen gehen die Werte auf Null — zeigt sich dann oberhalb 28% ein beträchtliches Anwachsen und schon bei 40 bis 50% Ni hat die Anfangspermeabilität die Werte des Eisens bereits um etwa das 5- bis 10fache übertroffen. Nach einem gewissen Bereich nahezu gleichbleibender Zahlen findet sich ein Wiederanstieg mit einem ausgesprochenen Maximum bei etwa 78% Ni, in welchem Konzentrationsbereich die höchsten bisher jemals erzielten Anfangs- und Maximalpermeabilitäten erreicht wurden. Diese ausgezeichneten Legierungen wurden von den Entdeckern als „Permalloy" bezeichnet. Bei noch höheren Gehalten tritt

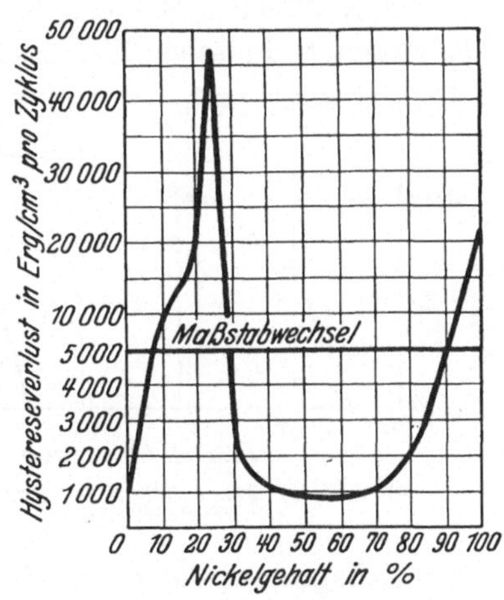

Abb. 260. Hystereseverlust im System Eisen-Nickel (Yensen).

dann wieder ein rascher Abfall zu der relativ kleinen Permeabilität des Nickels ein.

Entsprechend dem reziproken Zusammenhang zwischen der Anfangs- (bzw. Maximalpermeabilität) auf der einen und der Koerzitiv-

<hr>

[1] J. Frankl. Inst. **195**, 630 (1923).

kraft (bzw. dem Hystereseverlust) auf der anderen Seite prägt sich dieser spezifische Gang der Permeabilität auch in den übrigen magnetischen Eigenschaften der Ni-Fe-Legierungen aus. Die Änderung der Hystereseverluste mag aus Abb. 260 hervorgehen, in der (neben den verhältnismäßig großen Werten bei den aus zwei Phasen bestehenden irreversiblen Nickelstählen) die Kleinheit der Verluste bei den hochpermeablen Legierungen deutlich zu ersehen ist. Den Gang der Koerzitivkraft zeigt Abb. 261 nach neueren Untersuchungen von Gumlich, Steinhaus, Kußmann und Scharnow[1]. Sowohl von Arnold und Elmen, von Yensen[2], den obengenannten Forschern u. a. wurden nach geeigneter thermischer Behandlung bei

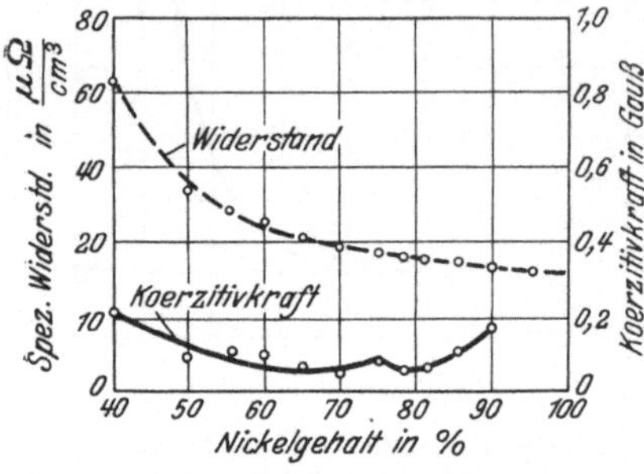

Abb. 261. Koerzitivkraft von Ni-Fe-Legierungen (Gumlich, Steinhaus, Kußmann und Scharnow).

Permalloy Werte der Koerzitivkraft unter 0,02 Oersted erzielt. Entsprechend hoch ist die Maximalpermeabilität der Legierungen, die bei der 50%-Nickel-Eisen-Legierung gewöhnlich etwa 50 bis 70000, bei Permalloy 80000 und höher beträgt, d. h. also um das 10fache größer als bei dem technischen Eisen, während der Hystereseverlust im gleichen Verhältnis geringer ist. (Bei $\mathfrak{B}_{max} = 10000$ Gauß für Permalloy etwa 180 Erg/cm³ gegenüber 2100 Erg/cm³ bei Armcoeisen). Einen Vergleich der Hystereseschleife von Armcoeisen und Permalloy (bezogen auf gleiche Induktionen) möge Abbildung 262 nach Arnold und Elmen bieten, während das vollständige Magneti-

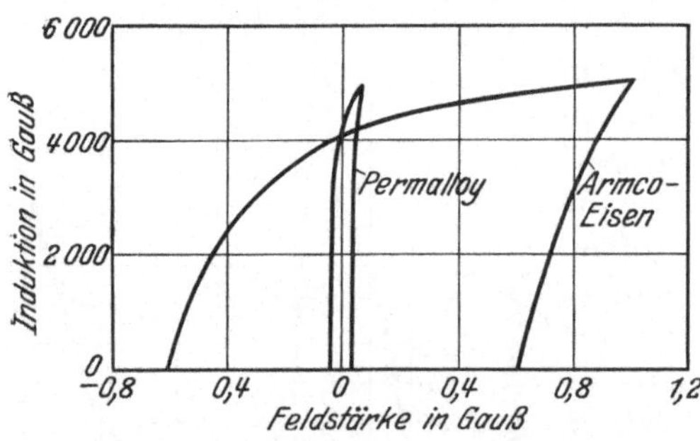

Abb. 262. Hystereseschleifen von Permalloy und Weicheisen.

sierungsdiagramm einer 78%-Legierung (Nullkurve, Hystereseschleife und Permeabilitätskurve) in Abb. 263 nach Steinhaus und Kußmann wiedergegeben ist, in der besonders auf den steilen Anstieg und das scharf ausgeprägte Knie der Kurve aufmerksam gemacht sei.

Die außerordentliche Steilheit des Anstiegs der Magnetisierungskurve bewirkt, daß die reversiblen Nickel-Eisen-Legierungen schon bei relativ schwachen Feldstärken gesättigt sind. Eine Aufnahme der Magneti-

---

[1] Elektr. Nachr. Techn. 5, 90 (1928).
[2] Vgl. J. Frankl. Inst. 199, 334 (1925).

sierungsintensitäten bei verschiedenen Feldstärken (vgl. Masumoto[1]) ergibt daher schon bei $\mathfrak{H} = 1$ Oersted in Abhängigkeit von der Konzentration aufgetragen einen Kurvenzug, der bei den Proben zwischen 40% und 90% Nickel nahezu vollkommen der Kurve der Sättigungswerte (vgl. Abb. 96) parallel läuft; bei $\mathfrak{H} = 10$ Oersted ist der Absolutbetrag der Magnetisierung nur noch wenige Prozent von der Sättigungsgrenze entfernt.

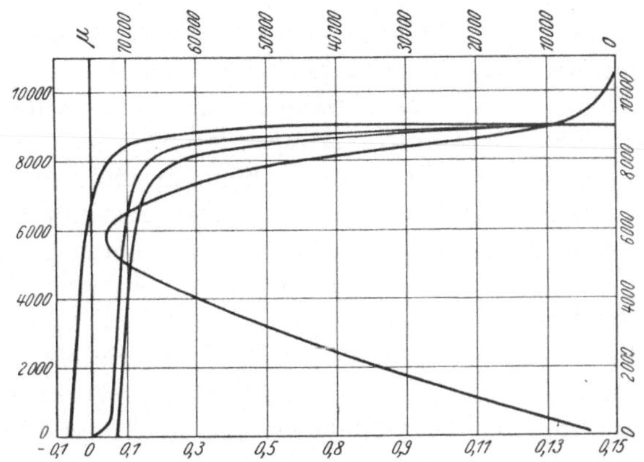

Abb. 263. Induktions-, Permeabilitätskurve und Hystereseschleife von Permalloy.

Der Verlauf des spezifischen elektrischen Widerstandes im System Eisen-Nickel sei in Abb. 264 nach Yensen[2] dargestellt. Wie zu erwarten, weist der Widerstand auf der Grenze zwischen irreversiblen und reversiblen Legierungen, d. h. bei austenitischem Gefüge erhebliche Werte auf. Mit zunehmendem Nickelgehalt, d. h. im Gebiet der reversiblen Legierungen nimmt er jedoch wieder stetig ab und beträgt bei der Zusammensetzung des Permalloys etwa 0,2 Ohm pro m/mm², d. h. also nur doppelt so viel als der Widerstand von Eisen.

Die mechanische Härte der Nickel-Eisen-Legierungen beträgt im ausgeglühten Zustand bei 40% Ni etwa 90, bei 70% Ni etwa 80 und bei 90% Ni rd. 65 bis 70 Brinelleinheiten. Eine Bearbeitung ist sowohl im kalten als auch im warmen Zustande möglich, sie wird

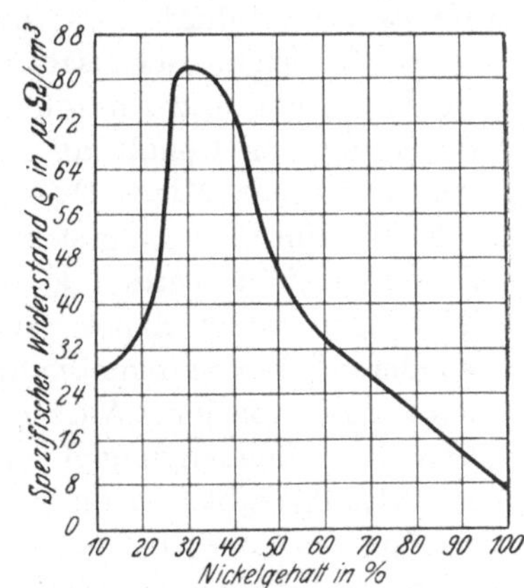

Abb. 264. Spezifischer elektrischer Widerstand von Fe-Ni-Legierungen.

erleichtert durch einen geringen Mangangehalt der Proben, der die ge-

---

[1] Sc. Rep. Toh. Univ. 18, 195 (1929).

[2] J. Frankl. Inst. 199, Nr. 3, S. 334 (1925). Siehe auch: Burgess und Aston: Chem. Metall. Eng. 8, 23 (1910); Ingersoll: Physic. Rev. 16, 126 (1920); Porterin: Comptes rendus 172, 445 (1921); Ribbeck: Z. Physik 28, H. 9/10, S. 772—87 (1926); 28, H. 11/12, S. 887 bis 907 (1926).

wöhnlich vorhandene Sprödigkeit beseitigt. Bei Raumtemperatur sind die Legierungen relativ zähe, worauf beim Drehen zu achten ist. Wegen der sonstigen physikalischen Eigenschaften sei auf das Schrifttum[1] verwiesen.

Für die technische Verwendung der Werkstoffe ist nun zu betonen, daß die Werte der magnetischen Eigenschaften der Nickel-Eisen-Legierungen im Bereich niedriger Feldstärken außerordentlich von der chemischen Zusammensetzung, der thermischen Behandlung und der mechanischen Einwirkung abhängig sind, so daß eine sorgfältige Herstellung und Durchführung einer bestimmten Wärmebehandlung in hohem Maße Vorbedingung zur Erzielung gewünschter Werte sind.

In Hinblick auf die chemische Zusammensetzung, insbesondere für den Gehalt an Beimengungen läßt sich zunächst sinngemäß alles für die übrigen magnetisch weichen Materialien Gesagte wiederholen. Am schädlichsten sind auch hier diejenigen Verunreinigungen, die sich nicht in fester Lösung befinden, wozu nach den Zustandsdiagrammen (vgl. S. 131 ff.) insbesondere also Kohlenstoff, Sauerstoff und Schwefel zu rechnen sind, während in Lösung gehende Elemente sogar mit Absicht zugesetzt werden können (s. u.). Je geringer der Gehalt an den genannten schädlichen Legierungselementen ist, desto größer ist bei gleichem Nickelgehalt bzw. gleicher Wärmebehandlung die erreichbare Anfangspermeabilität. Da durch die spätere Glühbehandlung die Werkstoffe hier im Gegensatz zu den Siliziumstählen u. a. keine wesentliche Entgasung und Entkohlung mehr erfahren, so muß schon bei der Herstellung der Gehalt an schädlichen Verunreinigungen von vornherein auf einen Mindestbetrag heruntergedrückt werden, was durch die Wahl reiner Ausgangsstoffe oder durch andere metallurgische Maßnahmen erreicht werden kann. Die Erschmelzung der Nickel-Eisen-Legierungen findet daher gewöhnlich in geringen Mengen und unter besonderen Vorsichtsmaßnahmen (Vakuumschmelzung, sehr sorgfältige Desoxydation, Wasserstoffglühung und dgl.) statt. Als durchschnittliche Beimengungen einer Permalloy-Legierung (Ni = 78,23%, Fe = 21,35%) gibt Elmen an: C = 0,04%, Si = 0,03%, Mn = 0,22%, P = Spuren, Cu = 0,10%, Co = 0,37%.

Bei der Wärmebehandlung der Nickel-Eisen-Legierungen ist außer der Glühtemperatur und Erhitzungsdauer vor allem von Wichtigkeit die Abkühlungsgeschwindigkeit, und eine Unzahl von Untersuchungen sind in den technischen Betrieben durchgeführt worden, um für jede Legierung die günstigsten Abkühlungsbedingungen zu finden. Grundsätzlich kann man dabei sagen, daß für die Legierungen mit einem Nickelgehalt etwa 50% langsame und rasche Abkühlung zu

---

[1] Vgl. Kühlewein: Physik. Z. **31**, 626 (1930).

annähernd gleichen Werten der magnetischen Eigenschaften führen, wobei der langsamen Abkühlung sogar der Vorzug zu geben ist. Je höher man aber mit dem Nickelgehalt kommt, desto mehr tritt ein Unterschied hervor, und zwar zeigen sich dann bei einer bestimmten mittleren Abkühlungsgeschwindigkeit die höchsten Werte der Anfangspermeabilität, während bei niedrigen und höheren Abkühlungsgeschwindigkeiten die Werte wesentlich darunter bleiben. Der außerordentliche Unterschied gehe aus Abb. 265 nach Gumlich, Steinhaus, Kußmann und Scharnow hervor, durch deren Untersuchungen das Wesen der einzelnen Wärmebehandlungen am besten geklärt worden ist. Die Kurve *a* entspricht dabei einem 5stündigen Glühen bei 1050° mit darauffolgendem langsamen Abkühlen (pro Stunde 1000°) und ergibt ein Maximum bei 50% Ni, dagegen verhältnismäßig unbefriedigende Werte in der Gegend des Permalloy, die sogar wesentlich kleiner sind als die der 50%igen Legierung. Ebenso geringe Anfangspermeabilitäten erhält man nach einem Glühen bei 900° und langsamem Abkühlen (Kurve *b*). Den oben genannten charakteristischen Verlauf mit dem außerordentlichen Anstieg der Anfangspermeabilität und den hohen Absolutwerten bei 78,5% Ni weist die Kurve nur dann auf (Kurve *c*, Abbildung 265), wenn nach der ersten Glühbehandlung bei 1050° die Legierungen einer zweiten Behandlung, und zwar einer

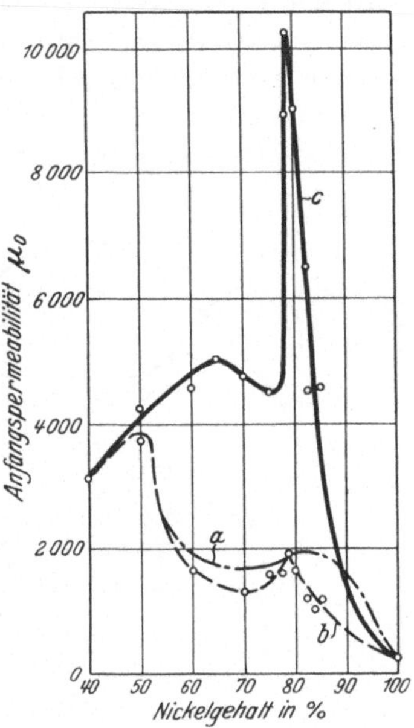

Abb. 265. Anfangspermeabilität von Ni-Fe-Legierungen bei verschiedener Wärmebehandlung (*a* und *b* langsame Abkühlung, *c* von 600° in Luft rasch abgekühlt) nach Gumlich, Steinhaus, Kußmann und Scharnow.

Luftabkühlung von Temperaturen oberhalb 600° unterworfen wurden. Durch Schliffbilduntersuchungen konnten Gumlich, Steinhaus, Kußmann und Scharnow zeigen, daß die erste Wärmebehandlung, d. h. das Dauerglühen bei hohen Temperaturen außer der Beseitigung der Kaltverformung und der Walzspannungen aus der Bearbeitung eine möglichste Homogenisierung des Gefüges erstrebt, da jegliche Kristallseigerung (Schichtkristalle, vgl. S. 97) infolge zu rascher Abkühlung der Schmelze die erreichbaren Werte der Permeabilität stark beeinträchtigen (vgl. S. 147). Bei allen derartigen Legierungen ist also ein Dauerglühen, und zwar eine 1 bis 5stündige Erwärmung bei 1000 bis 1100° zu empfehlen, das um so kürzer sein kann, je homogener und gleichmäßiger eingeformt das Gefüge von vornherein ist. Die zweite und unbedingt nötige Stufe der Wärmebehandlung kann entweder im Anschluß an die erste oder von ihr getrennt vorgenommen werden. Im ersten Falle werden die Proben, nachdem die Temperatur bei der Abkühlung etwa 600⁰ erreicht hat, aus dem Ofen herausgenommen und durch Auflegen auf eine Kupferplatte oder Anblasen von Luft rasch abgekühlt. Den Einfluß der Abkühlungsgeschwindigkeit auf die Permeabilität stellt dabei Abb. 266 nach G. W. Elmen[1] dar. Nach ihr wird der Höchstwert der Anfangspermeabilität bei einer Abkühlungsgeschwindigkeit von etwa 20⁰/Sek erreicht, während geringere bzw. größere Abkühlungsgeschwindigkeit (also etwa Abschrecken in Wasser) stets zu schlechteren Werten führt. Bemerkenswerterweise ergibt sich der Höchstwert der Maximalpermeabilität bei einer etwa 4 mal so hohen

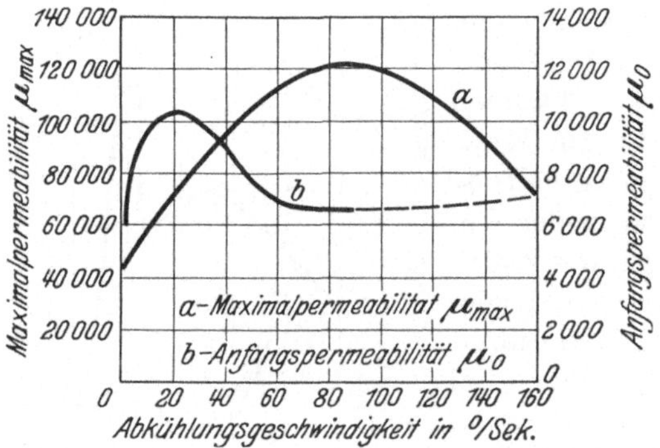

Abb. 266. Abhängigkeit der magnetischen Eigenschaften von Permalloy von der Abkühlungsgeschwindigkeit (Elmen).

Abkühlungsgeschwindigkeit als der der Anfangspermeabilität. Wird die zweite Wärmebehandlung von der ersten Stufe getrennt durchgeführt, so muß die Probe etwa 20 Minuten bis 1 Stunde auf 600⁰ erhitzt werden, worauf sich die rasche Abkühlung wie oben anschließt.

Zur Deutung des merkwürdigen Kurvenverlaufs der Anfangspermeabilität und ihrer Abhängigkeit von der Wärmebehandlung sind anfangs die verschiedensten Hypothesen herangezogen worden (so Bildung intermetallischer Verbindungen, Korngröße, Fixierung des in der Nähe des magnetischen Umwandlungspunktes bestehenden labilen Zustandes[2] u. a.), die sich jedoch sämtlich als nicht stichhaltig erwiesen haben. Die richtige Erklärung für die Möglichkeit der hohen Anfangspermeabilität des Permalloy überhaupt ist im Anschluß an die Deutung von McKechan (vgl. S. 109) zweifelsohne in der geringen Magnetostriktion und damit dem Fortfall der magnetostriktiven Spannungen zu suchen. Ansätze zu einer mathematischen Formulierung hat M. Kersten[3] gegeben, A. Kußmann, B. Scharnow und W. Steinhaus[4] konnten schließlich auch die Deutung für den Einfluß der Wärmebehandlung geben und experimentell nachweisen, daß die obigen Unterschiede auf das Vorhandensein kleinster Verunreinigungen (wahrscheinlich Oxyde) zurückzuführen sind, die sich bei Temperaturen oberhalb 600⁰ in fester Lösung befinden und durch rasches Abkühlen in ihr gehalten werden können (= hohe Permeabilität und kleine Koerzitivkraft), während sie bei langsamer Abkühlung aus der Lösung ausfallen und entsprechend der Heterogenität des Gefüges (vgl. S. 151) die Koerzitivkraft vergrößern und die Permeabilität herabsetzen. Durch die Löslichkeitslinie, die bei den Legierungen um 78% Ni bei etwa 600⁰ liegt, ist auch die Mindesttemperatur vorgeschrieben, von der aus die Legierungen

---

[1] l. c.   [2] Z. Physik 67, 808 (1931).   [3] Z. Physik. 71, 553 (1931).   [4] a. a. O.

rasch abgekühlt werden müssen. Sehr stark sauerstoffhaltige Proben behalten auch nach rascher Abkühlung ihre hohen Permeabilitäten nicht, sondern infolge allmählicher Einstellung des Gleichgewichts verschlechtern sich die Werte schon durch Lagern bei Raumtemperatur, und umgekehrt geben sehr reine Proben von Permalloy, wie man sie neuerdings hergestellt hat, auch bei langsamer Abkühlung gute Werte der Permeabilität.

Außerordentlich empfindlich sind ferner die hochwertigen Nickel-Eisen-Legierungen gegenüber mechanischen Beanspruchungen. Die Beeinflussung von Permalloy durch eine plastische Verformung mag aus Abb. 267 nach D. Binnie[1] hervorgehen, in der die Hystereseschleife eines kaltgereckten Permalloys mit der Hystereseschleife desselben Werkstoffs im ausgeglühten Zustand und der Schleife von Weicheisen verglichen ist und aus der die Schädigung deutlich zu erkennen ist. Aber auch wesentlich geringere Beeinflussungen, wie eine ganz

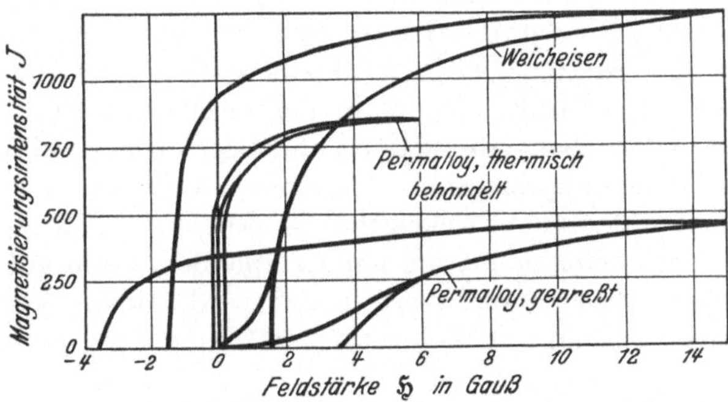

Abb. 267. Wirkung einer plastischen Verformung auf Permalloy.

schwache Biegung oder eine geringe Verdrillung und andere im praktischen Betriebe scheinbar ganz nebensächlich erscheinende Tatsachen können bei diesen empfindlichen Werkstoffen die Anfangspermeabilität usw. außerordentlich beeinflussen. Es ist daher die Wärmebehandlung[2] dieser Legierungen erst nach vollkommenem Abschluß der Bearbeitung und Formgebung durchzuführen und nach dem Ausglühen dann jegliche mechanische Beanspruchung zu vermeiden.

Für die praktische Verwendung der Nickel-Eisen-Legierungen kommen vor allem 2 Typen in Frage, und zwar entweder die Legierung Permalloy mit etwa 78% Ni oder aber Werkstoffe mit geringerem

---

[1] J. Roy. Techn. Glasgow, Dez. 1925. S. 5; vgl. dazu auch: L.W. Mc Keehan: Magnetostriction: J. Frankl. Inst. **202**, Nr. 6, 737—73 (1926); Mc Keehan und P. P. Cioffi: Physic. Rev. **28**, Nr. 1, 146—55—66 (1926).

[2] Die Glühung erfolgt meist in elektrisch geheizten Durchlauföfen in einer Stickstoffatmosphäre. Vgl. auch: Foster, Ledger u. Rosen: J. Inst. El. Engs **67**, 483 (1929), sowie Trans. Amer. Soc. Steel Treat., Juli-Dezember **1930**, 351.

Nickelgehalt, und zwar etwa 50% Ni, die unter den verschiedensten Bezeichnungen wie Invariant, Hipernik, Copernik[1] im Handel sind. Beide Konzentrationsgebiete habe für gewisse Zwecke bestimmte Vorteile, die für die hochprozentigen Legierungen vor allem darin bestehen, daß diese Legierungen die Extremwerte der Permeabilität und des Hystereseverlustes besitzen. So werden für das Permalloy C, das in magnetischer Beziehung das weichste Material für die Herstellung von Telephonen und anderen Apparaten sein dürfte, angegeben: Anfangspermeabilität 6000; Maximalpermeabilität 100000 ($\mathfrak{H}_{max} = 0,035$ Oersted); Maximalinduktion 9000 Gauß, Koerzitivkraft 0,035 Oersted, Remanenz 4500 Gauß, Hystereseverlust 50 Erg je Kubikzentimeter und Zyklus bei $\mathfrak{B}_{max} = 5000$. Die Vorteile der 50%igen Legierung bestehen bei zwar etwas geringeren Werten der Anfangs- und Maximalpermeabilität (gleichzeitig aber auch höherer Konstanz der Permeabilität im Bereich niedriger Feldstärken) vor allem in der wesentlich höheren Sättigungsmagnetisierung, was z. B. kleinere Querschnitte von Transformatorenkernen erlaubt, sodann in der geringeren Empfindlichkeit gegenüber der Wärmebehandlung (s. o.) und mechanischen Einwirkungen, dem an sich höheren spezifischen elektrischen Widerstand und schließlich wegen des kleineren Nickelgehaltes erheblich niedrigeren Preis. Ihre Benutzung dürfte sich daher dann empfehlen, wenn auf einen von diesen Faktoren besonderer Wert gelegt wird. Einen Vergleich der beiden Materialien mag die Zahlentafel 107 nach Yensen vermitteln.

Zahlentafel 107. Vergleich zwischen den Eigenschaften der 50%igen und 78%igen Eisen-Nickel-Legierung.

Eigenschaft	50% Ni	78% Ni
Anfangspermeabilität	3000	5850
Maximalpermeabilität	70000	74000
Sättigungsinduktion	15500	10500
Hystereseverlust in Erg/cm³ pro Zyklus für $\mathfrak{B} = 10000$	220	200
Remanenz	7300	5500
Koerzitivkraft	0,05	0,05
Elektrischer Widerstand in $\mu\,\Omega$/cm³	46,0	21,0
Dichte	8,3	8,6

Reine, d. h. binäre Nickel-Eisen-Legierungen finden jedoch in der Technik verhältnismäßig wenig Verwendung, vielmehr enthalten die Werkstoffe außer Eisen und Nickel gewöhnlich noch ein oder mehrere Zusatzelemente, durch die in jedem einzelnen Fall bestimmte Eigenschaften besonders hervorgehoben werden sollten. Als solche Legierungs-

---

[1] Copernik unterscheidet sich von Hipernik durch eine andere Wärmebehandlung. Es hat niedrigere Anfangs- und Maximalpermeabilitäten (1200 und 15000) als Hipernik, besitzt ihm gegenüber aber eine konstantere Permeabilität. Vgl. Iron Age 121, 534 (1928).

elemente, durch die etwa die Verarbeitung des Materials erleichtert, oder gleichzeitig der spezifische elektrische Widerstand erhöht oder eine hohe Konstanz der Permeabilität verfolgt werden soll, seien Kupfer, Mangan, Chrom, Vanadium, Silizium, Wolfram, Kobalt, Aluminium, Silber u. a. genannt. Auch die komplexen Legierungen dieser Art werden unter den verschiedensten Namen geführt.

Ein Zusatz von Kupfer soll besonders günstig wirken im Hinblick auf die Konstanz der Permeabilität im Bereich niedriger magnetisierender Kräfte, während — mit Ausnahme einer Erhöhung des spezifischen elektrischen Widerstandes und Abnahme der Sättigungsmagnetisierung, die natürlich auch bei allen anderen Zusätzen stattfindet — die sonstigen magnetischen Eigenschaften unverändert bleiben, da das Kupfer in den in Betracht kommenden Bereichen in feste Lösung aufgenommen wird.

Kupferhaltige Legierungen sind so das sogenannte „A"-Metall mit etwa 6 bis 8% Cu und das „Mumetall"[1], das 74% Ni, 20% Fe, 5% Cu und 1% Mn aufweist. Als Eigenschaften dieses Materials[2] werden angeführt: nach einer Abkühlung von 600^0 eine Anfangspermeabilität von 800, nach Abkühlung von 700^0 $\mu_0 = 2600$, und nach einer solchen von 900^0 $\mu_0 = 7000$ unter entsprechender Änderung der Konstanz der Permeabilität. Der spezifische elektrische Widerstand beträgt etwa $0,25\,\Omega$ pro m/mm². Eine ähnliche Legierung mit 70% Ni, 15% Fe, 15% Cu weist folgende Werte der Permeabilität auf:

$$\mathfrak{H} = 0,001 \text{ Oe} \qquad \mu = 6300$$
$$\mathfrak{H} = 0,01 \quad ,, \qquad \mu = 6800$$
$$\mathfrak{H} = 0,5 \quad ,, \qquad \mu = 7400$$

Über die Nickel-Eisen-Legierungen mit Kobaltzusätzen (Perminvare) sowie über die Werkstoffe mit Perminvarcharakter s. nächstes Kapitel.

Zusätze von einigen Prozent Molybdän sollen die Empfindlichkeit der Legierungen gegen mechanische Spannungen usw. herabsetzen. Nähere Angaben liegen jedoch nicht vor. — Hauptsächlich zur Erhöhung des spezifischen elektrischen Widerstandes und damit zur Erniedrigung der Wirbelstromverluste wird gewöhnlich das Chrom benutzt. Als Beispiel sei etwa die Legierung mit 55% Nickel, 34% Eisen und 11% Chrom genannt, die nebst verhältnismäßig guter Permeabilität den außerordentlich hohen spezifischen elektrischen Widerstand von rd. 100 $\mu\Omega$/cm³ besitzt. Legierungen mit einem Nickelgehalt um 75% Ni und Chromzusätzen werden als Chrompermalloys bezeichnet.

Die Änderung des spezifischen elektrischen Widerstandes im ternären System Nickel-Eisen-Chrom sei nach P. Chevenard in Abb. 268 wiedergegeben.

---

[1] Electrician **98**, 92 (1927); J. Inst. El. Engs. **1927**, 553.
[2] Electrician **97**, 613 (1926) sowie Patentliteratur.

In ähnlicher Weise wie das Chrom wirken Aluminium und Vanadium, die ebenfalls den spezifischen elektrischen Widerstand erhöhen und die Wirbelstromverluste herabsetzen, während die magnetischen Eigenschaften entsprechend der Aufnahme in die feste Lösung nur wenig geändert werden. Ein Zusatz von Silizium soll auf die Stabilität der Nickel-Eisen-Legierungen von günstigem Einfluß sein.

Das Mangan als Legierungselement bewirkt in geringen Gehalten eine Verbesserung der mechanischen Bearbeitbarkeit, und Zusätze von 0,5 bis 1% Mn sind daher gewöhnlich allen Nickel-Eisen-Legierungen hinzulegiert. Höhere Gehalte führen nach Gumlich, Steinhaus, Kußmann und Scharnow außer einer beträchtlichen Erhöhung des spezifischen elektrischen Widerstandes vor allem zu einer Änderung des Einflusses der Wärmebehandlung. Während nämlich die reinen Nickel-Eisen-Legierungen um 79% Ni bei langsamer Abkühlung einen außerordentlich großen Unterschied der Anfangspermeabilität gegenüber den bei rascher Abkühlung erhaltenen Werten zeigen — so daß es genau auf die Innehaltung der notwendigen

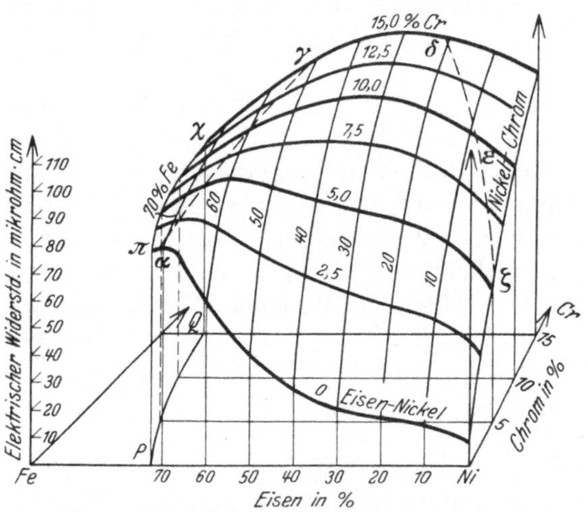

Abb. 268. Spezifischer elektrischer Widerstand im System Fe-Ni-Cr (Chevenard).

thermischen Behandlung ankommt —, werden mit der Zunahme des Mangangehaltes diese Unterschiede immer geringer und verschwinden bei etwa 10% Mn praktisch völlig, so daß die Legierungen von der Wärmebehandlung unabhängig sind. Zur Verdeutlichung dieser Tatsache diene die Zahlentafel 108, in der die Eigenschaften von zwei Legierungen mit höheren Mangangehalten (Megaperm) angegeben sind.

Die Unabhängigkeit der Megaperm-Legierungen von der Wärmebehandlung steht anscheinend in Zusammenhang mit dem Verhalten der binären Nickel-Mangan-Legierungen, deren charakteristische Daten ebenfalls von Gumlich, Steinhaus, Kußmann und Scharnow untersucht sind. Durch den Zusatz von Mangan zu technischem Nickel steigt dessen Anfangspermeabilität von etwa $\mu_0 = 250$ bis auf 2400 bei 17% Mn, während gleichzeitig die Koerzitivkraft von rd. 2 Oe auf 0,02 abnimmt. Im Gegensatz zu den Nickel-Eisen-Legierungen werden die günstigsten Werte, insbesondere bei höheren Mangangehalten, jedoch hier bei langsamer Abkühlung erreicht, während rasche Abkühlung bedeutend schlechtere Werte

Zahlentafel 108.
Magnetische Eigenschaften von Eisen-Nickel-Legierungen mit Manganzusatz (Gumlich, Steinhaus, Kußmann und Scharnow).

Chemische Zusammensetzung	Thermische Behandlung	Koerzitivkraft $\mathfrak{H}_c$ Oersted	Spezifischer Widerstand $\varrho\,\frac{\mu\,\Omega}{cm^3}$	Anfangspermeabilität μ_0
50% Ni, 42% Fe, 8% Mn	9 Std. bei 1050° geglüht, von 600° rasch abgekühlt	0,085	82,0	3200
80% Ni, 9% Fe, 11% Mn	5 Std. bei 1050° geglüht, langsam abgekühlt . . .	0,075	46,5	5500
	von 600° rasch abgekühlt	0,065	46,5	6450
79% Ni, 15,5% Fe, 5,5% Mn	5 Std. bei 1050° geglüht, langsam abgekühlt . . .	0,036	38,0	6000
	von 600° rasch abgekühlt	0,0415	38,0	6700

ergab. Es ist somit verständlich, daß im ternären Diagramm Ni-Fe-Mn zwischen 60% und 85% Ni Gebiete existieren, in denen die magnetischen Eigenschaften von der Wärmebehandlung unabhängig sind.

Die Anwendungszwecke der hochpermeablen Werkstoffe der Eisen-Nickel-Reihe sind oben bereits kurz angedeutet worden. Sie finden eine mehr oder weniger ausgedehnte Benutzung als Kerne für Meßtransformatoren[1] und Stromwandlern, bei denen sich dadurch der Meßbereich nach unten erweitern und die Gleichmäßigkeit der Teilung der Ableseinstrumente verbessern läßt, als Kerne von Radiofrequenz-Transformatoren zur Erzielung größerer Verzerrungsfreiheit, von Telephon- und Telegraphenrelais, Meßinstrumenten[2], als Umhüllungen von Panzergalvanometern, und schließlich als Krarupwicklungen[3] für Unterseekabel (vgl. Abb. 256).

c) Legierungen mit konstanter Permeabilität bei schwachen magnetisierenden Kräften.

So erwünscht ein möglichst hoher Wert der Permeabilität bei schwachen magnetisierenden Kräften auch ist, so sind für manche Zwecke der Fernmeldetechnik die bisher besprochenen Nickel-Eisen-Legierungen doch nicht brauchbar, weil sie neben zwar hohen Absolutbeträgen der Permeabilität gleichzeitig auch eine starke Abhängigkeit dieser Werte von der Feldstärke, d. h. eine starke Krümmung der Permeabilitätskurve aufweisen. Diese Stromabhängigkeit der Permeabilität

---

[1] Vgl. Hill: Electrician **37** (1931).
[2] Vgl. F. E. Ockenden: Sci. Instrum., Mai 1931, S. 113.
[3] Vgl. Bell Syst. Techn. J. **6**, Nr. 3, 402—24 (1927); vgl. J. Frankl. Inst. **207**, Nr. 1, 107—15 (1929).

bedingt in jedem Falle aber einen erheblichen Hystereseverlust (vgl. S. 83) und ferner etwa bei der Belastung eines Telephonkabels mit einem derartigen Werkstoff solche Verzerrungen der Sprache, daß ein Telephonieren über längere Strecken unmöglich wäre. Für spezielle Zwecke werden deshalb Materialien benötigt, die eine zwar immer noch hohe, gleichzeitig aber doch möglichst konstante Permeabilität bei schwachen Feldstärken, d. h. also möglichste Proportionalität zwischen Feldstärke und Induktion besitzen sollen. Diese Aufgabe kann innerhalb gewisser Grenzen auf drei Wegen gelöst werden, und zwar:

1. durch besondere Wahl der Zusammensetzung, insbesondere durch Legierungen aus dem ternären System Nickel-Eisen-Kobalt (Perminvare),

2. durch mechanische Behandlung hochpermeabler Werkstoffe, beispielsweise durch unvollkommenes Ausglühen oder schwaches Kaltwalzen nach der letzten Glühung,

3. durch Zusätze zu hochpermeablen Legierungen, die nicht in feste Lösung gehen bzw. durch eine bestimmte Wärmebehandlung zur Auskristallisation (Aushärtung) gebracht werden, wodurch ebenfalls eine außerordentlich konstante Permeabilität erzielt wird.

Die Entdeckung der merkwürdigen Eigenschaften der Legierungen der ersten Gruppe verdanken wir dabei ebenso wie die des Permalloy A. W. Elmen, während die Aufklärung der Erscheinungen der Gruppen 2 und 3 auf E. Gumlich, W. Steinhaus, A. Kußmann und B. Scharnow zurückzuführen ist.

Die Tatsache, daß manche Legierungszusätze zu den Nickel-Eisen-Legierungen die Krümmung der Permeabilitätskurve erniedrigen und die Konstanz der Permeabilität erhöhen können (wie z. B. Kupfer im Mumetall, vgl. S. 363), war empirisch seit einer ganzen Reihe von Jahren bekannt, ohne daß man jedoch der Ursache dieser Erscheinungen nachgekommen wäre. Alle Ergebnisse bei diesen Materialien wurden jedoch übertroffen durch die ternären Eisen-Nickel-Kobalt-Legierungen, über die im Jahre 1928 von Elmen[1] berichtet wurde, und die neben einer bis dahin noch nie beobachteten Verzerrung und Ausbauchung der Hystereseschleife eine fast geradlinig aufsteigende Nullkurve, d. h. eine außerordentliche Konstanz der Permeabilität über ein großes Feldstärkebereich aufweisen. Ihrer merkwürdigen Eigenschaften wegen, die, wie gleich bemerkt sei, in hohem Maße von der chemischen Zusammensetzung, der Wärmebehandlung und der magnetischen Vorgeschichte abhängen, belegte Elmen diese Legierungsgruppe mit dem besonderen Namen Perminvare.

---

[1] J. Frankl. Inst **206**, 317 (1928); **207**, 583 (1929); Bell Syst. Tech. J. **8**, 435 (1929).

Als Beispiel der Elmenschen Untersuchungen diene eine Legierung mit 45 % Ni, 25 % Co und 30 % Fe, die hinsichtlich der Höhe und Konstanz der Permeabilität sowie des spezifischen elektrischen Widerstandes auch für praktische Zwecke am besten in Betracht kommen würde. Wird eine solche Legierung unter gewöhnlichen technischen Bedingungen erschmolzen und einer geeigneten Glühbehandlung unterworfen, so beträgt ihre Anfangspermeabilität etwa 450, also rund das Doppelte von der eines weichen Flußeisens, dieser Wert bleibt jedoch

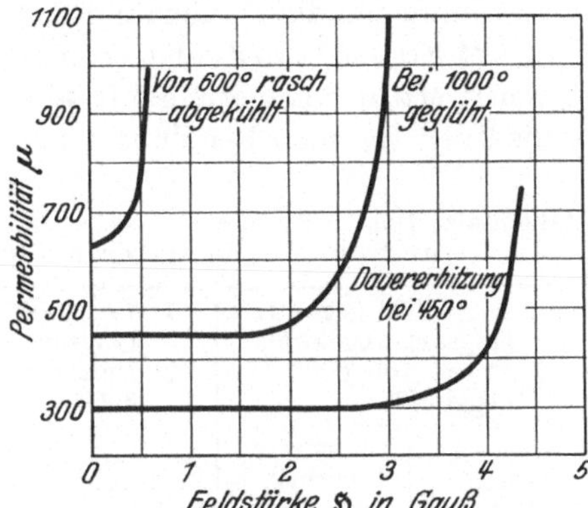

Abb. 269. Unterster Abschnitt der Permeabilitätskurven von Perminvar (45% Ni, 25% Co, 30% Fe) nach verschiedener Wärmebehandlung.

bis zu der Feldstärke (2 Oersted) auf etwa 1 % konstant, während innerhalb desselben Feldstärkenbereichs die Permeabilitätskurve des gewöhnlichen Eisens mit μ über 7000 das Permeabilitätsmaximum bereits überschritten hätte und umgekehrt gehärtete Kohlenstoffstähle u. a. mit relativ ähnlich konstanten Werten der Permeabilität lange nicht so hohe Absolutbeträge aufweisen. Die Permeabilitätskurven einer solchen Perminvarlegierung (in 3 verschiedenen Wärmebehandlungen) seien in Abb. 269 nach Elmen wiedergegeben, während Abb. 270 noch einmal einen Vergleich der untersten Abschnitte verschiedener technischer Legierungen bietet.

Entsprechend dem geradlinigen Verlauf der Nullkurve bzw. dem geringen Anstiegfaktor (vgl. S. 83) wird eine solche Perminvarlegierung, wenn sie in dem Bereich konstanter Permeabilität einer Wechselstrommagnetisierung unterworfen wird, nur verschwindend geringe Hystereseverluste aufweisen. Dieser Verlust wird um so kleiner sein, je

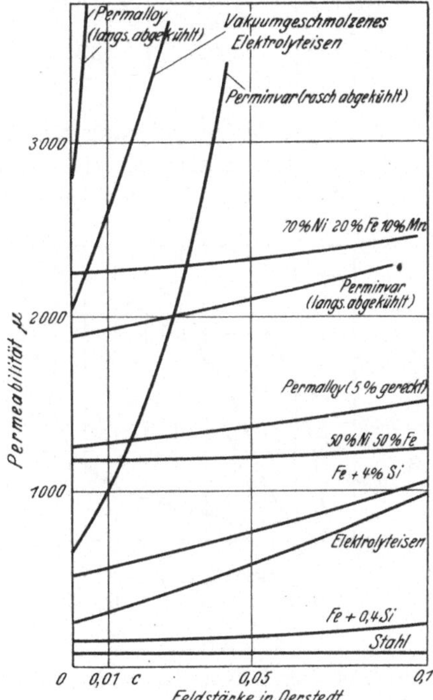

Abb. 270. Vergleich der Permeabilitätskurven technischer Legierungen.

höher die Konstanz der Permeabilität in dem betreffenden Abschnitt ist, und konnte für die Maximalinduktion 100 Gauß (Zahlentafel 109) etwa zu 0,024 Erg/cm³ pro Zyklus ermittelt werden. Einen Überblick über die Verlustwerte der Legierung mit 45% Ni, 25% Co und 30% Fe nach verschiedener Wärmebehandlung mag die Zahlentafel 109 bieten.

Zahlentafel 109. Hysteresisverlust von Perminvar mit 45% Ni, 25% Co und 30% Fe nach verschiedener Wärmebehandlung.

1. Bei 1000⁰ geglüht, langsam abgekühlt; 2. Rasch von 600⁰ abgekühlt		1. Bei 1000⁰ geglüht, langsam abgekühlt; 2. Dauererhitzung bei 450⁰		1. Bei 1000⁰ geglüht, langsam abgekühlt	
$\mathfrak{B}_{max}$ Gauß	Hysterese- verlust Erg/cm³ pro Zyklus	$\mathfrak{B}_{max}$ Gauß	Hysterese- verlust Erg/cm³ pro Zyklus	$\mathfrak{B}_{max}$ Gauß	Hysterese- verlust Erg/cm³ pro Zyklus
568	18,7	600	praktisch 0	570	praktisch 0
722	32,0	795	praktisch 0	820	9,54
993	57,0	1003	15,27	974	15,65
1503	119,0	1604	163,0	1508	93,20
5010	850,0	4950	1736,0	5050	1185,0
14810	2500,0	13810	4430,0	8480	2500,0
—	—	—	—	14900	3375,0

Wird die Magnetisierung der Perminvare zu höheren Feldstärken bzw. Induktionen fortgesetzt, so nimmt der Hystereseverlust rasch zu, d. h. auf- und absteigender Ast der Hystereseschleife trennen sich voneinander. Beide weisen jedoch abweichend von dem normalen Verlauf zunächst noch einen eigentümlich eingeschnürten Charakter mit verhältnismäßig kleiner Koerzitivkraft und Remanenz der Schleife auf, und dementsprechend ist auch der Hystereseverlust bei mittleren Flußdichten geringer als der anderer magnetischer Werkstoffe. Einen Überblick über Schleifen von Perminvarlegierungen mögen die Abb. 271 (nach Elmen) und 273

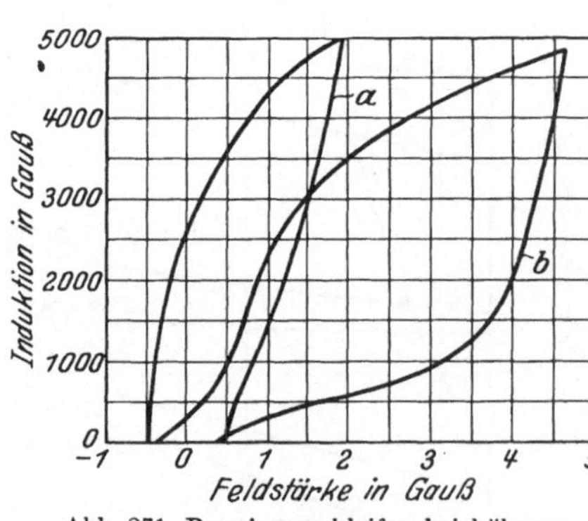

Abb. 271. Perminvarschleifen bei höheren Induktionen.

und 274 (nach Kühlewein) bieten, von denen insbesonders aus der letzteren der außerordentlich geradlinige Anstieg der Nullkurve und die ebenfalls typische Tatsache erkennbar ist, daß die Nullkurve zum Teil außerhalb der Schleife verläuft. Bei noch höheren Induktionen verschwinden die Ausbauchungen mehr und mehr, die Kurve gleicht sich der normalen Gestalt der Hystereseschleife beinahe völlig an, und so ist es auch zu verstehen, daß Masumoto[1], der annähernd gleichzeitig und unabhängig von Elmen die Magnetisierungsintensitäten im System Nickel-Eisen-Kobalt gemessen hat, dieses Verhalten der Legierungen nicht bemerkt hat.

Zur Kennzeichnung der Abhängigkeit der Perminvareigenschaften von der chemischen Konstitution diene die Abb. 272, in der in das Strukturdiagramm des ternären Systems Eisen-Nickel-Kobalt nach T. Kasé das Gebiet der Perminvargruppe nach Elmen durch einen gestrichelten Kurvenzug eingezeichnet ist. Der Bereich einer mehr oder weniger konstanten Permeabilität erstreckt sich demnach in Form einer flachen Ellipse in der Mitte des γ-Gebietes beiderseits längs einer Verbindungslinie zwischen der Legierung Permalloy mit 80% Ni, 20% Fe und den

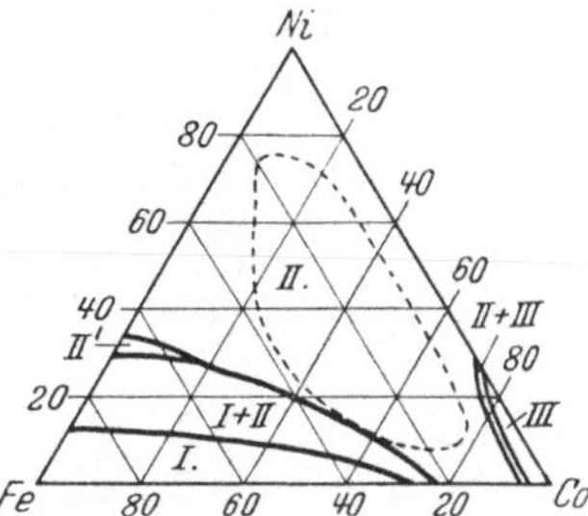

Abb. 272. Strukturdiagramm des ternären Systems nach T. Kasé. *I* Feste Lösung von Ni und Co in α-Eisen, *II* feste Lösung von Ni, Co und γ-Eisen (magn.), *II'* feste Lösung von Ni, Co und γ-Eisen (unmagn.), *III* feste Lösung von Ni und Fe in hexagonalem Kobalt, ----- Gebiet der Perminvarlegierungen nach Elmen.

von Masumoto untersuchten Fe-Co-Legierungen mit 80% Co, 20% Fe. Was die Rolle der einzelnen Legierungselemente innerhalb dieses Gebiets betrifft, so fördern nach Elmen Eisen und Kobalt die Konstanz der Permeabilität unter gleichzeitiger Herabsetzung des Absolutwertes,

Zahlentafel 110. Magnetische Eigenschaften von Eisen-Nickel-Kobalt-Legierungen verschiedener Zusammensetzung.

| Be-zeich-nung | Chemische Zusammensetzung | | | | Magnetische Eigenschaften | | | | | Spezifischer Widerstand $\varrho \frac{\mu\,\Omega}{cm^3}$ |
	Ni %	Co %	Fe %	Mn %	μ_0	μ_{max}	Konstante Permeabilität bis $\mathfrak{H}$ in Oersted	$\mathfrak{B}$ in Gauß	Induktion für $\mathfrak{H} =$ = 1500	
917	11,35	68,10	20,36	0,35	57	1545	4,2	242	18400	15,38
909	20,85	49,18	29,74	0,31	98	1180	4,0	396	18200	16,59
918	20,73	68,35	10,58	0,39	51	1447	2,5	129	17400	12,35
858–1	45,12	23,83	30,69	0,46	449	2075	1,75	793	15600	18,63
925	50,47	29,28	20,15	0,33	231	1555	3,2	746	14600	14,55
857	59,66	14,76	24,97	0,60	631	2680	1,15	733	—	17,5
880	70,29	15,23	14,57	Spur	390	1570	0,55	216	—	14,13
842	73,29	5,97	20,7	0,20	1430	5600	0,55	795	—	15,16

während ein höherer Nickelgehalt den umgekehrten Einfluß ausübt. Eine Reihe von Legierungen mit verschiedenen Eisen-Nickel- und Kobaltgehalten seien in Zahlentafel 110 nach Elmen wiedergegeben, in der außer der Anfangs- und Maximalpermeabilität und dem spezifischen

---

[1] l. c.

Messkin-Kußmann, Legierungen.   24

 Legierungen für besondere Verwendungszwecke.

Widerstand noch die Feldstärken $\mathfrak{H}$ bzw. die Induktionen $\mathfrak{B}$ angegeben sind, innerhalb deren die Permeabilität nicht mehr als um 1% des Wertes μ_0 schwankt.

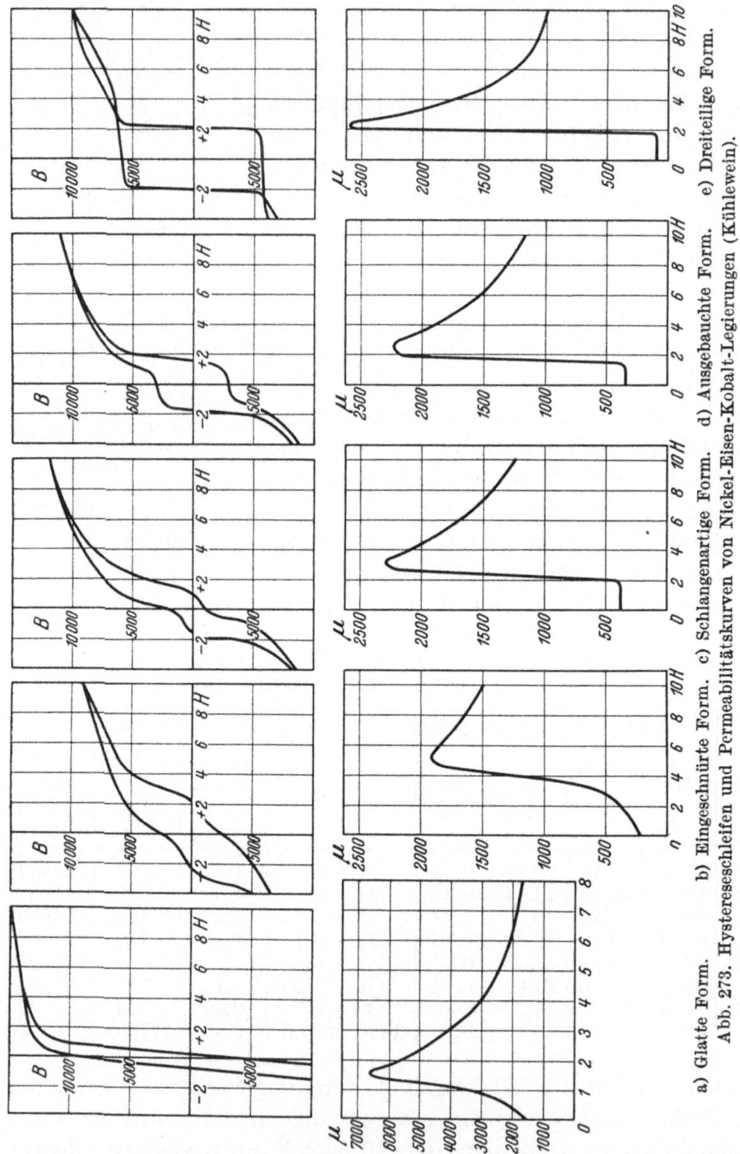

Nach Kühlewein[1], der neuerdings eine ausführliche Untersuchung über den Einfluß der chemischen Zusammensetzung und der Wärmebehandlung durch-

[1] Wiss. Veröff. Siemens Konz. **X**, 72 (1930).

geführt hat, lassen sich 5 Haupttypen von Kurven unterscheiden (vgl. Abb. 273) nämlich die „glatte", „eingeschnürte", die „schlangenartige", die „ausgebauchte" und schließlich die „dreiteilige" Form, von denen jede im Sinne konstanter Permeabilität und Einschnürung der Schleife eine Verstärkung der vorigen Form darstellt. Bei einstündiger Glühung bei 900⁰ mit nachfolgender langsamer Abkühlung zeigen die Legierungen des Elmenschen Perminvargebietes mit steigendem Kobaltgehalt immer mehr Perminvarcharakter, d. h. die Legierungen, deren Hauptbestandteil Nickel ist, lassen bei kleinen Feldern Einschnürungen der Hystereseschleife erkennen, während bei etwas höheren Feldern die Kurve bis auf die außerhalb der Schleife liegende Nullkurve durchaus normal ist (glatte Form, Abb. a). Mit wachsendem Kobaltgehalt bleibt die Einschnürung bis zu höheren Feldstärken erhalten (Abb. b, eingeschnürter Typ), geht über in vollständige Einschnürung mit

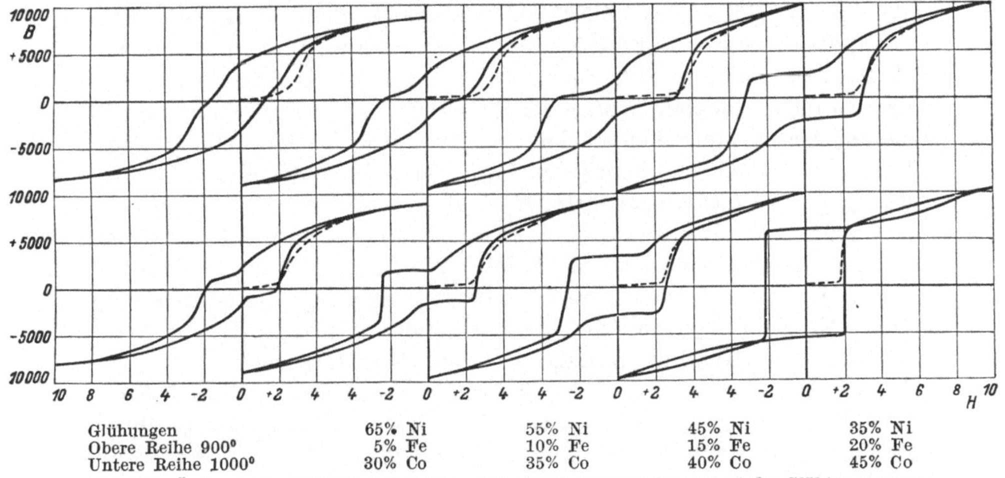

Glühungen	65% Ni	55% Ni	45% Ni	35% Ni
Obere Reihe 900⁰	5% Fe	10% Fe	15% Fe	20% Fe
Untere Reihe 1000⁰	30% Co	35% Co	40% Co	45% Co

Abb. 274. Änderung des Perminvarcharakters mit der Zusammensetzung und der Glühtemperatur (nach Kühlewein).

geradlinigen Schleifenstärken (schlangenartige Form) und schließlich in die „ausgebauchte" und dreiteilige Form. Durch Erhöhung der Glühtemperatur auf etwa 1000⁰ verschieben sich die einzelnen Typen zu niedrigen Nickelgehalten, so daß man also durch höhere Glühung einen höheren Perminvarcharakter erhält. Abb. 274, die ebenso wie Abb. 273 der Arbeit von Kühlewein entnommen ist, möge diese Verhältnisse an 4 Legierungen darstellen, die im ternären System auf einer Senkrechten zur Eisen-Kobalt-Achse liegen.

Außer dem Elmenschen Perminvargebiet konnte Kühlewein noch ein zweites kleineres Gebiet nachweisen, das nahe an der Nickel-Eisen-Achse liegt.

Zahlreiche Schrifttumsangaben über andere physikalische Eigenschaften des Systems Fe-Ni-Co finden sich in einer Zusammenstellung von Kühlewein[1].

Außer von der chemischen Zusammensetzung, hängen die magnetischen Eigenschaften der Perminvare nun in hohem Maße von der Wärmebehandlung ab. Grundsätzlich kann man dabei nach Elmen drei verschiedene Behandlungsarten unterscheiden, und zwar einmal

---

[1] Physik. Z. **31**, 626 (1930).

die langsame Abkühlung , d. h. eine Erwärmung des Materials auf 1000^0 und darauf folgende Abkühlung innerhalb 10 Stunden mit einer Geschwindigkeit zwischen 400^0 und 700^0 etwa $1,5^0$ pro Minute, oder aber die rasche Abkühlung, d. h. nach der Glühung bei 1000^0 eine Erwärmung etwa 15 Min. auf 625^0 und dann eine Abkühlung an Luft, und schließlich die Dauererhitzung, bei der das durch eine Weichglühung und rasche Abkühlung schon vorbehandelte Material 24 Stunden auf 425^0 gehalten wird.

Der Einfluß dieser verschiedenen Wärmebehandlungen auf die Permeabilitätskurve einer Legierung mit 45% Ni, 25% Co und 30% Fe ist in der obigen Abb. 269 dargestellt. Die mittlere Kurve entspricht einem einstündigen Glühen bei 1000^0 mit darauffolgendem langsamem Abkühlen, die obere bzw. untere Kurve den beiden anderen Behandlungen, und zwar der raschen Abkühlung bzw. der Dauererhitzung. Wie zu ersehen, ist die Permeabilität nach der Dauererhitzung nahezu vollkommen konstant bis zu einer Feldstärke von etwa $\mathfrak{H} = 2{,}7$ Oersted, im Absolutbetrage jedoch am niedrigsten ($\mu_0 = 300$), während die rasche Abkühlung gerade das Umgekehrte, d. h. eine relativ hohe Permeabilität ($\mu_0 = 600$), dafür einen wesentlich kleineren Konstanzbereich zur Folge hat. Zwischen beiden liegt die Kurve für die luftgekühlten Proben. Ähnlich liegen die Verhältnisse für andere Legierungen, wodurch sich also die Möglichkeit ergibt, die eine oder andere verlangte Haupteigenschaft durch die Wärmebehandlung besonders zu fördern.

Die in praktischer Beziehung jedoch hauptsächlich zu beachtende Eigenschaft der Perminvare ist die außerordentliche Abhängigkeit ihres Verhaltens von der magnetischen Vorgeschichte. Nach Anlegen eines starken Gleichfeldes und erfolgter Herabsetzung auf Null ergeben nämlich die Legierungen im Bereich niedriger Feldstärken nicht mehr dieselben Permeabilitätskurven wie vorher, auch nicht eine geringere Permeabilität wie alle übrigen Materialien bei Vorhandensein einer Remanenz, sondern die Anfangspermeabilität ist gewöhnlich heraufgesetzt, während der Bereich konstanter Permeabilität bedeutend verkleinert ist (vgl. Abb. 275). In einem besonderen von Elmen berichteten Falle steigerte bei der Legierung aus 45% Ni, 25% Co, 30% Fe eine vorübergehende Gleichstrommagnetisierung mit einer Feldstärke von 25 Oe die Anfangspermeabilität von 425 auf 750 unter entsprechender Vergrößerung des Anstiegfaktors. Im Gegensatz zu den anderen normalen Werkstoffen lassen sich die ursprünglichen Eigenschaften dabei auch nicht durch die Entmagnetisierung, d. h. durch die Behandlung mit kontinuierlich abnehmendem Wechselstrom (vgl. S. 76) wiederherstellen; nach Kühlewein zeigen nach der üblichen Entmagnetisierung nur die Perminvare mit dem „glatten" und „eingeschnürten" Kurvencharakter die gleichen Eigenschaften wie vorher, während die höheren Formen starke Unsymmetrien und Abweichungen gegenüber dem wirklich jungfräulichen Zustand beibehalten (vgl. Abb. 275) und die höchsten Formen sich überhaupt nicht entmagnetisieren lassen, so daß hier eine einmalige zu starke Vormagnetisierung alle späteren Vorgänge beherrscht und die Permeabilitätskonstanz der Legierungen zerstören kann. Eine Regeneration ist in diesem Falle nur durch ein erneutes Ausglühen über den magnetischen Umwandlungspunkt und Durchführen einer neuen Wärmebehandlung möglich.

Zusammenfassend ist also zu sagen, daß die eigentlichen Perminvare des ternären Systems Ni-Fe-Co[1] unter geeigneten Voraussetzungen in der Tat bis zu Induktionen 500 bis 1000 Gauß praktisch keinen Hystereseverlust aufweisen, daß jedoch die Herstellung und Benutzung dieser Werkstoffe in allen Stadien eine sehr große

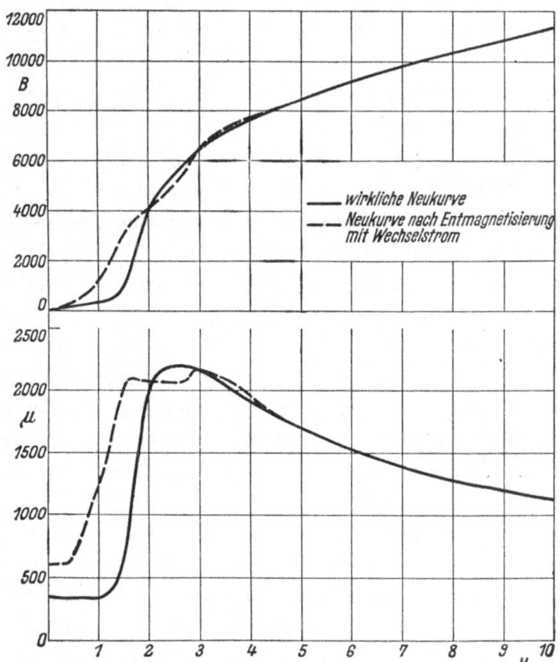

Abb. 275. Einfluß einer Vormagnetisierung mit Wechselstrom auf eine Perminvar-Legierung (Kühlewein).

[1] Die Ursache der merkwürdigen Kurvenformen der Legierungen ist noch nicht endgültig geklärt. Auf Grund der Verzerrung und Ausbauchung der Hystereseschleifen, die immer auftritt, wenn ein Material aus zwei magnetisch verschiedenen, harten Bestandteilen zusammengesetzt ist (vgl. S. 191), hatte Elmen die Hypothese aufgestellt, daß das bei hoher Temperatur als feste Lösung homogene Material bei der Abkühlung in zwei Mischkristalle verschiedener Konzentration zerfalle. Eine solche Annahme ist jedoch in Hinblick auf das Zustandsdiagramm wenig wahrscheinlich. Zweifelsohne handelt es sich auch hier um irgendwelche mechanische Spannungserscheinungen. Nach A. Kußmann und B. Scharnow ist der Effekt nicht ursächlich an das ternäre System Ni-Fe-Co geknüpft, sondern hängt mit dem Vorhanden ein von Verunreinigungen zusammen, die bei hoher Temperatur in Lösung sind, durch die Wärmebehandlung aber zur Ausscheidung gebracht werden, und ihre Umgebung in einen lokalen Spannungszustand versetzen, während andere Bezirke unverspannt bleiben. Einen Hinweis dafür gibt auch die Tatsache, daß der Effekt sich um so besser ausgeprägt findet, je unreiner das zur Herstellung der Proben verwandte Material ist.

Vorsicht erfordert. Wegen dieser außerordentlichen Kompliziertheit und Labilität haben die höheren Perminvare bis jetzt noch keine größere praktische Verwendung gefunden, und die Elektrotechnik hat sich im Gegenteil bemüht, unter Vermeidung des hohen Kobaltgehaltes (und damit des teuren Preises) Werkstoffe zu schaffen, die, wenn auch nicht in so extremer Weise wie diese Legierungen, doch noch möglichsten Perminvarcharakter, d. h. möglichste Konstanz der Permeabilität bei schwachen Feldstärken aufweisen sollten, ohne die unangenehmen Eigenschaften der eigentlichen Perminvare zu besitzen. Über die beiden hauptsächlichen Verfahren sei im folgenden kurz berichtet.

Das erste dieser Verfahren, das seit einer ganzen Reihe von Jahren (schon vor Entdeckung der Ni-Fe-Co Legierungen) wenn auch unbewußt in den verschiedensten technischen Variationen zu diesem Zwecke Verwendung gefunden hat, beruht auf der plastischen Deformation eines hochpermeablen Werkstoffs, und zwar entweder auf einer nachträglichen schwachen Kaltverformung des geglühten oder gewöhnlich in einer nicht vollständigen Ausglühung des stark verformten (gewalzten, gezogenen) Materials. Durch eine solche Kaltverformung wird, wie oben bei der Besprechung des Zusammenhangs der mechanischen und magnetischen Eigenschaften erwähnt (vgl. Abb. 169) die Koerzitivkraft und der Hystereseverlust vergrößert und die Induktionskurve unter entsprechender Verringerung der Absolutwerte der Permeabilität und Erhöhung der Konstanz (s. Verringerung des Anstiegfaktors) verflacht. Diese Änderung der Eigenschaften, d. h. die Verringerung der Anfangspermeabilität und die Abflachung des untersten Stückes der Permeabilitätskurve erfolgt nun bei den verschiedenen Legierungen, wie Gumlich, Steinhaus, Kußmann und Scharnow[1] nachweisen konnten, in ganz verschiedenem Maße, so daß also bei Werkstoffen ungleicher chemischer Zusammensetzung derselben Verringerung des Anstiegfaktors durchaus nicht dieselbe Abnahme des Absolutbetrages der Permeabilität entspricht. Ähnliches gilt für das Ausglühen und Entfestigen eines hartgezogenen Materials, bei dem sich der sehr klein gewordene Absolutwert der Permeabilität und der praktisch horizontale Abschnitt der Permeabilitätskurve in rückläufigem Sinne ändern. Diese Änderung der beiden Werte befolgt auch hier eine verschiedene Temperaturabhängigkeit, d. h. in manchen Temperaturbereichen steigt die Anfangspermeabilität schneller an, als sich die Krümmung der Permeabilitätskurve ändert, und durch eine nur kurze Glühbehandlung eines verformten Materials bei relativ tiefen Temperaturen, d. h. also durch eine unvollständige Entfestigung läßt sich erreichen, daß die Anfangspermeabilität bereits wieder hohe Werte erlangt hat, während die Steigung der Permeabilitätskurve und damit die Stromabhängigkeit nur gering ist.

[1] Elektr. Nachr. Techn. 7, 231 (1930).

Besonders günstig für die Durchführung des Verfahrens erwiesen sich die Legierungen um 50 % Ni oder bei den höherprozentigen Legierungen solche, denen eine geringe Menge von Kobalt, Mangan, Chrom oder Silizium hinzulegiert war. Ein Beispiel für die Durchführung dieser Behandlung sei in Zahlentafel 111 nach den Messungen von Gumlich, Steinhaus, Kußmann und Scharnow gegeben. Das Versuchsmaterial, eine Legierung mit 70 % Ni, 20 % Fe, 5 % Co und 5 % Mn war zu 1-mm-Draht ausgehämmert und wurde dann je 5 Minuten bei den in der ersten Spalte der Tafel angegebenen Temperaturen geglüht. In den letzten Spalten sind die Werte der Permeabilität für verschiedene Feldstärken zwischen 0 und 0,1 sowie die prozentische Zunahme gegenüber der Anfangspermeabilität angegeben.

Aus der Tafel, insbesondere der für Glühserie 1, geht hervor, daß es auf diese Weise möglich ist, durch geeignete Wahl der Glühtemperatur und -dauer Permeabilitätswerte von über 3000 zu erzielen, ohne daß der Anstieg der Permeabilität (bis 0,1 Oersted) 15 % erreicht, während bei Permeabilitätswerten von 900 — also wesentlich höher als bei den eigentlichen Perminvaren — der Anstieg bis 0,1 Oersted kleiner als 2,5 % bleibt, was für viele technische Zwecke völlig genügt. Der spezifische Widerstand, welcher durch die Kaltbearbeitung eine Steigerung von etwa 18 % erfährt, fällt bereits nach der ersten Glühbehandlung auf seinen normalen Wert zurück und ändert sich bei weiterem Glühen nicht mehr.

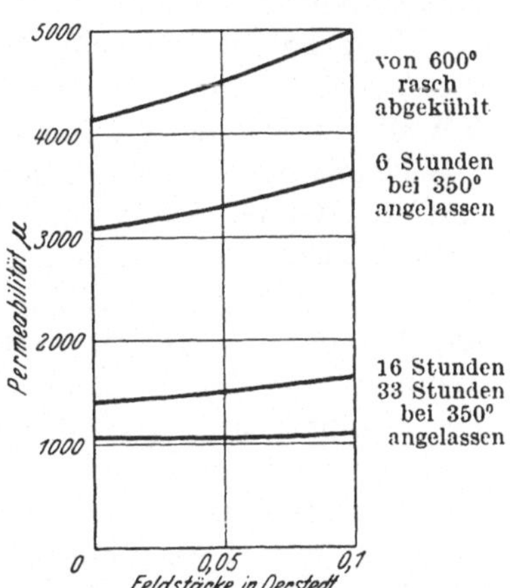

Abb. 276. Unterster Abschnitt der Permeabilitätskurve von Silber-Permalloy nach verschiedener Wärmebehandlung (Steinhaus, Kußmann und Scharnow).

So einleuchtend das obige Verfahren der unvollständigen Rekristallisation[1] auch ist, so besitzt es für den praktischen Betrieb doch gewisse Nachteile, die vor allem darin bestehen, daß die Glühbedingungen sehr genau bekannt und innegehalten werden müssen. Falls nämlich durch ein Versehen die Glühtemperatur zu hoch gewählt wurde und die konstante Permeabilität des Materials verschwunden ist, so läßt sich der Werkstoff nur durch ein erneutes Kaltrecken regenerieren, was in manchen Fällen (etwa bei dem gewickelten Krarupband auf der Kabelseele) eine praktische Unmöglichkeit ist.

Diesen Nachteil der mangelnden Reproduzierbarkeit vermeidet schließlich das letzte Verfahren, das vor einigen Jahren ebenfalls von E. Gumlich, W. Steinhaus, A. Kußmann und B. Scharnow

---

[1] Vgl. D.R.P. 529241.

angegeben worden ist. Es beruht auf einer speziellen Anwendung der von A. Kußmann und B. Scharnow grundsätzlich aufgezeigten Gesetzmäßigkeit über den Einfluß von Legierungsbestandteilen auf das magnetische Verhalten der Stoffe (vgl. S. 109). Während nämlich durch Zusätze, die in feste Lösung gehen, der Verlauf der Magnetisierungskurve und die Größe der Koerzitivkraft nur unwesentlich beeinflußt wird, kann durch nicht in fester Lösung befindliche Bestandteile infolge der verschiedenen thermischen Ausdehnungskoeffizienten der einzelnen Phasen ein interkristalliner Spannungszustand hervorgerufen werden, der in jedem Falle eine dem Spannungszustand proportionale Herabsetzung der Induktionen und Permeabilitäten, sowie eine Erhöhung der Koerzitivkraft und Erniedrigung des Anstiegfaktors zur Folge hat, wobei sich jedoch hier in der quantitativen Änderung dieser Größen die einzelnen Legierungen sehr verschieden verhalten. Für die praktische Verwendung des Verfahrens wird man — da die Löslichkeit der Stoffe mit steigender Temperatur meist zunimmt, die Löslichkeitslinie also eine gekrümmte Kurve darstellt — den Zusatz meist so bemessen, daß er bei Raumtemperatur vollkommen unlöslich, bei einer gewissen höheren Temperatur aber vollkommen löslich ist. Auf diese Weise ist es möglich, durch Abschrecken von hohen Temperaturen den Zustand der festen Lösung (und damit der hohen Permeabilität, aber auch der geringen Konstanz) bei Raumtemperatur zunächst zu fixieren und durch nachfolgendes Anlassen bei mittleren Temperaturen, wobei sich unter Zerfall des Mischkristalls die Magnetisierungs- und Permeabilitätswerte ähnlich dem von A. Kußmann und B. Scharnow in Abb. 115 gegebenen Beispiel ändern, den Prozeß bis zu einem gewünschten Grade durchzuführen.

Als Zusatzelement für die Anwendung des Verfahrens[1] bei den Nickel-Eisen-Legierungen hat sich bisher am besten Silber bewährt, das in den Mischkristallen nur sehr geringfügig löslich ist. Die untersten Abschnitte der Permeabilitätskurven eines Silber-Permalloys nach verschiedenen Wärmebehandlungen seien in Abb. 276 angegeben. (Zusammensetzung Nickel: Eisen wie 78 : 22, etwa 2 bis 3% Ag) und lassen die typischen Änderungen bei der Abscheidung des Silbers aus der übersättigten festen Lösung deutlich erkennen: Nach dem Abschrecken von 600° weist die Legierung demnach die höchste Anfangspermeabilität ($\mu_0 = 4200$), gleichzeitig aber auch eine sehr starke Steigung der Permeabilitätskurve auf, die sich zwischen 0 und 0,1 Oersted um etwa 20% ändert. Durch nachfolgendes Erwärmen der Probe auf niedere Temperaturen wird unter gleichzeitiger Abnahme des Absolutwertes der Permeabilität die Konstanz heraufgesetzt, und nach einem 33stündigen Anlassen zeigt die Anfangspermeabilität den immer noch

---

[1] Vgl. Brit. Pat. 357947.

Zahlentafel 111. Erzielung konstanter Permeabilität durch unvollständige Rekristallisation eines kaltverformten Materials (nach Gumlich, Steinhaus, Kußmann und Scharnow).

Glüh-temperatur	Glüh-dauer	Widerstand je m/mm² Ohm	Koerzitiv-kraft Oersted	Permeabilität bei						
				$H = 0$	$H = 0,01$	$H = 0,02$	$H = 0,03$	$H = 0,05$	$H = 0,07$	$H = 0,10$
				und % Zunahme gegen μ_0						
Kalt verformt		0,39	2,8	96						
1. Glühserie.										
650°	5 min a. Max.	0,33	1,88	891	892 +0,1	894 +0,5	896 +0,5	899 +0,7	903 +1,3	911 +2,2
675°	,,	0,33	1,03	1940	1950 +0,5	1962 +1,1	1980 +2,0	2015 +3,9	2060 +6,2	2140 +10,3
700°	,,	0,33	0,673	2800	2825 +0,9	2850 +1,8	2880 +2,8	2940 +5,0	3018 +7,8	3165 +13,0
725°	,,	0,33	0,55	2920	2940 +0,7	2970 +1,7	2995 +2,6	3060 +4,8	3140 +7,5	3300 +13,0
750°	,,	0,33	0,46	3010	3040 +1,0	3070 +2,0	3110 +3,3	3190 +6,0	3280 +9,0	3470 +14,8
800°	,,	0,33	0,34	3440	3470 +0,9	3500 +1,7	3540 +2,9	3630 +5,5	3750 +9,0	4060 +18,0
2. Glühserie.										
700°	5 min a. Max.	0,33	0,56	3200	3212 +0,4	3230 +0,9	3250 +1,6	3300 +3,0	3384 +5,7	3600 +12,5
725°	,,	0,33	0,48	3350	3390 +1,1	3440 +2,8	3490 +4,2	3600 +7,5	3725 +11,2	3950 +17,9
750°	,,	0,33	0,43	3340	3375 +1,0	3410 +2,1	3450 +3,3	3530 +5,7	3640 +9,0	3890 +16,5
800°	,,	0,33	0,33	3590	3630 +1,2	3670 +2,2	3710 +3,3	3810 +5,6	3945 +9,1	4290 +17,9

beachtlichen Wert von 1000, während die Permeabilität zwischen 0 und 0,1 Oerstedt vollständig konstant geworden ist. Die an den Korngrenzen und in den Kristalliten ausgeschiedenen Silberpartikelchen sind dann bei hoher Vergrößerung im Schliffbild deutlich zu erkennen. In den sonstigen magnetischen Eigenschaften weisen die Legierungen ein vollkommen normales Verhalten auf, und durch Wiederholung der thermischen Prozesse lassen sich ihre Eigenschaften beliebig oft reproduzieren.

3. Magnetisches Material für Pupinspulen.

Von dem magnetischen Material zur Belastung der Pupinspulen (vgl. S. 347) werden im wesentlichen dieselben Eigenschaften verlangt wie von dem für Krarupwicklungen, d. h. einmal möglichst hohe Permeabilität (zum Zwecke der Kleinhaltung des Kerns), die zwar hier nicht so hoch sein braucht wie bei der Krarupwirkung, dafür aber in Abhängigkeit von der Feldstärke wesentlich konstanter verlaufen muß, sodann möglichst geringe Hystereseverluste, Wirbelstromverluste und Nachwirkungsverluste, und schließlich, und zwar hier in extremen Maße möglichst große Stabilität, d. h. Unempfindlichkeit der Permeabilität gegenüber einer vorangegangenen Belastung mit starken Feldern.

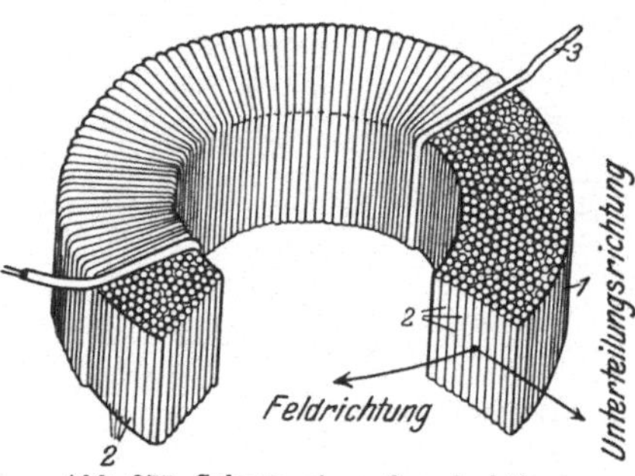

Abb. 277. Schema eines Querdrahtkernes.

Eigenschaften dieser Art besitzt nun kein natürlich vorkommendes Material. Trotzdem hat die Technik es in Verfolg einer besonderen, im Lauf der Zeit immer mehr verfeinerten Bauart der Spule verstanden, die geforderten magnetischen und elektrischen Werte zu erreichen, die dann allerdings mit den ursprünglichen Eigenschaften des Grundmaterials nicht mehr viel zu tun haben.

Die ersten Pupinkerne waren einfache Ringe aus Transformatorenblech oder aus dünnem Draht oder Band (d meist 0,1 bis 0,15 mm). An Stelle der Verwendung magnetisch weicher Materialien ging man bald zu hartem Stahldraht über, der zwar kleinere Werte der Anfangspermeabilität, gleichzeitig aber auch geringeren Anstieg der Permeabilität mit der Feldstärke besitzt. Sodann wurde der Kern durch einen oder mehrere Luftschlitze unterteilt und auf diese Weise in Abhängigkeit von der äußeren Feldstärke eine sehr schrägliegende Magnetisierungskurve erreicht, in der sich die wirksame Permeabilität nur wenig mit der Feldstärke ändert. Je nach der gewählten Grundform werden diese Kerne als Blechkern, geschlitzter Blechkern, Bandkern und Ringdrahtkern bezeichnet.

Eine verbesserte Unterteilung des Magnetkernes bot der sogenannte Querdrahtkern[1], in dem die Drahtstücke senkrecht zur Feldrichtung liegen. Das Schema eines solchen von der Firma AEG hergestellten Querdrahtkernes ist in Abb. 277 wiedergegeben.

Schließlich stellt die letzte und heute hauptsächlich verwendete Art der Pupinkerne der sogenannte Staub- oder „Massekern" dar, der aus pulverisiertem magnetischen Material besteht, das unter Zwischenschaltung eines Isolier- (und gleichzeitig Binde-) Mittels unter hohem Druck zusammengepreßt ist[2]. Durch diese feine Unterteilung werden auch die Wirbelstromverluste stark herabgesetzt, während natürlich die Absolutwerte der Permeabilität (bezogen auf gleiche äußere Feldstärke) im Vergleich zu dem kompakten Material sehr gering sind. Ein

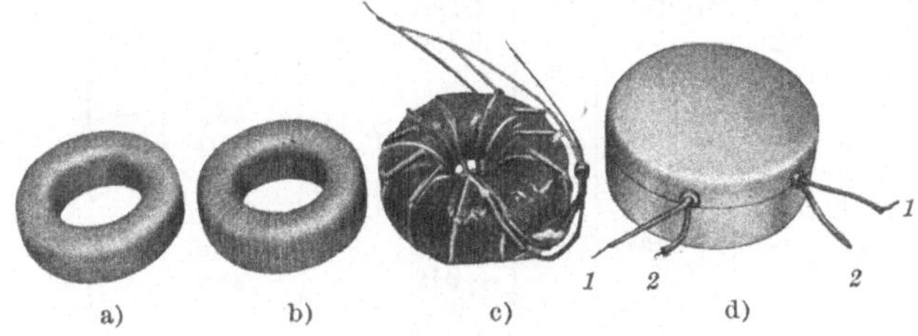

Abb. 278. Herstellungsgang einer Pupinspule.
a) gepreßter Kern, b) isoliert, c) bewickelt, d) die fertige Spule (nach Ehlers).

solcher gepreßter Massekern und seine Bewicklung ist in Abb. 275 zu ersehen.

Eine Übersicht über die Größenordnung der magnetischen Eigenschaften von verschiedenen Spulenarten, und zwar von Ringdrahtkern, Querdrahtkern und Massekern mag die Zahlentafel 112 nach U. Retzow[3] vermitteln. Die höchste Permeabilität besitzt demnach der Ringdrahtkern, läßt aber in bezug auf deren Konstanz zu wünschen übrig, wobei sich ferner der weiche Eisen- und der harte Stahldraht[4] in dem oben angegebenen Sinne deutlich unterschieden. Geringere wirksame Permeabilität nebst höherer Stabilität weist der Querdrahtkern auf, während

<hr>

[1] AEG-Mitt., H. 8, 240 (1925); ETZ, H. 1, 22—23 (1926).

[2] Die Herstellung solcher Kerne ist bereits seit langem bekannt. Vgl. O. Heaviside: Electr., 11. Febr., 302 (1887); Electr. Pap. 2, 275 u. 398 (1894); G. Marconi: Proc. roy. Soc. 70, 341 (1902); E. Wilson: Electr. 49, 917 (1902); H. Zenneck: Ann. Physik 11, 1121 (1903); F. Braun: Ann. Physik 10, 326 (1903); U. S. P. 1274952, 1918 (Speed); 1297126, 1919 (Elmen); C. Benedicks: J. Iron Steel Inst. 89, 407 (1914) u. a. Zur wirklich praktischen Einführung kamen sie zuerst in Amerika, vor allem begünstigt (während des Krieges) durch den Mangel an Ziehsteinen. Durch ihre guten Erfolge wurde dann auch die Herstellung in Europa angeregt. Zus. Bericht vgl. Ehlers: E.N.T. 2, 121 (1925).

[3] Physik. Z. 29, 534—38 (1928).

[4] Der harte Stahldraht enthielt etwa 1% C, der weiche Eisendraht 0,05 bis 0,10% C.

Zahlentafel 112. Magnetische Eigenschaften verschiedener Pupinspulen.

Feld-stärke $\mathfrak{H}$ Oersted	Ringdrahtkern				Massekern				Querdrahtkern	
	weicher Eisendraht		harter Stahldraht		mechanisch zerkleinertes Eisen		Elektrolyt-eisen		harter Stahldraht	
	$\mathfrak{B}$	μ	$\mathfrak{B}$	μ	$\mathfrak{B}$	μ	$\mathfrak{B}$	μ	$\mathfrak{B}$	μ
0,5	57	125	39	78	26	52	20	40	—	—
1,0	160	160	83	83	53	53	41	41	11	11,4
3,0	1170	390	306	102	165	55	129	43	34	11,5
5,0	3200	639	665	133	295	59	225	45	58	11,6
10,0	6240	624	3630	363	750	75	510	51	118	11,8
15,0	7140	483	6370	425	1500	100	840	56	180	12,0
20,0	7900	395	7700	385	2280	114	1200	60	241	12,0
40,0	8800	220	9520	238	4640	116	2720	65	470	11,8
60,0	9300	155	10260	171	6180	103	3780	63	695	11,6
80,0	9600	120	—	—	7200	90	4880	61	—	—
0,0	5630	—	6900	—	2270	—	1130	—	44	—
− 1,0	5070	—	6760	—	2120	—	1050	—	32	—
− 3,0	2600	—	6310	—	1770	—	880	—	10	—
− 5,0	− 3100	—	5680	—	1400	—	720	—	− 28	—
− 10,0	− 6200	—	− 990	—	360	—	− 240	—	− 102	—
− 15,0	− 7200	—	−5970	—	− 610	—	− 480	—	− 165	—

der Massekern sowohl in der Größe der Permeabilität als auch der Konstanz zwischen beiden liegt.

Beschränken wir uns im folgenden ausschließlich auf die Massekerne, so hängen deren wirksamen magnetischen Eigenschaften von den verschie-

Zahlentafel 113. Magnetische Eigenschaften der Kernsorte A.

Maximalfeldstärke $\mathfrak{H}_{max}$ Oersted	Maximalinduktion $\mathfrak{B}_{max}$ Gauß	Permeabilität μ	Koerzitivkraft $\mathfrak{H}_c$ Oersted	Remanenz $\mathfrak{B}_r$ Gauß	Hystereseverlust Erg/cm³ pro Zyklus	Steinmetzscher Exponent α	Steinmetzscher Koeffizient η	Untersuchungsverfahren
59,9	8260	138,0	7,25	1725	15550	1,64	0,00638	Ballistisches Galvanometer
29,9	4680	156,5	5,55	1187	6165	1,74	0,00283	
20,0	3100	155,0	4,13	760	2860	1,81	0,001595	
10,0	1210	121,0	1,96	258	531	1,91	0,000750	
3,0	232	77,4	0,35	26,6	18,0	2,13	0,0001035	
1,0	61,9	61,9	0,04	3,1	0,72	2,59	0,0000184	
0,60	35,5	59,1	0,002	1,5	0,190	2,70	0,00001175	
0,155	8,78	56,5	0,002	0,1	0,00386	2,85	0,00000911	
0,146	8	54,8	—	—	0,00294	2,775	0,00000912	Wechselstrom-Meßbrücke
0,128	7	54,8	—	—	0,00203	2,765	0,00000931	
0,1095	6	54,8	—	—	0,00132	2,750	0,00000956	
0,0913	5	54,8	—	—	0,000803	2,735	0,00000983	
0,0730	4	54,8	—	—	0,000436	2,685	0,00001055	
0,0547	3	54,8	—	—	0,000204	2,630	0,00001132	
0,0365	2	54,8	—	—	0,000071	2,554	0,00001208	

densten Faktoren ab, und zwar einmal von der Größe der Teilchen, dann von der Dicke der isolierenden Zwischenschichten, und schließlich von den Materialbedingungen, wozu neben den magnetischen Konstanten des Grundstoffes noch die thermische Behandlung des Pulvers und der zur Herstellung des Kernes verwendete Druck zu rechnen sind. Alle diese Beziehungen sind so verwickelt, daß es außer den reinen Verteilungsproblemen[1] bisher noch nicht gelungen ist, eine vollständige Vorausberechnung der Eigenschaften des Mischkörpers anzugeben, und man auf empirische Angaben gestützt ist, die natürlich von den einzelnen Firmen mehr oder weniger geheim gehalten werden.

Einige Daten über die magnetischen, mechanischen und elektrischen Eigenschaften von Massekernen haben B. Speed und G. W. El-

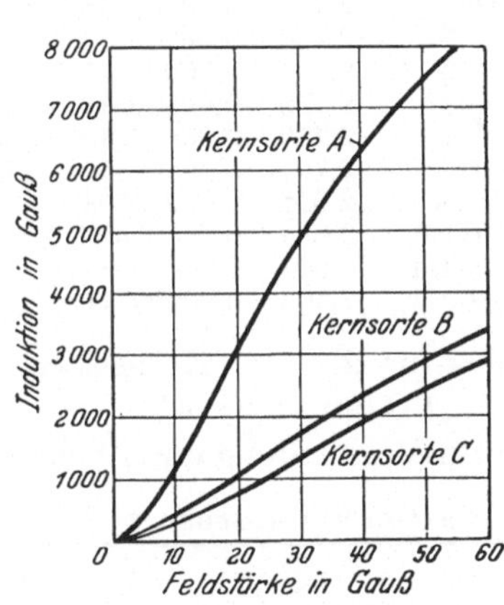

Abb. 279. Wirksame Magnetisierung von Massekernen.

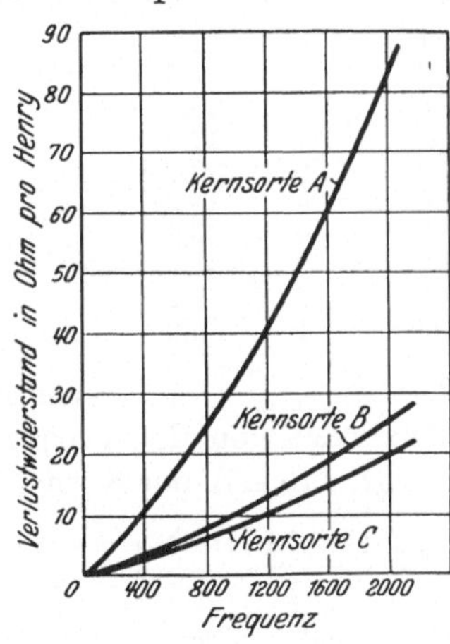

Abb. 280. Verlustwiderstand von Massekernen.

men[2] veröffentlicht. Ihre Ergebnisse für drei Hauptsorten (Normalsorten) sind in Zahlentafel 113 bis 115 angeführt, während Abb. 279 die Induktionswerte nochmals in graphischer Darstellung wiedergibt.

Es bestand die Sorte A aus geglühtem[3], isoliertem Eisenpulver, das durch ein Sieb mit 32 Maschen je Zentimeter gegangen ist und ergab eine wirksame Anfangspermeabilität von 55.

Sorte B aus einer Mischung von 90% ungeglühtem und 10% geglühtem Pulver derselben Feinheit wie Sorte A. Die Anfangspermeabilität ist von der Größenordnung 30.

Sorte C enthielt schließlich dasselbe Mischungsverhältnis wie Sorte B, doch war das verwendete Pulver feiner, und durch ein Sieb mit 80 Maschen je Zentimeter gegangen. Die Anfangspermeabilität ist etwa 25.

[1] Vgl. W. Doebke: Z. techn. Phys. 11, 12 (1930); F. Ollendorf: Arch. Elektrot. 25, 436 (1931); E. Gerold: Arch. Elektrot. 26, 168 (1932).

[2] J. amer. Inst. El. Engs. 40, 596—609 (1921); gekürzte Übersetzung von K. W. Wagner: Tel.- u. Fernspr.-Techn. 11, Nr. 4, 25—30 (1922).

[3] Bei 850° mit langsamem Abkühlen.

Zahlentafel 114. Magnetische Eigenschaften der Kernsorte B.

Maximalfeldstärke $\mathfrak{H}_{max}$ Oersted	Maximalinduktion $\mathfrak{B}_{max}$ Gauß	Permeabilität μ	Koerzitivkraft $\mathfrak{H}_c$ Oersted	Remanenz $\mathfrak{B}_r$ Gauß	Hystereverlust Erg/cm³ pro Zyklus	Steinmetzscher Exponent α	Steinmetzscher Koeffizient η	Untersuchungsverfahren
60,0	3440	57,3	8,60	645	6023	1,66	0,00875	Ballistisches Galvanometer
30,0	1655	55,2	5,05	312	1787	2,02	0,000550	
20,0	1000	50,0	2,60	134	561	2,22	0,0001303	
10,0	434	43,4	0,85	38,5	84,7	2,50	0,0000216	
3,0	103	34,4	0,09	3,2	2,0	2,75	0,00000515	
1,0	33,5	33,5	0,01	0,4	0,0852	2,75	0,00000515	
0,331	10	30,2	—	—	0,00290	2,750	0,00000515	Wechselstrom-Meßbrücke
0,298	9	30,2	—	—	0,00217	2,750	0,00000515	
0,265	8	30,2	—	—	0,001568	2,750	0,00000515	
0,232	7	30,2	—	—	0,001087	2,750	0,00000515	
0,199	6	30,2	—	—	0,000711	2,750	0,00000515	
0,166	5	30,2	—	—	0,000433	2,707	0,00000555	
0,1325	4	30,2	—	—	0,000238	2,675	0,00000584	
0,0994	3	30,2	—	—	0,0001107	2,623	0,00000620	
0,0662	2	30,2	—	—	0,0000391	2,509	0,00000681	
0,0331	1	30,2	—	—	0,00000711	2,405	0,00000711	

Die Änderung des Verlustwiderstandes für die drei Kernsorten in Abhängigkeit von der Frequenz bei $\mathfrak{B} = 2$ Gauß stellt Abb. 280 dar und zeigt, daß z. B. der Kern C am besten zur Verwendung unter höheren

Zahlentafel 115. Magnetische Eigenschaften der Kernsorte C.

Maximalfeldstärke $\mathfrak{H}_{max}$ Oersted	Maximalinduktion $\mathfrak{B}_{max}$ Gauß	Permeabilität μ	Koerzitivkraft $\mathfrak{H}_c$ Oersted	Remanenz $\mathfrak{B}_r$ Gauß	Hystereseverlust Erg/cm³ pro Zyklus	Steinmetzscher Exponent α	Steinmetzscher Koeffizient η	Untersuchungsverfahren
60,4	2900	48,0	9,75	690	6000	1,84	0,00257	Ballistisches Galvanometer
30,2	1290	42,8	4,70	200	1260	2,18	0,0002115	
20,1	795	39,6	2,50	96	417	2,31	0,0000804	
9,96	335	33,6	0,68	22	52,6	2,54	0,00001905	
2,99	86,8	29,0	0,07	1,7	1,49	2,72	0,00000750	
1,10	30,4	27,6	0,02	0,5	0,0721	2,83	0,00000455	
0,380	10	26,3	—	—	0,00309	2,832	0,00000455	Wechselstrom-Meßbrücke
0,342	9	26,3	—	—	0,00228	2,832	0,00000455	
0,304	8	26,3	—	—	0,00165	2,832	0,00000455	
0,266	7	26,3	—	—	0,001125	2,810	0,00000474	
0,228	6	26,3	—	—	0,000729	2,786	0,00000497	
0,190	5	26,3	—	—	0,000441	2,751	0,00000527	
0,152	4	26,3	—	—	0,000242	2,719	0,00000555	
0,114	3	26,3	—	—	0,0001105	2,670	0,00000589	
0,0762	2	26,3	—	—	0,0000383	2,553	0,00000652	
0,0380	1	26,3	—	—	0,0000070	2,401	0,00000699	

Frequenzen geeignet ist. Weiterhin ist noch in Abb. 281 der Einfluß überlagerter Gleichstromfelder verschiedener Stärken auf die Wechselstrom-Anfangspermeabilität, d. h. die Stabilität der Kerne A und B gezeigt, aus der hervorgeht, daß der Kern B den Gleichfeldüberlagerungen besser als der Kern A widersteht. Auch nach der Beseitigung des Gleichstromfeldes erhält Kern B die volle ursprüngliche Anfangspermeabilität zurück, Kern A dagegen nur etwa 96% derselben. (Der Rückverlauf der Kurven ist in Abb. 281 durch Pfeile gezeigt.)

Der zum Zusammenpressen verwendete Druck war bei allen Kennsorten gleich und etwa 15000 Atm.

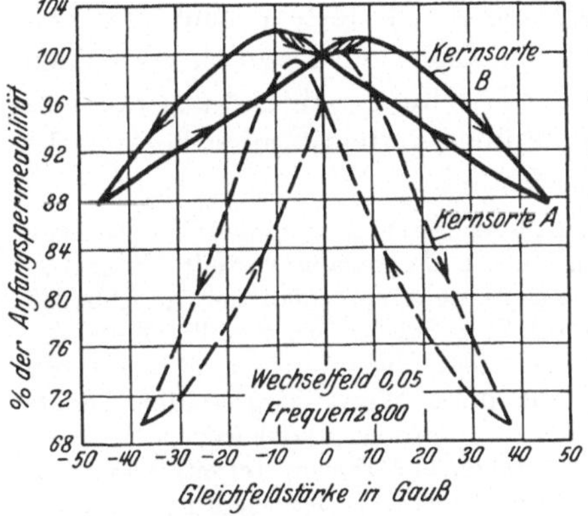

Abb. 281. Stabilität von Massekernen.

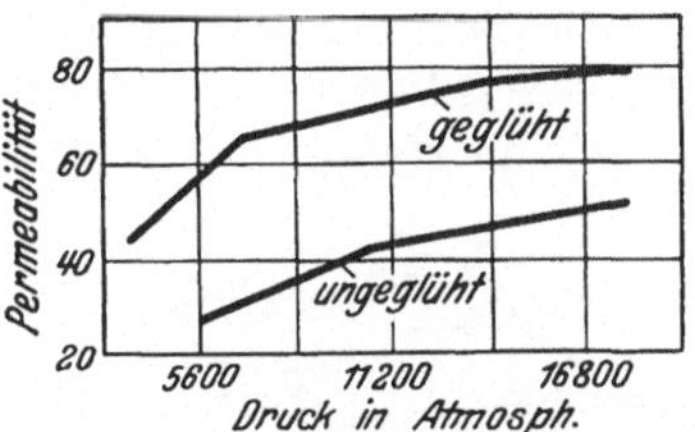

Abb. 282. Abhängigkeit der wirksamen Permeabilität vom Preßdruck.

Die Isolierschicht bestand überall aus Schellack, nur daß sie beim Kern C wesentlich stärker als bei A und B war. Die durch den Druck erreichten physikalischen Eigenschaften der drei Kernsorten sind aus der folgenden Zusammenstellung zu ersehen, während die Abhängigkeit der Permeabilität von dem angewandten Druck unter sonst gleichen Verhältnissen aus Abb. 282 hervorgeht, und zwar für geglühtes sowie für ungeglühtes Pulver.

	Festigkeit kg/mm²	Spezifisches Gewicht	Spezifischer Widerstand ϱ $\mu\Omega/\mathrm{cm}^3$
Sorte A	94,5	7,1	600 000
Sorte B	63,5	6,4	200 000
Sorte C	26,0	6,0	10 000 000

Um leichte Pulverisierbarkeit des kompakten Ausgangsmaterials zu erzielen, wurde dem Eisen bisweilen ein Zusatz von Elementen gegeben, die nicht in feste Lösung gehen und entsprechend ihrer Abscheidung in den Korngrenzen eine erhebliche Brüchigkeit bewirken (z. B. Antimon).

Die Art des Isolationsmaterials und dessen Verteilung übt selbstverständlich auf das magnetische Verhalten einen weitgehenden Einfluß aus. Auch von ihm werden Eigenschaften verlangt, die im allgemeinen einander widersprechen. So soll das Isolationspulver einerseits sehr fein verteilt sein, genügend widerstandsfähig gegen hohe Drucke, dann aber auch mit dem Eisen fest verbunden und möglichst gleichmäßig über den Querschnitt angeordnet. Nach dem amerikanischen Verfahren wurden die ferromagnetischen Teilchen mit Schellack überzogen oder warm mit flüssigen Harzen zusammengepreßt, doch war man teilweise gezwungen, den Kern aus mehreren Scheiben zusammenzustellen, da nur bei der Pressung kleiner Volumina sich eine gleichmäßige Verteilung erreichen ließ. Um vor dem Pressen jede feste Verbindung zwischen dem magnetischen Pulver und dem Isolationsmittel zu vermeiden und eine gute innere Beweglichkeit der Mischung während des Pressens zu erreichen, ging man schließlich dazu über, pulverförmige keramische Stoffe Mineralien, Glas usw. zu verwenden.

In einem auf diesem Wege hergestellten Massekern sind nach den Angaben von W. Ehlers die Isolationsschichten außerordentlich gleichmäßig verteilt. Unter dem Mikroskop sieht er gemäß der in Abb. 283 dargestellten Skizze aus. Zur Erhöhung der mechanischen Eigenschaften werden noch die auf diese Weise hergestellten bereits trockenen, porösen Massekerne mit einem dünnflüssigen Isolationsmittel getränkt. Diese Kerne weisen nebst außerordentlich geringem Verlustwiderstand eine Anfangspermeabilität der Größenordnung 40 auf. Zur noch weiteren Steigerung der Permeabilität schlägt Ehlers[1] vor, zur Isolation nicht ein Pulver aus reinem Isolationsmittel, sondern ein homogenes Gemisch aus Isolationspulver mit magnetischem Eisenpulver zu verwenden. Dadurch wird zwar der elektrische Widerstand etwas herabgesetzt, doch läßt sich die Permeabilität verbessern.

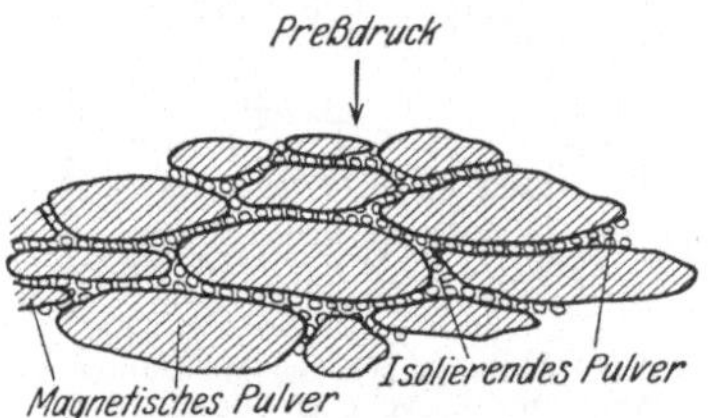

Abb. 283. Schema der Materialverteilung im Massekern.

Als Material zur Herstellung der Massekerne wurde lange Zeit hindurch gewöhnliches Eisen, Elektrolyteisen oder auch Eisen-Silizium-Legierungen benutzt, die sich in ihrer Stabilität und ihren Nachwirkungsverlusten voneinander unterschieden und die entweder durch elektrolytische Verfahren oder durch mechanische Zerkleinerung aus dem kompakten Material gewonnen werden. Für die Feinheit der Unterteilung sind die geforderten magnetischen Eigenschaften (s. oben) sowie der Wirbelstromverlust maßgebend, und zwar schwankt die Größe des Pulverkorns zwischen 0,1 bis 0,005 mm, wobei man durch geeignete Mischung großer und kleiner Körner einen günstigen Füllfaktor zu erreichen sucht.

---

[1] Vgl. W. Ehlers: Z. techn. Phys. 12, 589—91 (1924); El. Nachr.-Technik 2, 121 (1925); AEG-Mitt., H. 8, 240 (1925); vgl. ETZ 1, 22—23 (1926). Sonst über Herstellungsverfahren gepreßter Massekerne, vgl. z. B. Speed u. Elmen, a. a. O.; F. Sauerwald: Z. Metallkunde 16, 41 (1924); Sauerwald (nach Versuchen von J. Hunczek): Z. Metallkunde 21, 22 (1929).

Ein Weg zur Verbesserung der Anfangspermeabilität und des Verlustwiderstandes wurde dann in Amerika eingeschlagen, wo erfolgreiche Versuche über ·den Ersatz des gewöhnlichen Eisendrahts bzw. Eisenpulvers durch Permalloy gemacht worden sind, und zwar sowohl in Form eines Kernes aus isoliertem dünnem Permalloydraht[1], als auch über die Herstellung von Massekernen aus gepreßtem Permalloypulver. Die Abhängigkeit der Permeabilität eines solchen Permalloy-Massekerns von der Induktion ist in

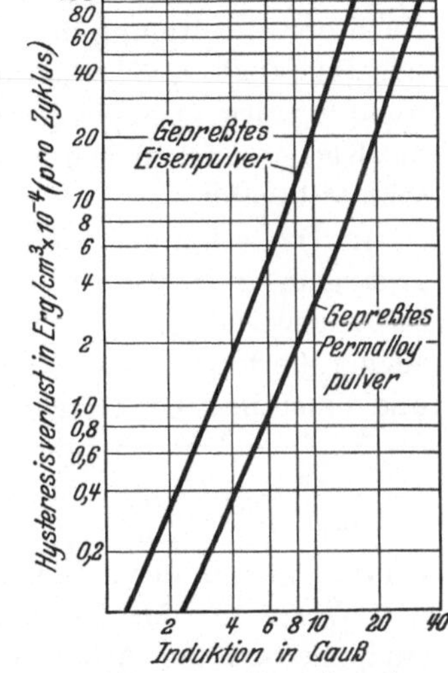

Abb. 284. Wirksame Permeabilität und Verlustwiderstand eines Staubkerns aus Permalloypulver.

Abb. 284 nach W. J. Shackelton und J. G. Barber[2] wiedergegeben. Zunächst ist daraus zu ersehen, daß die Anfangspermeabilität mehr als zweimal größer ist wie beim Eisenpulver-Massekern. Die gleiche Abbildung zeigt aber weiter, daß das Permalloy auch in bezug auf Kon-

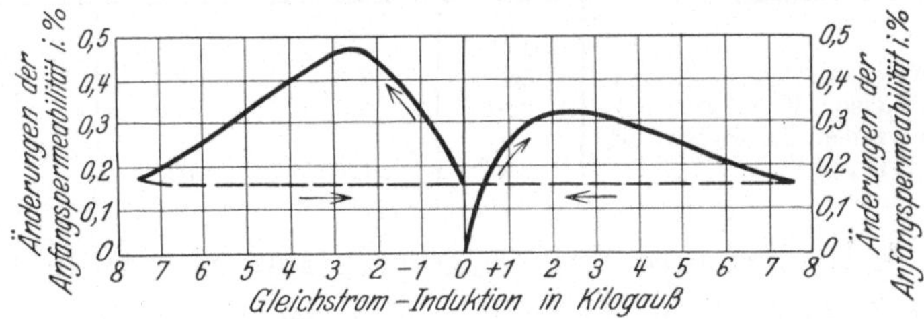

Abb. 284a. Stabilität eines Permalloykerns.

stanz den Eisenkern weit übertrifft. Das gleiche gilt auch für den Hystereseverlust, der für den Permalloy-Massekern immer geringer ist als für Eisen-Massekern. In Abb. 284 sind diese Werte in Abhängigkeit von der Induktion im logarithmischen Maßstab miteinander verglichen.

---

[1] Vgl. z. B. J. Frankl. Inst. **207**, 109 u. 111 (1929).
[2] J. amer. Inst. El. Engs. **47**, 437—40 (1928).

Weiterhin ist in Abb. 284a der für den Gebrauch des Kernes sehr wichtige Einfluß eines überlagerten Gleichfeldes auf die Anfangspermeabilität eines Permalloy-Massekerns wiedergegeben. In der Abszissenachse sind die Gleichfeldstärken und in der Ordinatenachse die prozentualen Änderungen der Anfangspermeabilität eingezeichnet. Wie zu ersehen, sind die Änderungen sehr gering und gehen nicht aus den Grenzen 0,5% hinaus. Nach der Beseitigung des Gleichfeldes ist die Anfängspermeabilität um ungefähr 0,2% größer als ihr ursprünglicher Wert. Die durch die Verwendung des kostspieligeren Permalloys hervorgerufenen Mehrkosten des Kernes machen sich ferner vollkommen durch den geringeren Querschnitt bezahlt.

In Deutschland ist man in neuerer Zeit wieder zum Eisen zurückgegangen, und zwar zu dem Karbonyleisen, das auf Grund seines Herstellungsverfahrens schon in kugelförmigen Partikelchen von der Teilchengröße kleiner als $^5/_{1000}$ mm erhalten wird, so daß die kostspielige und umständliche Zertrümmerung in Fortfall kommt. Zur Benutzung für Pupinspulenkerne sind zur Zeit zwei Sorten in Gebrauch, und zwar ein weicheres C- und ein härteres E-Pulver. Ihre magnetischen Eigenschaften (in Kernform gepreßt) mögen aus der folgenden Tabelle[1] hervorgehen, in der in der letzten Spalte zum Vergleich die entsprechenden Werte für das amerikanische Elektrolyteisenpulver B angegeben sind, die aus der Arbeit von Speed und Elmen (siehe S. 381) entnommen und umgerechnet sind.

Kernsorte	Anfangs-permeab.	Verlustzahlen für 1 Amprwdg/cm $\omega = 5000$ in Ohm		
		Wirbelstrom	Hysterese	Nachwirkung
	μ_0	w	h	n
Karbonyleisen C	58	2,3	30	3,2
Karbonyleisen E	20,6	1,7	6	0,4
Elektrolyteisen B nach Speed und Elmen	35	1,95	63	3,1

4. Legierungen mit besonderer Magnetostriktion.

Mit Hilfe der Magnetostriktion, d. h. der Längenänderung eines ferromagnetischen Stoffes im Magnetfeld (vgl. S. 164) kann man bei Benutzung eines Wechselfeldes mechanische Schwingungen erzeugen, wobei als Beispiel an die Herstellung von akustischen und ultratonfrequenten Luftschwingungen[2] oder — an Stelle des piezoelektrischen

---

[1] Freundliche persönliche Mitteilung der Herren Dr. Hochheim u. Dr. Bergmann, I. G. Farbenindustrie, Oppau.

[2] Vgl. J. H. Vincent: Electr. **101**, 729—731 (1928); **102**, 11—12 (1929).

Resonators — an die Benutzung als Frequenznormale[1] gedacht sei. Eine Reihe von Arbeiten der letzten Jahre haben sich daher auch damit beschäftigt, diese Schwingungsvorgänge technisch auszunutzen.

Die Anforderungen, die an einen magnetostriktiven Oszillator gestellt werden, sind zweierlei, nämlich 1. eine möglichst große Magnetostriktion, und 2. eine möglichste Konstanz der Schwingung (Eigenschwingung), d. h. eine mögliche Unabhängigkeit der Magnetostriktion von den äußeren Bedingungen (Temperatur, Variation der Feldstärke usw.), wobei die geforderte Genauigkeit jeweils von dem Anwendungszwecke abhängt.

Über die Brauchbarkeit der einzelnen Materialien zur Aufrechterhaltung von magnetostriktiven Schwingungen liegen bisher nur relative Angaben vor. Danach scheint das Nickel einen verhältnismäßig guten Oszillator abzugeben, während Eisen und Eisen-Kohlenstoff-Legierungen entsprechend ihrer kleinen Magnetostriktion (vgl. S. 165) weniger geeignet sind.

Als Beispiel für die Schwingungszahlen, die man mit magnetostriktiven Oszillatoren erzeugen kann, sind untenstehend die Stablängen und die Eigenschwingungen einiger Nickelstäbe (nach Vincent) angegeben.

Weitere geeignete Vibratoren sind Nickel-Eisen-Legierungen und Nickel-Eisen-Chrom-Legierungen (z. B. eine Legierung Glowray, bestehend aus 65% Ni, 20% Fe, 15% Cr). Eine Arbeit von

Länge cm	Frequenz	Länge cm	Frequenz
100	2570	3	83600
50	5140	2,5	104000
25	10050	2	126000
12,5	20400	1,5	167000
6,25	40700	1,0	257000
3,125	80200	0,9	270000

Pierce befaßt sich insbesondere mit der Temperaturabhängigkeit der magnetostriktiv angeregten Eigenschwingung. Auf Grund seiner Messungen kommt Pierce zu dem Schluß, daß es sehr schwierig ist, große Magnetostriktion und kleinen Temperaturkoeffizienten miteinander zu verknüpfen. Als besonders brauchbar hinsichtlich der Größe der Magnetostriktion wird die Legierung 36% Ni, 64% Fe angegeben.

Giebe und Blechschmidt[2] fanden bei einer Untersuchung verschiedener Materialien, daß sich die Frequenz der benutzten Oszillatoren sehr stark ändere, wenn dem erregenden Wechselfeld ein Gleichstromfeld überlagert wurde und konnten diese Erscheinung auf die Änderung des Elastizitätsmoduls des Materials durch die Magnetisierung zurückführen. Diese Änderung der Frequenz ist abhängig von

---

[1] Vgl. S. Freimann: Z. Hochfrequenztechn. **34**, 219 (1929); J. H. Vincent: Proc. Phys. Soc. **41**, 476 (1929) und besonders G. W. Pierce: Proc. Inst. Radio Eng. **17**, 42 (1929).
[2] Ann. d. Phys. **11**, 905 (1931).

der Größe des Elastizitätsmoduls. Sie ist gering bei kaltgerecktem (verfestigten) Material und beträgt beispielsweise für eine Feldänderung von 0 bis 150 Oersted bei hartgezogenem Nickel nur etwa 0,4% (ähnlich bei Cekasdraht und Invar), während sie für weichgeglühtes Nickel auf etwa 10% anstieg. Ferner wurde auch die für die Verwendung (wegen des Energieverbrauchs) wichtige Dämpfung der Schwingungen, die für die verschiedenen Materialien sehr verschieden ist, gemessen. Für die Eisen-Nickel-Legierung Invar und für reines Nickel ergab sich das logarithmische Dekrement zu rd. $1,5 \cdot 10^{-4}$ und $120 \cdot 10^{-4}$.

Wegen der mannigfaltigen Schwierigkeiten läßt sich ein endgültiges Urteil über die technische Brauchbarkeit magnetostriktiver Oszillatoren noch nicht abgeben.

5. Legierungen mit stark temperaturabhängiger Magnetisierung.

Legierungen mit stark temperaturabhängiger Permeabilität finden technische Verwendung als magnetische Nebenschlüsse im Kraftfeld von Dauermagneten, deren Kraftfluß einen von der Temperatur unabhängigen Wert aufweisen soll (Meßinstrumente usw.).

Die Wirkung eines solchen Nebenschlusses besteht darin, daß der zwischen den Schenkeln des Magneten übergehende Gesamtfluß Φ in zwei Teile, Φ_1 und Φ_2, zerlegt wird, von denen der eine, Φ_1, den Nutzkraftfluß darstellt, während der andere kleinere Teil Φ_2 durch den Nebenschluß hindurchgeleitet wird. Steigt nun die Temperatur an, wodurch nach dem früher Gesagten der Gesamtkraftfluß Φ des Dauermagneten (und damit auch Φ_1) eine reversible Abnahme zeigen, so nimmt gleichzeitig und in viel stärkerem Maße die Permeabilität des Nebenschlusses ab, die dort frei werdenden Kraftlinien treten zu Φ_1 hinzu, und bei geeigneter Wahl des Querschnittes und der Permeabilität des Nebenschlusses ist es somit möglich, den Nutzkraftfluß Φ_1 über ein größeres Temperaturbereich hin konstant zu halten.

Als Werkstoffe für solche temperaturabhängigen Nebenschlüsse eignen sich alle Legierungen, die eine an sich nicht zu hohe Magnetisierbarkeit und einen bei verhältnismäßig tiefer Temperatur, etwa 100^0, liegenden Curiepunkt besitzen. Durch dieses letztere wird erreicht, daß die thermische Änderung der magnetischen Eigenschaften, die ja mit der Annäherung an den Curiepunkt immer größer werden, in der Nähe der Raumtemperatur schon recht beträchtlich ist, dabei jedoch immer noch als hinreichend linear angesehen werden kann.

Von handelsüblichen Werkstoffen werden für den genannten Zweck vielfach Nickel-Eisen-Legierungen[1] verwendet, die nach dem Diagramm etwa 30% Ni enthalten müssen. Die Temperaturabhängigkeit der Magnetisierung (für $\mathfrak{H} = 100$ Oersted) eines solchen 30%igen Nickel-

---

[1] Vgl. F. Stäblein: Z. techn. Phys. **4**, 145—47 (1928); Kruppsche Monatshefte **9**, Dez., 185 (1928).

stahls geht aus Abb. 285 hervor. Man erkennt, daß die Kurve zwischen 0⁰ und 100⁰ stetig abfällt und daß in der Nähe der Zimmertemperatur einer Temperaturschwankung um 1⁰ eine Änderung von $\mathfrak{B}$ um etwa 50 Linien entspricht. Wegen der Reversibilität ist die Wärmebehand-lung der Werkstoffe praktisch be-langlos. Die Legierungen lassen sich ferner ohne Schwierigkeiten warm und kalt bearbeiten.

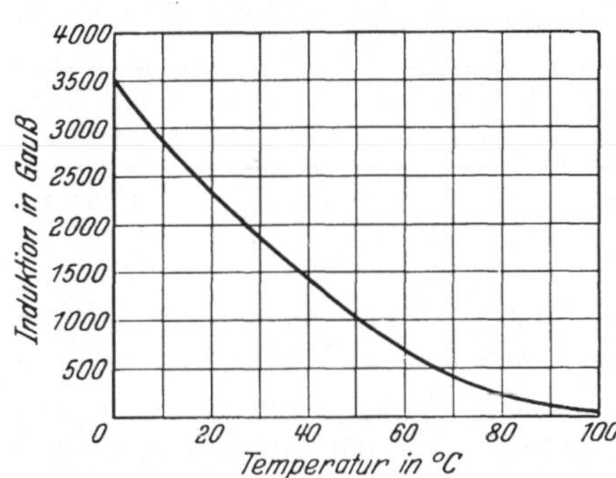

Abb. 285. Abnahme der Magnetisierung eines 30%igen Nickelstahls mit der Temperatur.

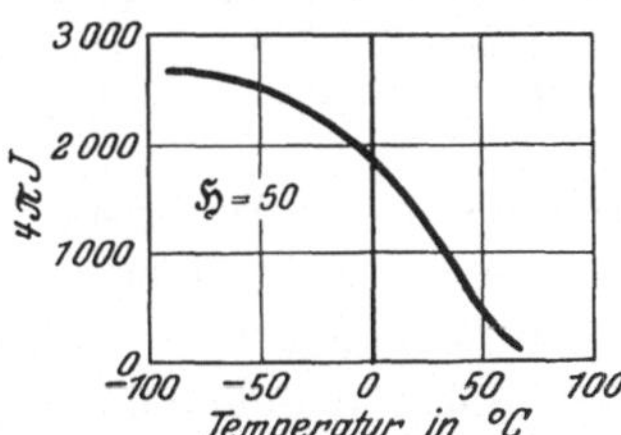

Abb. 286. Thermomagnetische Änderung von Monel-Metall.

Völlig ähnliche Eigenschaften weisen Nickel-Kupfer-Legierungen mit etwa 60 bis 65% Ni und 35 bis 40% Cu auf, die in Amerika unter dem Namen „Thermalloy" in den Handel gebracht werden.

Als ein Beispiel für das magnetische Verhalten von solchen Legie-rungen diene das Monel-[1]Metall. Es ist eine Naturlegierung[2] von Nickel mit Kupfer und besitzt eine mittlere chemische Zusammensetzung von 67% Ni, 28% Cu und 5% Verunreinigungen, die hauptsächlich aus Eisen, Mangan, oft aber auch aus Kohlenstoff, Silizium, Zink, Schwefel u. a. bestehen. Diese Verunreinigungen beeinflussen auch die magne-

Zahlentafel 116. Magnetisierungsintensität von Monel-Metall[3].

Bei 600⁰ geglüht und langsam abgekühlt				Bei 600⁰ geglüht und in Wasser abgeschreckt			
$\mathfrak{H}$ Oersted	$4\,\pi\,J$	$\mathfrak{H}$ Oersted	$4\,\pi\,J$	$\mathfrak{H}$ Oersted	$4\,\pi\,J$	$\mathfrak{H}$ Oersted	$4\,\pi\,J$
0,04	82	10,4	1326	0,1	45	23,2	355
0,20	241	22,2	1425	0,68	108	41,0	380
0,47	504	40,1	1427	1,12	144	94,6	400
0,72	610	93,7	1460	1,83	183	427	700
1,29	798	427	1470	2,65	196	1600	760
1,92	922	2750	1500	4,22	235	2750	780
3,45	1110	3950	1500	11,20	312	3970	850

[1] Nach dem Namen von Ambrose Monel, der die Legierung (1905) ent-deckt hat.

[2] Wird aber auch synthetisch hergestellt.

[3] Die angeführten Werte betreffen ein Monell-Metall der Zusammensetzung 65,8% Ni, 30% Cu, 1,9% Fe, 1,1% Mn, 1% Zn.

tischen Eigenschaften. Nach A. Kußmann[1] verliert das Monelmetall seine Magnetisierbarkeit etwa bei 100°. Bei Zimmertemperatur hängt seine Magnetisierbarkeit von der Wärmebehandlung ab, wie aus untenstehender Zahlentafel hervorgeht. Die Temperaturabhängigkeit des Sättigungswertes von Monel-Metall ist in Abb. 286 wiedergegeben.

	Bei 600° geglüht u. langsam abgek.	Von 600° in Wasser abgeschreckt	Bei einem kaltgereckten Stabe
Koerzitivkraft . . .	0,1 Oersted	0,32 Oersted	etwa 1 Oersted
Anfangspermeabilität	1100	200	20

Der spezifische Widerstand von Monel schwankt nach A. Schulze[2], je nach seiner Zusammensetzung zwischen 0,42 und 0,48 $\Omega/m/mm^2$, ist also im allgemeinen ziemlich hoch. Der Temperaturkoeffizient des Widerstandes zwischen 0 und 100° beträgt zwischen 0,0015 und 0,0020.

6. Unmagnetische Stähle.

Unmagnetische (antimagnetische) Stähle werden überall dort gefordert, wo ein Konstruktionsteil praktisch unmagnetisch sein soll, und zwar entweder um dem Kraftlinienfluß keinen Nebenschluß zu bieten, oder weil an der betreffenden Stelle ein ferromagnetisches Material durch den Hystereseverlust beim Ummagnetisieren eine zu große Erwärmung hervorrufen würde, man umgekehrt aber aus Gründen der Festigkeit von Messing oder Leichtmetallen keinen Gebrauch machen kann. Von Anwendungsbeispielen seien genannt verschiedenste Teile bei Bau von umlaufenden Turbogeneratoren, Kabelarmierungen, Pendel von Uhren, Gehäuse hochempfindlicher magnetischer Meßgeräte, Kompasse usw.

Die Möglichkeit, unmagnetische Stähle von erheblicher mechanischer Festigkeit zu erzeugen, ist hauptsächlich dadurch gegeben, daß die A_3-Umwandlung der Eisen-Kohlenstoff-Legierungen außer durch die Abkühlungsgeschwindigkeit auch durch bestimmte Legierungselemente sehr stark beeinflußt wird. Gelingt es, diesen Umwandlungspunkt bis zur Raumtemperatur oder noch tiefer herabzusetzen, so daß der Stahl ein austenitisches Gefüge beibehält, so wird er entsprechend der geringen Magnetisierbarkeit dieses Gefügebestandteils praktisch unmagnetisch sein. Obwohl nun eine ganze Reihe von Elementen dazu geeignet ist, den Stahl austenitisch zu machen, so haben sich doch in der Technik am besten Mangan und Nickel bewährt, die entweder allein oder miteinander bzw. mit einem dritten Element (Chrom) kombiniert,

---

[1] Z. Metallkunde **20**, 406 (1928); vgl. A. Schulze: Gieß.-Zg. **25**, 697 (1928).
[2] l. c.

zu diesem Zwecke benutzt werden. Dem Zustandsdiagramm (vgl. S. 121) gemäß enthält der Manganstahl dabei gewöhnlich etwa 12% bis 14% Mn, während der Nickelgehalt des unmagnetischen Nickelstahls rd. 25% Ni beträgt. Die Wärmebehandlung der Stähle besteht gewöhnlich in einem Abschrecken (in Öl) von der Temperatur etwa 900° bis 1000° und einem darauffolgenden Anlassen, durch das, allerdings unter gleichzeitiger Änderung der magnetischen Eigenschaften, die Festigkeitswerte noch etwas variiert werden können.

In Zahlentafel 117 sind zunächst die Angaben von Hall und Hanks[1] sowie einige ältere Ergebnisse von Ewing[2] über die Magnetisierbarkeit eines 12%igen Manganstahls bei gewöhnlicher Temperatur zusammengestellt. Man erkennt, daß die Permeabilität etwa in der Größenordnung von 1,10 (bei Hall und Hanks) bzw. 1,30 bis 1,50 bei dem von Ewing benutzten Material liegt, was auf die nicht völlig unterdrückte Umwandlung und die Entstehung geringer Mengen von Martensit zurückzuführen ist. Wegen weiterer Einzelheiten der sehr verwickelten Vorgänge sei noch auf eine Arbeit von Ch. F. Bruch[3] hingewiesen.

Zahlentafel 117. Magnetisierbarkeit von 12%igem Manganstahl.

nach Hall und Hanks		nach Ewing			
Feldstärke $\mathfrak{H}$ Oersted	Induktion $\mathfrak{B}$ Gauß	Magneto-motorische Kraft	Magnetisches Moment pro cm³	Induktion $\mathfrak{B}$	Permeabilität μ
9,5	10	1930	55	2620	1,36
18,4	20	2380	84	3430	1,44
27,3	30	3350	84	4400	1,31
44,8	50	5920	111	7310	1,24
62,5	70	6620	187	8970	1,35
89,3	100	7890	191	10290	1,30
136	150	8390	263	11690	1,39
183	200	9810	396	14790	1,51

Sowohl der Manganstahl als auch der Nickelstahl können durch eine thermische Behandlung wieder magnetisch gemacht werden. Nach R. Hadfield und B. Hopkinson[4] ist der 12%ige Manganstahl nach einem Härten von 1000° völlig unmagnetisch, während durch ein darauffolgendes Erhitzen oberhalb 400° die ferromagnetischen Eigenschaften zurückkehren. Die erreichbare Magnetisierbarkeit ist dabei von der Höhe der Glühtemperatur und der Glühzeit abhängig[5] und zwar wird die stärkste Magnetisierbarkeit durch ein 48- bis 60stündiges Erhitzen bei

[1] Proc. amer. Soc. Test. Mat. 24/II, 633 (1924).
[2] Phil. Trans. roy Soc. 1885 u. 1889.
[3] Proc. amer. Phil. Soc. Phil. 57, 344—353 (1918).
[4] J. Iron Steel Inst. 89, Nr. 1 (1914).
[5] Vgl. auch A. Manuelli: Met. Ital. 20, 128 (1928).

520 bis 550⁰ erreicht. Eine weitere Erhöhung der Glühtemperatur setzt
die Magnetisierbarkeit wieder herab, bis sie oberhalb 700⁰ wieder völlig
verschwindet. Hand in Hand mit der Magnetisierbarkeit gehen auch die
Gefügeänderungen vor sich, wobei dem Zustand stärkster Magnetisierbarkeit ein nadelförmiges, martensitisches Gefüge, dem Fehlen der Magnetisierbarkeit dagegen ein polyedrisches, austenitisches Gefüge entspricht.

Das Verhalten des Manganstahls beim Erhitzen läßt sich am besten
durch das in Abb. 287 gezeigte Sauveursche Diagramm darstellen[1].

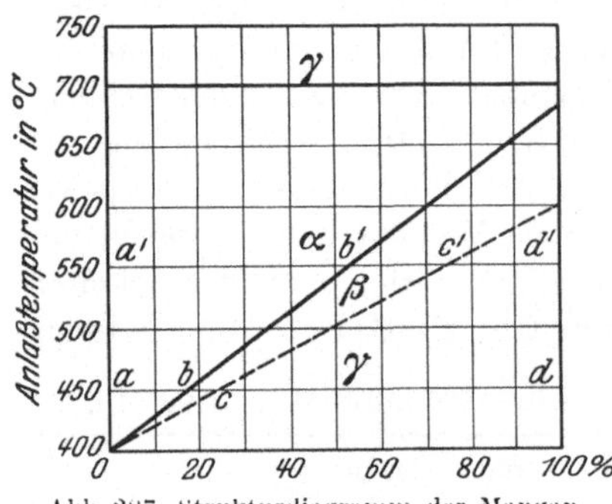

Abb. 287. Strukturdiagramm der Mangan-
stähle bei der Wärmebehandlung.

In der Ordinate ist die Temperatur
und in der Abszisse die jeweiligen
Gehalte an γ-, β-[1] und α-Eisen in
Prozenten eingetragen. Bis zu 400⁰
besteht demnach der Stahl vollkommen aus γ-Eisen und ist daher auch
unmagnetisch. Bei einer höheren Temperatur, z. B. bei 450⁰ sind α-, β-
und γ-Eisen entsprechend im Verhältnis ab, bc und cd vorhanden. Bei
550⁰ z. B. ist der Anteil an α-Eisen
gleich $a'b'$, also größer als bei 450⁰.
Oberhalb 700⁰ besteht endlich der
Stahl wieder ausschließlich aus γ-Eisen.

Zu beachten ist ferner, daß bei einer Glühbehandlung bei erhöhten Temperaturen (von etwa 600⁰ an) das Mangan die Neigung hat, in den obersten Schichten
der Probe zu verdampfen, so daß unter Umständen eine manganärmere und daher
ferromagnetische Randzone die Oberfläche der Probe bedeckt[2], die durch Ab-
feilen, Abschmirgeln usw. entfernt werden muß (vgl. a. a. O. Gumlich).

Die Eigenschaften des 25%igen Nickelstahls nach verschiedenen
Wärmebehandlungen sind in Zahlentafel 118 nach E. Colver-Glauert
und S. Hilpert[3] zu ersehen. Der Stahl ist völlig unmagnetisch nur
nach Abschrecken von 600⁰, während er nach anderen Wärmebehandlungen ebenfalls mehr oder weniger magnetisierbar ist. Besonders starke
Magnetisierbarkeit tritt auf nach dem Abkühlen bis auf —180⁰ C, was
auf die Erreichung der tief herabgedrückten Umwandlungstemperatur
und auf die Entstehung von Martensit zurückzuführen ist. Dagegen ge-

---

[1] Bull. amer. Inst. Min. Engs., Sept. 1914, S. 2439. — Die Linie cc' ist gestrichelt gezeichnet, weil, wie oben erwähnt, die Existenz von β-Eisen bestritten
wird. Grundsätzlich ändert sich aber dadurch das schematische Diagramm nicht.

[2] Durch diese Tatsache sind wahrscheinlich auch die in der Literatur befindlichen Angaben zu erklären, wonach Manganlegierungen durch eine langdauernde
Glühbehandlung ferromagnetisch wurden und auf keine Weise mehr in den unmagnetischen Zustand zurückgeführt werden konnten.

[3] J. Iron Steel Inst. **83**, Nr. 1 (1911).

Zahlentafel 118. Magnetische Induktion bei verschiedenen Feldstärken
für einen Stahl mit 0,24% C und 24,32% Ni.

Feld-stärke $\mathfrak{H}$ Oersted	Induktion $\mathfrak{B}$ Gauß			
	Von 600⁰ gehärtet	Von 900⁰ gehärtet	Von 1240⁰ gehärtet	Bei 1250⁰ geglüht
15	Magnetisierung	6,2	152,5	18,22
50	nicht nachweisb.	25	630	85
100	,,	35	989	140
150	.,	52	1170	177
200	,,	62	1337	213
300	,,	68	1521	244
Derselbe Stahl nach Abkühlen auf -180^0 C				
0	4700	5250	5500	4675
50	3600	4300	5100	4550
100	7300	7600	8700	7850
200	9800	10400	11450	10350
300	11100	11800	13200	12000
400	12100	13000	14400	13150
450	12700	13600	15000	13700
300	11400	12100	13600	12300
100	8800	9100	10050	8900
50	7400	7700	8500	7500

lang es z. B. Wever[1] nicht, durch dieselbe Behandlung bei der Temperatur der flüssigen Luft den unmagnetischen
12%igen Manganstahl magnetisch zu machen.

Nach Untersuchungen von E. Colver-
Glauert und S. Hilpert[2], läßt sich die
Änderung der Magnetisierbarkeit mit der
Temperatur durch die in Abb. 288 wieder-
gegebene Kurve darstellen. In der Ordinate
sind die Temperaturen der entsprechenden
Wärmebehandlungen und in der Abszisse
die Induktion angegeben. Der Verlauf der
Kurve ist klar und fordert keine weitere
Besprechung.

Außer durch die Wärmebehandlung kann
ein unmagnetischer Stahl auch noch durch
starke mechanische Beanspruchungen mehr
oder weniger magnetisch gemacht werden,
da hierdurch ebenfalls ein teilweiser Zerfall
des unmagnetischen Austenits stattfindet (vgl.
dazu S. 185). Auf diese Weise ist es zu er-
klären, daß die Drehspäne eines solchen Stahles oder die Bruchstellen
einer Zerreißprobe sich plötzlich ferromagnetisch erweisen.

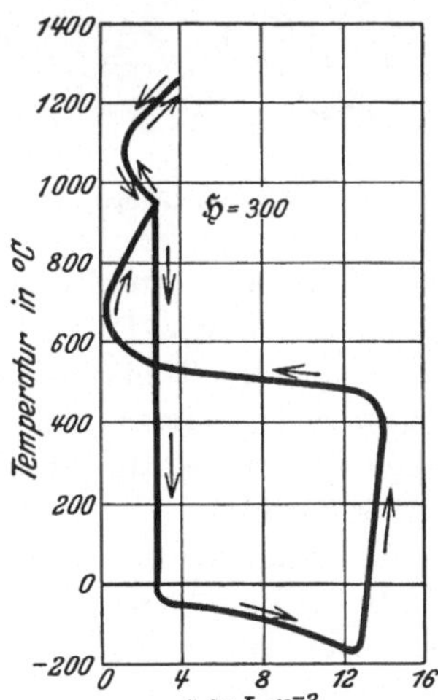

Abb. 288. Verhalten des Nickelstahls beim Erhitzen (Colver-
Glauert und Hilpert).

[1] Mitt. Eisenforsch. 3, 56 (1921).
[2] J. Iron Steel Inst. 86, Nr. 2 (1912); vgl. auch S. Hilpert, u. Mathesius: Ebenda.

In der Praxis hat sich der 25%ige Nickelstahl trotz seines höheren Preises besser bewährt als der 12%ige Manganstahl, und zwar abgesehen von den magnetischen Eigenschaften deshalb, weil der letztere sehr schwer bearbeitbar[1] ist. Entsprechend dem austenitischen Gefüge, das in Abb. 289 dargestellt ist, sind die unmagnetischen Stähle außerordentlich zäh und ihre Bearbeitung kann nur mit geringen Schnittgeschwindigkeiten erfolgen. Die Festigkeit des Nickelstahls beträgt etwa 70 kg/mm², die Streckgrenze je nach der thermischen Behandlung 30 bis 60 kg/mm². Von sonstigen physikalischen Eigenschaften sei die kleine Wärmeleitfähigkeit erwähnt, die nur etwa ⅓ derjenigen des Eisens beträgt.

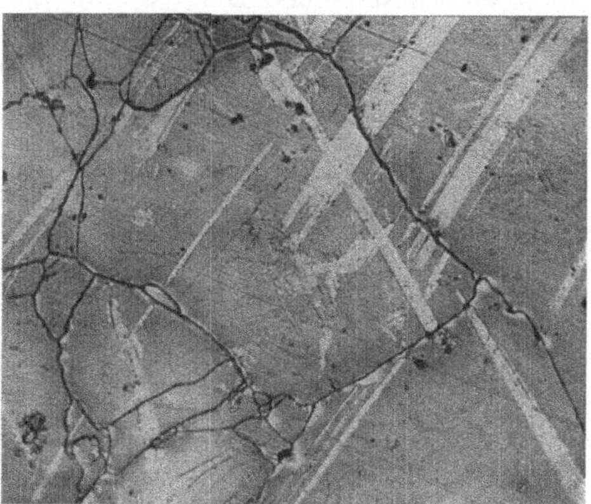

Abb. 289. Gefüge von Nickelstahl.

Neben den reinen Nickel- oder Manganstählen werden auch Stähle, die beide Elemente kombiniert enthalten, als antimagnetische Stähle benutzt, wobei insbesondere eine Zusammensetzung mit etwa 5% Mn und 12 bis 15% Nickel gebräuchlich ist. Endlich werden neuerdings für manche Zwecke auch die sog. rostfreien Stähle verwendet, von denen bestimmte Gruppen (mit etwa 18 bis 20% Cr, 7 bis 12% Ni, 0,1 bis 0,4% C) ebenfalls ein austenitisches Gefüge aufweisen und unmagnetisch sind. Auf eine nähere Betrachtung muß jedoch hier verzichtet werden, da dies mehr ins Gebiet der Baustähle gehört. Die Festigkeit dieser Stähle kann recht beträchtlich sein. Eine besonders für Kabelarmierungen angegebene Stahlsorte enthält 75 bis 85% Fe, 9 bis 15% Ni, 3 bis 5% Cr, 3 bis 5% Mn.

Unmagnetische Stähle noch höherer Festigkeit hat kürzlich F. R. Hensel[2] unter Benutzung der Ausscheidungshärtung des Austenits hergestellt. Die chemische Zusammensetzung des Stahles betrug 0,1% C, 10% Mn, 15% Ni und entweder 4% Ti oder 20% Mo. Durch Glühen und Abschrecken von 1000° wird das Ti bzw. Mo in Lösung

---

[1] Neuerdings hat man versucht, entweder durch Erwärmung bis auf oberhalb 250° (D. R. P. 393371) oder auch durch Verwendung besonderer Schneidlegierungen [Machinery (N — Y) **37** (1928); Gieß.-Zg. **14**, 429 (1928); Machinery (London) **32** (1928); Gieß.-Zg. **19**, 573 (1928)] die Bearbeitbarkeit zu verbessern.

[2] Amer. Inst. of Min. and Met. Eng., Techn. Publ. 419, Sept. **1931**; vgl. Stahleisen **51**, 1153 (1931).

gebracht, das sich dann beim nachfolgenden Anlassen unter entsprechender Steigerung der Festigkeitseigenschaften wieder ausscheidet. Durch diese Behandlung stieg beispielsweise die Zugfestigkeit des austenitischen titanlegierten Stahls von 63 kg/mm^2 auf 110 kg/mm^2, die Streckgrenze von 33 auf 70 kg/mm^2 während Einschnürung und Dehnung von 30 bzw. 31% auf 13% abgesunken waren.

Durch einen Zusatz von Nickel und Mangan ist es weiterhin gelungen, auch unmagnetisches Gußeisen herzustellen. Dabei hat sich am besten das sogenannte „No-Mag"[1] bewährt, das ein mit 10% Nickel und 5% Mangan legiertes Gußeisen von austenitischem Gefüge darstellt. Die magnetischen Eigenschaften[2] dieses Gußeisens sind praktisch zu vernachlässigen, während sein spezifischer elektrischer Widerstand um etwa 20 mal größer als der von Messing und etwa 50% höher als übliches Gußeisen ist.

Da es außerdem einen sehr geringen Temperaturkoeffizient (zwischen 0 und 100°) von rd. 0,0009

	Maximal-permeabilität μ_{max}	Spezifischer Widerstand in $\mu\Omega$/cm^3
Gußeisen	330	95,0
„No-Mag"	1,03	140,0
Messing (eisenfrei) .	$\sim$ 1,00	7,5

gegenüber 0,0019 beim gewöhnlichen Gußeisen aufweist, sehr zähe, leicht bearbeitbar und gegen Stöße widerstandsfähig sein soll, so kommt es als guter Ersatz für Messing- und ähnliche Maschinenteile in Betracht. Es besitzt auch gute mechanische Eigenschaften.

Werden höhere Anforderungen an das unmagnetische Verhalten der Werkstoffe gestellt, wie z. B. beim Bau von Meßinstrumenten usw., so wird man gewöhnlich Nichteisenmetalle oder -legierungen verwenden. Es ist jedoch zu beachten, daß auch hier durch die als Verunreinigungen vorhandenen, bisweilen nicht unerheblichen Mengen von Eisen häufig Komplikationen auftreten, insbesondere natürlich dann, wenn das Eisen nicht in fester Lösung vorliegt, sondern als Metall oder als eisenreiche Kristallart in heterogener Form ausgeschieden ist, So sind z. B. nach den Suszeptibilitätsmessungen von R. B. Mason[3] beim Aluminium und von E. Lehmann[4] beim Zink Eisengehalte bis zu 5% und darüber bei diesen Elementen in magnetischer Beziehung vollkommen unschädlich, da das Eisen in feste Lösung eingeht. Anders liegen die Verhältnisse jedoch bei Kupfer, Rotguß oder Messing, bei dem das Eisen nicht oder nur in geringer Menge gelöst wird. Es ist so eine bekannte Tatsache, daß das Messing, das nach dem in Abb. 147 gegebenen Konzentrations-Suszeptibilitätsdiagramm eigentlich diamagnetisch sein soll, bei handelsüblichen Proben nicht nur paramagnetisch, sondern sogar schwach ferromagnetisch ist. A. Kußmann fand bei 3 Stücken gewöhnlichen Werkstattmessings als Permeabilitätswerte ($\mathfrak{H} = 30$ Oersted) $\mu = 1,007$, $\mu = 1,004$ $\mu = 1,039$, während erst eine besonders bezogene, sehr reine Probe Werte von der

---

[1] Abkürzung für „non magnetic (cast iron)".

[2] El. Review **91**, 645 (1922); vgl. ETZ, H. 21, 486 (1923); S. E. Dawson: Foundry Trade J. **29**, 439—44 (1924).

[3] Trans. amer. Elektrot. Soc. **56** (1929).   [4] Phys. Z. **22**, 601—603 (1921).

richtigen Größenordnung ($\mu = 0,99998$) ergab. Dementsprechend zeigten nach A. Schleicher[1] Kompasse in Messinggehäusen, das etwa 1,4 bis 2,3 % Eisen enthielt, erhebliche magnetische Störungen und Ungenauigkeiten. Nach L. H. Marshall und R. L. Sanford[2], die den Einfluß geringer Eisenzusätze zu einer Legierung von 81 % Cu, 16 % Zn und 3 % Sn untersucht haben, gingen nur geringe Gehalte (bis etwa 0,04 % Fe) in feste Lösung, während bei höheren Gehalten eisenreiche Stellen auftraten, die sich auch bei der mikrographischen Beobachtung bemerkbar machten. Prüfung auf Eisengehalt vgl. S. 180.

X. Erzeugung der magnetischen Legierungen.

Der weitgehende Einfluß, den der Herstellungsprozeß der magnetischen Legierungen sowohl hinsichtlich der chemischen Konstitution als auch des mechanischen Zustands auf ihre Eigenschaften ausübt, mag es rechtfertigen, auch einige Worte über die in der Technik üblichen Verfahren der Herstellung zu sagen. Eine eingehende Betrachtung dieser weitführenden Frage, insbesondere der metallurgischen Verfahren, liegt jedoch außerhalb der Aufgaben dieses Buches, da hierüber gute Sonderwerke vorliegen[3], und ferner sollen auch diejenigen Legierungen ausgeschlossen werden, deren Herstellung auf ganz besonderen Wegen (Vakuumschmelzung[4], Glühen im Vakuum usw.) vorgenommen wird.

Was nun zunächst die Herstellung der Dauermagnetstähle betrifft, so scheint das Schmelzverfahren auf ihre magnetischen Eigenschaften nur von untergeordnetem Einfluß zu sein. Nach G. Hannack können alle bekannten und ausgeübten Schmelzverfahren, die überhaupt für die Erzeugung von Edelstählen in Betracht kommen, auch ein hervorragendes magnetisches Material liefern. In der Praxis wird zur Zeit der Wolframmagnetstahl gewöhnlich nach dem Tiegelverfahren hergestellt. Der billigere Chromstahl wird dagegen in Siemens-Martin- oder in Elektroöfen geschmolzen.

Beim Wolframmagnetstahl ist wegen seiner Herstellung im Tiegelofen die Auswahl möglichst reiner Ausgangsstoffe zu empfehlen, um ein gutes Endprodukt zu erhalten. Aus denselben Gründen ist es auch empfehlenswert, den Wolframzusatz nicht als Ferrowolfram, sondern als

---

[1] Z. Metallkunde **15**, 227 (1923).

[2] Techn. Pap. Bur. Stand. **17**, N. 221, 1—14 (1922).

[3] Es genügt auf die folgenden zu verweisen: G. Mars: Die Spezialstähle, 2. Aufl., Stuttgart: Ferd. Enke, 1922; P. Oberhoffer: Das technische Eisen, 2. Aufl., Berlin: Julius Springer, 1925; F. Rapatz: Die Edelstähle, Berlin: Julius Springer 1925.

[4] Vgl. dazu W. Rohn: Z. Metallkunde **21**, 12 (1929); Stahleisen **44**, 1327 (1924).

Wolframmetall einzuführen. Dagegen spielt beim Chromstahl die Auswahl von reinen Ausgangsstoffen keine so ausschlaggebende Rolle.

Die Form der Gußblöcke, in die die Schmelze vergossen wird, kann je nach der Art der Weiterverarbeitung gewählt werden, doch sind hier die aus allgemeinen Gründen herrührenden Bedingungen zu berücksichtigen. So darf das Gewicht der Blöcke nicht zu groß sein, um eine möglichst gleichmäßige Verteilung der Karbide schon im Gußzustand zu erzielen, da, wie oben gezeigt, jedes spätere Glühen schädlich und deshalb zu vermeiden ist. Außerdem sind bei kleineren Blöcken die Seigerungserscheinungen leichter zu umgehen. In nebenstehender Zusammenstellung ist die chemische Zusammensetzung der aus Rand und Mitte eines Blockes von Wolframmagnetstahl entnommenen Proben wiedergegeben.

	C	W	Mn	Si	S	P	As	Cu	$\mathfrak{B}_R \times \mathfrak{H}_c \times 10^{-3}$
Rand % .	0,65	5,39	0,51	0.27	0,007	0,067	0,00	0,00	630
Mitte % .	0,66	5,39	0,51	0,27	0,008	0,066	0,00	0,00	620

Wie zu ersehen, ist es bei Innehaltung bestimmter Schmelzdauer, Schmelztemperatur und Gießtemperatur möglich, die Seigerungserscheinungen bis fast auf Null herabzusetzen, so daß sich auch praktisch keinerlei Unterschied in den magnetischen Eigenschaften ergibt. Es scheinen jedoch ferner für Dauermagnetstähle geringe Seigerungen ohne wesentlichen Einfluß auf die Eigenschaften des Endproduktes zu bleiben, wie dies von Oberhoffer und Emicke[1] für einen Chrommagnetstahl gezeigt wurde.

Die Blöcke werden, nachdem ihre Oberfläche von Fehlern gereinigt ist, in üblicher Weise gewalzt oder geschmiedet. Die Frage, ob für den Magnetstahl Schmieden oder Walzen vorzuziehen ist, muß zur Zeit wegen der spärlichen Untersuchungsangaben noch dahingestellt werden. Es liegt jedoch die Vermutung nahe, daß sich durch Walzen wenigstens gleich gute oder sogar noch bessere magnetische Eigenschaften als beim Schmieden erzielen lassen, da sich hier der Stahl eine kürzere Zeit in dem schädlichen Temperaturgebiet befindet. Ein weiterer Vorteil des Walzens besteht im Hinblick auf die ökonomische Seite.

Die Schmiede- oder Walztemperatur des Wolframmagnetstahls pflegt zwischen 750° und 900° zu liegen (vgl. Zahlentafel 119 nach Hannack). Ähnliche Grenzen gelten auch für die Temperaturen beim Chrommagnetstahl. Die zu wählende Anfangstemperatur ist auf das engste mit der Endstichtemperatur verknüpft, und zwar darf letztere nicht zu niedrig liegen, da dies sonst zu Härterissen Veranlassung geben kann. Nach O. Emicke[2], soll der Chrommagnetstahl daher

---

[1] Stahleisen **45**, 537 (1925).
[2] Dissert. Aachen, **1922**; vgl. Oberhoffer: Das technische Eisen, S. 488.

Zahlentafel 119. Schmiedetemperatur und magnetische Eigenschaften (nach Härtung bei 830°) von Wolframmagnetstahl.

Zusammensetzung	Schmiedetemperatur								
	750—800°			850—900°			900—950°		
	$\mathfrak{B}_{max}$ Gauß	$\mathfrak{B}_r$ Gauß	$\mathfrak{H}_c$ Oersted	$\mathfrak{B}_{max}$ Gauß	$\mathfrak{B}_r$ Gauß	$\mathfrak{H}_c$ Oersted	$\mathfrak{B}_{max}$ Gauß	$\mathfrak{B}_r$ Gauß	$\mathfrak{H}_c$ Oersted
0,55% C 5,35% W	17000	12100	56	17100	12100	56	17300	11800	57
0,65% C 5,43% W	16000	11400	64	15800	11200	62	15800	11300	61
0,72% C 5,12% W	15400	11200	70	15400	11100	69	15300	11100	69

bei etwa 1000° gewalzt werden, jedenfalls aber so, daß die Endtemperatur nicht unter Ar_1 liegt.

Der Einfluß der Endstichtemperatur auf die magnetischen Eigenschaften zweier Chromstähle, und zwar mit 1% C und 1,75% bzw. 4,0% Cr ist in Zahlentafel 120 nach J. R. Adams und F. E. Goeckler[1] wiedergegeben. Wie zu ersehen, liegt die günstigste Endtemperatur beim Stahl mit 1,75% Cr zwischen 800 und 850° und beim Stahl mit 4% Cr etwas höher, und zwar zwischen 850° und 900°. Darüber hinaus macht sich in dem früher angedeuteten Sinne eine Überglühung bemerkbar (vgl. S. 278), deren ungünstige Wirkung sich in den nunmehr geringer werdenden Werten der Remanenz wiederspiegelt.

Aus demselben Grunde muß auch die Vorwärmezeit so kurz wie möglich gewählt werden, da sich sonst, ebenso wie bei hoher Anfangstemperatur, ein grobmaschiges Karbidnetzwerk bildet, dessen Zertrümmerung einen höheren Verformungsgrad erfordert. Durch den letzteren wird aber, wie die Praxis gezeigt hat, das Verhalten des Stahles beim Härten im Sinne des Auftretens von Härterissen ungünstig beeinflußt. Eine solche Verminderung der magnetischen Eigenschaften

Zahlentafel 120. Einfluß der Endwalztemperatur auf die magnetischen Eigenschaften (nach dem Härten bei 860° in Öl) von Chrommagnetstahl.

Anfangstemp. °C	Endtemp. °C	Remanenz $\mathfrak{B}_r$ Gauß	Koerzitivkraft $\mathfrak{H}_c$ Oersted	$\mathfrak{B}_r \times \mathfrak{H}_c \times 10^{-3}$	$\dfrac{(\mathfrak{B} \times \mathfrak{H})_{max}}{\times 10^{-3}}^2$
Stahl mit 1% C und 1,73% Cr					
1204	787	7850	64,0	502,4	187
1240	807	8000	63,75	510,0	194
1240	846	8100	63,30	512,7	195
1240	924	7900	63,30	500,0	185
1240	1010	7700	66,00	508,2	192
Stahl mit 1% C und 4,0% Cr					
1232	815	9250	66,50	615,1	267
1232	871	9500	67,0	636,5	284
1232	926	9300	67,5	627,7	276
1232	982	8600	69,0	593,4	250

---

[1] Trans. amer. Soc. Steel Treat. **10**, 181—84 (1926).
[2] Nach der auf S. 26 angegebenen Formel aus $\mathfrak{B}_r \times \mathfrak{H}_c$ berechnet.

hat z. B. Hannack an Magneten beobachtet, die aus einem sehr schweren Ausgangsblock stammten.

Über die Wärmebehandlung der Magnetstähle sowie über die bei der Härtung zu beachtenden Vorschriften ist oben ausführlich gesprochen worden (vgl. S. 277).

Wesentlich anders als bei den Dauermagnetstählen liegen die Verhältnisse bei der Erzeugung und Warmverarbeitung des Transformatorenstahls. Dies rührt in erster Linie daher, daß die an ihn gestellten Forderungen denen des Dauermagnetstahls gerade entgegengesetzt sind. Als Beispiel sei auf die Entkohlung hingewiesen, die beim Magnetstahl eine der unangenehmsten Erscheinungen darstellt, während beim Transformatorenstahl alle Mittel herangezogen werden, die eine fortschreitende Entkohlung nur befördern können.

Die Erzeugung der silizierten Materialien erfolgt prinzipiell nach denselben Schmelzmethoden, nach denen auch die Dauermagnetstähle hergestellt werden. Dabei wird der Dynamostahl gewöhnlich im Siemens-Martinofen hergestellt, während der höher legierte Transformatorenstahl meistens ein Elektroofenprodukt ist. Der Verlauf der Schmelze und die Wirkung der Zuschläge wird gewöhnlich durch die chemische Analyse kontrolliert, durch die auch die Zeit des Abstichs bestimmt wird. Da sich die Analyse meistens nur auf die Bestimmung des Gehalts an C, Mn, P und S erstreckt, während die gasförmigen Beimengungen nicht mitbestimmt werden, so ist es klar, daß zwei Chargen, die die gleiche chemische Zusammensetzung an den erstgenannten Verunreinigungen aufweisen, trotzdem magnetisch recht verschieden sein können. Im Gegensatz zu den Dauermagnetstählen spielt die möglichst gleichmäßige Verteilung des Materials, insbesondere also des Siliziums, das beim Elektrostahlprozeß im Ofen selber, beim Martinofen jedoch erst während des Abstichs zugesetzt wird, hier eine ausschlaggebende Rolle.

Bei dem Warmwalzen des Transformatorenstahls wird nach dem heute in der Praxis eingebürgerten Verfahren der Block in einer Hitze zu Platinen von 13,5 mm Dicke ausgewalzt. Aus der Platine werden dann in drei Gängen die Bleche hergestellt. Während des ersten Ganges werden zwei Platinen auf der Vorwalze hintereinander zu Sturzen von 4 mm Dicke gewalzt, was in je zwei Stichen geschieht. Die Sturze werden dann auf dem Fertiggerüst noch in je zwei Stichen durch die Walze gezogen, dann aufeinander gelegt und gehen nochmals in zwei Stichen durch die Walze. Das Paket wird dann doppelt gefaltet, so daß es nunmehr aus 4 Blechen von ungefähr 1,6 mm Dicke besteht. Dieses Paket wird einer zweiten Erwärmung unterworfen, in zwei Stichen durch die Fertigwalze gezogen und dann wiederum gedoppelt, so daß das neue Paket aus 8 Blechen von je 0,7 mm Dicke besteht. Nach einer nochmaligen Erwärmung wird der dritte Arbeitsgang vorgenommen, in dem die Bleche in ungefähr 3 bis 4 Stichen, je nach der genannten Blechdicke in einem 8 Bleche-Paket, auf Rohbleche von 0,35 mm ausgewalzt werden.

Der gesamte Walzvorgang ist schematisch in Abb. 290 nach G. Eichenberg und W. Oertel[1] dargestellt, die als erste zusammenhängende

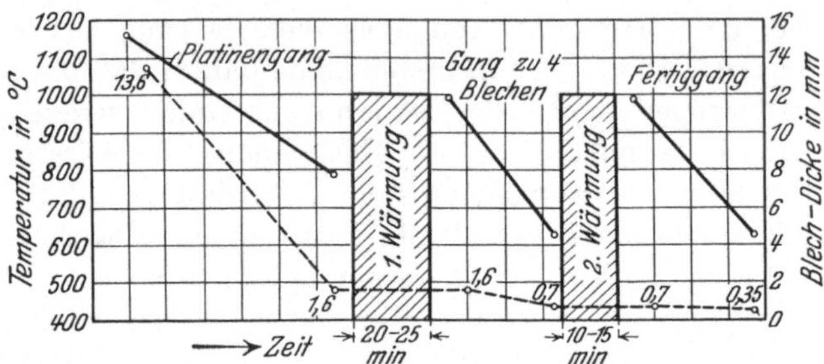

Abb. 290. Arbeitsgang beim Warmwalzen von Transformatorenblechen (Eichenberg und Oertel).

Ergebnisse über diesen Prozeß veröffentlicht haben. Der erste Arbeitsgang wird als Platinengang, der zweite als Gang zu 4 Blechen und der dritte als Fertiggang bezeichnet. In der Abbildung sind die Anfangs- bzw. die Endtemperaturen sowie die Gesamtabnahme der Dicke während jedes Ganges und die ungefähre Zwischenwärmungsdauer angegeben. Demnach liegt die Anfangstemperatur beim Platinengang etwas oberhalb 1100°, die Endtemperatur bei rd. 800°. Beim Gang zu 4 Blechen wird die Anfangstemperatur etwas niedriger gewählt. Dementsprechend liegt auch die Endstichtemperatur etwas tiefer, jedoch nicht unterhalb 700°.

In Abb. 291 ist der von Eichenberg und Oertel gefundene Einfluß der Endstichtemperatur des Fertiggangs auf die Wattverluste von Roh- und Fertigblechen (nach dem Glühen) dargestellt. Aus ihm geht deutlich die starke Herabsetzung der Wattverluste in den Blechen mit einer Erhöhung der Endstichtemperatur hervor, da eine zu niedrige Endwalztemperatur anscheinend nicht zur völligen Rekristallisation während der Verarbeitung ausreicht. Man kann also in diesem Falle mehr von

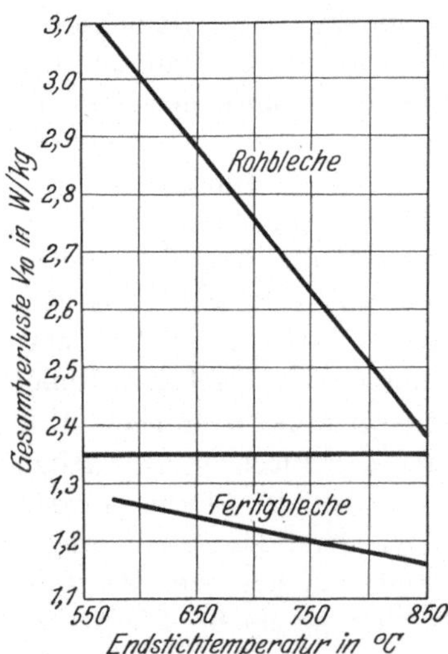

Abb. 291. Einfluß der Endstichtemperatur auf den Wattverlust.

---

[1] Stahleisen 47, 262—71 (1927).

Kaltverformung sprechen, die in bekannter Weise ungünstig auf die magnetischen Eigenschaften wirkt. Weniger ausgeprägt, aber doch immer noch sichtbar ist der Einfluß der Endstichtemperatur bei den Fertigblechen (Abb. 291), und zwar muß man annehmen, daß das übliche Glühen diesen Einfluß entweder nicht völlig ausgeglichen hat oder aber, da der tiefsten Endstichtemperatur, also der relativ stärksten Kaltverformung nach dem Glühen auch das kleinste Korn entspricht, daß wir es hier mit einem Einfluß der Gefügeeinformung zu tun haben.

Über die spezifische Wirkung der Glühprozesse selber ist bereits oben ausführlich berichtet worden, so daß auf die betreffenden Stellen hingewiesen werden kann. Als Beleg für die während der Verarbeitung eintretende Entkohlung seien hier nur noch einige von Eichenberg und Oertel (a. a. O.) gewonnene Zahlen über den Kohlenstoffgehalt zusammengestellt, aus denen man Rückschlüsse auf die magnetischen Eigenschaften machen kann.

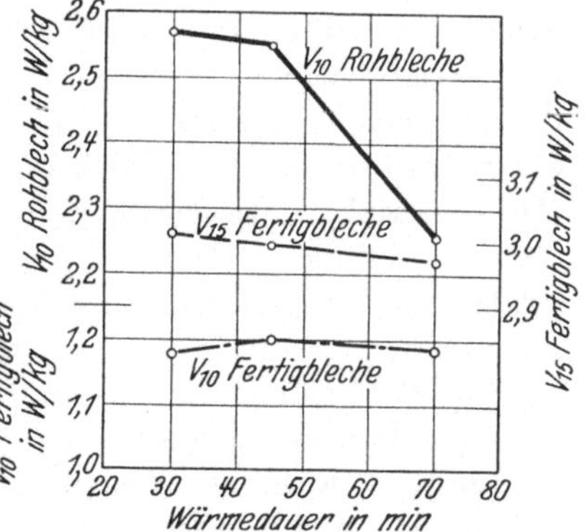

Abb. 292. Wärmedauer und Wattverluste.

Angelieferte Platine . . . . . 0,08% C
Platine nach der Wärmung . . 0,05% C
Blech nach dem ersten Gang . 0,04% C
Blech nach der ersten Wärme. 0,02% C
Blech nach dem zweiten Gang 0,02% C
Blech nach der zweiten Wärme 0,02% C.

Man sieht, daß sich die Herabsetzung des Kohlenstoffgehaltes anfangs verhältnismäßig rasch vollzieht, wobei für diesen Vorgang vor allem die Zwischenerwärmungen, also auch ihre Dauer, maßgebend sind und sich dann einem Grenzwert nähert. Tatsächlich geht aus Abb. 292 der starke Einfluß der Gesamtwärmedauer auf den Wattverlust der Rohbleche hervor. Für die Fertigbleche tritt hier wie oben dieser Einfluß weniger in Erscheinung, da die Wirkung des Glühens von einem bestimmten Kohlenstoffgehalt im Verhältnis zum Sauerstoffgehalt an aufhört. Eichenberg und Oertel kommen zu dem Schluß, daß durch Verlängerung der Zwischenwärmezeiten eine Verkürzung der Endglühung möglich ist, da ein Teil der beim Endglühen stattfindenden Entkohlung und Entgasung schon bei der Warmverarbeitung erreicht werden kann.

Das Fertigglühen der Dynamo- und Transformatorenbleche erfolgt meist in der Weise, daß die Bleche in abgeschlossenen eisernen Kisten von etwa 3 bis 4 t Inhalt zu Stapeln gepackt langsam durch gasgefeuerte Kanalöfen hindurchgeführt werden. Die Verweilzeit in der mittleren eigentlichen Glühzone (800⁰ bis 900⁰) beträgt rund 2 bis 4 Stunden, die ganze Ofenreise mit langsamer Erwärmung und Abkühlung dauert einen bis anderthalb Tag.

Neben den magnetischen und elektrischen Werten ist von den Feinblechen noch zu fordern, daß ihre Oberfläche möglichst glatt[1] und zunderfrei ist, da sowohl Unebenheiten als auch Zunderschichten den wirksamen Querschnitt des Materials[2] stark herabsetzen und bei der Wicklung eines Transformators unnötige Kupferverluste verursachen. Eine Verringerung des Zunders wird eben durch die Kistenglühung erstrebt, wodurch man nicht nur die Zunderbildung stark abschwächen, sondern auch den beim Walzen gebildeten Zunder durch den im Eisen enthaltenen Kohlenstoff teilweise reduzieren kann. Bei geringen Kohlenstoffgehalten ist diese Erscheinung jedoch nur von untergeordneter praktischer Bedeutung. Besondere Glätte der Oberfläche wird bisweilen dadurch erreicht, daß die Bleche nach dem Warmwalzen noch einmal einer ganz schwachen Walzung bei relativ niedrigen Temperaturen (Dressierstich) unterworfen werden, worauf sich das endgültige Ausglühen anschließt. Durch geeignete Wahl zusammengehöriger Walzgrade und Temperaturen kann gleichzeitig die Korngröße (vgl. S. 330) im günstigen Sinne beeinflußt werden.

Zur Entfernung vorhandener Zunderschichten werden die Bleche (insbesondere die hochlegierten) schließlich gebeizt[3], wozu Bäder mit verdünnten wäßrigen Lösungen verschiedener Säuren (gewöhnlich 10%ige Schwefel- oder Salzsäure) bei einer etwas erhöhten Temperatur (60°) verwendet werden. Um die beim Beizen, abgesehen von den dadurch bedingten Mehrkosten, noch auftretende unangenehme Wasserstoffaufnahme[4] zu vermeiden, scheint es auch von diesem Standpunkt zweckmäßig, lieber von vornherein die Zunderbildung so niedrig wie möglich zu halten.

---

[1] Über ein Verfahren zur Bestimmung der Glätte von Blechen s. Stahleisen **47**, 505 (1927).

[2] Unter dem „Füllfaktor" versteht man dabei das Verhältnis der Gewichtshöhe (Massivhöhe) eines Blechstapels zu der wirklichen Höhe. Die Gewichtshöhe berechnet sich aus dem Gesamtgewicht G, den Dimensionen der Blechtafeln $a \times b$ und dem spezifischen Gewicht s zu $h = G/s\,a\,b$. Die wirkliche Höhe des Stapels wird während der Belastung unter der hydraulischen Presse (5 bis 25 kg/cm²) gemessen. Der Füllfaktor liegt üblicherweise bei 0,85 bis 0,9, in günstigen Fällen noch höher.

[3] Neuerdings werden meist auch die Platinen von Transformatoreneisen vor dem Walzen einer Beizung unterworfen, da sie sich dann beim Walzen besser verhalten sollen.

[4] Über die Wasserstoffaufnahme von silizierten Blechen beim Beizen liegen noch anscheinend keine Untersuchungen (wenigstens veröffentlichte) vor. Sonst siehe darüber z. B. C. A. Edwards: Stahleisen **44**, 1425—26 (1924); F. Eisenkolb: Arch. Eisenhüttenw. **1**, 693—98 (1927/28); Stahleisen **48**, 946—47 (1928); P. Bardenheuer u. G. Thanheiser: Mitt. Eisenforsch. **10**, Lief. 17, 323—42 (1928).

Die Herstellung silizierter Bleche schafft sehr viel Schwierigkeiten. Es sind daher neuerdings, um den Herstellungsprozeß möglichst zu vereinfachen und verbilligen, ganz andere Methoden vorgeschlagen worden, nach denen etwa beispielsweise ein auf der Oberfläche eines gewöhnlichen Eisenblechs erzeugter Niederschlag von Si durch Tempern im Vakuum in das Eisen hineindiffundieren soll. Praktische Erfolge in größerem Umfang sind von diesen Verfahren bisher jedoch noch nicht bekannt geworden.

Schlußwort.
Aussichten für die Weiterentwicklung der magnetischen Legierungen.

Das letzte Ziel der modernen Metallkunde hat einmal V. M. Goldschmidt mit etwa den folgenden Worten ausgedrückt, daß „in gleicher Weise, wie man Maschinen mit geforderten Eigenschaften aus bekannten Maschinenelementen zusammenbauen kann, es auch möglich sein muß, Legierungen mit gewünschtem Verhalten planmäßig aus den Elementen des periodischen Systems zusammenzustellen."

Die Ausführungen dieses Buches haben gezeigt, daß wir hinsichtlich des Ferromagnetismus der Legierungen, sowohl was unsere Kenntnis als auch die praktische Handhabung betrifft, von diesem Ziel noch recht weit entfernt sind, und daß sehr oft besonders gute magnetische Eigenschaften gerade an solchen Stellen auftreten, wo wir sie am wenigsten erwarten. Man kann daher wohl sagen, daß das Gebiet der ferromagnetischen Legierungen für die Forschung noch ein weites und interessantes Arbeitsfeld bietet, und daß dabei zweifelsohne in Zukunft noch Werkstoffe gefunden werden, deren magnetische Eigenschaften in irgendeinem Sinne die der bisher bekannten weit nach sich lassen.

Wegen unserer erst am Anfang stehenden Kenntnis muß auch eine genauere Erforschung der Herstellungs- und der Behandlungsverfahren, die mit dem physikalisch-chemischen Verhalten der Legierungen eng verknüpft sind, zu erheblichen technischen Fortschritten führen. Ein Beispiel dafür liefert das Verhalten der Sonderkarbide in den Magnetstählen, die erst in jüngster Zeit mehr oder weniger untersucht worden sind, oder aber die Ergebnisse neuerer Arbeiten über die Möglichkeiten weiterer Desoxydation der Dynamo- und Transformatorenstähle. Es scheint ferner nicht ausgeschlossen, daß Legierungen, die einmal erfolglos geprüft wurden, nach einer zweiten oder dritten Prüfung unter Berücksichtigung der neuen Theorien und neuen

Behandlungsmöglichkeiten, technisch gute oder sogar sehr gute magnetische Eigenschaften aufweisen. Ein weiteres Arbeitsfeld liegt schließlich in der „Magnetischen Analyse", wobei ebenfalls zu hoffen ist, daß das immer tiefere Eindringen magnetischer Untersuchungsmethoden in die Metallkunde der letzteren ein wichtiges Hilfsmittel zur Erforschung der Konstitution der Legierungen und zur Überwachung der modernen Produktionsmethoden in die Hand gibt.

Ist die Untersuchung der Gesetzmäßigkeiten von Aufbau und Eigenschaften mehr Sache der reinen Forschung, so ist das genaue Studium der Herstellungs- und Behandlungsverfahren ein Gebiet, auf dem Laboratorium und praktischer Betrieb Hand in Hand gehen müssen. Es kann dabei immer wieder nicht genügend betont werden, wie sehr gerade auf dem Gebiet der ferromagnetischen Legierungen die Zusammenarbeit der verschiedensten Disziplinen, wie Physik, Elektrotechnik, Chemie und Metallkunde notwendig ist, um an Stelle der bisherigen Einzelerkenntnisse und Deutungen, die sich bisweilen recht einseitig nur auf das magnetische bzw. nur auf das metallkundlich-chemische Verhalten bezogen, die Kenntnis der gegenseitigen Abhängigkeit dieser Eigenschaften zu setzen.

Dahl u. Pfaffenberger 193.
Davies u. Keeping 177.
Debye 67, 340.
— u. Scherrer 340.
Dejean 230.
Delbart 222.
Dell 351.
Dickenson s. u. Hilpert.
Dickie 195.
Dieterle 275.
Doebke 381.
Döhmer 255.
Dönnges 146.
Dowdell 227, 243.
Drysdale 80.
Dudley 203.
Dumas 261.
Dußler 21, 156.

Ebinger 17.
Edcumb 42.
Eddy 188.
Edwards 402.
—, Sutton u. Oishi 243.
Ehlers 384.
Ehrhardt 70.
Eichenberg u. Oertel 330, 400, 401.
Eilender u. Oertel 305.
— u. Esser 153.
Eisenkolb 402.
Elmen 360, 366.
Emmons 287.
Endo 177, 178, 181.
Enlund 188.
Epiphanow 320.
Epstein 70, 75.
Erichsen 214.
Esser 157.
— u. Eilender 153.
— Grieß 78.
Evershed 24, 40, 42, 233, 236, 278.
Ewing 131.

Fahy 78, 203.
Finzi 44.
Fleming 81.
Foex u. Forrer 176.
de Forest 197, 201.
Forrer 130, 176.
Foster, Ledger u. Rosen 348, 361.
Fraichet 195.
Frank, H. 59, 61.
— u. Mathews 255.

Freimann 387.
Friederich 142.
Fröhlich 15, 81, 82.
Fry 124.
Fucke s. u. Klinger.
Fucuda 317, 332.

Gajew s. u. Gudzow.
Gans 16.
Gautal 230.
Gebert 194.
Geiger s. u. Wüst.
Gerlach 109, 112, 207, 329.
Gerold 294.
Gezorra u. Finzi 44.
Giebe 87.
— u. Blechschmidt 387.
Giebelhausen 132, 136.
Goeckler s. u. Adams.
Goerens 88, 170, 264.
Goldschmidt. R. 87.
—, V. M. 142, 403.
Golliet 230.
Goltze 355.
Grassot 27.
Gray 49, 50.
— u. Roß 157.
Grieß u. Esser 78.
Grenet 181.
Grünhut u. Wahn 195.
Gudzow u. Gajew 230, 231, 238, 279.
Guillet 255, 261.
Gumlich 9, 13, 14, 21, 22, 59, 61, 63,
    76, 77, 81, 107, 113, 119, 131, 190,
    219, 224, 227, 246, 248, 251, 255,
    309, 310, 312, 319, 321.
— u. Rogowski 71, 78, 86.
— u. Schmidt 13, 293.
— u. Steinhaus 9, 11, 302.
—, Steinhaus, Kußmann u. Scharnow
    84, 148, 348, 353, 356, 364, 374, 375.
Gürtler u. Tammann 135.
Gutton u. Miaul 70.
Gwyer 139.

Hadfield 123, 229, 309, 391, s. a.
    Barret, Hopkinson.
Hägg 113.
Hall u. Hanks 230, 391.
Hanemann 152, m. Brecht u. Scherer
    285.
Hanks s. u. Hall.
Hannack 235, 246, 248, 396.

*__Magnetismus. Elektromagnetisches Feld.__ Bearbeitet von
E. Alberti, G. Angenheister, E. Gumlich, P. Hertz, W. Romanoff, R. Schmidt,
W. Steinhaus, S. Valentiner. Redigiert von __W. Westphal.__ („Handbuch
der Physik", Band XV.) Mit 291 Abbildungen. VII, 532 Seiten. 1927.
RM 43.50; gebunden RM 45.60

Inhaltsübersicht: Magnetismus. Magnetostatik. Magnetische Felder
von Strömen. Von Prof. Dr. P. Hertz, Göttingen. — Die magnetischen Eigenschaften der Körper. Von Dr. W. Steinhaus, Berlin. — Ferromagnetische
Stoffe. Von Prof. Dr. E. Gumlich, Berlin. — Erdmagnetismus. Von Prof. Dr.
G. Angenheister, Potsdam. — Das elektromagnetische Feld. Elektromagnetische Induktion. Von Prof. Dr. S. Valentiner, Clausthal. — Wechsel-
ströme. Von Dr. R. Schmidt, Berlin. — Elektrische Schwingungen. Von Dr.
E. Alberti, Berlin. — Die Dispersion und Absorption elektrischer Wellen.
Von Prof. Dr. W. Romanoff, Moskau. — Sachverzeichnis.

*__Apparate und Meßmethoden für Elektrizität und
Magnetismus.__ Bearbeitet von E. Alberti, G. Angenheister. E. Baars,
E. Giebe, A. Güntherschulze, E. Gumlich, W. Jaeger, F. Kottler, W. Meissner,
G. Michel, H. Schering, R. Schmidt, W. Steinhaus, H. v. Steinwehr, S. Va-
lentiner. Redigiert von __W. Westphal.__ („Handbuch der Physik", Band XVI.)
Mit 623 Abbildungen. IX, 801 Seiten. 1927. RM 66.—; gebunden RM 68.40

Inhaltsübersicht: Die elektrischen Maßsysteme und Normalien. Allge-
meines und Technisches über elektrische Messungen. Von Prof. Dr. W. Jaeger,
Berlin. — Auf Influenz- und Reibungs-Elektrizität beruhende Apparate und Ge-
räte. Von Dr. G. Michel, Berlin. — Auf der Induktion beruhende Apparate. Von Prof. Dr. S. Valentiner, Clausthal. — Elektrische Ventile, Gleich-
richter, Verstärkerröhren, Relais. Von Prof. Dr. A. Güntherschulze, Berlin. —
Telephon und Mikrophon. Von Dr. W. Meissner, Berlin. — Schwingung und
Dämpfung in Meßgeräten und elektrischen Stromkreisen. Von Prof. Dr. W. Jaeger,
Berlin. — Elektrostatische Meßinstrumente. Von Prof. Dr. F. Kottler, Wien. —
Elektrodynamische Meßinstrumente. Von Dr. R. Schmidt, Berlin. — Schwingungs-
instrumente. Von Prof. Dr. H. Schering, Charlottenburg. — Auf thermischer
Grundlage beruhende Meßinstrumente. Auf elektrolytischer Wirkung beruhende
Meßinstrumente. Von Prof. Dr. A. Güntherschulze, Berlin. — Meßwandler.
Von Prof. Dr. H. Schering, Charlottenburg. — Messung des Stromes, der
Spannung, der Elektrizitätsmenge, der Leistung und der Arbeit. Von Dr.
R. Schmidt, Berlin, Prof. Dr. H. Schering, Charlottenburg, Prof. Dr. A. Günther-
schulze, Berlin. — Elektrometrie. Von Prof. Dr. A. Güntherschulze, Berlin. —
Widerstände und Widerstandsapparate. Methoden zur Messung des elektrischen
Widerstandes. Von Prof. Dr. H. v. Steinwehr, Berlin. — Kondensatoren und
Induktivitätsspulen. Messung von Kapazitäten und Induktivitäten. Von Prof.
Dr. E. Giebe, Berlin. — Messung der Dielektrizitätskonstanten und des
Dipolmomentes. Von Prof. Dr. A. Güntherschulze, Berlin. — Erzeugung
elektrischer Schwingungen. Wellenmesser und Frequenznormale. Meßmethoden
bei elektrischen Schwingungen. Von Dr. E. Alberti, Berlin. — Elektro-
chemische Messungen. Von Dr. E. Baars, Marburg/Lahn. — Messungen an
para- und diamagnetischen Stoffen. Von Dr. W. Steinhaus, Berlin. — Messungen
an ferromagnetischen Stoffen. Herstellung und Ausmessung magnetischer Felder.
Von Prof. Dr. E. Gumlich, Berlin. — Erdmagnetische Messungen. Von Prof.
Dr. G. Angenheister, Potsdam. — Sachverzeichnis.

*__Das elektromagnetische Feld.__ Ein Lehrbuch von Professor Emil
Cohn. Zweite, völlig neubearbeitete Auflage. Mit 41 Textabbildungen.
VI, 366 Seiten. 1927. Gebunden RM 24.—

** Auf alle vor dem 1. Juli 1931 erschienenen Bücher wird ein Notnachlaß von
10% gewährt.*

*** Die Elektromagnete.** Grundlagen für die Berechnung des magnetischen Feldes und der darin wirksamen Kräfte insbesondere an Eisenkörpern. Von **Erich Jasse.** Mit 117 Abbildungen im Text. VI, 198 Seiten. 1930. RM 21.—; gebunden RM 22.50

Das elementar geschriebene Buch bringt dem Leser die physikalischen Vorgänge in den Teilen der elektrischen Starkstromanlagen nahe, entwickelt aus der Anschauung die wichtigsten Gleichungen und deren Zusammenhang, erläutert die technischen Eigenschaften der Maschinen und Geräte. Klare Abbildungen begleiten die Darstellung, sorgfältig gewählte Rechnungsbeispiele fördern das Verständnis und weisen den Weg zu den im Betrieb der Anlagen wichtigen Berechnungen. Der Stoff ist trotz aller Kürze gründlich, übersichtlich und mit wissenschaftlicher Strenge behandelt.

*** Das Elektrostahlverfahren.** Ofenbau, Elektrotechnik, Metallurgie und Wirtschaftliches. Nach **F. T. Sisco,** "The Manufacture of Electric Steel" umgearbeitet und erweitert von Dr.-Ing. **St. Kriz,** Düsseldorf. Mit 123 Textabbildungen. IX, 291 Seiten. 1929.

Gebunden RM 22.50

*** Rostfreie Stähle.** Berechtigte deutsche Bearbeitung der Schrift: "Stainless Iron and Steel" von **J. H. G. Monypenny,** Sheffield, von Dr.-Ing. **Rudolf Schäfer.** Mit 122 Textabbildungen. VIII, 342 Seiten. 1928.

Gebunden RM 27.—

*** Lehrbuch der Metallkunde,** des Eisens und der Nichteisenmetalle. Von Dr. phil. **Franz Sauerwald,** a. o. Professor an der Technischen Hochschule Breslau. Mit 399 Textabbildungen. XVI, 462 Seiten. 1929. Gebunden RM 29.—

*** Moderne Metallkunde in Theorie und Praxis.** Von Oberingenieur **J. Czochralski.** Mit 298 Textabbildungen. XIII, 292 Seiten. 1924. Gebunden RM 12.—

*** Physikalische Chemie der metallurgischen Reaktionen.** Ein Leitfaden der theoretischen Hüttenkunde von Dr. phil. **Franz Sauerwald,** a. o. Professor an der Technischen Hochschule Breslau. Mit 76 Textabbildungen. X, 142 Seiten. 1930.

RM 13.50; gebunden RM 15.—

*** Die elektrolytischen Metallniederschläge.** Lehrbuch der Galvanotechnik mit Berücksichtigung der Behandlung der Metalle vor und nach dem Elektroplattieren. Von Direktor Dr. **W. Pfanhauser.** Siebente Auflage. Mit 383 in den Text gedruckten Abbildungen. XIV, 912 Seiten. 1928. Gebunden RM 40.—

*** Die Theorie der Eisen-Kohlenstoff-Legierungen.** Studien über das Erstarrungs- und Umwandlungsschaubild nebst einem Anhang: Kaltrecken und Glühen nach dem Kaltrecken. Von E. Heyn †, weiland Direktor des Kaiser-Wilhelm-Instituts für Metallforschung. Herausgegeben von Professor Dipl.-Ing. **E. Wetzel.** Mit 103 Textabbildungen und 16 Tafeln. VIII, 185 Seiten. 1924. Gebunden RM 12.—

** Auf alle vor dem 1. Juli 1931 erschienenen Bücher wird ein Notnachlaß von 10% gewährt.*